Lily E. Kay
Das Buch des Lebens

Wer schrieb den genetischen Code?

Aus dem Amerikanischen von Gustav Roßler

Carl Hanser Verlag

Titel der Originalausgabe:
Who Wrote the Book of Life?
A History of the Genetic Code
Stanford University Press 2000

1 2 3 4 5   06 05 04 03 02

ISBN 3-446-20231-5
© 2000 by the Board of Trustees of the Leland Stanford Junior University.
All rights reserved. Translated and published by arrangement with
Stanford University Press.
Alle Rechte der deutschen Ausgabe:
© Carl Hanser Verlag München Wien 2001
Satz: Fotosatz Reinhard Amann, Aichstetten
Druck und Bindung: Ebner & Spiegel, Ulm
Printed in Germany

Für Kurt und Paulette Olden

Inhalt

Vorwort 9

Verzeichnis der Abkürzungen 15

1 Der genetische Code: Vorstellungswelten und Praktiken 17
   Genetischer Code und Kalter Krieg 26
   Informationsdiskurs, Metaphern und Molekularbiologie 36
   Genetischer Code, Buch des Lebens und Buch der Natur 57

2 Räume der Spezifität: der molekularbiologische
   Diskurs vor dem Informationszeitalter 67
   Der »große Bauplan« der Organisation 72
   Unbewegte Beweger: Proteine und Nukleinsäuren 80
   Erwin Schrödingers Raphael-Gobelin 95
   Protocodes? 103

3 Diskursproduktion: Kybernetik, Information, Leben 111
   Der Organismus – eine Nachricht:
   Wiener und die Geburt des Cyborg 118
   Der Niedergang der Semantik: Shannons Kommunikationstheorie 135
   John von Neumanns genetische Simulakren 148
   Quastlers Suche: von der biologischen Spezifität zur Information 164

4 Skripturale Technologien: genetische Codes
   in den fünfziger Jahren 179
   Schwarze Kammern: Aufstieg und Niedergang
   überlappender Codes 179
   Wuchern der Schrift: nicht-überlappende Codes 210

5 Die Pasteur-Connection: Enzymkybernetik, Informationsgen
und Messenger-RNA 258

Die Austreibung von Zweckursachen 263
Information, Kybernetik und die Neuerfindung der Teleologie 276
Das Wort transkribieren: der Bote 296

6 Informationsmaterie: die Schreibung genetischer Codes
nach 1960 309

Auf der Suche nach genetischer Information
in Proteinsynthese-Systemen 309
Den »Code des Lebens« knacken 323
»Informationelle Makromoleküle«: Buchstaben, Wörter, Unsinn 335
Die Erstellung eines (universellen) Wörterbuchs 360

7 Im Anfang war das Wort? (die Welt?) 382

Verbaler Code: Roman Jakobson und die Molekularbiologie 386
Zwischen Ontologien und Analogien:
das Buch des Lebens als Chimäre 402
Evolution des Worts (der Welt) 413

Schluß 420

Danksagung 427

Anmerkungen 430
Bibliographie 479
Register 522

Vorwort

In gewissem Sinne stellt dieses Buch eine Genealogie der Zukunft dar. Das mit biblischen Anklängen aufgeladene Bild eines genomischen »Buchs des Lebens« tauchte in den sechziger Jahren des 20. Jahrhunderts auf und animiert nun die Forschungsprojekte zum menschlichen Genom, die so oft als eine Mammutaufgabe der Informations- und Textverarbeitung angesehen werden. Von globalem Kapital gefördert, werden diese biomedizinischen Projekte als eine Mission des »Lesens« und »Editierens« wahrgenommen, doch die hier angehäufte Information beeinflußt unsere Grundvorstellungen vom Menschen, von Krankheit und Gesundheit. Über die materielle Kontrolle des Lebens hinaus geht es nun um das Kontrollieren von Information – die DNA-Sequenz, das »Wort« –, die nicht selten als Logos des Lebens betrachtet wird. Das Genom als Informationssystem anzusehen, als in DNA geschriebenen sprachlichen Text, mag problematisch sein, doch diese Sichtweise leitet Theorien und Praktiken der Molekularbiologen seit den fünfziger Jahren des vergangenen Jahrhunderts. In der folgenden Untersuchung will ich das Auftauchen und die Ausbreitung dieser Schrift-Visionen des Genoms erklären, ihren Umfang und ihre Grenzen (tatsächlich wurde diese Arbeit großzügig vom NIH-ELSI-Forschungsprogramm gefördert, im Rahmen seiner Verpflichtung zu kritischer Forschung und öffentlicher Diskussion des Themas). Dieses Buch versteht sich nicht als *die* Geschichte des genetischen Codes; allein schon aufgrund des schieren Umfangs der relevanten Forschung kann es nicht umfassend und definitiv sein. Eher ist es *eine* Geschichte einer der wichtigsten und dramatischsten Episoden der modernen Wissenschaft, und es erzählt diese in einer neuen Perspektive: der des beginnenden Informationszeitalters mit seinem Einfluß auf Vorstellungen von Natur und Gesellschaft.

Dieses Buch über den genetischen Code (1953–67) gehört nicht nur in den Zusammenhang einer Geschichte der Lebenswissenschaften, sondern auch in jenen der neu entstehenden Kommunikations-Technowissenschaften (Kybernetik, Informationstheorie und Computer), der

Überschneidung von Kryptoanalyse und Linguistik sowie der Sozialgeschichte der Vereinigten Staaten und Europas in der Nachkriegszeit. Der in der Biologie vollzogene Gestaltwechsel hin zum Denken in Informationsbegriffen, mit all seinen Paradoxien und Aporien, war sogar noch grundlegender als der (1953) nachfolgende Paradigmenwechsel vom Protein zur DNA. (Der Übergang zum Informationsdenken durchdrang auch andere Disziplinen.) Inzwischen ist es tatsächlich schwer vorstellbar, daß Gene nicht schon immer Information übertrugen oder daß es andere mögliche Wege für Wissen und Handeln gab. In meinen Augen ist der Prozeß, durch den das zentrale biologische Problem der Proteinsynthese als Informationscode und Schrifttechnologie – und folglich als Buch des Lebens – dargestellt wurde, unverkennbar historisch: Er ist Teil der vom Atomzeitalter und der Erbschaft des Kalten Krieges hervorgebrachten Kultur; seine Macht wird verstärkt durch die theistischen Obertöne des »Buchs« im Laufe der Jahrtausende. Insofern liefert meine Untersuchung eine Kulturgeschichte des genetischen Codes und gehört zur wachsenden Literatur über Kultur und Wissenschaft im Kalten Krieg, zur Geschichte der Lebens- und Informationswissenschaften und Informationstechnologien. Auch in dieser Hinsicht stellt sie eine Genealogie der Zukunft dar, da sie einige der Spuren nachzeichnet, die zur Entstehung der »Informationsgesellschaft«, vielleicht auch in die Postmodernität führen.

Um diese neuen kulturellen und informationellen Perspektiven auf den genetischen Code zu entwickeln, habe ich dem Poststrukturalismus vorsichtig einige Begriffe und analytische Werkzeuge entlehnt: Derridas Kritik der »Schrift«; Foucaults Analyse epochaler epistemischer Einschnitte in der Repräsentation (in der Nachfolge von Canguilhem), sein Diskurskonzept und insbesondere seinen Begriff der Bio-Macht. Auch wenn diese theoretischen Ansätze nicht nach jedermanns Geschmack sind, kann der dafür aufgeschlossene Leser sich auf zusätzlich in die dokumentarische Geschichte hineingewobene Bedeutungsschichten einlassen; die historisch-berichtende und wissenschaftliche Rekonstruktion ist jedoch auch ohne sie verständlich. Die an Theorie nicht Interessierten können Kapitel 1 überspringen (abgesehen vom einführenden Stoff) und gleich mit der »Story« anfangen, die in Kapitel 2 beginnt. Hier behaupte ich, daß die Jahre nach 1950 einen Wendepunkt, einen Einschnitt in den Lebensrepräsentationen darstellen; von rein materiellen und energetischen verschoben diese sich zu Informationsvorstellungen, es entwickelte sich eine molekulare Sichtweise des Lebens, ergänzt durch einen informatischen Blick. In diesen Jahren durchdringt der Informationsdiskurs gleichzeitig mehrere Bereiche in den Bio- und Sozialwissenschaften; er bildet in meinen Augen eine neu entstehende Bio-Macht, die Macht genetischer Information, und wird inzwischen von Vertretern der Human-Genom-Projekte routiniert beherrscht. Ausgehend von meinen eigenen Forschungen, ergänzt durch andere damit zusammenhängende, komme ich zu dem Schluß, daß diese Bio-Macht sich als eine problematische Macht erweist: sie hat sehr viel mehr versprochen, als sie vernünftigerweise halten kann.

Der Titel »Das Buch des Lebens. Wer schrieb den genetischen Code?« unterstreicht das zentrale Rätsel der Genom-Schrift. Ursprünglich bezog sich die Metapher vom Buch des Lebens und dem der Natur natürlich auf den stofflichen Gehalt der Schöpfung Gottes. Der menschlichen Lektüre zugänglich wurde dieses Buch erst nach der wissenschaftlichen Revolution des 17. Jahrhunderts, als die Sprache der Wissenschaft – Experiment und Mathematik – die Naturphilosophen mit den nötigen Werkzeugen versorgte, um seine codierten Geheimnisse zu erschließen. In der Natur Chiffren und Hieroglyphen zu sehen ist eine Anschauungsweise, die bis ins 18. und 19. Jahrhundert fortbestand; die Praxis der Wissenschaft galt als eine Form der Verherrlichung des Schöpfers, seine Autorschaft war stillschweigend vorausgesetzt und unstrittig. Solche offen kreationistischen und theistischen Interpretationen hat die Metapher vom Buch des Lebens allerdings in der Zeit nach Darwin und in der säkularen Kultur der Molekularbiologie selten erfahren. Auch wenn die Metapher ihre Kraft aus dem Erbe ihrer Verwandtschaft zum Sublimen bezieht, würden nur wenige Molekularbiologen in Gott den Autor des genomischen Buchs des Lebens sehen. Gleichwohl würden sie den Inhalt des Buches – Information – als eine ontologische Entität oder gar ein kosmologisches Prinzip betrachten. So führt also das Buch des Lebens zurück zum jahrtausendealten Rätsel Schöpfung versus Offenbarung. Im Anfang war das Wort? Wenn das Genom geschrieben worden ist, wo liegt der Ursprung dieser Schrift, wem läßt sie sich zurechnen und worin besteht ihre Materialität?

Diese Frage läßt sich von drei verschiedenen Gesichtspunkten aus beantworten: einem objektivistischen, konstruktivistischen oder dekonstruktivistischen. Unter objektivistischem (platonistischem oder logozentrischem) Blickwinkel würde der Natur selbst die Autorschaft des

Buches zugerechnet. Durch ein zufälliges Zusammentreffen präbiotischer Ereignisse (manche würden sagen: informationsgetriebener) entstand die (Zufalls-)DNA-Sequenz – das Wort –, welche schließlich die primitiven Proteine instruierte. Millionen Jahre von Evolution, von Mutationen und natürlicher Selektion führten schließlich zu zunehmend komplexeren und informationsreicheren organischen Aggregaten, mehrzelligen Formen, sogar mit Sprache begabtem Leben. In dieser Perspektive sind Natur und Buch der Natur ein und dasselbe: Ursprung, Agent *und* Resultat dieser weltlichen molekularen Schrift ist die Natur: Sie ist Autor und Schrift in einem. Unabhängig von menschlichem Handeln hat sie existiert, sie ging menschlicher Erfindung voraus und wartete nur auf ihre Entschlüsselung. Ihre unzweideutige Lektüre wurde schließlich durch materielle und theoretische Werkzeuge der Molekularbiologie möglich. In einer solchen Perspektive werden jedoch nicht die Darstellung und Konstruktion der Werkzeuge selbst erforscht, d.h. ihre physische und diskursive Gestaltung, noch wird gefragt nach kognitiven Voraussetzungen, technologischen Imperativen und disziplinären und sozialen Festlegungen, die hinter diesen Vorstellungen von der Vererbung als Information und Schrift stehen.

In konstruktivistischer Sicht wären dagegen die Wissenschaftler selbst Agenten der molekularen Schrift. Damit würde nicht zwangsläufig bestritten, daß Objekte außerhalb des Denkens existieren; weder die Existenz von Genen noch die Korrelation zwischen Codons und Aminosäuren würde negiert. Bestritten würde aber der objektivistische Anspruch, daß diese Entitäten und Phänomene selbst sich den Praktikern für eine transparente Lektüre darbieten, und nicht erst vermittelt durch die eigenen Repräsentationsweisen der Wissenschaftler, seien diese nun theoretisch, materiell, diskursiv oder sozial. In konstruktivistischer Sicht würden die Forscher nicht bloß die DNA-Sprache entziffern oder einen bereits existierenden Genom-Text lesen, sondern sie selbst würden die Repräsentation von genetischen Phänomenen als *Schrift* aktiv hervorbringen; sie würden Vorstellungswelten des Textes, seiner Botschaften, Buchstaben und Worte *konstruieren*. Demnach wären es die Molekularbiologen, die das Buch des Lebens schrieben.

In dekonstruktivistischer oder poststrukturalistischer Perspektive wird unter Repräsentation eine Dialektik zwischen *episteme* und *techne* verstanden, und damit werden Repräsentation, Handlungsträger und Systeme der Bedeutungsherstellung weiter problematisiert. Während auch von dieser Seite her nicht bestritten würde, daß solche Objekte wie Gene oder Proteine außerhalb des Denkens existieren, würde dennoch die objektivistische Prämisse in Frage gestellt, wonach jene sich selbst als Objekte – beispielsweise als Code – außerhalb jeder diskursiven Entstehungsbedingungen konstituieren könnten. Ebenfalls mit einem Fragezeichen versehen würde die konstruktivistische Auffassung, wonach die Hervorbringung von Wissen menschlich determiniert wäre. Denn für den poststrukturalen Ansatz können solche diskursiven Bedingungen nicht als rein sprachliche gelten; im Gegenteil, sie durchdringen die ganze materiale Dichte der vielfältigen Institutionen, Rituale und Praktiken, durch die Diskursformationen strukturiert werden. In dieser Perspektive geht man also davon aus, daß sobald beim genomischen Buch des Lebens die Festlegung auf eine bestimmte – materielle, diskursive, soziale – Repräsentation des Lebens vollzogen ist, diese als eine Art Handlungsträger agiert, der Gedanken und Handlungen von Biologen sowohl ermöglicht als auch einschränkt. Es ist gewissermaßen die Repräsentation selbst, die Vorstellungen und Denken leitet, wie es bei den Idiomen »Information« und »Sprache« deutlich der Fall war. Demnach bilden die Wissenschaftler nur eines von vielen Elementen, wozu weiterhin Organismen, Werkzeuge, Theorien, Sprache, Disziplinen, Institutionen und Politik gehören, und sie alle zusammen bilden den Repräsentationsraum, in dem techno-epistemische Ereignisse stattfinden. Der Handlungsspielraum der Akteure, vom Entwurf der Experimente bis hin zur Darstellung und Interpretation der Daten, ist immer schon durch diesen Raum vermittelt. In poststrukturalistischer Perspektive, von der dieses Buch getragen ist, ist es die Schrift selbst, die schreibt. Denn sobald die Molekularbiologen die skripturalen Repräsentationen des genetischen Codes übernahmen, sobald sie sich, bewußt oder auch nicht, dem Informationsdiskurs und den begleitenden Analogien eines genomischen Schreibens und Lesens verschrieben, wurden diese Repräsentationen konstitutiv für die Überlegungen der Entschlüssler; ihre Arbeit wurde geformt durch die neue Biosemiotik der Kommunikation.

Letztendlich hat von allen drei Standpunkten aus, dem objektivistischen, konstruktivistischen und poststrukturalistischen, das Buch des Lebens immer als eine überzeugende Metapher im Denken und im Laboratorium fungiert, als eine Form des Wissens und Handelns. Dennoch steckt darin die jahrtausendealte Aporie einer stummen Sprache und eines Buchs ohne Autor, ein Problem mit konkreten epistemischen, kulturellen und ökonomischen Folgen. Denn selbst wenn das Genom ein Text und DNA eine Sprache wäre, ließe sich das »Buch des Lebens« kaum unzweideutig lesen: Sprache ist kontextabhängig und Worte sind mehrdeutig. Sobald die komplexe genetische, zelluläre, organismische und umweltbezogene Kontextabhängigkeit der DNA berücksichtigt wird, wird es schwierig, der molekularen Syntax die biologische Bedeutung zu entlocken. (Eine reine Kausalität von unten nach oben reicht als Erklärung nicht aus.) Selbst auf der einfachsten biochemischen Ebene läßt sich die Proteinfaltung – der Schlüssel zur Physiologie und zur Medikamentenentwicklung – nicht aus der DNA-Sequenz oder dem »Wort« ableiten, ganz zu schweigen von höherstufigen Genomfunktionen, von mehrzelliger Organisation. Wenn der »Kontext« selbst problematisiert wird (z. B.: was heißt »Innen« und »Außen« des Systems?) und man epigenetische Netzwerke in die Analyse mit einbezieht, werden die dynamischen Prozesse, die den Genotyp mit dem Phänotyp verbinden, ungeheuer komplex. In all ihrer äußerst feinen Polysemie, Ambiguität und ihren biologischen Nuancen dürften sich genetische Botschaften weniger wie eine Gebrauchsanweisung lesen lassen, sondern eher wie Dichtung. Meine historische Untersuchung könnte also dazu dienen, die Rolle der DNA als treibende Kraft der ganzen subtilen Vielfalt des Lebens, vom Archeopterix zu thermophilen Mikroorganismen, weiter in Frage zu stellen, und so dabei helfen, die Umklammerung des genetischen Determinismus auf dem »Marktplatz der Ideen« zu lockern.

Zuletzt noch eine kurze Überlegung zur Sprache: Als ich mich auf eine kritische Untersuchung über die Sprache der DNA einließ, habe ich versucht, soweit wie möglich jene Terminologie zu vermeiden, die gerade in dieser Studie einer Überprüfung unterzogen wird – »Information«, »Sprache«, »Code« –, oder zumindest ihren metaphorischen Status oder historische Verwendungsweise zu kennzeichnen. Letztlich setzen die sich überschneidenden Resonanzen dem sprachlichen Auflösungsvermögen eine Grenze. So ist auch mein Buch, nicht anders als das genomische »Buch des Lebens«, dem gleichen Gewirr diskursiver Ursprünge und ihrer Kontextabhängigkeit unterworfen. Nicht immer ließ sich diesem sprachlichen Spiegelkabinett entkommen.

Verzeichnis der Abkürzungen

AEC Atomic Energy Commission (Atomenergiekommission)
AIP American Institute of Physics
AMA American Medical Association
AMP Applied Mathematics Panel
APS American Philosophical Society
BLA Bell Laboratory Archive
CALTECH
bzw. CIT California Institute of Technology
CIW Carnegie Institution of Washington
CNRS Centre National de la Recherche Scientifique
DGRST Délégation Générale à la Recherche Scientifique et Technique
DOD Department of Defense
EDVAC Electronic Discrete Variable Arithmetic Computer
EMBO European Molecular Biology Organization
ENIAC Electronic Numerical Integrator and Calculator
FCP French Communist Party
ICBM Intercontinental Ballistic Missile
JPL Jet Propulsion Laboratory
LC Library of Congress
MIT Massachusetts Institute of Technology
NAS National Academy of Sciences
NASA National Aeronautics and Space Administration
NATO North Atlantic Treaty Organization
NDRC National Defense Research Council
NHI National Health Insurance
NIH National Institutes of Health
NSA National Security Administration
NSC National Security Council
OSRD Office of Scientific Research and Development
OSU Oregon State University
PHS Public Health Service

PNAS	Proceedings of the National Academy of Sciences
RAC	Rockefeller Archive Center
SAIP	Service des Archives de L'Institut Pasteur
SIS	Signal Intelligence Service
TMV	Tabakmosaikvirus
UCB	University of California at Berkeley
UCSD	University of California at San Diego
UIA	University of Illinois Archive
USAF	United States Air Force
USDA	United States Department of Agriculture

1 Der genetische Code:
Vorstellungswelten und Praktiken

Inzwischen wird das menschliche Genom allgemein als Informationssystem angesehen und, noch spezifischer, als ein in der Sprache der DNA oder in DNA-Code geschriebenes »Buch des Lebens«, das gelesen und editiert werden kann. Eine Episode aus dem PBS-Fernsehprogramm *Nova* mit dem Titel »Das Buch des Lebens entschlüsseln« warb für das *Human Genome Project* als eine Schriftmission. In einer Schlüsselszene nimmt ein sympathisch aussehender Molekularbiologe in weißem Kittel einen Band dieses »Buchs des Lebens« aus dem Regal und erklärt, wie sich genetische Druckfehler in den Sequenzen des DNA-Texts auffinden lassen.[1] Bei anderer Gelegenheit sagt Walter Gilbert, Molekularbiologe aus Harvard, Nobelpreisträger und vermutlich der erste, der für die Patentierung von Gensequenzen eintrat, daß es bald möglich sein wird, drei Milliarden DNA-Basen auf einer einzigen CD unterzubringen. »Man wird in der Lage sein«, behauptet er, »eine CD aus der Tasche zu ziehen und zu sagen: ›Hier ist ein menschliches Wesen. Das bin ich!‹ ... Zu wissen, daß wir von einer endlichen Informationssammlung determiniert sind, die erkennbar ist, wird unsere Sicht von uns selbst verändern. Eine intellektuelle Grenze wurde geschlossen, und damit müssen wir fertig werden.«[2] Das sind Visionen vom »Informations-Menschen«, und dieses Bild wird nicht nur aus der Tasche gezogen, wenn das öffentliche Verständnis für die Wissenschaft gefördert werden soll. Gegenüber einem großen Publikum von Fachleuten argumentiert der Biotechnologie-Star David Jackson folgendermaßen: »Um eine Sprache zu beherrschen, muß man in der Lage sein, in ihr zu *lesen*, zu *schreiben*, zu *kopieren* und zu *editieren*. Die funktionalen Äquivalente jedes dieser Aspekte der Sprachbeherrschung sind nun in Technologien verkörpert, um mit der Sprache der DNA umzugehen.«[3] Außer auf Auslegung wartet das Buch des Lebens offenbar auf Überarbeitung.

Das Auftauchen einer Unterdisziplin namens DNA-Linguistik in den achtziger Jahren macht deutlich, daß die »Sprache der DNA« nicht bloß in den Bereich der Popularisierung oder Rhetorik gehört; eher stellt sie eine Vorstellung dar, die durch Intervention operationale Kraft gewinnt. Auch wenn dieses Forschungsfeld nicht zum molekularbiologischen Mainstream gehört, wird daran deutlich, was es heißt, eine Metapher wörtlich zu nehmen. In den sechziger Jahren zunächst im Rahmen des linguistischen Strukturalismus vom angesehenen Sprachwissenschaftler Roman Jakobson vertreten, wurde die DNA-Linguistik dann dem strengen Paradigma Chomskys angepaßt. Auf der Suche nach der biologischen Bedeutung wandten sich theoretische Biologen der generativen Grammatik zu; sie sahen in ihr ein begriffliches Grundgerüst, um genomische Organisation und Regulation der Genexpression in prokaryotischen und eukaryotischen Systemen zu verstehen. Diese Suche ist noch dringlicher geworden, seit von den verschiederen Projekten zum menschlichen Genom immer neue Sequenzen entdeckt werden und ihr Status ermittelt werden muß: Sind sie codierend, regulierend, normal, abnormal oder sogenannte »junk DNA« (95–97% des Genoms)? Diese Beispiele beleuchten die zunehmende Präsenz der Bioinformatik wie auch die weitverbreitete Vorstellung einer DNA-Sprache. Wie Robert Pollack beobachtet, demonstrieren sie auch den meist sehr naiven Glauben, daß der genomische Text eine eindeutige Lesart hat und einer Textverarbeitung zugänglich ist – in Form von Rechtschreibprüfung, Löschen, Hinzufügen und Herausschneiden von DNA-Sequenzen.[4]

Die Darstellungen der Vererbung als Information und Schrift sind weder neu noch unproblematisch. Seit der Antike gibt es die Metapher vom »Buch des Lebens« und ihre nachfolgende Variante vom »Buch der Natur«; ihre Aporien sind von alten und modernen Forschern untersucht worden.[5] Der Informationsdiskurs verlieh der Metapher einer transzendenten Schrift jedoch eine neue und scheinbar wissenschaftlich legitimierte Bedeutung. Auch in anderen Bereichen der Bio- und Sozialwissenschaften und in unserer gesamten Kultur wurden Entitäten und Prozesse als Informationssysteme umgedeutet. Informationstheoretiker, Kryptologen, Linguisten und Lebenswissenschaftler kritisierten die Probleme (manche würden sagen die Unangemessenheit) dieser Entlehnungen der Molekularbiologie; der Informationsgehalt des Genoms könne nicht genau eingeschätzt werden, argumentierten sie, da die Schlüsselparameter (z. B. Signal, Rauschen, Nachrichtenkanal) nicht angemessen quantifizierbar seien. DNA ist keine natürliche Sprache: Ihr fehlen phonemische Merkmale, Semantik, Satzzeichen und intersymbolische Einschränkungen. Anders als bei jeder beliebigen Sprache ergeben Analysen von »Buchstaben«-Häufigkeiten bei Aminosäuren nur statistische Zufallsverteilungen. Auch besteht keine natürliche Sprache ausschließlich aus Wörtern mit nur drei Buchstaben. Und wäre die DNA schließlich nur eine rein formale Sprache, so dürfte sie bloß eine Syntax, jedoch keine Semantik besitzen. Die Darstellungen des Genoms als Information halten also strenger Überprüfung nicht stand. Von linguistischem und kryptoanalytischem Standpunkt aus gesehen ist der genetische Code kein Code: Er ist nur eine Tabelle mit Entsprechungen, ohne allerdings so systematisch oder vorhersagekräftig zu sein wie etwa das Periodensystem der chemischen Elemente, was zurückgeht auf Kontingenzen, Degenerierungen und Mehrdeutigkeiten in der Struktur dieses »Codes«. Trotzdem haben sich die kulturell beförderten Vorstellungen vom genetischen Code durchgesetzt und machen es inzwischen unvorstellbar, daß Gene nicht schon immer Information übertrugen oder daß die Beziehung zwischen DNA und Protein in etwas anderem bestehen könnte als in einem Code. Dennoch gab es (und vermutlich gibt es) andere mögliche Wege des Wissens. Diese besonderen Repräsentationen sind historisch spezifisch und kulturell kontingent. Der genetische Code ist ein »Epochenstück«, ein Anzeichen für das Auftauchen des Informationszeitalters.

Meine These besagt, daß Molekularbiologen »Information« als eine Metapher für biologische Spezifität verwendeten. Allerdings ist »Information« die Metapher einer Metapher und somit ein Signifikant ohne Referent, eine Katachrese. Als solche wurde sie zu einer unerschöpflichen Quelle für die wissenschaftlichen Vorstellungswelten vom genetischen Code als Informationssystem und Buch des Lebens. Informationsdiskurs und Schriftrepräsentationen des Lebens wurden unentwirrbar verknüpft. Wie ich noch genauer untersuchen will, sind Metaphern überall in der Wissenschaft üblich, doch nicht alle Metaphern sind von Geburt an gleich. Manche, wie die Informations- und Codemetaphern, sind außerordentlich durchschlagend – wegen ihres reichen Symbolismus, ihrer synchronischen und diachronischen Verknüpfungen und ihrer wissenschaftlichen und kulturellen Wertigkeiten. Sie sind Elemente dessen, was James Bono als »kulturelle Poetik der Wissenschaft« bezeichnet hat.[6] »Information«, »Sprache«, »Code«, »Botschaft« und »Text« mögen zwar bemerkenswert zwingende und produktive Analogien darstellen, sie wurden jedoch ontologisch verstanden. Daraus ergeben sich weitreichende Konsequenzen, denn die Grenzen dieser Analogien stellen auch die Beherrschung des genomischen »Buchs des Lebens« in Frage, und damit selbstverständlich auch die technologischen und kommerziellen Ziele seiner »Lektüre« und »Editierung«.

Die Konzeptualisierung, Entschlüsselung und Vervollständigung des genetischen Codes in den Jahren 1953 bis 1967 bedeutete eine der wichtigsten und dramatischsten Episoden in der Wissenschaft des 20. Jahrhunderts und machte die phantastische Reichweite der Molekularbiologie deutlich. Der sogenannte Code – eigentlich eine Korrelationstabelle – gab einen Überblick über die Logik der auf Genen beruhenden Proteinsynthese und lieferte, wie es weithin gesehen wurde, den Schlüssel zum »Geheimnis« des Lebens (Abbildung 1). Er zeigte, wie die vier Basen der RNA: A, U, C, G, in Dreiergruppen permutiert, vierundsechzig Codon-Tripletts ergeben, welche den Zusammenbau von zwanzig Aminosäuren zu unzähligen äußerst fein spezifizierten Proteinen festlegen. Auch wenn dieses synoptische Schema sich anfänglich nur auf Untersuchungen an Bakterien und Viren gründete, wurde es als (nahezu) universeller Code betrachtet, der für nahezu das gesamte pflanzliche und tierische Leben gilt. Von der Transkription bis zur Translation (beides wiederum dem Bereich der Schrift entlehnte operationale Repräsentationen) verband der Code Mechanismen der genetischen Replikation, Mutation und Regulation mit der Nukleinsäure- und Proteinsynthese und spannte so eine Brücke zwischen molekularer Genetik und Biochemie; die genetische »Information« – oder das, was zuvor als biologische oder chemische Spezifität angesehen wurde – diente als diskursives Verbindungsglied zwischen zwei vormals getrennten Forschungsfeldern. Außerhalb des akademischen Bereichs – etwa auf den Seiten der *New York Times* und des *Time*-Magazins – sah man im genetischen Code schon bald das Potential einer Gentechnologie, und zwar noch vor dem Aufkommen der entsprechenden Techniken mit rekombinanter DNA in den siebziger Jahren. Genetische Information bedeutete eine neu entstehende Form von Bio-Macht: Die materielle Kontrolle des Lebens konnte nun ergänzt werden durch die Aussicht auf die Kontrolle seiner Form und seines Logos, seiner Information (der DNA-Sequenz oder des »Worts«).

Um die Formierung des genetischen Buchs des Lebens und seiner sogenannten Sprach- und Informationseigenschaften zu verstehen und kritisch einzuschätzen, zeichne ich seine Abstammungslinie bis in die fünfziger und sechziger Jahre nach, bis zu der theoretischen und an-

Der genetische Code: Vorstellungswelten und Praktiken

1. Position (5'-Ende)	2. Position U	C	A	G	3. Position (3'-Ende)
U	Phe Phe Leu Leu	Ser Ser Ser Ser	Tyr Tyr STOP STOP	Cys Cys STOP Trp	U C A G
C	Leu Leu Leu Leu	Pro Pro Pro Pro	His His Gln Gln	Arg Arg Arg Arg	U C A G
A	Ile Ile Ile Met	Thr Thr Thr Thr	Asn Asn Lys Lys	Ser Ser Arg Arg	U C A G
G	Val Val Val Val	Ala Ala Ala Ala	Asp Asp Glu Glu	Gly Gly Gly Gly	U C A G

Abkürzungen

U Uracil (bei DNA steht T [= Thymin] an der Stelle von U)
C Cytosin
A Adenin
G Guanin

Ala	Alanin	Gly	Glycin	Pro	Prolin
Arg	Arginin	His	Histidin	Ser	Serin
Asn	Asparagin	Ile	Isoleucin	Thr	Threonin
Asp	Asparaginsäure	Leu	Leucin	Trp	Tryptophan
Cys	Cystein	Lys	Lysin	Tyr	Tyrosin
Gln	Glutamin	Met	Methionin	Val	Valin
Glu	Glutaminsäure	Phe	Phenylalanin		

STOP bedeutet »beende die Kette«

Abbildung 1. (Mit leichten Veränderungen) entnommen aus: Francis Crick, *Ein irres Unternehmen,* München und Zürich 1990, S. 230–231. Mit freundl. Genehmigung des Autors.

schließenden experimentellen Phase der Forschung zum genetischen Code. Gewiß war Erwin Schrödingers berühmter Vorschlag einer dem Morsealphabet nachempfundenen »Schlüsselschrift« für die Vererbung aus dem Jahr 1943 – als die DNA noch von geringer Bedeutung war, man noch dachte, Gene seien Proteine, und die Informationstheorie noch nicht geboren war – ein bedeutsamer Moment in der Geschichte der Biologie. Doch der Einfluß dieser engrammatischen Vorstellungswelt auf die Forschungen zum genetischen Code in den fünfziger Jahren ist unklar. Schrödingers Begriffsschöpfungen gehören zu einer älteren epistemischen und kulturellen Epoche, noch weit entfernt vom DNA-Paradigma und seiner Formulierung durch eine Wissenschaftlergeneration, die vom Informationsdiskurs gepackt war. Im Rückblick haben whiggische Mythologien, die sich um Schrödingers *Was ist Leben?* als *den* Vorläufer für den genetischen Code rankten, die historische Natur Schrödingers eigener Überlegungen wie auch den wissenschaftlichen und sozialen Kontext der fünfziger Jahre verdunkelt, d. h. die neue Weltlage, in der die »genetische Decodierung« stattfand.[7]

In der Nachkriegs-Weltordnung veränderten sich die materiellen, diskursiven und sozialen Praktiken der Molekularbiologie. Durch Informationstheorie, Kybernetik, Systemanalysen, elektronische Computer und Simulationstechniken wandelten sich die Vorstellungen von belebten und unbelebten Phänomenen grundlegend. Die neuen Kommunikationswissenschaften führten zu einer Umorientierung der Molekularbiologie (wie auch in unterschiedlichem Ausmaß anderer Bio- und Sozialwissenschaften), noch bevor 1953 der Paradigmenwechsel von der auf Proteinen beruhenden hin zur auf DNA aufbauenden Erklärung der Vererbung stattfand. Im Rahmen eines Informationsdiskurses wurden der genetische Code als Forschungsobjekt und Schrifttechnologie konstituiert und das Genom als modernes Buch des Lebens vertextet. Auch der Darstellungsraum und das Terrain der Molekularbiologie wandelten sich, teilweise durch die wachsende Beteiligung von Physikern. Die institutionellen Strukturen dieser Disziplin wurden im Rahmen von Organisationen des Kalten Krieges weltweit neu konfiguriert, unter militärischer Schirmherrschaft und noch nie dagewesener Bereitstellung von Regierungsmitteln für die wissenschaftliche Forschung. Kurzum, seit den fünfziger Jahren wurden die diachronischen Resonanzen eines Buchs des Lebens verstärkt von der synchronischen Artikulation der DNA als programmiertem Text, und Information wurde zum stimulierenden *Primum Mobile*. Der genetische Code wurde zum Ort der Steuerung und Kontrolle des Lebens.

Dieses Buch ist chronologisch aufgebaut und besteht aus sieben Kapiteln. Um den Übergang zum Informationsdiskurs zu verstehen, um zu verstehen, was er verdrängte, aufnahm, neu schöpfte und umdeutete, gibt Kapitel 2 – »Räume der Spezifität: der molekularbiologische Diskurs vor dem Informationszeitalter« – einen Überblick über die vorangegangene Ära. Ich seziere darin den Diskurs der Molekularbiologie und den genetischen Code in den vierziger Jahren, als das biosemiotische Repertoire der Kommunikationswissenschaften noch nicht existierte. Die Repräsentationen und Praktiken der Molekularbiologie situiere ich in institutionellen Strukturen, disziplinären Festlegungen und sozialen Erfahrungen der Zeit zwischen den beiden Weltkriegen; ein Schwerpunkt liegt im kulturellen Projekt der Rockefeller-Stiftung. (Ich greife hier auf eigene frühere Forschungen zurück.) Dieses Kapitel beantwortet die Frage: »Was taten die Gene, bevor sie Information übertrugen?« Damals wurde die Funktionsweise des Gens mit dem Schlüsselbegriff der biologischen und chemischen *Spezifität* erklärt. Seit der Jahrhundertwende war Spezifität ein leitendes Thema in der gesamten biowissenschaftlichen Forschung und wurde hauptsächlich im älteren Diskurs der Organisation artikuliert. Ich behaupte, daß später vermutlich das Konzept der Spezifität auf komplizierten Wegen gegen *Information* ausgetauscht wurde.

Kapitel 3, »Diskursproduktion: Kybernetik, Information, Leben«, untersucht den Aufstieg von Kybernetik und Informationstheorie in den späten vierziger Jahren und das Auftauchen des Informationsdiskurses innerhalb der Biologie in den frühen fünfziger Jahren. Beide Entwicklungen vollziehen sich in neuen Bedeutungsregimen, insbesondere im Rahmen des akademisch-militärisch-industriellen Komplexes in der Nachkriegszeit. Dieses Kapitel beschäftigt sich mit den Arbeiten von Norbert Wiener, Claude Shannon und John von Neumann sowie der Anwendung ihrer Ideen auf die Molekularbiologie durch Henry Quastler und seine Kollegen. Es bietet einen soliden Ausgangspunkt sowohl in epistemischer als auch sozialer Hinsicht, um einige der Überlappungen und die vielen Abweichungen zwischen der mathematischen Kommunikationstheorie und ihren Anwendungen in der Biologie zu verstehen; auch die Unterscheidung zwischen Informationstheorie und Informationsdiskurs sollte hier verständlich werden.

Kapitel 4, »Skripturale Technologien: genetische Codes in den fünfziger Jahren«, erzählt, wie in der theoretischen Phase der fünfziger Jahre die Arbeit am genetischen Code sich der Informationstheorie und ihrer verschiedenen Tropen bediente, und stellt die Decodierungsbemühungen in den Zusammenhang der Militärkultur des Kalten Kriegs. Über eine Analyse der Arbeiten von George Gamow, des sogenannten »RNA-Krawattenclubs« und seiner Mitarbeiter (Physiker, Mathematiker, Kryptologen, Computeranalytiker und Nachrichteningenieure) sowie eine Untersuchung der Entschlüsselungsforschungen am Tabakmosaikvirus zeige ich, wie das frühere zentrale Problem der biologischen Spezifität durch den Informationsdiskurs (re-)repräsentiert bzw. in eine andere Form gegossen wurde. Manchmal in einem technischen Sinne, meist jedoch in einem metaphorischen, wurde die genetische Spezifität einer Revision unterzogen und als skripturale Technologie reformuliert, die sich an der Schnittstelle mehrerer ineinandergreifender Nachkriegsdiskurse situierte: Physik, Mathematik, Informationstheorie, Kryptoanalyse, elektronische Computer und Linguistik. Allerdings konnten auch die leistungsstärksten Computertechnologien zur Kryptoanalyse den sogenannten genetischen Code nicht entschlüsseln, denn technisch gesehen handelt es sich um keinen Code.

Kapitel 5, »Die Pasteur-Connection: Enzymkybernetik, Informationsgen und Messenger-RNA« hat hauptsächlich zwei Funktionen. Zum einen rekonstruiert es die Studien von Jacob und Monod in den fünfziger Jahren, in denen die genetische Regulation der Enzymsynthese bei E. coli-Bakterien demonstriert wurde (das sogenannte »Operon-Modell«), und die schließlich in einer mehrstufigen internationalen Zusammenarbeit zur Konzeptualisierung und Identifizierung der Messenger-RNA führten. Dieser Begriff und die Herstellung künstlicher RNA-Boten gaben der Herangehensweise an das Codierungsproblem eine neue Richtung und mündeten 1961 in die Entschlüsselung des Codes. Zum zweiten zeigt dieses Kapitel, wie kybernetische Modelle und Informationsvorstellungen das begriffliche Grundgerüst bereitstellten, um experimentelle Ergebnisse zu interpretieren und nachfolgende Experimente zu entwerfen. Im Rahmen des Informationsdiskurses wurde die Proteinsynthese in den späten fünfziger Jahren als programmiertes Kommunikationssystem umgedeutet.

Kapitel 6, »Informationsmaterie: die Schreibung genetischer Codes nach 1960«, erzählt von der Arbeit am genetischen Code während der zweiten, experimentellen Phase und stellt diese Arbeit in den Zusammenhang der gewaltigen wissenschaftlichen Investitionen in der Nach-Sputnik-Ära und der beginnenden öffentlichen Debatten über Biotechnologie. Dieses Kapitel zeichnet die Lösungsansätze von Marshall Nirenberg für das Problem der Proteinsynthese nach, angefangen bei seinem Eintreffen an den NIH, über die dramatischen Ereignisse, die seine und Matthaeis Entschlüsselung des Codes im Frühjahr 1961 begleiteten, bis hin zu dem grimmigen Wettlauf, der dann zwischen zahlreichen Forschern in führenden Laboratorien einsetzte, um den Code zu vervollständigen. Das nahm sechs Jahre in Anspruch (anstelle des erwarteten einen), erforderte zusätzliche technische Kraftakte und die Beteiligung Hunderter Forscher. Obwohl diese Forschungsphase hauptsächlich eine biochemische war (ergänzt durch genetische Analysen), orientierten sich die Laborpraktiken jetzt an den diskursiven Strukturen, die bereits während der theoretischen Phase aufgebaut worden waren. Erbmaterial wurde zu Informationsmaterial, und die Informationsrepräsentationen des Codes wurden buchstäblich materialisiert. Vor allem dem Enthusiasmus des angesehenen Linguisten Roman Jakobson war es zu verdanken, daß das Genom in den späten sechziger Jahren als in natürlicher Sprache geschriebener Text akzeptiert wurde, der sogar (wie manche behaupteten) einer linguistischen Analyse, ja einer biologischen »Semantik« zugänglich war. Als die Linguistik, wie die Biologie, in den fünfziger Jahren in den Bann des Informationsdiskurses geriet, tauchten – wen wundert es? – die beiden Entitäten Sprache und DNA mit ähnlichen Merkmalen auf. Daher ist die Geschichte des genetischen Codes mit der Vervollständigung des letzten seiner Codons (»Wörter«) nicht beendet. Vielmehr wurde seine Geschichte mit der Geschichte der Linguistik verflochten.

Kapitel 7, »Im Anfang war das Wort? (die Welt?)«, unterstreicht und kritisiert Schlüsselepisoden in der Vertextung des Genoms von den sechziger Jahren bis in die Gegenwart, mit besonderem Augenmerk auf Roman Jakobson. Zunächst untersuche ich seine Bemühungen, die Linguistik (den Strukturalismus) als eine auf Informationstheorie aufbauende Wissenschaft umzuformulieren, um anschließend zu prüfen, wie er diese neu konfigurierte Linguistik auf den genetischen Code anwandte. Er bediente sich hier nicht bloßer Analogien, sondern sah den Code als eine natürliche Sprache an. In diesem Kapitel folge ich dem Informationsdiskurs und der Vertextung des genetischen Codes bis in ihre letzten Konsequenzen: Information als Ursprung des Lebens, als Einheit von Evolution und natürlicher Selektion. Ich untersuche schließlich das chimärische Buch des Lebens als einen Text, der sich verheddert in Paradoxien von sprachloser Kommunikation, autorlosem Schreiben und dem Akt der (Neu)Schöpfung als Offenbarung.

Genetischer Code und Kalter Krieg

> Wenn man sieht, wie nahezu alle unsere Zeitschriften, ganz gleich aus welchem Bereich, die Titan-Rakete oder Atlas[-Rakete] oder Feststoffantrieb oder ähnliche Dinge abbilden, so kann man sich des Eindrucks nicht erwehren, daß unser Denken davon stark beeinflußt wird, um nicht zu sagen hinterhältig durchdrungen, bis wir schließlich glauben, daß dieses Land sich ausschließlich mit Waffensystemen und Raketen beschäftigt.
>
> *Dwight Eisenhower*[8]

Geschichte, Bedeutung und Einfluß des Kalten Krieges werden inzwischen von Forschern neu überdacht. Nicht nur die Bereiche Diplomatie, Sicherheit und militärisches Engagement wurden von ihm geprägt, sondern alle Facetten des amerikanischen Lebens und der internationalen Beziehungen; dazu gehören auch nahezu sämtliche akademische Disziplinen, vor allem die Natur- und Sozialwissenschaften. Nachdem Paul Forman 1987 als erster die Aufmerksamkeit auf den militärisch beförderten Wandel der Nachkriegsphysik gelenkt hatte, haben die Wissenschaftsforscher bis vor kurzem hauptsächlich die zentrale Rolle der physikalischen Wissenschaften in der Zeit des Kalten Kriegs untersucht. Doch selbst die Gebiete der Bio- und Sozialwissenschaften, wie auch historische Forschung und Wissenschaftsgeschichte (worauf Peter Novick hingewiesen hat) – Disziplinen, die von strategischer Verteidigung und Waffenentwicklung weit entfernt lagen – waren bis zu einem gewissen Grade betroffen. So änderten sich während des Kalten Kriegs beispielsweise ihre institutionellen Rahmenbedingungen, Organisationsstrukturen, Schirmherrschaften, die Größenordnung und der Stil ihrer finanziellen Förderung, ihre wissenschaftlichen Vorstellungswelten und Diskurse. Molekularbiologie und Genetik teilen dieses Erbe. Damit will ich nicht andeuten, daß alle, die zum genetischen Code beitrugen, den militärischen Konsens teilten; in der Tat engagierten sich Jacques Monod und Leo Szilard politisch gegen den Kalten Krieg. Dennoch teilten alle Wissenschaftler einige Vorstellungswelten und Diskurse dieser kulturellen Hegemonie.[9]

Zwei aufeinanderfolgende Phasen – eine formalistische und eine am Material arbeitende – kennzeichneten die Erforschung des genetischen Codes, seine Vertextung und seine Umdeutung als Informationssystem; doch diese Phasen unterschieden sich in ihren sozialen und institutionellen Verbindungen und im Zusammenspiel der verschiedenen Disziplinen. Die mathematisch-genetische Phase, 1953–1961, umspannte die Periode von der Bestimmung der Struktur der DNA durch James Watson und Francis Crick (wobei die Bedeutung der DNA als genetische Information übertragender Code zunahm), bis hin zur dramatischen Entschlüsselung des Codes durch Marshall Nirenberg und Heinrich Matthaei im Mai 1961. Die Arbeit in dieser Phase war inspiriert von George Gamow und geprägt von den Anstrengungen von ungefähr zwei Dutzend Forschern, die oft Schlüsselstellungen in Verteidigungsprojekten innehatten, darunter Physiker, Mathematiker, Kryptologen, Systemanalytiker und physikalische Chemiker. Einige der bedeutendsten Theoretiker erprobten an dem widerspenstigen Code ihren Scharfsinn, auch wenn die entscheidenden Beiträge schließlich dem Einfallsreichtum einer Handvoll Biologen und Biochemiker zu verdanken waren.

In dieser Phase versuchten die Forscher, den Code schlußfolgernd abzuleiten, indem sie DNA-Input rigoros mit Protein-Output verglichen; sie wollten den Code kryptographisch entschlüsseln, ohne je die Black Box der Proteinsynthese zu öffnen. Die Aminosäuresequenz des Insulins als erstem Protein, das sequenziert werden konnte (in den frühen fünfziger Jahren durch Frederick Sanger in Cambridge, England), diente in diesem Black-Box-Ansatz anfangs als Quelle für »Output«-Information. Kurz darauf fungierte die Aminosäuresequenz des Proteins in der Hülle des Tabakmosaikvirus (teilweise bekannt in der Mitte der fünfziger Jahre und 1960 vervollständigt) als »Stein von Rosette«, um zwischen Aminosäuren der Virenhülle und Nukleotid-Tripletts in ihrem RNA-Innern Entsprechungen herzustellen (verwandte Virenstämme lieferten die Vergleichsdaten). In den späten fünfziger Jahren wurden chemische Mutagene, vor allem Nitriersäure, zu leistungsfähigen Werkzeugen, um die RNA-Basen der Viren zu verändern und diese zu entsprechenden Aminosäure-Änderungen in Beziehung zu setzen; die mühsam gewonnenen Daten von Aminosäure-Ersetzungen leisteten den Theoretikern gute Dienste. Und ein bemerkenswert produktives Experimentalsystem der Molekulargenetiker – die Replikations- und Mutationsmechanismen bei Bakteriophagen (winzige Viren, die empfängliche E. coli-Bakterien infizieren) – gab Einblicke frei in die Beziehungen zwischen Proteinen und Nukleinsäuren.

Doch alles in allem war es der MANIAC-Computer in Los Alamos, der die eindrucksvollste Hardware während dieser ersten Phase darstellte. Verschiedene technische Manipulationen wurden eingesetzt bei diesem »Papier und Stift«-Ansatz der genetischen Decodierung: Kryptoanalyse, Informationstheorie, mathematische Codierungstheorien, Monte-Carlo-Simulationen, statistische Analysen und symbolische Logik. Durch diese in relativ gemächlichem Tempo voranschreitenden Studien wurde das Genom allmählich textualisiert, denn die beteiligten Forscher transportierten den Informationsdiskurs mit seinen Tropen und Semiotiken in die Molekularbiologie und konfigurierten damit deren Repräsentationsraum neu. Wie andere damalige Formen der Wissensproduktion kann auch der genetische Code als Teil der kulturellen Erfahrung des Kalten Krieges angesehen werden, insofern er ein Leitsymbol biologischer Befehls- und Kontrollgewalt darstellte.

Der Ausdruck *Kalter Krieg* stammt aus dem Jahr 1946, und in ihm verdichtete sich dann die umfangreiche Militarisierung des Westens. In den fünfziger Jahren bildete sich eine von Amerika ausgehende politische Hegemonie heraus, die ein neues Weltsystem mit sich brachte: die Pax Americana. Thomas J. McCormick hat ihre hervorstechenden Merkmale aufgelistet: ökonomische Vormachtstellung, hochtechnologische und hochprofitable Industrien, deutliche militärische Überlegenheit sowie ideologische und kulturelle Macht. Großbritannien – sehr abhängig von amerikanischen Dollars, Gütern, Technologie und vor allem Verteidigung – wurde zu Amerikas engstem Verbündeten in der westlichen Hegemonie; seine gewaltigen Verteidigungsausgaben machten dieses Land Ende der fünfziger Jahre zur führenden europäischen Militärmacht. (Wie es sich so traf, schlossen britische und amerikanische Molekularbiologen auch die engste wissenschaftliche Allianz.) Weitere wichtige außenpolitische Ziele in den fünfziger Jahren: der französische Widerstand gegen die amerikanische Vorherrschaft in der NATO sollte überwunden und Deutschland wiederbewaffnet und integriert werden.[10]

In der Nachkriegszeit bildete der Militärhaushalt die Säule der amerikanischen Außen- und Innenpolitik und des wirtschaftlichen Aufschwungs. 1949, als das amerikanische Verteidigungsministerium eingerichtet wurde (durch Zusammenlegung der Ministerien für Marine, Armee und Luftwaffe), gaben die Vereinigten Staaten ungefähr 13 Milliarden Dollar jährlich für ihren Verteidigungshaushalt aus. In einer Vorlage des *National Security Council* (NSC-68), die in den fünfziger Jahren von Präsident Truman genehmigt wurde und eines der wichtigsten Dokumente überhaupt in der amerikanischen Geschichte darstellt, wird klar die Verpflichtung formuliert, den später so genannten *national security state* des Kalten Kriegs aufzubauen, wofür man zwischen 37 und 50 Milliarden Dollar pro Jahr auszugeben bereit war. Damals war es noch unklar, wie solche Summen einem steuerpolitisch konservativen Kongreß zu entlocken waren, doch wie Außenminister Dean Acheson später bemerkte, »kam dann Korea, und das hat uns gerettet«. Innerhalb der von Präsident Eisenhower und Außenminister John Foster Dulles betriebenen Geopolitik »des äußersten Risikos« und mit der »Dominotheorie« totalitaristischer Staaten schnellte der Verteidigungshaushalt 1953 auf mehr als 50 Milliarden Dollar in die Höhe (also eine Verdoppelung seit 1951). Er erhielt noch einmal zusätzlichen Auftrieb, als 1958 der *National Defense Security Act* verabschiedet wurde, der eine Antwort auf den Start des sowjetischen *Sputnik I* am 4. Oktober 1957 darstellte.[11]

Finanzielle Unterstützung für die Wissenschaft kam in den Jahren nach 1950 hauptsächlich vom Verteidigungsministerium, von der militärisch kontrollierten Atomenergiekommission (AEC) sowie von der NASA (*National Aeronautics and Space Administration*). Geld wurde ausgegeben für die Forschung an Nuklearwaffen, Weltraumforschung, immer schnellere elektronische Rechner, bakteriologische Kriegsführung, biologische Strahlenforschung und für Techniken sozialer Kontrolle; damit war die wissenschaftliche Forschung in den physikalischen, Bio- und Sozialwissenschaften ins Zentrum der Wissensproduktion im Kalten Krieg gerückt. Wie Paul Forman und Stuart Leslie dokumentiert haben, ermöglichte dieser massive Aufbau militärischer Technologien und Bürokratien die Expansion der amerikanischen Physik. Die Wissenschaft übernahm eine Schlüsselrolle in der Hegemonie der nationalen Sicherheit und im NATO-Bündnis. Paul Edwards hat behauptet, daß die Computerentwicklung ähnlich von einem militärischen Konsens geformt wurde und ihrerseits wiederum dazu beitrug, diesen zu formen; daß Materialität und Design der Computer sich auf Diskurse von der Welt als geschlossenem bipolaren System gründeten, verankert in der amerikanischen und sowjetischen Herrschaftssphäre.[12]

Eine ähnliche, wenn auch abgeschwächte Argumentation läßt sich für die Bio- (und Sozial-)Wissenschaften anstellen, wie Donna Haraway vor fünfzehn Jahren angemerkt hat.[13] Als in den Vereinigten Staaten die Rockefeller-Stiftung sich aus den Lebenswissenschaften zurückzog, änderte sich die Förderungsstruktur in der Molekularbiologie qualitativ wie quantitativ. In den fünfziger Jahren entwickelte sich ein festes Band zwischen Biologen, insbesondere Genetikern, und dem Militär. Zwischen 1950 und 1955 kamen 53 Prozent der gesamten bundesstaatlichen Mittel (120 Millionen Dollar) für die biologischen und medizinischen Wissenschaften (ohne Landwirtschaft) von der Atomenergiekommission AEC und vom Verteidigungsministerium. Von 1955 bis 1960 gingen diese militärischen Mittel auf ungefähr 29 Prozent der Gesamtförderung (inzwischen 440 Millionen Dollar) zurück, da andere Quellen aus dem Bundeshaushalt, allen voran die *National Institutes of Health* (NIH), aber auch die *National Science Foundation* (NSF), die NASA und mehrere private Stiftungen eine größere Rolle bei der Finanzierung des biomedizinischen Bereichs übernahmen. Nicht nur wurden Blockstipendien an Universitäten und AEC-Stipendien an einzelne Wissenschaftler vergeben, sondern die molekularen Biowissenschaften entfalteten sich in AEC-finanzierten staatlichen Laboratorien, vor allem in Argonne, Brookhaven und Oak Ridge.[14] Wie John Beatty dokumentiert hat, war die AEC ein wichtiger Schirmherr der Genetikforschung. In den fünfziger Jahren stammte die Hälfte der Bundesförderung für genetische Forschung in den Vereinigten Staaten (und darüber hinaus für viele Projekte weltweit) von der AEC; ungefähr 20 Prozent der aktiven Mitglieder der amerikanischen Genetikergesellschaft (*Genetic Society of America*) waren in AEC-geförderter Forschung tätig. Sie alle wurden in der McCarthy-Ära Sicherheitsüberprüfungen unterzogen und mußten den Loyalitätseid ableisten. Wenn auch nicht so stark wie die physikalischen Wissenschaften, waren auch die Lebenswissenschaften in den fünfziger Jahren eingebettet in einen Komplex, den Senator J. William Fulbright als *militärisch-industriell-akademisch* charakterisierte und Admiral Rickover kritisch den *militärisch-wissenschaftlichen Komplex* nannte.[15]

An institutionellen Verbindungsstellen zwischen Wissenschaft und Militär verliefen die Einflüsse in beiden Richtungen. Die neu entstandene Beziehung veränderte in beiden Bereichen die Handlungs- und Verfahrensweisen und Einstellungen zur Forschung. Was war die Wirkung der militärischen Schirmherrschaft auf Organisation und Inhalt des Wissens? In welcher Weise formte diese massive und systematische Förderung durch das Militär die wissenschaftliche Forschung in den fünfziger Jahren und in nicht geringem Ausmaß sogar die Arbeit am genetischen Code? Nach Mario Biagioli ist Schirmherrschaft nicht eine Ressource, die den Projekten der Wissenschaftler äußerlich bleibt. So teilen beispielsweise Mediceische und militärische Höfe einige allgemeine Merkmale: Bei beiden manifestiert sich die Macht der Schirmherrschaft in Organisation und Praktiken der Wissenschaft. Das Netzwerk militärischer Institutionen, welche die wissenschaftliche Forschung förderten, definierte die Bedingungen der Möglichkeit für die Hervorbringung bestimmter Formen von Wissen. Wie Ian Hacking bemerkt hat (darin Eisenhower folgend), beschränkt sich militärische Macht nicht auf deutliche Beweise militärischen Einflusses wie Verteidigungshaushalt, akademische und industrielle Budgets und die Förderung spezieller Wissenschaftsbereiche, sondern sie erstreckt sich weit in die Welt des Geistes hinein. In der Biologie geschah dies vermittels ihrer verschiedenen Diskurse und Repräsentationen, insbesondere über den Informationsdiskurs und technowissenschaftliche Vorstellungen von Nachrichten- und Kontrollsystemen.[16] Diese Vorstellungswelt wird beleuchtet durch Baudrillards Beobachtung:

Tatsächlich erreicht die »Genese der Simulakren« heute im genetischen Code ihre vollendete Form. Auf dem Höhepunkt einer immer weiter vorangetriebenen Vernichtung von Referenzen und Finalitäten, eines Verlusts von Ähnlichkeiten und Bezeichnungen entdeckt man das digitale und programmatische Zeichen, dessen »Wert« rein *taktisch* durch die Überschneidung mit anderen Signalen (Informationskorpuskel/Test) bestimmt wird, und dessen Struktur ein mikro-molekularer Code von Kommando und Kontrolle ist.[17]

Trotz ihrer Zugangsmöglichkeiten zu den neuesten Entdeckungen von genetischen Mechanismen bei Viren und Bakterien, zu den neuesten Computeranalysen und Simulationstechniken und trotz ihres mathematischen Könnens gelang es führenden Wissenschaftlern nicht, den Code zu entschlüsseln. Denn von linguistischem und kryptoanalytischem Standpunkt aus gesehen ist der genetische Code gar kein Code;

eher ist er eine machtvolle Metapher für Korrelationen zwischen Nukleinsäuren und Aminosäuren. Auch wenn man in den fünfziger Jahren also zugestandenermaßen in eine Sackgasse geriet, als eine strikte Anwendung von Informationstheorie, Linguistik und skripturalen Repräsentationen auf die Molekularbiologie versucht wurde, setzten sich diese Informations- und Schriftvorstellungen fest und breiteten sich aus. Dies beruhte vor allem auf ihren transdisziplinären und kulturellen Resonanzen und darauf, daß sie als Modelle und Analogien im Prozeß der biologischen Bedeutungsherstellung taugten. Damit gaben sie Begriffsrahmen und Diskursstrukturen für die zweite Phase der Entschlüsselung vor und haben sich bis in die heutige Genomforschung hinein durchgesetzt.

Im Kontrast zur ersten orientierte sich diese zweite Phase, die von 1961 bis 1967 reichte, vor allem am Material. Die Analysen der molekularen Genetik gingen nun in die Biochemie ein, obwohl das Codierungsproblem einige Theoretiker weiterhin faszinierte. Diese Phase zeichnete sich auch anders in die Karte der wissenschaftlichen Wissensgebiete ein. Während andere Forscher daran verzweifelten, den Code durch den eleganten formalistischen Ansatz zu entziffern, öffneten Nirenberg und Matthaei gelassen die Black Box der Proteinsynthese in all ihrer organischen Komplexität. Der Experimentalraum der Molekularbiologie wurde wieder einmal neu konfiguriert und war nun fast ausschließlich von Forschungen am zellfreien E. coli-System geprägt; dabei kamen einige der von Biochemikern und Molekulargenetikern in den fünfziger Jahren entwickelten Prozesse und Ergebnisse zum Einsatz. Die Daten über Aminosäure-Ersetzungen beim Tabakmosaikvirus und die unvollständigen, wenn auch bemerkenswert detaillierten Genomkarten von E. coli und vom Phagen (die zunächst durch mühselige Analysen von natürlich ablaufenden Mutationen gewonnen worden waren) dienten als wichtiger Leitfaden für die Entsprechungen zwischen Aminosäuren und Nukleotid-Tripletts. Bestände von präzise definierten E. coli-Mutanten – vergleichbar den Drosophila-Beständen von 1910 bis 1930 – wurden zu standardisierten Produktionsmitteln der Molekulargenetiker.[18] Das aus Phage und Bakterie bestehende Experimentalsystem erwies sich als äußerst produktiv; Techniken des horizontalen Gentransfers, genauer: Methoden der Übertragung viraler Gene zwischen Bakterien durch Paarung, erbrachten entscheidende Hinweise auf die Mechanismen der Genregulation, Genexpression und Enzymsynthese. Bestände von genau definierten Phagemutanten (natürlich und chemisch erzeugt) zirkulierten im Netzwerk der Phage-Forscher; durch die zwar mit »low-tech« auskommenden, doch verwickelten Rekombinationstechniken an mutierten Phagen konnten in den sechziger Jahren entscheidende Merkmale des Codes schlußfolgernd herausgefunden werden. Ungeachtet dieser wichtigen genetischen Beiträge war die zweite Phase überwiegend biochemisch geprägt, und wohlausgerüstete Laboratorien mit zahlreichen Mitarbeitern bildeten die Vorhut des Decodierungsprojekts.

Methoden zur Trennung von Stoffgemischen wie Zentrifugation, Chromatographie und Gelelektrophorese wurden in dieser Zeit verfeinert. Radioisotope wurden nach und nach kommerziell verfügbar (insbesondere der Satz der zwanzig markierten Aminosäuren), wodurch sich Stoffwechselwege von Nukleinsäuren und Proteinen verfolgen ließen; Szintillationszähler gehörten zur Standardausrüstung in Laboren. In den späten fünfziger Jahren führten wirkungsvolle neue Techniken der Nukleinsäuresynthese zu einer Neuorientierung der biochemischen Praxis und spielten eine zentrale Rolle in der zweiten Phase der Gencodeforschung. Bereits zu Beginn der fünfziger Jahre waren Methoden zur chemischen Synthese von Nukleotidpolymeren verfügbar, und synthetische Polynukleotide von bekannter Zusammensetzung und Struktur – RNA-Messenger – waren in mehreren Laboratorien erhältlich. Als dann Mitte der fünfziger Jahre die Enzyme DNA-Polymerase und Polynukleotidphosphorylase isoliert werden konnten, die Nukleotide zusammenbauen, und am Ende der Dekade die RNA-Polymerasen, erreichten die Techniken zur Nukleotidsynthese eine neue Stufe der Effizienz und Wirksamkeit; hierbei wurden chemische und enzymatische Methoden kombiniert. (Ein führender Experte auf dem Gebiet war Khorana.) Die Bedeutung dieser Enzyme ging allerdings über ihren epistemischen Wert hinaus, denn bald wurden sie zu »technischen Dingen«.[19] Sie wurden als Werkzeuge benutzt, um bestimmte Polynukleotide speziell anzufertigen, die dann als Sonden oder Boten in den genetischen Code dienten und so eine fortlaufende Bedeutungskette herstellten. Umgekehrt dienten DNAse und RNAse (Enzyme, die Nukleotidketten abbauen) als Werkzeuge, um genetische Signale bei zellfreier Proteinsynthese zu manipulieren und die Sequenzen von Nukleotidketten zu bestimmen. (Holleys Beiträge zum genetischen Code stützten sich auf solche Sequenzierungstechniken.) Definierte synthetische Polynukleotide (Messenger) in Verbindung mit dem zellfreien E. coli-System (das 1960 stabilisiert und verfeinert war) bildeten den Stein von Rosette: Damit wurde der genetische Code bis 1967 entschlüsselt und vervollständigt. Die zweite Entschlüsselungsphase unterschied sich von der ersten auch in ihrer institutionellen und sozialen Einbettung. Als die militärische Förderung für die Lebenswissenschaft sich 1957 auf 19 Prozent eingependelt hatte, wurden die NIH in Amerika und im Ausland der wichtigste Schirmherr für biomedizinische Forschung. Für die NIH begann eine Periode beispiellosen Wachstums, die in Gang gekommen war durch die verstärkte Förderung von Wissenschaft und Technologie aus dem Weltraumprogramm – vor allem eine Reaktion auf den erfolgreichen Start des sowjetischen *Sputnik*. Von 1957 bis 1963 wuchs das Budget der NIH jährlich durchschnittlich um 40 Prozent; die bereitgestellten Mittel betrugen 98 Millionen Dollar im Jahre 1956 und 930 Millionen Dollar im Jahre 1963, mit einer Verzwölffachung der Mittel für externe Forschung. Einschnitte durch den Kongreß bremsten dieses exponentielle Wachstum (das sich dann bei 6 Prozent jährlich einpendelte), doch die unmittelbare und bleibende Auswirkung auf Europa war die verstärkte Förderung der Molekularbiologie durch die europäischen Regierungen. Amerikas Molekularbiologie war weltweit zum Musterfall der Biologie geworden.[20]

Auch wenn die institutionelle Landkarte der Lebenswissenschaft sich verändert hatte, der Informationsdiskurs blieb bestehen. Anhand des diskursiven Begriffsgerüsts und der skripturalen Darstellungen aus der ersten Phase »informationalisierte« sich auch die Biochemie. Die Proteinsynthese wurde als Kommunikationssystem veranschaulicht, und die Biochemiker sahen sich in der zweiten Phase in einem harten Wettrennen um die Vervollständigung des Codes. Vielfache Autorschaften und buchstäblich Hunderte von Biowissenschaftlern – leitende Forscher, ein nicht versiegender Strom von Postdoktoranden aus aller Welt und Techniker – trugen dazu bei, den »Code des Lebens« zu vervollständigen. Mit einer Rekordzahl von dreihundert Teilnehmern widmete sich das Symposion in Cold Spring Harbor 1966 dem Code. Im Jahr 1967 waren die meisten der vierundsechzig Codons mit den zwanzig Aminosäuren korreliert und Start- und Terminations-Codon aufgeklärt. Überraschend schnell ging der Physiologie- und Medizin-Nobelpreis 1968 an Marshall Nirenberg, Har Gobind Khorana und Robert Holley. Inzwischen wurde das Genom weithin als Informationssystem betrachtet – ein autorloses Buch des Lebens, geschrieben in der sprachlosen Sprache der DNA.

Der Begriff »Code« enthielt vielfache historische Anspielungen und aktuelle Bezüge, er evozierte Vorstellungen von transzendentem Wissen, Gesetzes-Codes, positivistisch idealisierten Naturgesetzen, Geheimschriften, zeitgenössischen Spionage- und Kryptologie-Intrigen und Ideen aus Linguistik, Informationstheorie und Kybernetik. Manchmal war er eine Sprache oder ein Information speicherndes Band; dann wieder wurde er als DNA- oder RNA-Code oder als Protein-Code betrachtet, während er gleichzeitig die Korrelation zwischen Nukleinsäuren und Proteinen bezeichnete. Definitionsgemäß ist ein Code eine Beziehung oder ein Satz von Transformationsregeln zwischen einem verständlichen sprachlichen Text und einem Text in Geheimschrift, einem Kryptogramm; er operiert immer mit definierten sprachlichen Entitäten (z. B. Wörtern, Sätzen). Weder ist er ein Ding noch eine Sprache. Diese Bedeutungsvielfalt könnte verwirrend anmuten, doch für die beteiligten Wissenschaftler waren die bezeichneten Sachverhalte durch Kontext und Praxis jeweils klar. Wurde der Code lose, tautologisch oder widersprüchlich verwendet, so verfing er sich in einem Netz von Signifikanten. Diese Vielfalt von Bedeutungen, Bedeutungsverschiebungen, Definitionsverwischungen und Aporien führte letztlich zu einer Destabilisierung der Gültigkeit und Vorhersagekraft der genomischen Schrift.

Um diese informationellen und skripturalen Darstellungen der Vererbung zu verstehen, ihr Auftauchen, ihre Reichweite und ihre Grenzen, den Anklang oder die Abweisung, auf die sie stießen, werde ich mich nun einigen der Schlüsselbegriffe zuwenden, die meiner historischen Darstellung und den Analysen in den folgenden Kapiteln zugrunde liegen: diskursive Praktik, Informationsdiskurs, Bio-Macht und Metapher. Die Darstellungen des genetischen Codes als Sprache und Schrifttechnologie und die des genomischen Buchs des Lebens als Informationssystem entstanden gleichzeitig, und zwar nicht so sehr über die direkten und oft fehlgeschlagenen Anwendungen der mathematischen Kommunikationstheorie auf die Molekularbiologie, wie sie in den fünfziger und sechziger Jahren unternommen wurden, sondern durch die Ausbreitung des Informationsdiskurses. Die Unterscheidung zwischen den beiden – Informationstheorie und Informationsdiskurs – sollte daher klar und präzise sein. Also erörtere ich zunächst die genannten Schlüsselbegriffe und ihre Beziehungen zu Informationstheorie und Molekularbiologie, dann folgt einer kurze historische Skizze zur Textualität der Natur und ihrem Verhältnis zum genomischen Buch des Lebens.

Informationsdiskurs, Metaphern und Molekularbiologie

> Das Wort *Information* wird in dieser [mathematischen Kommunikations-]Theorie in einem besonderen Sinn verwendet, der nicht mit dem gewöhnlichen Gebrauch verwechselt werden darf. Insbesondere darf *Information* nicht der Bedeutung gleichgesetzt werden.
>
> *Warren Weaver*[21]

> Die Vorstellungen und Sprechweisen der Informationstheorie hätten sich [in der Biologie] wohl kaum so rasch durchsetzen können, wenn sie nicht in bestimmten Hinsichten ungeheuer nützlich wären. Sie sind in allen Kontexten nützlich, wo wir es mit dem Speichern von Informationen und dem Aussenden von Nachrichten zu tun haben ... und deshalb läßt sich vieles, was über Chromosomen und Gene zu sagen ist, mit Gewinn in der Sprache der Informationstheorie zum Ausdruck bringen.
>
> *Sir Peter B. Medawar*[22]

Von Informationstheoretikern bis zu Lebenswissenschaftlern sind sich nahezu alle darin einig, daß Ideen und Terminologie der Informationstheorie in den fünfziger und sechziger Jahren die Vorherrschaft erlangten. In der Molekularbiologie wurde es üblich, physikalische, biologische und soziale Phänomene durch kybernetische und informationstheoretische Modelle und Semiotiken darzustellen. Darüber hinaus unterhielt in den fünfziger Jahren nahezu jede Disziplin in den Sozialwissenschaften (Soziologie, Psychologie, Anthropologie, Linguistik, Politikwissenschaft und Ökonomie) und Biowissenschaften (Immunologie, Embryologie, Physiologie, Neurowissenschaft, Evolutionsbiologie, Ökologie und molekulare Genetik) einen jeweils unterschiedlich ernsthaften Flirt mit den verführerischen Ideen aus Kybernetik und Informationstheorie. Besonders stark waren diese Trends in den Vereinigten Staaten und der UdSSR, doch sie waren auch in England und in Frankreich zu beobachten.[23]

Während die Wissenschaftler übereinstimmend die Allgegenwart informationstheoretischer und kybernetischer Terminologien in der Biologie anerkannten, liefen ihre Meinungen deutlich auseinander, wenn es um die Angemessenheit und Nützlichkeit dieses Sprachgebrauchs ging;

die Kommentare reichten von Ablehnung über Toleranz bis hin zu Begeisterung (dazu genauer weiter unten). Anstatt zwischen den widerstreitenden Einschätzungen der Experten zu entscheiden, ist es allerdings fruchtbarer, sich einige ihrer Unterscheidungsmerkmale genauer anzusehen. Ich werde dazu nicht nur die operationale Nützlichkeit verschiedener Informationstropen und skripturaler Darstellungen in der Molekularbiologie untersuchen, sondern ebenso ihre disziplinäre Wirksamkeit und soziale Wertigkeit. Wenn diese diskursiven Praktiken in einer umfassenderen historischen Perspektive betrachtet werden – als Auftauchen eines Informationsdiskurses –, so übersteigt ihre Macht die Bedeutung, die sie im Laboratorium hatten (ob im einzelnen wissenschaftlich gerechtfertigt oder nicht). Doch was ist mit »diskursiven Praktiken« und »Informationsdiskurs« gemeint? Wie verhält sich dieser Diskurs zu Metaphern? Und worin besteht seine Verbindung zu den epistemischen, disziplinären und sozialen Terrains der Molekularbiologie und ihrer Bekundung als einer neuen Form von Bio-Macht?

Da diskursive Praktiken solche Aktivitäten wie Benennen, Beschreiben, Interpretieren, Analogiebildung und Bedeutungszuschreibung umfassen, haben sie das begriffliche Grundgerüst der Molekularbiologen in beiden Phasen der Forschung am genetischen Code geprägt: bei der Theoriebildung, beim Aufbau von Experimenten und deren Interpretation. Diskursive Praktiken bestanden nicht bloß aus rhetorischen Werkzeugen für die wissenschaftliche Argumentation und disziplinäre Abgrenzung oder aus literarischen Kunstgriffen bei der Popularisierung wissenschaftlicher Ergebnisse. Allerdings kamen solche rhetorisch-literarischen Techniken zum Tragen bei der Auswahl und Gründung von Zeitschriften; bei persönlichen und disziplinären Veröffentlichungsstilen; in Fragen der Etikette für mehrfache Autorschaft und bei den Regeln für Verdienstzuschreibungen in der Hierarchie von Forschungsleitern, -mitarbeitern, Gastforschern, Postdoktoranden, Diplomanden und Technikern; bei formellen und informellen Seminaren; sowie in rednerischen Fähigkeiten und den auf verschiedene Auditorien zugeschnittenen Vortragsformen. Die Symposien in Cold Spring Harbor galten als wichtigste Bühne für solche diskursiven Zurschaustellungen (obwohl manche der Meinung waren, daß hier die schlechteste Seite der Menschen zutage kam). Trotz vieler epistemisch-technischer Überlappungen zwischen Biochemie und Molekularbiologie waren in den späten fünfziger Jahren die diskursiven Unterschiede zwischen beiden Disziplinen immer noch sehr ausgeprägt; die draufgängerischen jungen Wilden der Molekularbiologie protzten oft mit unkonventionellen Darstellungsstilen. Die neuen Denk- und Argumentationsweisen, die sich von der Genetik und den mathematischen Wissenschaften herleiteten, erweckten einen verdächtig eleganten Eindruck (vor allem bei Biochemikern); von den übrigen Biowissenschaften (z. B. Mikrobiologie, Mikrobengenetik und Biochemie) hoben sich die Molekularbiologen ab durch ihre von begrenzten Stichproben ausgehenden kühnen Theoriebildungen und Verallgemeinerungen. Solche diskursiven Praktiken dienten auch dazu, disziplinäre Autorität aufzubauen und institutionelle Macht abzusichern. Der Biochemiker Robert G. Martin (Nirenbergs Kollege, der auch am Code arbeitete) kommentierte diese Unterschiede folgendermaßen: »Führende Molekularbiologen haben ihren Status selten allein durch Wissenschaft erlangt. Ebenso wichtig war ihr geläufiger Umgang mit dem geschriebenen Wort, ihre Beredsamkeit, ihr politisches Geschick, ihr sarkastischer Witz – und ihr enormes Glück.«[24] In der Tat besteht wenig Zweifel daran, daß der gewaltige Einfluß und die kultartige Anhängerschaft von Wissenschaftlern wie Max Delbrück, George Gamow, Francis Crick, Leo Szilard, François Jacob und Jacques Monod zum Teil ihrer Formulierungskunst und Überzeugungskraft zu verdanken waren (auch Biochemiker und Mikrobiologen hatten ihre Helden).

Doch diskursive Praktiken dürfen nicht als nackte Interessendurchsetzung oder strategische Manipulation gedeutet werden, denn sie werden nicht immer bewußt eingesetzt, sondern sind oft der Niederschlag umfassenderer kultureller Kräfte. Über den Einfluß der einzelnen Individuen hinaus wurde die Arbeit am genetischen Code durch eine umfassende wissenschaftliche und kulturelle Verschiebung im Darstellungsraum, den Informationsdiskurs, möglich. Wie Carl R. Woese, der wesentlich zum theoretischen Ansatz »Code durch Information« beitrug, in seinem einflußreichen Buch *The Genetic Code* (1967) erklärte, gibt es zwei Klassen »informationeller Moleküle«: DNA und RNA, jeweils »Bänder« und »Bandlesegeräte«, die beide den Regeln der Informationsverarbeitung gehorchen. Er schrieb: »Im zellulären Bandleseprozeß wird ein Eingabeband [DNA oder ihr RNA-»Transkript«] linear in ein Bandlesegerät [Ribosomen] eingeführt; das Lesen besteht in allen Fällen darin, ein Ausgabeband [Protein] hervorzubringen, dessen Monomer-Elemente und Abbildungsregeln zwar charakteristisch für das Bandlesegerät sind, dessen Informationsgehalt aber selbstverständlich exakt dem des Eingabebandes entspricht.«[25] Solche Repräsentationen eines zielgeleiteten und selbstregulierenden zellulären Computerprogramms waren nicht bloße Rhetorik, sondern fungierten als Diskurs, als Denk- und Handlungsweise.

»Die biologische Vererbung wird heute mit den Begriffen Information, Botschaft und Code umschrieben«, verkündete François Jacob (1965 zusammen mit André Lwoff und Jacques Monod Empfänger des Nobelpreises für ihre Untersuchungen zur Genregulation) in seinem weithin gelesenen Buch *Die Logik des Lebenden* (frz. 1970). Jacob verglich den genetischen Code mit einem Computerprogramm: »Die Vererbung wird zur Weitergabe einer von einer Generation zur anderen wiederholten Botschaft. Der Kern der Eizelle enthält das Programm der zu produzierenden Strukturen... Die Organe, Zellen und Moleküle sind... durch ein Netz von Kommunikationen miteinander verbunden.«[26] Unterdessen kennzeichnete Monod in seinem weltberühmten Buch *Zufall und Notwendigkeit* (frz. 1970) den Organismus als »ein kybernetisches System..., das an zahlreichen Punkten das chemische Geschehen steuert und kontrolliert«. In der techno-wissenschaftlichen Vorstellungswelt des Raketenzeitalters wurden aus Gen-Enzym-Regulationen »Systeme«, und »diese Systeme [lassen sich] mit jenen vergleichen, die man bei den elektronischen Schaltungen automatisierter Prozesse benutzt, in denen die sehr geringe Energie, die ein Relais verbraucht, eine beträchtliche Wirkung auslösen kann wie zum Beispiel die Zündung einer ballistischen Rakete«.[27] Das Verdienst für diese tiefgreifende Umorientierung der Biologie sahen beide bei Norbert Wiener, Leo Szilard und Leon Brillouin (mit Claude Shannon den »Gründungsvätern« der Informationstheorie).

In seinem Bericht über die Entzifferung des Codes in *Die Sprache des Lebens* (engl. 1966) reflektierte der Genetiker und Nobelpreisträger George Beadle:

Was während des letzten Jahrzehnts in der Genetik geschah, ist mit der Entdeckung des Steins von Rosetta vergleichbar. Die unbekannte molekulare Sprache war in der DNS niedergelegt. Die Wissenschaft kann nun wenigstens einige Botschaften, die auf Desoxyribonukleesisch geschrieben sind, in die chemische Sprache von Blut und Knochen und Nerven und Muskeln übersetzen. Man könnte auch sagen, die Entzifferung des DNS-Codes hat zutage gebracht, daß wir im Besitz einer Sprache sind, die älter als die Hieroglyphen ist, einer Sprache, die so alt ist wie das Leben selbst, einer Sprache schließlich, die die lebendigste aller Sprachen ist – auch wenn ihre Buchstaben unsichtbar sind und ihre Worte tief in den Zellen unseres Körpers verborgen liegen.[28]

Robert Sinsheimer, ein Molekularbiologe, der versuchte, den Code mit Hilfe der Informationstheorie zu entschlüsseln, und das *Human Genome Project* gewissermaßen vorwegnahm, beschrieb die menschlichen Chromosomen in seinem 1967 erschienenen Buch *The Book of Life* als einen Informationsspeicher:

> Das Buch des Lebens. In diesem Buch befinden sich Anleitungen, um ein menschliches Wesen herzustellen, aufgezeichnet in einem seltsamen und wunderbaren Code. In gewissem Sinne – auf einer unterbewußten Ebene – weiß jedes menschliche Wesen bei seiner Geburt, in jeder seiner Körperzellen, wie dieses Buch zu lesen ist. Auf der Ebene bewußten Wissens jedoch bedeutet es einen beachtlichen Triumph der Biologie in den letzten beiden Jahrzehnten, daß wir damit angefangen haben, den Inhalt dieser Bücher und die Sprache, in der sie geschrieben sind, zu verstehen.[29]

Diskursive Praktiken sind keine rhetorischen Fassaden, die im nachhinein nüchternen wissenschaftlichen Fakten übergestülpt werden, noch sind sie hauptsächlich konstruiert worden, um bei einem größeren Publikum Anklang zu finden: Schon seit den fünfziger Jahren hatten Monod, Jacob und viele andere Molekularbiologen damit begonnen, in ihrem experimentellen und interpretativen System mit kybernetischen Modellen, Informationstropen, linguistischen und Kommunikationsdarstellungen von Nukleinsäuren und Proteinsynthese zu arbeiten. Jacob hielt übrigens auch den historischen Charakter dieser diskursiven und materialen Praktiken in seinen Überlegungen fest: »Die heutige Welt besteht aus Botschaften, Codes, Informationen. Welches Skalpell wird morgen unsere Welt zerteilen, um sie in einem neuen Raum von neuem zusammenzusetzen?«[30]

Daher wird der Begriff *Diskurs* (und *diskursive Praktiken*) hier nicht im allgemeinen sprachlichen Sinne verwendet, als Mitteilung von Gedanken, als Rede oder Rhetorik, sondern im Foucaultschen Sinne eines *Systems* sprachlicher Streuung, einer Streuung, die in kulturell oder historisch variierenden Mikropraktiken gründet. Foucault formulierte es folgendermaßen: »In dem Fall, wo man in einer bestimmten Zahl von Aussagen ein ähnliches System der Streuung beschreiben könnte, in dem Fall, in dem man bei den Objekten, den Typen der Äußerung, den Begriffen, den thematischen Entscheidungen eine Regelmäßigkeit (eine Ordnung, Korrelationen, Positionen und Abläufe, Transformationen) definieren könnte, wird man übereinstimmend sagen, daß man es mit einer *diskursiven Formation* zu tun hat.«[31] Unter einem Diskurs sind Äußerungen (und Tropen) zu verstehen, die in einer bestimmten historischen Periode in eine konsistente Konfiguration gebracht werden, wie etwa Gen (Hormon, Antikörper oder Gehirn), Informationsübertragung, Botschaft, Text, Programm usw. Stets in materielle, disziplinäre und soziale Praktiken eingebettet, ist der Diskurs in diesem Sinne auch produktiv. Er eröffnet Bedingungen der Möglichkeit für das Auftauchen neuer Gegenstände und neuer Repräsentationen der Natur, indem er diese »auf die Gesamtheit der Regeln bezieht, die es erlauben, sie als Gegenstände eines Diskurses zu bilden, und somit ihre Bedingungen des historischen Erscheinens konstituieren«.[32] Es gab keine genetischen Botschaften in den dreißiger Jahren; vor den fünfziger Jahren übertrugen Gene keine Information, sie besaßen nur biochemische Spezifität.

Diskurse stellen kulturelle Wirksamkeit mittels Bedeutungsregimen her. Darunter hat man sich die Gesamtheit der Praktiken und Repräsentationen vorzustellen, die in einer bestimmten historischen Epoche von einer Gesellschaft akzeptiert und für gültig gehalten werden (z. B. in den vierziger Jahren die Gen-Protein-Wechselwirkungen als Gußform- und Schloß-und-Schlüssel-Modelle und in den Fünfzigern als elektronische Kommunikationssysteme). Zu den Bedeutungsregimen gehören ferner die Mechanismen, durch die sich wahre von falschen Aussagen unterscheiden lassen, sowie die entsprechenden Sanktionsmittel (z. B. sprachwissenschaftliche Repräsentationen des genetischen Codes trotz damit unvereinbarer empirischer Befunde zu akzeptieren); darunter sind ferner die Techniken und Verfahren zu verstehen, denen Wert für die Wissensgewinnung zuerkannt wird (z. B. die computerisierte Kryptoanalyse oder synthetische Polynukleotid-Boten); sowie schließlich der Status derer, die dafür verantwortlich sind zu sagen, was als wahr gilt (z. B. Physiker und Mathematiker versus Biochemiker oder Mikrobiologen). Wissen wird demnach generiert durch ein System geordneter Verfahren zur Produktion, Regulation, Zirkulation und Funktionsweise von Aussagen. Die Produkte von Wissenschaft und Technik sind soziotechnisch; sie funktionieren, weil sie nicht nur in materiellen Praktiken eingebettet sind, sondern auch in kulturellen Praktiken, die ihrerseits die Techniken zur Wissens- und Machtproduktion stabilisieren und naturalisieren. Im Falle des genetischen Codes ist dies die Bio-Macht.[33]

In *Sexualität und Wahrheit* erläutert Foucault den Begriff der Bio-Macht, indem er den Übergang zum modernen Industriezeitalter als einen tiefgreifenden Wandel in den Machtmechanismen charakterisiert. Die alten Privilegien der souveränen Macht – das Recht, Leben zu nehmen oder leben zu lassen – wurden durch moderne Formen der Macht ersetzt, die Leben fördern oder nicht anerkennen, bis hin zum Punkt des Todes; dies bezeichnet Foucault als »Bio-Macht«. In seinen Augen entwickelte sich diese Macht über das Leben in zwei grundlegenden Formen, zentriert um zwei Pole, die durch ein ganzes Bündel vermittelnder Beziehungen miteinander verknüpft sind. Am einen (und früheren) Pol stand der Körper als Maschine im Zentrum: seine Disziplinierung; die Optimierung seiner Fähigkeiten; das Fördern seiner Nützlichkeit und Gefügigkeit; und seine Integration in Systeme effizienter und ökonomischer Kontrolle; seine Integration in Kontrollmechanismen, die in diskursiven und materiellen Praktiken wirksam sind und unterstützt werden durch charakteristische Machtprozeduren aus dem Bereich der »politischen Anatomie des menschlichen Körpers«. Der zweite (und spätere) Pol wurde gebildet durch biologische Prozesse wie Fortpflanzung, Geburten und Sterblichkeit, Gesundheitsniveau und Lebenserwartung; ihre Überwachung erfolgte durch regulierende Kontrollmechanismen, das heißt durch Bevölkerungs-Biopolitik.

Die Körper-Disziplinen einerseits – z. B. Physiologie, Anatomie, Biochemie, Genetik – und die Bevölkerungsregulierung andererseits – z. B. Entwicklungsstudien, Statistiken, Registrierpraktiken, Demographien, Erkrankungs- und Sterblichkeitsraten – bildeten die beiden Pole, um die herum sich die Macht über das Leben organisierte. Daraus geht auch die extreme Bedeutung hervor, die Sexualität und Fortpflanzung als biologischen und sozialen Themen zukamen. Die Sexualität befindet sich am Scharnier der Bio-Macht-Achse, über sie ist die Kontrolle der Körper mit der Kontrolle der Bevölkerungen verknüpft. Während die staatlichen Institutionen der Macht, darunter Regierung, Industrie, Universitäten und Stiftungen, die Aufrechterhaltung der Produktion gewährleisten, sorgt die Bio-Macht auf jeder Ebene des Gesellschaftskörpers – Familie, Kirche, Arbeitsplatz, Armee, Krankenhäuser, Schulen, Polizei und Selbsttechniken – für die diskursiven und materiellen Praktiken.[34]

Der Informationsdiskurs wird im folgenden als historisch und kulturell situiertes System von Repräsentationen verstanden, das in den fünfziger Jahren konfiguriert und zusehends intuitiver und selbstverständlicher wurde, sowie als eine neu auftauchende Form von Bio-Macht, mit der die materielle Kontrolle durch die Kontrolle genetischer Information ergänzt wird. Viele physikalische, biologische und soziale Phänomene wurden neu beschrieben, gestützt auf ein aus Informationstheorie und

Kybernetik hervorgehendes System von Metaphern, Modellen, Analogien und Semiotiken. Betrachtet man die zentrale Rolle dieser Metaphern im Informationsdiskurs und bei der Konstruktion (und schließlich dann der Dekonstruktion) eines genetischen Buchs des Lebens, so verlangt ihre Funktionsweise und Produktivität nach einer kritischen Untersuchung. Zunächst werde ich technische Merkmale und die wissenschaftliche Brauchbarkeit dieser Metaphern überprüfen, sowie das, was sie metaphorisierten, um anschließend einen Blick auf ihre disziplinären und sozialen Dimensionen zu werfen. Auch wenn dem Informationsdiskurs viele epistemische Schwierigkeiten anhaften, so hoffe ich doch eine angemessene Einschätzung seiner Wirksamkeit und Grenzen geben zu können, nicht nur in der Molekularbiologie, sondern auch in der umfassenderen wissenschaftlichen und populären Kultur.

Zunächst einmal hat die Informationstheorie den Begriff der Information selbst in eine Metapher verwandelt. Seit dem späten vierzehnten Jahrhundert bedeutete das Wort *Information* lange Zeit die Aktion des *In*formierens: des Formierens oder der Bildung von Geist und Charakter, Unterrichtung, Unterweisung (einschließlich göttlicher Unterweisung und Inspiration), übermittelte Wissensinhalte, Nachrichten und Einsicht (im Unterschied zu Daten); in diesem allgemeinen Sinne wurde es noch Anfang des 20. Jahrhunderts in Physik, mathematischer Logik, Elektrotechnik und Biologie verwendet. Als solches besaß es allgemeine Geltung, anerkannt durch die dreigeteilte Hierarchie menschlicher Kommunikation: syntaktische Ebene (Relationen zwischen Zeichen), semantische Ebene (Relationen zwischen Zeichen und Bezeichnetem) und pragmatische Ebene (Relationen zwischen Zeichen und ihren Empfängern).[35] In den späten zwanziger Jahren jedoch wurde der Informationsbegriff, als Ergebnis der Forschungen über telegraphische Nachrichtenübertragung in den Bell Laboratorien, allmählich von den genannten Bedeutungen abgekoppelt, um rein syntaktische Symbolanordnungen zu bezeichnen, die auf elektronische Kommunikation zugeschnitten waren (»logische Instruktionen zur Auswahl«); während des Zweiten Weltkriegs kulminierte diese Entwicklung in Claude Shannons mathematischer Kommunikationstheorie. Wie Bill Aspray überzeugend bemerkt hat, wurde *Information* im ersten Nachkriegs-Jahrzehnt zum ersten Mal zu einem physischen Parameter und genau definierten Begriff, der wissenschaftlicher Erforschung zugänglich war.[36] Seine Erforschung und Handhabung situierten sich nun am Schnittpunkt mehrerer Entwicklungslinien der militärisch finanzierten Forschung an Maschinen und lebenden Organismen: mathematische Kommunikationstheorie, Modellierung des Gehirns, Sprachwissenschaft, Künstliche Intelligenz, Waffensteuerungs- und -kontrollsysteme, Kybernetik, Automatentheorie und Behaviorismus.

Die Informationstheoretiker verwendeten *Information* (und die damit verknüpften Kommunikationsidiome) metaphorisch und stürzten ihre Bedeutung sinnvoller Kommunikation um. Im Unterschied zum allgemeinen Sprachgebrauch war Information in der mathematischen Kommunikationstheorie vollständig von Inhalt und Gegenstand abgetrennt zu verstehen. Wie Warren Weaver, Direktor der naturwissenschaftlichen Abteilung der Rockefeller-Stiftung, erklärte: »Das Wort *Information* wird in dieser Theorie in einem besonderen Sinn verwendet, der nicht mit dem gewöhnlichen Gebrauch verwechselt werden darf. Insbesondere darf *Information* nicht der Bedeutung gleichgesetzt werden.«[37] In der Tat können zwei Nachrichten, eine sehr bedeutungsgeladene und eine völlig sinnlose – ein Sonett Shakespeares und eine Zufallsreihe von Buchstaben – unter informationstheoretischer Perspektive genau gleichwertig sein. Claude Shannon meinte, daß »die semantischen Aspekte der Kommunikation irrelevant sind für die technischen Aspekte« (was umgekehrt nicht stimmt).[38] Wenngleich er die Informationstheorie auf Kryptoanalyse und menschliche Kommunikation anwandte, umging er sorgfältig alle semantischen Probleme. (Auch pragmatische Probleme waren irrelevant; vom Standpunkt der Informationstheorie aus war es unwichtig, ob die Nachricht von einem Menschen oder Affen ausging oder empfangen wurde.)

Darüber hinaus ist Information keine Entität. Nachrichtenleitungen übertragen nicht Information, so wie Güterzüge Kohle transportieren. Das Maß für Information von Wiener und Shannon ist ein rein stochastisches Phänomen, das die statistische Seltenheit von Signalen betrifft. Was diese Signale bezeichnen oder bedeuten, oder worin ihr Wert oder ihre Wahrheit bestehen, läßt sich der Kommunikationstheorie nicht entnehmen. Mitte der fünfziger Jahre, als Kybernetik und Informationstheorie auf dem Höhepunkt ihrer Popularität angelangt waren, warnte der prominente Informationstheoretiker Colin Cherry vor einem weitverbreiteten Mißbrauch: den »Unbestimmtheiten..., auf die man stößt, sobald Menschen oder andere biologische Organismen als ›Kommunikationssysteme‹ betrachtet werden« – eine Kritik, die Heinz von

Foerster, einer der führenden Kybernetiker, immer noch wiederholt.[39] Auch der berühmte Logiker Yehoshua Bar-Hillel war ein heftiger Kritiker des umgangssprachlichen Mißbrauchs der Informationstheorie. Er bemerkte: »Unglücklicherweise hat sich häufig gezeigt, daß die Terminologie und die Gesetze der statistischen Kommunikationstheorie von ungeduldigen Wissenschaftlern verschiedener Disziplinen auf Bereiche angewendet werden, in denen ... der Ausdruck *Information* im semantischen Sinne ... oder sogar im pragmatischen Sinne benutzt worden ist.«[40] Auf die Informationstheorie kann man sich also nicht berufen, um den DNA-Text oder das Buch des Lebens als Quelle biologischer Bedeutung zu legitimieren. Selbst wenn es möglich wäre, den Informationsgehalt einer genomischen Botschaft oder eines »Satzes« im Buch des Lebens mathematisch (in Bits) zu bestimmen, so ergäbe sich daraus noch keinerlei Semantik, es sei denn der (genomische, zelluläre, organismische, umweltbezogene) Kontext dieser Botschaft könnte angemessen angegeben werden.

Wie die meisten Formen von Wissen (einschließlich des wissenschaftlichen) ist natürlich auch die Informationstheorie unweigerlich diskursiv und stützt sich somit auf Metaphern. Sie metaphorisiert die konventionelle Vorstellung von Information, d.h. sie borgt die Semiotik der menschlichen Sprache aus, um hochtechnische, restriktive und nicht-menschliche Prozesse zu beschreiben. Doch die Bedeutungsvielfalt und Mehrdeutigkeit der Informations-Katachrese erwiesen sich als unwiderstehlich. Die Begriffe der Information, ihrer Speicherung und Übertragung evozierten eine zwingende und scheinbar leicht zugängliche Vorstellungswelt der Kommunikation, die rasch die wissenschaftlichen und populären Vorstellungen von Natur und Gesellschaft prägte.

Die metaphorische Natur der Information in der Informationstheorie und ihre metaphorischen Anwendungen auf biologische Phänomene sind sicherlich keine außergewöhnlichen kognitiven Ereignisse. Daß Sprache und Metaphern unsere irdischen Beziehungen zur natürlichen und sozialen Welt formen, ist inzwischen eine Binsenwahrheit. Und da Metaphern unser Alltagsleben so stark durchdringen – nicht nur in der Sprache, sondern auch unser Denken und Tun –, behaupten manche Forscher sogar, daß »unser gewöhnliches Begriffssystem, an dem wir unser Denken wie unser Handeln ausrichten, von Natur aus im wesentlichen metaphorisch ist«. Anhand der Analysen zahlreicher Beispiele behaupteten George Lakoff und Mark Johnson, daß die meisten unserer Grundbegriffe erfahrungsabhängig sind, systematisch organisiert in Form von Orientierungsmetaphern (z. B. räumliche) und ontologischen Metaphern (z. B. strukturelle und Behälter-Metaphern), die alle auf physische und kulturelle Erfahrung zurückgehen. »Begriffe werden nicht in Form von inhärenten Eigenschaften definiert«, schließen sie, »sondern vor allem in Form von interaktionalen Eigenschaften.«[41]

In der Wissenschaftsgeschichte und Wissenschaftsphilosophie konzentrierte sich die Diskussion über Metaphern und Modelle fast ausschließlich auf Probleme der Theoriekonstruktion, und nicht auf die materiale Praxis.[42] Entsprechende Studien wurden erst 1962 von Max Black angestoßen und von Mary Hesse später durchgeführt; für sie besteht »die theoretische Erklärung in der Wissenschaft in einer metaphorischen Neu-Beschreibung des Bereichs des Explanandums [des zu erklärenden Phänomens]«. Die Metapher verknüpft Theorie mit Natur, wenn die Sprache, mit der ein primäres System beschrieben wird, auf Worte übertragen wird, die normalerweise in sekundären Systemen verwendet werden: »Schall (primäres System) verbreitet sich durch Wellen (einem sekundären System entnommen)«, »Gase [primär] sind Ansammlungen von Masse-Teilchen, die Zufallsbewegungen unterworfen sind [sekundär].«[43] In Kapitel 4 werde ich genauer darlegen, wie dementsprechend in der Informationstheorie eine Sequenz von Alternativen, um nicht-zufällige Auswahlen zu treffen, eine »Nachricht« ist; und die Menge solcher Alternativen das »Alphabet«; und die D-Menge von k-Buchstaben-Wörtern in genetischen Codes, die mit der mathematischen Codierungstheorie konstruiert sind, bildet ein »Wörterbuch« (»D-Menge« bezieht sich auf die vierundsechzig Nukleotid-Tripletts oder »Wörter«).

Bei diesem Übertragungsprozeß können Metaphern in beiden Richtungen wirken: Merkmale des primären Systems werden von ihnen ausgewählt und hervorgehoben oder unterdrückt; neue Perspektiven auf das primäre System werden beleuchtet, so daß das primäre durch den Rahmen des sekundären gesehen wird. Mit der Zeit, wenn die Übertragungsergebnisse erfolgreich und so fest verwurzelt sind, daß ihre Natur nahezu ontologisch erscheint, kann das sekundäre wieder vom primären umgeformt werden. Biologische Spezifität wurde dementsprechend in Informationsbegriffe gefaßt, und Information, Botschaft und Code wurden schließlich zu biologischen Begriffen. Die Bedeutung von »Nachricht« verschob sich vom Mündlichen hin zum Schriftlichen, zum Gedruckten, zur Telegraphie, zur Kybernetik (teilweise lebende, teilweise unbelebte Systeme); ähnlich erging es den skripturalen Repräsentationen der Wörter und Texte. Diese Verschiebungen in den Schriftmedien wirkten sich besonders auf die pragmatische Ebene der Kommunikation aus, vor allem in Form der sich erweiternden Bedeutung von Nachricht bzw. Botschaft (interessanterweise sind wir von Computermetaphern für die DNA in den sechziger Jahren zu DNA-Computern in den neunziger Jahren übergegangen; von Viren als Informationspaketen zu Computerviren). 1986 konnten Arbib und Hesse erklären: »Wissenschaftliche Revolutionen sind in Wirklichkeit Metaphernrevolutionen, und eine theoretische Erklärung sollte als metaphorische Um-Beschreibung des Phänomenbereichs betrachtet werden.«[44]

Inzwischen hatte sich die Metaphernforschung zu einer regelrechten Industrie entwickelt. Mit Blick auf die Wiener-Shannon-Theorie hob der Linguist Michael J. Reddy das Problem der in beiden Richtungen verlaufenden Austauschprozesse zwischen primären und sekundären sprachlichen Bereichen hervor. Er zeigte auf, »daß das, was englischsprachige Sprecher über Kommunikation erzählen, großenteils durch die semantischen Strukturen der Sprache selbst bestimmt wird ... so daß wir in einen sehr realen und ernsthaften Konflikt geraten, sobald wir nur unseren Mund aufmachen und Englisch sprechen«. Er behauptete, daß die mathematische Kommunikationstheorie ihrer eigenen Metaphorisierung tatsächlich einen guten Dienst erwiesen hat, worauf Jacques Derrida schon ein Jahrzehnt früher verwies. Auch Jean-François Lyotard und Jean Baudrillard sprachen in ihrem Werk von der Krise der Repräsentation, die durch die Sprachtechnologien ausgelöst worden ist.[45]

Die fast vierzig Jahre ältere Arbeit Cherrys zitierend, zeigt Reddy auf, daß in der Informationstheorie die »Nachricht« (Sequenz von Alternativen) gar nicht gesendet werden kann; daß »Signale« (die veränderlich sind) die Nachricht nicht *enthalten*, und daß

die destruktive Wirkung der Alltagssprache auf jede Ausdehnung der Informationstheorie schon bei den Begriffen beginnt, die ihre Urheber (Shannon und Weaver 1949) gewählt haben, um einzelne Bestandteile des Paradigmas zu benennen. Sie bezeichneten die Menge der Alternativen ... als *Alphabet*. Zwar ist in der Telegraphie [vor der Informationstheorie] die Menge der Alternativen tatsächlich das Alphabet; und die Telegraphie bildete ihr paradigmatisches Beispiel. Andererseits stellten sie klar, daß das Wort »Alphabet« ein neu geprägter Fachausdruck war und sich auf jede Menge von alternativen Zuständen, Verhaltensformen oder was sonst beziehen sollte. Doch dieser Teil ihrer Terminologie erweist sich als problematisch, sobald man zur menschlichen Kommunikation gelangt [Hervorhebungen hinzugefügt].[46]

Die Kritik gilt ebenso für den Gebrauch von »Code« in der Informationstheorie (aber nicht beim Morse-Code), wo er nach Weaver verwendet wird, um eine »Nachricht« in ein »Signal« zu verwandeln. Doch ein Code ist eine Beziehung zwischen zwei unterschiedlichen sprachlichen Systemen; er »wandelt« nicht irgend etwas in etwas anderes um, noch geschieht dies durch Codierung oder Decodierung. Es läuft nur auf noch mehr Metaphern hinaus.

Heinz von Foerster hat dieses sprachliche Rätsel auf die militärischen Ursprünge der Informationstheorie zurückgeführt.

Wie aber nun so brillante Denker, die diese neue Theorie geschaffen haben, die so verräterisch simpel »Informationstheorie« heißt, zwei Begriffe verwechseln und vermischen konnten, die sich semantisch so tiefgreifend unterscheiden wie die Begriffe »Signal« und »Information«, ist schwer zu fassen, wenn wir uns nicht an die historischen Umstände der Entwicklung dieser Theorie erinnern: Diese Begriffe sind zugleich mit der Entwicklung der Universalrechner während des Zweiten Weltkriegs entstanden. In Kriegszeiten dominiert im allgemeinen eine bestimmte Art des Sprachgebrauchs – der Imperativ bzw. der Befehl – alle anderen (die Aussage, die Frage, der Ausruf) ... Befehle [kann es] nur in einem trivialen System geben, d. h. in einem System, für das gilt, daß jeder Output in eindeutiger Weise durch den Input determiniert ist [der behavioristische Traum], in diesem Fall also durch den Befehl.

»Eine Epistemologie ist daher auch ein politisches Problem«, schloß von Foerster; oder eine »Ontologie des Feindes«, wie Peter Galison treffend formulierte. Diese Lehre haben unter anderem auch David Noble, Langdon Winner und Donald MacKenzie gezogen und die politische Natur von Techno-Epistemologien herausgestellt.[47]

Wenn nun »Information« metaphorisch auf biologische Phänomene angewandt wird, wird das Konzept sogar noch problematischer: Zwar scheint es seine ursprüngliche Bedeutung wiederzugewinnen, doch damit verletzt es die Regeln der Informationstheorie, die angeblich und anfänglich die biologischen Anwendungen legitimierten. So wird Information zur Metapher einer Metapher, zu einer Katachrese, und zu einem Signifikanten ohne Referent. In einer umfassenderen Sichtweise gelangt der Philosoph Richard Boyd zu einer positiveren Haltung, was die Anwendung kybernetischer und computerbezogener Metaphern in der

Wissenschaft anbelangt. Sich im Rahmen der Theoriekonstruktion bewegend, argumentiert er, daß solche Metaphern *konstitutiv* für die mit ihrer Hilfe formulierten Theorien sind. Sie sind nicht bloß eine Frage der Auslegung, sondern bilden, zumindest eine Zeit lang, einen Teil des sprachlichen Räderwerks einer wissenschaftlichen Theorie. Als Beispiel führt Boyd die Eingliederung der informationstheoretischen und kybernetischen Metaphern in die Kognitionspsychologie an. Seine Analyse läßt sich nahezu unverändert auf die Molekularbiologie anwenden (wenn man die Begriffe *Genom, Vererbung, genetische Prozesse* usw. an die Stelle der Begriffe *Lernen, Denken, kognitive Prozesse, Bewußtsein* usw. setzt).

1. Die Behauptung, daß Denken [oder Vererbung] in einer Art von »Informationsverarbeitung« besteht und das Gehirn [oder das Genom] eine Art von »Computer« ist.
2. Der Vorschlag, gewisse motorische oder kognitive Prozesse [oder genetische Prozesse] als »vorprogrammiert« zu betrachten.
3. Die Frage, ob es eine interne »Gehirn-Sprache« [genomische Sprache] gibt, in der »Berechnungen« [kombinatorische Rearrangements] durchgeführt werden.
4. Die Annahme, daß im Gedächtnisspeicher [Genom] manche Information durch »Bezeichnungen« »encodiert« oder »indiziert« wird, andere Information dagegen in »Bildern« gespeichert wird.
5. Diskussionen darüber, inwieweit Entwicklungs-»stufen« [oder die Genexpression] zurückgehen auf die Reifung neuer »vorprogrammierter Subroutinen«, oder nicht vielmehr zu tun haben mit dem Erwerb gelernter »heuristischer Routinen« bzw. der Entwicklung größerer »Speicherkapazitäten im Gedächtnis« bzw. besserer »Routinen für das Abrufen von Information«.
6. Die Ansicht, daß Lernen [biologische Entwicklung] eine »selbstorganisierende Maschine« ist.
7. Die Ansicht, daß Bewußtsein [Genregulation] ein »Rückkopplungs«-Phänomen darstellt.[48]

Ähnliche Analogien finden sich auch in anderen biologischen (und sozialen) Bereichen. Der Immunologe und Nobelpreisträger F. Macfarlane Burnet versuchte in den späten fünfziger Jahren (basierend auf früheren terminologischen Anwendungen der Informationstheorie auf die Biologie) eine Kommunikationstheorie für die Immunologie zu entwickeln, indem er das Problem immunologischer Spezifität (metaphorisch) als »codierte Informationsübertragung« von Mustern behandelte. Ähnliche Versuche gab es auch bei der Anwendung informatischer und kybernetischer Modelle in der Endokrinologie. Der *Operations Research*-Experte Herbert Simon, der sich nebenbei auch an der Entzifferung des genetischen Codes versuchte, bemerkte: »Ich bin immer noch fasziniert von einigen Analogien zwischen den komplexen Systemen, die ich in meiner Forschung zu betrachten gewohnt bin – große menschliche Organisationen –, und dem komplexen System, das Sie [Gamow und Yčas] untersuchen.« Solche Computermetaphern haben nach Boyd interaktionistische Eigenschaften und prägen daher wichtige Merkmale der Wissenschaft. In seinen Augen führt der wechselseitige Austausch von Analogien zwischen verschiedenen Bereichen der Wissenschaft dazu, daß neue Besonderheiten sowohl im primären System – Kognitionswissenschaft und Molekularbiologie – als auch im sekundären – Information-Kybernetik – entdeckt werden konnten[49].

Das sind hilfreiche Perspektiven, um die epistemische Rolle von Kommunikationsmetaphern zur Darstellung von Gegenständen und Wirkungsmechanismen in der Molekularbiologie zu beurteilen, vor allem was die Beziehungen zwischen Genen und Proteinen anbelangt (»der Code«). Sie stehen auch in deutlichem Kontrast zu den wenigen Ansätzen, bei denen die Informationstheorie in ihrer vorgesehenen mathematischen Form in der Molekularbiologie eingesetzt wurde. Unter den zahlreichen Forschern, die in den fünfziger und sechziger Jahren den Informationsdiskurs in die Molekularbiologie übertrugen, verwendeten nur wenige die Information in ihrem technischen Sinne: so der Strahlenbiologe Henry Quastler und später einige andere Forscher, die mathematische und informationstheoretische Codierungsmodelle auf den genetischen Code anwandten. Quastler war der erste, der die Informationstheorie im engeren Sinne in der Biologie einsetzte (1949); dazu arbeitete er das zentrale Konzept der biochemischen Spezifität in informationstheoretischen Begriffen um und wandte es auf Gene und Chromosomen an, allerdings noch im Proteinparadigma der Genetik. Da Information im technischen Sinne, wie Spezifität, eine Manifestation des Differenziertheits- und Ordnungsgrades (oder negative Entropie) biologischer Moleküle sei, so dachte er, ließe sie sich als quantitatives Maß für Spezifität verwenden. (Diese begriffliche Gleichwertigkeit von Information und molekularer Spezifität wurde damals zu einer anerkannten Sichtweise.)

Quastler sah seine Mission darin, aus der Molekularbiologie eine authentische Informationswissenschaft zu machen; das fand seinen Niederschlag in vielzitierten Artikeln, Büchern und Symposien.[50] Obwohl Quastler in den fünfziger Jahren einige Anerkennung erntete, fiel sein Projekt schließlich in Vergessenheit, vor allem, weil manche seiner Prämissen und Daten bald überholt waren. Darüber hinaus ergab sich aus seinen informationstheoretischen Analysen keine Agenda für Experimente, sie schienen daher für die damalige molekularbiologische Forschung keine große Relevanz zu besitzen. Bereits 1956 gestanden selbst Quastler und andere Enthusiasten ein, daß angesichts der enormen Schwierigkeiten eine qualitative (also metaphorische) Verwendung der Informationstheorie in der Biologie einer quantitativen vorzuziehen sei. Auch andere informationstheoretische Ansätze zum genetischen Code, von Mathematikern, Nachrichteningenieuren und Molekularbiologen formuliert, gerieten in ähnlicher Weise geschichtlich ins Abseits. Doch die mathematische Informationstheorie verschwand nicht völlig aus der Biologie. Im Gegenteil, sie konnte als eigenständiger Bereich im Feld der theoretischen und mit Computerbegriffen arbeitenden Biologie fortbestehen. (Die Arbeiten von Heinz von Foerster, Lila Gatlin, Henri Atlan und Michael Arbib in den sechziger Jahren bildeten hier einige frühe Grundlagen, die auch heute noch Bestand haben.)

Nach den fehlgeschlagenen Versuchen, die Informationstheorie in der Molekularbiologie anzuwenden, blieb jedoch keine Leerstelle zurück, sondern der Informationsdiskurs: ein zum ersten Mal in den späten vierziger Jahren sichtbar werdendes System von Repräsentationen – *Information, Nachrichten, Texte, Codes, kybernetische Systeme, Programme, Instruktionen, Alphabete, Wörter*. Vom Standpunkt der Informationstheoretiker aus war es bloß eine rhetorische Hülse, deren technischer Inhalt immer mehr ausdünnte. Doch gerade so diente Information in der Molekularbiologie als mächtige Metapher für die alten Ideen chemischer und biologischer Spezifität und als eine (erneute) Bestätigung der molekularen Natur als Text (das Buch des Lebens im Computerzeitalter).

So waren also diese diskursiven Praktiken um Information und Sprache weder den Analysen der Forscher äußerlich noch bloß eine Frage der Auslegung. Sie wurden vielmehr konstitutiv für bestimmte Überlegungen und Bezeichnungsweisen, denn sie stellten produktive Modelle, Analogien und Interpretationsrahmen bereit; allerdings bestand die Anleihe keineswegs in einer simplen Übertragung von einem Forschungsbereich in einen anderen, sondern in einer in beiden Richtungen verlaufenden Umarbeitung. Wie Georges Canguilhem beobachtete: »Nur in seiner eigenen Verarmung wird ein Modell fruchtbar. Es muß etwas von seiner spezifischen Originalität verlieren, um mit seinem Gegenstück eine neue Allgemeinheit eingehen zu können.«[51] Innerhalb des Informationsdiskurses standen der Code und seine Metaphern für sich selbst (sowohl in der theoretischen als auch in der praktischen Phase des Codes), doch sie mußten fortlaufend umdefiniert werden, um die »aphoristische Energie« ihrer eigenen Schreibung, wie Derrida es nennt, zu meistern (dazu mehr weiter unten). Die ständigen Verschiebungen definitorischer Unterschiede, die ständigen Verwischungen skripturaler Bezeichnungen (Buchstaben, Wörter, Texte) verdeutlichen die Widerstände und Plastizitäten bei diesen Analogiekonstruktionen. Auch wenn es ungerechtfertigt war, daß Moleküle die Bedeutung sprachlicher Entitäten annahmen, blieb die Festlegung auf textliche Repräsentationen bestehen.

Peter Medawar behauptet: »Die Vorstellungen und Sprechweisen der Informationstheorie hätten sich [in der Biologie] wohl kaum so rasch durchsetzen können, wenn sie nicht in bestimmten Hinsichten ungeheuer nützlich wären. Sie sind in allen Kontexten nützlich, wo wir es mit dem Speichern von Informationen und dem Aussenden von Nachrichten zu tun haben ... und deshalb läßt sich vieles, was über Chromosomen und Gene zu sagen ist, mit Gewinn in der Sprache der Informationstheorie zum Ausdruck bringen.«[52] Ähnlich, und darin mit vielen Biologen übereinstimmend, erklärte Woese: »Im allgemeinen wurde nicht gewürdigt, daß die späteren spektakulären Fortschritte im Forschungsfeld, die in der zweiten Periode erfolgten [in der biochemischen Forschungsphase 1961–67], mühelos assimiliert und interpretiert wurden, ihr Wert angemessen eingeschätzt und neue Experimente schnell entworfen werden konnten, gerade weil das begriffliche Grundgerüst bereits [in den fünfziger Jahren] errichtet worden war.«[53]

Nicht jeder stimmte dem zu. Allgemein gesagt, fanden Biochemiker (mit wenigen Ausnahmen) bis in die sechziger Jahre hinein die Kommunikationstropen nicht sehr relevant für ihre eigenen Analysen, in denen sie die statischen Aspekte biologischer Makromoleküle untersuchten, etwa Aufbau und Struktur von Proteinen und Nukleinsäuren. Sogar die Enzymologen vermieden in den fünfziger Jahren Informationsdarstellungen, obwohl sie sich für dynamische Eigenschaften und Reaktionsmechanismen interessierten. Wie Canguilhem bemerkt hat, waren kybernetische Modelle fruchtbarer bei der Erforschung von Funktionen (z. B. Genetik) als in Untersuchungen zur Struktur oder zum Verhältnis von Struktur und Funktion (z. B. Biochemie).[54]

Das Einsickern von Informationsdarstellungen in die Biochemie erfolgte ungleichmäßig und war ein komplexer Vorgang. Seit den späten vierziger Jahren verband Sol Spiegelman, den von Neumann stark beeinflußt hatte, informationstheoretische und kybernetische Modelle mit seinen Studien zur Proteinsynthese. Alexander Dounce begann damit etwa in der Mitte der fünfziger Jahre. Heinz Fraenkel-Conrat, der zur selben Zeit die Eigenschaften des Tabakmosaikvirus erforschte, konnte jedoch wenig mit Informationsmodellen anfangen, auch wenn er mit Mitgliedern des »RNA-Krawattenclubs« bekannt war, die damals genetische Codes in skripturaler Sicht analysierten. Nach 1959 stellte er sein Projekt allerdings in Begriffen von Codierung und Informationsübertragung dar. Marshall Nirenberg begann um 1958 in Informationsbegriffen zu denken. Interessanterweise erklärte sich Erwin Chargaff, der Mitte der fünfziger Jahre biologische Spezifität in Begriffen der Informationsübertragung formuliert hatte, 1963 »mitschuldig« an der Beförderung »des Konzepts ›biologischer Information‹«.[55] Inzwischen waren viele Biochemiker dazu übergegangen, von Nukleinsäuren als »informationellen Makromolekülen« zu sprechen; Information diente als begriffliches Verbindungsglied zur Genetik.

Der renommierte Biochemiker und Biochemiehistoriker Marcel Florkin kritisierte heftig die »molekulare Biosemiotik«, die sich aus Wieners Anspruch herleitete, daß »die Konzepte der Information und Kybernetik auf Organismen anwendbar sind«. Die Biochemie besitze ihr eigenes semiotisches Repertoire, argumentierte Florkin: »Linguistik hat es mit sprachlichen Zeichen zu tun, d.h. mit psychologischen Entitäten, die im Geist des Empfängers ein psychisches Lautbild mit einem Begriff verbinden ... Daher sollten wir darum beten, daß die mißbräuchliche Verwendung des Ausdrucks ›Sprache‹ aus dem Feld der molekularen Biosemiotik verbannt wird.«[56] Dem pflichtete Joseph Fruton bei. Die Bemerkungen mehrerer Informationstheoretiker aufgreifend, äußerte er sich skeptisch darüber, daß der Informationsübertragung soviel Gewicht in der Biologie gegeben wurde. Auch wenn er zugestand, daß solche idealisierten Modelle wichtige empirische Entdeckungen angeregt hatten, schrieb er:

Der künftige Historiker der Ursprünge der Molekularbiologie wird, wie ich hoffe, die vorgebliche Rolle der Informations- (oder Kommunikations-)Theorie kritisch überprüfen ... Obwohl die mathematischen Aspekte der Informationstheorie offenbar wenig Anwendung in der biologischen Forschung gefunden hatten, wurde die von ihr eingeführte Sprache begierig von Forschern aufgegriffen, die mit genetischen Untersuchungen und dem Stoffwechsel bei Bakterien und Viren befaßt waren ... Begriffe wie Code, Botschaft und Rauschen nahmen eine biologische Bedeutung an. Auch wenn Biologen diese Ausdrücke nun *weitgehend als Metaphern* verwenden, wird der künftige Historiker gut beraten sein, genauer zu untersuchen, wie die während der fünfziger und sechziger Jahre angebotenen »intellektuell befriedigenden Schemata«, die auf den Ideen der Informationstheorie beruhten, die damalige empirische Forschung beeinflußt haben [Hervorhebung hinzugefügt].[57]

Das ist kein geringer Auftrag für Biologiehistoriker, und einer, dem ich in dieser Studie gerecht zu werden versuche.

Zusammenfassend läßt sich festhalten, daß das Informationskonzept und die vielen begleitenden Tropen aus der mathematischen Kommunikationstheorie weitgehend metaphorisch verwendet wurden, als man sie in die Molekularbiologie übertrug. Wurden sie streng terminologisch angewandt (Quastlers Projekt, informationstheoretisch orientierte Kryptoanalyse und mathematische Codierungstheorien), so hatten die wissenschaftlichen Resultate keinen Bestand, wohl aber das diskursive Grundgerüst. Auch die Idee des Codes und die begleitenden Sprachvorstellungen wurden metaphorisch und uneinheitlich verwendet, ihre Bedeutungen ständig durch abweichende Bezeichnungen destabilisiert. An ihrer operationalen Nützlichkeit in der Molekularbiologie besteht andererseits kein Zweifel. Durch ihre disziplinären Kopplungen und sozialen Wertigkeiten wurde ihre Wirksamkeit sogar noch gesteigert.

Allerdings beleuchten die Analysen von Lebenswissenschaftlern, Linguisten und Philosophen nur teilweise den Wirkungsbereich und die Grenzen der Informationsmetapher. Sie beschäftigten sich nämlich nicht mit den einflußreichen sozialen und kulturellen Funktionen wissenschaftlicher und technologischer Metaphern (Studien, die einen beträchtlichen Teil der oben angesprochenen Metaphernforschung ausmachen). Die zentrale Rolle technologischer Metaphern für die soziale Kontrolle hat David Edge hervorgehoben; er hat darauf hingewiesen, daß solche Metaphern dort erfolgreich waren, wo sie wörtlich genommen wurden. Religiöse Symbole wie »das Buch des Lebens« sind klassische Beispiele, oder auch die Gesellschaft als Maschine, der Körper als Maschine, das Universum als Maschine (Uhrwerk), sowie die Eisenbahnmetapher in der entstehenden Klassenstruktur des modernen Amerika.[58] Charles Rosenberg analysierte die verbreitete Vorstellung des menschlichen Nervensystems als elektrisches (telegraphisches) Netzwerk, mit all ihren moralisierenden Tropen, die sich gegen die Auswüchse der Modernität wenden; dabei beleuchtete er die Macht von Metaphern, wenn es um die Durchsetzung und Verstärkung von Moral und sozialer Ordnung geht. In noch jüngerer Zeit hat Nancy Leys Stepan gezeigt, wie soziale Werte durch wissenschaftliche Metaphern eingeprägt, geltend gemacht und in Umlauf gebracht werden. Sie zeichnet die in beiden Richtungen verlaufenden Austauschprozesse von Rasse- und Geschlechtsanalogien in den biologischen Wissenschaften des 19. und 20. Jahrhunderts nach (die hin und her laufenden Projektionen der Unterlegenheit von Schwarzen und Frauen) und macht deutlich, wie diese sich gegenseitig stützten. Und sie betont, daß die Metapher sowohl für die wissenschaftliche Theoriebildung als auch für die Erfahrungskategorien konstitutiv ist, die dem wissenschaftlichen Forschen zugrunde liegen; beide Male werden verschiedene Merkmale der (wahrgenommenen) Welt hervorgehoben oder ausgeblendet.[59]

Doch am besten bringt James Bonos Perspektive die unterschiedlichen Bedeutungsebenen von Metaphern in den Blick – kognitive, materielle, kulturelle und politische –, wenn er die starke Behauptung aufstellt:

Die metaphorischen Aspekte der Sprache sind wesentlich, wenn man die Dynamik des Begriffswandels in der Wissenschaft verstehen will, weil sie komplexe wissenschaftliche Texte und Diskurse in anderen sozialen, politischen, religiösen oder »kulturellen« Texten und Reden verankern. Komplexe wissenschaftliche Texte und Diskurse spiegeln nicht so sehr die »lesbare Seite« einer Realität wider, die von Wissenschaftlern ins Auge gefaßt und im Rahmen eines einzigen, beherrschenden Paradigmas »entziffert« wird, sondern sie konstituieren sich gerade durch ihre Überschneidung mit vielfältigen anderen Diskursen.

Für ihn dient die Metapher in der Wissenschaft als Austauschmedium zwischen *zwei* miteinander verknüpften Bereichen: dem *innerwissenschaftlichen* und dem *außerwissenschaftlichen*.[60] So zeigt ein Blick über die Grenzen der theoretischen und materialen Praktiken der Molekularbiologie hinweg die Mehrwertigkeiten der Informationsmetapher: An verschiedenen Fronten diente sie als interdisziplinäres und kulturelles Austauschmedium. In den fünfziger Jahren markierte sie die Grenze der neuen molekularbiologischen Disziplin, insbesondere gegenüber der traditionellen Biochemie (auch wenn beide Felder sich schließlich gegenseitig umformten). Viele Molekularbiologen wandten sich Mitte der fünfziger Jahre der Informationssprache zu, doch es war Francis Crick (mit seinen vorzüglichen Darstellungsfähigkeiten), der den Informationsdiskurs formalisierte, um rhetorische Imperative und thematische

Ordnung in der molekularbiologischen Disziplin und beim zentralen Problem der Proteinsynthese, der Reproduktion, durchzusetzen. Crick griff auf Wieners ein Jahrzehnt früher aufgestelltes Diktum zurück, wonach das Repräsentationssystem für Organismen sich von einem materialistischen und energetischen hin zu einem informatischen verschob, und behauptete, das Wesen der Proteinsynthese bestehe im Fließen: Materie- und Energiefluß und vor allem der nur in einer Richtung verlaufende Informationsfluß von der DNA zu den Proteinen (gemeint war die der Sequenz inhärente Spezifität). »Sobald die ›Information‹ einmal in Protein übergegangen ist, *kann sie nicht wieder herauskommen* [Hervorhebung hinzugefügt]«, verkündete er im berühmten »Zentralen Dogma« (1958).[61]

In einem einzigen meisterhaften Schachzug bündelte Crick die imperative Logik des genetischen Codes sowie Ideologie und experimentellen Auftrag der neuen Biologie: Genetische Information war qua DNA sowohl Ursprung als auch universeller Agent allen Lebens (Proteine) – der Aristotelische unbewegte Beweger, wie Delbrück es formulieren sollte. Zu diesem Zeitpunkt hatte der Biochemiker Marshall Nirenberg bereits damit angefangen, diese genetische Information aufzuspüren, wobei er die Proteinsynthese als den »Code des Lebens« betrachtete. Für die Biochemie war Information das (gefährliche) Derridasche *Supplement,* wie Hans-Jörg Rheinberger bemerkt hat, ein mitgeschleppter Begriff, der die informationellen Perspektiven der Molekulargenetik scheinbar harmlos in die Proteinsyntheseforschung hineinschmuggelte, schließlich aber eine Neuorientierung der Biochemie verlangte und die beiden Felder nahezu zum Verschmelzen brachte.[62]

Über die disziplinären Schauplätze hinaus diente der Informationsdiskurs als eine Währung gemeinsamer historischer Sensibilitäten und kultureller Erfahrungen. Wie Paul Fussell in seinem klassischen Buch *The Great War and Modern Memory* bemerkt, wurde die Erinnerung an den Ersten Weltkrieg durch ein bestimmtes Sprachrepertoire in der britischen Kultur verankert. »Niemand, der während des Krieges gelebt hat, ob als Soldat oder Zivilperson, ist jemals über dessen besondere Diktion und sein Metaphernsystem hinweggekommen, seinen ganzen Jargon von Techniken und Taktik und Strategie.«[63] Ähnlich prägten auch der Zweite Weltkrieg und der Kalte Krieg Wissenschaft und Gesellschaft ihre eigenen diskursiven Spuren auf, von denen einige im Informationsdiskurs eingefangen sind. Dieser Diskurs verband die Biosemiotik der

Molekularbiologie mit den Vorstellungswelten der Technokultur aus der Nachkriegszeit. Über die Kontrolle des schmutzigen Durcheinanders von Körpern und Bevölkerungen hinaus sollte nun die Macht über das Leben im neuen Kommunikationsparadigma in Angriff genommen und auf einer unverdorbenen Metaebene ausgeübt werden: in der Kontrolle des Informationsflusses, der Sequenz, des Wortes und Textes.

Ich werde nun – selbstverständlich episodisch und skizzenhaft – die mit Aporie behaftete Metapher vom »Buch des Lebens« und vom »Buch der Natur« durch die Jahrhunderte verfolgen. Während ich in einigen Vignetten die Wendepunkte von der Antike bis heute beleuchte, will ich ein gewisses Verständnis für die diachronischen und synchronischen Eigenschaften dieser Metapher vermitteln, d. h. einerseits ihre fortdauernde Wirkmächtigkeit als sublime Schrift der Natur, andererseits ihre epistemisch-technische Bedeutung in der Nachkriegszeit.

Genetischer Code, Buch des Lebens und Buch der Natur

> Etwas wird ein Buch genannt, weil es Schrift empfangen hat. Doch als empfänglich gilt etwas nur insofern, als es stoffliches Vermögen besitzt, das es in Gott nicht geben kann. Daher wird nichts Ungeschaffenes als Buch des Lebens bezeichnet. Da *Buch* eine Art von Sammlung meint, bedeutet es Auszeichnung und Unterschied ... In jedem Buch ist die Schrift von dem Buch selbst verschieden.
>
> *Thomas von Aquin*[64]

Die synchronischen Repräsentationen vom »Buch des Lebens« in den sechziger Jahren waren unentwirrbar verknüpft mit der diachronischen Symbolik »des Buchs« als natürlicher, ewiger und universeller Schrift. Diese in der jüdisch-christlichen Geschichte so weit verbreitete Metapher weist mehrere paradoxe Eigenschaften auf, über die verschiedene Forscher und Gelehrte im Laufe der Zeiten nachgedacht haben. Als die Verbindungen zwischen dieser Metapher und der Informationstheorie erkannt waren, wurde die Metapher bis zum Punkt der Dekonstruktion überspannt.

Thomas von Aquin warf als erster zahlreiche Fragen und Schwierigkeiten auf, die das Konzept vom »Buch des Lebens« mit sich bringt; damit reagierte er nicht nur auf dessen mannigfaltige Bedeutungen im Alten und Neuen Testament, sondern auch auf Interpretationen früherer Kommentatoren, vor allem von Augustinus. Auch Platons Vorstellungswelt der menschlichen und der Welt-Seele als ewige Schrift hatte diese metaphorische Tradition belebt. Zwar sind das Buch des Lebens und das Buch der Natur nicht ganz das gleiche – das erste repräsentiert die Ewigkeit und den Logos menschlicher Seelen, das zweite die Ewigkeit und den Logos aller belebten und unbelebten Dinge –, doch in beiden Formulierungen diente das Wort *Buch* immer als Metapher für den stofflichen Gehalt der Schöpfung. »Denn das Unschaubare an ihm ist seit Erschaffung der Welt an den geschaffenen Dingen mit der Vernunft zu schauen«, erklärte Paulus in seinem Brief an die Römer (Römer 1.20). In dieser Tradition fungierte das Buch der Natur als skripturale Exegese, insbesondere nach dem 13. Jahrhundert, mit der Abgrenzung zwischen dem Wissen im Lichte der Gnade (Theologie) und dem durch das Licht der Natur erlangten (Naturphilosophie).[65]

Doch die dem gleichzeitig materialen und textlichen Schöpfungsgehalt innewohnende Aporie, wie sie im Johannes-Evangelium zum Ausdruck kommt (1.1–14), bedeutete schon damals für die Gläubigen eine Herausforderung: »Im Anfang war das Wort, und das Wort war bei Gott, und Gott war das Wort ... in ihm war das Leben, und das Leben war das Licht der Menschen ... Und das Wort wurde Fleisch und wohnte unter uns ...« Wie kann ein Wort, ein Signifikant, dem vorausgehen, was durch ihn bezeichnet wird, sei es Gedanke oder Handlung? Wie kann Sprache das noch Ungedachte repräsentieren? Und wenn Gott immateriell ist, wie kann dann Sein Wort materielle Wirksamkeit mit sich führen und »Fleisch werden«? Wie Thomas von Aquin darlegte, »wird nichts Ungeschaffenes als Buch des Lebens bezeichnet«. So werfen das Buch des Lebens und das der Natur das gleiche uralte Rätsel auf: Was ist diese immaterielle Schrift? Ist sie Schöpfung oder Offenbarung? Im Anfang war das Wort? (oder die Welt?) (In der Nachkriegszeit sollte das »Wort« zusätzliche Rätsel mit sich bringen: Wenn nicht Gott, wer ist im säkularen Kontext der Molekularbiologie Urheber dieser Schrift? Welche Bedeutung kann diese Schrift übermitteln – innerhalb der stochastischen und syntaktischen Logik von Kybernetik und Informationstheorie? Und wie kann Sprache ohne menschliches Bewußtsein möglich sein?) Dieses Rätsel nötigte Derrida die Feststellung ab: »Die Idee des Buches, die immer auf eine natürliche Totalität verweist, ist dem Sinn der Schrift zutiefst fremd. Sie schirmt die Theologie und den Logozentrismus enzyklopädisch gegen den sprengenden Einbruch der Schrift ab, gegen ihre aphoristische Energie und ... gegen die Differenz im allgemeinen.«[66]

So ist von früheren Zeiten bis in die jüngste Zeit die Natur immer textualisiert worden, wie Hans Blumenberg belegt hat;[67] selbst für religiöse Praktiker der Wissenschaft stellten die damit verbundenen Aporien eine Herausforderung dar. Abgesehen von den theologischen Rätseln änderten sich auch die synchronischen Bedeutungen der Schrift und des Buchs der Natur mit der Zeit; sie wurden neu konfiguriert innerhalb der Bedeutungsregime der sich wandelnden Episteme und kulturellen Erfahrung: Antike, Mittelalter, Renaissance, wissenschaftliche Revolution, Aufklärung, Romantik und Modernismus des 20. Jahrhunderts. Wie Mark Poster bemerkt hat: »Jedes Zeitalter verwendet Formen symbolischen Austauschs, sie umfassen interne und externe Strukturen, Bedeutungsmittel und Bedeutungsrelationen ... Die Verschiebung von mündlich und gedruckt verfaßter Sprache zu Sprache in elektronischer Form konfiguriert demnach auch die Beziehungen des Subjekts zur Welt.«[68] Die Epochenbrüche sind nicht monolithisch, sie führten immer Instabilitäten und Resonanzen früherer Darstellungsformen und Hybridkonstruktionen mit sich. In der wechselvollen Geschichte des Buchs der Natur hat sich diese Metapher als bemerkenswert dauerhaft erwiesen, auch wenn sie im Zusammenhang komplexer und sich überlappender Schichten alter und neuer Bedeutungen immer wieder (re-)historisiert wurde.

Bei seinen Überlegungen zum Logos der Natur und zur Vielfalt des Lebens postulierte Lukrez (50 v. Chr., *De Rerum Natura*): »Da aber nun jedes Ding aus bestimmten Samen hervorgebracht wird, wird es geboren und kommt es in die Räume des Lichts von da, wo der Stoff und die ersten Körper von jedem vorhanden sind, und deshalb können nicht alle Dinge aus allen entstehen, weil in bestimmten Dingen eine gesonderte Kraft wohnt.« Und angesichts der sich so offenbarenden Vielfalt schien es ihm sinnvoller, anzunehmen, »daß vielen Dingen, wie wir es bei den Buchstaben der Wörter sehen, viele Körper gemeinsam sind, als daß irgendein Ding ohne Erstanfänge bestehen kann«.[69] Im 12. Jahrhundert wurden in Europa im Rahmen der Handschriften-Buchkultur die Vertextungen der Natur ein weiteres Mal neu erfunden.

Wie Brian Stock gezeigt hat, hatte das Buch der Natur im Hochmittelalter eine spezielle Bedeutung, zu einer Zeit, als der Naturalismus historisch zur Welt kam. In der wachsenden schriftkundigen Gesellschaft mußte die Wissenschaft von der Natur mit der inneren Logik zeitgenössischer Texte in Übereinstimmung gebracht werden. Durch wechselseitige Verbindungen zwischen Worten, Gedanken und Dingen konstituierte sich die Natur als Buch. Die mittelalterlichen Wissensstrukturen – Logik, Grammatik, Rhetorik und Theologie – wurden mobilisiert, um die »Geheimnisse der Natur« zu entwirren. Für Wilhelm von Conches bestand die Natur aus ebenso vielen Büchern, wie es kontrollierte Interpretationen gab. Für Allain de Lille galten unnatürliche Abweichungen als grammatische Fehler. Hugo von St. Victor sah die Naturerkenntnis unauflöslich mit der Logik verschlungen. Idealerweise war die durch Dinge bestimmte Bedeutung vorzuziehen, doch der Philosoph, auf die *scientia* beschränkt, kannte nur die Bedeutungen der Wörter. So bildeten Worte, Texte, Vernunft und Natur das nahtlose Gewebe mittelalterlicher Naturerkenntnis.[70]

Um 1500 endete die Handschriftenkultur, und es begann das Zeitalter des Buchdrucks; damit wurde ein wichtiger Wandel eingeleitet. Die Verschiebung bedeutete eine neue Konfigurierung der Grenzen von Wissen, bildenden Künsten, Literatur, Kirche, Adel und gelehrten Eliten. Der physische und soziale Status eines »Buchs« hatte sich verändert. Das Buch der Natur wurde zum gedruckten Text; doch auch ein solcher hatte vielfältige soziale Wertigkeiten und kontextuelle Bedeutungen. Einen entscheidenden Moment in dieser Geschichte von Natur und/als Text stellte die Geburt der modernen Wissenschaft im 17. Jahrhundert dar. Mit dem Aufstieg einer autonomen experimentellen Tradition wurden Darstellungen der Natur mit Eingriffen in die Natur verflochten, oder in den Begriffen Derridas: das Buch der Natur/des Lebens (bzw. seine Lektüre) wurde von seiner Schrift untrennbar.[71] In einer an den Diskurs des Gencodes erinnernden Sichtweise wartete das Buch der Natur im 17. Jahrhundert auf seine »Entzifferung« durch den experimentellen Forscher, der über eine »Idealsprache« verfügte. Bacon sagte, daß wir »Gottes natürliche Wahrheiten mit dem Alphabet der Natur« lesen. Sowohl Descartes als auch Galilei sprachen von der Schrift und Lektüre des großen Buchs der Natur; Leibniz suchte nach der Idealsprache, der »*characteristica universalis*«, die der von Gott geschriebenen Sprache genau entspräche; Bonnet nahm an, »daß unsere Erde ein Buch ist, welches das große Wesen jenen Geistern zu lesen gegeben hat, die uns weit überlegen sind«.[72]

Immanuel Kant, dem Sprecher der deutschen Aufklärung, erschien die rein mechanische Sprachbeherrschung als eine zwar notwendige, doch keineswegs hinreichende Bedingung für die Wissensaneignung. »Die Natur«, schrieb er, »ist ein Buch, ein Brief, eine Fabel (im philosophischen Verstande) oder wie Sie sie nennen wollen. Gesetzt wir kennen alle Buchstaben darinn so gut wie möglich, wir können alle Wörter syllabiren und aussprechen, wir wissen so gar die Sprache in der es geschrieben ist – Ist das alles schon genung ein Buch zu verstehen, darüber zu urtheilen, einen Charakter davon oder einen Auszug zu machen.«[73] Als Repräsentant des Übergangs zwischen Aufklärung und Romantik sprach Goethe von der Natur als einer Geheimschrift: »Wie lesbar mir das Buch der Natur wird kann ich dir nicht ausdrücken, mein langes Buchstabiren hat mir geholfen.« Vielleicht war es seine Beschäftigung mit den Mehrdeutigkeiten der Naturschrift, die ihn dazu inspirierte, sie in der Figur des Faust zu hinterfragen; denn auf der Suche nach epistemischer Herrschaft und weltlicher Macht interpretiert dieser »Im Anfang war das Wort« als »Im Anfang war die Tat« und unterwirft so das »Wort« als Signifikant dem Primat des (transzendentalen) Signifikats. Bilder von der Natur als sprachliche Kommunikation, als Hieroglyphen und Chiffren waren im 18. Jahrhundert allgegenwärtig; an ihnen orientierten sich die Praktiker der Naturphilosophie: Sie sahen poetische und ästhetische Eingebungen als ein Mittel, die verborgene Poesie der Natur zu lesen und nachzuerzählen (unter ihnen sticht Novalis hervor). Die sprachlichen Bilder von den Chiffren der Natur dauerten bis ins 19. Jahrhundert fort, als moderne Begriffe des organischen Gedächtnisses (Engramm oder Mneme-Prinzip) mit biologischen und molekularen Erkenntnissen verknüpft wurden (insbesondere mit der kombinatorischen Natur der Proteine); die Telegraphie steuerte weitere Vorstellungen bei, um physiologische Phänomene als sprachliche Kommunikation zu fassen. Solche Konzepte und die Vorstellungswelt des Abdruckens beseelten noch um 1940 Schrödingers Visionen einer Schlüsselschrift der Vererbung.[74]

Mit der Ausbreitung von Informationstheorie, elektronischen Computern, Kommunikations- und Simulationstechnologien in den fünfziger Jahren wandelten sich ein weiteres Mal die Begriffe von Botschaft, Text und Sprache, und damit auch die Vertextung der Natur. Nun schien es technisch gerechtfertigt, von Molekülen und Organismen als Texten zu sprechen, nämlich als Systemen der Informationsspeicherung und -übertragung. Wie Sinsheimer über die menschlichen Chromosomen sagte, dies ist »das Buch des Lebens. In diesem Buch befinden sich Anleitungen, um ein menschliches Wesen herzustellen.«[75] Vererbung wurde zu einem programmierten Kommunikationssystem, gesteuert von einem Code, der »sprachliche Information« durch Zelle und Lebenszyklen übermittelte. Doch neben den Paradoxien, die mit einem stochastischen Informationsbegriff ohne jegliche Semantik verbunden sind, war da auch noch das Problem einer sprachlichen Bedeutung ohne Sprecher. Der Genetiker Philippe L'Héritier wies 1967 darauf hin: »Da die menschliche Sprache eine symbolische Sprache ist, setzt sie einen Gesprächspartner und ein verstehendes Gehirn voraus, doch in der genetischen Sprache haben wir nur eine Informationsübertragung zwischen Molekülen [und selbst dann noch ist Informationsübertragung nur eine Metapher]«; dieser Einwand wurde später von Florkin wiederholt. Claude Lévi-Strauss bezog sich auf dieses zentrale philosophische Rätsel, als er fragte: »Kann es eine prädiskursive Sprachkenntnis geben, die vor dem Aufbau von Sprache durch die Menschen besteht? Könnte es, wie Biologen behaupten, etwas geben, das der Struktur der Sprache gleicht, aber weder Bewußtsein noch Subjekt erfordert?« Jean Baudrillard ist so weit gegangen, zu behaupten, daß der genetische Code als ein Leitsymbol von Steuerung und Kontrolle, von Simulationen, elektronischen Programmen und Texten nur durch diese Krise der (sprachlichen) Repräsentationen existieren kann. Er bemerkte: »Es ist vorbei mit dem Zeitalter der Repräsentation, dem Raum der Zeichen, ihrer Konflikte, ihres Schweigens: es bleibt nur die ›black box‹ des Codes, das Molekül, von dem die Signale ausgehen, die uns mit Fragen/Antworten durchstrahlen und durchqueren wie Signalstrahlen, die uns mit Hilfe des in unsere eigenen Zellen eingeschriebenen Programms ununterbrochen testen.«[76] In der Tat war es die Informations-Katachrese – die doppelte metaphorische Konstruktion von Information –, welche die Darstellung des genetischen Codes als natürliche, ewige und universelle Schrift zu bestätigen schien. In dem durch diese Mehrdeutigkeiten, Verwischungen, Paradoxien und den Verlust von Referentialitäten geschaffenen Raum konnte sich die wissenschaftliche Vorstellungswelt vom genomischen Buch des Lebens entfalten.

Darüber hinaus werden die diachronischen und synchronischen Vorstellungen einer Schrift der Natur problematisch, wenn man die objektivistische Sichtweise der Erkenntnis hinterfragt. Von einem platonischen oder logozentrischen Standpunkt aus wird es als gegeben angesehen, daß die genomische Schrift vor dem Auftauchen des Menschen in der

Welt existierte und auf ihre göttlich oder sonstwie inspirierte Entschlüsselung wartete. Materielle und theoretische Werkzeuge der Molekularbiologie – Quantifzierung und Experiment – haben dementsprechend die unzweideutige Lektüre dieser Schrift, im Prinzip, ermöglicht. Doch eine solche objektivistische Sichtweise orientiert sich zumeist an mechanistischen Idealen von Sprache als transparenter Bedeutung, am Glauben an eine genaue Entsprechung von Worten und Dingen, von Signifikant und Signifikat, wonach die Eingeweihten zu positivem Wissen über das Buch des Lebens gelangen können. Diese absoluten Konzepte der Sprache (vergleichbar den Vorstellungen von absoluter Masse, Raum und Zeit im mechanistischen Weltbild) wurden schon zu Beginn des 20. Jahrhunderts in Frage gestellt, als die Kontextualitäten innerhalb des Wissenssystems in Bedeutungsanalysen einbezogen und die Kontingenzen des Strukturalismus akzeptiert wurden. Das Zeichen schöpfte seine Bedeutung nicht mehr aus einer genauen Entsprechung zwischen Bedeutungsträger und Bedeutetem oder aus absoluter Referenz, sondern nur aus Differenzen zu anderen Zeichen, aus dem Kontext des gesamten sprachlichen Systems. Bedeutungen und Wörter wurden polysemisch. Damit änderte sich das Konzept von Sprache grundlegend: Da die Vorstellung eines Buchs des Lebens zuerst als universelle und absolute Schrift aufkam, unterminiert der polysemische Aspekt dieser sogenannten Schrift die Möglichkeit ihrer absoluten Lektüre.[77]

Doch wie läßt sich »das System« selbst (beispielsweise ein Genom), einschließlich seiner Ursprünge und Grenzen, definieren? So wie Derrida (und allgemeiner der Postrukturalismus) den Begriff eines sprachlichen »Systems« destabilisiert hat, haben Lebenswissenschaftler biologische Systeme durch die Theorie der Autopoiese (»Selbst-Produktion«) problematisiert. Für alle Lebewesen ist charakteristisch, daß sie sich fortlaufend nach ihren eigenen internen Regeln und Anforderungen selbst hervorbringen, womit eine klare Unterscheidung zwischen »Innen« und »Außen«, »geschlossen« und »offen« verwischt wird. In dieser revidierten Sichtweise ist Information keine unabhängige, im vorhinein feststehende Quantität, die dem genomischen System als Input dient; sondern die »Bedeutung« der Information wird fortlaufend justiert, nicht nur durch Kontexte *innerhalb* des Systems, sondern auch durch Interaktion mit seiner *Außenwelt*. Der Abstand zwischen Genotyp und Phänotyp vergrößert sich damit beträchtlich; es handelt sich um eine dynamische Dialektik von Präformation und Epigenese.[78]

Darüber hinaus wurden in der logozentrischen Sicht der Genomschrift weder der Konstruktionsprozeß der wissenschaftlichen Werkzeuge noch ihre physische und diskursive Herausbildung sondiert. Kurzum, es wurden nicht die kognitiven Annahmen und technologischen Imperative überprüft, die der Schrift der Natur zugrunde liegen. Diese Punkte ließen sich durch eine Kritik der Technik (z. B. Heidegger) und der Bedeutung (z. B. Derrida) erhellen, d. h. durch eine Dialektik zwischen *episteme* und *techne* und zwischen Darstellen und Eingreifen (nach Ian Hacking), wie sie in der Funktionsweise der modernen Wissenschaft im allgemeinen und der Molekularbiologie im besonderen am Werk ist. Diese Dialektik erschüttert den objektivistischen Gesichtspunkt, wonach es einen unvermittelten Zugang zu einer Natur – sichtbar oder submikroskopisch – geben könnte, oder zu natürlichen Phänomenen, die prädiskursiv sind und unabhängig von Repräsentationswerkzeugen existieren. Auch ohne sich in vorsokratische Debatten über Sein und Werden zu vertiefen, läßt sich dem Problem von Sein und Erkenntnis kaum entkommen: Läßt sich das *Sein* von seiner Kundgebung trennen? Läßt sich eine Entität oder ein Phänomen unabhängig von den – diskursiven und materialen – Mitteln trennen, die seine Darstellung bilden? Wenn man *episteme* und *techne* als miteinander verflochten ansieht (und so das griechische logozentrische Erbe ablehnt), verwischen sich die altehrwürdigen Dichotomien zwischen Theorie und Praxis, Entdeckung und Erfindung, Beobachter und Phänomen. Technik und Theorie bringen einander gegenseitig hervor; epistemische Dinge werden zu technischen Dingen und umgekehrt, wie Hans-Jörg Rheinberger gezeigt hat.[79]

In dieser Perspektive befindet sich die Schrift auf der Seite der *techne*. Im Prozeß der Bedeutungsgebung – d. h. im Ordnen, Benennen, Isolieren, Messen, Beschreiben –, manifestiert sich die Erkenntnis von Entitäten und Phänomenen; Schrift kann dann als Repräsentationstechnik betrachtet werden, ob bei der Darstellung der Erdoberfläche, der Zellen oder der DNA. In dieser auf Derrida zurückgehenden Sichtweise ist es die Schrift selbst, die schreibt (qua Repräsentationserzeugung); sie wird zu einer Art Handlungsträger. Sobald die Wissenschaftler beim Beschreiben und Manipulieren biologischer Entitäten auf den Informationsdiskurs und seine skripturalen Technologien verpflichtet sind, werden sie selbst Teil des Darstellungsraums, in dem die epistemisch-technischen Ereignisse der Molekularbiologie auftreten. Der Bewegungsspielraum der Akteure, vom Aufbau der Experimente bis zur Präsentation und Interpretation der Daten, ist immer schon durch diesen diskursiven/materialen Raum vermittelt.[80]

Und schließlich ist da noch – in einem gottlosen wissenschaftlichen Universum – das zusätzliche Rätsel der Autorschaft beim Buch des Lebens. Vielleicht liegt es an ihrem Gegenstand Leben und Fortpflanzung, daß die Molekularbiologie seit den fünfziger Jahren geradezu überströmt von theistischen Bildern und religiösen Leitsymbolen; ihre Praktiker übten eine Art göttlicher Bio-Macht aus. So war die Rede von Delbrücks Priesterschaft der Phagenkirche; Caltech und Cold Spring Harbor galten als »Mekka und Medina« der Molekularbiologie; von Pilgerfahrten der Schüler zu den Zentren der Erleuchtung wurde gesprochen; von Monods Kardinalskollegium, das eine Enzyklika verkündete, wonach die Terminologie der Enzym-»Adaptation« abgeschafft wird; von Cricks Zentralem Dogma der Biologie, wonach der Informationsfluß nur in einer Richtung verläuft: von der DNA zur RNA zu Proteinen; und klassische molekularbiologische Texte wurden mit dem Alten und Neuen Testament verglichen – dies sind nur einige von vielen Formulierungen, in denen eine solche transzendentale Autorität spürbar ist.[81] Es läßt sich kaum bezweifeln, daß zu dieser Bio-Macht auch gehört, das genomische Buch des Lebens zu beherrschen, zunächst durch säkulare Auslegung und dann durch säkulare (Neu-)Schöpfung.

Edward Trifonov und Volker Brendel, die beiden Autoren des Buchs *Gnomic: A Dictionary of Genetic Codes* (1986) und Pioniere einer Chomskyschen DNA-Linguistik, die sie »Gnomik« tauften, haben vielleicht noch am besten, wenn auch unbeabsichtigt, die Macht und Grenzen der Genomschrift mit all ihrer theistischen, epistemischen und dekonstruktiven Kraft erfaßt. Denn als die beiden Forscher ihr linguistisches Projekt in die Tradition eines Urwissens stellten, sahen sie die Molekularbiologen im Kampf mit den jahrhundertealten Schwierigkeiten einer »*lingua prima* des Lebens«, wie sie es nannten.

Die Natur des Ursprungs und der Grundlagen des Lebens sind zentrale Streitfragen in der geistigen und wissenschaftlichen Suche des Menschen. Goethe ließ seinen Faust damit ringen, als dieser den ersten Vers des Johannes-Evangeliums zu interpretieren versuchte: »Im Anfang war das Wort ...« War hier wirklich »Wort« gemeint, oder sollte es statt dessen nicht eher »Gedanke« oder »Tat« heißen? Wie immer die Antwort lauten mag, die buchstäbliche Domäne der Worte, nämlich Sprache, ist sicherlich wenigstens mit dem Beginn des Menschen und dem Verstehen des Menschen verknüpft.[82]

Wenn somit das Genom für die Ursprünge menschlichen Lebens steht, dann sind die Molekularbiologen durch das Wort – die DNA-Sequenz – dem Schöpfungsakt so nahe wie möglich gekommen und haben übernatürliche, faustische Mächte beschworen. Diese skripturale und materiale Beherrschung hat James Watson als Auftrag für das Human Genome Project formuliert: »Denn der genetische Würfel wird weiterhin allzu viele Individuen und ihre Familien mit einem grausamen Schicksal schlagen, die diese Verdammung nicht verdient haben. Die Anständigkeit verlangt, daß jemand sie aus ihren genetischen Höllen rettet. Wenn wir nicht Gott spielen, wer dann?«[83]

2 Räume der Spezifität: der molekularbiologische Diskurs vor dem Informationszeitalter

1971 unterhielt Max Delbrück – der frühere Caltech-Physiker war zum Biologen geworden – seine Zuhörerschaft wie so oft mit einem ernst gemeinten Scherz. Auf nahezu zwei Jahrzehnte DNA-basierter Molekularbiologie und eine knapp zweistellige Zahl von Nobelpreisträgern aus diesem Forschungsfeld zurückblickend (darunter auch er selbst), wies er darauf hin, daß in Wirklichkeit Aristoteles das DNA-Prinzip entdeckt hatte, und falls das norwegische Komitee eine posthume Nobelpreisverleihung erwäge, so solle es den griechischen Philosophen in Betracht ziehen.[1] Delbrücks Argument enthielt eine subtile wissenschaftliche Subversion und eine historischen Umkehrung. Anhand seiner eigenen englischen Übersetzung von Passagen aus der *Zeugung der Geschöpfe*, die sich mit der organismischen Entwicklung beschäftigen, lobte er Aristoteles' Weitblick: »Alle diese Zitate besagen in moderner Sprache folgendes: Das Formprinzip (DNA) ist die Information, die im Sperma gespeichert ist. Nach der Befruchtung wird sie in programmierter Weise abgelesen. Das Ablesen verändert den Stoff, auf den sie einwirkt, nicht jedoch die gespeicherte Information, die genaugenommen nicht Teil des fertigen Produkts ist.« Dieser Logos, die DNA-Information, hatte sogar noch eine tiefere Bedeutung, so Delbrück weiter: Sie war Aristoteles' Prinzip des *Primum Mobile*, des »unbewegten Bewegers«, des Ursprungs aller Bewegungen. (Auch Georges Canguilhem hat bemerkt, daß Repräsentationen des Lebens als Information dem Formbegriff und der Einschreibung des Logos bei Aristoteles entsprechen.) Ausgehend von Aristoteles' Werken wurde das Prinzip dann in die Physik, die Astronomie und kosmologische Theologie übertragen. Auch wenn ein *Primum Mobile* der Newtonschen Physik katastrophal erscheint, sagte Delbrück, »beschreibt der ›unbewegte Beweger‹ perfekt die DNA. Sie wirkt, erschafft Form und Entwicklung, verändert sich jedoch selbst nicht dabei.«[2] Demnach ist sie eine ontologische Entität, ein kosmologisches Prinzip.

Als Meister des Karnevalesken provozierte Delbrück sein Publikum gerne, indem er Konventionen verletzte und zeitliche und kausale Logik umkehrte. Doch sein bewußtes Spielen mit der anachronistischen »genetischen Information« bei Aristoteles enthüllt ironischerweise andere, nicht intendierte Anachronismen, nämlich die Art und Weise, wie Molekularbiologen in der zweiten Hälfte des 20. Jahrhunderts Schlüsselbegriffe der Vererbung aus der ersten Jahrhunderthälfte re-repräsentierten. Denn die neu auftauchenden Beschreibungen von Organismen und Molekülen als Systemen der Informationsübertragung bedeuten weniger eine zeitliche Versetzung des Aristotelischen Fortpflanzungsdiskurses, sie enthüllen vielmehr einen Bruch aus jüngerer Zeit: Im Verlauf von zwei Jahrzehnten fand eine Neuerfindung der Geschichte statt, eine Rekonfiguration epistemischer, experimenteller und sozialer Strukturen, eine Umarbeitung dessen, was einmal der Darstellungsraum der Molekularbiologie vor den fünfziger Jahren gewesen war.

Die ganzen vierziger Jahre hindurch hatten Delbrück und seine vielen Kollegen noch in zahlreichen Studien mit biologischen und physikalisch-chemischen Begriffen Phageninfektion, Vermehrung, Rekombination, Widerstandsfähigkeit und Mutationen erklärt, ohne je eine Informationsübertragung heranzuziehen. Doch wie andere zog auch Delbrück in den fünfziger Jahren die Informationstheorie ernsthaft in Betracht. Und gegen Ende der fünfziger Jahre, als Delbrück und Gunther Stent die Mechanismen der Phagenreplikation zusammenfaßten, glaubten sie – wie viele andere Molekularbiologen –, daß »es unklug wäre, im ›Informationstransfer‹ nicht einen möglichen Replikationsmechanismus zu sehen«.[3]

Während in den fünfziger Jahren Begriffe wie *Information* und *Code* zunächst noch manchmal in Anführungszeichen gesetzt wurden, um ihren metaphorischen Status kenntlich zu machen, waren am Ende des Jahrzehnts die Anführungszeichen verschwunden. Die neue Biosemiotik und ihre sprachlichen Tropen hatten sich in den wissenschaftlichen und kulturellen Diskursen der Nachkriegsära derart eingebürgert, daß es praktisch unmöglich war, genetische Mechanismen außerhalb des diskursiven Rahmens der Information zu denken. (Es sollte auch nicht vergessen werden, daß die Bedeutung von »Genen« sich seit Anfang des Jahrhunderts verändert hatte: Während diese zunächst als geschlußfolgerte Mendelsche Konstrukte galten, wurden sie zu physischen Entitäten, die mit Proteinen, dann mit Nukleoproteinen und schließlich mit der DNA gleichgesetzt wurden.) Auch die altehrwürdige Metapher vom

»Buch des Lebens« wurde mit einer neuen Bedeutung versehen. *Information* und *Buch* definierten und validierten sich allmählich gegenseitig. Doch was wurde durch die Metapher der Information genauer bezeichnet? Welche biologische Eigenschaft war mit »Information« gemeint? Welche Lebensprozesse oder physiologischen Mechanismen wurden durch den Ausdruck »Informationsübertragung« repräsentiert? Was taten die Gene, bevor sie Information speicherten und übertrugen? Und jene Forscher, welche die Entwicklung der Molekularbiologie prägten, wie Max Delbrück, Linus Pauling, George Beadle, Jacques Monod, Oswald Avery, Erwin Chargaff und James Watson, welche Darstellungen verwendeten sie in den vierziger Jahren für die funktionellen und strukturellen Merkmale der Gene? Kurzum, welche materialen, diskursiven und sozialen Eigenschaften zeichneten den Diskurs der Molekularbiologie vor dem Informationszeitalter aus?

Dieses Kapitel überprüft die kognitiven Festlegungen, semiotischen Werkzeuge, diskursiven und materiellen Praktiken der Molekularbiologie in den vierziger Jahren sowie den historischen Macht/Wissen-Komplex, in dem sie wirksam waren, nämlich die Förderung der molekularen Lebenswissenschaften durch die Rockefeller-Stiftung in der Zwischenkriegszeit. Eine solche Überprüfung erweist sehr deutlich, welche zentrale Rolle dem Konzept der *biologischen Spezifität* zusammen mit seinen innerwissenschaftlichen und außerwissenschaftlichen Verknüpfungen in den damaligen Erklärungsansätzen zur Genwirkung zukam.

Canguilhem hat auf die Diskontinuitäten aufmerksam gemacht, die sich im Begriff des Lebens von der Antike bis in die Gegenwart verfolgen lassen: vom Leben als Beseelung zum Leben als Mechanismus, dann als Organisation und schließlich als Information. Doch erst Michel Foucault, Canguilhems Schüler, hat in *Die Ordnung der Dinge* ausgearbeitet, wie bedeutsam der Organisationsdiskurs für die Entstehung einer Wissenschaft vom Leben im 19. Jahrhundert war. (Der Ausdruck »Biologie« wurde – in Opposition zur »Naturgeschichte« – von mindestens vier Lebenswissenschaftlern im ersten Jahrzehnt des 19. Jahrhunderts geprägt.) Auch die Verbindungen zwischen der Biologie und den damaligen diskursiven/kulturellen Veränderungen im Bereich der Arbeit, in der Analyse der Reichtümer und in der Sprachwissenschaft hat Foucault untersucht. Die verborgene Organisation trat an die Stelle der sichtbaren Form; als neue Methode zum Verständnis des Lebens stellte die vergleichende Anatomie die Naturgeschichte in Frage.

Das Merkmal wird also nicht durch eine Beziehung des Sichtbaren zu sich selbst erstellt. Es ist in sich selbst nur die sichtbare Spitze einer komplexen und hierarchisierten Organisation, in der die Funktion eine wesentliche Befehls- und Determinationsrolle spielt... Dieses Herausragen einer Funktion über alle anderen impliziert, daß der Organismus in seinen sichtbaren Dispositionen einem Plan gehorcht.

Karl Figlio hat Foucaults Ansatz weiter ausgearbeitet und verfeinert. Seine Analyse zur historischen Rolle der Organisationsmetapher in den biomedizinischen Wissenschaften des 19. Jahrhunderts machte deutlich, wie diese Metapher als natürlicher Träger ihres kulturellen Kontexts fungierte.[4] Ganz auf der Linie von Canguilhem und Foucault und dem generellen Trend in der französischen Wissenschaftsgeschichte führte François Jacob in *Die Logik des Lebenden* die Geschichte der Vererbung auf eine Reihe von epistemischen Brüchen zurück. (Foucault betrachtete Jacobs Buch als »die bemerkenswerteste Biologiegeschichte, die je geschrieben wurde«, denn es demonstriere, daß der Weg der Wissenschaft dem des menschlichen Denkens entspricht.) Jacob schrieb:

> Während der zweiten Hälfte des 18. Jahrhunderts und des Übergangs zum 19. Jahrhundert verändert sich allmählich das Wesen der empirischen Erkenntnis... Die reine Möglichkeit der Existenz der Körper verlagert sich zunehmend mehr in ihr Inneres. Die Interaktion der Teile gibt dem Ganzen seine Bedeutung. Die Lebewesen werden jetzt dreidimensionale Einheiten, ihre Strukturen bauen sich in Schichten von innen her auf, gemäß einer Ordnung, die von der Tätigkeit des Gesamtorganismus vorgeschrieben ist. Die Oberfläche eines Wesens wird vom Inneren und das Sichtbare der Organe von dem Unsichtbaren der Funktionen bestimmt. Form, Eigenschaften und Verhalten eines Lebewesens werden von einer Organisation festgelegt. Die Wesen unterscheiden sich in ihrer Organisation von den Dingen... Somit entsteht an der Wende des 18. zum 19. Jahrhundert eine neue Wissenschaft. Ihr Ziel ist nicht mehr die Klassifikation der Wesen, sondern die Erkenntnis des Lebenden. Ihr Objekt ist nicht mehr die Untersuchung der sichtbaren Struktur, sondern die Analyse der Organisation.

Organisierte Materie, im Gegensatz zu unorganisierter, kennzeichnete den Unterschied zwischen Belebtem und Unbelebtem. Der Begriff der biologischen Organisation leitete die Lebenswissenschaft bis in die Mitte des 20. Jahrhunderts, um dann von einem imaginären Computerprogramm des Lebens abgelöst zu werden, das Jacob als »Integron« bezeichnete.[5]

Im Organisationsdiskurs durchzog Spezifität als roter Faden alle Lebenswissenschaften: Biochemie, Immunologie, Genetik, Physiologie, Embryologie, Taxonomie und Evolutionsforschung. Ganz besonders in der Molekularbiologie sollten Begriff und Verwendungsweisen von »Spezifität« später oft durch »Information« ersetzt werden, denn beide, Spezifität und Information, bezeichneten die Komplementarität stark geordneter biologischer Strukturen. Auch wenn es gute Gründe für den Austausch der Begriffe gab, stellten Spezifität und Information keine äquivalenten Repräsentationen dar. Spezifität war eine stoffliche Ursache im Aristotelischen Sinne, sie beruhte auf dreidimensionalen Molekülstrukturen, wurde bestimmt durch Messungen in Experimenten und verband Moleküle mit Organismen, ja mit Arten. Information dagegen war die Aristotelische Form, sie stellte eine Abstraktion dar: ein eindimensionales Band, eine Transaktion, für die es keine experimentellen Messungen oder stofflichen Verknüpfungen gab. Spezifität bezog sich auf den Körper, Information auf die Seele. Da Diskurse wie der Organisations- und der Informationsdiskurs historisch verschieden verortet sind, lassen sie sich nicht genau aufeinander abbilden: Manche Merkmale werden hervorgehoben, andere unterdrückt; manche Artikulationen werden übergangen, andere mit neuen Bedeutungen aufgeladen. Biologische Spezifität (und ihre Verkörperungen in verschiedenen Experimentalpraktiken) sollte im Informationsdiskurs re-repräsentiert werden durch die skripturalen Tropen der Information: *Botschaft, Alphabet, Instruktionen, Code, Text, Lesen, Programm.* Die Narrative der Vererbung und des Lebens sollten als programmierte Kommunikationssysteme umgeschrieben und die Molekularbiologie an anderen damaligen wissenschaftlichen Disziplinen und der Technokultur des Kalten Kriegs ausgerichtet werden; die Organisationsvorstellung wurde umformuliert in Algorithmen komplexer Systeme.[6]

Zunächst untersuche ich die Räume der »Spezifität« in der Lebenswissenschaft in der ersten Hälfte des 20. Jahrhunderts anhand materialer und diskursiver Strukturen. Die Verwendung und Erklärungsfunktionen dieses Begriffs in mehreren Forschungsbereichen werde ich kurz erkunden und seinen Gebrauch innerhalb des Organisationsdiskurses bzw. des »großen Bauplans« des Lebens verfolgen. Dann spüre ich den Vorstellungen biologischer und chemischer Spezifität in den sich wandelnden Paradigmen der Molekularbiologie – zunächst Proteine, dann Nukleinsäuren als erste Ursachen der Vererbung – sowie in ihren damaligen institutionellen Kontexten nach. Bei der Betrachtung des Förderprogramms der Rockefeller-Stiftung für die Molekularbiologie konzentriere ich mich auf die Forschungen von Pauling, Beadle und Monod, die noch innerhalb des Proteinparadigmas durchgeführt wurden.[7] Als nächstes gehe ich zur Rolle der Spezifität in Untersuchungen über, in denen die Nukleinsäuren mit der Vererbung verknüpft wurden, wobei ich einen Blick auf die Arbeiten von Avery, Chargaff und schließlich Watson und Crick werfen werde; letztere präsentierten 1953 ihre Doppelhelix-Struktur der DNA in Begriffen eines Informationscodes und inspirierten damit George Gamow, sich an das Codierungsproblem heranzumachen.[8] Ich unterziehe dann Erwin Schrödingers Beiträge zum genetischen Code einer neuen Überprüfung. Allgegenwärtige »Gründungsväter«-Genealogien haben Schrödingers Buch *Was ist Leben?* (1944) die Urheberrolle für die Beschäftigung mit dem genetischen Code zugeschrieben. Nachdem ich die rückblickenden Berichte analysiert habe, die unterschiedslos Schrödingers Codierung mit späteren Begriffen von Informationsübertragung verschmelzen, werde ich Schrödingers Überlegungen wieder im Organisationsdiskurs der Zwischenkriegszeit situieren.[9] Schließlich will ich noch anderen sogenannten Vorläufern des genetischen Codes nachgehen, nämlich den Erklärungsansätzen von Kurt Stern, Cyril Hinshelwood und Alexander Dounce, die für die biologische Spezifität von Nukleinsäuren und Proteinen vor dem Informationszeitalter einstehen.

Der »große Bauplan« der Organisation

François Jacob merkte an, daß die Biologie im Unterschied zu den exakten Wissenschaften wenige genuin mathematische Theorien enthält und daher hauptsächlich mit Modellen arbeiten muß (und mit Metaphern, hätte er hinzufügen können). Er wies außerdem darauf hin, daß es zwar viele Verallgemeinerungen in der Biologie gibt, jedoch nur wenige authentische Theorien.[10] Bei der Spezifität handelte es sich um eine solche Verallgemeinerung; sie betraf das Konzept biologischer und chemischer Spezifität, das im frühen 20. Jahrhundert ein vereinheitlichendes Thema und einen zentralen Gegenstand der Überlegungen in der Lebenswissenschaft darstellte. Wichtige Problemstellungen und Versuchspläne für Experimente, die zur Entstehung der Molekularbiologie in den dreißiger und vierziger Jahren beitrugen, waren in die Begrifflichkeit der Spezifität gefaßt.[11] Bevor noch eine genauere Kenntnis der Zusammensetzungen und Strukturen von Genen, Enzymen, Antikörpern, Bakterien und Viren bestand, war ein eindrucksvolles Wissen über diese Entitäten und ihre genaue stoffliche Funktionsweise angesammelt worden, das auf ihrer beachtlichen funktionellen Spezifität basierte. Experimentelle Studien zeigten, daß Gene hoch spezifisch für bestimmte Genprodukte waren; daß Enzyme einen hohen Grad von Spezifität zu ihren Substraten aufwiesen; in der Immunologie und verwandten Forschungsfeldern wurde die Verbindung von Antigen und Antikörper zu einem Index für Spezifität; Bakterien und Viren wurden oft hinsichtlich des Spektrums ihrer Wirtsorganismen charakterisiert; Taxonomien von Arten (und menschlichen »Rassen«) wurden aufgrund von experimentell gemessenen serologischen Differenzen aufgestellt.

Wie »Information« existierte auch das Wort »Spezifität« schon seit Jahrhunderten im allgemeinen wissenschaftlichen Sprachgebrauch; eine besondere terminologische Bedeutung, begriffliche Kohärenz und materiale Prägnanz erlangte es allerdings erst, wie Arthur Silverstein herausgestellt hat, mit der Immunologie zu Beginn des 20. Jahrhunderts. Diese Prägnanz gründete sich auf die Idee der räumlichen Komplementarität. Von Paul Ehrlichs biologischer Formulierung der Seitenketten-Theorie nach 1890 bis zu ihrer Verlagerung auf die chemischen Gesichtspunkte der Antikörpersynthese durch Karl Landsteiners Arbeit in den zwanziger Jahren des 20. Jahrhunderts lieferte die Stereokomplementarität einflußreiche physikalische und visuelle Repräsentationen für Spezifität. Aus der organischen Chemie in die Immunologie übertragen – nämlich bei den Bemühungen, die Spezifität zwischen Enzym und Substrat zu erklären –, wurden Idee und Bild der Komplementarität durch Emil Fischers bekannte Schlüssel-Schloß-Hypothese eingefangen (1894–1898). Das Zusammenpassen reagierender Substanzen und die Komplementarität ihrer dreidimensionalen Strukturen kennzeichneten die Spezifität.[12] Quer durch die Lebenswissenschaften diente die Schlüssel-Schloß-Metapher als begriffliche und experimentelle Brücke zwischen Form und Funktion, die das gesamte materielle Kontinuum biologischer Spezifität von den Molekülen bis hin zu den Arten überspannte.

Wie Scott Gilbert bemerkte, wurden in der Embryologie, vermittelt durch das Modellsystem der Befruchtung, die Spezifitäten interzellulärer Wechselbeziehung während der Entwicklung in immunologischen Begriffen dargestellt. Der prominente Chicagoer Embryologe Frank R. Lillie schlug 1914 die Hypothese vor, daß Sperma und Ei über stereokomplementäre Reaktionen an der Zelloberfläche miteinander verbun-

den sind, auch wenn er sich entschuldigte, daß er »die Terminologie
großenteils der Immunologie entlehnt« habe: »doch sie schien am besten geeignet, die Fakten in Worte zu fassen«.[13] Jacques Loeb, Physiologe
am Rockefeller-Institut, widersprach Lillies biologischem Modell. Da er
die Embryologie in den Status einer exakten Wissenschaft erheben
wollte, versuchte er, die zugrundeliegende »metaphorische« Seitenketten-Theorie durch mechanistische Erklärungen zu ersetzen, die sich auf
die physikochemische Immunologie stützten, wie sie vom schwedischen
Physikochemiker Svante Arrhenius propagiert wurde.[14] Was in dieser
erbitterten Kontroverse jedoch nicht in Frage gestellt wurde, war das
Konzept der Spezifität als sinnvolle Verallgemeinerung in der Biologie
sowie ihre materielle Verkörperung in Proteinen.

Für Loeb wie für die meisten damaligen Biochemiker beruhte die Spezifität, welche die physiologischen Unterschiede innerhalb und zwischen
Arten bestimmte, auf Unterschieden in Zusammensetzung und Aufbau
der Proteine. Daß Proteine aus dem Blutserum eine quantifizierbare
Spezifität für die verschiedenen Arten aufwiesen, war bereits zu Beginn
des 20. Jahrhunderts festgestellt worden.[15] Organismische und Arten-
Spezifität hingen zusammen, wie Robert Olby aufzeigte. Der Physiologe
Edward Reichert von der *Carnegie Institution* in Washington behauptete 1909, daß mit dem Nachweis eines bestimmten Zusammenhangs
zwischen Protein-Unterschieden und physiologischen Unterschieden
»ein grundlegendes Prinzip allergrößter Wichtigkeit aufgestellt werden
könnte zur Erklärung von Vererbung, Mutation, zum Einfluß von Nahrung und Umwelt, zur geschlechtlichen Differenzierung und anderen
großen Problemen der Biologie, normalen so gut wie pathologischen«.[16]
Reichert untersuchte zusammen mit Amos Brown Hämoglobinkristalle
von ungefähr zweihundert Säugetierarten und stellte eine Taxonomie
der Hämoglobine auf, die sich mit der traditionellen Klassifikation der
Organismen deckte.[17] Sichtbare Merkmale von Säugetieren ließen sich
nun ersetzen durch Eigenschaften, die in ihren molekularen Strukturen
verborgen lagen. Spezifität diente der Sondierung des evolutionären
Wandels, so daß sich phylogenetische Abstände von Molekülen bis zu
Arten durch unterschiedliche Methoden messen ließen (z. B. strukturelle Vergleiche, Kreuzreaktionstests). Das sollte nicht für die Information gelten.

Als Loeb seine wichtige Abhandlung *The Organism as a Whole* (1916)
schrieb, konnte er zahlreiche Studien anführen, die zusammen eine

breite Verallgemeinerung für die chemische Grundlage von Gattungs- und Arten-Spezifität ergaben. »Was ist die Natur der Substanzen, die für diese Spezifität verantwortlich sind und sie übermitteln?« fragte er rhetorisch. »Es kann kein Zweifel daran bestehen, daß auf der Grundlage unseres gegenwärtigen Wissens die Proteine in den meisten oder praktisch allen Fällen die Träger dieser Spezifität sind.«[18] Als leidenschaftlicher Bewunderer der Genetik und Freund seines amerikanischen Nestors Thomas Hunt Morgan zweifelte Loeb gleichwohl daran, daß die Bestandteile des Zellkerns zur Festlegung der Spezies beitrugen. Wie Jan Sapp gezeigt hat, artikulierte Loeb einige der damaligen Meinungsverschiedenheiten über das zytoplasmatische Erbgut und die Rolle der Genetik in der Evolution. Loeb mutmaßte: »Dies könnte in letzter Konsequenz zum Gedanken führen, daß die Mendelschen Merkmale, die gleichermaßen von Ei und Spermatozoe übertragen werden, das individuelle oder Varietäten-Erbgut bestimmen, nicht jedoch die Erbanlagen der Gattung oder der Art.«[19]

Dem widersprach Morgan heftig. In allen Mendelschen Untersuchungen gab es keinen Beleg dafür, daß es einen »Unterschied zwischen Gattungsmerkmalen versus *spezifischen* Merkmalen oder gar einer ›Spezifität‹« gab, antwortete er auf die Infragestellung seines »Zellkern-Monopols«;[20] allerdings bedeutete die genaue stoffliche Wirkungsweise der Spezifität kein dringliches Problem für die Morgansche Genetik. Im Rahmen der Formalismen Mendelscher Kreuzungen, insbesondere der Struktur ihrer Abstammungsschemata und Rückschlüsse, bei denen die physische Existenzweise der Gene ignoriert wurde, besaßen die materiellen Realisierungen der Spezifität wenig Relevanz. Zu Beginn der zwanziger Jahre setzte sich der Konsens durch, daß es keine Eins-zu-eins-Entsprechung zwischen Genen und Eigenschaften gab: Manche Merkmale galten als polygen (von mehreren Genen bestimmt), andere als pleiotrop (ein Gen kontrollierte mehrere Merkmale), wodurch die Relevanz der Spezifität für die Genetik noch unklarer wurde. (Trotzdem leitete die intuitive Idee »ein Gen, ein Merkmal« das eugenische Engagement noch für viele Jahre.)

Morgan bemerkte: »Jedes Gen könnte eine spezifische Auswirkung auf ein bestimmtes Organ haben, doch es ist keineswegs der einzige Repräsentant dieses Organs und hat außerdem ebenso spezifische Auswirkungen auf andere Organe und in extremen Fällen vielleicht auf alle Organe oder Merkmale des Körpers.« Nur bei seltenen Gelegenheiten, wenn Morgan dazu gedrängt wurde, über die physische Bedeutung der Gene nachzudenken, spekulierte er über ihre organische Natur; und wie die meisten seiner Zeitgenossen stellte er sich Gene als Proteinkörper vor.[21] Der Begriff der Spezifität blieb jedoch in mehreren europäischen Traditionen der Genetik weiterhin bedeutsam, dort, wo Vererbung nicht allein auf Mendelsche Mechanismen zurückgeführt, sondern breiter aufgefaßt wurde und Probleme der Entwicklung, Physiologie und Evolution beinhaltete.[22]

In den dreißiger Jahren gewann die Spezifität in der amerikanischen Genetik dann wieder eine große Bedeutung, denn unter der Schirmherrschaft der Rockefeller-Stiftung wurde damals das Forschungsfeld auf physikochemische Untersuchungen umorientiert. In einer neuen Forschungsagenda, als »Wissenschaft vom Menschen« bezeichnet und auf eine Rationalisierung der gesellschaftlichen Ordnung auf wissenschaftlicher Grundlage ausgerichtet, flossen dieser neuen Biologie gewaltige Mittel von der Rockefeller-Stiftung zu. Der Präsident der Stiftung, der Physiker Max Mason, kündigte an, daß man sich hauptsächlich »auf das allgemeine Problem menschlichen Verhaltens« konzentriere, »mit dem Ziel einer Kontrolle durch genaueres Verständnis. Die Sozialwissenschaften zum Beispiel werden sich mit der Rationalisierung der sozialen Kontrolle beschäftigen; die medizinischen und Naturwissenschaften bieten eine eng abgestimmte Untersuchung jener Bereiche an, die dem Verständnis und der Kontrolle von Individuen zugrunde liegen«.[23] Unter der Leitung des mathematischen Physikers Warren Weaver – der 1938 den Begriff Molekularbiologie geprägt hatte und Schüler von Mason war – stützte sich die neue interdisziplinäre Biologie auf Theorien und Techniken der physikalischen Wissenschaften. In dieser Kooperation zwischen sozialen, medizinischen und biologischen Wissenschaften nahm die Genetik eine Schlüsselstellung ein. Die Leitfrage: »Wie wird etwas vererbt?« durchzog mit all ihren eugenischen Implikationen sämtliche Punkte auf Weavers Liste von ungefähr vierzig Untersuchungsgegenständen, zu denen Physiologie, Sexualität, Intelligenz und geistige Eigenschaften gehörten. Die molekulare Genetik befand sich an der Schnittstelle zwischen der Kontrolle der Körper und der Kontrolle der Bevölkerungen; sie war ein historisch spezifischer Modus von Bio-Macht.[24]

»Die Genetik erweitert ihren Blickwinkel; die großen strukturellen Merkmale der Vererbung sind inzwischen recht gut bekannt, und die

Forscher wenden sich nun den physiologischen Aspekten der Vererbung zu«, verkündete im Jahr 1933 Morgan, der auch als Berater für die Stiftung tätig war.[25] In dieser neuen Agenda physiologischer (oder physikochemischer) Genetik wurde Spezifität unmittelbar relevant für die Genwirkung. Und wie bei den anderen Lebenswissenschaften wurde der Spezifitätsbegriff aus der Immunologie in die Genetik transportiert, in diesem Fall über das neu entstehende Forschungsfeld der Immungenetik. Serologische Studien in verschiedenen Tiertaxa hatten einen direkten Zusammenhang zwischen der Bildung von Antikörpern und erblichen genetischen Markern nachgewiesen, ein Zusammenhang, der eugenischen Interventionen große Aussichten zu bieten schien. Mit der verstärkten programmatischen Entwicklung der physiologischen und biochemischen Genetik in den dreißiger Jahren wurden schließlich die Beziehungen zwischen Genen und ihren Produkten begrifflich als biologische und chemische Spezifitäten erfaßt.[26]

In vielen Fällen besaß der Ausdruck »Spezifität« (wie später der Ausdruck »Information«) eher metaphorische Eigenschaften und einen heuristischen Wert als operationale Stärke. Sofern Spezifität nicht durch irgendeine konkrete Struktur, Messung, ein experimentelles Verfahren oder einen Mechanismus detaillierter bestimmt werden konnte, war sie nicht wirklich eine Erklärung (*explanans*), sondern etwas zu Erklärendes (*explanandum*).[27] In mehreren Forschungsfeldern besaß sie jedoch eine auf experimenteller Arbeit beruhende konkrete Bedeutung und einen praktischen Wert. In der Immunologie, der Bakteriologie, der Enzymologie und der Taxonomie beispielsweise diente Spezifität als ein Laborwerkzeug für das Ordnen, die Vorhersage und manchmal Messung der Aktivitäten und Kreuzreaktionen von Molekülen, Organismen und Arten oder »Rassen«. (Henry Quastler sollte später »Information« als ein anderes Maß für Spezifität heranziehen, worauf wir in Kapitel 3 zurückkommen werden.) Noch wichtiger jedoch war, daß Spezifität in erster Linie ein *biologisches* Konzept darstellte, das Lebensphänomene, -prozesse und -merkmale bezeichnete. Als biologischer Begriff bezog Spezifität Form auf Funktion, wobei Leben in einem dreidimensionalen biologischen Raum repräsentiert wurde (oder einem vierdimensionalen, wenn man den Zeitpfeil der Ontogenese hinzunimmt). Innerhalb der epistemischen, technischen und disziplinären Konstellationen, durch die Gene, Antikörper, Enzyme, organismisches Wachstum und Tier-Taxonomie miteinander verknüpft waren, nahm die biologische und chemische Spezifität eine zentrale Rolle ein. Sie bot oft in stofflicher Form und konkreten Methoden eine Erklärung für die zahllosen räumlichen und zeitlichen Ereignisse der Fortpflanzung, Befruchtung, Embryonalentwicklung, Reifung und Artenbildung; Spezifitäten diktierten und regierten die aufeinanderfolgenden Lebenszyklen.

Ähnlich dem Informationsdiskurs in den fünfziger Jahren gab es für biologische Spezifität im frühen 20. Jahrhundert verschiedene Erklärungen, die schließlich in eine systematischen Konfiguration gebracht wurden. Die Erklärungen gehörten zu einem älteren biologischen Weltbild, das (unter anderem) durch den Organisationsdiskurs geprägt war.[28] Auch wenn der Ausdruck »Organisation« (ähnlich wie »Information«) schon seit Jahrhunderten in Umlauf war (und sich auch von Organen und körperlichen Strukturen ableitete), bezeichnete er im 19. und frühen 20. Jahrhundert für die Lebenswissenschaftler die im verborgenen wirkende Kraft, die den sichtbaren Körper regierte: den Grundriß des Lebens, den »großen Bauplan«, der das Belebte vom Unbelebten schied. In diesem großen biologischen Bauplan war es die harmonische Wechselwirkung von Hierarchien und Teilen, die dem Ganzen Sinn gab und die Ordnung hinter der verwirrenden Vielschichtigkeit bestimmte. »Was einen Organismus zum Organismus macht«, bemerkte Paul Weiss 1939, »ist die Tatsache, daß die verschiedenen Teile *eindeutig angeordnet und gegliedert* sind, *spezifische wechselseitige Beziehungen* unterhalten und mit einem Muster übereinstimmen, das *im wesentlichen* für alle Mitglieder einer Spezies *identisch* ist ... Diese Ordnung wird *Organisation* genannt.«[29] Organisation setzte Spezifität voraus. Für die Lebenswissenschaftler im frühen 20. Jahrhundert bildete Organisation, d.h. die koordinierten Strukturen und Aktivitäten zwischen und innerhalb von Organen, Geweben, Zellen, Chromosomen, Enzymen und Antikörpern, den Rahmen für die Einheit, Stabilität und Spezifität von Organismen und Arten.

Diese Organisation oder hierarchische Ordnung des Lebens beruhte auf einer nach den Regeln der Arbeitsteilung gebildeten Spezialisierung (die sich selbst wieder aus einer Sicht der Gesellschaft als Körper herleitete). Die Körperteile und organischen Bestandteile wurden als hoch spezifisch oder spezialisiert betrachtet, mit Strukturen und Funktionen, die sich über Millionen von Jahren Evolution gemeinsam entwickelt hatten. Im modernen Industriezeitalter gehörten Organisation und Spezialisierung aber auch zu diskursiven Formationen der Humanwissenschaften, die den Raum zwischen Biologie und Arbeit besetzten.[30] Quer durch viktorianische Doktrinen des Laissez-faire, Webersche Theorien der »Rationalisierung«, Durkheimsche Wehklagen über »Differenzierung« und die Managerkultur des »Fordismus« (und des kooperativen Individualismus) in der Zwischenkriegszeit wurden wissenschaftliche Repräsentationen und menschliche Erfahrung durch Analogien zwischen dem lebendigen Körper und dem politischen Körper naturalisiert; beide bezeichneten und validierten den jeweils anderen in der Zirkulation und Ökonomie des Diskurses.[31] Biologische Spezifität war mit anderen soziotechnischen Konstruktionen der Moderne verwoben: Organisation, Differenzierung, Spezialisierung, Kooperation, Stabilität und Kontrolle. In ihrer gemeinsamen Konfiguration fingen diese Begriffe das Versprechen der Erkennbarkeit und Kontrolle des großen Bauplans der Natur und der Gesellschaft ein, das quer durch verschiedene biologische Forschungsfelder für Kohärenz sorgte und die Spezifität mit den Diskursen der modernen Kultur verknüpfte.

»Gibt es allgemeine Prinzipien der Stabilisierung?« fragte Walter Cannon in seinem berühmten Essay über die Selbstregulation. »Könnte es nicht nützlich sein, andere Formen der Organisation – industrielle, häusliche oder gesellschaftliche – im Lichte der Organisation des Körpers zu untersuchen?«

Als zentral wichtige Tatsache bei der Arbeitsteilung, die aus der Massierung von Zellen in großen Mengen und ihrer Anordnung zu spezifischen Organen hervorgeht, läßt sich festhalten, daß die meisten der individuellen Elemente an einer Stelle fixiert sind, so daß sie nicht selbst auf Nahrungssuche gehen können ... Nur wenn menschliche Wesen in großen Aggregaten gruppiert sind, ähnlich wie Zellen bei der Bildung von Organismen, gibt es die Möglichkeit, eine interne Organisation zu entwickeln, die gegenseitige Unterstützung gewährleisten kann und den Vorteil besonderer individueller Erfindungsgabe und Geschicklichkeit für viele bietet ... In der allgemeinen Kooperation findet jeder einzelne Sicherheit. Wieder einmal. So wie im physiologischen Körper verhält es sich auch im politischen Körper: das Ganze und seine Teile sind voneinander abhängig; das Wohlergehen der großen Gemeinschaft und das Wohlergehen ihrer individuellen Mitglieder stehen in Wechselbeziehung.[32]

Auch wenn diese Repräsentationen organisierter Spezialisierung jeweils im Zirkel auf physiologische und von diesen wieder auf soziale Prozesse verwiesen, ermöglichten sie die Zirkulation ihrer Bedeutungen, die durch diese Verknüpfungen und Kongruenzen zwischen Sozialem, Ökonomischem und Biologischem historisch konstituiert wurden. Bis in die Mitte des 20. Jahrhunderts gaben diese diskursiven Formationen den biologischen Forschungsgegenständen Gestalt und prägten die Mikro- und Makrorepräsentationen lebender Körper. Andere, fragmentierte Repräsentationen des Lebens sollten später aus den Bedeutungsregimen der Nachkriegsära hervorgehen. Die Probleme der Organisation wurden rekonfiguriert in den Modellen der kybernetischen Systemanalyse und im Informationsdiskurs und zersetzten schließlich den großen Bauplan und den Organismus.

Unbewegte Beweger: Proteine und Nukleinsäuren

Unter all den Makro- und Mikroelementen, die in der Organisation und im Fortbestand des Körpers vereinigt waren, standen die Proteine an erster Stelle, sie waren privilegiert als ontologische Lebenssubstanz. Als materielle Repräsentanten der Erbanlagen waren sie zumindest bis in die frühen fünfziger Jahre Träger biologischer und chemischer Spezifität. Daß die materielle Grundlage des Lebens in Form von Proteinen gedacht wurde, reichte bis ins 19. Jahrhundert zurück; diese Konzeption gewann durch den gewaltigen Einfluß von Thomas H. Huxleys protoplasmatischer Sicht des Lebens (1864) Überzeugungskraft. In seiner Theorie enthielt das Protoplasma – das einfache oder mit einem Zellkern versehene – alle physischen und mentalen Lebensattribute; die gallertartige Substanz wurde zur Quelle von Diversität und Organisation und zum Ansatzpunkt erkenntnismäßiger und sozialer Kontrolle.[33] Mit dem Aufstieg der Eugenik und der Genetik im frühen 20. Jahrhundert erhielt das »nationale Protoplasma« eine wichtige Rolle in der Ausübung der Bio-Macht, in der Kontrolle der Körper und Bevölkerungen.[34]

Mit der Entwicklung der Enzymologie wurden in den dreißiger Jahren die meisten der zentralisierten Eigenschaften des Protoplasmas zersplittert und auf Hunderte einzelner Enzyme aufgeteilt.[35] Einige von ihnen erwiesen sich als autokatalytisch, sie hatten die erstaunliche Eigenschaft der Selbst-Verdoppelung, d. h. sie erzeugten mehr von sich selbst, indem sie die Reaktion beschleunigten, deren Endprodukt sie selbst waren. Die Autokatalyse, oft in Analogie zum Kristallwachstum in der Mutterlauge verstanden, wurde zum populären Sammelbegriff für ein ganzes Spektrum lebenswichtiger Prozesse bei der Zellreproduktion und beim organismischem Wachstum. Die Kristallisierung des Tabakmosaikvirus durch Wendell M. Stanley und seine Kennzeichnung als Protein mit autokatalytischen Eigenschaften lieferte 1935 einen sensationellen »Beweis« für die Enzymtheorie des Lebens und hatte weitreichende Konsequenzen für die Genetik. Stanleys Arbeit schien konkrete Beweise für die funktionelle und stoffliche Äquivalenz von Proteinen, Viren, Enzymen, Genen und Antikörpern zu liefern.[36]

Diese im Rahmen des Organisationsdiskurses formulierte theoretische und kulturelle Bedeutsamkeit der Proteine diente von den dreißiger bis zu den frühen fünfziger Jahren als Grundlage für das Molekularbiologie-Programm der Rockefeller-Stiftung. »Dieser gesamte Zusammenhang von Phänomenen, die wir als Leben bezeichnen, erweist sich nun als Materie, die weitgehend aus Proteinen besteht«, argumentierte Weaver, als er die zentrale Rolle der Proteinforschung im neuen Programm der Stiftung rechtfertigte:

Proteine gehen in nahezu jeden lebenswichtigen Prozeß ein. Sie sind der Hauptbestandteil der Chromosomen, die unsere Erbanlagen bestimmen; sie sind der grundlegende Baustoff für das Protoplasma jeder Zelle eines jeden Lebewesens. Unsere Immunität gegen viele Krankheiten hängt von der mysteriösen Fähigkeit des Globulins im Blutserum ab... Mehrere Hormone, darunter Insulin, sind von der Beschaffenheit her Protein... Vom Eindringen gewisser riesiger Proteinmoleküle, allgemein als Viren bekannt, bekommen wir Schnupfen und Grippe... *Die Enzyme, diese merkwürdigen chemischen Aufseher so vieler detaillierter Prozesse im Körper, diese perfekten Manager, die alle Arten von Aktivitäten anregen und organisieren, ohne ihre eigene Substanz oder Energie aufzubrauchen* – diese Enzyme hält man inzwischen von der Beschaffenheit her für Protein. Tatsächlich würden Wissenschaftler aus den verschiedensten Gebieten, jeder mit seinem eigenen speziellen Enthusiasmus, bereitwillig zustimmen, daß die Proteine ihren Namen als »erste Substanzen« zu Recht verdienen [Hervorhebungen hinzugefügt].[37]

Hier sehen wir eine Managerphantasie am Werk: Proteine sind in ihr strategisch bedeutsam, um den molekularisierten Körper zu managen, der selbst zu einem Prädikat biologischer und sozialer Kontrolle geworden ist.[38]

Unterstützt von den enormen institutionellen und finanziellen Ressourcen der Stiftung – etwa 25 Millionen Dollar während der Jahre 1932 bis 1959 –, sollte das Programm für Molekularbiologie die Organisation des lebendigen Körpers und die des politischen Körpers gegenseitig validieren. Im Aufstieg der Molekularbiologie läßt sich eine Stabilisierung bestimmter soziotechnischer Bedeutungen beobachten, die in den Bedeutungsregimen der Zwischenkriegszeit produziert worden waren; an ihrer Entwicklung läßt sich verfolgen, wie in den dreißiger und vierziger Jahren bestimmte Ideen systematisch in eine gemeinsame Konfiguration gebracht wurden. Organisation regierte Moleküle, Körper und Gesellschaften. »Kooperation« repräsentierte eine manageriale, kognitive und biologische Vorschrift. »Soziale Kontrolle« zielte auf die Rationalisierung und Kontrolle von individuellem und Gruppenverhalten. Verhalten, ein medizinisches und soziales Gebiet, war teilweise biologisch. Zunehmend verschmolz die biologische Organisation mit einem genetischen Determinismus; Materialität und Spezifität der Gene wurden zurückgeführt auf eine protoplasmatische Ausstattung; und die auf molekularer Ebene angesiedelte Proteinspezifität wurde mit molekularen Techniken untersucht, die gleichzeitig Repräsentationen und Interventionen bildeten. In dieser Diskursökonomie waren Darstellungsweisen von Körpern und körperliche Interventionsmittel zwei Seiten derselben Medaille – einer rein materiellen Kontrolle. Vor dem Zweiten Weltkrieg gab es weder Botschaften noch Information, noch Texte.[39]

Eine der Schlüsselfiguren der Molekularbiologie unter der Ägide der Rockefeller-Stiftung war der Caltech-Chemiker Linus Pauling. Seine richtungweisende Arbeit über Proteinstruktur und Immunchemie unterstrich die zentrale Rolle der Proteinspezifität sowohl bei der Fortpflanzung und damit zusammenhängenden biologischen Phänomenen als auch für die mögliche Rationalisierung der Gesellschaft durch Geburten- und Bevölkerungskontrolle.[40] Zusammen mit dem Biochemiker Alfred E. Mirsky vom Rockefeller Institut veröffentlichte Pauling 1936 einen richtungweisenden Artikel »On the Structure of Native, Denatured and Coagulated Proteins«, in dem eine allgemeine Theorie der Proteinstruktur entworfen wurde. Eine wichtige physiologische Rolle bei der Bestimmung der Spezifität erhielten Wasserstoffbrücken, schwache, aber elastische Verbindungen zwischen Molekülen: Eine Polypeptidkette war in einer spezifischen Weise gefaltet, wobei sie meist durch Wasserstoffbrücken stabilisiert wurde; Denaturierung bedeutete den Verlust einer solchen Gestalt. Als Pauling darauf hinwies, daß es Wasserstoffbrücken waren, die den dreidimensionalen Aufbau von Proteinen und somit ihre biologische Spezifität bestimmten, formulierte er ein wichtiges Verbindungsglied zwischen Molekularstruktur und biologischer Funktion, wodurch er dem älteren Konzept der Stereokomplementarität eine neue Perspektive hinzufügte.[41]

Paulings Konzeption der Proteinspezifität als räumliche Faltung (unabhängig von der genauen Anordnung der beteiligten Aminosäuren) wurde zur Grundlage seines einflußreichen Programms in der Immunchemie, das eine der tragenden Säulen der Molekularbiologie in den vierziger Jahren darstellte. Herausgefordert und inspiriert von Landsteiners Arbeit und dessen jüngstem Buch, *Die Spezifizität der serologischen Reaktionen*, wollte Pauling mit der Proteinchemie, vor allem der Stereokomplementarität, zur Lösung des alten Problems der Antikörperbildung beitragen: der chemischen Spezifität. In einem vielzitierten Artikel, den er 1940 zusammen mit Max Delbrück verfaßte und der den Titel trug »The Nature of the Intermolecular Forces Operating in Biological Process«, wurde Komplementarität zu einem Prädikat von Spezifität und wurden die Prozesse der Antikörperbildung mit Enzymsynthese, Virusreplikation und Genwirkung verknüpft. Für die beiden Autoren waren an der Synthese und Faltung komplexer Moleküle in der lebenden Zelle nicht nur kovalente Bindungen beteiligt, sondern auch andere schwache molekulare Kräfte, und sie kamen zu dem Schluß: »Dementsprechend glauben wir, daß bei der Diskussion einer spezifischen Anziehung zwischen Molekülen und der enzymatischen Synthese von Molekülen vor allem der Komplementarität Beachtung geschenkt werden sollte.«[42] Die gesamte Argumentation drehte sich um die Vorrangstellung und Spezifität von Proteinen als Matrizen der Vererbung, des Wachstums und der zellulären Regulation;[43] bzw. um das Vermögen dieser Proteine, Information zu speichern und zu übertragen, wie Norbert Wiener, John von Neumann, Henry Quastler und viele andere es ein Jahrzehnt später formulieren sollten.

Die Vorstellung von Komplementarität als Matrize für Auto- und Heterokatalyse geht nicht auf Pauling zurück. 1936 schlug John B. S. Haldane als einer der ersten vor, einen wechselseitigen komplementären Kopiervorgang bei der Genreplikation in Betracht zu ziehen: »Wir könnten uns einen Prozeß vorstellen, der analog zum Kopiervorgang einer Grammophonplatte mittels eines ›Negativs‹ abläuft, dessen Verhältnis zum Original vielleicht dem eines Antikörpers zu einem Antigen entspricht.«[44] Die Biochemiker Max Bergmann und Carl Niemann vom Rockefeller Institut und die in Großbritannien ausgebildete Mathematikerin Dorothy Wrinch faßten genetische Kopiermuster ins Auge, deren Spezifitäten durch Aminosäuresequenzen bestimmt wurden.[45] Andere Forscher entfalteten in den dreißiger Jahren ähnliche Analogien und Bilder. Paulings und Delbrücks gemeinsamer Beitrag bedeutete gleichzeitig eine Verengung und Erweiterung des Matrizenkonzepts, denn sie legten die zugrundeliegenden physikalischen Mechanismen genau fest und verallgemeinerten diese zugleich auf alle biologischen Phänomene.

Solche Überlegungen bildeten den Rahmen für Paulings Matrizenhypothese für die Antikörperbildung, die er 1940 in »The Theory of the Structure and Process of Formation of Antibodies« ausformulierte. In einer Kombination von Landsteiners Theorie der Antikörperspezifität und seinem eigenen Modell der Proteinfaltung entwarf Pauling eine elegante Theorie für den Mechanismus der Antikörperbildung. Später als *Instruktionstheorie* bezeichnet, schien sie mehrere chemische Aspekte der Antikörperaktivität zu erklären; auch stellte sie einen wirksamen Mechanismus in Aussicht, der für die kommerziell lukrative künstliche Produktion von Antikörpern geeignet war. Eine Schlüsselrolle in der Molekularbiologie nahm diese Theorie jedoch deshalb ein, weil sich mit ihr möglicherweise die Funktionsweise der Antigene als Matrizen für Antikörper und der Mechanismus der Genwirkung erhellen ließen. Die Instruktionstheorie blieb bis in die Mitte der fünfziger Jahre einflußreich.[46]

Bis dahin formte die Theorie der Antikörperbildung mit ihren Bildern und Metaphern die Anwendungsgebiete der Spezifität in der Molekularbiologie: Replikation und Mutationen von Viren und Genen.

Das Phänomen ist das gleiche wie bei der Herstellung einer Münze durch einen Prägestock, oder allgemeiner einer Replik, wenn plastisches Material in eine Form gepreßt und trocknen gelassen wird. Die Polypeptidkette mit ihrem Vermögen, eine andere Gestalt anzunehmen, ist das Plastikmaterial, und die Oberfläche des Antigens dient als Prägestock oder Preßform. Der Prozeß der Härtung ergibt sich aus der Wirkungsweise der schwachen Kräfte zwischen den verschiedenen Teilen der Polypeptidkette, die nebeneinander zu liegen kommen.[47]

Diese Vorstellung vom materiellen Aspekt der Spezifität verbreitete sich in der Immunchemie. Der Caltech-Embryologe Albert Tyler kombinierte Paulings Immunchemie mit Lillies Gedanken, die Befruchtung durch Spezifität zu erklären, und Alfred H. Sturtevant wandte serologische Konzepte und Techniken auf die *Drosophila*-Genetik an.[48] Da die Instruktionstheorie nahelegte, daß sich die Immunität verändern ließ und genetische Mutationen herbeigeführt werden könnten, besaß sie auch ein enormes biotechnologisches Potential.[49] Die ganzen vierziger

Jahre hindurch wimmelte es in der wissenschaftlichen und populären Literatur der Molekularbiologie von bildlichen Symbolen und Metaphern für Enzyme, Antikörper, Viren und Gene in Form von Mustern, Matrizen, Gußformen, Schlüssel-und-Schloß, Prägestock-und-Münze und fotografischen und phonografischen Negativen. (1956 sollte dann F. Macfarlane Burnet versuchen, genau diese Muster immunologischer Spezifität als ein auf Information beruhendes Kommunikationssystem umzuinterpretieren.)[50]

Auch der Genetiker George Beadle faßte seine Forschungsprojekte in Begriffe der biologischen Spezifität. Nachdem er sich von den Formalismen der Mais- und *Drosophila*-Genetik abgewandt hatte, konzentrierte sich Beadle in den frühen vierziger Jahren auf das heikle Problem der Beziehung zwischen Genen und Enzymen: Waren Gene Enzyme oder brachten sie nur Enzyme hervor? Wie der Genetiker Jack Schultz es treffend formulierte: Wenn man wußte, was ein Gen war, konnte man wahrscheinlich herausfinden, wie es funktionierte; und wenn man die Mechanismen der Genaktivität verstand, konnte man wohl bald sagen, was ein Gen war. Das Problem bestand darin, beide Rätsel auf einmal zu lösen – ohne die Lösung zu einem von ihnen zu kennen.[51] In seiner Zusammenarbeit mit Edward L. Tatum von der Stanford University (und gefördert von der Rockefeller-Stiftung) verwendete Beadle den Pilz *Neurospora*, um das Gen zu untersuchen. Die beiden Forscher verbanden biochemische Methoden mit den Techniken der Mendelschen Genetik und bewiesen, daß ein Gen eine einzige chemische Reaktion kontrollierte, die ihrerseits von einem spezifischen Enzym reguliert wurde; dieser Fund wurde später als »Ein-Gen-ein-Enzym-Hypothese« geadelt.[52]

Für Beadle wie für seinen Caltech-Partner Pauling beruhte genetische Spezifität auf den Faltungen der Proteinmoleküle und spielte eine zentrale Rolle bei der Verbindung der Mendelschen Kreuzungen mit stofflichen Prozessen, Physiologie und Verhalten. Als »Chefmoleküle« lenkten Gene für Beadle die Konfiguration von Proteinmolekülen, bestimmten organismische Antigene, prägten in einer Eins-zu-eins-Relation enzymatische Spezifität und korrespondierten mit spezifischen psychischen Anomalien und Schwachsinn. Weiterhin legte Beadle dar: »Es sollte daraus folgen, daß jede enzymatisch katalysierte Reaktion, die in einem Organismus abläuft, direkt vom Gen abhängt, das für die Spezifität des betreffenden Enzyms verantwortlich ist. Darüber hinaus sollte man aus Gründen der Ökonomie im Evolutionsprozeß erwarten, daß mit wenigen Ausnahmen die Spezifität eines besonderen Enzyms letztlich nur von einem Gen geprägt wird.«[53] Spezifitäten entwickelten sich mit dem materiellen Leben. Von Beadles Leistungen inspiriert, entwarf sein Caltech-Freund Sterling Emerson eine Reihe von Experimenten in serologischer Genetik, für die er das elegante *Neurospora*-System verwendete; mit ihnen sollte die Antigen-Beziehung zwischen einem Enzym und spezifischem Genprotein demonstriert werden.[54] Schon ein Jahrzehnt später sollte Beadle – wie die meisten Genetiker – »als Arbeitshypothese« akzeptieren, »daß die wichtigste genetische Information bei allen Organismen in Form von DNA übertragen wird«. Als nächste Frage ergab sich dann, »wie die in DNA codierte Information in der Entwicklung und Funktionsweise eines komplexen Organismus verwendet wird«. In den sechziger Jahren kam Beadle wie die meisten Molekularbiologen dahin, Gene als Universalsprache des Lebens zu betrachten.[55] DNA sollte dann nicht mehr bloß für die Spezifitäten von Proteinen verantwortlich sein; sie sollte in den Rang des Urhebers und einzigen Trägers biologischer Information erhoben werden – des unbewegten Bewegers.

Wie der Mikrobengenetiker Joshua Lederberg allerdings bemerkte, warf die Ersetzung von Spezifität durch Information einige Probleme auf: »Die Hypothese, die der Eins-zu-eins-Theorie offensichtlich zugrunde liegt, lautet, daß ein Gen als eine einzigartige Matrize für ›das Aufstempeln der Spezifität‹ auf ein Enzym fungiert. Mein philosophischer Vorbehalt richtet sich gegen die Implikation, daß ›Spezifität‹ (oder ›Information‹, wie es heute heißt) etwas von der Struktur Abgesondertes ist.«[56] Solche Ersetzungen bemerkten auch andere; George Gamow, Alexander Rich und Martynas Yčas erklärten 1955, daß sie »den Ausdruck ›Information‹ im Sinne molekularer Spezifität« verwendeten.[57] Auch wenn Lederberg dachte, der Begriff der »biologischen Spezifität« sei dem der »Information« in mehrfacher Hinsicht überlegen – vor allem, wenn es zur Laborpraxis kam –, übernahm er schließlich wie die anderen den Informationsdiskurs.

Obwohl »Information« und »Spezifität« oft gegeneinander ausgetauscht wurden, erfolgte die komplexe Ablösung des einen Begriffs durch den anderen doch nur teilweise. Denn bei Studien über statische Strukturen – Kristallographie, dreidimensionale molekulare Faltung oder stoffliche Zusammensetzungen von Proteinen und Nukleinsäuren

– scheinen informationelle Darstellungen begrifflich nicht sehr relevant und für die experimentelle Arbeit wenig attraktiv gewesen zu sein. (Quastler versuchte sie immerhin auch für Strukturforschungen anzuwenden, als er Information als Maß für Spezifität quantifizierte.) Bei der Erforschung dynamischer Funktionen dagegen – molekularer und zellulärer Transport- und Austauschprozesse – gewannen Informationsdarstellungen die nötige begriffliche Kraft, um dem experimentellen Denken Gestalt zu geben. Da molekulare Spezifität immobil war und auf Materie beruhte, diente Information schließlich als ihr Bote über materielle Schranken hinweg, sozusagen als transzendente Seele des Körpers. Da sie Bewegung einschloß, konnte Information die Grenzen der Struktur transzendieren. Spezifität war stumm; Information kommunizierte die Botschaften der Spezifität.

Besonders auffallend ist der Übergang von der Spezifität und dem Organisationsdiskurs hin zum Informationsdiskurs in den Arbeiten Monods aus den fünfziger Jahren. Monod untersuchte im Pasteur-Institut den Laktosestoffwechsel bei E. coli (besonders die Bildung des Enzyms β-Galaktosidase in Reaktion auf Laktose) bzw. das Problem der »Enzymadaptation«. Es war eines der faszinierendsten Aspekte der biologischen Spezifität und bestand in der Frage: Wie kommt es, daß manche Enzyme mittels einer Stimulation durch das spezifische Substrat des Enzyms selektiv gebildet werden? Und wie kommt es, daß Bakterien neue Enzyme als Reaktion auf Veränderungen im Nährmedium synthetisieren können? Enzymologen und Bakteriologen hatten dieses Phänomen seit Beginn des 20. Jahrhunderts beobachtet – der Ausdruck »Enzymadaptation« wurde in den dreißiger Jahren geprägt[58] –, doch erst seit Mitte der vierziger Jahre begann die Genetik sich mit dieser Frage zu beschäftigen.[59] Daraufhin war auch das Problem der Enzymadaptation an der epistemisch-technischen Schnittstelle angesiedelt, wo Gene, Enzyme, Antikörper und Zellentwicklung im Thema Spezifität miteinander verknüpft wurden.

Monod war 1936 als Rockefeller Fellow am Caltech in die Genetik eingeführt worden, und durch seinen Umgang mit George Beadle und dem französischen Biologen Boris Ephrussi erkannte er recht früh – anders als die meisten französischen Lebenswissenschaftler – die Relevanz der Genetik für die Enzymadaptation.[60] Aufmerksam verfolgte er die Entwicklungen in der Immunchemie und *Neurospora*-Forschung, einschließlich Emersons jüngster Arbeit in der serologischen Genetik. Auf diese Studien zurückgreifend, gab er 1947 in einer meisterhaften Untersuchung (»The Phenomenon of Enzymatic Adaptation and Its Bearings on Problems of Genetics and Cellular Differentiation«) eine Einschätzung der Möglichkeiten und Grenzen des Matrizenkonzepts und zugleich der Ein-Gen-ein-Enzym-Hypothese.[61] Deutlich stellte er die zentrale Rolle heraus, die der biologischen Spezifität im Organisationsdiskurs zukommt, und brachte sie mit dem epistemischen und experimentellen Engagement am Pasteur-Institut in Beziehung.

»Eine der charakteristischsten Tendenzen in der gegenwärtigen Entwicklungsphase der Biologie könnte vielleicht in der Fokussierung der Aufmerksamkeit auf die Probleme der *Spezifität* gesehen werden«, schrieb er zu Beginn seines Essays. Zum Begriff der Spezifität zitierte er Paul Weiss und hob dann hervor, daß Spezifität – trotz der verschiedenen Konnotationen des Wortes – mit einem »spezifischen« Muster in Raum oder Zeit oder beidem verbunden sein mußte.

So wird allgemein anerkannt, daß eines der Hauptprobleme der modernen Biologie im Verständnis der physischen Grundlage der Spezifität besteht, und im Verständnis der Wirkungsmechanismen, durch die spezifische molekulare Strukturen (oder Muster mehrerer Moleküle) entwickelt, aufrechterhalten und ausdifferenziert werden. Die Mittel, d. h. die experimentellen Werkzeuge für eine solche Untersuchung sind in jenen Experimenten zu suchen, mit denen es gelingt, die Bildung einer spezifischen Substanz oder mehrerer spezifischer Substanzen herbeizuführen bzw. ihre Synthese zu unterdrücken bzw. ihre Verteilung zu verändern.[62]

Dies war der Ausgangspunkt für den Versuch zu erklären, wie Zellen mit identischen Genomen Moleküle mit verschiedenen spezifischen Mustern hervorbringen konnten. In den vierziger Jahren war für Monod die Genetik noch unauflöslich mit den Problemen der organismischen Entwicklung und der biologischen Organisation verknüpft.

Er verwarf sogar die spröden Bilder, die von der starren »Matrizen«-Metapher und ihren Gußformprozessen heraufbeschworen wurden, und ersetzte diese durch »Prototypen«, denn er suchte nach fluideren und kontingenteren Darstellungen für die zelluläre Adaptation. Er schrieb weiter: »Erbfaktoren können nur ein bestimmtes *Spektrum* struktureller Möglichkeiten bestimmen, innerhalb dessen eine spezifische Konfiguration, d. h. spezifische Aktivitäten, von Umweltfaktoren ausgelöst werden.« Im Organisationsdiskurs war genetische Spezifität nur eine unter vielen Formen von Spezifität. Die Zelle konnte auch aus Erfahrung lernen; tatsächlich besaß sie eine Art Zellgedächtnis. Auf

Weiss aufbauend, versuchte Monod außerdem zelluläre Modulationen und Differenzierungen in Form einer *molekularen Ökologie* darzustellen, »in der die Zelle als eine komplexe Population spezifischer Moleküle und Molekülgruppen betrachtet wird, wobei sich zelluläre Organisationen aus den Interaktionen, der Rivalität und Umgruppierung elementarer Einheiten ergeben«.[63] Diese Position ist außerordentlich instruktiv, denn sie beleuchtet das Darstellungsrepertoire, mit dem Organismen und biologische Phänomene vor dem Informationszeitalter konstituiert wurden. Vor den fünfziger Jahren schuf Monod mit seinen semiotischen und experimentellen Werkzeugen fluide Darstellungen der Zelle. Damals war Vererbung – mit Entwicklung gekoppelt – interaktiv, offen und kontingent. Dieses Bild kontrastiert scharf mit Monods Darstellungen von Zellen als geschlossenen kybernetischen Systemen, die er Mitte der fünfziger Jahre auszuarbeiten begann, als er dazu überging, im Zuge eines Diskurswechsels Enzymadaptation durch Enzyminduktion zu ersetzen. In den späten fünfziger Jahren dann, als die Techniken der Phagengenetik und die Biochemie darin konvergierten, daß sie die genetische Steuerung der Enzyminduktion nachwiesen, wurde dieses Phänomen im Informationsdiskurs weiter aus- und neuformuliert: im Operon mit seinen Repressoren und Messengern (siehe Kapitel 5). Vollständig von genetischer Information determiniert und gesteuert, war das zelluläre Programm der fünfziger Jahre nicht länger in eine molekulare Ökologie eingebettet. Es lernte nicht durch Erfahrung; sein Gedächtnis (Information) war nun gespeichert und wurde quer durch die Generationen übertragen. Der Organismus wurde in eine Sequenz komprimiert, seine Funktionen schrumpften auf eine Botschaft zusammen, die einem eindimensionalen DNA-Band eingeschrieben war.

Monods eigener Wandel deckte sich mit dem molekularbiologischen Paradigmenwechsel von Proteinen hin zu Nukleinsäuren. In den späten vierziger Jahren, als Monod den Wissensstand der proteinbasierten Molekularbiologie überprüfte, waren bereits neue kognitive Strömungen erkennbar. Neuere Befunde führten zu dem unausweichlichen Schluß, daß Nukleinsäuren, und nicht Proteine, die Träger genetischer Spezifität (noch nicht Information) waren. Die Geschichte ist oft genug erzählt worden: Schon in den dreißiger Jahren, auf dem Höhepunkt der Vormachtstellung der Proteine, gaben mehrere Zytologen und Biochemiker (vor allem Torbjorn O. Caspersson und Jean Brachet) aufschlußreiche

Einblicke in die Rolle von Nukleinsäuren (DNA und RNA) bei der genetischen Replikation und Proteinsynthese.[64] Doch die Tyrannei der »Tetranukleotid-Hypothese«, Mitte der zwanziger Jahre von dem Biochemiker Phoebus A. T. Levene vom Rockefeller Institut formuliert, hatte Nukleinsäuren das Anrecht auf biologische Spezifität abgesprochen. Angesichts der enormen Investitionen in die Proteinforschung fanden diese zukunftsweisenden Studien vor allem in den Vereinigten Staaten nur geringe Aufmerksamkeit. Biologische Theorien, Labortechniken, institutionelle und kulturelle Autorität konvergierten alle zu den Proteinen als den Agenzien der Organisation von Körpern und Gesellschaft und ließen sich nicht so einfach verdrängen. Das Jahr 1944 bedeutete einen Wendepunkt. Damals veröffentlichte das Team von Oswald T. Avery, Colin M. MacLeod und Maclyn McCarty am Rockefeller Institut einen Artikel über die Typ-Transformation von Pneumokokken-Bakterien, in dem behauptet wurde, daß eine Nukleinsäure das transformierende Agens war; damit begann sich die Aufmerksamkeit auf die DNA zu verschieben.[65]

Wie die meisten Entdeckungsgeschichten läßt sich auch diese etwas anders und in einer anderen Perspektive erzählen, welche von der zentralen Rolle der biologischen Spezifität von Nukleinsäuren im Geflecht der Theorien und Praktiken ausgeht, durch die Bakteriologie, Biochemie, Immunologie, Taxonomie und Vererbungslehre miteinander verknüpft waren. Der ruhige und unbeirrte Avery, am Institut bekannt als »Professor« oder »Fess«, versuchte wie seine Kollegen die biologische Spezifität zu erklären, wobei er sich mit der Erzeugung der typspezifischen Polysaccharide bei transformierten Bakterien beschäftigte. Er schrieb: »So ist es offenkundig, daß die induzierende Substanz und die produzierte Substanz chemisch unterschiedlich und biologisch spezifisch in ihrer Wirkung sind, und daß beide erforderlich sind, um die Typspezifität der Zelle zu bestimmen, deren Teil sie sind.«[66] Es waren die Nukleinsäuren, »zumindest die des Desoxyribose-Typs«, die unterschiedliche Spezifität besaßen. Seine Argumentation widersprach dem vorherrschenden Proteinparadigma völlig.

Die genetischen Implikationen entgingen ihm nicht. »Nicht nur wird das Kapselmaterial in aufeinanderfolgenden Generationen reproduziert«, bemerkte er, »sondern der primäre Faktor, der das Auftreten und die Spezifität der Kapselbildung kontrolliert, wird ebenso in den Tochterzellen dupliziert.« Avery untermauerte seine Befunde mit der Ansicht von Theodosius Dobzhansky, daß »wir es hier mit authentischen Fällen der Induktion spezifischer Mutationen durch spezifische Behandlungen zu tun haben«, und er setzte Induktor mit Gen und Kapsel-Antigen mit Genprodukt in Beziehung. Sollten sich diese Funde bestätigen, sagte Avery voraus, »dann muß davon ausgegangen werden, daß Nukleinsäuren biologische Spezifität besitzen, auch wenn deren chemische Grundlage noch unbekannt ist«.[67] Nicht jeder ließ sich davon überzeugen. Ein halbes Jahrhundert Proteinvorherrschaft ließ sich nicht so einfach umstürzen, nicht einmal durch gründliche Experimente und eine genaue Argumentation.

Einer der ersten, der die Bedeutung von Averys Ergebnissen erfaßte, war Erwin Chargaff, ein aus Österreich stammender Biochemiker und Universalgelehrter an der Columbia University: In den späten vierziger Jahren orientierte er seine Forschung um und wandte sich den Nukleinsäuren zu; die Rockefeller-Förderung blieb mehrere Jahre hinter diesen Anstrengungen zurück. Auch diese Geschichte, mit ihren vielen Helden, Schurken und ironischen Wendungen, ist oft und aus verschiedenen Blickwinkeln erzählt worden;[68] sie ist jedoch besonders lehrreich, wenn man sich für die Diskurszirkulation beim Übergang von »Spezifität« zu »Information« interessiert. Richtet man seine Aufmerksamkeit auf die sich verändernde Bedeutung der Nukleinsäuren bei Chargaff, so erkennt man nicht nur sein epistemisches und sprachliches Umschwenken von chemischer Spezifität zu Informationsübertragung (die er später dann widerrief), sondern ebenso eine Neukonfiguration der disziplinären Autorität in der Lebenswissenschaft, d.h. den zunehmenden Einfluß der Molekularbiologie, insbesondere auf biochemische Begriffe und Praktiken.

Als Chargaff seine vorbereitenden Untersuchungen 1949 auf dem Symposion in Cold Spring Harbor präsentierte, stellte er sie in den Zusammenhang von Averys Ergebnissen: »Wenn, wie wir es aufgrund der sehr überzeugenden Arbeit von Avery und seinen Mitarbeitern annehmen können, gewisse bakterielle Nukleinsäuren des Desoxypentose-Typs mit einer spezifischen biologischen Aktivität versehen sind, erscheint die Suche nach den chemischen oder physikalischen Ursachen dieser Spezifität angebracht.«[69] Zusammen mit E. Vischer machte er sich an die Entwicklung von verfeinerten Trennungsmethoden, durch die sich winzige Mengen von Nukleinsäurebestandteilen (Purine und Pyrimidine) separieren und identifizieren ließen. Chargaff sagte voraus, daß Unterschiede in den Mengenverhältnissen oder der Sequenz der Nukleotide, welche die Nukleinsäurekette bildeten, für die spezifischen biologischen Wirkungen verantwortlich sind.[70]

In den nächsten drei Jahren ergaben Chargaffs Analysen der Nukleotidbasen-Zusammensetzung von DNA-Proben, die sehr unterschiedlichen Organismen entnommen waren, daß die molaren Verhältnisse der Basen Adenin [A], Guanin [G], Cytosin [C] und Thymin [T] in großem Ausmaß variierten, was der Tetranukleotid-Hypothese widersprach, die von gleichen Verhältnissen ausging. Die Befunde wurden 1950 in Chargaffs oft zitiertem Artikel »Chemical Specificity of Nucleic Acids and Mechanism of Their Enzymatic Degradation« veröffentlicht. Darin brachte er nicht nur die Tetranukleotid-Hypothese zu Fall, sondern wies auch darauf hin, daß die molaren Basenverhältnisse von [A] und [T] und von [G] und [C] annähernd 1 betrugen.[71] Bekannt als »Chargaffs Regel«, nahm diese Erkenntnis eine Schlüsselrolle bei der Aufklärung der DNA-Struktur ein. Viele dachten, daß Chargaff den Nobelpreis zusammen mit Watson und Crick verdient hätte.

Ebenso wichtig war, daß Chargaffs Studien sich mittels der Spezifität auf das gesamte biologische Kontinuum von den Molekülen bis zu den Spezies erstreckten. Es wäre erfreulich, meinte er hoffnungsvoll, wenn man herausbekäme, »daß so wie die Desoxypentose-Nukleinsäuren des Zellkerns [DNA] spezies-spezifisch und für die Erhaltung der Spezies verantwortlich sind, die Pentose-Nukleinsäuren des Zytoplasmas organspezifisch und an der wichtigen Aufgabe der Differenzierung beteiligt sind«.[72] Innerhalb weniger Jahre wurden nun genau die gleichen Regelmäßigkeiten kombinatorischer Variationen von DNA-Basen, welche die biologische Spezifität bestimmt hatten, zum Kennzeichen von genetischer Information und genetischem Code. 1955, als die Informationstheorie zum Crescendo anwuchs, erinnerte Chargaff seine Zuhörerschaft: »Regelmäßigkeiten dieser Art können das beste oder einzige Mittel sein, um die Existenz von Systemen zu erkennen, die mit der Aufbewahrung oder Übertragung von Information befaßt sind: Aufgaben, die wir gerne den Nukleinsäuren oder, wahrscheinlicher, den Nukleoproteinen zuschreiben möchten.«[73] Inzwischen war Chargaff Mitglied des »RNA-Krawattenclubs« und besprach sich häufiger mit Gamow über das Codierungsproblem. Einige Jahre später sollte er vorschlagen, daß diese beeindruckenden informationellen Eigenschaften sich auf die verschiedenen Formen chemischer Spezifität bezogen, die alles in allem die Zellspezifität aufrechterhielten. Als scharfsinniger Kulturbeobachter dachte Chargaff über die neuen Bezeichnungsweisen nach.

Wenn eine Wissenschaft an die Grenzen ihres Wissens gelangt, nimmt sie gerne Zuflucht zu einer Allegorie oder Analogie. Der letztgenannte Versuch ... hat die Unterstützung moderner Disziplinen wie Kybernetik oder Informationstheorie in Anspruch genommen. Eine untergeordnete Analogie für die Erhaltung der Zellspezifität, jedoch eine womöglich leichter zu begreifende, ist die Art und Weise, in der Kommunikation durch Sprache zustande gebracht wird.[74]

Chargaff kam bald dahin, gegen den Informationsdiskurs und die darauf beruhende theoretische Vorstellung der Codierung Einwände vorzubringen und sich sogar darüber lustig zu machen. 1962 – als die Euphorie über die biochemische »Entschlüsselung des genetischen Codes« ihren Höhepunkt erreichte – ging Chargaff auf Distanz; vielleicht war er auch verbittert über die fehlende Anerkennung seines Beitrags und die zunehmende Vorherrschaft der Molekularbiologen in der Biochemie. Er bekannte schließlich seinen »Anteil an Schuld« bei der Förderung »des Konzepts der ›biologischen Information‹, [das] sein Haupt erhob und mit einem mehrfarbigen Bart zu protzen begann, der trotz häufigen Einsatzes von Occams Rasiermesser immer luxuriöser wurde«. Mit der Zeit wurden seine gegen die jungen Wilden der Molekularbiologie gerichteten Karikaturen der »Informationsübertragung« immer beißender. In einem imaginären Dialog zwischen der alten und der jungen Wissenschaftlergeneration forderte er den selbstbewußten Nachwuchs heraus: »Wäre es nicht möglich, daß das ganze imponierende terminologische Grundgerüst nichts weiter ist als ein Koffer für des Kaisers neue Kleider? Wäre es nicht möglich, daß es keine Botschaft gibt, keinen Boten, daß also die ganze Fragestellung und somit auch die Antwort falsch ist?«[75]

Chargaff hatte die Ergebnisse seiner chemischen Analysen Watson und Crick offen mitgeteilt, die sich dann eilends im englischen Cambridge (in der *Unit for the Study of Molecular Structures of Biological Systems*, später umbenannt in *Unit for Molecular Biology*) daranmachten, die Struktur der DNA zu bestimmen. »Chargaffs Regel« (die Regelmäßigkeiten der Basenverhältnisse) nahm für die beiden Forscher sogleich eine strukturelle Bedeutung an; für sie ergab sich daraus ein im Innern der Doppelhelix untergebrachtes komplementäres Basen-Paarungs-Schema und ein Mechanismus zur genetischen Replikation und Mutation.[76] Bei Watson zeichnete sich im Jahr 1953 ein Wechsel der

Darstellungsweise ab. Vorher hatte er in seinen Artikeln Replikation und Mutation mit Begriffen wie »genetischer Transfer«, »genetische Spezifität« und »genetische Kontinuität« beschrieben.[77] Doch jetzt begannen er und Crick, die potentiellen Beiträge von Kybernetik und Information für die Biologie vorwegnehmend, ihre Funde bewußt in einem Informationsdiskurs darzustellen. Kurz vor ihrer Bekanntgabe der Doppelhelix schlug Watson in einem Brief an *Nature*, den er zusammen mit dem Genetiker Boris Ephrussi und den Physikern Urs Leopold und J. J. Weiglé verfaßte, eine neue Terminologie für die Bakteriengenetik vor. Um rhetorische Ordnung in die sich ausbreitende semantische Verwirrung im Forschungsfeld – Transformation, Rekombination, Induktion, Transduktion etc. – zu bringen, regten sie an, diesen Wortgebrauch durch den Ausdruck *inter-bakterielle Information* zu ersetzen. »Das beinhaltet nicht notwendigerweise«, argumentierten sie, »den Transfer materieller Substanzen, und damit wird die mögliche zukünftige Bedeutung der Kybernetik auf bakterieller Ebene berücksichtigt.«[78]

Als Watson und Crick in ihrem zweiten Artikel in *Nature* die genetischen Implikationen der neu geprägten DNA-Struktur darlegten, verwendeten sie die Metapher der Information, um auf die molekularen Spezifitäten aufmerksam zu machen, die den verschiedenen Permutationen der vier Nukleotidbasen in der DNA inhärent sind: »Das Phosphat-Zucker-Rückgrat unseres Modells ist vollkommen regelmäßig, doch jede Sequenz der Basenpaare paßt in die Struktur hinein. Daraus folgt, daß in einem langen Molekül viele verschiedene Permutationen möglich sind, und daher erscheint es wahrscheinlich, daß die präzise Sequenz der Basen der Code ist, der die genetische Information überträgt.«[79] Weder »Code« noch »Information« waren in Anführungszeichen gesetzt, d. h. Watson und Crick signalisierten nicht den metaphorischen Charakter dieser Begriffe (vor dem die Kommunikationstheoretiker in den fünfziger Jahren immer wieder warnten). Mit den neuen Repräsentationen verliehen sie der DNA – dem »unbewegten Beweger« Delbrücks – die kulturelle Macht einer neuen Semiotik, die den Darstellungen des Belebten, Unbelebten und Sozialen neue Konturen verlieh. »Der« Code, nicht »ein« Code – der präexistierende *logos*, der seiner experimentellen Rechtfertigung vorauslief –, beherrschte dieses neu auftauchende Kommunikationssystem, indem er nur in einer Richtung genetische Information vom DNA-»Chefmolekül« zu seinem nunmehr untergeordneten Proteinempfänger übertrug.

Erwin Schrödingers Raphael-Gobelin

Die Idee eines biologischen Codes ging nicht aus der 1953 frisch erhellten DNA-Struktur hervor, sie war tatsächlich nicht vollständig neu. Die Verbindung von Proteinspezifität mit den Permutationen von Aminosäuren datiert auf den Jahrhundertbeginn, während ihre Verbindung mit einer Art von Chiffre auf die dreißiger Jahre zurückgeht. Selbst Darstellungen genetischer Spezifität in Form von kombinatorischen Eigenschaften, die Information durch einen Code übermittelten, gingen nicht von Watson und Crick aus. Solche Darstellungen der Vererbung tauchten, wenn auch noch innerhalb des Proteinparadigmas formuliert, bereits in den späten vierziger Jahren mit dem Aufstieg von Kybernetik und Informationstheorie auf. Gleichwohl wurden diese Repräsentationsformen rückblickend gerne dem einzigartigen Einfluß von Erwin Schrödingers kleinem Buch *Was ist Leben?* (engl. 1944) zugeschrieben und so Schrödingers historische Rolle neu erfunden. Stent verlautbarte in seinem klassischen Lehrbuch der Molekulargenetik (1970): »In jenem Buch kündigte Schrödinger den Anbruch einer neuen Epoche der biologischen Forschung an.«[80] »[Schrödingers] Streben und... Interesse richtet sich auf ein einziges Problem: die physikalische Natur der genetischen Information«, erklärte François Jacob 1970 und verstärkte den Kanonisierungsprozeß weiter.[81] Schrödingers fruchtbare Rolle in der Molekularbiologie ist von mehreren Forschern dokumentiert worden, die fast geschlossen diese »Gründungsvater«-Erzählung unterstützen. Unter all den Einsichten und dem Weitblick, die Schrödinger zugeschrieben werden, zeichnet sich die Rolle des Vorläufers des genetischen Codes und eines Informationspropheten der Molekularbiologie als Krönung ab. Danach hat Schrödinger einen neuen biologischen Diskurs und eine neue Semiotik für die Repräsentation von Vererbung und Leben geliefert.[82]

Gewiß spielte Schrödingers Buch eine wichtige Rolle in der Molekularbiologie, und sein Essay enthielt scharfsinnige – wenn auch bereits überholte – Formulierungen einiger Grundprobleme der Biologie. Doch welche Rolle spielte das Buch genau, und wie wurde es historisch und für die Geschichtsschreibung bedeutsam? Mit diesen Fragen haben sich verschiedene Forscher beschäftigt, und alle waren sich über den disziplinären und sozialen Einfluß des Buches grundsätzlich einig: Ein Gutteil seiner eigenen Legitimität bezog das Buch aus seiner theoretischen

Legitimierung der Biologie. Indem Schrödinger die Biologie in eine Linie mit der Physik stellte (und sogar über die Physik erhob), gab er dem Nachkriegs-Exodus desillusionierter Physiker aus der Physik in die Molekularbiologie seinen Segen. Biologie wurde, wie Delbrück selbstbezüglich bemerkte, ein respektabler Tummelplatz für Physiker. Oder wie Schrödingers Schüler Neville Symonds es formulierte: »Die Biologie hörte auf, eine ›unernste‹ Beschäftigung zu sein und wurde erwachsen.«[83]

Über solche disziplinären und sozialen Auswirkungen hinaus wurden in der späteren Dekontextualisierung und Neuerfindung des Buches dessen Weitblick und Dauerhaftigkeit überhöht. Schrödingers Reflexion über das Protein-Gen und dessen codierten Aufbau ergaben sich aus seiner zentralen Beschäftigung mit den Problemen der biologischen Organisation, der organismischen Entwicklung, der thermodynamischen Ordnung und der sozialen Ordnung. Es stimmt natürlich, daß Schrödinger selbst einige der begrifflichen Konstrukte formulierte, die ihm zugeschrieben werden. In der Tat resultierten seine beiden am meisten gefeierten Ideen – der *aperiodische Kristall* und die *Schlüsselschrift* – aus seinem Nachsinnen über das Rätsel, wie komplexe Organismen sich aus einem winzigen Bündel Chromosomenmaterial entwickeln können. Doch schon als er diese Ideen äußerte, stützten sie sich auf ältere Diskurse und Repräsentationen des Lebens. Das Konzept eines aperiodischen Kristalls entstammte Schrödingers Analogie zwischen Leben und Kristallwachstum, ein Thema, das Naturforscher seit dem 17. Jahrhundert fasziniert hatte. Während das Reich des Unbelebten bloß repetitive, »periodische« Kristalle zu bieten hatte, bestand der Chromosomenstrang – der proteische Übermittler des Lebens – aus einem »aperiodischen Kristall«, wie Schrödinger bemerkte. »Der Strukturunterschied ist etwa der gleiche wie derjenige zwischen einer gewöhnlichen Tapete, auf der ein einziges Motiv in regelmäßigen Abständen wiederholt wird, und einem Meisterwerk der Stickerei, z. B. einem Gobelin von Raphael, welcher keine eintönigen Wiederholungen, sondern eine sorgfältig ausgearbeitete, zusammenhängende und sinnvolle, von einem großen Künstler entworfene Zeichnung zeigt.«[84] Schrödingers poetisches Gobelin-Bild stützte sich auf die Proteinvorstellung des Lebens und brachte diese in eine gemeinsame Konfiguration mit anderen Idiomen aus den dreißiger Jahren wie »Muster«, »Plan« und »Entwurf«, die zum Organisationsdiskurs gehörten. In den sechziger Jahren sollte diese Vorstellungswelt jedoch von den Molekularbiologen rückblickend mit einer anderen Bedeutung versehen werden: Nun sah man darin die kombinatorischen und informationellen Eigenschaften der DNA.

Schrödingers raphaelisches Muster war vierdimensional, war räumlich und zeitlich gedacht; er verstand »darunter nicht nur die Struktur und Funktionsweise dieses Organismus..., sondern die Ganzheit seiner ontogenetischen Entwicklung«.[85] Um zu erklären, wie ein solch großartiger Bauplan aus einem so winzigen Stückchen Material hervorgehen konnte, wie »das Ei sich unter geeigneten Bedingungen zu einem schwarzen Hahn, einem gefleckten Huhn, zu einer Fliege oder Maispflanze, einer Alpenrose, einem Käfer, einer Maus oder zu einem Weibe entwickeln werde«,[86] beschwor Schrödinger die Idee eines Miniatur-Code-Scripts. Mit dem Analogon eines morseähnlichen Codes ließen sich damit biologische Komplexität und Spezifität erklären, denn schon eine geringe Zahl molekularer Elemente konnte durch kombinatorische Neuanordnung mannigfaltige Wirkungen hervorbringen. »Mit dem molekularen Bild des [Protein-]Gens«, sagte Schrödinger, sei es vorstellbar, daß »der Miniaturcode einem hochkomplizierten und bis ins einzelne bestimmten Entwicklungsplan genau entspricht und irgendwie die Fähigkeit hat, seine Ausführung zu bewerkstelligen«.[87] Es war ein Entwicklungsplan, der auf einem organismischen Gedächtnis beruhte, dem Engramm. Man wird bemerken, daß Schrödingers Schlüsselschrift auf Permutationen in Proteinen basierte, nicht in einer *Beziehung* (was ein Code technisch gesehen ist) zwischen DNA und Protein. Weder korrelierte es ein Symbolsystem (Nukleinsäuren) mit einem anderen (Aminosäuren), wie bei den genetischen Codes nach 1953, noch und am wichtigsten lag darin die Vorstellung, daß es Information übertrug.

In diachronischer Sicht gehörte Schrödingers skripturale Darstellung der Vererbung zur altehrwürdigen Tradition einer Vertextung der Natur, und wenn er auch keine Verbindung zur Idee des Alphabets herstellte, so kamen in ihr doch stillschweigend die Repräsentationen der Natur als Chiffre zum Ausdruck, wie sie in der abendländischen Tradition üblich waren. In synchronischer Perspektive gehörte Schrödingers semiotisches Repertoire, einschließlich der telegraphischen Vorstellungswelt eines morseähnlichen Codes, zu einem älteren biologischen Organisationsdiskurs (und zu den philosophischen Debatten der Zeit zwischen den beiden Weltkriegen), zu einem anderen Bedeutungskreis.[88] Seine Aussagen wurden später aus ihrem zeitlichen und intellektuellen Kontext gelöst, ähnlich wie Delbrück es im Scherz mit Aristoteles' Fortpflanzung tat. Sie wurden prophetisch, doch nur als Re-Repräsentationen dessen, was wirklich geäußert und was übergangen wurde.

Die Vorstellung einer zellulären Verwahrstelle für das organismische Gedächtnis (Engramm) gehört ins 19. Jahrhundert. Tatsächlich geht Schrödingers Faszination für diese Ideen auf seine Studienzeit (1906–1910) an der Universität in Wien zurück – das »goldene Zeitalter«, nach dem er sich stets zurücksehnen sollte. Zusammen mit seinem engsten Freund, dem Biologen Franz Frimmel, schwärmte er damals für das einflußreiche Buch von Richard Semon, *Die Mneme als erhaltendes Prinzip* (1904). Ein dynamisches germanisches Flickwerk Haeckelscher, Lamarckscher und Darwinscher Themen, erklärte das Buch das Rätsel der stofflichen Organisation und psychischen Existenz durch eine Art von Zellengedächtnis, das alle biologischen Phänomene steuert. Als Summe aller organismischen Engramme, d. h. Eindrücke angeborener und erworbener Stimuli, sollte diese »Mneme« Vererbung, Differenzierung, Regenerierung, Entwicklung, Instinkt, Verhalten, Bewegung und Bewußtsein kontrollieren. Nach Schrödingers Biographen Walter Moore hatte das Buch einen nachhaltigen Einfluß auf Schrödinger, es half ihm, seine philosophischen Überlegungen zur Natur des Lebens zu formulieren.[89]

In diese dem *fin de siècle* verpflichteten Überlegungen wob Schrödinger Ideen (einige waren schon 1944 überholt) aus der Mendelschen und der Mutationsgenetik, Rätsel und Dilemmata der Thermodynamik, der statistischen und Quantenmechanik sowie die düstere Spenglersche Vision vom kulturellen Niedergang und sozialen Zerfall. Inmitten der Erschütterungen der dreißiger Jahre und im Gedankenaustausch mit Niels Bohr, Pascual Jordan, Frederick G. Donnan, Max Born und Max Delbrück reflektierte, lehrte und schrieb Schrödinger über die Thermodynamik unbelebter versus belebter Materie, die Instabilität der menschlichen Geschichte und die Stabilität der Gene. Als spähte er in die Dunkelheit jenseits des Zwielichts seiner Epoche, proklamierte er, daß Geschichte das Ergebnis statistischer Fluktuationen ist, welches sich nicht willkürlich verändern läßt.[90]

Der Organisationsdiskurs, in dem die Zelle als eine utopische Gesellschaft angesehen wurde, bot Schrödinger wie schon seinen Vorgängern (z. B. Rudolf Virchow, Emil Dubois-Reymond) und Zeitgenossen (z. B. Walter Cannon, Paul Weiss) einen Ausweg aus dem entropischen Chaos.

Ich möchte den »Staat der Zellen« mit einer Gesellschaft vergleichen, die nach dem Prinzip organisiert ist, daß jeder Beamte, jeder Funktionär, jede Person, die auch nur irgendeine Aufgabe in dieser Organisation hat, die gleiche universelle Ausbildung erhält, zumindest im Prinzip, und so gut über den Plan des Ganzen informiert ist, daß jeder Angestellte im Prinzip die Pflichten des Premierministers übernehmen könnte, jeder Polizist die eines Chefchirurgen etc. etc. So überrascht es mich überhaupt nicht, daß eine der beiden – oder eine der vier Zellen genauso in der Lage sein sollte, das ganze Individuum zu bilden, wenn sie dazu aufgerufen würde. Und es erstaunt mich auch nicht sehr, daß in Spemanns Experimenten die Leberzellen in der Lage waren, so etwas wie ein Auge zu produzieren, wenn ihnen durch irgendeine ausgefallene Behandlung der Eindruck vermittelt wurde, daß dies für sie der Moment wäre, ihre Aufgabe zu erfüllen.[91]

Wie der Grundriß des politischen Körpers war auch der Bauplan des Organismus durch eine begrenzte Anzahl universeller Prinzipien bestimmt, die unter günstigen Bedingungen Diversität und Spezifität des Lebenden hervorbringen konnten. Die menschliche Erfahrung stellt – oft durch Metaphern vermittelt – die Strukturen für wissenschaftliche Überlegungen bereit. So naturalisiert die Wissenschaft die menschliche Erfahrung.

Ergänzt um einige zusätzliche Quellen, bildeten diese Gedanken das Grundgerüst für Schrödingers öffentliche Vorlesungsreihe, die er als Direktor des *Institute for Advanced Studies* 1943 in Dublin hielt. Die umfassend vorbereiteten Vorlesungen, in denen sich nur geringe Abweichungen gegenüber früheren Gedanken finden, wurden zusammengestellt zu *Was ist Leben?*[92] Besonders wichtig unter Schrödingers umfangreichen Quellen waren die Vorlesungen des Physiologen Charles Sherrington aus den dreißiger Jahren. Wie Haldane, Bergmann, Niemann, Wrinch und andere hatte auch Sherrington die biologische Spezifität auf die verschiedenen möglichen Anordnungen (nicht Beziehungen) von Aminosäuren in den chromosomalen Proteinen zurückgeführt und vermutet: »Wenn man sogar nur dreißig Aminosäuren in allen Variationen durchspielt, sind verschiedene Proteine möglich bis zu einer Zahl mit dreiundzwanzig *Ziffern* nach der dritten Stelle.«[93] Weitere Metaphern für die geheimen Schriften und Chiffren der Natur und ihre Entzifferbarkeit! Mit diesen neueren semiotischen Werkzeugen ließ sich die *Mneme* aufpolieren zum Idiom einer Schlüsselschrift als dem »alles durchdringenden Geist«, der die Entwicklung der Organismen lenkt.[94]

Schrödingers Interesse für das Gen war sekundär, in ihm spiegelte sich vor allem seine Faszination für den Entwicklungsprozeß, seinerseits ein Beispiel für das Rätsel von Stabilität und Veränderung, das zu seinem Hauptinteresse gehörte: dem Problem der Ordnung. Seine Frage war: Wie können die Gesetze der Thermodynamik die Entstehung und Aufrechterhaltung von Ordnung erklären? Die Diskussion um das Gen war ein zufälliges Nebenprodukt seines Interesses an der Entropie als einem Schlüssel, der das Problem der lebendigen Organisation erklären könnte.[95] In dieser Perspektive und mit seiner Sachkenntnis in statistischer Mechanik formulierte Schrödinger sein gefeiertes (wenngleich problematisches) Konzept der *negativen Entropie* als Kennzeichen des Lebens: − (Entropie) = k log (I/D), wobei I/D ein Maß für Unordnung und k die Boltzmann-Konstante war. Schrödinger argumentierte tautologisch, daß Organisation dadurch gewonnen wird, daß »Ordnung« aus der Umgebung entnommen wird: Der lebende Organismus schiebt seinen Zerfall in das thermodynamische Gleichgewicht (den Tod) hinaus, indem er sich von negativer Entropie nährt. Chromosomen waren bloß eine Verkörperung dieses Vermögens: »Die erstaunliche Gabe eines Organismus, einen ›Strom von Ordnung‹ auf sich zu ziehen und damit dem Zerfall in atomares Chaos auszuweichen, aus einer geeigneten Umwelt ›Ordnung zu trinken‹, scheint mit der Anwesenheit der ›aperiodischen festen Körper‹, der Chromosommoleküle, zusammenzuhängen, die zweifellos den höchsten uns bekannten Ordnungsgrad von Atomverbindungen zeigen.«[96]

Diese eloquente Erklärung dafür, wie negative Entropie den organismischen Bauplan aufrechterhielt, war nicht, wie später behauptet wurde, die weitsichtige Antizipation des Informationsbegriffs. Als Schrödingers Buch in den Druck ging, verliehen die im Krieg entstandenen Forschungsfelder Kybernetik und Informationstheorie der negativen Entropie bereits neue Bedeutungen und integrierten sie mit alten und neuen Konzepten in die Kommunikationswissenschaften. Durch die Arbeiten von Norbert Wiener und Claude Shannon wurde die als Kontrolle verstandene Kommunikation umformuliert zur Informationsübertragung – und Information als negative Entropie definiert – und Schrödingers Darstellungen in die kybernetische Grunddüngung geschwemmt.

Nach der Informationswende wurden auch andere Äußerungen mit einer neuen Bedeutung aufgeladen, so etwa der 1929 erschienene Artikel des aus Ungarn emigrierten Physikers Leo Szilard, in dem dieser eine Lösung für das Problem von »Maxwells Dämon« vorgeschlagen hatte.

Die Frage war, wie in einem isolierten System geordnetere Strukturen entstehen konnten, ohne daß Energie ausgeglichen und der zweite Hauptsatz der Thermodynamik verletzt wurde (wonach in einem isolierten System Energie stets abnimmt und Entropie oder Unordnung zunimmt). Der Physiker James Clerk Maxwell hatte 1871 in einem Gedankenexperiment ein nichtkörperliches Wesen beschworen, einen Dämon, der Energie gegen die Entropierichtung bewegen konnte (nämlich in einem Behälter mit zwei Kammern schnelle von langsamen Moleküle sondern und so die unmögliche Situation erzeugen, daß die Temperatur in einer der Kammern zunahm). Szilard stellte sich dem Problem und zeigte auf, daß die Antwort in der Beziehung zwischen der Entropie und dem Einsatz »irgendeiner Art von Gedächtnis« oder »Intelligenz« auf seiten des Dämons bestand. Wenn dieser den Energieaustausch mental registrierte, kompensierte der Entropiegewinn des Dämons exakt den Entropieverlust des Systems; nach Szilards Schema erzeugte Denken also Entropie. Doch den Begriff Information verwendete er nie (dieses mathematische Konzept wurde zu diesem Zeitpunkt gerade in den Bell Laboratorien geprägt). In den späten vierziger Jahren, als Information zur wissenschaftlichen Entität geworden war, die als negative Entropie definiert wurde, erhielt Szilards »wiederentdeckter« Artikel, wie auch Schrödingers Essay, eine neue Interpretation: Er galt nun als die früheste Demonstration einer Verbindung zwischen Entropie und Information. Vor allem dem emigrierten französischen Physiker Leon Brillouin, der in den frühen fünfziger Jahren eine große Synthese der Informationswissenschaften entwarf, war es zu verdanken, daß auch Szilard (dem Brillouin durch Weaver vorgestellt worden war) in die Ruhmeshalle der Information aufgenommen wurde.[97]

Während Szilard diese neuen Zuschreibungen der Urheberschaft begrüßte, wies Schrödinger sie zurück. Denn er sah seine Ideen zur negativen Entropie nicht als Bestandteil des Informationsdiskurses und hielt auch die Analogie zwischen negativer Entropie und Information nicht für gerechtfertigt. Schrödinger wurde allerdings durch seinen ihn verehrenden Kollegen Brillouin über die Entwicklungen in der Informationstheorie auf dem laufenden gehalten. In einem langen Brief an Brillouin erklärte Schrödinger seine Position in dieser Angelegenheit:

Die interessante *Analogie* zwischen Information und »Negentropie« erkenne ich voll an, dennoch hielt ich es für unangemessen, beide zu identifizieren. Wenn die Länge eines Meterstabs mit einer Genauigkeit von 10^{-3} mm gemessen wird, entspricht die gewonnene Information einer Negentropie von 6 k log 10, eine thermodynamisch völlig vernachlässigbare Größe ... Es ist schwierig, die Negentropie abzuschätzen, die in der *Organisation* einer Dampfmaschine liegt, oder in der Organisation einer Katze, einer Eiche oder von Max Borns Körper. In allen diesen Fällen besteht meines Erachtens eine große Diskrepanz zwischen dem unbedeutenden thermodynamischen Wert der Negentropie und der Bedeutung, die diese Organisationen für uns besitzen.[98]

Schrödingers Überlegungen blieben dem älteren Organisationsdiskurs verhaftet. Seinen weiter gefaßten Begriff von negativer Entropie verstand er nicht als gleichbedeutend mit dem engeren terminologischen Konstrukt der Information, und so verwarf er den Informationsbegriff als gültige Darstellung für die Organisation von Tier oder Maschine.

Meine etwas mühselige Überprüfung und Nachzeichnung dieser wissenschaftlichen Äußerungen ist weder durch die Suche nach Vorläufern oder Wurzeln motiviert (die unweigerlich bis zu Descartes oder Aristoteles führen würde), noch soll sie irgendeine Diachronizität und die Zeitlosigkeit von »Grundideen« bestätigen. Eher unterstreicht dieser flüchtige Blick zurück die Wichtigkeit diskursiver Brüche und die Rolle wissenschaftlicher und kultureller Synchronizitäten.[99] Als wissenschaftlich-literarisches Genre hat Schrödingers Buch seine eigene Geschichtlichkeit. Es ist innerhalb des kognitiven und materialen Darstellungsraums der dreißiger Jahre zu situieren, der sich in der Überschneidung von physikalischem, biologischem und sozialem Organisationsdiskurs definiert: Dampfmaschine, thermodynamisches System, lebendiger Körper und politischer Körper. Wiener erfaßte die Bedeutung dieser diskursiven Formationen, als er bemerkte, daß organismische Darstellungen sich von materiellen und energetischen hin zu informationellen verschoben (ein Übergang, den Crick später nochmals in seinem Zentralen Dogma hervorhob). Schrödinger ging nicht über seine Vorgänger und Zeitgenossen hinaus, als er die Organisation von Zellen mit der sozialen Ordnung analogisierte, sondern perpetuierte bloß wissenschaftliche und kulturelle Resonanzen der Moderne.

Einzig im Rückblick scheinen alle Puzzlestücke nur auf Schrödingers große Synthese gewartet zu haben – Genstruktur, Genfunktion, Codierung und Information. Doch an DNA oder Information dachte er nicht; seine Stimme und ihre verzerrten Echos waren in Wirklichkeit durch den Abstand zweier Epochen getrennt. Erst innerhalb des neuen Darstellungsraums, wie ihn die entstehenden Technowissenschaften in den späten vierziger Jahre definierten, wurde die mathematische Formulierung der negativen Entropie mit Information gleichgesetzt; Schrödingers vierdimensionales Raphael-Muster wurde digitalisiert und schrumpfte auf eine eindimensionale Boolesche Botschaft zusammen, die einem Magnetband eingeschrieben war. Seiner merkwürdigen Schlüsselschrift und den wenigen Versuchen im folgenden Jahrzehnt, die physische Natur der genetischen Spezifität zu erklären, wurden in den sechziger Jahren neue Bedeutungen zugeschrieben – im Informationsdiskurs und seiner neuen Biosemiotik der Codierung (doch weder Crick noch Gamow scheinen Schrödinger in den fünfziger Jahren zitiert zu haben). In ähnlicher Weise wurden frühe Ansätze der Chemiker Kurt G. Stern, Cyril N. Hinshelwood und Alexander L. Dounce, in denen sie die physikalisch-chemischen Wirkungsmechanismen jener Spezifität zu erklären versuchten, rückblickend als »Decodierung« uminterpretiert und in einen Gründungsmythos eingepaßt.[100]

Protocodes?

Um die Logik zu veranschaulichen, von der die aperiodischen Muster in Genen bestimmt wurden, standen nicht wenige Metaphern zur Verfügung. Seit dem frühen 19. Jahrhundert, mehr als ein Jahrhundert vor dem Begriff eines gespeicherten Programms, wurden in der Seidenindustrie Lochkarten verwendet, um das Weben komplexer Muster zu steuern. Mitte des 19. Jahrhunderts war der Morse-Code – das aus Punkten, Strichen und Leerzeichen bestehende alphabetische Signalsystem, von dem Schrödingers Phantasie sich leiten ließ – standardmäßig in der Telegraphie im Gebrauch. Und das Bild der im Takt von Tonwellen vibrierenden Nadeln, die ihre zitternden Spuren Grammophonplatten eingravierten (wobei für den Kopiervorgang »negative« Muster verwendet wurden), diente als heuristische Vorstellung für die genetische Replikation (z. B. bei John B. S. Haldane). Doch unter der Oberfläche solcher Analogien blieben die materiellen Strukturen und Prozesse des Gens unerklärt.

Nach dem Erscheinen von Schrödingers Buch und vor 1953 versuchten mindestens drei Wissenschaftler, die Spezifitäten zu erklären, die in den kombinatorischen Eigenschaften von Genen lagen. Jeder von ihnen wählte einen etwas anderen Schwerpunkt. Kurt G. Stern am *Brooklyn Polytechnic Institute* war wahrscheinlich der erste, der sich an Schrödingers Idee eines Codes orientierte und ihn darstellte. Stern war in den dreißiger Jahren mit seinen theoretischen und technischen Beiträgen zur physikalischen Chemie von Proteinen hervorgetreten.[101] Als sich die Beweise für die Rolle der Nukleinsäuren bei der Vererbung mehrten, begann er über ihre physikalisch-chemischen Wirkungsmechanismen nachzudenken. 1946, bevor die Tetranukleotid-Hypothese endgültig zurückgewiesen wurde und »Chargaffs Regel« sich durchzusetzen begann, hielt Stern es für notwendig,

nach einem Variationsprinzip zu suchen, das die Stöchiometrie der Nukleoproteinmoleküle nicht beeinträchtigt und dennoch eine ausreichende Zahl von Permutationen ermöglicht, um alle Genkonstitutionen (Genotypen) zu erklären, die in der Vergangenheit beschrieben worden und in Zukunft möglicherweise vorstellbar sind ... Gesteht man die Möglichkeit zu, daß die Basen in ihrer Sequenz oder ihrer Ausrichtung auf das Rückgrat variieren können, so könnte dies ein *Modulations*prinzip bilden, das die Stöchiometrie der Nukleoproteinkette insgesamt nicht beeinträchtigt und dennoch alle möglichen Genotypen zu erklären vermag.[102]

Anders als Schrödinger, der seine Ideen auf Permutationen in Proteinen stützte, dachte Stern im Begriffsrahmen des Nukleoprotein-Gens und richtete seinen Blick ausschließlich auf Nukleinsäuren.

Die von Stern vorgeschlagene Struktur zeigte, wie »modulierte« Nukleinsäureketten viele verschiedene »Gencodes« enthalten konnten. Doch diese Inskriptionen hatten kaum etwas mit den Codes der fünfziger Jahre zu tun, denn sie ignorierten das Relationssystem von Nukleinsäuren und Proteinen. Und im Unterschied zu Schrödingers skripturalen Vorstellungen von einem morseähnlichen Code dachte Stern in konkreten physikalischen Begriffen, wenn er eine Analogie zwischen dem »Codierungs«-Prozeß und dem materiellen Prozeß einer Tonaufnahme sah, und behauptete, daß »Gene Modulationen einer ›neutralen‹ Nukleoproteinstruktur sind, vergleichbar den Modulationen, wie sie von Tonfrequenzsignalen einer Trägerschwingung für die Funkübertragung aufgeprägt werden; oder den Modulationen, die durch die Nadel eines Tonaufnahmegerätes in eine weiche Oberfläche eingeritzt werden«.[103] Seine Analogien waren nicht skriptural, sondern piktural (siehe Abbildung 2).

Die seinem Artikel beigefügten Illustrationen zeigten Mikrofotografien von Tonspuren, bei denen die unmodulierten oder die in einer kon-

Protocodes? 105

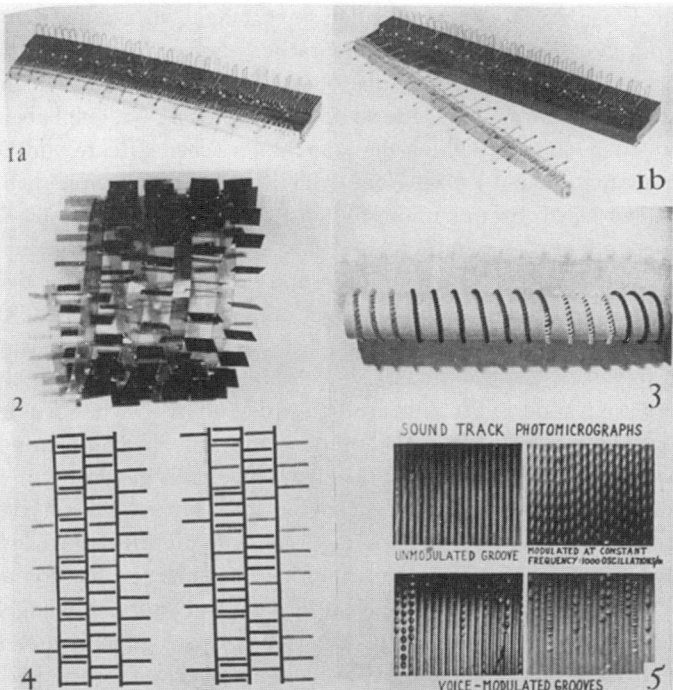

FIG. 1a. Model of a section of a nucleoprotein molecule, based chiefly on Astbury and Bell's x-ray diffraction data[2] for a synthetic thymonucleic acid-albumin complex. The amino acid residues of the polypeptide chain (in foreground) are projecting alternately right and left from the peptide backbone (Neurath[20]). The planes of the purine and pyrimidine bases of the polynucleotide chain (in background) are parallel to each other and have a spacing identical with that of the successive amino acid residues of the peptide chain (3.3 A). The heterocyclic bases are linked together by phosphate ester bonds (dark beads) between the sugar residues. In this arrangement, at least every other phosphate radical is available for binding a sodium atom (light beads). The bond between the basic side chains of the polypeptide (arginine residues) and the acidic phosphate ester groups is of a salt-like or electrostatic character.

FIG. 1b. Dissociation of the protein from the nucleic acid moiety of the complex is indicated by spatial separation. This dissociation is caused by the use of high-ionic strength solvents, e.g., M NaCl.

FIG. 2. Model of a nucleoprotein helix, formed by interlacing polynucleotide and polypeptide threads. The purine and pyrimidine bases of the nucleic acid chains (2nd and 4th turns) are represented by the black, large rectangles, the amino acid residues of the protein chains (1st and 3rd turns) by the light, narrow rectangles. The model is designed to illustrate the bilaterally functional character of both types of linear polymer molecules and their ability to form stable, condensed structures by coiling.

FIG. 3. Model of a chromosome, showing a more or less evenly spaced coiled nucleoprotein helix, embedded in or attached to a matrix. The differently shaded portions of the helix represent different genes or genic modulations of the chemically identical nucleoprotein spiral (see text).

FIG. 4. Hypothetical nucleoprotein lattices composed of interlaced polynucleotide and polypeptide chains. The two structures shown here are *chemically* identical but differ with regard to the *modulation* of the side chains: In the structure, illustrated at the left, the adjacent purine and pyrimidine base *pairs* of the nucleic acid chain (central strand) project alternately right and left from the phosphate ester backbone. In the structure on the right, blocks of *four* bases project to the same side of the backbone. The possible function of the polypeptide chains (outer strands) as locks of the specific genic configurations of the polynucleotide chains is also indicated.

FIG. 5. Photomicrographs of sound tracks, engraved into a wax surface by a recording stylus. They are intended to illustrate the principle of genic modulation of nucleoprotein spirals outlined in the text. (Courtesy of Dr. L. D. Norton, Director of Research, Dictaphone Corporation, Bridgeport, Conn.).

Abbildung 2. Kurt G. Stern, »Nucleoproteins and Gene Structure«, *Yale Journal of Biology and Medicine*, 19 (1947): S. 937–949. Sterns Darstellungen »modulierter« Nukleinsäureketten, die verschiedene »Gencodes« enthalten. Genehmigter Nachdruck.

stanten Frequenz modulierten Rillen »neutralen« (d. h. »uncodierten«) Nukleoprotein-Konfigurationen entsprachen, die von Sprache modulierten Passagen dagegen »Genmodulationen«. Sterns Repräsentationen enthielten weder Informationsbegriffe noch linguistische oder alphabetische Formalismen, sondern sollten die kombinatorischen Effekte von DNA-Basen als materiellen Prozeß veranschaulichen, der ausschließlich ihre Spezifität erklärte. Stern kümmerte sich nicht um das Problem der Replikation oder der Proteinsynthese, und ganz sicher erforschte er keine Entsprechungen zwischen Nukleinsäuren und Proteinen, wie es bei den genetischen Codes in den späten fünfziger Jahren der Fall war. Seine Codes codierten keinen proteischen Raphael-Gobelin, sondern DNA-Tonspuren.

Der physikalische Chemiker Cyril N. Hinshelwood aus Oxford ging wiederum ein anderes Problem an: die Autosynthese. Nachdem er in den dreißiger Jahren internationale Anerkennung für Forschungen gefunden hatte, aus denen 1956 seine mit dem Nobelpreis gewürdigte Arbeit über die Kinetik von Kettenreaktionen bei der Polymerisation hervorgehen sollte, begann er Mitte der vierziger Jahre damit, Prinzipien der chemischen Kinetik auf die Mechanismen der Bakterienreplikation anzuwenden. Wahrscheinlich hatte er Schrödinger in Oxford kennengelernt und dessen Buch gelesen,[104] doch sie hatten unterschiedliche Interessen. Hinshelwoods Überlegungen verblieben im Begriffsrahmen der Nukleoproteine, und er richtete seine Aufmerksamkeit nicht auf eine Protein-Schlüsselschrift, die Schrödinger so faszinierte, sondern auf die dialektischen Reaktionen, welche die wechselseitige Koordination und Synthese von Proteinen und Nukleinsäuren lenkten.

Bei der Proteinsynthese lenkt die Nukleinsäure durch einer der Kristallisierung analogen Prozeß die Reihenfolge, in der die verschiedenen Aminosäuren angeordnet werden; bei der Bildung der Nukleinsäuren gilt das Umgekehrte: das Proteinmolekül bestimmt die Reihenfolge, in der die verschiedenen Nukleotide angeordnet werden ... Dies legt irgendeine *Korrespondenz* zwischen den Einheiten in den beiden Arten von Polymeren nahe. In einem Protein können ungefähr 23 verschiedene Aminosäuren vorkommen, während sich in einer Nukleinsäure nur 5 Grundelemente finden lassen [DNA- und RNA-Basen zusammengenommen] ... Somit kann es keine Eins-zu-eins-Korrespondenz zwischen der Position einer einzelnen Aminosäure im Proteinteil des Nukleoproteins und der Position eines individuellen Nukleotids im Nukleinsäureteil geben [Hervorhebung hinzugefügt].

Eine Korrespondenz, kein Code. Er löste das Problem durch die Annahme, daß eine neu synthetisierte Aminosäurekette zwischen zwei nebeneinanderliegende Nukleotideinheiten an der Oberfläche eines Nukleinsäurepolymers gezwängt wurde. Fünfundzwanzig [5²] verschiedene Anordnungen zwischen Nukleotiden waren dann möglich; gerade die richtige Größenordnung, um die Korrespondenz mit der Anzahl der möglichen Aminosäuren in einer Proteinkette herzustellen, argumentierte er.[105] Im Zusammenhang der Nukleoproteinsicht der Vererbung – ein Kompromiß zwischen dem Proteinmonopol und dem sich abzeichnenden Aufstieg der Nukleinsäuren – formulierte Hinshelwood nicht einen genetischen Code – ein von ihm nie verwendeter Begriff –, sondern eine physikalische Relation zwischen den beiden Substanzen, welche die Autosynthese bestimmten; dieser Relation fehlten sowohl Gerichtetheit, d. h. skripturale Bedeutung, als auch semantische Bedeutung.

Alexander L. Dounce – dem man oft das Verdienst eines vorausschauenden Beitrags zum späteren Codierungsproblem zusprach – las entweder Schrödingers Buch nie oder fand es irrelevant, wie übrigens die meisten Biochemiker und Biologen. Noch war er anfangs von den Möglichkeiten des Informationsbegriffs verlockt.[106] Vielmehr beschäftigte ihn die vieldiskutierte Frage nach der biochemischen Wirkungsweise von Matrizen bei der Proteinsynthese. Diese Frage hatte ihn nicht losgelassen, seit er seine mündliche Promotionsprüfung in Cornell ein Jahrzehnt früher abgelegt hatte; damals hatte ihn der Nobelpreisträger und Enzymologe John B. Sumner mit dem Problem der Proteinsynthese konfrontiert: Wie sollte man das Paradox des unendlichen Regresses auflösen (Proteine wurden von proteinaufbauenden Enzymen synthetisiert, die wiederum ausgehend von anderen Proteinmatrizen synthetisiert wurden, und so fort ad infinitum).[107] Als Dounce, nunmehr Professor für Biochemie an der University of Rochester Medical School, 1952 seinen oft zitierten Artikel schrieb: »Duplicating Mechanisms for Peptide Chain and Nucleic Acid Synthesis«, war durch die Nukleotidmatrizen der Bann der Proteinzirkularität fast schon gebrochen.[108] Dounces Ziel (und Sumners Auftrag) war es, die Koordination zwischen Nukleotidmatrizen und die Verknüpfung der Aminosäuren bei der Peptidsynthese zu erklären.

Ausgehend von der Hypothese, daß es mindestens so viele spezifische Nukleinsäurekombinationen in der Zelle wie spezifische Peptidkettenanordnungen gab, und daß spezifische Anordnungen von Aminosäureresten den Anordnungen von Nukleotidresten entsprachen, entwarf er einen detaillierten biochemischen Mechanismus für die Proteinsynthese. Ohne daß er Metaphern der Codierung, der Informationsübertra-

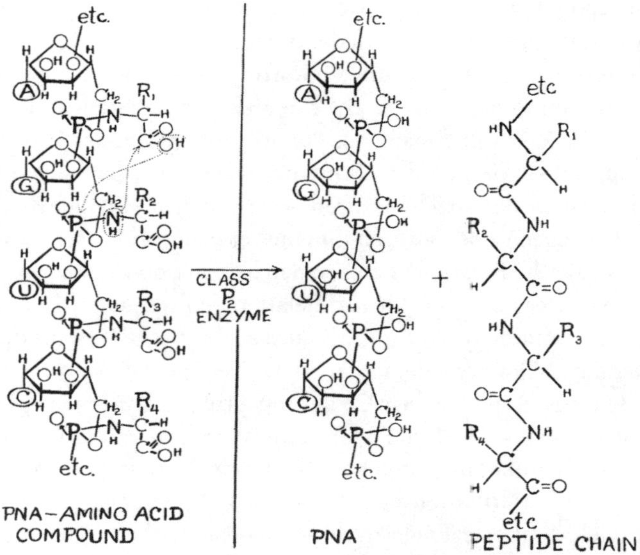

108 Räume der Spezifität: der molekularbiologische Diskurs

Abbildung 3. Enzymologia 15 (1952): S. 254. Dounces Schema der Proteinsynthese über ein RNA-Zwischenglied. Genehmigter Nachdruck.

gung oder selbst der Zahlenlehre heranzog, waren Dounces Überlegungen folgende: Wenn eine bestimmte Base, sagen wir G, die Selektion einer bestimmten Aminosäure spezifizierte, dann wurde diese chemische Reaktion notwendigerweise durch die Verbindung von G mit seinen beiden Nachbarbasen, z. B. A und C, beeinflußt. Also schloß er, daß ein Minimum von drei Basen die Peptidsynthese spezifizierte. Er gelangte zu dem, was später als »Triplett-Code« bekannt werden sollte, obwohl er sich streng an biochemische und nicht mathematische Überlegungen hielt. Seine Berechnungen bestätigten, daß wenn drei Nukleotidbasen die Anbindung einer Aminosäure beeinflußten, es vierzig verschiedene Kombinationen der Abfolge solcher Triaden gab. Selbst wenn die Richtung nicht die Spezifität bestimmte (wenn z. B. C-A-G äquivalent mit G-A-C wäre), gäbe es mehr als genug Triaden, um für alle bekannten Aminosäuren in Proteinen aufzukommen. Er stellte sich sogar einen »Abschälmechanismus« für die Transaminierung vor, der die frisch synthetisierten Peptidketten von der RNA-Matrize ablösen und die Nukleinsäuren für spätere Proteinsynthesen freisetzen sollte.[109] (siehe Abbildung 3)

Dounce war sich anscheinend des rechten Zeitpunkts und der Priorität seiner Gedanken bewußt, und so hielt er sie nicht in der Fachzeitschrift *Enzymologia* versteckt, sondern wiederholte und verarbeitete sie einige Monate später in einem Beitrag für *Nature* (vor Watsons und Cricks Veröffentlichung der DNA-Struktur). Seine »Nukleinsäurematrizen-Hypothese« machte deutlich, daß Proteine ausgehend von einer DNA-Matrize synthetisiert werden konnten, und zwar nicht direkt, sondern über ein RNA-Zwischenglied, ein Gedanke, der sich gerade unter Biochemikern zu verbreiten anfing. Dounce führte die sich mehrenden Beweise für den hohen Umsatz zytoplasmatischer RNA sowie Studien mit Viren und Plasmagenen an und bemerkte, daß diese Befunde »sich erklären ließen durch die Matrizensequenz Desoxyribonukleinsäure (DNA) -> Ribonukleinsäure (RNA) -> Protein«, ein Schema, daß nach 1958 förmlich in Cricks Zentralem Dogma formuliert wurde.[110] Jedenfalls ging es Dounce nicht darum, »*den* Code zu entschlüsseln« – ein Ausdruck, den er nicht verwendete –, sondern Priorität für die Matrizenhypothese zu beanspruchen und das Interesse an ihr zu wecken: »Die von mir aufgestellte Matrizenhypothese wurde vor allem in der Hoffnung veröffentlicht, detailliertere Überlegungen und Experimente zu fördern, die sich mit der Möglichkeit beschäftigen, daß Nukleinsäuren an der Proteinsynthese beteiligt sein könnten. Es wäre schon befriedigend, wenn dieses Ziel erreicht würde.«[111] 1955 war Dounce ein Mitglied der als »RNA-Krawattenclub« bekannten Decodierungsgruppe; er sollte nun das Codierungsproblem als Informationsübertragung umdeuten und seine Gedanken im Informationsdiskurs formulieren.

»Der Code« – ein verborgenes, in die Chromosomen eingeschriebenen Kryptogramm – existierte 1952 noch nicht. Damals gab es noch kein Codierungsproblem. Schrödingers Schlüsselschrift sollte Stabilität und Diversität von Proteinen erklären, ausgehend von den kombinatorischen Effekten ihrer Bausteine, der etwa zwanzig Aminosäuren. Und wenn Stern sich auf »Gencodes« bezog, so dachte er an Variationen in den physischen Spuren, die durch Permutationen der vier DNA-Basen in die Chromosomen eingedrückt waren, ohne jegliche Beziehung zu Proteinen. Keines der beiden Bilder befaßte sich mit einer *Relation zwischen zwei Entitäten* oder zwei verschiedenen Symbolmengen. Hinshelwoods Überlegungen wiederum kreisten um die Entsprechung zwischen den

Synthesen von Nukleinsäuren und Proteinen, ohne daß er je einen Code ins Auge gefaßt hätte, der ihre ungerichteten bzw. *dialektischen Beziehungen* bestimmte. Und Dounce formulierte eine Nukleinsäurematrizen-Hypothese, und kein Codierungsproblem, um die (von DNA zu RNA zu Protein) gerichtete Koordination (nicht den Informationsfluß) zwischen den spezifischen Anordnungen der Nukleinsäurebasen und der Spezifität des Aminosäuren-Zusammenbaus zu erklären. Keiner dieser angeblichen Beiträge zur Geschichte des genetischen Codes verstand sich als Erforschung des »Codierungsproblems«. Und weder Schrödinger noch Stern, weder Hinshelwood noch Dounce verwendeten vor 1955 die Begriffe *Information, Programm, Instruktionen, Alphabet, Wörter, Botschaften* und *Texte.* Sie waren noch nicht Bestandteil des lexikalischen Repertoires.

Mitte der fünfziger Jahre sollte das Bild sich wandeln. Neue Codes – Informationscodes – gewannen nun Einfluß auf die Vererbungsforschung. Mit dem Auftauchen neuer Repräsentationen aus den Kommunikationswissenschaften, aus dem Bereich der elektronischen Computer, Lenkungs- und Kontrollsysteme und den Spionagetechnologien sollte der Informationsdiskurs mit seinen Tropen allgemeine Verbreitung und Wirkmächtigkeit erlangen. Wieners Kybernetik, Shannons mathematische Kommunikationstheorie, John von Neumanns Automatenforschungen und Quastlers Anpassung dieser Konzepte an biologische Probleme sollten eine neue Biosemiotik für genetische Codes bereitstellen. Diese Codes – Medien und Agenzien der Informationsspeicherung und Informationsübertragung – gaben als skripturale Techniken die Botschaften der verborgenen Schrift des Lebens in Form eines Kryptogramms durch Zellen und Lebenszyklen weiter. In die Forschungen zum genetischen Code transportiert wurde die neue Semiotik durch Gamow, den »RNA-Krawattenclub« und die Physiker, Chemiker, Mathematiker, Kryptologen, Computeranalytiker und Kommunikationswissenschaftler, die vom Codierungsproblem gepackt waren. Diese neue Semiotik wurde in den neuen Bedeutungsregimen des industriell-militärisch-akademischen Komplexes und der Kultur des Kalten Krieges formuliert.

3 Diskursproduktion:
Kybernetik, Information, Leben

1947, in den Nachbeben der Atombombenabwürfe auf Hiroshima und Nagasaki und während die militärische Macht die gesamte amerikanische Kultur zu durchdringen begann, sandte der MIT-Mathematiker Norbert Wiener eine Notiz an den *Atlantic Monthly*: »Ein Wissenschaftler rebelliert«. Wieners pazifistisches Manifest war eine Jeremiade über die bestehenden Machtverhältnisse und den Sündenfall der Wissenschaftler und verkündete seine Weigerung, die Wissenschaft in den Dienst der Waffenentwicklung zu stellen.[1] Stapelweise gingen Glückwünsche ein. Darunter fand sich auch eine etwas provokante Antwort, die Wieners wohlmeinende, doch naive Position in Frage stellte. »Im Bereich der Wissenschaft seinen Beitrag zur Gesellschaft zu leisten, doch gleichzeitig seine Rolle als Bürger der Welt zurückzuweisen, scheint nicht nur eine bemerkenswerte Haltung zu sein, sondern auch eine, deren vollständige Rechtfertigung sicher noch gründlicher entwickelt zu werden verdient«, bemerkte der Absender (ein Wissenschaftler); es folgte eine scharfsinnige Kritik der damaligen Kultur.[2]

Er teilte Wieners finstere Sicht, daß die »Kriegstechnologie, die aus kleinen Stückchen wissenschaftlicher Wahrheit große Lagerhäuser voller potentieller Bedrohungen und Arsenale der Zerstörung aufgebaut hat, den Wissenschaftlern viel zu verdanken hat – ihre intellektuelle Prostitution war bemerkenswert«. Gleichwohl stimmte er Wieners Alibihaltung nicht zu, sondern entgegnete: »Ist es nicht eine vergebliche Geste, diesen Angriff in der Art und Weise stoppen zu wollen, die Sie vorschlagen, Dr. Wiener?«[3]

Nicht nur Wissenschaftler haben sich gegenüber dem Militarismus intellektuell prostituiert, auch die übrige Menschheit hat sich auf andere Weise große Mühe gegeben, Schritt zu halten. Das Tempo des Lebens ist ausgelassen zu einer Mozartsonate gehüpft, welche die Tage Galileis [sic] illuminierte; es ist mit schwerem Schritt durch die Ruinen der Weltkriege geschritten, begleitet von einer Tschaikowskyschen Melodie voller unerbittlicher Entschiedenheit; und nun läßt sich das Vorspiel zu einem Thema ausmachen, das sich vor unseren Augen sublimieren wird zur Tonlage Wagnerischen Krachs und Schostakowitsch'scher Dissonanz. Eine solche Parallele ließe sich zu jedem der unzähligen winzigen Pfade sterblicher Bestrebungen ziehen, und das Ergebnis wird unbarmherzig das gleiche sein. Warum lamentieren Sie dann, Dr. Wiener, über den Sturz des Wissenschaftlergeschlechts? Ist es nicht mehr als offensichtlich, daß dieser Sturz jeden Winkel und jede Ecke der Arroganz und Engstirnigkeit der Menschheit insgesamt erfaßt hat?

Wieners Klage über die Militarisierung der gesamten westlichen Kultur, das heißt das Eindringen der nationalen Sicherheit in jeden Winkel und jede Ecke des sozialen Lebens, läßt sich rückblickend wie vorblickend lesen: als Anklage gegen die Rolle der Wissenschaftler im Zweiten Weltkrieg und als weitsichtige Kritik an Amerikas neu entstehender Identität als Militärmacht an der Schwelle zum Kalten Krieg. Diese Perspektive durchdringt das vorliegende Kapitel, wenn es die Formierung einer politisch-wissenschaftlichen Hegemonie und ihre mehrwertigen Diskurse nachzeichnet, d. h. die neuen Strukturen der Wissenschaft, wie sie von Militär, Industrie und Universität in den vierziger Jahren konfiguriert wurden, sowie das Auftauchen eines kybernetischen und Informationsdiskurses innerhalb dieser neuen Bedeutungsregime.[4]

Der Zweite Weltkrieg bedeutete einen Wendepunkt für die amerikanische Wissenschaft; kaum einer ihrer Aspekte, sei er kognitiv oder technologisch, disziplinär oder organisatorisch, blieb davon unberührt. Der Krieg schuf neue Institutionen und rekonfigurierte ältere Beziehungen, gab ihnen neue Formen.[5] Im *Office of Scientific Research and Development* (OSRD) wurde die militärische Forschung im Krieg geleitet. Es war mit Ressourcen und Macht versehen, die weit über jede vorherige Koalition zwischen Wissenschaft, Industrie und Militär hinausgingen, und wurde von Vannevar Bush geleitet, dem früheren MIT-Dekan, Mitbegründer von Raytheon, Direktor von AT&T und Entwickler von Analogcomputern für die militärische Ballistik. Unter seiner Leitung brachte es die Regierung 1944 auf 700 Millionen Dollar Forschungsausgaben im Jahr – zehnmal mehr als 1938. Und während 1939 nur 1 Prozent der gesamten Forschung in den Bell Laboratorien aus Regierungsaufträgen bestand, so stiegen diese bis 1943 auf 83 Prozent an. Bis zum Ende des Krieges hatte das OSRD 450 Millionen Dollar für Waffenforschung und -entwicklung ausgegeben und eine Schlüsselrolle bei den meisten technischen Errungenschaften des Krieges gespielt: Radar, Nahzünder, Raketen mit Feststoffantrieb und Atombombe. Das OSRD kümmerte sich ebenfalls um die nicht so sichtbaren, aber gleichwohl entscheidenden biomedizinischen Technologien in Verbindung mit Neuropsychologie, Luftfahrtmedizin, Medikamenten, Impfstoffen, Blutersatz und bakteriologischer Kriegsführung. Vier Eliteuniversitäten – MIT, Caltech, Columbia und Harvard –, und drei führende Industrieunternehmen – die Bell Laboratorien, General Motors und General Electric – führten die Mobilmachung für den Krieg an. Da sie den Großteil der Regierungsaufträge übernahmen, zeichneten sie den Weg und das Muster für die wissenschaftliche und technologische Entwicklung in der Nachkriegszeit vor.[6]

Wie verschiedene Forscher bemerkt haben, lieferte die Kriegserfahrung einer akademischen und industriellen Elite neue Visionen für die technowissenschaftliche Nachkriegsordnung. Wissenschaftler hatten sich an die mit dem Krieg verbundene Effizienz, die Priorität ihrer Projekte und massive Unterstützung für die Forschung gewöhnt. Unwillig, diese »Kriegsbeute« aufzugeben, begannen sie schon 1944, nach Wegen Ausschau zu halten, um für ihre Forschungsprogramme weiterhin im gewohnten großen Stil Unterstützung zu bekommen.[7] Diese Erwartungshaltung wird nirgendwo deutlicher als in Vannevar Bushs *Science: The Endless Frontier* (1945), wo er zu einer starken, von der Regierung geförderten, auf die politischen und ökonomischen Ziele der Nation abgestimmten Wissenschaft aufrief. Als Chefarchitekt der Wissenschaftspolitik während des Krieges wurde Bush zum Visionär einer neuen technokratischen Weltordnung, in der die Wissenschaft, insbesondere die mit der Technik vermählte Physik und die auf die Medizin ausgerichtete Biologie, ihre eigene endlose Expansion rechtfertigen sollte.[8]

Diese Wissenschaftsexpansion wurde durch den massiven Aufbau einer militärischen Technologie und Bürokratie möglich gemacht, die als Antwort auf aktuelle oder mögliche globale Bedrohungen gedacht war. Angestachelt von Harry Truman, inmitten des Polen- und Irankonflikts von 1946, verkündete Winston Churchill, daß die christliche Zivilisation durch den Eisernen Vorhang bedroht sei, der sich von der Baltischen See bis zur Adria über den europäischen Kontinent gesenkt hatte. Indem Churchill die Vereinigten Staaten an die Spitze der westlichen Welt stellte, lieferte er eine mächtige Metapher für eine in der amerikanischen und sowjetischen Herrschaftssphäre verkörperte bipolare Welt.[9] Der Marshall-Plan – die weichere Variante der Containment-Politik der Truman-Doktrin – wurde Mitte 1947 verkündet und 1948 eingeleitet. Seine Logik war, daß ein stabiles, am freien Markt orientiertes Europa der Virulenz des Kommunismus widerstehen könne; er finanzierte ein massives Wiederaufbauprogramm für Westeuropa (12,4 Milliarden Dollar oder 1,2 Prozent des Bruttosozialprodukts der Vereinigten Staaten), nicht unerheblich verstärkt durch allgegenwärtige Militäreinrichtungen.[10] 1949 kam Mao Tse-tung in Festland-China an die Macht – »der Verlust Chinas« –, und nachdem Versuche einer internationalen Atomenergiekontrolle gescheitert waren, führte die Sowjetunion ihren ersten Atombombentest durch. Kalter Krieg, nationale Sicherheit und Militär rückten ins Zentrum der internationalen Beziehungen. Dem antikommunistischen Kreuzzug im Ausland kam man an der Heimatfront mit gleichem Eifer nach: massive Überprüfungen von Regierungsangestellten, Einführung des Loyalitätseids und Aufstieg des McCarthyismus. Auch wenn auf Druck der Bevölkerung die Streitkräfte von ihrer Kriegsstärke heruntergefahren werden mußten, behielt Truman die größte Militärbehörde zu Friedenszeiten in der US-Geschichte bei.[11]

Das Militär wollte seine zentrale Stellung im Laboratorium und in der akademischen Welt nur ungern aufgeben, und so arbeitete es mit seiner Lobby erfolgreich daran, das Muster des kooperativen Forschungsprojekte aus Kriegszeiten beizubehalten. Vor 1947 waren Armee und Marine getrennte Einheiten, jede mit einem eigenem Ministerium. Während des Zweiten Weltkriegs hatten die Luftstreitkräfte, die Army Air Force (AAF), eine derart bedeutende strategische Rolle erlangt, daß sie sich nun als dritte Truppe etablieren wollten. Mit dem *National Defense Act* wurden die Luftstreitkräfte 1947 in den Status einer unabhängigen Truppe erhoben. Und der *National Security Act* ersetzte – ebenfalls 1947 – die drei separaten Militärverwaltungen durch die *Joint Chiefs of Staff* unter dem Dach eines vereinigten Verteidigungsressorts. Als weiterer wichtiger Schirmherr für wissenschaftliche Forschung gesellte sich 1949 die Luftwaffe zur Marine (hauptsächlich in den Vereinigten Staaten, doch auch im Ausland) und unterstützte Grundlagen- und angewandte Forschung mit materiellen Ressourcen und Personal, auch im medizinischen Bereich; dazu gehörten hauptsächlich Forschungen auf dem Gebiet computerbasierter Steuerungs-, Kontroll- und Kommunikationssysteme, Flugzeug- und Raketenentwicklung, Waffenlenksysteme und industrielle Automatisierung.[12] Die Förderung durch diese beiden Streitkräfte, verstärkt durch die riesigen Ressourcen der 1946 gegründeten und vom Militär kontrollierten Atomenergiekommission (AEC), erstreckte sich auf die unterschiedlichsten Forschungsfelder in den physikalischen, biologischen und sozialen Wissenschaften. Die AEC wurde zum Hauptförderer von Genetik und Zellbiologie in den Vereinigten Staaten (mit bedeutender Unterstützung der europäischen Biologie). Die Forschungsaktivitäten des Verteidigungsministeriums beliefen sich 1949 auf 65 Prozent aller Forschungs- und Entwicklungsaufwendungen (R&D), wozu mehr als 60 Prozent der Bundesförderung für Universitäten gehörten.[13] In den fünfziger Jahren stiegen die Budgets noch steiler an. General Dwight Eisenhower entwickelte detaillierte Pläne, um die Partnerschaft von Wissenschaft, Industrie und Militär in die Nachkriegszeit hinüberzuretten.[14]

Wie Paul Forman in seiner Studie über die Nachkriegsphysik und Stuart Leslie in seiner Untersuchung über das MIT und Stanford gezeigt haben, wurden die akademischen Kriegslaboratorien nach dem Krieg nicht demobilisiert, sondern von den Militärbehörden entweder im Rahmen neuer vertraglicher Verpflichtungen übernommen oder weitergeführt, bis dauerhaftere Arrangements getroffen werden konnten. Studien zur Entwicklung anderer Forschungslaboratorien haben diese Befunde unterstützt.[15] Zu den neu belebten Vorkriegsinstitutionen traten andere, die in den Jahren nach dem Krieg aus dem Boden schossen: die von der AEC geförderten staatlichen Laboratorien, insbesondere Argonne, Brookhaven und Oak Ridge, die vor allem auf biologische und medizinische Forschung konzentriert waren. Mit Ausnahme einer kleinen Flaute durch die Einsparungen der Truman-Administration hatten die Forschungs- und Entwicklungsbudgets 1950 wieder das Kriegsniveau erreicht.[16]

Diese institutionellen Verbindungen zwischen Wissenschaft und Militär veränderten auf beiden Seiten die Formen des Zusammenlebens, die Verfahrensweisen und die Einstellung zur Forschung. Wie wirkten sich diese neuen Formen der Schirmherrschaft auf die Organisation und den Inhalt des Wissens aus? In welcher Weise formte die massive und systematische Förderung durch das Militär die wissenschaftliche Forschung, insbesondere an den Universitäten? Wie mehrfach überzeugend dargelegt wurde, bleibt eine militärische Schirmherrschaft den Projekten der Wissenschaftler nicht äußerlich; in der Förderung liegt Macht, und die läßt die wissenschaftliche Praxis und Organisation nicht unberührt. Vielmehr definierte das Förderungsnetz der militärischer Institutionen die Bedingungen der Möglichkeit für die Produktion bestimmter Wissensformen. Wie Ian Hacking bemerkt hat, beschränkt sich militärische

Macht nicht auf deutliche Beweise des militärischen Einflusses – etwa den Verteidigungshaushalt, akademische und industrielle Budgets und die jeweiligen Förderungen für Forschungsfelder und Wissenschaftler –, sondern reicht weit in die Welt des Geistes hinein.[17] Die Kapillaren der Macht durchdrangen den materialen und symbolischen Raum, in dem sich *Information, Kybernetik* und *Leben* neu konstituierten; umgekehrt dienten diese neuen Modi der Bezeichnung dazu, die Zirkulation der Macht aufrechtzuerhalten und zu naturalisieren.

Dieses Kapitel untersucht das Auftauchen sowie Umfang und Grenzen dieses neuen Repräsentationsfeldes von den vierziger bis in die Mitte der fünfziger Jahre. Einige der Begriffe und Ideen in Kybernetik und Informationstheorie datieren mindestens bis auf das 19. Jahrhundert, doch in der Nachkriegszeit wurden sie neu gefaßt. Das Wort *Information* beispielsweise war seit Jahrhunderten im allgemeinen Sprachgebrauch und bedeutete das *In-Formieren*: das Formieren, die Bildung von Geist und Charakter, Unterrichtung und übermitteltes Wissen. In diesem allgemeinen Sinne wurde es nach der Jahrhundertwende noch in der Physik, der mathematischen Logik, der Elektrotechnik, der Psychologie und der Biologie verwendet. Doch wie Bill Aspray überzeugend dargelegt hat, wurde in den Jahren nach dem Zweiten Weltkrieg Information zu einem physischen Parameter und genau definierten Konzept, das wissenschaftlicher Untersuchung zugänglich war.[18] Information war in einem Bereich angesiedelt, wo sich mehrere militärisch geförderte Forschungsstränge trafen, die Maschinen und lebende Organismen zum Gegenstand hatten: mathematische Kommunikationstheorie, Gehirnmodellierung, Künstliche Intelligenz, Steuerungs- und Kontrollsysteme, Kybernetik, Automatentheorie, Genetik und Behaviorismus. In den späten vierziger Jahren wurde durch diese Überschneidung ein neuer diskursiver und semiotischer Raum definiert, in dem sich die Bedeutungen von Kybernetik und Information konstituieren konnten.

Die Produktion des Informationsdiskurses war eine komplexe Entwicklung, die sich innerhalb des industriell-militärisch-akademischen Komplexes der Nachkriegszeit abspielte. Wenn sie sich auch nicht auf die Einflüsse einiger mächtiger Individuen reduzieren läßt, so ist sie ohne diese auch nicht verständlich. Das vorliegende Kapitel verfolgt die Entstehung der Kybernetik und konzentriert sich hauptsächlich auf vier Themen: Norbert Wiener und die Kybernetik; die mathematische Kommunikationstheorie und Claude Shannon; Computer- und Automatenforschung, wie sie John von Neumann betrieb; und Henry Quastlers Versuche, einige dieser Konzepte auf die Biologie anzuwenden, wobei er diese als Informationswissenschaft uminterpretierte. Quastlers Versuche, Vererbung und Leben in Begriffen von Information und Kommunikation darzustellen, gehen historisch nicht auf die DNA-Genetik zurück, noch folgten sie aus der Erhellung der Architektur der Doppelhelix 1953. Diese diskursiven Praktiken entfalteten sich vielmehr in den späten vierziger Jahren noch innerhalb des Proteinparadigmas des Gens zur Erklärung von Vererbungsvorgängen und waren mit materialen und sozialen Praktiken verknüpft, die den neuen Raum der miteinander verzahnten Repräsentationen und Interventionen in der Lebenswissenschaft definierten.[19]

Der Organismus – eine Nachricht:
Wiener und die Geburt des Cyborg

Norbert Wiener (1896–1964) wußte schon lange, daß im Falle einer nationalen Notlage seine Aufgabe von zwei Dingen bestimmt sein würde: von Rechenmaschinen und elektrischen Netzwerken. 1940 begann er mit Vannevar Bush an Maschinen zur Lösung partieller Differentialgleichungen zu arbeiten. Aus dieser Zusammenarbeit entwickelte er seine Vision für künftige Rechenmaschinen, die unter anderem folgende Merkmale aufweisen sollten: numerische anstelle analoger Berechnungsverfahren; elektronische Röhren anstelle mechanischer Schaltrelais; binäre anstelle dezimaler Repräsentationen; eingebaute logische Fähigkeiten, welche die Datenmanipulation durch Menschen überflüssig machten; und ein Speicher, der zur schnellen Speicherung, Abrufung und Löschung der Daten in der Lage war. Wiener zufolge entsprangen diese Ideen seinem allgemeinen Interesse für die Analogie zwischen dem Nervensystem und elektronischen Rechnern, auch wenn sie ihre spezifische Form durch das technologische Mandat des Krieges gewannen.[20]

Im November 1942 richtete Vannevar Bush das *Applied Mathematics Panel* (AMP) innerhalb des *National Defense Research Council* (NDRC) am OSRD ein; es sollte die Dienste der Mathematiker koordinieren und als Clearingstelle ihrer kriegsrelevanten Projekte fungieren. Unter der Führung von Warren Weaver, seit 1932 Direktor der Rockefeller-Stiftung's *Natural Sciences Division* und nun Chef der Sektion D-2 (Feuerleitung), wuchsen Größe und Handlungsspielraum des AMP. Außer Analysen der Bombardierungsgenauigkeit umfaßten die AMP-Aktivitäten Studien zur Exaktheit von Raketen und zu zahlreichen Problemen, die mit Geschützen zu tun hatten. Diese Projekte betrafen nicht nur die Waffenentwicklung, sondern auch die Entwicklung statistischer Verfahren, numerische Analysen und Berechnungen, Druckwellentheorie, Steuerungs- und Kontrollsysteme sowie das neu entstehende Feld *operations research*. Am Ende des Krieges hatte das AMP nahezu 3 Millionen Dollar ausgegeben und die Anstrengungen von ungefähr dreihundert Forschern und Beratern für die amerikanischen und britischen Streitkräfte koordiniert. Unter ihnen befanden sich Mathematiker von internationalem Format wie John von Neumann, Richard Courant, Jerzy

Neyman, Garrett Birkhoff, Harold Hotelling, Oswald Veblen und Norbert Wiener.[21]

Wie einige seiner illustren Gefährten – »diese verträumten Mondkinder, Primadonnen und asozialen Genies«, wie Weaver sie nannte – war Wiener nicht gerade ein idealer Kandidat für die Teamarbeit in Kriegsprojekten. Weaver versuchte mit allen Mitteln, Wieners Talente auf unglamouröse Gemeinschaftsaufgaben zu lenken, ohne Erfolg. Als Mitglied der *Statistical Research Group* und des *Operational Research Laboratory* an der Columbia-Universität gehörte Wiener auch zu einem interdisziplinären Team am MIT, das die mathematischen Aspekte der Lenkung und Kontrolle von Luftabwehrgeschützen untersuchte, wobei er mit dem MIT-Ingenieur Julian Bigelow an der Entwicklung von Zielkontrollapparaten für Luftabwehrgeschütze arbeitete. In Bigelows Augen interessierte sich Wiener ganz einfach nicht für Problemlösungen »bloß auf der Basis von Nützlichkeit, erst recht nicht, wenn ihnen die Qualitäten fehlten, die auf eine elegante, allgemeine und formale Lösung hindeuteten«. Bigelow gab Weaver folgenden Ratschlag, um Wiener zur Mitarbeit zu zwingen:

Besorge Dir einen Stapel Papier, Stifte und Radiergummis, miete ein Hotelzimmer in N.Y., Wash. D.C. oder wo immer es paßt, sende ihm [Wiener] ein Eiltelegramm, das möglichst nachts um 2.00 bei ihm eintrifft und eine Notlage mit katastrophalen Folgen anführt, die auf der Stelle seine Entscheidung verlangt; wenn er ankommt, führe ihn in das Hotelzimmer, schließe ihn dort ein mit der Bitte um einen schriftlichen Bericht, der unverzüglich gedruckt und veröffentlicht werden muß; schaue dann in etwa einem Zehntel der Zeit, die er Deiner Meinung nach braucht, um ihn zu lesen, wieder vorbei, und Dein Bericht wird fertig sein.

Tatsächlich bestand Weavers größte Herausforderung als AMP-Direktor darin, mit den exzentrischen Eigenheiten von Genies fertig zu werden.[22]

Trotz seines schwierigen Charakters kam Wiener in Bereichen, die seine wissenschaftliche Vorstellungskraft fesselten, zu hervorragenden Ergebnissen; das war insbesondere der Fall beim Problem von Geschützen, die der Flugbahn eines Flugzeugs zu folgen hatten und seine zukünftige Position vorhersehen sollten. Die Beschäftigung mit dieser Aufgabe, an der er mit Bigelow zusammenarbeitete, bildete den Anfang seiner statistischen Vorhersagetheorie und den Grundstein für die Kybernetik. Wiener und Bigelow kamen schnell zu dem Schluß, daß jede Lösung für eine sich selbst korrigierende Zielverfolgung auf einem Rückkopplungsprinzip beruhen mußte, das nicht nur im Apparat, sondern auch in den menschlichen Bedienern des Geschützes und des Flugzeugs wirksam war. Schon seit längerem hatte Wiener sich für Walter Cannons neurologische Arbeit an der *Harvard Medical School* interessiert. Er konsultierte nun seinen mexikanischen Freund in Cannons Labor, Arturo Rosenblueth, einen Experten für elektronische Geräte und Nerven- und Muskelphysiologie, um mehr über Oszillationen im Nervensystem zu erfahren. Die Analyse des Muskelzitterns bestärkte Wiener darin, seine Begriffe für willkürliche Bewegungen um das Prinzip der Feedbackkontrolle herum aufzubauen. Es sollte zwar noch weitere fünf Jahre dauern, bevor er den Ausdruck *Kybernetik* prägte, doch der Gestaltwechsel hatte bereits stattgefunden. Indem er Geschützprozesse als Kommunikations- und Verhaltenssysteme definierte, bei denen ein System sowohl menschliche als auch Maschinenbestandteile umfaßte, war die Konzeption des *Cyborg* geboren. Der kybernetische Organismus – eine heterogene Konstruktion, zum Teil Leben, zum Teil Maschine – keimte in der akademisch-militärischen Kriegsmatrix und reifte in den Praktiken zur Erhaltung der nationalen Sicherheit während des Kalten Kriegs.[23]

In seinem charakteristischen überschwenglichen Stil teilte Wiener die Aufregung über seinen Erfolg »am Rande einer biologischen Arbeit«, dem britischen Genetiker John B. S. Haldane mit, seinem Freund und Bewunderer. »Im Grunde ist die Sache folgende«, erklärte Wiener:

> Wie wir alle wissen, ist der Behaviorismus eine anerkannte Methode biologischer und psychologischer Forschung, doch nirgendwo habe ich einen angemessenen Versuch gefunden, die intrinsischen Möglichkeiten von Verhaltenstypen zu analysieren. Das war aber notwendig im Zusammenhang mit der Entwicklung von Apparaten, die bestimmte Zwecke bei der Wiederholung und Veränderung von Zeitmustern erfüllen sollen ... Das Verhalten eines Instruments unter diesem Gesichtspunkt genau zu untersuchen, ist in der Kommunikationstechnik und verwandten Gebieten entscheidend, da wir hier oft genau angeben müssen, was der Apparat zwischen vier Anschlüssen in einem Kasten tun wird ... Es ist ziemlich klar, daß kein Behaviorist das Potential des Verhaltens jemals richtig verstanden hat.[24]

Während die geographische Entfernung und der Krieg einen häufigen Gedankenaustausch zwischen Wiener und Haldane verhinderten, trugen sie dazu bei, den Wert lokaler Kommunikationen zu erhöhen. Wiener, dessen biologische, linguistische und philosophische Interessen und Beziehungen bis in die dreißiger Jahre zurückreichten, formulierte und verfeinerte seine protokybernetischen Ideen bei informellen und halbformellen interdisziplinären Zusammenkünften in Cambridge. Diese Treffen des »Wien-Zirkels im Exil«, wie Gerald Holton es nannte (die *Unity of Science Movement* hatte sich der Pflege von Ernst Machs positivistischem Erbe in den Vereinigten Staaten verschrieben), verschafften Wiener eine inspirierende und kritische Zuhörerschaft, die sich aus Physikern, Biologen und Sozialwissenschaftlern zusammensetzte. Zu den regelmäßigen Teilnehmern gehörten neben Wiener unter anderem P. W. Bridgman, W. V. Quine, Phillip Frank, Leon Brillouin, Karl Deutsch, Gorgio de Santillana, Roman Jakobson, Gyorgy Kepes, Philippe LeCorbeiller, Wassily Leontief, George Uhlenbeck, Joseph Schumpeter, Laszlo Tisza, Henry Aiken, George D. Birkhoff, E. G. Boring, Talcott Parsons, B. F. Skinner, L. J. Henderson und K. S. Lashley, von denen viele, wie Wiener, die Kontingenzen interdisziplinärer Kriegserfahrung mit einem transzendenten Diskurs über die Einheit der Wissenschaft verwoben.[25]

Diese duale Vorgehensweise aus Intervention und Repräsentation, die angewandte Mathematik im Bereich von Waffenlenksystemen verband mit einer neuen wissenschaftlichen Epistemologie, wurde in Wieners Publikationen von 1943 deutlich. In jenem Jahr stellte er seinen hochtechnischen und großer Geheimhaltung unterliegenden Bericht über Steuerungs- und Kontrolltheorie fertig: »The Extrapolation, Interpolation, and Smoothing of Stationary Time Series with Engineering Applications«; der Text wurde mehreren Forschungszentren in den Vereinigten Staaten und in Großbritannien zugeleitet. »Man dachte damals, einige Exemplare des Artikels hätten an den Feind verteilt werden sollen, damit dieser seine Zeit hätte damit verschwenden müssen, ihn zu verstehen, und wir uns darauf hätten konzentrieren können, den Krieg erfolgreich zu Ende zu führen«, erinnerte sich ein Elektroingenieur, womit er auf die unzugängliche mathematische Sprache stochastischer Prozesse anspielte.[26] Doch Wiener gelang es, die allgemeine epistemologische Bedeutung seiner neuen Kontrolltheorie auch einem größeren Publikum zu vermitteln. In seinem berühmten, mit Bigelow und Rosenblueth verfaßten Text »Behavior, Purpose and Teleology« formulierte er deutlich die neue Darstellungsform von Kontrollsystemen als Verbindung von physiologischer Homöostase, Servomechanismen und Verhaltensprozessen.[27]

Dieser Essay, der sich an Praktiker und Förderer der physikalischen und biomedizinischen Wissenschaften richtete, versuchte die behavioristische Untersuchung natürlicher Ereignisse zu definieren und unterstrich die Wichtigkeit der Zielgerichtetheit. Sein Ausgangspunkt bestand darin, daß »bei jedem Objekt, das zu Untersuchungszwecken relativ abgesondert von seiner Umgebung betrachtet wird, der behavioristische Ansatz in der Untersuchung des Outputs des Objekts und der Beziehungen dieses Outputs zum Input besteht. Unter Output wird jede in der Umgebung des Objekts hervorgebrachte Veränderung verstanden. Unter Input umgekehrt jedes dem Objekt äußerliche Ereignis, welches das Objekt in irgendeiner Weise verändert.«[28] Wiener unterschied in dem Text zwischen zielgerichteten und nicht-zielgerichteten Systemen und unterteilte die zielgerichteten in solche mit Rückkopplung (teleologische) und solche ohne Rückkopplung (nicht-teleologische). Ferner führte er die Unterscheidung zwischen positiver und negativer Rückkopplung ein; bei der positiven besaß der wieder in das Objekt eingegebene Output-Bestandteil das gleiche Vorzeichen wie das ursprüngliche Inputsignal, bei der negativen Rückkopplung wurden dagegen die Signale des Ziels verwendet, um den Output einzuschränken. Weiterhin wurden vorhersagbare von nicht vorhersagbaren negativen Rückkopplungssystemen abgegrenzt. Mit dem Ausdruck *Servomechanismus* oder selbstkorrigierende negative Rückkopplung wurden Maschinen – lebende oder unbelebte – mit intrinsischem zielgerichteten Verhalten bezeichnet.[29]

Für Organismen und Maschinen war die Untersuchungsmethode ähnlich, überlegte Wiener. Wie bei lebenden Organismen war auch bei Maschinen mit Servomechanismen ein kontinuierliches negatives Feedback vom Ziel her nötig, um das sich verhaltende Objekt zu verändern und zu leiten. Er zog den Schluß: »Ob sie [Organismen und Maschinen] stets als gleich betrachtet werden sollen, dürfte davon abhängen, ob es eines oder mehrere qualitativ unterschiedliche, einzigartige charakteristische Merkmale gibt, die bei der einen Gruppe vorhanden sind und bei der anderen fehlen. Solche qualitativen Unterschiede sind bislang nicht aufgetaucht.«[30] Als eine Art Manifest für eine neue Erkenntnisform stellte diese militärisch inspirierte Theorie eine kognitive Implosion dar, denn hier wurden Kategorien und Hierarchien miteinander verschmolzen, die bislang die Analyse des Verhaltens getrennt bestimmt hatten. In der beständigen Bewegung zwischen binären Gegensätzen (wie Reiz und Reaktion, Input und Output, Ziel und Resultat, Organismus und Maschine) verwies jedes Glied auf sein Gegenteil. Die in dieser Konstruktion enthaltenen Zweideutigkeiten, Aporien und Zirkelschlüsse wurden erst nach dem Krieg thematisiert, als Wiener seine servomechanische Vision unter Kollegen und Förderern zu verbreiten begann.

Noch bevor der Krieg zu Ende war, fing Wiener wie viele seiner akademischen Kollegen an, Projekte für eine technokratische Nachkriegsordnung zu planen. 1944 begannen er und John von Neumann vom *Institute for Advanced Study* in Princeton, ihre große Vision zu formulieren und Zusammentreffen zu organisieren, um das komplexe Forschungsfeld von Kontrolle und Kommunikationstechnik mit verschiedenen biomedizinischen Gebieten zu verknüpfen.[31] Anfang 1945 teilte er dem inzwischen nach Mexiko zurückgekehrten Rosenblueth seine Pläne mit, eine Gesellschaft zu gründen (vorläufig als *Teleological Society* bezeichnet), eine Zeitschrift herauszugeben (eventuell mit dem Titel *Teleologia*) und ein Forschungszentrum für »unser neues Feld« (das noch keinen Namen trug) aufzubauen. Der kritische Punkt war die Drosselung aller kriegsrelevanten Arbeit, doch noch schienen Ressourcen reichlich vorhanden zu sein:

In dieser Angelegenheit zeigt Moe [Henry Allen Moe, Rockefeller-Vermögensverwalter und Leiter der Guggenheim-Stiftung] seinen guten Willen und erwartet, uns mit Forschungsgeldern helfen zu können. Auch Warren Weaver unterstützt uns und hat mir gesagt, daß genau dies die Art von Geschichten ist, die man bei Rockefeller zur Förderung in Betracht ziehen sollte. Außerdem sind McCulloch [Warren McCulloch, der Neurophysiologe aus Chicago] und von Neumann sehr geschickt im Organisieren, und ich habe von Neumann geheimnisvolle Worte über etwa dreißig Mega-Dollars äußern gehört, die wahrscheinlich für wissenschaftliche Forschung verfügbar sind. Von Neumann ist sehr zuversichtlich, daß er einiges davon absahnen kann. Wenn dieses Projekt wirklich auf die Beine kommt, werde ich nicht zufrieden sein, bevor wir dich und Bigelow direkt an ihm beteiligt haben.[32]

Auch von Neumann war damit einverstanden, »daß wir Gott und die Welt dafür interessieren sollten und dann sehen, was geschieht ... Der beste Weg, um ›etwas‹ zu erreichen, ist bei jedem zu werben, von dem man irgendwelche Unterstützung erwarten kann.«[33] Im September 1945 gab es zusätzlich zu Bundes- und institutionellen Mitteln das Fellowship-Programm in angewandter (biologischer) Mathematik. 1946 begann die *Josiah Macy Foundation*, die Anwendung der Protokybernetik auf biologische und Sozialwissenschaften zu fördern, und für Wieners zukünftige Zusammenarbeit mit Rosenblueth waren Mittel von der Rockefeller-Stiftung gesichert.[34]

Als der Zeitpunkt gekommen war, Rechenschaft über die Forschungsgelder abzulegen, traten die begrifflichen Schwachstellen und logischen Zirkelschlüsse in Wieners und Rosenblueths biologischem Projekt zutage (Wasser auf die Mühlen der Philosophen in den nachfolgenden Jahrzehnten).[35] Ungeachtet der fünfjährigen Förderung drängte Robert S. Morison, Direktor der *Medical Sciences Division* der Rockefeller-Stiftung, nach der erneuten Lektüre von »Behavior, Purpose and Teleology« Wiener und Rosenblueth, die Zweideutigkeiten in ihrem Programm anzugehen. Seine Kritik richtete sich hauptsächlich auf die Schwachstellen im kybernetischen Projekt, insbesondere wenn es auf die Biologie angewandt wurde. Mehrere Punkte irritierten ihn: daß die Unterscheidung zwischen teleologischen und nicht-teleologischen zielgerichteten Mechanismen auf Feedback reduziert wurde; daß nicht klar unterschieden wurde zwischen Rückkopplungen auf verschiedenen Ebenen des Apparats und dem Empfangen von Signalen eines Ziels; und daß die Beziehung zwischen diesen Begriffen und ihren angeblichen technischen Korrelaten in der statistischen Mechanik, Poisson-Verteilungen usw. unklar blieb. Ein bedeutsameres Problem, merkte Morison an, war jedoch die Tendenz, Gleichgewicht und zielsuchende Mechanismen zusammenzuwerfen.[36] Wie William Wimsatt später gezeigt hat, ist es einfach nicht möglich, das Rückkopplungskonzept allein ausgehend vom äußerlich beobachtbaren Verhalten eines angeblichen Rückkopplungssystems zu definieren; und alle bekannten Kriterien für die Analyse von selbstregulierenden und zielgerichteten Systemen scheitern daran, daß sie nicht unterscheiden können zwischen einem negativen Rückkopplungssystem (Servomechanismus) und einem beliebigen offenen biochemischen System, das zu einem Fließgleichgewicht tendiert.[37] Homöostase als negative Rückkopplung und dann Servomechanismen wieder als organismische Homöostase zu bezeichnen, lief auf einen Zirkelschluß hinaus.

Die Widersinnigkeiten und Tautologien in Wieners und Rosenblueths Begriffsschema ließen scharfsinnige Beobachter nicht gleichgültig. Auch Weaver legte seinen Finger auf die Wunde, als er »Behavior, Purpose and Teleology« später kritisierte. Er klagte gegenüber Wiener: »Ich will diesen Artikel lesen, doch bislang ist es mir nicht gelungen, über die ersten vier Absätze hinauszukommen.«

Anfangs schließen Sie jedes Interesse an der »spezifischer Struktur und inneren Organisation« des Objekts aus, doch im zweiten Absatz müssen Sie über Ereignisse sprechen, die zwar dem Objekt äußerlich sind, aber »das Objekt verändern«. Was bedeutet dieser Satz? Da es uns sozusagen nicht erlaubt ist, in das Objekt hineinzuschauen, besteht die einzige Möglichkeit zu sagen, ob es verändert worden ist oder nicht, darin, einen veränderten Aspekt seines äußeren Verhaltens zu beobachten. Doch Verhalten wird in Begriffen von Output und Input definiert. Also Verhalten in Begriffen von Verhalten. Wo liegt der Fehler?[38]

Weaver verfolgte die tautologische Konstruktion von Wieners heterogener Phänomenologie bis zu ihrer zugrundeliegenden Prämisse und kam dahin, die logische Grundlage des Projekts für nichtig zu erklären.

Doch weder Rosenblueth noch Wiener nahmen diese Kritiken ernst. Nach einem eher arroganten Versuch, sie beiseite zu schieben, boten sie eigentlich nur kosmetische und terminologische Alibikorrekturen als Antwort auf die ernsthaften epistemischen Einwände. Rosenblueth kam der Sache vielleicht noch am nächsten, als er vorschlug, daß jedes Urteil über ihr Programm sich mehr auf ihre experimentellen Erfolge in der Nerven- und Muskelphysiologie und ihre Ausflüge in die theoretische Biologie gründen sollte als auf die zwar wichtigen, gleichwohl sekundären philosophischen Streitfragen.[39] Wie dem auch sei, angesichts von Wieners anerkanntem Genie und dem gewaltigen technowissenschaftlichen Potential, das auf dem Spiel stand, gefährdeten diese philosophischen Ungereimtheiten kaum die institutionelle Unterstützung für das Projekt. Wenn er in die Zukunft blickte, war Wiener euphorisch. Mitte 1947 (als das Buch über Kybernetik bereits im Druck war) schaute er auf dem Weg nach Europa »vollkommen unangekündigt wie üblich« in Weavers Büro vorbei. »In ungefähr zehn Minuten sprudelte W. auf WW ein vollkommen erstaunliches und total verwirrendes Sortiment unvollständiger Sätze herunter, von denen fast jeder, für sich genommen, vollkommen verrückt geklungen hätte«, schrieb Weaver. Er war jedoch davon überzeugt, daß dieses Sortiment – die Hauptkonzepte von Wieners anstehendem Buch – auf etwas Wichtiges und Aufregendes hindeutete.[40]

Cybernetics: or Control and Communication in the Animal and the Machine (dt.: *Kybernetik. Regelung und Nachrichtenübertragung im Lebewesen und in der Maschine*) erschien 1948, fast zeitgleich in Frankreich und in den Vereinigten Staaten. »Wir haben beschlossen, das ganze Gebiet der Regelung und Nachrichtentheorie, ob in der Maschine oder im Tier, mit dem Namen ›Kybernetik‹ zu benennen, den wir aus dem griechischen ›κυβερνητης‹ oder ›Steuermann‹ bildeten.«[41] Wie sich später herausstellte, war das Wort schon in der Mitte des 19. Jahrhunderts von einem polnischen Philosophen geprägt worden und gehörte in die Tradition des Comteschen Positivismus;[42] doch die Neuheit lag nicht im Wort, sondern in seiner spezifischen kulturellen Bedeutung und diskursiven Wertigkeit.

Als eine Synthese von Wieners technischer und mathematischer Arbeit über Kontrollsysteme zielte das Buch weit über die Kommunikationstechnik hinaus. Für Wiener war Kybernetik eine Metadisziplin, etwas in der Art von dem, was Michel Foucault später als Episteme bezeichnen sollte. In Wieners Augen vollzog sich die Entwicklung des Denkens und der Technik in deutlichen Sprüngen: von der Beschäftigung mit Materie zum Studium der Energie bis zur Formulierung von Information: »Wenn das 17. und das frühe 18. Jahrhundert das Zeitalter der Uhren war und das späte 18. und das 19. Jahrhundert das Zeitalter der Dampfmaschinen, so ist die gegenwärtige Zeit das Zeitalter der Kommunikation und der Regelung.«[43] Epochen durch technologische Merkzeichen zu definieren – Steinzeit, Bronzezeit, Automobilzeitalter – war kaum eine historische Neuheit. Doch Wieners Argument ging tiefer. Er verstand die dialektischen Beziehungen zwischen Tun und Wissen und sah Technologien als koextensiv mit den von ihnen hervorgebrachten Wissensformen.

Das Buch entwickelte eine neue Form technologischer Epistemologie. Seine zentrale Aussage lautete, daß Probleme der Regelung und Kommunikationstechnik nicht voneinander zu trennen waren – Kommunikation und Kontrolle sind zwei Seiten derselben Medaille – und sich um den Grundbegriff der Nachricht (oder Botschaft, *message*) anordneten, einer diskreten oder kontinuierlichen Sequenz meßbarer, in der Zeit verteilter Ereignisse. Kontrolle oder Regelung qua Rückkopplung war nichts anderes als das Senden von Botschaften, die Verhalten betrafen. Das Maß des Informationsgehalts einer Botschaft wurde als negative Entropie definiert. Von Schrödingers Formulierung der organismischen Ordnung als negative Entropie inspiriert, verwandelte Wiener die Argumente aus der statistischen Mechanik in einen Informationsdiskurs, der alle selbstregulierenden Systeme umfaßte. »Gerade wie der Informationsgehalt eines Systems ein Maß des Grades der Ordnung ist, ist die Entropie eines Systems ein Maß des Grades der Unordnung; und das eine ist einfach das Negative des anderen«, argumentierte Wiener, wobei er großzügig anderen, vor allem Claude Shannon, die gleichzeitige Formulierung dieser Ideen zugestand.[44] (Es sollte aber auch nicht vergessen werden, daß Schrödinger mit dieser Umdefinition nicht einverstanden war.)

Doch die begrifflichen und semiotischen Auswirkungen der Kybernetik leiteten sich nicht so sehr von ihren konstitutiven technischen Merkmalen her – Rückkopplung, Kontrolle, Botschaft oder Information –, sondern von ihrer synchronischen Bedeutung, nämlich ihrer besonderen Konfiguration in der Nachkriegs-Technokultur. Wie verschiedene Forscher dokumentiert haben, reichen die Erkenntnis und die Mittel von Regelungstechniken mittels Rückkopplungsmechanismen bis in die Antike zurück. Die Ausstellung von Automaten und pneumatischen Apparaten im Alexandria Herons, die Ventilregler in antiken und mittelalterlichen Wasseruhren, Temperatur- und Druckregler im 17. und 18. Jahrhundert – sie alle basierten auf Kontrollmechanismen mit Rückkopplungsschleifen.[45] Solche Mechanismen blieben nicht beschränkt auf die Hardware; sie dienten ebenso als Software für Sozialtechniken. Seit dem 18. Jahrhundert haben Philosophen und Gesellschaftstheoretiker politische, ökonomische und physiologische Stabilisierungen und Korrektive durch geschlossene Regelkreise veranschaulicht (womit wir an die diachronische und synchronische Natur von Metaphern erinnert werden).[46] Zu Beginn der dreißiger Jahre hatten Wissenschaftler in mehreren Ländern – über spezifische technische Freizeitspielereien, industrielle und militärische Technologien und ihre zugehörigen mathematischen Analysen hinaus – Theorien von Feedbackkontrollen veröffentlicht.[47]

So waren viele Merkmale von Wieners Kybernetik nicht neu. Die Wirksamkeit seines Projekts rührte jedoch daher, wie diese Ausdrücke – *Rückkopplung, Kontrolle, Botschaft* und *Information* – mit neuen Bedeutungen aufgeladen wurden. Diese gewannen sie dadurch, daß sie gemeinsam in einem neuen Darstellungsraum konfiguriert wurden, der sich durch die Überschneidung von Forschungen in physikalischen, biologischen und Sozialwissenschaften bildete. Innerhalb dieses Raumes wurde Kontrolle abstrahiert und diffundiert: Sie war kein Ding, sondern eine Manifestation; kein Treffen von Entscheidungen, sondern ein das gesamte System durchdringender Vorgang.[48] Information und Botschaft, früher in einem allgemeinen Sinn verwendet, wurden nicht nur zu physischen Parametern, sondern erhielten auch durch ihre diskursive Äquivalenz zur Kontrolle und durch das Verwischen der Unterschiede zwischen Belebtem und Unbelebtem neue Bedeutungen. In den späten vierziger Jahren – mit dem Aufbau von Waffenlenk- und -kontrollsystemen – waren die Informationsverarbeitung und die Rückkopplungsregelung als eine neue Denkweise da. Über ihren Status als neues akademisches Spezialgebiet innerhalb der Elektrotechnik hinaus führten Kontrollsysteme zu einer Umdefinition der Bedeutungen von sozialen und biologischen Phänomenen.

Wie Wiener sich wohl bewußt war, führte die Bedeutungskette, über welche die Rückkopplung mit Kontrolle, Botschaften und Information verbunden war, tiefgehende Verwicklungen mit sich, was die Anwendung des zweiten Hauptsatzes der Thermodynamik auf belebte und unbelebte Prozesse betraf. Dies war besonders bedeutsam bei Untersuchungen, die sich mit der Möglichkeit Maxwellscher Dämonen befaßten – jenen Phantasiewesen, mit denen Phänomene (insbesondere Leben) erklärt werden konnten, bei denen in offensichtlichem Widerspruch zum zweiten Hauptsatz der Thermodynamik ein natürliches System seine Ordnung steigerte.[49] Wieners Informationsbegriff war von Anfang an fest verwoben mit seiner historischen Sichtweise der biologischen Phänomenologie: Der Körper des 20. Jahrhunderts unterschied sich deutlich vom Körper des 19. Jahrhunderts. »Im 19. Jahrhundert«, bemerkte er,

werden die von Menschen konstruierten Automaten und jene anderen natürlichen Automaten des Materialisten, die Tiere und Pflanzen, von einem sehr unterschiedlichen Gesichtspunkt aus untersucht. Die Erhaltung und die Abnahme der Energie sind die herrschenden Grundsätze des Tages. Der lebende Organismus ist vor allem eine Wärmekraftmaschine ... Die Technik des Körpers ist ein Zweig der Energietechnik ... Die neuere Untersuchung der Automaten, ob aus Metall oder aus Fleisch, ist ein Zweig der Kommunikationstechnik, und ihre Hauptbegriffe sind jene der Nachricht, Betrag der Störung oder ›Rauschen‹ ... Größe der Information, Kodierverfahren und so fort.[50]

Diese kybernetische Phänomenologie des Körpers hatte für Wiener auch auf der zellularen und subzellularen Ebene des Lebens Geltung. Teilweise auf dem Weg über seinen fortgesetzten Dialog mit Haldane, einem enthusiastischen Kybernetik-Konvertiten, prophezeite Wiener eine Kybernetik der Vererbung, wobei er sich an der vorherrschenden Sichtweise des Proteinprimats orientierte. Wie die damaligen Lebenswissenschaftler überlegte er, daß die kombinatorischen Mechanismen, durch die Gemische von Aminosäuren sich selbst zu Proteinketten organisierten, die wiederum stabile Verbindungen mit ihresgleichen eingingen, dieselben sein könnten, durch die Gene und Viren sich selbst reproduzierten. Wie alle anderen Nachrichtenübertragungen würde auch eine solche auf Proteinen beruhende genetische Übertragung schließlich durch die Informationstheorie erklärt werden können.[51]

Wieners technischer Argumentation war nicht so einfach zu folgen.[52] Doch trotz der herausfordernden Begrifflichkeit und schwierigen Mathematik gewann seine *Kybernetik* sofort internationale Beachtung, sowohl in akademischen als auch in militärisch-industriellen Kreisen. Haldane, der Wiener einlud, am University College in London einen Vortrag zu halten, war wahrscheinlich einer der wenigen Biologen, die Wieners mathematischen Argumenten wirklich folgen konnten. Enthusiastisch und unkritisch machte er sich die kybernetische und Informationsbegrifflichkeit zu eigen. »Allmählich lerne ich in Begriffen von Nachrichten und Rauschen zu denken«, berichtete er 1948 und fügte bruchstückhafte Berechnungen des Informationsgehalts in Nervenfasern bei. Ihm sagte Shannons Redundanzbegriff zu: »Ich vermute, daß ein großer Teil eines Tiers oder einer Pflanze redundant ist, denn es hat gewisse Probleme damit, sich exakt zu reproduzieren, und es gibt eine Menge Rauschen. Eine Mutation scheint ein Stück Rauschen zu sein, das in eine Nachricht hineingerät. Wenn ich die Vererbung in Begriffen von Nachricht und Rauschen begreifen könnte, wäre ich schon ein gutes Stück weiter.«[53] Haldane fuhr damit fort, seine neuen Gedanken weiterzuentwickeln. 1950 hatte er ein Manuskript über »Populationskybernetik« verfaßt, und 1952 teilte er mit, einen Artikel vorbereitet zu haben, in dem er »den Gesamtbetrag von Kontrolle (Information = Instruktion)« ausgerechnet habe, »der in einem befruchteten Ei enthalten ist, und verschiedene andere ähnliche Punkte«.[54]

Haldane war nicht der einzige, der die genetische Übertragung sowie Mutationen in Form von Nachrichten und Informationsbits neu überdachte. 1950 versuchte Haldanes Kollege, der Genetiker H. Kalmus, sich in einem Text mit dem Titel »A Cybernetical Aspect of Genetics« an ähnlichen Gedanken. Darin notierte er, daß jeder Genetiker, der Wieners *Kybernetik* las, in diesem neuen Blick auf das Leben vereinheitlichende Prinzipien und ein starkes interpretatives Grundgerüst fände. Noch im Rahmen der Proteintheorie des Gens spekulierte er, daß Gene sich als Botschaften beschreiben ließen, oder als Quellen von Botschaften, womit er Ursache und Wirkung verschmolz. Er gestand zu, daß die Analogie möglicherweise problematisch sei, da von Genen übermittelte Botschaften weder numerisch noch elektrisch sein konnten (wie von der Informationstheorie gefordert). Gleichwohl kam er zu dem Schluß, daß Gene das grundlegende Kontrollelement in den integrierten Kontrollsystemen des Organismus darstellten.[55]

In Paris arrangierte der Mathematiker Benoît Mandelbrot, nachdem er Wieners Manuskript Korrektur gelesen hatte, am Collège de France sofort einen Vortrag Wieners über das neue Forschungsfeld.[56] »Es geschieht nicht jeden Tag, daß eine neue Wissenschaft geboren und getauft wird«, verkündete der *Science Service*, als *Kybernetik* auf dem amerikanischen Markt erschien, und sagte eine weitreichende Auswirkung auf die Gesellschaft voraus.[57] Der Anthropologe Julian M. Sturtevant lud Wiener umgehend ein, einer Zuhörerschaft von Nichtmathematikern in Yale die Kybernetik zu erklären. »Wo immer man auf dem Campus von Cornell entlangkommt, stets stößt man auf jemanden, der *Kybernetik* liest«, schrieb der Mathematiker Will Feller. Warren McCulloch teilte mit, daß in der University of Illinois (ein wichtiges Forschungszentrum für Kontrollsysteme und Computer) jeder »ganz aus dem Häuschen über Ihr Buch ist«, und fügte hinzu, daß seine eigenen Exemplare gestohlen worden seien.[58]

Die französische Zeitung *Le Monde* brachte einen Artikel über *Kybernetik*, und auch in Schweden machte das Buch großen Eindruck, berichtete ein Freund aus Göteborg, der es seinem indischen Kollegen ankündigte. (Wiener hielt später einen Vortrag in Indien.) »Ich mag es nicht, billige Superlative wie ›epochemachend‹ etc. zu verwenden«, erklärte der Direktor des *Institute of General Semantics*, doch mit dem »erstaunlichen Buch [wird] ein neues Kapitel in der Geschichte der menschlichen Entwicklung und der soziokulturellen Anpassung aufgeschlagen«.[59] Roman Jakobson, der Linguist, der ein Jahrzehnt später kybernetisch inspirierte Sprachbegriffe bei linguistischen Analysen des genetischen Codes einsetzen sollte (siehe Kapitel 7), glaubte ebenfalls, daß *Kybernetik* ein epochemachendes Buch sei. »Bei jedem Schritt war ich immer wieder überrascht über die extremen Parallelen zwischen modernen linguistischen Analysen und den faszinierenden Problemen, die Sie erörtern. Das linguistische Schema paßt ausgezeichnet in die von Ihnen analysierten Strukturen, und es wird noch klarer, welche großen Zukunftsaussichten für eine konsequente Zusammenarbeit zwischen moderner Linguistik und den exakten Wissenschaften bestehen.« Zweifellos antizipierte Jakobson seine Berufung nach Harvard (zu der später eine zusätzliche Berufung an das neue Zentrum für Kommunikationstechnik am MIT gehören sollte) und eine engere Arbeitsbeziehung mit Wiener.[60]

Die Rockefeller-Schirmherren waren jedoch nicht so begeistert. Weaver betrachtete *Kybernetik* als ein »tiefsinniges, stimulierendes und rätselhaftes Buch«, letzteres, weil die in ihm postulierten Wechselbeziehungen »zum großen Teil in Professor Wieners eigenem bemerkenswerten Kopf« geblieben seien. Dann konterte er: »Solange es Personen gibt, die Bücher wie dieses schreiben können, werde ich meinen Respekt für zentrale Nervensysteme nicht verlieren, noch gewillt sein, sie durch Maschinen zu ersetzen.«[61] Nach einer »unbefriedigenden Unterhaltung« mit Wiener erfuhr Robert Morison, daß auf den ungeheuren Erfolg von *Kybernetik* hin verschiedene Verleger Wiener darauf angesprochen hatten, eine allgemeinverständliche Version zu schreiben. Morison hoffte, Wiener würde das Projekt fallenlassen, denn er dachte, die überstürzte popularisierte Behandlung »des leidigen Gegenstands der Kommunikationstechnik« werde vermutlich viel Kritik auf sich ziehen.[62]

Doch Wiener ließ das Projekt nicht fallen. Durch sein bemerkenswert ansprechendes Buch *Mensch und Menschmaschine. Kybernetik und Gesellschaft* (engl.: *The Human Use of Human Beings. Cybernetics and Society*) erreichten seine Gedanken zu einer kybernetischen Phänomenologie und seine Darstellung von Lebensphänomenen als Informationsfluß viele Tausende von Lesern, mochte seine technische Behandlung informationsbasierter Kommunikationstechnik und Kontrolle auch für Forscher in den biologischen und Sozialwissenschaften unzugänglich geblieben sein.[63] 1950 veröffentlicht, erläuterte diese popularisierte Version von *Kybernetik* eindrucksvoll das kommende neue Informationszeitalter. Wieners These lautete, daß die zeitgenössische Gesellschaft nur durch das Studium der Botschaften und Kommunikationstechniken verstanden werden könne; das menschliche Individuum und der lebende Organismus müßten in Informationsbegriffen umgedeutet werden.

In einem Kapitel mit der Überschrift »Der Mensch – eine Nachricht« entwickelte Wiener das Konzept und seine logische Konsequenz: die technische Möglichkeit, die (genetische) Essenz von Organismen zu übertragen. Informationstransfer machte es möglich, das Buch des Lebens zu schreiben. »Die älteren Auffassungen von der Individualität waren irgendwie mit dem Begriff der Identität verknüpft, sei es nun, daß es sich um die materialistische Substanz des Animalischen oder um die geistige der menschlichen Seele handelte. Heutzutage müssen wir zugestehen, daß Individualität mit der Kontinuität des Schemas in Zusammenhang steht und infolgedessen mit ihr das Wesen der Kommunikation teilt.« Über die altehrwürdige Verpflichtung auf Begriffe wie Seele, Form oder Monade reflektierend, bemerkte Wiener, daß die biologische Individualität eines Organismus in einer bestimmten Kontinuität und Speicherung eines Prozesses lag. Es war nicht Materie, insistierte er, sondern Speicherung in einer Form, wie sie während der Zellteilung und genetischen Übertragung weitergegeben wird.[64]

Wiener, dessen Phantasie in der Jugend durch R. J. Kiplings alte Science-fiction-Geschichte beflügelt worden war, in der eine Welt durch die Koordination des Luftverkehrs physisch vereinigt wird, sah sich nun selbst als jemanden, der diese Vision über den physischen Verkehr hinaus auf die Übertragung organismischer Information erweiterte. Der Informationsgehalt einer Keimzelle sei gewaltig; er meinte, daß ihre codierte Botschaft die einer vollständigen Ausgabe der *Encyclopaedia Britannica* in den Schatten stellte. »Da dies so ist, gibt es keine fundamentale absolute Grenze zwischen den Übermittlungstypen, die wir gebrauchen können, um ein Telegramm von Land zu Land zu senden, und den Übermittlungstypen, die für einen lebenden Organismus wie den Menschen zum mindesten theoretisch möglich sind.« Er wolle sich nicht auf Science-fiction einlassen, warnte Wiener, doch er vermute, daß unsere Fähigkeit, das Schema eines Menschen von einem Ort zu einem anderen zu telegrafieren, sich wahrscheinlich bloß an technischen Schwierigkeiten stoße, »und insbesondere an der Schwierigkeit, einen Organismus während einer solch umfassenden Rekonstruktion am Leben zu erhalten«.[65] Er glaubte, daß man im Prinzip die codierten Botschaften übertragen könne, die ein menschliches Wesen bilden; daß es möglich sein sollte, das Buch des Lebens zu schreiben (und also auch zu kontrollieren).

Da *Mensch und Menschmaschine* ohne technische Analysen und mathematische Notationen auskam, war dieses Buch geeignet, die kybernetische Vision in einer Kultur zu verbreiten, die sich an den aufkommenden Technowissenschaften im Kommunikationsbereich begeisterte: elektronische Computer, Systemanalyse, *operations research*, industrielle und militärische Automatisierung. Wie David Noble schrieb, haben diese Gebiete insgesamt eine schwerfällige neue Metatheorie der Systeme entstehen lassen, bei der es um totale Kontrolle geht.[66] Das Lob aus Laienkreisen und die vielen Einladungen an Wiener von industriellen und militärischen Organisationen, als Berater tätig zu werden, Vorträge zu halten und Seminare zu leiten, bezeugen alle die Mehrwertigkeit von Wieners kybernetischem Diskurs. Man sieht hier die bemerkenswerte Resonanz der neuen Darstellungsform, eine Resonanz, die zurückgeht auf die epistemischen, technologischen und semiotischen Verknüpfungen der Informations-Technowissenschaften mit vielen verschiedenen Schichten der Nachkriegskultur.

Diese neuen Bedeutungsregime betrafen ebenso die akademischen Disziplinen. Interessierte aus so unterschiedlichen Bereichen wie Ingenieurwesen, Psychologie, Neurologie, Physiologie, Endokrinologie, politische Wissenschaft, Ökonomie, Anthropologie, Linguistik und Architektur schrieben Wiener enthusiastische Briefe, in denen sie einen bemerkenswerten Eifer an den Tag legten, alte und neue Forschungsprobleme in kybernetischen Begriffen darzustellen, worauf Wiener warmherzig antwortete.[67] Eine Einladung vom *Department of Administrative Engineering* an der New York University drängte auf seine Teilnahme an einer Konferenz über »Kybernetik und Managementkontrolle« und betonte dabei: »Das neueste Managementfeld, die Managementkontrolle – die Planungs- und Kontrollphasen des Managements – scheint sich auf Entwicklungslinien zu bewegen, von denen einige erstaunliche Ähnlichkeit mit kybernetischen Begriffen [aus *Mensch und Menschmaschine*] aufweisen.«[68] »Ich bin ... daran interessiert, die Bedeutsamkeit von Planung und Verwaltung in servomechanischen Systemen für die Verarbeitung großer Datenmengen zu erkunden ... Ich frage mich, ob Sie mir vielleicht dabei helfen könnten?« schrieb ein Politikwissenschaftler von der Johns Hopkins University. In der Tat hatten Wieners häufige Kontakte mit dem Politikwissenschaftler Karl W. Deutsch aus Harvard einen starken Einfluß auf das Gebiet, da Deutsch politische Strukturen kybernetisch erklärte. Auch der Harvard-Soziologe Talcott Parsons kam schließlich dahin, Mechanismen der sozialen Kontrolle als kybernetische Systeme zu fassen.[69] Als der Ökonom Kenneth E. Boulding von der University of Michigan ein großes interdisziplinäres Seminar über Informations- und Kommunikationstheorie organisierte, lud er Wiener ein, an diesem »missionarischen Werk« auf dem Campus teilzunehmen. Und Wieners Kollege Gyorgy Kepes, Professor für visuelle Gestaltung am MIT, lobte in seinem Buch *The New Landscape in Art and Science* Wieners Beitrag zu den »drei unterschiedlichen Einstellungen zu Natur und Struktur« (von denen die dritte in der Kybernetik bestand).[70]

Um das Informationsdenken in der Lebenswissenschaft zu fördern, hatte der prominente britische Mathematiker W. Ross Ashby, wie er Wiener berichtete, eine »Einführung in die Kybernetik« zu schreiben angefangen, die für Biologen gedacht war. Seine Prämisse lautete, daß »Regelung« die Grundlage aller Lebewesen sei.[71] »Vor drei Jahren wurde mir zum ersten Mal bewußt, daß unsere gegenwärtige Sprache nicht in der Lage ist, bestimmte endokrine Beziehungen angemessen auszudrücken«, berichtete ein Endokrinologe von der George Washington University. Begierig auf irgendeine Form von Zusammenarbeit mit Wiener, wies er darauf hin, daß der endokrine Anteil an der Homöostase als Rückkopplungssystem instruktiver sei als das Nervensystem. Wiener bestärkte ihn: »Für mich ist vollkommen klar, daß es Rückkopplungsketten im Hormonsystem gibt, und daß die übermäßige Menge eines Hormons eine Rückwirkung auf die Menge des Hormons haben wird, das die Absonderung des ersten bestimmt. Dies sind dementsprechend Systeme mit dem Vermögen, viel Information mitzuführen.«[72]

Wiener war nur einer von zahlreichen Produzenten des kybernetischen Diskurses (allerdings ein sehr effektiver). Die durchdringende Materialität des Themas hat Kurt Vonnegut 1952 in *Player Piano* (dt.: *Das höllische System*) eingefangen, einer frostigen Kritik, in der eine durch Automatisierung ökonomisch und geistig polarisierte Gesellschaft dargestellt ist. (Wiener tritt als Prophet der »zweiten industriellen Revolution« auf, und von Neumann hat eine Nebenrolle.)[73] Zwar hatte Wiener in einer mutigen Zurschaustellung von Tugend den militärischen »Mißbrauch« solchen Wissens verurteilt, gleichzeitig jedoch dessen industriellen »Nutzen« entschuldigt. Allerdings ließ sich der gordische Knoten von militärischen, industriellen und akademischen Interessen nicht so einfach zerschlagen. Wiener selbst war wesentlicher Bestandteil dieser dreigeteilten Machtstruktur, und so unterstützte er ungewollt und sogar in bester Absicht gerade jene Wissensformen, die diese Machtstruktur aufrechterhielten. Wiener scheint den Kern von Vonneguts Roman völlig übersehen zu haben. Er betrachtete ihn als gewöhnliche Science-fiction und kritisierte bloß die Verwendung von Namen lebender Personen (seines eigenen und von Neumanns). Doch die Geschichte war nie als Science-fiction gedacht gewesen. »Das Buch stellt eine Anklage gegen die Wissenschaft dar, so wie sie heute betrieben wird«, antwortete Vonnegut und korrigierte so nachdrücklich die Trivialisierung seiner scharfsinnigen Botschaft durch Wiener.[74]

Seitdem Wiener 1947 die Militärwissenschaft öffentlich angeprangert hatte, reagierte er auf das Werben um seine kybernetische Fachkenntnis sprunghaft und ideosynkratisch. Einige Ersuche verschiedener Militärbehörden und der Rand Corporation um Zusammenarbeit schlug er feierlich aus. In den frühen fünfziger Jahren akzeptierte er jedoch mehrere Einladungen, um vor militärischen Gruppen verschiedene Aspekte automatisierter Kontrolltechnologien zu lehren.[75] Er weigerte sich, an den Aktivitäten des *Bulletin of the Atomic Scientists* teilzunehmen, denn er war »es leid, immer wieder zu versuchen, die von den Atomwissenschaftlern so sorgfältig fallengelassenen Krümel aufzulesen«. Auch vom scharfsinnigen Gegenargument des *Bulletin*-Herausgebers ließ er sich nicht beeinflussen, wonach er »zur gleichen satanischen Brut subversiver Intellektueller« gehörte, »die Gottes Kindern Spielzeuge geschenkt haben, mit denen zu spielen für sie zu gefährlich ist«.[76] Die Bedeutungskette, durch die Rückkopplung, Kontrolle, Nachricht und Information miteinander verknüpft waren, verband sie ebenso mit Waffenlenk- und Kontrollsystemen, nationaler Sicherheit und Nachkriegspolitik. In historischer Perspektive waren Wieners Beiträge zum kognitiven Arsenal des Kalten Krieges sehr viel wirksamer als seine Proteste. Pazifistischen Idealen und einer intellektuellen Ästhetik fühlte er sich naiv, wenn auch leidenschaftlich verpflichtet, und so bemerkte er nicht die tiefere Bedeutung der militärischen Vorherrschaft, ihr Eindringen in die Welt des Geistes.

Der Niedergang der Semantik: Shannons Kommunikationstheorie

Der Einfluß des Militärs auf die Welt des Geistes, insbesondere im wissenschaftlichen und technischen Bereich, beschränkte sich nicht auf die Universitäten; er erstreckte sich auch auf industrielle Laboratorien, und unter ihnen vor allem auf die Bell Laboratorien, die im Volumen der Militäraufträge den industriellen Sektor anführten. Entsprechend der Geschäftsphilosophie ihres ersten Präsidenten, Frank B. Jewett, der großen Wert auf die Integration von Technik und Wissenschaft legte, wurden in den Bell Laboratorien seit der Eingliederung 1925 Grundlagenforschung und angewandte Wissenschaft in den Bereichen Elektronik, Physik, Chemie, Magnetik, Funkwesen und Mathematik gefördert. Mit Beginn des Zweiten Weltkriegs wurde vieles von diesem Know-how an Kriegsprojekte angepaßt. Der Kriegsbeitrag der Bell Laboratorien war weit gefächert und umfangreich und umfaßte Arbeiten für militärische Zwecke in den Bereichen Telekommunikation, Radar, Waffenlenksysteme, elektronische Computersysteme, Kryptographie sowie Lehrtätigkeiten für das *School for War Training*.[77] Shannons mathematische Kommunikationstheorie, die Wieners kybernetische Arbeit ergänzte und weiterführte, wurde in den Bell Laboratorien als Teil der Kriegsanstrengungen entwickelt, wobei militärische Imperative sowohl den technischen Entwurf als auch den Theorieaufbau leiteten. Diese Kommunikationstechnologien gestalteten nicht nur die Form, den Anwendungsbereich und die Grenzen von Shannons Informationstheorie, sondern auch ihr besonderes Merkmal als Kommunikation ohne Semantik.

1941 kam Claude Shannon (geb. 1906) als äußerst vielversprechender Doktorand in Mathematik vom MIT zu den Bell Labs, nachdem er, wie Wiener, als Berater beim NDRC für Geschützsteuerung gearbeitet hatte. (Vor seiner Dissertation hatte Shannon sogar eine mathematische Theorie für die Populationsgenetik hervorgebracht, anscheinend von Vannevar Bush bestärkt, der damals Direktor der *Carnegie Institution* von Washington war.)[78] Als geschickter Seiltänzer und Einradfahrer fand Shannon Gefallen an Spielen und Rätseln aller Art. Oft sah man ihn mit seinem Einrad die Hallen der Bell Labs auf und ab fahren. »Während des Zweiten Weltkriegs«, erinnerte er sich,

arbeiteten die Bell Labs an Projekten, die der Geheimhaltung unterlagen. Ich hatte an Kommunikationssystemen gearbeitet und wurde einigen Komitees zugeteilt, die Kryptoanalysetechniken untersuchten. Die Arbeit an der mathematischen Nachrichtentheorie und der Kryptologie verlief seit ungefähr 1941 parallel. Ich arbeitete an beiden gleichzeitig, und einige meiner Ideen kamen mir, während ich gerade an der jeweils anderen arbeitete. Ich würde nicht sagen, daß die eine wichtiger als die andere war – sie lagen so eng beieinander, daß man sie nicht trennen konnte.[79]

Zur Arbeit am hochgeheimen »Projekt X« gehörte die Entwicklung eines Systems der Sprachcodierung, das die Tonwellenform der Sprache quantifizierte und dann vor der Übertragung noch einen digitalen Code hinzufügte. Um ein Signal zu decodieren, mußte der Lauscher nicht nur über die notwendige Ausrüstung verfügen, mit der die digitalisierte Information in Tonwellen umgewandelt werden konnte, sondern auch das

Codemuster kennen, was eine gewaltige Herausforderung darstellte.[80] Die Arbeit an Geheimcodes und an der Kommunikationstheorie war 1944 im wesentlichen abgeschlossen, doch Shannon arbeitete seine Überlegungen aus und veröffentlichte sie 1948 und 1949 in Form von zwei Artikeln. In »Communication Theory of Secrecy Systems« behandelte er die Kryptologie in informationstheoretischen Begriffen. Dieser Artikel führte Konzepte wie mathematische Redundanz und Binärcode in die Kommunikationstheorie ein und stellte somit der Informationstheorie wie auch der Kryptoanalyse wesentliche Werkzeuge zur Verfügung.[81] Im zweiten Text, »The Mathematical Theory of Communication«, verknüpfte Shannon diese neuen Errungenschaften mit älteren Begriffen der Informationsübertragung, so daß sich eine allgemeine Theorie ergab, anwendbar auf jedes System, in dem Information quantifiziert und übertragen werden konnte.

»The Mathematical Theory of Communication« erschien gleichzeitig mit Wieners *Kybernetik*. Obwohl Shannon und Wiener unabhängig voneinander arbeiteten, erwiesen sich ihre Begriffsrahmen als erstaunlich verwandt (das lag vermutlich am früheren technischen Hintergrund von Wieners Arbeit und seinem Einfluß auf Shannons Ausbildung am MIT). Shannon lobte Wiener, ebenfalls einen Klassiker geschrieben zu haben; doch er fand es interessant, »eine wie enge Entsprechung zwischen Ihrer Arbeit und der meinen sich in mehreren Richtungen ergeben hat«. Dann machte er auf einen offensichtlichen Unterschied aufmerksam, der verwirrend schien: Wiener definierte Information als negative Entropie, während Shannon die übliche Entropieformel verwandte, ohne Änderung des Vorzeichens. Shannon glaubte nicht, daß dieser Unterschied wirklich bedeutsam war, »sondern daran liegt, daß wir irgendwie komplementäre Blickwinkel auf die Information haben«. Er fuhr fort: »Ich betrachte, wieviel Information *erzeugt* wird, wenn eine Auswahl aus einer Menge getroffen wird – je größer die Menge, desto *mehr* Information. Sie betrachten die größere Unsicherheit im Falle einer größeren Menge, woraus sich eine geringere Kenntnis der Situation und demnach *weniger* Information ergibt. Der unterschiedliche Gesichtspunkt ist teilweise ein mathematisches Wortspiel. Wir würden die gleichen numerischen Ergebnisse bei jeder speziellen Fragestellung erhalten.«[82] Möglich. Doch machte das Wortspiel einen grundsätzlichen Unterschied deutlich: Shannon stellte Phänomene positiv dar, während Wiener ihren negativen Raum aufspürte.

Shannon bat Wiener um Kommentare zu seinen Artikeln. In der Zwischenzeit hatte Warren Weaver die beiden Arbeiten gelesen und schrieb eine merkwürdige Notiz an Wiener. Nachdem er beide Autoren gelobt hatte, brachte er seine Verwunderung über die Ähnlichkeit ihrer Geistesprodukte zum Ausdruck: »Er [Shannon] ist ein derart loyaler Bewunderer von Ihnen, daß ich es schwierig finde zu entscheiden, wieviel davon wirklich von Ihnen inspiriert und wieviel sein persönliches Verdienst ist.« Er gestand dann: »Das ist wahrscheinlich eine Frage, die man nicht gerade Ihnen stellen sollte.«[83] Dies war nicht das letzte Mal, daß die beunruhigende Ähnlichkeit der beiden Theorien auffallen sollte. Wiener empfand die »höchste Achtung für Dr. Shannon sowohl bezüglich seiner wissenschaftlichen Fähigkeit als auch seiner persönliche Integrität«. Doch beanspruchte er Priorität für viele Merkmale der neuen Wissenschaft, wobei er darauf hinwies, wie sehr der unterschiedliche institutionelle Rahmen – MIT und Bell Labs – seine und Shannons Perspektive auf das Kommunikationsproblem geformt hatte.

Dr. Shannon ist Mitarbeiter der Bell Telephone Company und einem Beruf verpflichtet, bei dem Kommunikationsbegriffe in einem eher begrenzten Bereich entwickelt werden, der den Interessen von Bell entspricht. In diesem Bereich muß er sehr viel entschiedener auf unmittelbar nutzbare Resultate hinarbeiten als ich, allerdings war er in seiner Arbeit nicht nur fleißig, sondern auch produktiv an Ideen. Ich dagegen bin ein College-Professor und habe meine Stellung mit Billigung und Förderung meiner Hochschule immer als die eines Freischaffenden interpretiert. Ich habe den neuen Bereich von Kommunikationsideen als eine fruchtbare Quelle neuer Begriffe nicht nur in der Kommunikationstheorie, sondern auch beim Studium des lebenden Organismus und vieler verwandter Probleme betrachtet.

Ihm schien, daß die kybernetische Betonung von kontinuierlichen anstelle von diskreten Kommunikationsmodi unmittelbar mit der biologischen Grundlage der Theorie zusammenhing. Jedenfalls wollte sich Wiener keine persönliche Konkurrenzbeziehung aufzwingen lassen. »Ich würde es vorziehen«, betonte er, »wenn die Theorie nach uns beiden oder durch eine objektive Bezeichnung benannt würde, doch wenn es auf Namen hinauslaufen sollte, so habe ich durch historische Priorität das Recht, meinen Namen an erster Stelle genannt zu sehen.«[84] Eine Zeitlang war die neue Wissenschaft als die Wiener-Shannon-Kommunikationstheorie bekannt, doch schließlich war es Shannons positive und prägnante Formulierung, die sich durchsetzte. 1957 wurde Shannon zum permanenten Mitglied des MIT-Lehrkörpers, während er seine Verbindung zu den Bell Labs als mathematischer Berater aufrechterhielt.

Noch als Student am MIT, bevor er in die Bell Labs eintrat, hatte Shannon damit begonnen, Schlüsselbegriffe der Informationstheorie zu entwickeln. Doch die institutionelle Umgebung in den vierziger Jahren lenkte seine Untersuchungen in Richtungen, die für industriell-militärische Projekte relevant waren. Bei der Ausarbeitung seiner Theorie stützte er sich – im Unterschied zu Wiener – auf die wichtigen Studien zur telegrafischen Übertragung von Harry Nyquist und R. V. Hartley, die seine Vorgänger bei Bell Labs gewesen waren. Nyquist hatte in den zwanziger Jahren an der Verbesserung der Übertragungsgeschwindigkeit über Telegrafendrähte gearbeitet und einen Artikel über die Übertragung von »Intelligenz« *(intelligence)* geschrieben.[85] Außer einem theoretischen Abschnitt – »Theoretical Possibilities of Using Codes with Different Numbers of Current Values« – kreiste der Text hauptsächlich um praktische technische Probleme. In dem theoretischen Abschnitt ging Nyquist jedoch zwei Kernfragen an. Er formulierte die erste logarithmische Formel für die Übertragung von Information: $W = k \log m$, wobei W die Geschwindigkeit der Übertragung von Intelligenz war, m die Anzahl der Stromwerte, die übertragen werden können, und k eine Konstante. (Mit »Geschwindigkeit der Übertragung von Intelligenz« meinte er die in einer bestimmten Zeitdauer übertragene »Anzahl der Zeichen, die verschiedene Buchstaben, Ziffern etc. darstellen«.) Ebenso lieferte er die erste Analyse der theoretischen Grenzen für ideale Übertragungscodes. Nyquists Gesetz wurde später zu einem Spezialfall von Shannons Definition von der Information.[86]

»Intelligenz« jedoch hatte einen anthropomorphen und psychologischen Beigeschmack, ein Problem, das R. V. Hartley, ein Forschungsingenieur bei Bell Labs, zu umgehen versuchte. In der Hoffnung, eine so allgemeine Theorie zu entwickeln, daß sie alle Formen elektronischer Kommunikation einschloß – Telegrafie, Telefon, Funk, Fernsehen und Film –, unternahm er 1928 eine vorläufige Analyse der theoretischen Grenzen der Informationsübertragung unter idealisierten Bedingungen. In seinem oft zitierten Artikel »Transmission of Information« hieß es, daß die Fähigkeit eines Systems, eine beliebige Sequenz von Symbolen zu übertragen, allein davon abhängt, daß auf der Empfangsseite unterschieden wird zwischen den Ergebnissen verschiedener, auf der Sendeseite getroffener Auswahlen – und nicht von den Bedeutungen dieser Sequenzen. Hartley sah Information als »logische Auswahlbefehle«, denn jede wissenschaftlich brauchbare Definition von Information müsse sich auf, wie er es nannte, »physische«, und nicht auf »psychologische« Überlegungen stützen. »Information«, und sogar ihr Vorläufer *intelligence* (»Unterweisung«, »Unterrichtung«) wurden hier metaphorisch verwendet. Denn Information – definiert als Anzahl möglicher Nachrichten – wurde von Bedeutung abgegrenzt. Hartley benutzte seine Definition, um ein logarithmisches Gesetz für die Informationsübertragung abzuleiten: $H = K \log s^n$, wobei H der Informationsbetrag ist, K eine Konstante, n die Anzahl der Symbole in der Nachricht, s die Größe der Symbolmenge und s^n die Anzahl möglicher Symbolsequenzen der spezifizierten Länge n.[87]

Hartley hatte Schlüsselbegriffe einer mathematischen Kommunikationstheorie eingeführt: die Unterscheidung zwischen Information und Bedeutung, Information als physische Quantität, die logarithmische Regel der Informationsübertragung. Er formulierte Rauschen als Hindernis bei der Informationsübertragung. Doch es war Shannon, der diese Aspekte telegrafischer Übertragung in eine allgemeine Kommunikationstheorie integrierte, die das gesamte Spektrum von Telegrafen bis zu Computern[88] und von der Kryptologie bis zu Steuerungs- und Kontrollsystemen umfaßte. Die Synergie seiner beiden Projekte – die Genauigkeit der Informationsübertragung zu verbessern und Systeme für geheime Codierung zu entwickeln – schien eine Theorie hervorzubringen, die im Prinzip auf jedes System anwendbar war, ob physikalisch oder biologisch, in dem Information in angemessener Form codiert, quantifiziert und in Zeit und Raum manipuliert werden konnte.

Die Abspaltung der Information von der Semantik, das Charakteristikum der Informationstheorie, wurde in der Einleitung zu Shannons Artikel deutlich ausgesprochen:

Das grundlegende Problem der Kommunikation besteht darin, an einer Stelle entweder genau oder angenähert eine Nachricht wiederzugeben, die an einer anderen Stelle ausgewählt wurde. Oft haben die Nachrichten *Bedeutung*, das heißt, sie beziehen sich auf gewisse physikalische oder begriffliche Größen oder sie befinden sich nach irgendeinem System mit diesen in Wechselwirkung. Diese semantischen Aspekte der Kommunikation stehen nicht im Zusammenhang mit den technischen Problemen. Der technisch bedeutungsvolle Aspekt ist, daß die tatsächliche Nachricht *aus einem Vorrat von möglichen Nachrichten* ausgewählt worden ist.[89]

Der Niedergang der Semantik: Shannons Kommunikationstheorie 141

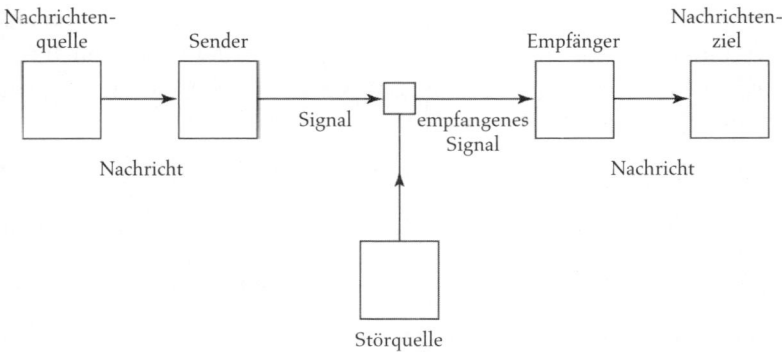

Abbildung 4. Claude Shannon, »The Mathematical Theory of Communication«, *Bell System Technical Journal* 28, Nr. 4 (1949): S. 656–715. Schema eines allgemeinen Kommunikationssystems. [Hier entnommen aus Shannon/Weaver, S. 45] Genehmigter Nachdruck.

In diesem System wählt die stochastische Informationsquelle Symbole nach Wahrscheinlichkeiten aus. Wie Wiener und andere beschrieb Shannon Information in statistischen Termini: die von einem Symbol übermittelte Information nahm zu, wenn die Wahrscheinlichkeit ihres Auftretens zunahm. Er verallgemeinerte damit Hartleys logarithmische Formel zu: $H_n = -\Sigma_i p_i \log p_i$, wobei H_n der Gehalt an Information ist und $p_1\ p_2 \ldots p_i$ die Wahrscheinlichkeiten, die mit den n Symbolen der Nachricht verbunden sind. (Dieser Ausdruck weist Ähnlichkeit mit der Entropie eines thermodynamischen Systems in Boltzmanns statistischer Mechanik auf; implizit war damit nahegelegt, daß er ähnliche zugrundeliegende physikalische Phänomene bezeichnete, und dementsprechend wurde Redundanz definiert als eins minus die relative Entropie.)[90] Als Basis des Logarithmus nahm Shannon den Wert 2. Nachdem er Jahre zuvor schon die Boolesche Algebra auf Relaisschaltungen angewandt hatte, wo es nur zwei Positionen für die Schalter gab, ja (1) und nein (0), paßte Shannon nun diese Konzepte an die Informationstheorie an: Jede sprachlich geäußerte Nachricht läßt sich in einem solchen binären Code schreiben und wird als logisch kommunizierbar betrachtet. Er definierte dementsprechend den Betrag der Information als $H_n = -\Sigma_i p_i \log_2 p_i$ und führte die neue Einheit »bit« (gebildet aus »binary digit«) als Maß für Information ein.[91]

Die Allgemeinheit von Shannons Begriffsrahmen wurde in einem Diagramm dargestellt, das durch seine verführerische Nüchternheit besticht (siehe Abbildung 4). Das Kommunikationssystem besteht aus »fünf notwendigen Teilen«:

1. Einer *Nachrichtenquelle*, die eine Nachricht oder eine Nachrichtenfolge produziert, die dem Empfänger mitgeteilt wird.
2. Einem *Sender*, der eine Nachricht auf irgendeine Weise umformt [codiert], um ein Signal zu erzeugen, das für die Übertragung über den Kanal geeignet ist.
3. Der *Kanal* ist nur das Mittel, das man benützt, um das Signal vom Sender zum Empfänger zu übertragen.
4. Der *Empfänger* führt normalerweise den entgegengesetzten Arbeitsgang des Senders durch, indem er die Nachricht wieder aus dem Signal rekonstruiert [decodiert].
5. Das *Nachrichtenziel* ist die Person (oder Sache), für die die Nachricht bestimmt ist.

Dieses Schema war für die Kommunikation zwischen Maschinen vorgesehen, wo Information völlig getrennt von Inhalt, Gegenstand oder Natur des Übertragungskanals konzeptualisiert war. Auch wenn Shannon nicht über die elektronische Information hinaus extrapolierte, förderte sein Schema solche Projektionen. (Tatsächlich faszinierten Shannon selbst die Konsequenzen für menschliche Kommunikationsprozesse.) Sofern die Bestandteile richtig interpretiert wurden, konnte die Kommunikation zwischen Gehirn und Muskel und Chromosomen und Zellen prinzipiell in Analogie zur Maschinenkommunikation zwischen Ziel und gelenkter Rakete verstanden werden, unter der Voraussetzung, daß die Bestandteile und Parameter mathematisch interpretiert wurden.[92]

In seiner ursprünglichen Form, als technischer Artikel in einer Fachzeitschrift, war Shannons Text anders als Wieners zweites Buch nicht an einen größeren Leserkreis gerichtet. Noch schien er dazu angetan, unter Psychologen, Anthropologen, Linguisten, Biologen, Ökonomen, Philosophen oder Historikern Popularität zu gewinnen. Doch genau dies war der Fall, teilweise weil die University of Illinois Press 1949 ein Buch mit dem Titel *The Mathematical Theory of Communication* (dt.: *Mathematische Grundlagen der Informationstheorie*) herausbrachte, das von Shannon und Weaver gemeinsam verfaßt war. Vielleicht als Reaktion auf den donnernden Applaus für Wieners *Kybernetik* und deutlich aus begeisterter Anerkennung für Shannons Überlegungen setzte Weaver sein Talent in Wissenschaftsmanagement und -vermittlung dazu ein, um Shannons technische Arbeit einer breiteren Leserschaft zugänglich zu machen.[93]

Das Wort »Kommunikation«, erklärte Weaver, werde in einem sehr weiten Sinne verwendet. Metaphorisch gebraucht, umfaßte es all die Repräsentationen, durch die ein Geist auf einen anderen einwirken kann, nicht nur in geschriebener und gesprochener Sprache, sondern auch in der Musik, in den bildenden Künsten, im Theater, Ballett und genaugenommen im gesamten menschlichen Verhalten. Er unterschied drei Ebenen des Kommunikationsproblems: Ebene A, das technische Problem: Wie akkurat können Kommunikationssymbole übertragen werden? Ebene B, das semantische Problem: Wie genau drücken die übermittelten Symbole die gewünschte Bedeutung aus? Und die Ebene C, das Wirksamkeitsproblem: Wie beeinflußt die empfangene Bedeutung Verhalten auf die gewünschte Weise? Diese drei Ebenen entsprechen der dreigeteilten Hierarchie der menschlichen Kommunikation: Syntax, Semantik und Pragmatik. Doch aus wichtigen Gründen behandelte das Buch hauptsächlich Ebene A, die technische Ebene. Auf dieser Ebene lauteten die relevanten Fragestellungen im allgemeinen etwa folgendermaßen:

a. Wie mißt man den Betrag der Information?
b. Wie mißt man die Kapazität eines Übertragungskanals?
c. Die Übersetzung der Nachricht in das Signal durch den Sender beinhaltet oft einen Codiervorgang. Was sind die charakteristischen Merkmale eines effizienten Codiervorganges?
d. Was sind die allgemeinen Merkmale der Störungen [des Rauschens]? Wie beeinflussen Störungen die Genauigkeit der Nachricht, die schließlich das Ziel erreicht? Wie kann man die unerwünschten Effekte der Störungen auf ein Minimum beschränken?
e. Wenn das zu übertragende Signal kontinuierlich ist (wie bei der gesprochenen Sprache oder der Musik) und nicht aus diskreten Zeichen besteht, wie beeinflußt diese Tatsache das Problem?[94]

Der Grund für die Ausklammerung der semantischen Ebene und die Fokussierung auf die enge A-Ebene ist wichtig. Wie Weaver erklärte: »Das Wort Information wird in dieser Theorie in einem besonderen Sinn verwendet, der nicht mit dem gewöhnlichen Gebrauch verwechselt werden darf. Insbesondere *darf* Information *nicht* der Bedeutung gleichgesetzt werden« [Hervorhebung hinzugefügt]. Tatsächlich, führte er aus, können zwei Nachrichten, von denen die eine sehr bedeutungsvoll ist, die andere völliger Unsinn – zum Beispiel ein Shakespeare-Sonett und eine Zufallsauswahl von Buchstaben – unter informationstheoretischem Gesichtspunkt vollkommen gleichwertig sein, denn im technischen Sinne wird »Information« metaphorisch verwendet. Sie ist ein Maß für die Freiheit der Wahl, wenn man eine Nachricht auswählt. Der Betrag der Information wird gemessen durch den Logarithmus der Anzahl der Wahlmöglichkeiten (typischerweise der Logarithmus zur Basis 2, denn in einem auf Boolescher Algebra basierenden Binärsystem wird davon ausgegangen, daß 0 und 1 symbolisch je eine von zwei Optionen darstellen können); das Bit wird dann verknüpft mit einer Situation mit zwei Wahlmöglichkeiten, die als Informationseinheit gilt. Doch dieses Informationsmaß gibt keinen semantischen Gehalt an. Weaver hatte sogar das Gefühl, daß Information und Bedeutung als obligatorisches Variablenpaar zusammengehörten, vergleichbar Heisenbergs Unschärferelation, wonach man gezwungen wäre, die eine zu opfern, wenn man viel von der anderen haben wollte.[95]

Semiotik (und Sprache) hat, wie die Informationstheorie, mit der Handhabung und Untersuchung von Zeichen zu tun. Doch anders als die Informationsverarbeitung hat sich die Semiotik mit drei verschiedenen, doch wechselseitig verknüpften Ebenen befaßt, die verschiedene Abstraktionstypen darstellen: Syntaktik (Untersuchung der Zeichen und der Beziehungen zwischen Zeichen), Semantik (Untersuchung der Beziehungen zwischen Zeichen und Bezeichnetem) und Pragmatik (Untersuchung der Zeichen im Verhältnis zu ihren Benutzern). Das Problem der Semantik in der Informationstheorie hat Forscher auf dem Gebiet der Semiotik und Sprache seit 1950 beschäftigt. Shannon selbst hat sich über die Beziehungen zwischen der Informationstheorie und der menschlichen Kommunikation Gedanken gemacht, als er als Teilnehmer an der siebten Macy-Konferenz einen Text über »Die Redundanz des Englischen« vorlegte, der semantische Fragen gewissenhaft umging. Ebenso mied er jede Extrapolation der Informationstheorie auf die Genetik, ein Gebiet, mit dem er vertraut war.[96] Auch Wiener versöhnte Kybernetik und Semantik nur oberflächlich, indem er Worte als Handlungsformen betrachtete und sich so in dem Derridaschen Paradox der Katachrese verfing, d. h. der Metapher einer Metapher.[97] Doch die Wiener-Shannon-Kommunikationstheorie betrifft nur Zeichen. Betrachtete man sie als Beitrag zur Semiotik, so würde sie allein schon auf der syntaktischen Ebene anfangen unwahr zu werden, wie mehrere Fachleute gezeigt haben.[98]

Es stimmt zwar, daß der bekannte Logiker Yehoshua Bar-Hillel, auf Rudolf Carnaps Theorie der Sprache als logischer Syntax aufbauend, versucht hat, ein Maß für den semantischen Informationsgehalt aufzustellen. Doch diese von der Logik inspirierten linguistischen Analysen beschäftigten sich nicht mit gewöhnlicher menschlicher Sprache, sondern allein mit Sprachsystemen, die für Maschinenkommunikation brauchbar waren. Analysiert wurden Kommunikationsmuster, die auf Automationsprobleme abgestimmt waren, wobei elektronische Computer, Linguistik und Psychologie oft in eine gemeinsame Konfiguration gebracht wurden, um als Werkzeuge für Steuerungs- und Kontrollsysteme zu dienen.[99] Bar-Hillel war, wie schon erwähnt, in Wirklichkeit ein heftiger Kritiker des umgangssprachlichen Mißbrauchs der Informationstheorie, und monierte, »daß die Terminologie und die Gesetze der statistischen Kommunikationstheorie von ungeduldigen Wissenschaftlern verschiedener Disziplinen auf Bereiche angewendet werden, in denen ... der Ausdruck *Information* im semantischen Sinne ... oder sogar im pragmatischen Sinne benutzt worden ist«.[100] Wiener und Shannon haben das Maß für den Informationsgehalt im Hinblick auf die statistische Seltenheit von Signalen formuliert; was diese Signale bezeichnen oder bedeuten, oder worin ihr Wahrheitsgehalt besteht, läßt sich aus dieser Kommunikationstheorie nicht ableiten. Insofern verkörperte die Informationstheorie die Bedingungen ihrer Entstehung. Während mehrere ihrer frühen Merkmale in der Zwischenkriegszeit durch industrielle Innovationen in der Nachrichtentechnik geformt wurden, erhielt sie ihre endgültige Gestalt durch den technologischen Impuls des Zweiten Weltkriegs. Sowohl die Form der Theorie, d. h. Information als physische Quantität, binäre Codierung und die Abspaltung der Information von der Bedeutung, als auch ihr Geltungsbereich, d. h. die Anwendbarkeit auf alle Situationen, die Shannons Schema gehorchten, und schließlich ihre Grenzen – daß sie nämlich genaugenommen ein in erster Linie für Maschinenkommunikation entwickeltes mathematisches Konzept darstellte, das von der Bedeutung absah – spiegelten allesamt einige der technologischen Imperative der damaligen Zeit.

Obwohl das Informationskonzept in seinem allgemeinen Sinn eine breite Anwendung verspricht, bleibt die Anwendbarkeit der Wiener-Shannon-Theorie im technischen Sinne beschränkt. Doch ein Festhalten an dieser technischen Ebene umgeht die erheblichen Schwierigkeiten, die auftauchen, wenn Shannons Kommunikationsanalyse über den Bereich des elektrischen Nachrichtenwesens hinaus beispielsweise auf biologische Gebiete ausgedehnt wird, wo Information nicht ohne weiteres gemessen werden kann und wo die Materialität des Übertragungskanals sowie Kontext und Semantik wichtig sind. So warnte der führende britische Informationstheoretiker, Colin Cherry:

> Im Rahmen der *Nachrichtentechnik* hat man einen echten Kern mathematischer Theorie entwickelt ... In solchen technischen Systemen läßt sich die Ware, die man kauft und verkauft, nämlich die Fähigkeit, Informationen zu verarbeiten, auf streng mathematischer Grundlage definieren, ohne daß jene Unbestimmtheiten ins Spiel kommen, auf die man stößt, sobald Menschen oder andere biologische Organismen als »Kommunikationssysteme« betrachtet werden ... Dies soll nicht heißen, daß sich die mathematischen Begriffe und Techniken nicht auch auf andere Zusammenhänge anwenden ließen – in diesem Fall darf man sie nur nicht als eine einfache Anwendung der bestehenden Kommunikationstheorie ansehen, als extrapolierte man diese einfach über ihr eigenstes Anwendungsgebiet hinaus.[101]

Letztlich begrenzen diese technischen Verengungen die Konzeptualisierung der Vererbung als Informationssystem erheblich und destabilisieren die Darstellungen von Organismen als Worte und Texte und die Bedeutung des genetischen Codes als Schlüssel zum Buch des Lebens.

Ausgehend von Shannons Theorie kann das Wissen qua »Informationsmaß« von einer, sagen wir, genetischen Botschaft oder einem Satz im Buch des Lebens nicht ein Wissen von deren Bedeutung beinhalten. Cherry warnte vor solchen Trivialisierungen durch die verschiedenen Forscher, die auf den Informationszug aufsprangen.

> Welche Informationen können wir einem bestimmten Satz von Beobachtungen oder Experimenten entnehmen? In Wirklichkeit stellt ein Experimentator mit der Natur keine »Kommunikationsverbindungen« her. Er empfängt weder Zeichen oder Signale als physikalische Verkörperungen von Nachrichten noch Wörter, Bilder oder Symbole. Die Reize, die wir von der Natur empfangen – optische und akustische Eindrücke – sind keine Abbilder der Wirklichkeit, sondern Hinweise, aus denen wir unsere eigenen Modelle oder Eindrücke der Wirklichkeit bilden.[102]

Natürlich ließen sich vage Analogien zwischen derart eingeschränkten Kommunikationssystemen wie der Telegrafie und elektronischen Servomechanismen einerseits und andererseits den komplexen Prozessen im Organismus beschwören. Und diese Analogien haben ja auch fruchtbare Modelle und eine wirkungsvolle Vorstellungswelt für die Konzeptualisierung zentraler Phänomene in der Molekularbiologie geliefert. Durch sie wurde dem Informationsbegriff wieder ein semantischer Wert verliehen – sie haben allerdings wenig mit der Informationstheorie gemein.

Bestenfalls – wenn quantitativ analysiert – können sie Information als *Maß* für Organisation und Kontrolle beleuchten.
Wie gelangt man *tatsächlich* von kommunikationstechnischen Systemen zu biologischen Systemen, *und zu welchem Zweck*? *Wie und wieso* verwendeten Wissenschaftler die Informationssemiotik, um Organismen darzustellen und Biologie in der Sprache von Maschinenkommunikation zu schreiben? Eine Teilantwort lag, zumindest für die Verfechter (Wissenschaftler und Förderer) der Informations-Technowissenschaften, in der vielversprechenden Perspektive, Automaten zu erforschen und zu konstruieren. Die Wiener-Shannon-Theorie lieferte einen neuen Darstellungsraum für die heterogene Konstruktion einer simulierten Realität, die aus belebten und unbelebten Komponenten bestand. In diesen technologischen Bedeutungsregimen wurden Schaltkreise elektronischer Computer, syntaktische Kommunikationsregeln, kognitive Prozesse und biologische Regulations- und Reproduktionsmechanismen zu Elementen im Begriffsarsenal der Erforschung und Konstruktion von Automaten als Organismen.

Wie Wiener hatte sich auch Shannon mindestens seit Mitte der vierziger Jahre für Automaten interessiert. Und wenn auch die Wurzeln rechnender Automaten bis ins 19. Jahrhundert zurückreichen (wie auch Rückkopplung und Telegrafie), so wurden diese Technowissenschaften im Zweiten Weltkrieg neu konstituiert. Shannon baute eine aus Labyrinthen hinausfindende Maus (genannt Theseus), entwickelte Schaltkreise für logische Maschinen und arbeitete an einer schachspielenden Maschine. Auf der achten Macy-Konferenz zur Kybernetik präsentierte er seine aus dem Labyrinth hinausfindende Maschine. Solche Kriegsspiel-Technologien funktionierten auf doppelte Weise: als Intervention und als Repräsentation. Einerseits konnten sie als erster Schritt in der Konstruktion von Computern betrachtet werden, mit denen sich militärische Situationen bewerten ließen, um die besten strategischen Maßnahmen zu bestimmen. Andererseits dienten diese von »logischer Wahl« und »Entscheidungstheorie« bestimmten Maschinen als heuristische Mittel, um biologische und soziale Prozesse zu analysieren; sie begannen eine neue (Hyper-)Realität zu erzeugen, in der Simulationen zu Modellen für das Verständnis von Leben, Tod und menschlicher Erfahrung wurden.[103]

John von Neumanns genetische Simulakren

Wie kein anderer betrieb der aus Ungarn emigrierte Mathematiker John von Neumann (1903–1957) die Entwicklung logischer Automaten, einschließlich Computern: im Herzen der Macht, zwischen militärischen Steuerungssystemen und den Strategien des Kalten Krieges. Nach seiner Zeit als Forschungsprofessor für Mathematik am *Institute for Advanced Study* (IAS) in Princeton, wo er seit seiner Ankunft in den Vereinigten Staaten im Jahr 1933 gearbeitet hatte, begann von Neumann seine lebenslange Zusammenarbeit mit dem Militär 1940 als Mitglied des wissenschaftlichen Beratungskomitees der *Ballistic Research Laboratories* in Aberdeen Proving Ground im US-Bundesstaat Maryland. Von einem tiefen Abscheu gegen den Kommunismus und die Sowjetunion erfüllt, war er seither als Berater für nahezu zwei Dutzend Regierungs- und Industrieorganisationen tätig, darunter das Navy Bureau of Ordnance, Los Alamos Scientific Laboratory, Rand Corporation, IBM, Oak Ridge National Laboratory, Armed Forces Special Weapons Project, Scientific Advisory Board, U.S. Air Force, die Central Intelligence Agency (CIA), das Radiation Laboratory in Livermore, das Strategic Missiles Evaluation Committee der U.S.-Luftwaffe, National Security Agency Advisory Board, das Nuclear Weapons Panel der U.S.-Luftwaffe und das General Advisory Committee der amerikanischen Atomenergiekommission (AEC). 1955 wurde er AEC-Bevollmächtigter. Seit Mitte der vierziger Jahre reduzierte er seine wissenschaftliche Forschung immer mehr, um noch fortgeschrittenere Waffensysteme zu entwickeln.[104]

Die Entwicklung von Computern, einschließlich der Beiträge von Neumanns zu diesem Gebiet, war für die strategischen und technologischen Ziele des Kalten Krieges zentral. Seit der Initiierung als ENIAC-Projekt (*Electronic Numerical Integrator and Calculator*) an der Moore School der University of Pennsylvania im Jahr 1943 wurde die Konstruktion eines digitalen Hochgeschwindigkeitsrechners mit nahezu einer halben Million Dollar gefördert – alles im Dienste der Waffenautomatisierung. Der von Howard Aiken in Zusammenarbeit mit IBM in Harvard entwickelte Rechner Mark I besaß nicht die Leistungsfähigkeit und Flexibilität, die von den Physikern in Los Alamos verlangt wurde. Von Neumann stieß 1944 zum ENIAC-Projekt. Schon am Ende des Krieges hatte er mit Kodirektor Herman Goldstine und den Moore-School-Ingenieuren John Manchly und J. Presper Eckert Pläne für eine verbesserte

Maschine entwickelt, die als die erste schriftliche Beschreibung eines Computers mit gespeichertem Programm gelten. Der *Electronic Discrete Variable Arithmetic Computer* (EDVAC), die erste Maschine mit einem intern gespeicherten Programm, wurde so zum ersten wahren Computer im modernen Sinne. Sein logisches Design – oft als »von Neumann-Architektur« bezeichnet – bildete nicht nur eine Blaupause für von Neumanns gewaltiges Computer-Projekt am IAS, sondern auch für das allgemeine Computerdesign bis in die achtziger Jahre hinein.[105]

Nach Kriegsende wurde die Computerforschung auch durch Firmen finanziell gefördert; dennoch dienten verschiedenste Militärbehörden weiterhin als wichtigste und stetige Finanzierungsquelle. Welche Funktion erfüllten Computer in den militärischen Projekten der bipolaren Welt des Kalten Krieges? In der Rückkopplungsschleife, durch die sie mit Waffensystemen verknüpft waren, dienten Computer gleichzeitig als Input und Output, als Ursprung und Resultat. Das Engagement für komplexe, schnelle und hochtechnologische Kriegsführung erzeugte den Bedarf an Steuerungs-, Kommunikations- und Informationsanalysen, die über die natürlichen menschlichen Fähigkeiten hinausgingen. Computer konnten Militäroperationen automatisieren und beschleunigen, und das führte zu einem verstärkten Engagement für schnellere und leistungsfähigere Computer.[106]

Wie Paul Edwards bemerkte, erreichte das Mitte der vierziger Jahre beginnende Streben nach automatisierter, zentralisierter Steuerung und Kontrolle – eine Art von Informations-Panoptikum für das »Management« kriegerischer Auseinandersetzungen auf Entfernung – seine greifbare Formulierung 1969, als General William Westmoreland nach einem »elektronischen Schlachtfeld« rief. Wie Edwards schrieb:

In nicht geringem Ausmaß wurde der Kalte Krieg tatsächlich durch Simulationen geführt. Jede Seite gründete Waffenkäufe, Truppenstationierungen, technologische Forschung und Entwicklung sowie ihre Verhandlungspositionen auf ihre Modelle für einen strategischen Konflikt und auf ihre Projektionen hinsichtlich der zukünftigen Optionen der anderen Seite. Daher muß der Kalte Krieg im Sinne von *Diskursen* verstanden werden, die Technologie, Strategie und Kultur miteinander verknüpften. Der Kalte Krieg wurde buchstäblich in einem im wesentlichen semiotischen Raum ausgefochten, er existierte in Modellen, Sprache, Ikonographie und Metaphern, er war verkörpert in Technologien, die diesen semiotischen Dimensionen ihre schwere, träge Masse verliehen. Umgekehrt konnte durch diese technologische Materialisierung der Diskurs einer geschlossenen Welt in einem sich selbst weiterentwickelnden Prozeß sich verzweigen, wuchern und neue Stränge bilden.[107]

Auch wenn der Diskurs als kulturell fundiertes System von Repräsentationen sich nicht allein auf die Rolle mächtiger Individuen reduzieren läßt, fungieren Individuen als seine Agenten. Einflußreiche Gestalten wie von Neumann formten und verstärken die Produktion des Informationsdiskurses – und seinen Platz in der Biologie – durch Umfang und Intensität ihres Handelns und ihrer Ideen.

Der dem Wettrüsten sehr verpflichtete von Neumann sprach sich unverblümt für einen Präventivschlag aus und täuschte weder Milde noch Sentimentalität vor. So bemerkte er 1950: »Wenn Sie sagen, warum sollen wir sie nicht morgen bombardieren, sage ich: warum nicht heute? Wenn Sie sagen, heute um fünf Uhr, sage ich: warum nicht um eins?« Als Verfechter von »Quantensprung«-Technologien verschob er seine Aufmerksamkeit von der Atombombe zur Wasserstoffbombe und vom Bomber als Abwurfsystem zur Interkontinentalrakete mit Atomsprengköpfen. Für von Neumann war keine Waffe zu groß. Unter dem Deckmantel rein technischer Beratung erweiterte der charmante und politische Stratege im Allerheiligsten des Kalten Krieges die stille Macht einer für Entscheidungen zuständigen Elite. Anders als sein Kollege Wiener, der auf dem Weg über die Lebensphilosophie das öffentliche Interesse auf die Kybernetik lenkte und seine Vision eines neuen Informationszeitalters popularisierte, scheute von Neumann die Öffentlichkeit; er zog es vor, hinter den Kulissen zu agieren und mied die Teilnahme an öffentlichen Aktivitäten, die nichts mit Technik zu tun hatten. Wie Steve Heims bemerkt hat, war von Neumann gerade als desinteressierter Experte für Militär, Industrie und Regierung besonders wertvoll.[108]

Durch die Vielzahl seiner Regierungs-Beratungsämter förderte der schnell denkende und sprechende von Neumann die Entwicklung und Finanzierung immer schnellerer und leistungsstärkerer Computer. Als Berater für IBM war er an Plänen beteiligt, zuverlässige und kostengünstige Speichersysteme für den NORC zu entwickeln, einen Computer, der für die Navy gebaut wurde.[109] Zur gleichen Zeit argumentierte er als Berater gegenüber dem *Navy Bureau of Ordnance*, wie unentbehrlich der neue Computer für militärische Operationen sei. »Ich habe keinen Zweifel, daß das Bureau of Ordnance und die von ihm geleiteten Aktivitäten einen sofortigen wie auch dauernden Bedarf für eine automatische Hochgeschwindigkeits-Rechenmaschine haben, und insbesondere eine auf dem neuesten Stand der Entwicklung«, meinte er, und ging dann dazu über, die Gebiete aufzuzählen, auf denen Bedarf an fortschrittlichen Rechnern bestand: Aerodynamik, Hydrodynamik, Elastizität und Plastizität, hochexplosive Sprengstoffe, Raketenbau, Atomwaffen und Motoren. »Die Merkmale der vorgeschlagenen IBM-Maschine sind sehr kühn, doch keineswegs unmöglich zu realisieren. Die Geschwindigkeitseigenschaften übertreffen beträchtlich alle Maschinen, über die ich informiert bin und deren Fertigstellung in naher Zukunft überhaupt wahrscheinlich ist.«[110] Durch solche sich hochschraubenden Rückkopplungsschleifen von Computern und Waffensystemen wurden Hardware und Software dieser Technologien unentwirrbar verschränkt. Wie Frank Rose bemerkte: »Die Computerisierung der Gesellschaft ... war im wesentlichen ein Nebeneffekt der Computerisierung des Krieges.«[111]

Von Neumanns allgemeines Interesse für biologische Automaten erwachte in den frühen vierziger Jahren, hauptsächlich durch seine Kameradschaft mit Wiener. Mitgerissen von dem 1943 erschienenen Artikel von Warren McCulloch und Walter Pitts, »A Logical Calculus of the Ideas Immanent in Nervous Activity«, den Wiener und Bigelow ihm empfohlen hatten, sah von Neumann sofort das Potential, das in der Betrachtung biologischer Phänomene als Informationssysteme lag. Er half bei der Popularisierung des Artikels, noch bevor die Macy-Konferenzen die Aufmerksamkeit auf McCulloch lenkten. McCulloch, ausgebildeter Psychiater und Philosoph, arbeitete damals an der University of Illinois, und Pitts, der seine Ausbildung in mathematischer Logik bei Rashevsky und Carnap absolviert hatte, im *Research Laboratoy of Electronics* am MIT; beide brachten eine einzigartige Kombination von Fähigkeiten und Temperamenten in die Zusammenarbeit ein, um ausgehend von Carnaps logischem Kalkül und Alan Turings Arbeit über theoretische Maschinen ein mathematisches Modell der neuronalen Netze des Gehirns zu konstruieren. Neuronen wurden als Black Boxes betrachtet, die mathematischen Regeln gehorchten, welche die Ein- und Ausgabe von Signalen bestimmten. Ein psychisches Grundereignis oder »Psychon« basierte auf Alles-oder-nichts-Impulsen (1, 0; ja, nein) von Neuronen, die beim Zusammenlaufen auf das nächste Neuron kombiniert wurden und so komplexe logische Ereignisse ergaben.[112]

Solche an der Logik orientierten Repräsentationen biologischer Mechanismen dienten in den vierziger und fünfziger Jahren als epistemische Module zur Entwicklung militärischer kybernetischer Systeme, was McCulloch relativ früh schon zu schätzen wußte. Mit einer gewissen Sorge schrieb F. C. S. Northrop, McCullochs Mentor in Yale, 1947 an Wiener: »Wie McCulloch behauptet«,

ist dieses ganze ideologische Geschäft [die Beschäftigung mit den sozialen Auswirkungen der Kybernetik] nichts als Schaufensterdekoration und eine nachträgliche Rationalisierung für die Balgerei im Feld der Machtpolitik. Wenn man darin einwilligt, läuft es auf die Fortsetzung einer Situation hinaus, in der die Machtpolitik-Kerle, die Militaristen, der Maschine ihre wichtigen teleologischen Instruktionen geben.[113]

Wie von Neumann pflegte auch McCulloch enge Arbeitsbeziehungen zu Marine, Luftwaffe und Heer. Er verstand seine geistige Arbeit als den militärischen Technologien benachbart: »Während die industrielle Revolution mit größeren und besseren Bomben zu Ende geht, beginnt eine intellektuelle Revolution mit größeren und besseren Robotern.«[114] In den frühen sechziger Jahren sah ihn das Militär als »den Hohepriester von Kybernetik, Bionik und selbstorganisierenden Systemen oder wie immer man es nennen will«.[115]

Seit er sich für die Anwendungsaussichten von McCullochs Arbeit zur Entwicklung biologischer Automaten begeistert hatte – und neben seiner Beschäftigung mit Computern – begann von Neumann, Kontakte zur biomedizinischen Gemeinschaft zu pflegen. Auch fing er damit an, an verschiedenen interdisziplinären Konferenzen teilzunehmen – einschließlich den Macy-Konferenzen –, bei denen Gebiete der Lebenswissenschaften mit Physik, Mathematik und Kybernetik verknüpft wurden.[116] Sein Interesse an der Biologie im allgemeinen und der Genetik im besonderen stand in engem Zusammenhang mit seiner Mission der Entwicklung sich selbst reproduzierender Maschinen. Dieses Projekt zielte darauf ab, lebende Systeme gleichzeitig zu erklären und zu simulieren, und eröffnete so einen Repräsentationsraum, in dem Vererbung an Simulakren modelliert werden konnte.

Die neunte *Washington Conference on Theoretical Physics* im Jahr 1946 mit dem Thema »Die Physik lebender Materie« wurde von der *Carnegie Institution of Washington* (CIW) finanziert. Sie scheint besonders bedeutsam für von Neumanns Beschäftigung mit biologischen Automaten gewesen zu sein, insbesondere solchen der selbstreproduzierenden Art. Organisiert von dem Physiker George Gamow von der George Washington University und dem Chemiker Philip H. Abelson vom CIW *Department of Terrestrial Magnetism*, brachte »die Konferenz führende Forscher aus Biologie und Physik zusammen und [gab] ihnen reichlich Gelegenheit, einander kennenzulernen und im Hinblick auf die Möglichkeit zukünftiger engerer Zusammenarbeit Gedanken auszutauschen«. Die Teilnehmerliste umfaßte Vertreter von vierundzwanzig Universitäten, Forschungszentren und Regierungsbehörden, unter ihnen George W. Beadle, Niels Bohr, Carl F. Cori, Max Delbrück, Milislav Demerec, John Edsall, James Franck, H. J. Muller, Francis O. Schmitt, Sol Spiegelman, Wendell Stanley, Leo Szilard, Edward Teller und John von Neumann. Zu den behandelten Themen gehörten die Wirkungsweise und Duplikation von Genen und Chromosomen; der TMV; die Mutantenstämme des Bakteriophagen; energiereiche Phosphatbindungen; extranukleare Vererbungsfaktoren als Verbindungsglieder bei der genetischen Steuerung der Enzymaktivität; sowie Photosynthese. Von Neumann hielt einen Vortrag über die mögliche Rolle von Servomechanismen bei der Chromosomenpaarung.[117]

Wie die Organisatoren gehofft hatten, setzte sich der Gedankenaustausch auch über die Konferenz hinaus fort. Durch seine Diskussionen mit Delbrück (der gerade ans Caltech zurückgekehrt war) kam von Neumann dazu, den Phagen als einfachstes Replikationsmodell zu schätzen. Delbrück seinerseits war fasziniert von der Informationstheorie und manchen Aspekten der Kybernetik. Von Neumann interessierte sich besonders für die Gen-Enzym-Beziehung, die der Mikrobiologe Sol Spiegelman von der Washington University in St. Louis erklärte. Spiegelman arbeitete damals an der »adaptiven Fermentierung« bei der Hefe und hatte gerade die »Plasmagen-Theorie der Genwirkung« aufgestellt. (Seine Arbeit wies Parallelen zu Jacques Monods Untersuchungen der »Bakterien-Adaptation« auf; kybernetische und informationelle Repräsentationen sollten seine späteren Studien zu Enzymsystemen und zur Messenger-RNA leiten.) Spiegelmans Theorie postulierte, daß Gene ständig in verschiedenen Raten partielle Repliken ihrer selbst produzierten, die in das Zytoplasma gelangten; das Besondere an ihr war somit, daß sie Zellkerngene mit der Zelldifferenzierung in Zusammenhang brachte.[118] Spiegelman war sehr angetan von dem Replikationsmodell von Neumanns. Er schrieb ihm:

Ich habe über die Ergebnisse der Washington-Konferenz nachgedacht, insbesondere über einige Ihrer Vorschläge. Gerade habe ich einen Artikel über das Problem der Selbst-Duplikation vorbereitet und natürlich sind ihre Vorschläge sehr sachdienlich. Mir scheint, daß Ihre Bemerkungen der biologischen Öffentlichkeit in irgendeiner

Weise bekanntgemacht werden sollten, so daß diese darüber nachdenken kann. Wie sehr dies erwünscht ist, habe ich mit Dr. Muller diskutiert, der von Herzen zustimmt. Ich frage mich, ob Sie den Gedanken in Erwägung ziehen möchten, über die mögliche Beteiligung von »Servomechanismen« beim Phänomen der Chromosomenpaarung zu berichten, als mögliche Lösung für das spezifische Fernwirkungskräfteparadox [daß bei der Mitose zwei homologe Chromosomen aneinander zu liegen kommen und so anscheinend dem Gesetz widersprechen, wonach Gleiches von Gleichem abgestoßen wird]. Ich glaube auch, daß eine kurze Beschreibung Ihrer selbst-duplizierenden Maschine gewiß relevant wäre. Ich wäre glücklich, in jeder erdenklichen Weise dazu beitragen zu können, diese Gedanken so bald wie möglich einem biologischen Leserkreis nahezubringen.[119]

Spiegelmans Enthusiasmus und das Interesse anderer Lebenswissenschaftler trugen dazu bei, von Neumanns Konzepten Anerkennung zu verschaffen. Von Neumann schöpfte Vertrauen zu der Vorstellung, daß seine selbst-duplizierenden Automaten vielleicht nicht bloß einen Formalismus darstellen könnten, sondern tatsächlich »wesentliche Mechanismen in der Natur«. Erfreut darüber, daß seine eigenen »unorganisierten und amateurhaften Bemerkungen zum Thema ›Servomechanismen‹ oder Verstärkung zum einen, und Selbst-Duplikation zum anderen sowohl in Ihrer Meinung als auch in der von Dr. Muller eine weitere Diskussion verdienen«[120], schrieb er zurück. Von Neumann und Spiegelman tauschten relevante Literatur aus – Spiegelman lieferte jüngste Studien aus der biochemischen Genetik, von Neumann zitierte jüngste Veröffentlichungen aus der Informationstheorie – und planten weitere Treffen, um ihre neue gemeinsame Grundlage näher zu erkunden. Von Neumann versprach, daß er am ersten Entwurf der selbst-duplizierenden Automaten arbeite.[121]

Von Neumann beteiligte sich begeistert am biomedizinischen Projekt, durch das Computer mit neuronalen Netzen und Gehirnfunktionen in Verbindung gebracht werden sollten und dessen eifrigste Verfechter Wiener, Rosenblueth, McCulloch und Pitts waren. Doch anscheinend beeinflußte sein Kontakt mit Molekularbiologen, vor allem Delbrück, seine Sichtweise des Problems biologischer Automaten. Kurz nach der Washington-Konferenz äußerte er Zweifel, ob ein derart komplexes und relativ unverstandenes System wie das menschliche Nervensystem sich wirklich am besten dafür eigne, um die wichtigsten Lebensprozesse zu erkunden und zu simulieren. »Ich habe das Gefühl, daß wir uns einfacheren Systemen zuwenden müssen«, schrieb er an Wiener. So stieg er die phylogenetische Leiter hinab und richtete seine Aufmerksamkeit auf

Viren. Diese minimalistischen Organismen (»Lebenseinheiten«, wie manche sie nannten) wiesen Orientierungsfähigkeit, Reproduktion und Mutation auf. Für von Neumann besaßen die »weniger-als-zellulären« Organismen vom Viren- oder Bakteriophagen-Typ die entscheidenden Merkmale jedes lebenden Organismus, insbesondere die Selbstreproduktion; in dieser Einschätzung des Phagenmodells zeigte sich deutlich der Einfluß Delbrücks. Von Neumann vermutete, daß unter den ungefähr sechs Millionen Atomen, aus denen ein Phagenpartikel bestand, wahrscheinlich nur einige Hunderttausend »mechanische Elemente« seien.[122]

Von Neumann umriß eine alternative Strategie mit fünf Zielen, die er dann auch verfolgte: (1) Viren und Phagen und alles, was über die Gen-Enzym-Beziehung bekannt ist, studieren, da Gene wahrscheinlich den Viren und Phagen ziemlich ähnlich sind; (2) den gegenwärtigen Kenntnisstand zur Proteinstruktur in Erfahrung bringen; (3) Methoden der Röntgenstrahlbeugung und Fourier-Analyse studieren; (4) Methoden der Elektronenmikroskopie studieren; und (5) sich Kenntnis über die relevante Literatur und die wissenschaftliche Gemeinschaft verschaffen.[123] Indem von Neumann die Viren in dieser Weise mit Informationsverarbeitung verband, war er deutlich dem dominierenden Protein-Paradigma in der Lebenswissenschaft verpflichtet, wie ja die meisten damaligen Forscher (vor allem in den Vereinigten Staaten). Da er die Reproduktion in der Proteinsicht der Vererbung anging, suchte er nach autokatalytischen Enzymmechanismen zur Erklärung von Gen- und Viren-Replikation.[124]

Sein Interesse an der Protein-Selbstreplikation brachte von Neumann zur Röntgenkristallographie von Proteinen. Über Proteine wurde damals heftig diskutiert, es gab Hypothesen sowohl für lineare als auch für Ringstrukturen. Von Neumanns Diskussionen mit dem physikalischen Chemiker Irving Langmuir, einem der Direktoren des Forschungslabors von General Electric, lenkten seine Aufmerksamkeit auf die (später fallengelassene) Cyclotheorie der Proteinstruktur und das damit verbundene Denkmodell für genetische Replikation, wie es die in Großbritannien ausgebildete Mathematikerin Dorothy Wrinch vertrat. Von Neumann plante, lineare und Cyclomodelle um den Faktor 10^8 zu vergrößern und ähnliche vergrößerte elektromagnetische Zentimeterwellen zur Simulation von Röntgenstrahlen einzusetzen, um damit mittelgroße und sehr große Proteine zu erforschen.[125] Er führte Gespräche zum Proteinproblem mit dem physikalischen Chemiker John T. Edsall aus Harvard und dem Biochemiker Albert Szent-Gyorgyi, nahm an Woods Hole-Treffen teil, besuchte Konferenzen über Proteine und verbreitete den Informationsdiskurs in der Lebenswissenschaft.[126] Obwohl von Neumann seinen Vortrag von 1946 über genetische Servomechanismen niemals schriftlich ausarbeitete, verpflichtete er sich 1947 zu einer Darstellung und Veröffentlichung dieser Konzepte. Er war weiterhin bereit, 1948 am Hixon-Symposion über »Zerebrale Mechanismen beim Verhalten« teilzunehmen, das am Caltech stattfinden sollte. Dieses Symposion wird im allgemeinen als Wendepunkt in der Geschichte der Verhaltenswissenschaften betrachtet, denn es machte den Weg vom Behaviorismus zur Kognitionsforschung frei.[127] Die Bedeutung dieses Symposions rührt allerdings auch daher, daß von Neumann hier formale begriffliche Brücken zwischen Automaten und molekularer Genetik zu schlagen begann. Er drängte sowohl das Hixon-Komitee am Caltech, bestehend aus George Beadle, James Bonner, Henry Borsook, Max Delbrück, Linus Pauling, Alfred H. Sturtevant, Cornelius A. G. Wiersma und Anthony van Harreveld, als auch den Organisator des Symposions, den Psychologen Lloyd Jeffress von der University of Texas, dazu, daß sie Muller, Spiegelman und Salvador Luria als Teilnehmer einluden.[128]

Mit den biologischen Automaten brach von Neumann das Problem lebender Organismen in zwei Teile auf: (1) die Funktionsweise ihrer elementaren Einheiten; und (2) das System, durch das diese Teile – logisch oder wie auch immer – miteinander verbunden waren. Er richtete seine Aufmerksamkeit auf zwei Fälle, das Neuronensystem und das Gensystem, und ging davon aus, daß die Funktionsweise dieser Systeme als Ganzes (Teil 2) ein von der Kenntnis ihrer konstitutiven Elemente unabhängiges Problem war (Teil 1). (Dieses antireduktionistische, systembasierte Modell erwies sich als bedeutendes Hindernis für die Molekularbiologen, denn diese waren darauf festgelegt, von einer minimalen Einheit der replikativen Funktion auszugehen.) Mit dem McCulloch-Pitts-Modell als Ausgangspunkt bestand die Aufgabe der Forscher darin, »die Entsprechungs- und Analogieprinzipien zu erklären, nach denen das von den Sinnesorganen gelieferte Material vom zentralen Nervensystem analysiert und organisiert wird«. Von Neumann nahm an, daß dies gleichermaßen für das genetische System galt und wollte dessen auffälligste Eigenschaft erklären: die Fähigkeit zur Selbstreproduktion, gepaart mit der Übertragung mutierter Merkmale.[129]

Er ließ seiner wissenschaftlichen Phantasie freien Lauf und rief in seinem Beitrag zu einer auf mathematischer Logik beruhenden Theorie biologischer Automaten auf. Dementsprechend stellte er sich Automaten vor, die mit einem auf bestimmten Regeln aufbauenden System relativ weniger und einfacher Elemente konstruiert waren. Nachdem einige plausible Annahmen aufgestellt waren, meinte er, würde man tatsächlich zur Konstruktion von Automaten gelangen, die einige der Hauptmerkmale der Genetik aufwiesen. Alle diese Konstruktionen sowie die Wahl der Grundregeln und -elemente würden letztlich davon abhängen, daß die auf der Informationstheorie aufbauende mathematische Automatentheorie verbessert werde.

Eine solche Theorie ist erst noch zu entwickeln, doch einige ihrer Hauptmerkmale lassen sich schon heute voraussagen. Ich denke, daß eine ihrer Grundlagen in der modernen Kommunikationstheorie bestehen wird, und daß einige ihrer wesentlichsten Techniken einen Charakter aufweisen werden, der einer Boltzmannschen Thermodynamik sehr nahekommen dürfte [damit bezog er sich auf die Homologie zwischen Shannons statistischer Formel für Information und der Entropiegleichung aus der statistischen Mechanik; siehe den nächsten Teil dieses Kapitels]. Sie sollte eine mathematische Basis für Konzepte wie »Grad der Komplexität« und »logische Effizienz« eines Automaten (oder einer Prozedur) bereitstellen.[130]

Der nur auf einer Handvoll Notizen beruhende Eröffnungsvortrag von Neumanns auf dem Symposion war nach übereinstimmender Ansicht inspirierend. Seine frei laufende Phantasie widersetzte sich jedoch den Einschränkungen schriftlicher Ausarbeitung – er verzögerte die Veröffentlichung der gesammelten Texte des Symposions um mehr als zwei Jahre.[131]

Die veröffentlichte Version seines Vortrags unter dem Titel »The General and Logical Theory of Automata« war von Neumanns erster schriftlicher Bericht zum Thema und der Eckpfeiler seiner nachfolgenden Vorträge. In ihm wurden die allgemeinen Merkmale von Rechenmaschinen beschrieben, die Vergleichspunkte zwischen Rechenmaschinen und lebenden Organismen ausführlich dargelegt, über eine künftige logische Automatentheorie spekuliert, die Prinzipien der Digitalisierung erklärt, diese auf formale neuronale Netze bezogen und schließlich das Problem der Selbstreproduktion erörtert. Ausgehend von Turings Theorie übertrug von Neumann in seiner Automatentheorie das Merkmal der Selbstreplikation auf das Konzept der Komplexität. Sein Automat war im wesentlichen eine universelle Turingmaschine, die so konstruiert war, daß sie eine Beschreibung lesen und dann das beschriebene Objekt imitieren konnte. Damit ein Automat eine Operation duplizierte, die jeder andere Automat ausführen konnte, brauchte er nur eine Beschreibung des entsprechenden Automaten und die erforderlichen operationalen Instruktionen.[132]

In einer Hinsicht war das Verfahren Turings zu eng: Seine Automaten waren reine Rechenmaschinen, deren Output nur aus mit Nullen und Einsen übersäten Bändern bestand, nicht jedoch aus anderen Automaten. Und es gab noch ein weiteres, vertrackteres Dilemma: Im biologischen Bereich nahm die Komplexität der Arten durch die Evolution zu, doch wie konnte eine Turingmaschine etwas hervorbringen, das komplizierter war als sie selbst? So dachte von Neumann an die Herleitung eines Äquivalents von Turings Theorie für selbstreproduzierende und sich entwickelnde biologische Automaten. Er entwarf Pläne für ein kinematisches Modell, in dem ein Automat sich in einem Reservoir mit ungefähr einem Dutzend elementarer Teile befand, die er dann sortierte und nach Instruktionen zu einer Nachkommenschaft zusammenbaute. Unter anderem entwickelte er die Hypothese, daß ein spezifischer Satz von Instruktionen in etwa die Funktionen eines Gens imitieren könnte, während ein Kopiermechanismus den grundlegenden Reproduktionsakt ausführen sollte: die Duplikation des genetischen Materials. Gene wurden im wesentlichen zu einem »Informationsband«.[133]

In von Neumanns Augen war dieses Modell flexibel genug, um nicht nur Mechanismen der Autokatalyse zu bewältigen, sondern auch Mutationen und Heterokatalyse. Wenn man einen Satz von Instruktionen veränderte, ließen sich »manche typischen Eigenschaften demonstrieren, die in Verbindung mit einer Mutation auftreten, die in der Regel tödlich wäre, obwohl die Möglichkeit besteht, daß die Reproduktion mit veränderten Eigenschaften fortgesetzt wird«. Durch einen anderen Satz von Instruktionen ließe sich vermutlich die Produktion genspezifischer Enzyme s(t)imulieren. So bestand die Lösung für sein evolutionäres Dilemma darin, daß unterhalb einer gewissen Komplexitätsstufe Automaten degenerativ waren, d. h. weniger komplexe Automaten hervorbrachten, während sie oberhalb derselben sich selbst und höhere Entitäten reproduzieren konnten. Von Neumann gestand zu, daß die Konstruktion solcher Automaten einige vereinfachende Annahmen erforderte, doch diese Vereinfachungen besaßen in seinen Augen großen heuristischen Wert: sie trugen zum Verständnis der komplexeren natürlichen Prozesse bei.[134] Mit solchen Simulationen wurde eine neue Kategorie von Repräsentationen des Lebens eröffnet. Diskursive und semiotische Strukturen schienen mit den aufblühenden kybernetischen Systemen der fünfziger Jahre technisch und epistemisch kompatibel zu werden – Organismen als Computer und Computer als Organismen.

Die Präsentation auf dem Hixon-Symposion bildete die Grundlage für von Neumanns spätere Ausführungen über Automaten. Er arbeitete diese Prinzipien in einer Reihe von fünf Vorträgen mit dem Titel »The Theory and Organization of Complicated Automata« aus, die 1949 an der University of Illinois gehalten wurden, und dann in einer weiteren Vortragsreihe mit dem Titel »Probalistic Logics and the Syntheses of Reliable Organisms from Unreliable Components«, die 1952 am Caltech stattfand. Später entwickelte er eine Theorie zellularer Automaten, die der mathematischen Analyse eher zugänglich war; mit ihr ließen sich auch die Schwierigkeiten umgehen, die mit der Zusammenfügung physischer Komponenten verbunden waren. Aspekte der Theorie wurden 1953 in den Vanuxem Lectures in Princeton dargestellt. Auch wenn keine seiner Vorlesungen ein vollständiges Manuskript abwarf, versammelte John Kemeny, von Neumanns Mitarbeiter in Princeton, die schriftlichen Fragmente und Vortragsnotizen zu einem Artikel für *Scientific American* und brachte so von Neumanns Ideen einem größeren Publikum zur Kenntnis.[135]

Wie Organismen konnten auch Maschinen, so lautete die Analogie, Rohmaterial aus ihrer Umgebung verwenden und in komplexe und spezifische Materie umwandeln, aus der ihre Teile bestanden. Demnach mußte eine reproduzierende Maschine die Fähigkeit besitzen, Stücke von Materie in Maschinenteile umzuwandeln – Bänderrollen, Vakuumröhren, Schalter, photoelektrische Zellen, Motoren, Antriebswellen, Schaltkreise – und daraus eine neue Maschine zu organisieren. Die von Neumann-Maschine bestand aus drei konzeptuellen Einheiten: Da waren zunächst für die logische Steuerung »Nervensystem«, »Gehirn« und »Neuronen«; dann gab es »Muskeln«, Zellen, die umgebende Zellen ändern, d. h. deren Komplexitätsstufen erhöhen oder herabsetzen konnten; und schließlich einen genetischen »Schwanz«, d. h. Übertragungszellen, welche die Botschaften von Steuerungszentren weitertragen sollten. Der genetische Schwanz, das entscheidende Element der Maschine, wurde als ein Satz Chromosomen vorgestellt; für die neue Maschine kopierte die Maschine stets ihren Schwanz mittels codierter Instruktionen, schaltete Zellen »an« und »aus«. Solche Maschinen konnten vermutlich einen evolutionären Prozeß durchmachen, erklärte der Artikel. Indem man Zufallsveränderungen (Mutationen) in den Maschinencode einführte und den Nachschub an Rohmaterial einschränkte, ließ sich die Dynamik des Selektionsdrucks simulieren. Maschinen sollten um *Lebensraum* konkurrieren müssen, sogar einander töten können.[136] Die Prämisse war funktionalistisch: »Leben«, »Gehirn« oder »Chromosomen« wurden nicht als grundlegende Entitäten oder substanzialistische Kategorien gedacht. Sie waren vielmehr, was sie taten. Gene waren Kopierer, Mutatoren und Instruktoren, ihre Funktion wurde in Begriffen operationaler Ergebnisse erklärt. In von Neumanns Schema definierten und umfaßten Epistemologie und Technologie sich wechselseitig.

Es ist schwierig, den Einfluß dieser Automaten auf die Forscher in Robotik oder Lebenswissenschaft genau einzuschätzen, oder auch die Form, die dieser Einfluß angenommen hätte, hätte von Neumann nicht diese wissenschaftlichen Interessen 1955, zwei Jahre vor seinem Tode, im wesentlichen aufgegeben, um als AEC-Mitglied zu forschen. Es besteht jedoch kein Zweifel daran, daß seine technologischen Visionen Ingenieure, Mathematiker und Genetiker beschäftigten. Bei den Bell Labs, wo von Neumanns Automaten schon Shannons Maus inspiriert hatten, versuchte der Mathematiker E. F. Moore sich an einem möglichen Einsatz von selbstreproduzierenden Maschinen. Er erstellte eine Machbarkeitsstudie für eine große künstliche Pflanze, die dem Ozean Minerale entnehmen sollte, um Material zu gewinnen, aus dem sie dann Kopien ihrer selbst bauen könnte.[137] Homer Jacobson vom Brooklyn College stellte sich der mechanischen Herausforderung, eine von Neumann-Maschine zu bauen, und produzierte einen verwickelten zug-ähnlichen Apparat, der eine Art von primitiver Selbstreplikation bewerkstelligte. Auch der britische Genetiker Lionel S. Penrose beschäftigte sich einige Jahre lang mit von Neumanns Ideen. An Kristallwachstum als organischer Analogie orientiert, baute er ein schwerfälliges mechanisches »Kristall« als primitives replikatives Modell; er hoffte, damit ließe sich die Reproduktion in lebenden Zellen nachahmen, bis er schließlich eingestand, daß sein Modell wahrscheinlich eher zum Verständnis der Evolution von einfachen präbiotischen Molekülen beitragen konnte.[138] Erst mit Manfred Eigens Arbeit über molekulare Evolution in den siebziger Jahren begann von Neumanns Traum von selbstreproduzierenden und sich entwickelnden Automaten Früchte zu tragen.

Der Genetiker Joshua Lederberg von der University of Wisconsin, damals mit der Kartierung des E. coli-Genoms beschäftigt, begann sich für von Neumanns Replikationsmodell zu interessieren. Er hatte über dessen Beiträge zum »Problem der für ›Selbst-Reproduktion‹ erforderlichen Minimalinformation« und damit zusammenhängende Aspekte der genetischen Theorie gelesen und – von mehreren Freunden, unter ihnen Sol Spiegelman – gehört. Als Genetiker, erklärte Lederberg, reizte auch ihn dieses Problem: Was bedeutete Reproduktion für einen Zellkern, für ein Chromosom oder ein Gen?

Ich fühle mich eher unbehaglich hinsichtlich der Angemessenheit des genetischen Konzepts der »Selbst-Reproduktion«, oder genauer hinsichtlich der Operationen, mit denen für jedes sub-zellulare Partikel auf eine solche geschlossen wird... Da die meisten intrazellularen Partikel sich überhaupt nicht außerhalb des Zusammenhangs einer gegebenen Art von Zelle reproduzieren werden, könnten die Kriterien für die Fähigkeit von individuellen Genen etc. zur »Selbst-Reproduktion« äußerst unzureichend sein.[139]

Er bat von Neumann um Material und Zitate zu diesem Thema. Von Neumann verwies ihn auf den Artikel zum Hixon-Symposion. Lederberg las auch Kemenys Artikel für den *Scientific American*. Der folgende lebhafte Gedankenaustausch unterstreicht nicht nur die Ähnlichkeiten und Unvereinbarkeiten zwischen von Neumanns selbst-reproduzierenden Automaten und den molekularbiologischen Repräsentationen des genetischen Prozesses, sondern bringt auch deutlich die problematischen Verwendungsweisen der Informationstheorie in der Biologie zum Ausdruck.

Lederberg eröffnete die Auseinandersetzung mit der Hauptprämisse von Neumanns: Da allein der gesamte Komplex die selbstreplizierende Eigenschaft besaß, war die Funktionsweise des Systems als Ganzes ein von den konstitutiven Elementen unabhängiges Problem. Er selbst war zur gleichen Schlußfolgerung gelangt: »einfach auf der Grundlage, daß Gene oder sogar Zellkerne unfähig sind, irgend etwas zu produzieren, erst recht keine Kopien ihrer selbst, sobald sie von der ganzen Maschine isoliert werden«. Gleichwohl war der Genetiker daran interessiert, von dem gesamten Organismus jene »geringste Struktur« zu abstrahieren, »durch welche die genetische Funktion aufrechterhalten wird« (welche Komponenten des Tabakmosaikvirus beispielsweise entfernt werden konnten, ohne daß die Erzeugung einer Nachkommenschaft beeinträchtigt wurde). Er äußerte sich auch verwundert über den offensichtlichen

Widerspruch zwischen digitalen Codes, wie sie von Automaten verwendet wurden, und dem »nicht-digitalen Codieren« der Natur: »Beim linearen Chromosom muß es sich um eine der am elegantesten codierten Sequenzen handeln, da es sich sogar Gamows Kryptographie widersetzt hat.« Auch von Neumanns Analogie zwischen Genen und einem »Informationsband« stellte er in Frage, denn er vermutete, daß es für ein solches begriffliches Konstrukt keine strukturelle Entsprechung gab. Zu diesen Streitpunkten schrieb er einen Artikel und sandte den Entwurf an von Neumann.[140]

Ihre Korrespondenz offenbart, wie die Debatte sich auf kognitive und disziplinäre Mißverständnisse zubewegte, wobei der problematische Gebrauch des Begriffs *Information* den Engpaß bildete. Sollten unter Information Verhaltensregeln, Instruktionen oder ein materieller Inhalt verstanden werden? Wenn Information das *alles* bedeutete, dann hatte man es Lederberg zufolge tatsächlich zu tun mit dem gut eingeführten und experimentell brauchbaren Begriff der biologischen Spezifität. Lederberg schrieb an von Neumann: »In diesem Falle hätte ›biologische Spezifität‹ sogar einen noch umfassenderen Inhalt als Information, und ich bräuchte bloß in meiner Darstellung den einen Ausdruck durch den anderen zu ersetzen. Ich hätte dann noch weniger Hoffnung, etwas zu lernen, das für das Laboratorium brauchbar wäre.«[141] Von Neumann seinerseits wollte Lederberg weder bei der technischen Bedeutung des Begriffs der »Information« als Spezifität folgen noch bei seinen anderen Begriffen wie »Selbstsuffizienz« und »Indifferenz«.[142]

Nachdem Lederberg sich mit informierten Kollegen beraten hatte, vor allem mit Leo Szilard, verfügte er über genügend technisches Wissen, um den Schluß zu ziehen: »Ich denke, die Wurzel unserer Schwierigkeiten liegt darin, daß wir auf sehr verschiedenen Ebenen arbeiten.« Molekularbiologen befaßten sich mit *realistischen* Funktionsmodellen der Reproduktion. Vielleicht konnten sie sogar eine chemische Entsprechung zu einem Lochkartenduplizierer entwickeln und so »ein Stück Weges in Richtung einer experimentellen Ingangsetzung des Lebens« zurücklegen, doch dazu mußten sie ein gleichwertiges Wissen über die Teile des Modells besitzen. Sie konnten womöglich ein autokatalytisches System mit einer Art Lochkartenduplikation simulieren, die mehr als ein oder einige Bits enthielt, führte Lederberg aus, doch keine chemische Maschine, die sie ersinnen mochten, könnte Resultate hervorbringen, die auch nur entfernt an die Komplexität eines Organismus herankamen. Er bemerkte: »Ich sehe wohl, daß Sie nach der Begründung einer axiomatischen Theorie der Reproduktion gesucht haben, und daß ich unnötigerweise meine eigenen mechanischen Interpretationen in sie hineingelesen habe.«[143] In der Hoffnung, die Diskussion in einer persönlichen Begegnung fortzusetzen, machte Lederberg sich nach Washington D.C. auf, wo sich von Neumanns neuer Tätigkeitsschwerpunkt befand. Doch aus dieser Begegnung ging nichts Konkretes hervor. Ähnlich scheinen sich auch aus dem Gedankenaustausch zwischen Spiegelman und von Neumann keine greifbaren technischen Neuerungen ergeben zu haben.

Gleichwohl sorgten die Diskussionen um die genetischen Simulakren von Neumanns dafür, den Informationsdiskurs in die Biologie einzuführen. Schon in den frühen fünfziger Jahren konzeptualisierte beispielsweise Spiegelman (damals an der University of Illinois) das »enzymbildende System« – Matrize, Enzym und Induktor – als ein kybernetisches Rückkopplungsmodell; die DNA-Matrize galt als Ort der Informationsspeicherung und -übertragung. Auch Lederberg übernahm, ungeachtet seiner strengen Kritik, wohl oder übel diese Diskurspraktiken.[144] Eine neue Denk- und Redeweise begann die molekulare Genetik zu durchdringen. Zunehmend wurden lebende Entitäten als programmierte Kommunikationssysteme aufgefaßt, in denen, wie Lederberg scharfsinnig gesehen hatte, Instruktionen und materieller Inhalt auf ein einziges amorphes Informationsgewebe zusammenschrumpften. Das Medium war die Botschaft, wie Marshall McLuhan es später in seiner Kritik der kybernetischen Gesellschaft formulieren sollte. »Es gibt kein Medium im buchstäblichen Sinne des Wortes mehr: von nun an läßt es sich nicht mehr greifen, es hat sich im Realen ausgedehnt und gebrochen, und man kann nicht einmal sagen, es habe sich dadurch verfälscht«, ergänzte Baudrillard Jahre später.[145] Der Informationsdiskurs und seine Modi des Bezeichnens verliehen den biologischen Wissenschaften – lange von ihrer Zweitrangigkeit geplagt – etwas vom hohen Status und den Zukunftsaussichten der Steuerungs- und Kontroll-Forschungsfelder. Natürlich tendierten die Biologen, wie Cherry und Bar-Hillel beklagten, mit wenigen Ausnahmen dazu, den Informationsbegriff sehr lose zu verwenden – auf eine Weise, die kaum in einer Beziehung zu seiner intendierten technischen Bedeutung und quantitativen Verwendungsweise in der Wiener-Shannon-Theorie stand. (Aber natürlich hatte diese Theorie die »Information« im ersten

Schritt schon metaphorisiert.) Eine der wenigen Ausnahmen war der Biologe und Arzt Henry Quastler, der in den fünfziger Jahren seine Mission darin sah, aus der Biologie eine technische Informationswissenschaft zu machen.

Quastlers Suche: von der biologischen Spezifität zur Information

In Geschichten der Molekularbiologie werden im allgemeinen die »Gewinner« privilegiert, mit den »Verlierern« wird dagegen kurzer Prozeß gemacht; sie werden unkenntlich, während andere kanonisiert werden. Doch Arbeiten außerhalb der kanonischen Geschichte können auch lehrreiche Lektionen darstellen. Quastlers Bemühungen sind ein erhellendes Beispiel für eine wohlüberlegte epistemische Suche und ein merkwürdiges disziplinäres Scheitern. Auch läßt sich sein Projekt in dem neuen wissenschaftlichen Raum verorten, der durch die Überschneidung von Kybernetik, Informationstheorie und molekularen Biowissenschaften gebildet wurde. Dieser neue Raum wird im allgemeinen durch die inoffiziellen Beutezüge einiger Lebenswissenschaftler im Gebiet der Kybernetik charakterisiert, darunter Haldane, Kalmus, Penrose, Spiegelman, Lederberg, Delbrück, Sinsheimer, Yčas, Chargaff und Burnet. Sie übten gewiß einige Anziehungskraft aus; ihre Arbeit bildete allerdings kein förmliches institutionelles oder disziplinäres Unternehmen, das sich etwa in Symposien, Sitzungsberichten und Fördergeldern niedergeschlagen hätte.

Quastler dagegen machte sich auf, eine neue Unterdisziplin in technisch angemessener Form aufzubauen – eine auf Information beruhende Biologie. Sein Ausstoß an Artikeln, Berichten, Symposien und von ihm herausgegebenen Büchern war bemerkenswert. In den fünfziger Jahren erntete er eine gewisse Anerkennung als Pionier in einer hochtechnischen und intellektuell anspruchsvollen Sparte der Biologie. Der *Science Citation Index* (1955–1963) führt nahezu vierhundert Hinweise auf sein Werk an. Nicht wenige waren von seinem biomathematischen Können beeindruckt und schätzten seine theoretische Begrifflichkeit, doch seine Arbeit hatte mit einigen Problemen zu kämpfen: mit veralteten Daten, ungerechtfertigten Annahmen, einer etwas dubiosen Numerologie und, am wichtigsten, der Unfähigkeit, eine experimentelle Agenda hervorzubringen. Diesen Schwächen, zusammen mit Quastlers frühem Tod, war es geschuldet, daß seine quantitativen Studien schließlich in Vergessenheit gerieten. Doch sein diskursives Begriffsgerüst überlebte und gedieh, wie auch die von ihm propagierte kybernetische Vorstellungswelt. Lange nachdem sein Werk in der Versenkung verschwunden war, dauerte sein semiotischer Einfluß weiter an.

Wie viele aus Europa geflohene Wissenschaftler kam Henry Quastler (1908–1963) mit beeindruckenden Empfehlungsschreiben und ungewissen Aussichten 1939 aus Wien in New York an. Er hatte 1932 einen medizinischen Grad an der Wiener Universität erlangt, sein Schwerpunkt lag in der Histologie und Radiologie, physikalische, chemische und mathematische Kenntnisse kamen hinzu. Nachdem seine Chancen für eine medizinische Karriere in Österreich nach 1933 schnell schwanden, zog Quastler nach Tirana in Albanien, wo sein fünfjähriger Aufenthalt zu einem ungewöhnlichen gesellschaftlichen Aufstieg führte. Charmant, gebildet und geschickt, gewann er angeblich das Vertrauen von Albaniens König Zog (Ahmed Bey Zogu) und wurde Hofarzt. Als Chef der Radiologie im Tiraner Krankenhaus gelang es ihm, klinische radiologische Forschung zu betreiben sowie experimentelle Untersuchungen zur Malaria durchzuführen, die ihm 1939 eine Stellung in der örtlichen Niederlassung des *International Health Board* der Rockefeller-Stiftung einbrachten. Noch im selben Jahr, als Mussolini an Albaniens Grenze aufmarschierte, floh der unpopuläre Zog nach Griechenland, während Henry Quastler durch Vermittlung von Marston Bates, dem Funktionär der Rockefeller-Stiftung, nach Amerika kam. Bates hatte geltend gemacht, daß Quastler »einen erstklassigen wissenschaftlichen Geist« besaß, »augenscheinlich ein eher seltenes Phänomen«, und daß es schade sei, wenn dieser vergeudet würde. Innerhalb eines Jahres war Quastler als Assistenzarzt in der Radiologieabteilung des New Rochelle Hospital in New York angestellt. 1942 zog er nach Urbana, Illinois, und wurde dort zum Chef-Radiologen der renommierten Carle Hospital Clinic, einem Ableger der Mayo Clinic.[146]

Mit einem Hang zur Forschung und zwei Dutzend Veröffentlichungen als Empfehlung ging Quastler bald eine Verbindung mit der University of Illinois ein. Es fiel ihm außergewöhnlich leicht, Freunde zu finden, insbesondere durch die »Wiener Mafia«, wie Heinz von Foerster es formulierte. Inoffiziell betrieb er Forschung und erhielt 1947 eine Halbtagsstellung in der Radiobiologie, während er gleichzeitig noch ganztags als Mediziner praktizierte. Die University of Illinois war damals dabei, ihr Forschungsprogramm zu modernisieren und zu erweitern, die Bereiche Computer und Kybernetik, Molekularbiologie und Hochenergiephysik wurden gerade aufgebaut. Sie betrieb auch das Betatron, einen leistungsstarken Elektronenbeschleuniger, das Herzstück ihrer Hochenergiephysik und biomedizinischen Forschung. Die Rolle, die das Betatron in der Krebstherapie spielte, und Quastlers Untersuchungen zu den Wirkungen von Röntgenstrahlen auf Organismen paßten genau in die Nachkriegsagenda. 1949 legte Quastler seine Tätigkeit als Arzt nieder und wurde zum Assistenzprofessor für Physiologie am neuen *Control Systems Laboratory* berufen. In der Erforschung der therapeutischen Strahlenwirkungen sah er seinen Beitrag, um die durch die Atombombe geschlagenen »Wunden der Welt zu heilen«. Während er sein reges experimentelles Programm (und daneben die geheime Kriegsarbeit) im Bereich der Radiologie fortsetzte, wandten sich Quastlers wissenschaftliche Phantasie, seine sozialen Fähigkeiten und unermüdlichen Energien den Anwendungen der Informationstheorie in der Biologie zu. Warren Weaver war »wirklich sehr beeindruckt von Q.«, von seiner Beherrschung der Physik und gründlichen Vertrautheit mit der Arbeit in England.[147]

Mehrere Jahre vor einer DNA-basierten Molekularbiologie, die das Genom als »Text« vorstellte und die Proteinsynthese als Übersetzung von »Instruktionen«, verwendete Quastler diese Begriffe, um Maße für genetische Information aufzustellen, die auf der Kenntnis der Proteinstruktur, -spezifität und -funktion beruhen. In den späten vierziger Jahren von Freunden wie Warren McCulloch und dem führenden Kybernetiker Heinz von Foerster umgeben und fasziniert von der Wiener-Shannon-Theorie, den Macy-Konferenzen und von Neumanns Vorträgen, schloß sich Quastler den Fürsprechern einer kybernetischen Vision des Lebens an. Er arbeitete mit Physikern und Chemikern zusammen, kombinierte seine Kenntnisse in Zytologie und Genetik mit seinen erneuerten mathematischen Fertigkeiten, um ein brauchbares Grundgerüst für die Quantifizierung des Informationsflusses in biologischen Kontrollsystemen zu entwerfen. Besonders bedeutsam war seine enge Zusammenarbeit mit Sydney M. Dancoff, mit dem er sich in die Terra incognita der Kybernetik einarbeitete. Dancoff, 1913 geboren, war ein führender theoretischer Physiker seiner Generation und mit Quastler zusammen in der Betatron-Gruppe; er war gerade dabei, sich von der

Quanten-Elektrodynamik und Kernphysik zu entfernen, um seinen Interessen am biologischen Wachstum, an der biologischen Komplexität und der Fortpflanzung als einem Problem der Stabilität nachzugehen.[148] Ihre Zusammenarbeit führte zur ersten sachlichen Anwendung der Wiener-Shannon-Theorie in der Genetik.

Quastlers und Dancoffs Artikel »The Information Content and Error Rate of Living Things«, geschrieben 1949, profitierte von kritischen Beratungen mit Salvador Luria, Sol Spiegelman, Barbara McClintock, Tracy Sonneborn und Aaron Novick, die zu bedeutenden Umarbeitungen der ursprünglichen Fassung führten und die Veröffentlichung um vier Jahre verzögerten. Der Gedankenaustausch brachte die Lebenswissenschaftler dazu, Organismen in einer neuen Weise zu sehen und über sie zu sprechen. In einer kühnen Abweichung vom biologischen Kanon, wonach die natürliche Selektion die Funktion hatte, die Genauigkeit der Replikation zu gewährleisten, indem sie Fehler beseitigte, schlugen Quastler und Dancoff ein kybernetisches System vor: eine chromosomale Fehlerkontrolle. Wenn man die Replikation als einen Prozeß mit hoher Fehlerrate bzw. Mutationsmöglichkeit ansah, mußte man eine Kontrollvorrichtung – einen rein statistischen Prozeß – in jenen Elementen annehmen, welche die Botschaften von den Chromosomen empfingen. Am vierten Juli schrieb Quastler an Dancoff, um gewisse Einwände Lurias beiseite zu wischen: »Ich glaube, wir beide lieben die amerikanische Verfassung und bleiben daher bei einem System unabhängiger Kontrollen und Gegengewichte. Unsere nächste Fragestellung sollte lauten: Wie kann ein Organismus eine unabhängige Kontrolle entwickeln?«[149] In Natur und Gesellschaft, so seine Überlegung, waren ähnliche Kontrollmechanismen am Werk.

Die beiden Forscher stellten sich die Komplexität lebender Systeme als hohen Informationsgehalt vor, und den Chromosomenfaden folgendermaßen:

Ein lineares codiertes Band von Instruktionen. Der gesamte Faden bildet eine »Botschaft«. Diese Botschaft läßt sich in Untereinheiten aufgliedern, die man »Absätze« oder »Wörter« o.ä. nennen könnte. Die kleinste Botschaftseinheit ist vielleicht eine Flip-Flop-Schaltung, die eine Ja-Nein-Entscheidung treffen kann. Wenn das Resultat dieser Ja-Nein-Entscheidung im aufgewachsenen Organismus sichtbar ist, können wir diese kleinste Botschaftseinheit ein Gen nennen (man beachte, daß die Gen-Allele für jedes Merkmal *zwei* an der Zahl sind – nicht drei oder irgendeine andere Zahl [sic]).[150]

Wenn sich ein Gen zu einem Chromosom verhielt wie eine Vakuumröhre zu einem Radio oder ein Neuron zum Nervensystem, so ihre Überlegung, dann besäße ein solches Element einfach die Eigenschaft eines Schalters oder Relais oder Verstärkers. So gesehen schienen die statistisch verteilten binären Entscheidungen im selbstkorrigierenden chromosomalen System wirklich einer Wiener-Shannon-Analyse zugänglich zu sein.[151]

Aus dieser Analyse wurde im endgültigen Artikel ein Informationsgehalt abgeleitet, der auf einer hypothetischen »Instruktion für den Bau eines Organismus« beruhte; anhand dieser Formel wurde dann der Informationsgehalt eines menschlichen Wesens bezogen auf Atome gemessen: 2×10^{28} Bits, und bezogen auf Moleküle: 5×10^{25} Bits. Der Informationsgehalt einer gedruckten Seite beträgt ungefähr 10^4 Bits; demnach würde also die Beschreibung eines Menschen bezogen auf Moleküle ungefähr 5×10^{21} Seiten umfassen – um mehrere Größenordnungen umfangreicher als der Inhalt der größten Bibliothek, schlossen unsere Autoren. Den Informationsgehalt einer Keimzelle schätzen sie annähernd auf 10^{11} Bits und den eines »Genkatalogs« auf 10^5. Mit Hilfe dieser Zahlen ermittelten sie dann, daß der allgemein akzeptierte theoretische Bereich der Fehlerquote pro Generation (10^{-4} und 10^{-12}) mit dem geschätzten theoretischen Bereich übereinstimmte, der sich aus den von Dancoff vorgeschlagenen Kontrollmechanismen ergab. Diese Berechnungen erinnern daran, daß numerische Ähnlichkeiten und mathematische Entsprechungen eine epistemische Verführungskraft besitzen, die häufig in der Geschichte zu beobachten ist. Die Versuchung, der »hypnotischen Macht der Numerologie« zu erliegen, wie der Biochemiker Joseph Fruton es treffend formuliert hat, scheint in jeder Wissenschaftlergeneration in neuer Form wiederaufzutauchen.[152]

Nach dem Schicksalsschlag von Dancoffs Tod mobilisierte Quastler durch seine persönliche Anziehungskraft und die Organisation lokaler Zusammentreffen andere Kollegen für sein neues Unternehmen. Er fühlte sich inspiriert von britischen und französischen Informationstheoretikern wie Denis Gabor, Ross Ashby, Colin Cherry, Benoît Mandelbrot und Leon Brillouin und ging mit einigen von ihnen eine Zusammenarbeit ein; er hoffte, in die Biologie eine ähnliche Art von Führerschaft hineinzubringen. Das Symposion über »Informationstheorie in der Biologie«, das er 1952 unter den Auspizien des *Control Systems Laboratory* organisierte und für das er Geldmittel vom *Office of Naval Research*

(ONR) erhielt, sollte einen ersten Schritt darstellen, um die »neue Informations-Bewegung« auf die Lebenswissenschaften auszudehnen, wenn auch vorwiegend örtliche Forscher daran teilnahmen. Die oft zitierten Sitzungsberichte dieses Symposions stellen die frühesten authentischen Bemühungen dar, die Biologie als eine Informationswissenschaft umzuschreiben.[153]

Das Symposion beschäftigte sich vor allem mit vier Bereichen: Definition und Messung von Information, strukturelle Analyse, funktionelle Analyse und schließlich Biosysteme. Von den Vorträgen im ersten Bereich konzentrierte sich nur der von Quastler auf das auffallendste Merkmal der Informationstheorie in der Biologie: die mathematische Austauschbarkeit von Information und Spezifität. In seinem Beitrag »The Measure of Specificity« entwickelte er eine Begriffs- und Fallstudie, die überzeugende Argumente dafür beibrachte, wie sich die Informationstheorie über den zentralen Begriff der Spezifität mit der Biologie verknüpfen ließ. Wenn er auch anerkannte, daß die eingeengte »Information« in der Wiener-Shannon-Theorie keine Bedeutung übermittelte, glaubte er dennoch, für den neuen biosemiotischen Raum einflußreiche Repräsentationen entwickeln zu können. Information, überlegte er, bezog sich auf Aktivitäten lebender Systeme wie: entwerfen, entscheiden, mitteilen, differenzieren, ordnen, einschränken, auswählen, spezialisieren, spezifizieren und systematisieren. Sie ließ sich bei Operationen einsetzen, die auf die Verminderung von Größen abzielten wie: Unordnung, Entropie, Unbestimmtheit, Rauschen, Zufälligkeit, Ungewißheit, und auf eine graduelle Zunahme von Gestaltung, Geordnetheit, Regelmäßigkeit, Differenzierung und Spezifität. Da Spezifität das bestimmende Prinzip in den Lebenswissenschaften war, überlegte Quastler, konnte der Informationsgehalt, sofern er angemessen charakterisiert würde, das genaue Maß biologischer Spezifität angeben. Er stellte eine Schätzung der »Enzymspezifität« auf, die auf binären Optionen für »richtige« und »falsche« Substrate basierte, und zeigte, daß seine Formel Shannons Entropiegleichung ähnelte. Er legte Wert darauf, daß sich die Höhe der Spezifität angeben ließ, ohne daß auf kausale Mechanismen oder »[chemische] Reaktionsvorgänge« zurückgegriffen wurde. Shannons Prinzip, daß die »Quantität der Information in einer Nachricht unabhängig von ihrer Bedeutung definiert werden konnte«, galt also Quastler zufolge auch in der Biologie.[154]

Natürlich war Struktur wichtig; sie setzte dem funktionellen Spielraum der Moleküle definitive Grenzen. Doch nach der Informationstheorie, sofern richtig angewandt, war *jegliche* organisierte Struktur, die in Form von Rückkopplung oder Kommunikation Biospezifität aufwies – Enzyme, Hormone, Antikörper, Gene – ein Informationsträger. Proteine verkörperten biologische Spezifität. So erwartete der Physiker Herman R. Branson von der Howard University, daß eine informationstheoretische Analyse der Proteinstruktur zur Entdeckung neuer biologischer Eigenschaften führen werde. Vom Standpunkt der Informationstheorie besaßen Proteine für ihn besonders attraktive Eigenschaften:

> Sie sind nicht sehr viel anders als eine Nachricht aufgebaut, da sie aus einer bestimmten Anordnung von ungefähr 20 verschiedenen Aminosäureresten bestehen. Demnach ließe sich das Proteinmolekül als die Nachricht und Aminosäurereste als das Alphabet betrachten. Wir wissen nicht, ob die Buchstaben dieses Alphabets (die Aminosäuren) in der Nachricht zu Wörtern angeordnet sind oder nicht, das heißt wir wissen nichts über die Redundanzmerkmale des Proteinmoleküls.[155]

Doch wenn man annahm, daß die Botschaft in einer von vielen möglichen Anordnungen von Buchstaben und Leerzeichen bestand (d. h. den intersymbolischen Einfluß vernachlässigte), konnte man die Äquivalenz von Information und negativer Entropie verwenden, um ausgehend von den Aminosäureresten den Informationsgehalt in Proteinen zu berechnen. Branson erstellte solche Berechnungen für nahezu dreißig Proteine (z. B. Insulin: 3,55 Bits/Rest; Salmin: 1,43 Bits/Rest) und beobachtete sogar Regelmäßigkeiten in der Verteilung der Information; diese Regelmäßigkeiten repräsentierten für ihn möglicherweise grundlegende Merkmale biologischer Systeme. Insbesondere mutmaßte er, daß diese Muster Einblick in die Antigen-Komponenten von Proteinen und den Ursprung und die Evolution des Lebens liefern könnten.

In bemerkenswerter Ähnlichkeit zu den Überlegungen und symbolischen Repräsentationen, wie sie die genetischen Codes nur wenige Jahre später auszeichnen sollten, machten sich Branson und seine Kollegen vom *Control Systems Laboratory* auf die Suche nach intersymbolischen Einflüssen in der Proteinstruktur, nach Regelmäßigkeiten im Aminosäuremuster. Sie wandten Shannons Theorie an, mit der intersymbolische Einflüsse in der englischen Sprache gemessen worden waren, und wählten zwanzig Absätze aus diversen Textquellen (Anzeigen, Lehrbücher, Zeitungen und Zeitschriften), die hinsichtlich der Symbollänge den Proteinen in ihrer Stichprobe entsprachen, wobei sie Buchstaben wie Aminosäuren und Absätze wie Proteine behandelten. (Gamow, Rich und Yčas wählten später als anspruchsvollere analytische Stichprobe Miltons *Paradise Lost*). Diese Methode zeigte keine Form von intersymbolischem Einfluß, wie er in der Sprache vorkommt. (Im nachhinein ergibt das einen Sinn, denn der Zusammenbau von Proteinen wird durch Nukleinsäurecodons bestimmt, bei denen es keine logische Einschränkung für ihre Position gibt.) Die Autoren zogen ihren Schluß trotz der mangelnden Beweiskraft, die negativen Resultaten zukommt, gestanden jedoch zu, daß es zwischen den Gesetzen des Sprachbaus und jenen, die den Bau von Proteinen bestimmten, reale Unterschiede geben könnte.[156]

Quastlers Argumentation zufolge war Information, die auf der Spezifität der Proteinstruktur beruhte, eine zwar notwendige, aber keine hinreichende Bedingung für die biologische Funktion. Strukturelle Spezifität bildete eine Obergrenze für funktionelle Spezifität, da nur ein Bruchteil der strukturellen Spezifität einen funktionellen Ausdruck fand. Quastler konzentrierte sich auf Antikörper- und Genaktivität als Formen hochspezifischer Kommunikation. Dementsprechend hatte er auch die Immunchemiker Felix Haurowitz von der Indiana-Universität und M. R. Irwin von der Universität von Wisconsin zu dem Symposion eingeladen, in der Hoffnung, sie könnten ihm helfen, die mit der Funktion von Genen und Antigenen verbundenen spezifischen Eigenschaften einzuschätzen. Auch Joshua Lederberg war eingeladen worden, doch dieser erinnert sich, hinsichtlich der Ziele des Symposions und seiner Förderung durch das ONR »ziemlich spöttisch« reagiert zu haben. Lederberg machte sich Sorgen, daß mitgeschnittene Diskussionen auf Themen übergreifen könnten, die der Geheimhaltung unterlagen. Die giftige Atmosphäre des McCarthyismus und der Stachel des Loyalitätseids in der akademischen Welt hielten ihn davon ab, sich in solche verwickelten Situationen zu begeben.[157]

Weder Haurowitz noch Irwin besaßen die notwendigen mathematischen Fähigkeiten, um informationstheoretische Analysen durchzuführen. Ausgehend vom Proteinmatrizenmodell beschrieb Haurowitz bloß die Spezifität bei Immunität und Antikörperbildung, und Irwin sprach über genetische Spezifität bei verschiedenen Blutgruppen von Menschen, Vögeln und Rindern. Quastler war es, der diese qualitativen Berichte in seine Informationsmühle einspeiste, um Daten für die Messung funktioneller Spezifität von Genen und Antikörpern zu gewinnen. Seine mathematischen Manipulationen schienen zu einem erstaunlichen Resultat zu führen: Funktionelle Spezifität ließ sich in Vielfachen von 9 Bits messen. Der hypnotischen Macht der Numerologie erliegend, schlug Quastler, wenn auch vorsichtig, vor, daß »biologische Spezifität sich in Einheiten von annähernd 9 Bits quantitativ bestimmen« ließe, was einen Auswahlmechanismus nahezulegen schien. Der Grad der Auswahl, mutmaßte er, »könnte durch neun binäre Entscheidungen erreicht werden, unter optimalen Bedingungen, nämlich bei maximaler Effizienz und fehlerfreier Funktionsweise des Mechanismus«.[158]

Beim Thema der Kommunikation in »Biosystemen« widmeten sich mehrere Teilnehmer der hormonalen Regelung des Blutzuckerspiegels als einem System, bei dem die »Adresse des Zielorgans« und die von ihm empfangene »Instruktion« an der Produktionsstelle in das Hormon encodiert und an der Wirkungsstelle wieder decodiert wurden. Ein anderer Teilnehmer, Kenyon Tweedell, analysierte die Entwicklung von Zygoten und lobte dabei die Informationstheorie, weil sie einen Kompromiß in der uralten Debatte um Präformation und Epigenese ermöglichte: Spezifität entsprach Präformation, und Nicht-Spezifität Epigenese. Seiner Ansicht nach war der Informationsgehalt »ein Satz von Instruktionen, der, wie von der genetischen Konstitution vorgeschrieben, in das befruchtete Ei codiert wird; kommt ein Abschnitt von Instruktionen in dem Bereich zu liegen, der den Teil entstehen lassen wird, dem dieser Abschnitt entspricht, so wird jener Teil sich verhalten, als wäre er präformiert«.[159] Um mehr als eine Dekade ging diese Argumentation François Jacobs Analyse des »genetischen Programms« und Delbrücks informationeller Neuinterpretation von Aristoteles' Fortpflanzungstheorie voraus.

Nur Henry Linschitz, ein physikalischer Chemiker von der Syracuse University, blieb bei einer skeptischen Haltung und lieferte eine scharfsinnige Kritik an diesem Versuch, die Informationstheorie in der Biologie anzuwenden. Die physikalische Entropie stelle kein geeignetes Maß für die in einem Organismus enthaltene *funktionelle* Information dar, lautete sein Gegenargument. Anhand des Verhältnisses zwischen struktureller Entropie und funktioneller Organisation zweifelte er die Anwendung eines Informationsbegriffs, der aus Überlegungen zur Entropie in trägen Systemen stammte, bei lebenden an. Außerdem glaubte er, daß eine solche Übertragung dadurch kompliziert werde, daß die Entropie für ein System zu definieren war, das aus *funktionell voneinander abhängigen* Elementen bestand. In einer Zelle, die zahlreiche Proteinmoleküle enthielt, konnte nur dann ein enger Zusammenhang zwischen Entropie und funktionellem Informationsgehalt bestehen, wenn alle Zellbestandteile chemisch verbunden waren, so daß die organisierte Entität wirklich molekular war. Wenn dagegen zelluläre Interaktionen einfach durch Nähe stattfanden, aufgrund des Vorhandenseins einer gemeinsamen umhüllenden Membran, dann maß die physikalische Entropie nicht die wesentliche Organisation des Funktionskomplexes.[160]

Man konnte zwar, was Linschitz auch tat, die *physikalische Entropie* der Zelle berechnen, oder ihre strukturelle Organisation – den Betrag negativer physikalischer Entropie, den die Zelle braucht, um sich selbst zu schaffen –, doch die Berechnungen sagten nichts aus über die Art und Weise, wie diese Entropie kanalisiert wurde, um eine funktionierende Zelle hervorzubringen. Funktionelle Organisation war das Ergebnis einer nichtstrukturellen Kopplung zwischen Funktionseinheiten, die den Organismus bildeten, argumentierte er. (Hier sollte man sich in Erinnerung rufen, daß Schrödinger sogar die Äquivalenz von Information und Negentropie als Maß für die strukturelle Organisation verwarf.) Naturwissenschaftler hätten ebenso Einwände dagegen vorbringen können, daß eine Thermodynamik für geschlossene Systeme auf Nichtgleichgewichts- (d. h. belebte) Prozesse angewendet wurde.

Durch solche Schwächen ließ sich Quastler nicht von seinem Vorhaben abbringen. Die provozierende Ähnlichkeit zwischen dem Wiener-Shannon-Maß für Information und der Boltzmannschen Entropiegleichung (eine mathematische Homologie, die nicht notwendigerweise bewies, daß beiden ein gemeinsamer physikalischer Mechanismus zugrunde lag) zeichnete für ihn einen Weg vor, auf dem er sich hin und her bewegte und immer weitere begriffliche Modelle und analytische Werkzeuge in die Biologie einbrachte. Auf der Grundlage grober Schätzungen häufte Quastler Annahmen auf Hypothesen und baute ein semiotisches Kartenhaus aus symbolischen Repräsentationen, quantitativen Beziehungen und numerologischen Mustern. Seine bahnbrechenden Untersuchungen waren nicht zwangsläufig falsch, doch es fehlte ihnen an Vorhersagekraft, an Möglichkeiten der Theorieüberprüfung und der Entwicklung experimenteller Versuchspläne. Gleichwohl trugen sie dazu bei, daß ein neuer semiotischer Raum geschaffen wurde, in dem sich »biologische Kontrollsysteme« axiomatisch darstellen ließen, ohne daß ihre Materialität und Komponenten bekannt waren. Indem Quastler und seine Kollegen genau erklärten, wie kryptoanalytische und mathematische Prinzipien der Informationstheorie auf lebende Systeme angewandt werden konnten, schienen sie ein Potential zu aktualisieren, das in Wieners kybernetischer Vision, Shannons Kommunikationsschema und von Neumanns selbst-reproduzierenden Maschinen lag. Die Einladung von Foersters, diese Ideen auf der neunten Macy-Konferenz zur Kybernetik im Jahr 1953 vorzustellen, zeugte von Quastlers wachsender Autorität im Forschungsfeld.[161]

Quastler erhielt nun beträchtliche wissenschaftliche Anerkennung. »Wenn ein Mann 46 ist und berühmt..., sollte er nicht mit Geschenken überhäuft werden?« fragte er seine Frau Gertrud 1954 an seinem Geburtstag. Am Tag nach ihrem Tod nahm er sich das Leben. »In den paar Monaten, die er in Argonne verbracht hat, bevor er nach Brookhaven kam, hat er mehr Leute beeinflußt, als ich es in einigen Jahren oder sogar im ganzen Leben für möglich gehalten hätte«, bemerkte ein Kollege bei Quastlers Gedenkgottesdienst.

Quastler verbesserte seine Ideen über die Informationstheorie in der Biologie (und Psychologie), während er gleichzeitig seine hauptsächliche Forschung in der Strahlenbiologie fortsetzte und einen größeren Karriereschritt plante. Nach einem kurzen Zwischenspiel im *Argonne National Laboratory*, wo ein umfangreiches Forschungsprogramm über klinische Anwendungsmöglichkeiten von Radioisotopen und Hochenergiestrahlung gefördert wurde, trat Quastler 1955 in die Biologieabteilung des *Brookhaven National Laboratory* in Upton, New York, ein. Alle drei staatlichen Laboratorien, Argonne, Oak Ridge und Brookhaven, wurzelten im Manhattan-Projekt; sie expandierten im ersten Nachkriegsjahrzehnt stark und bildeten die hauptsächliche Forschungsbasis für die Atomenergiekommission (AEC). Diese Forschungszentren boten luxuriöse Forschungsbedingungen für jene Wissenschaftler, die sich mit dem Prinzip der Geheimhaltung in der Wissenschaft abfinden konnten.[163]

Die staatlichen Laboratorien waren in dreierlei Hinsicht zentral für die Politik der Atomenergiekommission, erklärte deren Bevollmächtigter Henry D. Smythe 1949:

Erstens geht es darum, mehr und bessere Waffen zu liefern. Zweitens, friedliche Nutzungsmöglichkeiten für die Atomenergie zu entwickeln, und drittens, eine wissenschaftliche Stärke im Land zu entwickeln, wie sie langfristig erforderlich ist, um die anderen beiden Punkte zu unterstützen... Es gibt gute Gründe, wieso die staatlichen Laboratorien gebraucht werden und ihre Aufgaben nicht von bereits bestehenden Forschungs- und Entwicklungsorganisationen übernommen werden können. Einer ist selbstverständlich Geheimhaltung ... Ein weiterer Grund ist ... der Vorteil, eine große Gruppe von Leuten aus den unterschiedlichsten Gebieten der Wissenschaft zu versammeln, um in enger Kooperation zu forschen.[164]

Als einziges staatliches Laboratorium, das 1955 über einen großen Forschungsreaktor und ein Protonensynchrotron im Milliarden-Elektronvolt-Bereich verfügte, wies Brookhaven die umfangreichste Forschungsausrüstung in den Strahlenwissenschaften auf. Ein weiterer Vorteil war, daß es offiziell nach dem Kriege gegründet worden war (1946), so daß es Restriktionen umgehen konnte, denen die anderen staatlichen Laboratorien unterworfen waren. Von den drei Laboratorien war in Brookhaven noch am ehesten das ursprüngliche Modell eines regionalen, kooperativen Forschungszentrums verwirklicht.[165] In den fünfziger Jahren konzentrierten sich die Brookhaven-Symposien auf Themen wie »Mutation« (1955), »Genetik in der Pflanzenzüchtung« (1956) und »Struktur und Funktion genetischer Elemente« (1959). Die Symposien entwickelten sich zu angesehenen Zusammenkünften der Molekularbiologen.[166]

In Brookhaven erlebte Quastler seine Blütezeit. Während er seine beiden Projekte verfolgte – Strahlenbiologie und Informationsbiologie – wuchs der Kreis seiner Mitarbeiter und Studenten stetig. 1956 beteiligte er sich an der Organisation eines weiteren Symposions über Informationstheorie und Biologie, das weitaus umfassender war als das erste im Jahre 1952. Es wurde vom *Oak Ridge National Laboratory* in Tennessee gefördert (das nicht wenige Lebenswissenschaftler in seinen Abteilungen für Strahlenschutz und Biologie beschäftigte) und hatte als Themenschwerpunkt die Speicherung und den Transfer biologischer Information, Informationsmaße, Information und Ionisierung, Alterung und Strahlenschäden sowie Informationsnetzwerke. Auch McCulloch wurde eingeladen, doch er sagte ab, denn er hatte Vorbehalte gegenüber dem Projekt. Er ging davon aus, daß die Informationstheorie sich vermutlich noch nicht eignete, um die biologische Komplexität zu untersuchen, und eine Anwendungsmöglichkeit ohnehin davon abhing, daß man den genetischen Code entschlüsselte:

Ich bezweifle, daß die Informationstheorie bereits in geeigneter Weise auf die Komplexität biologischer Probleme abgestimmt ist. Um die Theorie in ihrem gegenwärtigen Stadium anzuwenden, es sei denn in einer äußerst rudimentären Form, müssen wir nicht nur den Code im zentralen Nervensystem knacken, sondern auch in der Genetik. Ich nehme an, daß die Natur den Code in irgendeiner Weise für das Rauschen optimiert hat, mit dem sie es zu tun hat; doch selbst wenn wir etwas über das Rauschen wissen, kennen wir den optimalen Code immer noch nicht gut genug, um eine signifikante untere Grenze für die Informationskapazität eines biologischen Übertragungskanals festzulegen... Ich habe mit Dr. Wiesner und mehreren anderen Mitgliedern des Fachbereichs gesprochen, und sie alle stimmen hierin mit mir überein.

Tatsächlich waren die erhellendsten Aspekte des Symposions – unter dem Gesichtspunkt der Geschichte der Molekularbiologie – die Einleitung, die Vorträge über den genetischen Code und die Abschlußdiskussion.[167] Zur Einleitung gehörte ein wohldurchdachter Leitfaden (mit Übungen) zur Informationstheorie – ursprünglich von Quastler als technischer Bericht für das *Office of Ordnance Research* vorbereitet und in den Augen von Foersters einer der besten Texte, die je über das Thema geschrieben worden sind. Der Leitfaden sollte Biologen und Psychologen mit dem nötigen Rüstzeug ausstatten, um ihre Probleme in Informationsbegriffen zu reformulieren, und widmete den Prinzipien der Codierung als einem Aspekt der Informationsdarstellung beträchtliche Aufmerksamkeit. Gestützt auf frühere Untersuchungen zur »Proteincodierung« und natürlich in Reaktion auf die zunehmende Verzauberung durch den DNA-»Code«, wurden Symbole, Alphabet und »Wörter« zu Repräsentationselementen erklärt und der Status verschiedener Typen von Code in der Informationstheorie untersucht. Weiterhin ging es um Organisation im Sinne von Systemanalyse und Spieltheorie. In mehreren Übungen wurde die Anwendung dieser Techniken auf biologische Probleme demonstriert.[168] In einem weiteren einleitenden Beitrag stellte der Biophysiker Hubert P. Yockey den neuesten Kenntnisstand in der Molekulargenetik vor, einschließlich des DNA-Modells von Watson und Crick, um davon ausgehend ein informationstheoretisches Modell der Proteinsynthese in der Zelle zu entwickeln. Gestützt auf Dancoffs Prinzip, erörterte er hauptsächlich die Rolle des Rauschens beim Genom. Er hob den wichtigen Beitrag der Informationstheorie für die Biologie hervor und betonte ihre Fähigkeit, die beiden Schlüsselbegriffe Organisation und Spezifität zu quantifizieren.[169]

George Gamow und der Mikrobiologe Martynas Yčas, die beide in intensiver Zusammenarbeit »den genetischen Code« zu entschlüsseln suchten, wie er nun zunehmend genannt wurde, präsentierten einen kryptographischen Ansatz zur Proteinsynthese. Ausgehend von einem »Informationstransfer von Nukleinsäuren zu Proteinen« und anhand einer Kryptoanalyse der möglichen Verteilung von Aminosäuren in zwei Proteinen zeigten sie auf, daß diese Sequenzen weniger Einschränkungen unterlagen als sprachbasierte Kryptogramme; dementsprechend erwarteten sie, daß die Protein-Decodierung eine weitaus größere Herausforderung darstellte als gewöhnliche Codes.[170] Yčas untersuchte verschiedene »Proteintexte« (partielle Proteinsequenzen), analysierte die Auftretenswahrscheinlichkeit von Aminosäuren und wandte diese Funde mittels der Wiener-Shannon-Relation dann auf das Problem der Informationsspeicherung und -übertragung bei RNA und Proteinen an, wobei alle Resultate, wie er bereitwillig zugab, mangelnder Beweiskraft unterlagen.[171]

Eine Wolke mangelnder Beweiskraft schien über dem gesamten Symposion von 1956 zu hängen. Ungeachtet ihrer Werbung für die Informationstheorie in der Biologie legten die Organisatoren den überängstlichen Ton derer an den Tag, die Anerkennung suchen. Vielleicht aufgrund ihres quasi-akademischen Status oder aus dem Wissen um die Unsicherheit ihrer Hypothesen, oder auch nur aus einem Gefühl der Frustration heraus – der von Quastler geleiteten Abschlußsitzung fehlte der optimistische Ton früherer Diskussionen.

Auf ihrer negativen Seite ist Information sehr stark, d. h. sie kann sehr gut demonstrieren, was sich nicht machen läßt; auf ihrer positiven Seite dagegen hat ihre Anwendung auf das Studium von Lebewesen bisher nicht viele Ergebnisse erbracht; weder hat sie zur Entdeckung neuer Tatsachen geführt, noch wurde ihre Anwendung auf bekannte Tatsachen in kritischen Experimenten getestet. Zum gegenwärtigen Zeitpunkt ist ein definitives und gültiges Urteil über den Wert der Informationstheorie in der Biologie nicht möglich.[172]

Nach Ansicht der Symposionsteilnehmer bildete die Informationstheorie einen roten Faden, mit dem sich in der Ordnung des Universums ein Kontinuum aufspüren ließ, sie war eine Möglichkeit, das Vorhandensein von Leben mit seinem Nichtvorhandensein in Zusammenhang zu bringen – eine Suche nach Regelmäßigkeit in unregelmäßigen Phänomenen. Sie ermutigte auch die Analyse im Sinne der Systemwissenschaften: das Ganze vor den Teilen, das Allgemeine anstelle des Besonderen, Strukturen vor spezifischen Wirkungsmechanismen. Die Informationstheorie würde ihren Platz in der Biologie behalten, glaubten die Symposionsteilnehmer, vielleicht jedoch nur um den Preis eines Kompromisses, d. h. eher als diskursives denn als mathematisches Werkzeug. Ausgehend von »der irreduzibel relativen Natur von Informationsmaßen« und angesichts der Schwierigkeiten bei quantitativen Anwendungen könnte es »vorzuziehen sein, Informationstheorie nur in einer semi-quantitativen Weise einzusetzen« – also metaphorisch.[173] 1961 sollte Yčas diese Einschätzung noch einmal untermauern: »Die in der Forschung Tätigen haben von der Informationstheorie Kenntnis genommen, und sie haben eine qualitative Verwendung für einige ihrer Begriffe gefunden; allerdings wurde in der Praxis kein expliziter, und insbesondere kein quantitativer Gebrauch von der Informationstheorie gemacht.«[174]

Nahezu ein Jahrzehnt nach der Wiener-Shannon-Theorie und von Neumanns Modellen selbst-reproduzierender Automaten, mit ihrer Aussicht, operationalisierbare Techniken für »genetische Kommunikation« bereitzustellen, war der technische Status von Informationstheorie und Kybernetik in der Molekularbiologie zweifelhaft. In den späten fünfziger Jahren erschien Shannons Skepsis gegenüber der Anwendbarkeit der Informationstheorie über den Ingenieurbereich hinaus mehr als berechtigt. Wie Cherry wiederholt betonte: Information ist kein Grundstoff: »Die Signale übermitteln nicht Information, wie etwa Güterzüge Kohle transportieren. Wir sollten besser sagen: Die Signale besitzen, vermöge ihrer *Fähigkeit zur Auswahl*, einen Informationsgehalt.« Auch von Foerster brachte ähnliche Einwände vor und argumentierte, daß es der militärische Kontext von Steuerung und Kontrolle war, der diese verwirrende Epistemologie geschaffen hatte.[175] Technisch vermochte die Informationstheorie in der Molekularbiologie anerkanntermaßen wenig, doch mit der Kompromittierung ihrer technischen Strukturen verstärkte sich ihre diskursive Durchschlagkraft. In der ursprünglichen Form der Theorie, und auch in Quastlers mathematischen Analysen, enthielten alle organisierten Entitäten Information: Kohlehydrate, Proteine, Nukleinsäuren. Die Molekulargenetiker (und die Biochemiker in den späten fünfziger Jahren) griffen sich die Nukleinsäuren als einzigen Träger informationeller Eigenschaften heraus. Information – als Bedeutung und als Grundstoff – kennzeichnete schließlich den privilegierten Status der DNA als »Chefmolekül«. Ihres technischen Inhalts entleert, wurde Information wirklich zur Metapher einer Metapher, zu einer Bedeutung ohne Referent. Ihre wissenschaftliche und kulturelle Wirksamkeit beeinträchtigte das jedoch keineswegs. Der Informationsdiskurs verknüpfte die Biologie mit anderen Nachkriegsdiskursen über automatisierte Kommunikationssysteme; er bedeutete eine Möglichkeit, Natur und Gesellschaft begrifflich zu ordnen und zu managen. Und er lieferte den diskursiven, epistemischen und gelegentlich technischen Rahmen für die skripturalen Darstellungen der verschiedenen genetischen Codes in den fünfziger Jahren.

4 Skripturale Technologien: genetische Codes in den fünfziger Jahren

Schwarze Kammern: Aufstieg und Niedergang überlappender Codes

Im günstigsten Falle bescheinigen Wissenschaftler der theoretischen Arbeit am genetischen Code in den fünfziger Jahren naiven Optimismus, schlimmstenfalls gilt sie als irrig und unfruchtbar. Das Pythagoreische Ideal scheint hier zugunsten der Welt der Materie abzudanken. Um aber die Bedeutsamkeit dieser Arbeiten zu erläutern, möchte ich sie zum einen in dem umfassenderen Netzwerk der Codeforscher verorten, zu dem insbesondere George Gamow und der »RNA-Krawattenclub« gehören, zum anderen im kulturellen und militärischen Kontext des Kalten Krieges. Wenn ich Francis Cricks Arbeit in diese Zusammenhänge stelle, mache ich andere Erzählstränge und Geschichten um den genetischen Code sichtbar. Die Erzählungen über den Code, die um Crick herum aufgebaut werden, sind besonders wirkmächtig, wie aus der Äußerung eines Kritikers hervorgeht: »Man kann kaum der Schlußfolgerung ausweichen, daß nach dem Achten Tag nur noch Francis Crick übrigblieb.«[1] Durch diese Berichte wurde die Arbeit anderer unterschätzt, ja sogar verdrängt, vor allem die von George Gamow, dem aus Rußland emigrierten Physiker, Cartoonisten, Wissenschaftspopularisierer und Militärstrategen, der zu Recht als der erste bezeichnet wird, der das später so genannte »Codierungsproblem« definiert hat, und der andere Forscher inspirierte, sich an der Lösung dieses Problems zu versuchen. Die Spuren, die er in der Molekularbiologie hinterlassen hat, sind jedoch im Schatten Cricks verblaßt.

Nicht nur hat Gamow das Codierungsproblem definiert, artikuliert und zu lösen versucht, sondern er brachte auch die mächtige Kultur der Nachkriegsphysik mit ihren verschiedenen Verbindungen zum Militär dazu, sich mit den Repräsentationen der Vererbung und des Lebens zu beschäftigen. Mochte auch seine Beteiligung an der Molekularbiologie zeitlich begrenzt geblieben sein, so hinterließ er doch ein Erbe, das Bestand hatte: Sein Ansatz stellte eine überzeugende Vorstellungswelt und die diskursive Software bereit, mit denen das mythische Objekt des »genetischen Codes« konstituiert wurde. Gamow stützte sich auf den Informationsdiskurs und die Vererbungsrepräsentationen, wie sie in den Arbeiten Norbert Wieners, Claude Shannons, John von Neumanns und Henry Quastlers entwickelt worden waren; er veranschaulichte die Vererbung als einen Prozeß der Informationsübertragung, der mittels eines Codes funktionierte, vergleichbar einer Geheimschrift oder einem feindlichen Code. Mit seinen intensiven Versuchen, diesen außerordentlich widerspenstigen Code zu knacken, lockte Gamow nicht wenige seiner Kollegen an diese verführerische Herausforderung heran.

Den Anstrengungen zur »Entschlüsselung des Codes« schlossen sich bald auch bedeutende Physiker, Biophysiker, physikalische Chemiker, Mathematiker, Nachrichteningenieure und Computeranalytiker an, deren Projekte wie bei Gamow am Angelpunkt von Waffenentwicklung, *operations research* und Kryptologie angesiedelt waren. Im Verlauf ihrer fünfjährigen Forschung am Code trugen Gamow und seine Mitarbeiter die Tropen der Kommunikationswissenschaften in die Molekularbiologie hinein, sie importierten Informationstheorie, Linguistik und computerbasierte Kryptoanalyse zusammen mit ihrer Verwicklung in Physik und Verteidigung. Damit erweiterte und vergrößerte Gamow den diskursiven Raum, der mit Norbert Wiener und John von Neumann in den späten vierziger Jahren eröffnet worden war und den Henry Quastler in den frühen fünfziger Jahren weiter bearbeitet hatte: Vererbung wurde als Informationsübertragung aufgefaßt; Organismen und Gene wurden in Begriffen von Botschaften, Wörtern, Buchstaben, Instruktionen und Texten repräsentiert. Die von Gamow beigesteuerten semiotischen Werkzeuge, bald gefolgt von anderen linguistischen Tropen wie Kommas, Wörterbücher, Sinn, Nonsense und falscher Sinn, die Crick, Delbrück und ihre Mitarbeiter bald verwendeten, trugen dazu bei, das Bild des Genoms als Codebuch zu fixieren. Wie Carl R. Woese, einer der Code-Entschlüsseler, der auch die Informationstheorie einsetzte, später reflektierte: »Im allgemeinen wurde nicht gewürdigt, daß die späteren spektakulären Fortschritte im Forschungsfeld, die in der zweiten Periode [1961–1967] erfolgten, mühelos assimiliert und interpretiert wurden, ihr Wert angemessen eingeschätzt und neue Experimente schnell entworfen werden konnten, gerade weil das begriffliche Grundgerüst bereits errichtet worden war.«[2]

Nicht bloß ein Begriffsgerüst war aufgebaut worden; es hatte sich ein Macht/Wissen-Komplex gebildet, in dem die Molekularbiologie als Informationswissenschaft rekonfiguriert und ihre Objekte in Begriffen elektronischer Kommunikationssysteme und sprachlicher Kommunikation repräsentiert wurden. Manche Forscher beklagten, andere feierten den kognitiven und disziplinären Einfluß der Physiker auf die Molekularbiologie oder den Einfluß der Technowissenschaften des Kalten Krieges auf die Lebenswissenschaften. Wie Evelyn Fox Keller bemerkt hat, sollten wir allerdings unsere Aufmerksamkeit auf die sozialen und materialen Dimensionen dieses Macht/Wissen-Komplexes richten. Die Physik diente als soziale Ressource für die Biologie, die sich physikartige Agendas, Sprachformen, Einstellungen, ja sogar die Namen von Physikern ausborgte; damit wurden schließlich Charakter und Ziele der Biologie umgeformt.[3] Doch die Physik war nicht die einzige Ressource. Wenn in diesem Kapitel die Arbeit am genetischen Code in den fünfziger Jahren untersucht wird, einschließlich der eingesetzten kognitiven Strategien und diskursiven, materialen und sozialen Praktiken, wird deutlich werden, wie das alte Problem genetischer Spezifität durch skripturale Technologien neu gerahmt oder interpretiert wurde. Diese Schrifttechnologien bildeten sich an der Schnittstelle mehrerer miteinander verschränkter Nachkriegsdiskurse: Informationstheorie, Kryptoanalyse und Linguistik.[4]

Der Rauten-Code

Wie den meisten Physikern gefiel es auch George Gamow (1904– 1968), sich als Neuling in der Biologie auszugeben, als bloßen Dilettanten, der auf ein interessantes Problem gestoßen war. Doch aus der Datenspur seiner zahlreichen und frohsinnig illustrierten Papiere geht etwas anderes hervor. Schon in den frühen vierziger Jahren, als er noch an der George Washington University in Washington D.C. an Theorien über den Ursprung chemischer Elemente und die Geburt des Universums arbeitete, plante er ein Biologiebuch mit dem Titel *The Dance of the Chromosomes*; er wollte es zusammen mit Max Delbrück verfassen, seinem Freund seit 1932, als sie als Postdoktoranden gemeinsam ein Jahr an Niels Bohrs Institut in Kopenhagen verbracht hatten. Aus Entwürfen und Gliederungen für das Buch geht hervor, daß Gamow über den aktuellen Wissensstand in der Biologie auf dem laufenden war und eine kindliche Begeisterung für das Thema entwickelte (das Buch wurde nie fertiggestellt). Auch organisierte er 1946 in Washington die wichtige Konferenz »Die Physik lebender Materie«, durch die führende Physiker mit biologischen Problemen vertraut gemacht werden sollten (siehe Kapitel 3). Im Frühjahr 1953, als Watson und Crick gerade die Struktur der DNA in *Nature* veröffentlicht hatten, fand Gamows populärwissenschaftliches Biologiebuch *Mr. Tompkins Learns the Facts of Life* große Verbreitung.[5]

Der Bericht von Watson und Crick versetzte Gamow in größte Aufregung:

Ich erinnere mich noch sehr gut an diesen Tag. Aus irgendeinem Grund hatte ich Berkeley besucht und ging gerade durch den Korridor des Strahlenforschungslabors, als mir Luis Alvarez begegnete, mit *Nature* in der Hand (Luis Alvarez interessierte sich damals für Biologie), und sagte: »Sieh mal, was für einen wunderbaren Artikel Watson und Crick hier geschrieben haben.« Damals sah ich ihn zum ersten Mal. Und dann kehrte ich nach Washington zurück und begann, darüber nachzudenken.[6]

Bald schon schrieb er einen Brief an Watson und Crick.

Sehr geehrter Dr. Watson, sehr geehrter Dr. Crick,

Ich bin Physiker, kein Biologe... Doch Ihr Artikel in Nature vom 30. Mai hat großes Interesse bei mir hervorgerufen, und ich denke, damit gelangt die Biologie in die Gruppe der »exakten« Wissenschaften. Ich habe vor, den September über nach England zu kommen, und hoffe, die Gelegenheit zu haben, mit Ihnen über all das sprechen zu können, doch einige Fragen möchte ich Ihnen jetzt schon stellen. Wenn Ihre Ansicht stimmt, wird jeder Organismus durch eine lange Zahl charakterisiert, die in einem Quadrupel-System geschrieben ist, wobei die Zahlen 1, 2, 3, 4 für verschiedene Basen stehen... [die »Zahl des Tiers« wäre als quantitativer Indikator für die Spezies zu nehmen]. Dies würde eine sehr aufregende Aussicht für die theoretische Forschung bedeuten, ausgehend von Kombinatorik und Zahlentheorie!... Ich habe das Gefühl, daß das machbar ist. Was denken Sie?

Die Beziehung zwischen DNA-Struktur und Proteinsynthese sah Gamow als ein numerisches kryptoanalytisches Problem: Wie kann eine lange Sequenz aus vier Nukleotiden die Zuweisung langer Proteinsequenzen bestimmen, die aus zwanzig Aminosäuren bestehen? »Und die Frage war herauszufinden: Ist das möglich?«[7]

Ich war damals Berater bei der Navy und kannte einige Leute bei dieser hochgeheimen Arbeit im Navy-Kellergeschoß, die dechiffrierten und den japanischen Code knackten und solche Dinge. Also sprach ich mit dem Admiral, dem Chef des Bureau of Ordnance... Ich legte ihnen das Problem dar, gab ihnen die Protein-Dinger [Liste von Aminosäuren], sie gaben sie in eine Maschine [Computer], und nach zwei Wochen informierten sie mich, daß es keine Lösung gibt. Ah!

1953, das Jahr, in dem Gamow sich in die Entzifferung des genetischen Codes stürzte, markierte einen wichtigen Zeitpunkt im Kalten Krieg. Für Gamow nicht unbedeutsam, wandelten sich gerade die kryptoanalytischen Theorien und Technologien in einem neuen Macht/Wissen-Komplex, der durch computerbasierte linguistische Analysen und Informationstheorie konfiguriert war. Jenes Jahr – das Jahr von Stalins Tod, der Beendigung des Korea-Krieges und des ersten sowjetischen Wasserstoffbomben-Tests – bedeutete auch eine neue Eskalation in der Frage der nationalen Sicherheit. Das Wüten des McCarthyismus verstärkte sich, und Trumans Loyalitätsprogramm wurde durch den neuen Präsidenten Eisenhower beträchtlich erweitert und verstärkt. So wurde die sicherheitspolitische Unbedenklichkeit für den Helden des Manhattan Projekts, Robert Oppenheimer, aufgehoben, als dieser sich gegen den Bau der Wasserstoffbombe aussprach. Das Ereignis polarisierte die Physikergemeinschaft. Selbst bei Wissenschaftlern, die sich bisher dem Loyalitätsprogramm gegenüber relativ angepaßt verhalten hatten, regte sich nun Widerstand gegen den unnachgiebigen Druck der Regierung; dieser erstreckte sich sogar in Bereiche, die nicht der Geheimhaltung unterlagen, vor allem die Lebenswissenschaften. 1954 wurde Amerikas 15-Megatonnen-H-Bombe auf dem Bikini-Atoll im Pazifik getestet.[8] Der Genetiker George Beadle, Vorsitzender des Biologiefachbereichs am Caltech und Mitglied des Beratungskomitees für die Atomenergiekommission in Sachen Biologie und Medizin, warnte: »Wie viele andere sehe ich in unserem gegenwärtigen Sicherheitssystem eine in ihrer Arbeitsweise derart komplexe Maschinerie, daß sie, einmal in Gang gekommen, nahezu unmöglich zu kontrollieren ist. Nach meinem Empfinden besteht wirklich die Gefahr, daß sie unseren Lebensstil zerstören kann, wenn wir keine Möglichkeit finden, sie zu kontrollieren.«[9] Die Wissenschaft spielte in der Tat eine Schlüsselrolle in dieser vom Thema der nationalen Sicherheit geprägten Situation. Im Zusammenhang mit der von Präsident Eisenhower und Außenminister John Foster Dulles betriebenen Geopolitik »des äußersten Risikos« und mit der »Dominotheorie« totalitaristischer Staaten schnellte der Verteidigungshaushalt 1953 auf mehr als 50 Milliarden Dollar in die Höhe, was mehr als eine Verdoppelung seit 1951 bedeutete. Von diesem Geld wurde das meiste für (atomare) Waffenforschung, Weltraumforschung und die Entwicklung immer schnellerer elektronischer Computer ausgegeben, womit die wissenschaftliche Forschung – insbesondere Physik, Mathematik, Computerwissenschaft und Kryptologie – ins Zentrum der Wissensproduktion des Kalten Krieges rückte.[10]

Als Kryptographie bezeichnet man Methoden, um eine geheime Nachricht (in lesbarem Text) für Außenseiter unverständlich zu machen, indem sie durch Buchstabentranspositionen und/oder -substitutionen umgewandelt wird; diese Methoden sind so alt wie die menschliche Zivilisation. Chiffren und Codes haben in der Antike lange Zeit eine wichtige politische Rolle gespielt: Die Spartaner entwickelten das erste System einer militärischen Kryptographie, und von den römischen Kaisern wurde die Kryptographie regelmäßig eingesetzt. Auch Mönche verwendeten in der Geschichte immer wieder Chiffren. Im Mittelalter kehrte die politische Kryptologie wieder und erlebte in der Renaissance bemerkenswerte Neuerungen: polyalphabetische Verschlüsselungen, selbstbezügliche Verschlüsselungen (die Verwendung der Nachricht selbst als Schlüssel), chiffrierte Codes und Häufigkeitsanalysen. Die Analyse der Buchstabenhäufigkeit und Buchstabennachbarschaften sind in allen Sprachen stets die universellsten und grundlegendsten kryptoanalytischen Verfahren gewesen (in der Kommunikationswissenschaft der Nachkriegszeit sollte dieser Aspekt sich in der Messung der Redundanz von Information wiederfinden). Im 17. Jahrhundert wurden nicht nur weitere technische Neuerungen eingeführt, sondern es fand auch eine Institutionalisierung der Kryptologie statt, als nämlich der große Antoine Rossignol, der eine Art von zweisprachigem Wörterbuch in die Kryptographie einführte und am Hof Ludwigs XIV. zum Kryptologen Frankreichs ernannt wurde. Während des 18. Jahrhunderts wurden die kryptoanalytischen Aktivitäten der Staaten in zentralen schwarzen Kammern untergebracht, »Cabinet noir« genannt, eine Bezeichnung, die auch später für politische Kryptologie-Zentren in Europa und Amerika beibehalten wurde.[11]

Natürlich dienten nicht alle Codes politischen oder militärischen Zwecken. Kommerzielle Codes verbreiteten sich im 19. und frühen 20. Jahrhundert. 1843 wurde die erste öffentliche Telegrafenleitung in England verlegt, und 1844 richtete der Erfinder des Morse-Codes, Samuel F. B. Morse, die erste öffentliche Telegrafenleitung in den Vereinigten Staaten ein. Diese neue Technologie verdrängte bald den Chappe-Flügeltelegrafen. Durch das Atlantikkabel erhielten kommerzielle Codes großen Auftrieb. Zu Beginn des 20. Jahrhunderts hatte nahezu jede nicht ausschließlich lokale Industrie kommerzielle Codes zusammengestellt;

allerdings ging ihre Verwendung in den zwanziger und dreißiger Jahren allmählich zurück.[12] Im Ersten Weltkrieg spielte die Kryptoanalyse nur eine begrenzte Rolle. Ihre beiden wichtigsten Gebiete – kryptographische Verfahren (Encodierung) und kryptoanalytische Techniken (Decodierung) – erwiesen sich am Ende des Krieges als unzulänglich. Die manuelle Verschlüsselung konnte kaum mit dem Nachrichtenaufkommen mithalten, und die rohe Häufigkeitsanalyse überforderte auch den größten Meister. Für die Kryptologie bedeutete der Krieg das Ende einer langen Ära; danach florierten politische Codes. In den zwanziger und dreißiger Jahren vollzogen sich in der Kryptographie grundlegende institutionelle, maschinelle und theoretische Änderungen.

In Großbritannien wurde die kryptoanalytische Behörde innerhalb des Außenministeriums großzügig ausgebaut; 1939 zog die »Kommunikationsabteilung«, wie sie euphemistisch genannt wurde, zum berühmten Bletchley Park – in den vierziger Jahren vermutlich das führende Kryptoanalysezentrum der Welt, wo einige der größten Mathematiker und Physiker der damaligen Zeit arbeiteten (unter ihnen Alan M. Turing). In den Vereinigten Staaten wurde 1919 in New York, unter Leitung des bekannten Kryptologen Herbert Osborne Yardley, die als *American Black Chambers* bekannt gewordene Organisation eingerichtet. Ende der zwanziger Jahre verdrängten neu erfundene Chiffriermaschinen die mit Papier und Stift arbeitenden Methoden, und mathematische Verfahren wurden in die Kryptologie eingeführt. Der New Yorker Mathematiker Lester S. Hill entwickelte algebraische Verfahren (lineare Gleichungen und ihre Matrizen) für die Verschlüsselung, und der aus Rußland stammende Wolfe Friedman, ein in Cornell ausgebildeter Genetiker, bahnte den Weg für statistische Methoden in der Kryptoanalyse. Zum ersten Mal in der Geschichte der Kryptologie wurde die Verteilung der Buchstabenhäufigkeit als mathematischer Parameter behandelt; dieser konzeptuelle Sprung spornte zum Einsatz weiterer statistischer Werkzeuge in der Kryptologie an. Friedman fungierte als erster Direktor des *Signal Intelligence Service* (SIS), der 1930 als Nachfolgeorganisation der *American Black Chambers* gegründet und nach 1945 in *Army Security Agency* umbenannt wurde. Der SIS vergrößerte sich innerhalb weniger Jahrzehnte stark, bis er schließlich zu Amerikas kryptologischem Imperium im Dienste der von Truman 1952 ins Leben gerufenen *National Security Agency* (NSA) wurde. Die institutionellen, maschinellen und mathematischen Trends der dreißiger Jahre führten 1945 zu einem bedeutenden Wandel. Im Zweiten Weltkrieg wurde die Kryptographie zunehmend mechanisiert und die Kryptoanalyse mathematisiert, die Kryptologie wurde zur Hauptnachrichtenquelle des Staates.[13]

Zu dem Zeitpunkt, als Gamow die Kryptologen von der Navy konsultierte, wurden diese Praktiken bereits durch die mathematische Kommunikationstheorie umgestoßen. Die Informationstheorie hob die Kryptoanalyse auf eine neue technische Stufe, denn der von Claude Shannon in den Jahren um 1950 formulierte Redundanzbegriff wurde nun auf die Codetheorie angewandt.[14] Bekanntlich zielte Shannons statistische Kommunikationstheorie unter anderem darauf ab, ein Redundanzmaß für Codes (z. B. telegrafische Codes) aufzustellen, das in Bit berechnet wurde. (Redundanz wurde definiert als eins minus relative Entropie; siehe Kapitel 3.) Da Nachrichten in Zeichen ausgedrückt wurden, d. h. als physische Signale, ließ sich die durch Veränderung von Codestrukturen hinzugefügte oder abgezogene Redundanzmenge quantitativ angeben.

Shannon wandte diese Idee auf Sprachwissenschaft und Kryptoanalyse an und beeinflußte damit beide. Redundanz bedeutet, daß in einer Nachricht mehr Symbole übertragen werden, als wirklich nötig sind, um die Information zu übermitteln. Im Englischen ist das *u* in *qu* redundant, bemerkte Shannon, denn auf *q* folgt stets *u*; auch viele *the* sind redundant, wie vollkommen lesbare Telegramme bezeugen. Diese Art von Redundanz entsteht gewöhnlich aus einem Übermaß an sprachlichen Regeln und Einschränkungen; Shannon errechnete, daß das Englische zu 50 bis 75 Prozent redundant ist. Da Shannons Kommunikationstheorie deutlich machte, daß Redundanz (unterstützt von Buchstabenhäufigkeitszählungen) sich als Grundlage für die Kryptoanalyse verwenden ließ, ging aus ihr gleichzeitig hervor, wie sich Dechiffrierungen erschweren ließen und wieviel Chiffriertext nötig war, um eine zuverlässige Lösung zu erhalten.

Die neuen Herangehensweisen waren mit dem Einsatz elektronischer Computer verbunden. In den fünfziger Jahren wurde die Kryptoanalyse damit nicht nur zu neuen Höhen der Effizienz und Ausgeklügeltheit geführt, sondern innerhalb einer neuen Wissenschaft der elektronischen Kommunikation neu konstituiert. Kombiniert mit symbolischer Logik, mit Linguistik als logischer Syntax und Maschinenübersetzung, wurde die Kryptoanalyse im Rahmen der zwingenden Logik von Steuerungs- und Kontrollsystemen mit neuen Bedeutungen versehen. Die NSA verfügte weltweit über die größte Computerausrüstung.[15] Doch auch andere Zentren des Verteidigungsministeriums, wie beispielsweise das Ordnance Bureau in Washington, D.C., oder das *Los Alamos Scientific Laboratory*, verfügten über Möglichkeiten der elektronischen Kryptoanalyse auf dem neuesten Stand der Technik; auf sie griffen Gamow und sein Code-Entschlüsselungsteam in den fünfziger Jahren zurück.

Damals erstreckte sich Gamows Ruhm weit über die Grenzen der theoretischen Physik, ja selbst der Kosmologie hinaus; er hatte die wissenschaftliche Phantasie im Amerika der fünfziger Jahre erobert. In einer großen weißen Kabriolimousine mit roten Sitzen fuhr er gemächlich durch die Gegend. Crick erinnerte sich: »Er erzählte mir, ein Drittel seines Einkommens stamme aus seinen akademischen Verpflichtungen, ein Drittel aus seiner schriftstellerischen Tätigkeit und ein Drittel aus seiner Beratertätigkeit; das erklärte teilweise, wie er sich einen solchen nicht gerade billigen Wagen leisten konnte.«[16] Gamows Aktivitäten, vor allem seine Beratertätigkeit für Verteidigungsbehörden und Rüstungskonzerne – U.S. Navy Bureau of Ordnance, Air Force Scientific Advisory Board, Army Office of Operations Research, Los Alamos Scientific Laboratory, Convair (San Diego, Kalifornien) und Rand – waren geradezu eine Verkörperung der feinmaschigen Funktionsweise des militärisch-industriell-akademischen Komplexes.[17] Seine Karriere als Militärstratege glich der seines Freundes John von Neumann. Mit »Johnny« teilte er nicht nur kulturelle und politische Bindungen, sondern auch geistige Interessen.[18]

In seiner Zeit als Professor für Physik an der George Washington University (1934–56) nahm Gamow mehrere Gastprofessuren wahr, unter anderem an der Universität von Michigan, der Ohio State University, der University of California in Berkeley und in Santa Barbara, sowie Einladungen von Fakultäten in Japan, Indien und Australien. Die letzten zwölf Jahre seines Lebens verbrachte er als Professor für Physik an der Universität von Colorado in Boulder.[19] Mehr als zwanzig populärwissenschaftliche Bücher über Physik, Kosmologie, mathematische Rätsel und Biologie wurden von ihm veröffentlicht, einschließlich der hochgelobten Serie »Mr. Tompkins Abenteuer in der Wissenschaft«. Wegen seines Status, seines Überschwangs und Hangs zum Geschichtenerzählen wurde er von den Medien umworben und erfreute sich zahlreicher Einladungen zu Fernsehauftritten.[20] Zwischen seinen vielen akademischen Verpflichtungen quer durch das Land von der Ostküste zur Westküste, seinen Beratertätigkeiten und populärwissenschaftlichen Aktivitäten führte Gamow, wie seine Kollegen von Neumann und Leo Szilard, ein Wanderleben. Seine pittoresken Briefe, oft auf den unterschiedlichsten Briefbögen von Universitäten, Firmen oder Hotels geschrieben, markieren seine kometenhaften Spuren.

Gamow sandte seine vorläufige Formulierung und Lösung zu dem, was später zum »Codierungsproblem« werden sollte, im Oktober 1953 als kurze Notiz an *Nature* – »Possible Relation Between Deoxyribonucleic Acid and Protein Structures« –, worauf er später eine vollständige Darstellung folgen ließ. Wie er es Watson und Crick beschrieben hatte, konnten die Vererbungseigenschaften eines Organismus als »eine lange Zahl, geschrieben in einem Vierer-System« (Adenin, Thymin, Guanin, Cytosin) repräsentiert werden, von der die aus ungefähr zwanzig verschiedenen Aminosäuren gebildeten langen Peptidketten vollständig bestimmt wurden. Wie manche vor ihm, insbesondere die Referenten auf Henry Quastlers Symposion von 1952 über die »Informationstheorie in der Biologie«, sah Gamow in diesen Peptiden »lange ›Wörter‹, die auf einem 20-Buchstaben-Alphabet beruhen. Es erhebt sich die Frage, auf welche Weise Zahlen aus vier Ziffern in solche ›Wörter‹ übersetzt werden können.« Damit erweiterte und verstärkte Gamow den diskursiven Trend, Zellen und Moleküle als Texte zu repräsentieren, oder, wie Richard Doyle es umschrieb, als Orte einer lexikalischen, textuellen Problematik.[21]

Die von Gamow vorgeschlagene Lösung, der sogenannte Rautencode, beruhte auf einer Korrelation mit spezifischen Eigenschaften (siehe Abbildung 5). Es war ein überlappender Triplett-Code – auch wenn er erst einige Jahre später so bezeichnet werden sollte –, basierend auf einem kombinatorischen Schema, in dem vier Nukleotide, arrangiert in Dreiergruppen (4x4x4=64), mehr als ausreichend waren, um zwanzig Aminosäuren zu spezifizieren. (Ein Nukleotid-Dublett, 4x4=16, genügte nicht.) Demnach bestand die Sequenz AGCTGAACT... aus den überlappenden Kombinationen AGC, GCT, CTG, TGA usw. (die jeweils die Aminosäuren A1, A2, A3, A4 spezifizierten), so daß jedes Nukleotid-Triplett zwei Basen mit seinem Nachbartriplett teilte. Einer Sprache gar nicht unähnlich, war dies ein sehr restriktives Schema hinsichtlich der intersymbolischen Korrelation. Auch basierte es ausschließlich auf DNA-Protein-Wechselbeziehungen und auf Mechanismen, die von einer gleichzeitigen »Übersetzung« beider DNA-Ketten ausgingen. Wie Ga-

Schwarze Kammern: Aufstieg und Niedergang überlappender Codes 189

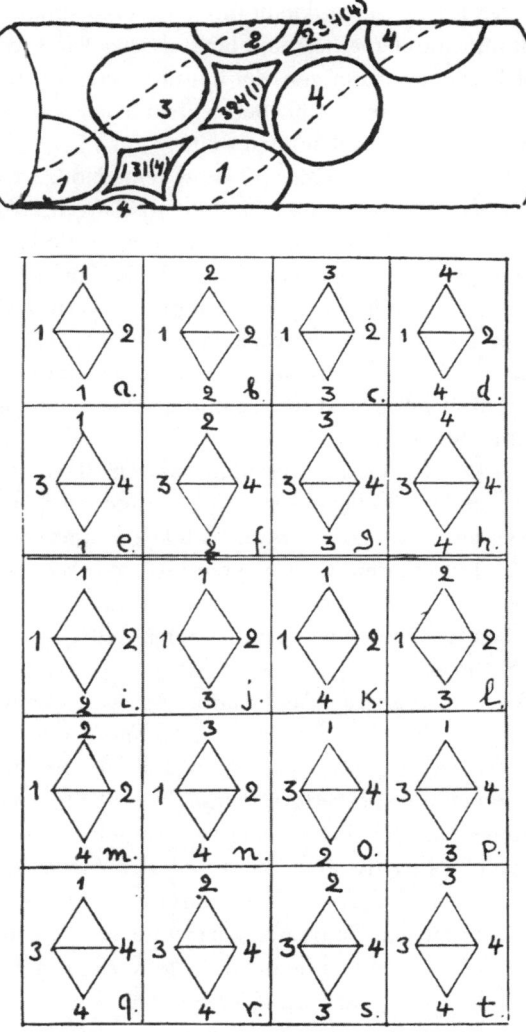

Abbildung 5. George Gamow, »Possible Relation«, Nature 173 (1954): S. 318. *Unten*: die zwanzig verschiedenen Rautentypen; *oben*: die Rauten entlang einer schematischen Darstellung der Doppelhelix angeordnet. © 1954 Macmillan Magazines Ltd.

mow es sich vorstellte, »kann ein solches Übersetzungsverfahren leicht hergestellt werden, wenn man die ›Schlüssel-Schloß‹-Beziehung zwischen verschiedenen Aminosäuren und den rombenförmigen ›Löchern‹ [den Rauten] betrachtet, die sich zwischen verschiedenen Nukleotiden in der Desoxyribonukleinsäurekette ergeben«.[22] Wie es sich traf, bestimmte die elementare kombinatorische Analyse, daß es genau zwanzig solcher rautenförmigen Konfigurationen gab, die exakt den zwanzig Aminosäuren im »Alphabet« entsprachen, den »magischen zwanzig«, wie Gamow sie bald nennen sollte.

Am selben Tag, an dem Gamow seine Notiz an *Nature* sandte, ließ er sein Schema auch Linus Pauling am Caltech zukommen. »Was halten Sie davon?« fragte er den molekularen Großmeister. »Es wäre wunderbar, wenn es stimmen würde!« Doch Pauling hielt gar nicht viel von dem Schema. Im Kern lautete Paulings Antwort: Was gut daran war, war nicht neu, und was neu war, war nicht gut.[23] Crick erinnert sich, daß er sich in jenem Winter (1953 – 54), als er gerade am Brooklyn Polytechnic war, mit Gamow traf und es ihm gelang, alle möglichen Versionen von Gamows Code zu widerlegen, indem er auf die wenigen Sequenzdaten zurückgriff, die damals verfügbar waren – Fred Sangers Insulinsequenz, die gerade vervollständigt wurde –, und dabei implizit davon ausging, daß »der Code« kolinear war (daß DNA- und Proteinstrang parallel zueinander verliefen) und daß er »universell« war, also der gleiche bei allen lebenden Organismen.[24] Kolinearität und Universalität blieben die leitenden Annahmen bis in die sechziger Jahre.

Nicht besser erging es der erweiterten Version von Gamows Idee, »Possible Mathematical Relation Between Deoxyribonucleic Acid and Proteins«. Frisch in die *National Academy of Sciences* (NAS) hineingewählt, reichte Gamow den Artikel als Antrittsbeitrag bei den *Proceedings* der biologischen Akademie (PNAS) ein. Anscheinend rief der Text einiges Aufsehen hervor; Gamow erinnerte sich, daß die Biologen nicht recht glücklich damit waren. Er zog den Artikel zurück, sandte eine Kopie an Crick und Chargaff und veröffentlichte ihn dann in den Berichten der Königlichen Dänischen Akademie, deren Mitglied er ebenfalls war. Das Papier fand anscheinend weite Verbreitung, denn Gamow sandte Nachdrucke an alle Mitglieder der NAS.[25]

In diesem Artikel stellte Gamow das Problem der DNA-Protein-Spezifität in Begriffen der Informationsübertragung, Kryptoanalyse und Linguistik dar. Ein auf deutsch geschriebenes Motto des großen organischen Chemikers Emil Fischer verknüpfte die alten Begriffe biochemischer Spezifität mit der Idee von Organismen als Texten sowie mit »mathematisch möglichen« Lebensformen, »der Zahl des Tiers«. »Die Methoden der Polypeptidsynthese gestatten den Aufbau langer Ketten mit vielfachen Variationen in der Reihenfolge. Es ist drum kein bloßes Spiel mit Zahlen, wenn man die gegebenen Möglichkeiten berechnet«, argumentierte Gamow, Fischer zitierend.[26] Diese numerischen Permutationen waren dafür verantwortlich, daß in den Chromosomen die gesamte Erbinformation übertragen wurde, um die Proteine zu bilden, aus denen die Organismen bestanden, erklärte er, womit er stillschweigend die alte Idee der Spezifität, die den kombinatorischen Anordnungen der Aminosäuren inhärent war, mit dem neuen Begriff des Informationsgehalts verknüpfte und diesen wiederum mit der Vererbung als geheimer sprachlicher Kommunikation.

Überlappung war ein wichtiges Merkmal für die Kryptoanalyse. Gamow vermutete eine mathematische Entsprechung zwischen DNA und Proteinen. Sie ergäbe sich aus der »*erwarteten* intersymbolischen Korrelation« der überlappenden Nukleotide der Rauten und der »*beobachteten* intersymbolischen Korrelation« zwischen Aminosäuren in Polypeptidketten. Unter Zuhilfenahme der Chiffren des Steins von Rosette, nämlich der vor kurzem veröffentlichten Insulinsequenz, sollte es dann möglich sein, einen Teil des Moleküls im Sinne der korrespondierenden Rauten (d. h. Nukleotid-Tripletts) zu »dechiffrieren«. Obwohl die Ergebnisse seiner »Dechiffrierung« nicht mit den Insulinsequenzdaten übereinstimmten und trotz Cricks Kritik blieb Gamow optimistisch. Nachdem er seine Analyse anhand verwandter Berechnungen von intersymbolischen Einschränkungen überprüft hatte, die in Quastlers Band aufgeführt waren, glaubte Gamow, auf dem richtigen Weg zu sein.[27]

Offenbar widersetzten sich nicht alle Lebenswissenschaftler seinen Ideen. Der Biochemiker Erwin Chargaff von der Columbia-Universität begrüßte Gamows Beiträge, auch wenn Chargaff in späteren Jahren der theoretischen Decodierung und ihren Informationstropen feindlich gegenüberstehen sollte. Er erinnerte Gamow daran, daß er selbst schon 1949 auf die spezifische Natur der Basenpaarung hingewiesen hatte, doch erst kürzlich dahin gelangt war, Physiker und Kristallographen für das Problem zu interessieren, »und ich warte immer noch auf einen Mathematiker, der sich dafür erwärmt«.[28] Er hatte Einwände gegen Gamows Schema, vor allem seit er den Nachdruck der dänischen Version erhalten hatte: Es vereinfachte zu stark; und möglicherweise wurden Proteine nicht direkt von der DNA ausgehend synthetisiert. »Vielleicht macht DNA RNA, und RNA macht Proteine«, deutete Chargaff an. Damit gab er eine Ansicht wieder, die zuerst von Jean Brachet und der »Rouge-Cloître-Gruppe« und von Hubert Chantrennes Gruppe in Brüssel vertreten worden war und von Molekularbiologen zunehmend akzeptiert wurde; sie bildete auch die Grundlage von Dounces Modell. Gleichwohl hoffte Chargaff, mit Gamow weiterhin über die »Decodierungs«-Versuche kommunizieren zu können. »Denn sie sind äußerst interessant, und ich wünsche Ihnen viel Glück. Spaß brauche ich Ihnen wohl nicht zu wünschen; den scheinen Sie ohnehin zu haben.«[29]

Gamows Projekt erhielt neuen Auftrieb, als der 1917 in Rußland geborene Biologe Martynas Yčas sich von Gamows Ideen verlocken ließ und dann für nahezu vier Jahre als sein wichtigster Code-Mitstreiter fungierte. Ein ausgebildeter Jurist, wechselte Yčas nach seiner Einwanderung in die Vereinigten Staaten 1941 zur Biologie und erlangte an der Universität von Wisconsin seinen *Bachelor of Arts* in Zoologie. Nach drei Jahren Militärdienst ging er ans Caltech, wo er seinen Hochschulabschluß in Embryologie und Meeresbiologie absolvierte, dem 1950 eine Dissertation über die Atmungsenzyme bei Seeigeleiern folgte. Von 1951 bis 1956 – dem Höhepunkt seiner »Decodierungsarbeit« mit Gamow – arbeitete Yčas als Biologe bei der U.S. Army, und zwar in der *Pioneering Research Division, Quartermaster Research and Development Command*, die zunächst in Philadelphia stationiert war und später in einem neuen erweiterten Quartier in Natick, Massachusetts. 1956 wurde Yčas mit Gamows und George Beadles Unterstützung Professor für Mikrobiologie an der State University of New York in Syracuse.[30]

Trotz oder vielleicht gerade wegen seiner umfassenden biologischen Ausbildung hegte Yčas, wie viele Biologen, ein intellektuelles und disziplinäres Minderwertigkeitsgefühl gegenüber den Physikern. Er hielt die meisten Biologen für ziemlich beschränkt, verehrte die analytischen Fähigkeiten und den mathematischen Zauberstab der Physiker und fand Gefallen an der Physikkultur in der Biologie, dem »großartigen Tummelplatz für ernsthafte Kinder, die ehrgeizige Fragen stellen«, wie Delbrück es einmal formulierte.[31] Gamow, der gefeierte Landsmann, wurde zu Yčas Alter ego; Yčas seinerseits verschaffte Gamow intellektuelle und disziplinäre Verbindungen zur Biologie. Wie Gamow einige Jahre später schrieb: »Während der letzten beiden Jahre haben wir als Team gearbeitet ... Als Biologe kümmert sich Dr. Yčas um den biologischen Teil der untersuchten Probleme, während ich den mehr mathematischen Teil des Bildes behandle.«[32]

Kurz nach Veröffentlichung von Gamows Notiz in *Nature* eröffnete Yčas die Korrespondenz und teilte ihm mit, daß die Sequenz der Aminosäuren im Insulin nicht mit seinem Rautencode bestimmt werden konnte. (Er erinnerte sich später daran, daß Gamow zugestand, zwei Marinekryptologen in Washington seien zum selben Schluß gelangt.) Yčas hatte einen eher biologischen Blickwinkel auf das Problem: »Um im gebräuchlichen Jargon zu bleiben, befindet sich die Information, die den Organismus vollständig bestimmt, in unterschiedlichem Grade im gesamten Organismus, und nicht ausschließlich in einem einzigen Teil desselben.« Gleichwohl war er davon überzeugt, daß die DNA in irgendeiner Version von Gamows Code Information übertrug. Inzwischen hatte Gamow bereits verstanden, daß der Rautencode theoretisch eine zu große Vereinfachung darstellte; er nahm das Problem nun empirisch in Angriff, indem er Fischer-Atommodelle von der DNA und Aminosäuren baute.[33]

Gamow nahm Yčas' Kritik freundlich auf. »Ich denke nicht, daß Ihre Briefe vom Typ ›Spielverderber‹ sind«, versicherte er; »sie klingen eher, als kämen sie von einem ›Kumpel‹ aus einer anderen Kompanie an der Front, die in einem schwierigen Vorstoß gegen den verschanzten Feind vorrückt. Als Armeeberater an der Front der Nuklearwaffen und *operations research* (Schlachttheorie) bin ich ziemlich begeistert, daß Steuermannscorps ein derart vitales Interesse an DNA und Proteinsynthese an den Tag legen.«[34] Neben ihren geistigen Interessen und russischen Bindungen teilten beide die kulturellen Werte ihrer militärischen Schirmherrn. Zu dieser Zeit war Gamow Gastprofessor in Berkeley, wo er Graduiertenseminare über »Relativität und Kosmologie« und über die »Entwicklung der Sterne« abhielt. Er nutzte seinen Aufenthalt an der Westküste, um das Caltech zu besuchen und das Codierungsproblem mit Delbrück und dessen Kollegen zu diskutieren, darunter dem Molekularbiophysiker Alexander Rich (ein Forschungsstipendiat in Paulings Chemieabteilung) sowie dem Physiker Richard Feynman.[35]

Dem Rautencode schlug einige Skepsis entgegen, doch Gamow erregte sich schon über das neue »rein formale Ersetzungs-Schema (das möglicherweise nicht bei der DNA funktioniert, doch die informative [Botschaft] für RNA [sein] könnte)«. Er dachte, daß die Decodierung nach diesen neuen Grundsätzen (dem sogenannten Haupt-/Neben-Code) einen elektronischen Computer erforderte, und beabsichtigte, das Problem im Juli auf dem MANIAC in Los Alamos durchzuprobieren.

»Seitdem ist Gamow oft hier aufgetaucht«, berichtete Gunther Stent, der Phagengenetiker in Wendell Stanleys Viruslabor in Berkeley, seinem Freund Delbrück. »Einen Tag in der Woche widmet er zur Zeit der ›Biologie‹. Er hat die DNA-Struktur mit Herschfelder-Atommodellen gebaut und ist sehr stolz auf sein imposantes Gefüge. Doch ich fürchte, daß in seine ›Rauten‹ nichts hineinpaßt.«[36]

Auch wenn keine Aminosäuren in Gamows Rauten paßten, seine Kollegen waren durchaus davon angetan. Gamow und sein Codierungsschema erzeugten einen ansteckenden Enthusiasmus, so daß sich eine wachsende Zahl prominenter Physiker von den mathematischen Eigenschaften des Codes herausgefordert fühlte. Angesichts des zunehmenden Interesses am Codierungsproblem und an der RNA als möglichem Code für den Zusammenbau von Proteinen beschloß Gamow, dem Codierungsnetzwerk eine festere Form zu geben, und gründete den »RNA-Krawattenclub«. »Wir tranken einfach kalifornischen Wein und hatten dann eine Idee«, erinnerte sich Gamow. Wein, Bier und Whiskey scheinen entscheidende Schmiermittel für die Phantasie der Physiker gewesen zu sein. »Wenn man drei oder vier Wissenschaftler zusammenhatte und drei oder vier Flaschen Bier, hatte man entweder einen neuen Reaktor oder eine neue Bombe als Ergebnis des Abends«, erinnert sich Sumner T. Pike, geschäftsführender Vorsitzender der Atomenergiekommission. »Wissenschaftler scheinen gern zu reden und Bier zu trinken, nehme ich an.« Gamow, der manchmal mit dem Spitznamen »Whiskeytwisty« bedacht wurde, befand sich zu diesem Zeitpunkt bereits auf dem glitschigen Abhang des Alkoholismus.[37]

Statt für eine Bombe oder einen Reaktor oder eher daneben begeisterten sich Gamow und seine Mitarbeiter für den »feindlichen« Gencode; Leben wurde re-repräsentiert in den Bedeutungsregimen der militärischen Vorstellungswelt im Kalten Krieg. Gamow schrieb: »Wie beim Knacken von Feind-Botschaften im Krieg..., hängt der Erfolg von der verfügbaren *Länge* des codierten Textes ab. Wie jeder Nachrichtenoffizier einem erzählt, ist die Arbeit sehr hart, und der Erfolg hängt hauptsächlich vom Glück ab. Es gibt $20!=10^{17}$ mögliche Zuordnungen von aa's [Aminosäuren] zu Basentripletts! ... Ich fürchte, ohne die Hilfe elektronischer Computer kann das Problem nicht gelöst werden.«[38] Der Diskurs der genetischen Decodierung wurde nun im operationalen Raum der elektronischen Technologie formuliert.

Ziel des RNA-Krawattenclubs war es, Kommunikation und Kameradschaft zu pflegen, indem man Notizen und Manuskripte zum Codierungsproblem zirkulieren ließ; man hoffte auch, Fördermittel für regelmäßige Treffen ausfindig zu machen. Es war ein exklusiver *Boy's club*, mit genau zwanzig Mitgliedern, von Gamow entsprechend den »magischen zwanzig« Aminosäuren ausgesucht: G. Gamow: ALA (er wollte immer schon eine Gottheit sein, erklärte er), A. Rich: ARG, P. Doty: ASP, R. Ledley: ASN, M. Yčas: CYS, R. Williams: GLU, A. Dounce: GLN, R. Feynman: GLY, M. Calvin: HIS, N. Simons: ISO, E. Teller: LEU, E. Chargaff: LYS, N. Metropolis: MET, G. Stent: PHE, J. Watson: PRO, H. Gordon: SER, L. Orgel: THR, M. Delbrück: TRY, F. Crick: TYR und S. Brenner: VAL. Ehrenmitglieder waren F. Lipmann und A. Szent-Gyorgyi. Unter den Mitgliedern befanden sich dreizehn physikalische Wissenschaftler – Chemiker, Physiker und Mathematiker. Delbrücks Motto »Do or die, or don't try« zierte den Briefbogen des Clubs, neben seiner Offiziersliste: Gamow als Synthetisierer, Watson als Optimist, Crick als Pessimist, Yčas als Archivist und Rich als Lordsiegelbewahrer. Jedes Mitglied erhielt eine Krawatte mit einer graphischen Darstellung (der Vorschlag stammte vom britischen Chemiker Leslie Orgel), nach Gamows Entwurf von einem Herrenausstatter in Los Angeles angefertigt, sowie eine Krawattennadel mit der Kurzformel seiner Aminosäure[39].

Gamow, ein ständiger Optimist, hegte große Hoffnungen für seine kryptologische Bruderschaft, wie er auch auf irgendeine wohlhabende und würdige Schirmherrschaft setzte. Und er kümmerte sich unermüdlich um die brieflichen und organisatorischen Belange des Clubs; Yčas, der Archivist des Clubs, dokumentierte gewissenhaft jede Wendung in der Decodierungsarbeit, einschließlich seiner eigenen beträchtlichen Beiträge. Yčas schien sogar eine Lösung für das Förderungsproblem gefunden zu haben: Es gab eine aussichtsreiche Möglichkeit, militärische Geldmittel zu erhalten, um die Kosten der zweimal jährlich stattfindenden RNA-Krawattenclub-Konferenzen zu decken, die von Gamow begeistert unterstützt wurde. Beider Kampagne um Fördergelder beim Quartermaster Corps der U.S. Army dauerte ungefähr drei Monate und war beinahe von Erfolg gekrönt. »Wir im Quartermaster sind sehr interessiert an den Problemen, die ihr betrachtet, und sind sehr gewillt, in jeder erdenklichen Weise zu helfen, um zum Erfolg eurer Treffen beizutragen«, versicherte der Divisionschef Gamow. Doch der RNA-Krawattenclub formierte sich nie als offizielle Gruppe, und die Förderung verschwand schließlich in der bürokratischen Leichenhalle gescheiterter Projekte (vielleicht auch aufgrund gewisser Probleme mit der sicherheitspolitischen Unbedenklichkeit).[40] Einige Mitglieder – vor allem Delbrück, Crick und der Molekularbiologe Sydney Brenner – schickten bedeutende Beiträge. Doch meist war es, Gamow zufolge (und Yčas pflichtete ihm bei), »nur ein Ergebnis guten kalifornischen Weins. Und sehr schnell löste es sich in nichts auf.«[41] Doch das heißt zu schnell und zu hart geurteilt. Denn über die wenigen bedeutsamen erkenntnismäßigen Beiträge hinaus transferierte der Club trotz oder gerade wegen seiner geografischen Zersplitterung das Codierungsproblem in die Biologie, und mit ihm all seine diskursiven und operationalen Ressourcen, die die Repräsentationen von Vererbung und Leben umgestalten sollten.

Militärische Codes? Logik, Statistik, Linguistik

Anfang Mai 1954 akzeptierte Gamow endlich die offenkundige Tatsache, daß sein »Rautensystem« unmöglich funktionierte; doch er fühlte sich bei weitem nicht entmutigt. »Das Spielen mit Rauten war dennoch ziemlich nützlich, denn diese herzzerreißende Übung hat deutlich gemacht, daß eine Decodierung dieser Art kein hoffnungsloses Unterfangen ist.« Nachdem er gerade von einem Besuch am Caltech und »der südlichen Filiale des ›RNA-Clubs‹ (wie wir uns hier nennen) zurückgekehrt« war, begeisterte er sich für eine neue Codemöglichkeit. Angesichts zunehmender Beweise, daß nicht die doppelsträngige DNA, sondern die einsträngige RNA für die Proteinsynthese verantwortlich war, probierten Gamow, Rich, Feynman und Orgel unterschiedliche Codierungsschemata aus; alle beruhten auf dem Prinzip, Polypeptidfragmente mit den überlappenden Nukleotid-Tripletts einer einsträngigen Nukleinsäure in Übereinstimmung zu bringen. Diese Codierungsschemata waren alle außerordentlich kompliziert und erforderten eine computerbasierte Kryptoanalyse, die während Gamows Aufenthalt in Los Alamos im Juli durchgeführt werden sollte.[42]

Es gab einen Dreieck-Code und seine beiden Varianten: gedrängt und locker (siehe Abbildung 6). Dieser Code beruhte auf einer Entsprechung zwischen zwanzig verschiedenen möglichen Dreiecken (entsprechend dem Zwischenraum der Helix), gebildet von aufeinanderfolgenden Basen: 1, 2, 4, 4, 2, 3, 1, 1, 4 ... und den zwanzig Aminosäuren A, B, C, D, E, F, G, H, I, K, L, M, N, O, P, R, S, T, U, V. In der gedrängten Form des Dreieck-Codes würde die Aminosäurenmontage entlang der Matrize

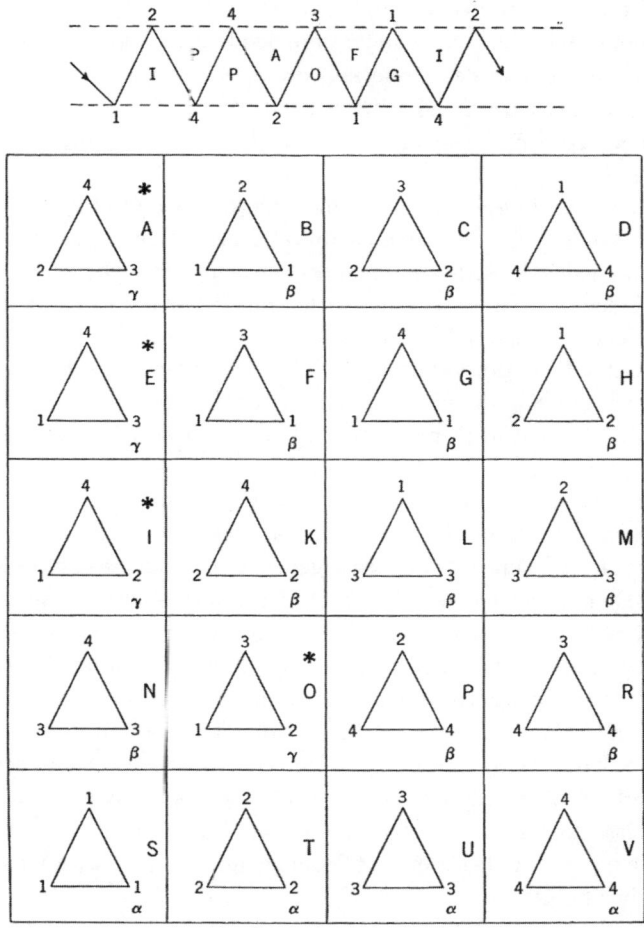

Abbildung 6. George Gamow, Alexander Rich und Martynas Yčas, »The Problem of Information Transfer from Nucleic Acids to Proteins«, *Advances in Biological and Medical Physics* 4 (New York: Academic Press, 1956): S. 48–49. Genehmigter Nachdruck.

folgendes Protein produzieren: I-P-P-A-O-F-G-I (die gestaffelte Sequenz in Abbildung 6 oben); demnach waren die intersymbolischen Kombinationsregeln noch restriktiver als im Rautencode. In der lockeren Variante des Dreieck-Codes sollte eine einzige Matrize gleichzeitig zwei Proteine synthetisieren, die zueinander komplementär waren: I-P-O-G und P-A-F-I (die obere und untere Sequenz in Abbildung 6, S. 197). Die lockere Version des Dreieck-Codes war weniger restriktiv als die gedrängte, was deutlich die Schwierigkeit erhöhte, bekannte Polypeptidsequenzen zu decodieren (je mehr Restriktionen, desto mehr Anhaltspunkte).[43]

Feynman und Orgel schlugen eine andere Version für einen überlappenden Triplett-Code vor: den »Haupt-/Neben-Code«, bei dem die zentrale Base jedes Tripletts als »Haupt«-, die beiden benachbarten als »Neben«-Basen bezeichnet wurden. In diesem Code hatte jede Aminosäure ein Nukleotid, das ihre Plazierung hauptsächlich bestimmte; hier konnten verschiedene Aminosäuren denselben Hauptbestimmungsfaktor haben, doch die benachbarten Nukleotide übten ebenfalls einen Einfluß aus (wie es schon in Dounces Modell von 1952 vorgeschlagen worden war).[44]

Nachdem das »Haupt-/Neben-Code«-Modell unter dem Gewicht der Widersprüche zusammengebrochen war, die sich aus der wachsenden Liste bekannter Peptidsequenzen ergaben, schlug der Atomphysiker Edward Teller – »obwohl sehr beschäftigt mit der H-Bombe und mit Oppenheimer«[45] – eine neue Art von Code vor: den sequentiellen Code. Die Idee von Tellers Code, den Gamow mit dem Spitznamen Russisches-Bad-Code (*bana*) versah, bestand darin, daß eine Aminosäure von zwei Basen und der vorhergehenden Aminosäure definiert wurde. Das provokative Schema beinhaltete, daß es gewisse bevorzugte Sequenzen gab und daß einige intersymbolische Beziehungen wichtiger waren als andere. Das Decodierungsverfahren für den sequentiellen Code bestand darin, experimentelle Daten von Peptiden auf systematische Muster hin zu analysieren.[46]

Im Sommer 1954 arbeitete Gamow mit seinem Kollegen in Los Alamos, Nicholas Metropolis, zusammen, um die verschiedenen überlappenden (restriktiven) Codes auf dem MANIAC-Computer zu testen; Metropolis war theoretischer Physiker und Experte im logischen Aufbau elektronischer Computer. Dabei setzten sie die neueste Simulationstechnologie der Monte-Carlo-Methode ein. Bei dieser mit Zufallszahlen arbeitenden Methode (vergleichbar dem Roulettespiel) wurden stochastische Prozesse simuliert, die analytisch zu schwierig zu berechnen und für das Labor zu entlegen waren. Wie Peter Galison gezeigt hat, kam diese Methode 1954 zur vollen Geltung und verwischte die Grenzen zwischen Theorie, Experiment und Simulation. Nicht nur in der Physik, sondern auch in der Biologie war der MANIAC zum Ort einer künstlichen Realität geworden. Wie schon bei der Kryptoanalyse von Häufigkeiten verglichen sie die verschiedenen vorgeschlagenen Codes, indem sie die Abhängigkeit zwischen der Auftretenshäufigkeit verschiedener Aminosäuren und der Anzahl ihrer verschiedenen Nachbarn in natürlichen und künstlichen Sequenzen statistisch untersuchten; die künstlichen Sequenzen waren jeweils nach den vorgeschlagenen Codierungsverfahren erzeugt worden. Je stärker die Einschränkungen für die Verbindungen zwischen Aminosäuren in der Sequenz, desto geringer die Anzahl verschiedener Nachbarn im Vergleich zu einer Zufallsverteilung. Ende September lagen die Ergebnisse vor. Der *Science Service* berichtete: »Der Maniac, ein elektronischer Computer im *Los Alamos Scientific Laboratory*, wird dazu verwendet, mehr über die Proteinstruktur zu erfahren... Entsprechend einem festgelegten Code ›baut‹ der Computer in einem Zufallsverfahren künstliche Proteinmoleküle aus den zwanzig Aminosäure-Bausteinen zusammen. Die aus den Berechnungen der Maschine sich ergebenden Proteine werden mit den in der Natur gefundenen verglichen, berichteten Prof. George Gamow... und Dr. N. Metropolis.« Doch der Vergleich zwischen beobachteten und künstlich konstruierten Proteinsequenzen mit Hilfe von Nachbarschaftssättigungs-Kurven erbrachte negative Resultate.[47]

Die theoretischen Daten (basierend auf den Codierungsangaben) und die empirischen Daten (aus experimentell bekannten Peptidsequenzen) legten nahe, daß die Verteilung der Aminosäuren in der bekannten Proteinsequenz eine rein zufällige war. Trotz der starken intersymbolischen Einschränkungen in den vorgeschlagenen Codes ließ sich keine spürbare Differenz zwischen beobachteten und berechneten Resultaten ausmachen. Paradoxerweise ergaben also die restriktiven Codes immer noch Zufallsverteilungen der Aminosäuren. Doch das Engagement der Decodierer schien unerschöpflich. Anstatt ihre leitende Prämisse zu hinterfragen, daß nämlich der Code überlappend war, oder grundsätzlicher, ob das Schema tatsächlich auch ein Code war (nämlich eine systematische Manipulation von Sprache), gaben Gamow und Metropolis ihre Prämissen nicht auf. Sie gelangten zu dem Schluß, daß ihre Nachbarschaftssättigungs-Methode nicht empfindlich genug war, um zwischen Zufallsverteilungen und Verteilungen, die bestimmten intersymbolischen Einschränkungen unterlagen, zu entscheiden.[48]

Die Überlegungen zu den verschiedenen Codes – gedrängter und loser Dreieck-Code, Haupt-/Nebenbasen-Code, Tellers sequentieller Code – wurden im August in Woods Hole fortgesetzt, dem Sommerhaus am Meer von Albert Szent-Gyorgyi, dem ungarischen Biochemiker und Nobelpreisträger, wo Gamow und seine Frau sich aufhielten und das zum sozialen und intellektuellen Treffpunkt für die RNA-Krawattenclub-Mitglieder Crick, Watson, Yčas und Brenner wurde. Yčas und Brenner blieben nur für etwa eine Woche. Crick erinnerte sich: »Fast jeden Nachmittag spazierten Jim und ich zu dem Sommerhaus hinüber und setzten uns zusammen mit Gamow ans Ufer und diskutierten all die verschiedenen Aspekte des Codierungsproblems; oder aber wir plauderten oder sahen einfach zu, wie Gamow jedem hübschen Mädchen in Sichtweite seine Kartentricks vorführte.« Es war Sydney Brenners erster Aufenthalt in den Vereinigten Staaten, und nach seinem viermonatigen Besuch hinterließ er einen gewaltigen Eindruck. »Junge, was vermissen wir Dich hier!« schrieb ihm später Gunther Stent zum Auftakt ihrer langen Zusammenarbeit, »Du mußt einfach nach Berkeley zurückkommen.« Brenner hatte sein medizinisches Examen in Johannesburg abgelegt und gerade seine medizinische Ausbildung bei Sir Cyril Hinshelwood am Department of Physical Chemistry in Oxford abgeschlossen, wo er Bakteriophagen-Mutationen untersuchte. Seit 1954 hatte er die wachsende Liste von Aminosäuresequenzen bei verschiedenen Proteinen gewissenhaft gesammelt und daraus eine beeindruckende Verteilungstabelle für alle bekannten Dipeptide zusammengestellt. Mit dieser Verteilungstabelle hatte er Schemata entworfen, die Gamows Dreieck-Codes im großen und ganzen widerlegten und sein eigenes Argument stützten, wonach der Code nicht überlappend war. Für Brenners Code interessierte sich Gamow nicht sonderlich, doch er machte ausgiebig Gebrauch von dessen Daten. Brenner verbrachte mehrere Monate in den Vereinigten Staaten, finanziert von einem Carnegie-Stipendium. Er besuchte Woods Hole, Cold Spring Harbor, das Caltech, Berkeley und Washington D.C. und konferierte mit Gamow, bevor er nach Südafrika zurückkehrte. »Ich habe bisher keinen Code gefunden, der so gut ist wie Ihrer«, schrieb Crick an Brenner, »ich würde vorschlagen, Sie bringen ihn zu Papier, lassen ihn vervielfältigen und senden ihn an den RNA-Krawattenclub. Dies scheint der einzige Weg zu sein, damit isolierte Mitglieder wie Sie mit uns in Kontakt bleiben können.« Brenner blieb noch zwei Jahre in Johannesburg und betrieb Phagenforschung, bis ihm

1956 durch Cricks Bemühungen eine Stelle an der *Medical Research Council Unit for the Molecular Structure of Biological Systems* angeboten wurde (später umbenannt in *Unit for Molecular Biology*).[49]

In diesem September 1954 machte sich Gamow, zusammen mit Yčas und Alex Rich, der inzwischen Chef der Abteilung für physikalische Chemie an den NIH war, an die ungeheure, aber auch herausfordernde Aufgabe, das vorhandene Wissen zusammenzutragen und einen umfassenden Überblick zum Codierungsproblem für die *Advances in Biological and Medical Physics* vorzubereiten. Zu dieser Aufgabe gehörte nicht nur die Zusammenstellung bislang unveröffentlichten Materials und die Rekonstruktion von Bruchstücken verstreuter Mitteilungen; es mußte auch die lawinenartig anwachsende, nahezu täglich sich erweiternde Information einbezogen werden, auch wenn sie keine Lösung für das Codierungsproblem lieferte. Es verging mehr als ein Jahr, bis der Artikel erschien, für den auch die sicherheitspolitische Unbedenklichkeitsbescheinigung von Yčas' Arbeitgeber erforderlich war. Obwohl zum Zeitpunkt der Veröffentlichung, 1956, alle besprochenen Codes widerlegt waren, ist der Artikel ein bedeutsames historisches Dokument geblieben, denn er zeigt im Detail, wie der genetische Code in dem neuen Darstellungsraum, der aus der Konfiguration der Diskurse von Information, Kryptoanalyse und Linguistik hervorging, textualisiert wurde.

Während er am Manuskript arbeitete, attackierte Gamow das Codierungsproblem noch an einer weiteren Front: Er setzte symbolische Logik ein. Bei seinem Aufenthalt am *Office of Operations Research* an der Johns Hopkins University im Oktober gelang es ihm, den mathematischen Biophysiker Robert Ledley dazu zu bewegen, seine Fachkenntnis in digitalen Rechenmethoden mit symbolischer Logik (und die damit zusammenhängende Boolesche Algebra) auf das Codierungsproblem anzuwenden. Ledley sah die Aufgabe als eine Gelegenheit an, den Einsatzbereich der *operations research* zu erweitern: »Neben der Verwendung logischer Urteilsmethoden bei der Analyse von sprachlichen Sätzen, wie etwa militärischen Informationsberichten und juristischen und Versicherungsdokumenten, scheint es sogar noch wichtigere Anwendungsbereiche zu geben, wie *operations research*, Biologie, Medizin, Experimentaufbau etc.«[50] Jetzt ließen sich die elektronischen Informations- und Kryptowissenschaften auch auf die Geheimnisse des Lebens anwenden. Da alle überlappenden Übersetzungscodes mehr oder weniger starke intersymbolische Korrelationen aufwiesen, erklärte Ledley, konnte man Gleichungen aufstellen, die zu Lösungen für die verschiedenen überlappenden Triplett-Codes führten. Für den begrenzten Fall von $3!=6$, d. h. für drei Aminosäuren und ihre drei entsprechenden hypothetischen Nukleotid-Tripletts, demonstrierte er die Technik bereitwillig. Mit dem MANIAC dauerte diese Berechnung nur einhundert Stunden. Um jedoch den Fall von $20!=2,3 \times 10^{17}$ (zwanzig Aminosäuren und ihre entsprechenden Tripletts) zu lösen, »wäre ein Computer, der in den Tagen des Römischen Reiches zu rechnen angefangen hätte, bei einer Rate von einer Million Lösungen pro Sekunde und einer Laufzeit von 24 Stunden am Tag das ganze Jahr hindurch immer noch nicht am Ende seiner Aufgabe angelangt«, schätzte Ledley;[51] eine solche Analyse wäre völlig unmöglich bei nicht-überlappenden Codes.

Während der Arbeit am Codierungsresümee wurden noch zwei weitere Decodierungssysteme ersonnen: eine statistische Analyse der Korrelation zwischen Nukleinsäure- und Proteinzusammensetzung bei Viren sowie Nachbarverteilungsdiagramme, die auf Brenners Dipeptid-Tabelle basierten. Brenner hatte Gamow die Tabelle Ende 1954 in Washington gegeben, und bekanntlich ging aus ihr hervor, daß überlappende Codes unmöglich waren. Auf der Grundlage gut bewiesener Daten (z. B. aus Chargaffs Untersuchungen) zur Basen- und Proteinzusammensetzung bei RNA-Pflanzenviren (dem Tabakmosaikvirus bzw. TMV und dem Wasserrübenvirus bzw. TYV), die von Stanleys Berkeley-Gruppe stammten, überlegten die Autoren, daß bei einer unterschiedlichen Basenzusammensetzung der beiden Viren sie sich dementsprechend auch in ihrer Aminosäurenzusammensetzung unterscheiden mußten. Durch die statistische Analyse wurde die Korrelation zwischen Basentripletts und Aminosäuren bestätigt, doch enttäuschenderweise führten die TMV- und TYV-Daten zu widersprüchlichen Zuordnungen zwischen Tripletts und Aminosäuren.[52] Hätten die Sequenzen und nicht bloß die Zusammensetzungen der Virenproteine zur Verfügung gestanden, hätte das die Decodierung erleichtert. Der Tabakmosaikvirus sollte für spätere Sequenzierungs- und Decodierungsbemühungen weiterhin ein wichtiges biologisches System bleiben.

Die andere Methode der Kryptoanalyse (Nachbarverteilungsdiagramme) beruhte auf einer statistischen Analyse der experimentell bekannten Proteinsequenzen (ähnlich wie die Nachbarschaftssättigungs-Untersuchung von Gamow und Metropolis): Wie würden die beobachteten Häufigkeitsverteilungen in bekannten Proteinen mit den erwarteten bei den verschiedenen Rauten- und Dreieck-Codes korrelieren? Gamow, Rich und Yčas machten ausgiebig Gebrauch von Brenners Tabelle (dem »südafrikanischen« Diagramm, wie Gamow es nannte), bei der die Nachbarverteilung in einem Gitter dargestellt war, das alle vierhundert (20x20) möglichen Aminosäurenpaare umfaßte.

Die Dipeptid-Tabelle wurde einer computerisierten statistischen Analyse unterzogen, wozu das Team die durchschnittliche Dichte der Punkte darin berechnete und (mit dem χ^2 Test) die beobachtete Dichteverteilung mit der von den Codes vorhergesagten verglich. »Scheint sehr wenig intersymbolische Korrelationen zu geben, wenn man eine Poisson-Verteilung auf Brenners Tabelle anwendet (trübe Geschichte!)«, gestand Gamow gegenüber Watson ein. Brenner hatte schon darauf hingewiesen, daß die beobachteten Häufigkeiten bei natürlichen Proteinsequenzen einer Poisson-(Zufalls-)Verteilung folgten. Gamow stimmte zu und brachte seine eigene Vorstellungswelt ein.

Als die Deutschen London mit V1s und V2s bombardierten, versuchten die British Operational Annalists herauszufinden, ob die Deutschen auf ganz bestimmte Punkte in der Stadt *zielten*. Zu diesem Zweck legten sie über die Karte von London ein Gitter aus Quadraten und zählten die Anzahl der Treffer in jedem Quadrat. Ich weiß nicht, was das Ergebnis der Poisson-Analyse in diesem Fall war, doch unser Problem ist genau von der gleichen Art... Proteinsynthese »zielt« auf bestimmte Amigo-Paare.[53]

Doch leider wichen die von den Codes her zu erwartenden Häufigkeiten bei den Proteinen deutlich von der Poisson-Verteilung ab und somit auch von ihrer Stichprobe natürlicher Proteine – ein weiterer Sargnagel für die überlappenden Codes!

»Ich habe den Eindruck, daß wir binnen kurzem in der Lage sein werden, ziemlich klar zu beweisen, daß alle Formen von Schlüssel-Schloß-Code nicht der Wirklichkeit entsprechen«, gestand Yčas gegenüber Rich, als ihr Manuskript in den Druck ging. »Damit bleibt nur noch die Möglichkeit von Codes, bei denen die Basen nicht überlappen, oder von Codes, von denen die RNA nur einen Teil bildet, wie Nukleoproteine.« Das gleiche Verdikt gab er an Crick weiter: »Alle bisherigen Codierungsschemata scheitern... Wir sind zu dem Schluß genötigt, daß es keinen Anhaltspunkt für irgendeine bevorzugte Nachbarschaftsbeziehung [wie in der Sprache] gibt... Wenn also die RNA eine Matrize ist, müssen die aa[Aminosäuren]-Orte nicht-überlappend sein, oder mit anderen Positionen interagieren, die mehr als zwei Positionen entfernt liegen.« Als er Crick das Manuskript einen Monat später zusandte, betitelte er den

Artikel »Wieso Gamow, Rich und Yčas bei der Lösung des Problems scheiterten«.[54] Mochten auch die Schlußfolgerungen der Autoren hauptsächlich negativ sein, so war ihre Arbeit doch auf mehreren Ebenen historisch bedeutsam. Sie hatten das »Codierungsproblem« definiert, den Weg für Analysen nicht-überlappender Codes frei gemacht und auf neue und in der Folge fruchtbare Decodierungsansätze hingewiesen (wie Aminosäure-Ersetzungen). Ebenso wichtig war, daß ihre Arbeit die Diskursivitäten, Semiotiken und die Vorstellungswelt herausarbeitete, die der Vererbung eine neue Bedeutung gaben: nämlich die eines Kommunikationssystems. Dessen Code war der Schlüssel zu der skripturalen Technologie, welche die geheimen sprachlichen Transaktionen beherrschte – die Übertragung von Information.

Code, Sprache und Informationsdiskurs

Als Gamow, Rich und Yčas ihren Artikel »The Problem of Information Transfer from the Nucleic Acids to Proteins« nannten, setzten sie das Informationsidiom nicht unbewußt oder zufällig ein, wie es viele Lebenswissenschaftler in den folgenden Jahren taten. Sie verwendeten den Ausdruck Information – mit all seinen Verknüpfungen zu Mathematik, Logik, Kryptoanalyse, Linguistik, Computern, *operations research* und Waffensystemen –, um das »Codierungsproblem« abzustecken. Die Informationstrope diente dazu, Mechanismen molekularer Spezifität, strukturelle Überlegungen, mathematische Beziehungen und sprachliche Attribute in einem einzigen Erklärungsrahmen zu integrieren. Das Problem der genetischen Spezifität wurde durch einen Diskurs neu gefaßt und kontextualisiert, in dem eine Resonanz zu den Technowissenschaften von Steuerung und Kontrolle lag.

Der Gebrauch des Code-Idioms und der darin enthaltenen Analogie zur Sprache war äußerst problematisch und mit Aporien und Tautologien behaftet. Obwohl in Gamows Analyse einer spezifischen Beziehung zwischen den vier Basen und den zwanzig Aminosäuren der Code-Gedanke von Anfang an impliziert war, hatte Gamow den Ausdruck selbst nicht verwendet. Erst in dem Überblicksartikel von Gamow, Rich und Yčas wurde das Code-Idiom zum ersten Mal bewußt, wenn auch mehrdeutig, verwendet, nachdem Watson und Crick in ihrer Notiz in *Nature* von 1953 den »Code, der die genetische Information überträgt«, nur beiläufig erwähnt hatten. Codes waren »Modelle der Informationsübertragung«, erklärten die Autoren in ihrer Zusammenfassung, und stellten dann klar, daß sie »den Ausdruck ›Information‹ in der Bedeutung von molekularer Spezifität« verwendeten.⁵⁵

Das Problem, bemerkten sie, bestand tatsächlich darin, einen Vier-Buchstaben-Code in einen Zwanzig-Buchstaben-Code zu übersetzen. Denn den Protein-»Text« (z. B. Insulin, Hämoglobin, Lysozym) betrachtete man als von zwanzig Aminosäuren codiert, die ihrerseits von Nukleotid-Tripletts codiert waren. »Genau besehen handelt es sich darum, die detaillierter Interaktionen zwischen Aminosäuren und Nukleinsäuren anzugeben, die die Positions-Spezifität bestimmen«, erklärten Gamow, Rich und Yčas.⁵⁶ Somit formulierten sie das Problem chemischer Spezifität im Rahmen *zweier* Formen von Code: dem DNA-(oder RNA-)Code und dem Aminosäurecode (Schrödingers Schlüsselschrift). Darin steckte eine Aporie: Der »Übersetzungs«-Prozeß sollte zwischen zwei Codes vonstatten gehen, und nicht, wie gewöhnlich, zwischen einem Text in Geheimschrift und dem unverschlüsselten Klartext. Während gewöhnlich zwei verschiedene Codes zwei verschiedenen Texten entsprechen, »codierten« nach diesem Modell die Nukleinsäuretripletts keine wirkliche Botschaft – einen Klartext –, sondern eine weitere »codierte« Aminosäurebotschaft, die dann erst auf einen Protein-»Text« verwies. Gamow, Rich und Yčas standen der logisch verwirrenden Aufgabe gegenüber, einen Code von Codes zu decodieren.

Darüber hinaus war die Anwendung des Codebegriffs auf das Problem genetischer Spezifität nur eine Analogie, und auch diese Analogie wurde noch beeinträchtigt durch die Verwechslung zwischen zwei sehr verschiedenen Kunstgriffen: Code und Chiffre. In der modernen Praxis der Kryptologie sind die Unterschiede zwischen Code und Chiffre ziemlich klar markiert. Chiffren verschlüsseln Texteinheiten von regelmäßiger Länge (alle einzelnen Buchstaben oder alle Gruppen von beispielsweise drei Buchstaben, wie in dem DNA-Triplett-Schema), während Codes von Textgruppen variabler Länge ausgehen (Wörter, Sätze, einzelne Buchstaben usw.). Eine schärfere Unterscheidung – und eine für diese Analyse des »genetischen Codes« ausschlaggebende – besteht darin, daß der *Code auf sprachliche Entitäten angewandt* wird und sein Rohmaterial in bedeutungsvolle Elemente unterteilt, wie Wörter und Silben (während Chiffren beispielsweise das »t« vom »h« in »the« abspalten).⁵⁷

Selbst wenn man also für einen Moment die problematische Analogie zwischen kombinatorischen Elementen in einem Molekül und alphabetischen Elementen in einer Sprache hinnimmt, würde die »Übersetzung« zwischen den vier Nukleinsäurebasen und den zwanzig Aminosäuren den Regeln einer Chiffre gehorchen.»Es empört Kryptographen immer, wenn sie hören, wie die Begriffe ›Code‹ und ›Chiffre‹ synonym verwendet werden.«[58] In der Tat gestand Crick Jahre später: »Der angemessene technische Begriff für eine solche Translations-(Übersetzungs-)Regel ist, genaugenommen, nicht ›Code‹, sondern ›Chiffrierung‹. Entsprechend sollte auch der Morse-Code eigentlich besser Morse-Chiffrierung genannt werden. Mir war das damals nicht klar – glücklicherweise, denn ›genetischer Code‹ klingt weit interessanter als ›genetische Chiffrierung‹.«[59] Das ist die Poetik der Technowissenschaft. Doch grundsätzlicher: Ganz gleich ob Code oder Chiffre, hinter allen sogenannten Dechiffrierungs- oder Decodierungsversuchen stand die stillschweigende Arbeitshypothese, daß der Code mit sprachähnlichen Entitäten operierte. Sobald die Analogie zwischen kombinatorischen Elementen in Nukleinsäuren bzw. Proteinen und den Buchstaben des Alphabets Wurzeln geschlagen hatte, gewann der Vergleich mit der Sprache ein Eigenleben. Zuletzt wurde die Metapher der Sprache wörtlich genommen. Wie könnte es anders sein? »Der Code« – dieses logozentrische Symbol, das aller empirischen Rechtfertigung vorausging, verlangte nach der Existenz von Sprache als seiner Voraussetzung. Nur wenn Moleküle die Bedeutung von sprachlichen Entitäten hatten, konnte es einen Code geben, um sie zu manipulieren.

Am Anfang stand die Analogie. Als Gamow, Rich und Yčas das »Codierungsproblem« definierten, gingen sie von folgender Überlegung aus: Wenn man zwischen vier verschiedenen Basen mit Hilfe von Zahlen (1, 2, 3, 4) unterscheidet und ein reduziertes englisches Alphabet (a, b, c, d, e, f, g, h, i, k, l, m, n, o, p, r, s, t, u, v) für zwanzig verschiedene Aminosäuren nimmt, dann ließe sich die Korrelation zwischen der Struktur der Matrize und der Struktur des entsprechenden Proteins dadurch darstellen, daß man ein langes Wort unter eine lange, nur aus vier verschiedenen Ziffern gebildete Zahl schreibt. Also mußte die Reihenfolge der Aminosäuren in den bekannten Polypeptidsequenzen alles andere als arbiträr sein, und es mußte eine starke Korrelation zwischen benachbarten Aminosäuren geben. Die drei Forscher brachten die Situation in eine Analogie mit der Sprache. So wie kurze (etwa zwanzig Buchstaben enthaltende) Sätze wie »Aminosäuren formen Proteine« oder »Lese *Alice im Wunderland*« nur einen winzigen Bruchteil aller möglichen Sequenzen derselben Länge aus den Buchstaben des Alphabets enthalten, repräsentieren die bekannten Polypeptidfragmente (lediglich einige hundert Aminosäuren lang) nur einen winzigen Bruchteil aller möglichen Anordnungen ($2,1 \times 10^{27}$). »Wir sind hier mit Schwierigkeiten konfrontiert, die denen eines Armee-Geheimdiensts vergleichbar sind, wenn er versucht, einen feindlichen Code auf der Grundlage einer einzigen Nachricht zu knacken, die kürzer als zwei gedruckte Zeilen ist«, lautete, nicht ohne Stolz, ihre Einschätzung der Lage.[60]

Die Analogie blieb kein bloßes äußerliches Hilfsmittel für die wissenschaftliche Vorstellungskraft, sondern wurde konstitutiv für Decodierungsanalysen und Interpretationen. Als Brenners Tabelle ergab, daß die Häufigkeit der Dipeptide von bekannten Proteinen einer Poisson-(Zufalls-)Verteilung folgte, während die Häufigkeiten in Proteinen, die sich aus den verschiedenen Codes herleiteten, merklich von einer Poisson-Verteilung abwichen, wandten sich Gamow, Rich und Yčas der Kryptoanalyse zu. Es war allgemein bekannt, daß in einem mit zwanzig Buchstaben erstellten Gitter (20x20=400) Nachbarschaftshäufigkeiten einer Poisson-Verteilung folgen würden, während in einer Sprache, die bevorzugte Nachbarn enthält (im Englischen z. B. qu, the, be, an), die resultierenden Restriktionen Abweichungen von der Poisson-Verteilung ergaben. »Als Beispiel dafür bestimmten wir die Nachbarschaftshäufigkeit in der englischen Sprache, wozu wir den Anfang von Miltons *Paradise Lost* verwendeten«, erklärten die Autoren; »obwohl wiederholt auftretende Wörter aus der Tabelle entfernt worden waren, wich die Verteilung erheblich von Poisson ab... Nachbarhäufigkeitsverteilungen sind für mehrere Sprachen aufgelistet worden und werden in verschiedenen kryptographischen Texten ausgiebig verwendet.[61] In keiner Schriftsprache folgt die Buchstaben-Nachbarschaftsverteilung jedoch der von Poisson.«[62]

Dann verglichen sie diese Abweichung mit der Häufigkeitsverteilung der künstlich konstruierten Aminosäuresequenzen, die auf den verschiedenen Codes beruhten. Sie benutzten sogar Shannons kryptoanalitische Neuerungen, um den Informationsgehalt dieser Sequenzen zu bestimmen (»177 Bits sequentieller Information«), nur um wieder einmal zu erfahren, daß ihre theoretischen Sequenzen merklich von Poisson und von der experimentellen Stichprobe abwichen. Es war entmutigend. Die meisten Codes äußern sich durch Einschränkungen und Nachbar-Präferenzen; ohne sie, klagten die Autoren, ist alle Decodierung ein hoffnungsloses Unterfangen.[63] Hier lag eine weitere Aporie vor. Offenbar gehorchte der Aminosäure-»Text« nicht den Regeln irgendeiner bekannten Sprache, wie übrigens Quastlers Kollegen bereits drei Jahre früher bewiesen hatten; entweder war der Code überlappend und widersprach damit den experimentellen Befunden, oder er war nicht überlappend und widersprach der Bedeutung von Sprache. Sollte der Code nicht-überlappend sein, und dies wurde durch das Beweismaterial nahegelegt, dann ließ sich die Kryptoanalyse nicht länger erfolgreich anwenden.

An diesem Punkt hätte es vernünftig erscheinen müssen, die sprachliche Repräsentation der Nukleinsäure-Protein-Beziehungen aufzugeben oder zumindest zu überdenken und ihre Bezeichnung als Code fallenzulassen; denn Codes operieren strikt mit sprachlichen Strukturen, und der Protein-»Text« schien den Regeln einer Sprache nicht zu gehorchen. Doch gerade weil Sprache und Code sich in dieser Darstellungsform gegenseitig notwendig machten, überlebte die Tautologie unbeschadet: Der Code wurde konzeptualisiert, weil Molekülen Sprachbedeutung zugesprochen werden konnte; Sprachattribute rechtfertigten ihrerseits den Codebegriff. So verfeinerten die Autoren ihre negativen Resultate: Sie verschoben ihre Aufmerksamkeit auf die Bedeutsamkeit der Zufallsverteilungen von Aminosäuren in der Natur. Sie machten sich daran, den Wert der Zufälligkeit in der Biologie zu erhöhen.

Gamow, Rich und Yčas griffen auf die Informationstheorie zurück und entlockten ihr einige prägnante Lektionen über die Natur der sogenannten Informationsspeicherung bei Proteinen. Die Autoren erinnerten ihre Leser daran, daß Shannon und Weaver in ihren *Mathematischen Grundlagen der Informationstheorie* den Begiff der Entropie einer gegebenen Informationsquelle oder Sprache quantitativ entwickelt hatten. In Systemen, in denen gewisse Sequenzen bevorzugt werden – wie th, oder auch Ala-Leu (die Aminosäuren Alanin und Leucin) – gibt es eine Abnahme der potentiellen Entropie (oder Zunahme von Redundanz). Am flexibelsten und ökonomischsten sind Sprachen mit wenig Restriktionen. »In diesem Falle könnte es möglich sein, daß die Natur eine Polypeptid-›Sprache‹ verwendet, in der die Entropie hoch ist (wenig Restriktionen) und die damit einhergehende potentielle Spezifität für eine gegebene Polypeptidkette sehr groß (negative Entropie ist ein Maß für Spezifität, wie Quastler gezeigt hatte).«[64] Jedenfalls überlebte die unerschütterliche Verpflichtung auf einen informationstragenden Code unbeschadet aller empirischen Widerlegungen.

Während der zusammenfassende Artikel von Gamow, Rich und Yčas sich an Forscher in den physikalischen und Bio-Wissenschaften richtete, zirkulierten seine Botschaft und seine Begriffe und Bilder bereits in weiten Kreisen, und zwar durch die Veröffentlichung von Gamows Artikel »Information Transfer in the Living Cell«, der 1955 im *Scientific American* erschien. In diesem Artikel, ein Jahr vor seinem spezialisierteren Gegenstück publiziert, war der Blick nicht mehr auf das Mikroheiligtum der Nukleinsäure-Protein-Transaktionen beschränkt, sondern hier wurden Rundblicke über Zellen und organismisches Leben geboten. Um ein größeres Publikum anzusprechen, verglich Gamow die vier Basen des Erbmaterials mit den Farben der Spielkarten (Karo, Kreuz, Pik und Herz) und legte dar, wie mittels dieses Kartenspiels Zellen ihre Identität in Form von chemischen Codes speichern, die dazu dienen, Repliken ihrer selbst herzustellen.

Als Meister der Popularisierung wußte Gamow, wie das Drama des Lebens in Worte zu fassen war. Und wenn er auch Shannons Informationstheorie eher verächtlich ansah, verwendete er sie immer noch metaphorisch, denn er entlehnte ihr Vorstellungswelt und Diskurs, um lebende Zellen als Informationssysteme darzustellen: »Der Kern einer Zelle ist ein Lagerhaus für Information. Er ist gleichzeitig noch etwas Bemerkenswerteres, nämlich ein selbsttätiger Übertragungskanal, der sehr präzise Botschaften weitergibt, um den Aufbau identischer neuer Zellen zu steuern. Von diesem Informationssystem im winzigen Zellkern hängt die Kontinuität allen Lebens auf unserem Planeten ab. Sehen wir näher zu, was wir über die Sprache der Zellen wissen.«[65] Indem Gamow die Vererbung als elektronische Kommunikationstechnik veranschaulichte, entfaltete er das Informationsidiom in seinem nicht-technischen, metaphorischen Sinne, womit er der Sprache der Zellen stillschweigend und unverbürgt semantischen Wert verlieh.

Die Frage der Zellkommunikation bestand aus zwei Teilen, erklärte er: zum einen, wie die Information in den Chromosomen gespeichert ist, und zum anderen, wie sie von den Chromosomen im Zellkern zu den Enzymen im Zytoplasma übermittelt wird. Die erste Frage, bemerkte er, war größtenteils von Watson und Crick beantwortet worden; die zweite Frage – Thema seines Artikels – zeichnete Aufstieg und Niedergang der überlappenden Codes nach. Wäre der Code überlappend gewesen, so hätte es intersymbolische Einschränkungen in den DNA-(und Protein-)

Sequenzen geben müssen, doch bei nicht-überlappenden Codes konnte die Sequenz als ganze in einer Zufallsfolge bestehen.

Auch in diesem Artikel sublimierte Gamow sein Scheitern mit Gedanken zum Zufall. Die erste DNA-Sequenz, so überlegte er, mochte in einer derart exquisiten Zufallsfolge bestanden haben wie die Zahl π: in ihrer Sequenz 3,14159265 ... gibt es kein erkennbares Muster, dennoch ist sie für die Lösung geometrischer Gleichungen unbedingt erforderlich. »Bei einem lebenden Organismus wäre es denkbar, daß die Zufallsmutationen über riesige Zeiträume hin dann und wann eine Nukleotidsequenz hervorbringen, die den Plan für ein neues und nützliches Enzym enthält. Eine Echse, die im Zeitalter der Reptilien lebte, mag auf diese Weise ein Enzym erworben haben, das die Produktion von Milch katalysierte – und so den ersten Schritt in Richtung des Zeitalters der Säugetiere getan haben.«[66] Gamows Urknall-Theorie der Textgenese: im Anfang war das Wort, die Zufallssequenz. Diese Sicht auf die Ursprünge des Lebens und die Vorstellung einer molekularen Evolution sollte in den siebziger Jahren in Manfred Eigens Arbeiten operationalisiert werden. Es mochte einen Zweck in Zufallsfolgen geben, oder höhere Weisheit in höherer Entropie, überlegte Gamow, und so lag letztendlich vielleicht doch in nicht-überlappenden Codes ein Zugang zu den sublimen Geheimnissen des Lebens verborgen.

Wuchern der Schrift: nicht-überlappende Codes

Die Formalisierung von Degeneration

Gegen Ende 1955 waren alle nicht-überlappenden Codes gestorben. Als das Manuskript von Gamows, Richs und Yčas' Artikel »The Problem of Information Transfer from the Nucleic Acids to Proteins« in Druck ging, waren Gamow und Yčas bereits dabei, alternative Codierungsschemata zu verfolgen; sie unterzogen nun Aminosäuren in verschiedenen Proteinen ausgefeilten statistischen Analysen, um ihren neuen nicht-überlappenden Triplett-Code zu testen. In diesem sogenannten Kombinationscode zählte nur die *Kombination* der Basen in einem Triplett, nicht jedoch ihre *Reihenfolge*. Beim Besuch des Caltech auf seiner »von der Rand-USAF-Konferenz gesponserten Reise westwärts« berichtete Gamow, daß er und seine Kollegen in Los Alamos – der Mathematiker Stan

Ulam und Nicholas Metropolis, Physiker und Experte in elektronischen Berechnungen und logischem Computerdesign – einige Fortschritte beim Decodieren gemacht hatten. Es sah nämlich so aus, als hätten sie einen Ausweg aus dem Problem der Zufallsverteilung bei Aminosäuren in Proteinen gefunden – die Zufallsverteilung blockierte jeden Aufschluß über die Anordnung korrespondierender Nukleotid-Tripletts[67] – und wären der Poisson-Katastrophe entkommen.

Wieder einmal stieg die Stimmung hoch, auch wenn Crick soeben eine aufschlußreiche und erstaunlich entmutigende Notiz an den RNA-Krawattenclub gesandt hatte, die den Titel trug: »On Degenerate Templates and the Adaptor Hypothesis«. Als zwei wichtige Beiträge Gamows würdigte Crick, daß er erstens die Codierung als abstraktes Problem unabhängig von biochemischen Überlegungen definiert und als wichtiges Merkmal eingeführt hatte, und daß zweitens mehrere unterschiedliche Basensequenzen für eine bestimmte Aminosäure codieren konnten. Dieses Merkmal nannte Crick »Degeneration« (entsprechend der Situation in der Physik, wenn eine Gleichung mehr als eine Lösung hat); er glaubte, daß es sich auf die Analysen aller anderen Codes verallgemeinern ließ. Vielleicht konnte eine logische Methode des Degenerierens entwickelt werden, die Aufschluß über die Beziehung zwischen Nukleotid-Tripletts und Aminosäuren lieferte. Doch abgesehen von diesen beiden Beiträgen Gamows gab es, so wie Crick es sah, nicht viel Erwähnenswertes.[68]

Geschickt verband Crick räumliche Überlegungen – etwa die Frage, wie Aminosäuren mittels »Adaptoren« (Brenner) in die Matrize paßten – mit formalen Argumenten (z. B. dem Vorkommen bestimmter Nachbarschaften) und erklärte als Pessimist des Clubs Gamows sämtliche Codes, einschließlich des noch im Entwicklungsstadium befindlichen »Kombinationscodes« von Gamow und Yčas, für unmöglich. »Man benutzt besser seinen Kopf ein paar Minuten als einen Rechner ein paar Tage!« stichelte er.[69] Der grundsätzlichste Einwand gegen Gamows Schemata lautete, daß sie zwischen verschiedenen Richtungen einer Sequenz keine Unterscheidung machten (z. B. zwischen Thr. Pro. Lys. Ala. und Ala. Lys. Pro. Thr.). Crick war der Ansicht, daß die Natur diesen Unterschied zweifellos machte.

Er legte dar, daß in der DNA-Doppelhelix die eine Kette nach oben verläuft, die andere dagegen nach unten, was auch Delbrück hervorgehoben hatte, so daß »das Ablesen einer Basensequenz in der einen Richtung Sinn ergibt, in der anderen gelesen dagegen Unsinn«. Molekulare

Gerichtetheit wurde nicht länger bloß zur Gerichtetheit von Sprache in Analogie gesetzt, sondern mit ihr durch den Akt des Lesens und des Sinnergebens verschmolzen. Wieder einmal läßt sich beobachten, wie Tropen der Sprache – Lesen und Sinn – für die Denkweisen der Decodierer konstitutiv wurden, und wie der (syntaktischen) Anordnung von Molekülsymbolen trotz aller Warnungen der Informationstheoretiker durch den Informationsdiskurs semantische Eigenschaften verliehen wurden: Syntax ist zwar eine notwendige, jedoch keine hinreichende Bedingung für die menschliche Sprache; für formale oder Maschinensprachen aber wohl. Frustriert berichtete Crick über seine erfolglosen Versuche, eine neue Klasse von Codes zu konstruieren – »gerichtete Codes« –, die rückwärts gelesen Unsinn ergeben. Crick sah seine gedrückte Stimmung eingefangen von einem Epigramm Kai Kā'us ibn Iskandars, das er auf die Titelseite seines Beitrags gesetzt hatte: »Ist denn irgendein Mensch so ungeheuer verloren wie jener, der einen Weg sucht, wo kein Weg ist?«[70] Mit dem Wort »Iskandar« wurde dann regelmäßig auf die Codierungsfrustration des Clubs angespielt.

Cricks düstere Stimmung wurde vielleicht noch verstärkt durch die relativ begrenzten Ressourcen für wissenschaftliche Forschung in Großbritannien. Die Bedingungen dort unterschieden sich deutlich von denen in den Vereinigten Staaten. Nachdem sich Großbritannien gerade erst von den Verwüstungen des Krieges erholt hatte, war es für seinen Wiederaufbau sehr abhängig von amerikanischen Dollars, Gütern, Technologie und vor allem Rüstung. Seine gewaltigen Verteidigungsausgaben machten es Ende der fünfziger Jahre zur führenden europäischen Militärmacht, doch sie lasteten schwer auf der britischen Wirtschaft. Die Wissenschaft wurde in sehr viel kleinerem Maßstab betrieben als in Amerika. Sich in der »relativen Abgeschiedenheit von Cambridge« abmühend, hatte Crick manchmal »einfach keine Lust« mehr, sich »mit dem Codierungsproblem zu befassen«. Gamow und Yčas teilten diese Verzweiflung nicht. Ganz in Anspruch genommen von ihren Analysen nicht-überlappender Codes, hatten sie ein Gefühl von Gemeinschaft und Fortschritt. »Hier ist die Decodierung in etwas besserer Verfassung als in Cambridge«, berichtete Yčas an Crick, »ich habe mich zu einem Sammelzentrum für einen Karteikasten über Sequenzen, Ersetzungen etc. gemacht.« Und im Frühjahr 1955 schrieb er: »Zum ersten Mal bin ich etwas hoffnungsvoll, daß eine Lösung für das formale Decodierungsproblem in Reichweite sein könnte.« Er merkte aber auch an, daß der Erfolg seine eigenen Probleme mit sich brachte: »Chemisch gesehen, ergibt dies [der Kombinationscode] keinen *offensichtlichen* Sinn. Da die Tripletts nicht-überlappend sind, haben wir ein ›Interpunktions‹-Problem. Auch wirft die ›Degeneration‹, um die magischen 20 zu bekommen, [die Anzahl der Nukleotid-Tripletts, die genau den zwanzig Aminosäuren entsprechen] stereochemische Probleme auf.« Für Crick ergab der »Kombinationscode« wenig Sinn. »Man kann sich bei ihm kaum eine strukturelle Grundlage vorstellen, und das Beweismaterial ist so schwach, daß ich ihn wirklich nicht ernst nehmen kann«, schrieb er an Brenner. »Meiner Ansicht nach sollte man ›Codierung‹ etc. für eine Weile ruhen lassen...«[69] Mit dem »Interpunktions-Problem« hatte Yčas allerdings etwas angesprochen, das bald zu einer Hauptfrage für die Analytiker der nicht-überlappenden Codes werden sollte: Wie ließ sich entlang der Nukleinsäuresequenz zwischen aufeinanderfolgenden Tripletts unterscheiden?

Ein Großteil der Arbeit am Kombinationscode wurde im Sommer 1955 erledigt, als Gamow in Woods Hole war, wo er mit Biologen sprach (mit Yčas und dem Zytologen Daniel Mazia), über die Hälfte seines neuen Buches fertigstellte und sich Limericks ausdachte.[72]

Gamow und Yčas hofften, ihre statistische Analyse bald veröffentlichen zu können. Gamow befand sich in ständigem Austausch mit Kollegen in Los Alamos, die eine Lösung für das Problem der Zufallsverteilung bei Aminosäuren im Verhältnis zu den Anordnungen der Nukleotid-Tripletts zu finden versuchten. Gamow und Yčas machten sich Gedanken über den relativen Anteil verschiedener Aminosäuren, die in ungefähr einem Dutzend Proteinen aus verschiedenen Quellen gefunden worden waren. Sollte die Natur die Aminosäuren für Protein *zufällig* auswählen, überlegten sie, dann sollten die verschiedenen Aminosäuren (die am reichlichsten vorhandene, die zweitreichlichste und so weiter bis n) in ähnlichen Mengenverhältnissen vorkommen wie die Proportionen bei einem Stock, der in zufälliger Weise in zwanzig Stücke zerbrochen wird. Gamow schrieb aus Woods Hole an John von Neumann und bat um Hilfe bei der analytischen Lösung für ein derartiges Problem im Falle von n=20 (zwanzig Aminosäuren). Von Neumann kam der Bitte nach. Die Resultate ergaben einen Widerspruch: Die Verteilung der Aminosäurereste in den Proteinstichproben wich deutlich vom Zufallsmodell von Neumanns ab.[73]

Nachdem Gamow die Resultate erhalten hatte, schrieb er an von Neumann, die Lektion könne gleichwohl lehrreich sein. Wenn der Code tatsächlich nicht-überlappend war, dann ging die Abweichung von einer Zufälligkeit entweder auf die Nichtzufälligkeit in der Zusammensetzung der Nukleotidmatrize zurück, oder war dem auf eine Zufallsmatrize angewandten Übersetzungsprozeß geschuldet. Von Neumann antwortete: »Mich schaudert immer noch beim Gedanken, daß äußerst effiziente, zweckgerichtete, organisatorische Elemente wie die Proteine aus einem Zufallsprozeß hervorgehen könnten. Doch viele effiziente (?) und zweckgerichtete (??) Medien, wie beispielsweise die Sprache oder die Nationalökonomie, machen einen statistisch kontrollierten Eindruck, wenn sie unter entsprechend eingeschränktem Gesichtspunkt gesehen werden. Alles in allem würde ich daher sagen, daß Ihr Argument ziemlich robust ist.«[74] Um die erste Hypothese zu testen, wandten Nicholas Metropolis und der Physiker Giulio Fermi die Formel von Neumanns auf den Fall n=4 (vier Basen) an, und nach 3.000 Durchläufen auf dem MANIAC in Los Alamos wich die resultierende Kurve signifikant von der beobachteten Aminosäuren-Verteilung ab. Daß die Aminosäuren von einer Zufallsverteilung abwichen, schloß Gamow daraufhin, mußte auf eine nicht zufällige Verteilung der Nukleotid-Tripletts in der Matrize zurückzuführen sein.[75]

Dieses Ergebnis schien neuere Beobachtungen Chargaffs und seiner Kollegen zu bestätigen, wonach die Verteilung der Basen in der RNA kaum sehr zufällig war; vielmehr tendierte die Gesamtmenge der Basen Adenin und Cytosin dazu, der Summe der Basen Guanin und Uracil gleichzukommen. Das bedeutete, daß nur die Hälfte der Basenzusammensetzung zufällig war (und die andere Hälfte von der ersten determiniert wurde). Dieser Fund brachte Ulam dazu, von Neumanns Formel (den Stock in der Mitte brechen, dann jede Hälfte wieder in zwei Hälften etc.) zu modifizieren und die Analyse noch einmal auf dem MANIAC laufen zu lassen. Die Ergebnisse deuteten darauf hin, daß die Verteilung der RNA von Pflanzenviren und aus anderen Quellen von einer Zufallsverteilung abwich, und zwar in dieselbe Richtung wie die Proteinverteilung.[76]

Wie waren diese Befunde zu deuten? Gamow war aufgebracht. Zu der Zeit als Berater bei Convair in San Diego tätig, einem wichtigen Standort zur Entwicklung von Interkontinentalraketen (ICBMs), schrieb er an Yčas: »Ich bin wieder vollkommen durcheinander über das Zufallsproblem. Ich frage mich, was Johnny und Stan dazu sagen werden. Bevor diese Frage nicht geklärt ist, kann ich den Artikel nicht schreiben. Was denkst *Du* über diesen ›neuen‹ Ärger?« Yčas selbst hatte schon länger einige Vorbehalte gegenüber dem ganzen Ansatz. Er wog das Für und Wider einer Zufallsverteilung von Nukleotid-Tripletts in RNA gegeneinander ab und kam zu dem Schluß: »Wenn solche hervorragenden grauen Hirnzellen wie die Ulams und von Neumanns mit Hochgeschwindigkeit am Arbeiten sind, halte ich mich am besten erst einmal bedeckt.«[77]

Als die beiden im September ihren Artikel »Statistical Correlation of Protein and Ribonucleic Acid Composition« bei den *Proceedings of the National Academy of Sciences (PNAS)* einreichten, waren sie mit ihren Schlüssen relativ zufrieden. Die Mengenverhältnisse von Aminosäuren in Proteinen sind nicht zufällig; dies war nicht darauf zurückzuführen, daß das Triplett-Übersetzungsverfahren auf eine zufällige RNA-Zusammensetzung angewandt wurde; und die Anwendung desselben Übersetzungsverfahrens auf die tatsächliche RNA-Zusammensetzung ließ sich mit der beobachteten Aminosäuren-Verteilung ausgezeichnet vereinbaren. Nach ihrem Empfinden lieferten diese Resultate ein starkes Argument dafür, daß jede Aminosäure in einer Proteinsequenz von einem nicht-überlappenden Nukleotid-Triplett in der RNA-Kette bestimmt wurde. Und das wichtigste: Ihr Modell degenerierte die vierundsechzig Basentripletts unabhängig von ihrer Reihenfolge – sondern nur hinsichtlich ihrer Kombination –, um die »magischen zwanzig« zu retten.[78]

»Geo [Gamow] reicht ein weiteres Manuskript über Proteincodierung bei PNAS ein, und diesmal kann kein Zweifel daran bestehen, daß er nicht nur auf der richtigen Fährte ist, sondern fast schon etwas Triviales tut«, bemerkte Delbrück in seinem ironisch scharfen Stil. Crick war weniger großzügig; er fand nur ganz wenige interessante Punkte in dem Artikel und hielt fest, daß er eine uneinheitliche Degeneration der Codierung zeigte. Bevor nicht, und sei es auch nur ansatzweise, strukturelle Rechtfertigungen geliefert wurden, wollte er nicht an den Kombinationscode glauben. Crick fand auch Fehler in Ulams Beweis und konnte so oder so nicht den springenden Punkt in ihrem besonderen Zufallsmodell sehen, da es keinem bekannten Zufallsmodell in molekularer Hinsicht entsprach – »obwohl es ganz sicher fein ist, wenn man von Neumanns Namen im Artikel hat!« Wie Crick es sah, war ihr Code-Modell falsch.[79]

Um 1955 versuchten mindestens drei andere Forscher ebenfalls ihr

Decodierungs-Geschick: der Genetiker Drew Schwartz, der Biochemiker Alexander Dounce und Herbert Simon, Experte in Künstlicher Intelligenz. Schwartz hatte aus strukturellen Gründen Einwände gegen Gamows Rautencode und schlug daher ein kompliziertes und restriktives Schema vor, durch das aromatische Aminosäuren (solche mit Benzolringstrukturen) anders gebunden wurden, und zwar in von angrenzenden Basen gebildeten Hohlräumen.[80] Alexander Dounce von der *University of Rochester School of Medicine and Dentistry*, Mitglied des RNA-Krawattenclubs, war der erste, der 1952 ein weitsichtiges Schema vorgeschlagen hatte, das den Zusammenbau von Aminosäuren entlang eines RNA-Strangs erklärte. Er brachte seine Überlegungen nun auf den neuesten Stand und schlug einen gerichteten überlappenden Code vor: Anstelle eines einfachen Tripletts wurden in seinem Schema von vierundsechzig Nukleotid-Dyaden jeweils drei auf einmal einer Aminosäure zugeordnet (Dyaden oder Dublettcodes blieben bis in die sechziger Jahre eine vertretbare Code-Variante.)

Doch das auffallendste Merkmal von Dounces Artikel war seine Neufassung des Problems molekularer Spezifität, zum einen hinsichtlich des Vermögens der Dyaden zur Informationsspeicherung, zum anderen hinsichtlich der Informationsübertragung von Polynukleotid- zu Polypeptidketten. Auch wenn Dounce die Sprachtropen (Alphabet, Text usw.) nicht verwendete, stellte er nun die Proteinsynthese stillschweigend als in einer Richtung verlaufendes Kommunikationssystem dar. Er dankte »Dr. G. Gamow, Dr. M. Yčas und Dr. A. Rich für die freimütige Mitteilung vieler ihrer Gedanken, die äußerst hilfreich waren, um mich beim Problem der Informationübertragung auf den neuesten Stand zu bringen«.[81]

Den Leiter des Department of Industrial Management am *Carnegie Institute of Technology*, Herbert Simon, faszinierte das Codierungsproblem schon länger; ein Jahr zuvor, 1954, hatte er Gamow seine Gedanken mitgeteilt. In seiner Antwort auf Gamows und Yčas' Artikel von 1955 über die statistische Korrelation von Häufigkeitsverteilungen zeigte er sich inspiriert, einen Sechser-Code zu konstruieren, der auf Permutationen von vier Basenpaaren beruhte und der, wie er meinte, gut zu der Verteilung der Aminosäuren in Gamows und Yčas' Tabelle paßte. Sich für sein amateurhaftes Wagnis entschuldigend, gestand er Yčas: »Ich bin immer noch fasziniert von einigen Analogien zwischen den komplexen Systemen, die ich in meiner Forschung zu betrachten gewohnt bin –

große menschliche Organisationsformen –, und dem komplexen System, das Sie untersuchen.« Entsprechend seiner Sichtweise von Sprache und Intelligenz war der genetische Code ein strikt algorithmischer Prozeß: die Ausführung eines festgelegten Programms.[82]

Der zusammen mit Yčas verfaßte Artikel von 1955 war im wesentlichen Gamows letzter originärer Beitrag zum Codierungsproblem, obwohl er den Gegenstand weiterhin mit aktivem Interesse verfolgte und Überlegungen und Popularisierungen dazu schrieb. Er hielt auch noch als Gastprofessor im Physik-Fachbereich in Berkeley im Herbst 1956 einen Kurs mit dem Titel »Biology on the Molecular Level«.[83] In diesem Herbst präsentierten er und Yčas auch Beiträge zum Symposion über »Information Theory in Biology« in Oak Ridge, Tennessee, das mit Unterstützung von Henry Quastler von dem Biophysiker Hubert Yockey organisiert worden war. Zu diesem Zeitpunkt untermauerten zwei wichtige Beiträge der Cambridge-Gruppe die Stärke nicht-überlappender Codes: Brenners Beweis der Unmöglichkeit von überlappenden Codes und die Konstruktion kommafreier Codes durch Crick, Leslie, Orgel und John S. Griffith.

In der Abgeschiedenheit von Johannesburg hatte Brenner seine Analysen von Dipeptiden konsolidiert, und im September 1956 verschickte er seinen Beweis »On the Impossibility of All Overlapping Triplet Codes« an den RNA-Krawattenclub.[84]

Genaugenommen bezog sich Brenners Beweis nur auf voll überlappende Triplettcodes (siehe Abbildung 7), bei denen vierundsechzig Tripletts degeneriert waren zu zwanzig Gruppen, die genau den »magischen« zwanzig Aminosäuren entsprachen. In seiner Analyse kritisierte er Codes wie den Rautencode und den kompakten Dreieck-Code, bei denen jedes Triplett zwei Nukleotide mit dem folgenden Triplett teilte. Die Sequenz ABCDA codierte dort beispielsweise drei Aminosäuren: ABC die erste, BCD die zweite und CDA die dritte. Nicht in seine Analyse bezog Brenner teilweise überlappende Codes ein, bei denen die Tripletts sich nur in einem Nukleotid überlagerten. Dennoch war sein Beweis in seiner Geradheit und Allgemeinheit blendend, eine Bestätigung für die Überlegenheit des Geistes über einen Computer, wie Crick es wohl formuliert hätte.

Brenners Beweis beruhte auf der Analyse von Dipeptiden, die aus Aminosäuresequenzen von ungefähr fünfundzwanzig Proteinen stammten, und bestand darin aufzuzeigen, daß vierundsechzig Tripletts ganz klar

	B C A C D D A B A B D C

Overlapping code	B C A
	  C A C
	    A C D
	      C D D

Partial overlapping code	B C A
	  A C D
	    D D A
	      A B A

Nonoverlapping code	B C A
	    C D D
	      A B A
	         B D C

—The letters A, B, C, and D stand for the four bases of the four common nucleotides. The top row of letters represents an imaginary sequence of them. In the codes illustrated here each set of three letters represents an amino acid. The diagram shows how the first four amino acids of a sequence are coded in the three classes of codes.

Abbildung 7. Schematische Darstellung von voll überlappendem, teilweise überlappendem und nicht-überlappendem Code. Francis H. C. Crick, John S. Griffith, Leslie E. Orgel, »Codes without Commas«, PNAS 43 (1957). Genehmigter Nachdruck.

nicht ausreichen, um die bekannten Sequenzen zu spezifizieren. Da jede Dipeptidsequenz durch eine Sequenz von vier Nukleotiden repräsentiert wurde (ABCD ergab ABC und BCD, wobei jedes Triplett eine Aminosäure spezifizierte), konnte es nicht mehr als 256 verschiedene Dipeptide geben (4^4=256). Wenn dagegen alle Dipeptidsequenzen möglich waren, dann sollten 400 (20x20) erwartet werden. In einem voll überlappenden Code mußten für die vier Aminosäuren, die an eine bestimmte Aminosäure auf beiden Seiten angrenzen konnten, jeder Aminosäure ein Triplett zugewiesen werden können. Auf der Grundlage seiner Dipeptidtabelle von Aminosäurenachbarn zählte Brenner aus, wie viele verschiedene Aminosäuren jeder der zwanzig Aminosäuren unmittelbar voraufgingen oder ihr folgten, und, von der größeren dieser beiden Zahlen ausgehend, bestimmte er für jede Aminosäure die minimale Anzahl von Tripletts, die ihr zugeordnet werden mußten. Auf diese Weise zeigte er, daß in einem voll überlappenden Code mindestens siebzig Tripletts (und nicht nur vierundsechzig) erforderlich wären, um die Dipeptidsequenzen aus seiner Tabelle unterzubringen.

»Es scheint klar, daß zwischen Nukleinsäuren und Proteinen eine nicht-überlappende Äquivalenz bestehen muß«, schloß Brenner, »und einige der Probleme, die sich aus dieser Schlußfolgerung ergeben, sollen in einer späteren Notiz diskutiert werden.«[85] Damit bezog er sich auf das Rätsel der »Interpunktion« bei nicht-überlappenden Codes, ein Problem, das mit der Konstruktion von kommafreien Codes durch die Cambridge-Gruppe einer Lösung nahe schien. Als Brenners Artikel ein Jahr später in *PNAS* erschien, war er in die zunehmend akzeptierte Begrifflichkeit des Informationsdiskurses umformuliert worden: Die Unmöglichkeit überlappender Triplettcodes wurde nun verstanden als ihr Unvermögen, Information von Nukleinsäuren zu Proteinen zu übertragen; und Degeneration bedeutete nun »Informationsüberschuß«.[86] Brenners und Cricks neuere Mitteilungen an den RNA-Krawattenclub beeinflußten die Präsentationen von Gamow und Yčas beim Symposon »Information Theory in Biology« im *Oak Ridge National Laboratory* in Gatlinburg im Herbst 1956.

Es war kein denkwürdiges Ereignis. Gamow hatte für die Informationstheoretiker nicht viel übrig, auch wenn er ihren Diskurs teilte. Und Yčas erinnerte sich, daß »zum Entsetzen Gamows und vieler anderer Teilnehmer Gatlinburg langweilig war, doch der Tag wurde gerettet durch Kontakte mit den Elchen oder irgendeine Wohltätigkeitsorganisation«. Gamow lieferte eine kurze Zusammenfassung des Codierungsproblems – »The Cryptographic Approach to the Problem of Protein Synthesis« – und schloß seinen Beitrag mit dem heiklen Problem der »Interpunktion« bei nicht-überlappenden Codes. Yčas, zu dieser Zeit Professor am Fachbereich Mikrobiologie der Universität von Syracuse, gab eine ausführliche und aktuelle Behandlung dessen, was er den »Proteintext« nannte.[87] Er stellte das RNA-Molekül als einen in einem Alphabet mit vier Symbolen geschriebenen Text dar, der wiederum den in einem Alphabet mit zwanzig Symbolen geschriebenen Proteintext encodierte, und analysierte detailliert die verschiedenen kryptoanalytischen Bemühungen. »Kryptographie muß auf einer Untersuchung von Texten beruhen, und ich werde dementsprechend versuchen, Proteinmoleküle unter diesem Gesichtspunkt zu prüfen.«[88]

Wenn Leben geschrieben ist, wenn DNA, RNA und Proteine Texte sind – als welche diese Wissenschaftler sie schließlich betrachteten –, wer schrieb diese Texte dann? Was war der Ursprung dieser Schrift? Wie konnten Texte den Darstellungsweisen vorausgehen, die sie entstehen ließen? Konnten theistische Interpretationen der Sequenz als Urwort der Schöpfung im Spiel sein? Während er für diese skripturalen Darstellungsformen von Molekülen warb, schien Yčas doch ihre dekonstruktiven Dimensionen erfaßt zu haben: die Verschmelzung des Schreibers mit dem Geschriebenen. Seinem Beitrag setzte er jedenfalls folgendes Zitat voran:

> Es hört sich seltsam an, der eine spricht
> aus diesem irdnen Los, der andre nicht:
> Und plötzlich ruft ein ungeduldger Tropf –
> Sag an, wer ist der Töpfer, wer der Topf?
> *Aus dem Buch der Töpfe*

Nachdem er den Proteintext untersucht hatte, ging Yčas zum Codierungsproblem über, nämlich dem Problem von »Speicherung, Übertragung und Replikation der im Proteinmolekül enthaltenen Information«. In diesem Diskurs waren Informationsübertragung und Codierung (Textualisierung) zwei Seiten derselben Medaille und wurden zunehmend als das Ablesen von Instruktionen von einem Magnetband veranschaulicht. Er betrachtete den »Informationsgehalt des RNA-Systems [als] hoch redundant hinsichtlich des gebildeten Endprodukts« und verwendete Shannons Formel, um den Informationsgehalt des kürzlich akzeptierten Modells einer RNA als Matrize zu berechnen und zu zeigen, daß sie tatsächlich die erforderliche Information speichern konnte und so, theoretisch, zur Selbst-Replikation in der Lage war. Wie Gamow schloß auch Yčas seinen Beitrag mit dem Problem der Interpunktion in nicht-überlappenden Codes, wobei er seine Kritik an einem neuen Codetyp vorbrachte – dem »kommafreien Code« –, wie er kürzlich von Crick und seinen Mitarbeitern in Cambridge ausgearbeitet worden war.[89]

Von der Syntax zur Semantik? Kommafreie und andere Codes

Während die Analogie zwischen dem DNA-(oder RNA-)Strang und einem Text sich in den Köpfen der Codeforscher festsetzte, standen die Tropen der Textualität in ihrer genetischen Phänomenologie für sich. Ab 1955, als es wahrscheinlich schien, daß der Code nicht-überlappend war, wurde das Problem, wie und in welcher Richtung die Abfolge der Nukleotid-Tripletts entlang dem Strang zu unterscheiden wäre, zum Haupträtsel dieser Textualität. Wie Yčas sich erinnert, wurde in der Folge viel über das »Interpunktionsproblem« diskutiert: Woran erkannte der »Lesemechanismus« Anfang und Ende eines Tripletts? Ohne eine Markierung oder »Interpunktion« konnte eine Basensequenz nicht eindeutig gelesen werden, z. B. als ABC, DCC, BDA ... oder als A, BCD, CCB, DA ...[90]

Um aus dieser Mehrdeutigkeit hinauszufinden, boten sich drei Wege an: Es konnte eine Anfangskonfiguration geben, eine »Interpunktion«, die den Beginn der Zählung markierte (was sich später als richtig herausstellen sollte); die »codierenden« Tripletts konnten durch irgendeine Art von »nicht-codierender« (unspezifischer) Basen-Anordnung, die »Kommas«, getrennt sein; oder die Natur des »Wörterbuchs«, wie es bald genannt werden sollte, konnte selbst Mehrdeutigkeiten vorbeugen – d.h. nur solche Konfigurationen von Tripletts, die Aminosäuren spezifizierten, würden »Bedeutung« besitzen und als »Wörter« gelten. Crick entschied sich, zusammen mit dem Chemiker Leslie Orgel und dem Biophysiker John Griffith, für die dritte Option und arbeitete sie zu einem einfallsreichen kommafreien Triplettcode aus. Yčas bemerkte: »Dieser Codetyp war natürlich in der Praxis der Nachrichtentechnik schon gut bekannt.«[91]

Für einen kurzen Moment erkannten die Autoren den metaphorischen Charakter von Codierung und Textualität an. Da es vierundsechzig mögliche Basentripletts gab und nur zwanzig Aminosäuren, würden manche Tripletts mit Aminosäuren verknüpft sein, andere dagegen nicht. Crick und seine Kollegen schrieben: »Unter Verwendung der Codierungsmetaphern sagen wir, daß einige der 64 Tripletts Sinn ergeben, andere dagegen Unsinn. Wir nehmen weiterhin an, daß alle möglichen Sequenzen der *Aminosäuren* vorkommen können (d.h. codiert werden können) und daß man an jedem Punkt der Buchstabenreihe nur in der korrekten Richtung ›Sinn‹ herauslesen kann.«[92] (siehe Abbildung 8) Das mathematische Problem war, die maximale Anzahl zu finden, die auf diese Weise codiert werden konnte; die Beweislast des Artikels bestand darin, zwei Dinge aufzuzeigen: erstens, daß das Maximum zwanzig nicht überschreiten konnte, und zweitens, daß eine Lösung für zwanzig gegeben werden konnte.

Von da an wurde die Metapher der Sprache konstitutiv für ihre weiteren Überlegungen und Bezeichnungsweisen. Crick, Orgel und Griffith kombinierten ihre logische Argumentation mit detaillierter Zählung und schlossen zunächst die vier Sequenzen AAA, BBB, CCC, DDD aus, denn bei diesen ließ sich Sinn nicht von Nonsense unterscheiden. Die

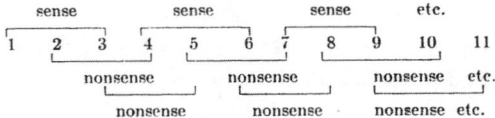

The numbers represent the positions occupied by the four letters A, B, C, and D. It is shown which triplets make sense and which nonsense.

Abbildung 8. Francis H. C. Crick, John S. Griffith, Leslie E. Orgel, »Codes Without Commas«, *PNAS* 43 (1957). Genehmigter Nachdruck.

verbleibenden sechzig Tripletts konnten in zwanzig Dreiergruppen aufgeteilt werden, von denen jede aus zyklischen Permutationen bestand (ABC, BCA, CAB). Wenn ABC »Sinn« ergab (nämlich eine Aminosäure spezifizierte), dann mußten die anderen Permutationen »Nonsense« ergeben. Demnach konnte nur ein Triplett aus jeder Dreiergruppe verwendet werden, was insgesamt nicht mehr als zwanzig Tripletts ergab.

Es war, fast wunderbarerweise, möglich, zwanzig »Sinn«-Tripletts so auszusuchen, daß die Nebeneinanderstellung von zwei beliebigen Tripletts überlappende »Unsinns«-Tripletts ergab. Eine solche Lösung war:

$$AB\begin{matrix}A\\B\end{matrix} \; \begin{matrix}A\\B\end{matrix} \; CB\begin{matrix}A\\C\end{matrix} \; BD\begin{matrix}A\\C\end{matrix} \; \begin{matrix}A\\B\\C\\D\end{matrix}$$

die zu lesen ist: ABA, ABB und so weiter. Es gab viele andere mögliche Lösungen (zweihundertachtundachtzig, um genau zu sein), die zwanzig »Sinn«-Tripletts ergaben. Alle diese kommalosen Codes waren nicht-degeneriert und retteten die »magische Zahl zwanzig«.[93]

Dieses logisch einwandfreie Modell besaß einen zusätzlichen Vorteil: Es lieferte eine physikalische Interpretation des Zusammenbaus von Polypeptiden über die sogenannte »Adaptor-Hypothese«, die im RNA-Krawattenclub zunehmend Bekanntheit erlangte. In seiner Notiz von 1955 an den Club: »On Degenerate Templates and the Adaptor Hypothesis« hatte Crick, getragen von Brenners Vorstellungen, vorgeschlagen, daß jede Aminosäure mittels eines kleinen Moleküls (z. B. eines Trinukleotids) an ihre richtige Stelle transportiert werden könnte; dieses Molekül sollte zu einer Wasserstoffbrückenbindung, insbesondere mit der Nukleinsäurematrize, in der Lage sein. (Um 1957 wurde dieser »Adaptor« zu löslicher RNA in Entsprechung gesetzt, welche bald darauf in »Transfer-RNA« umbenannt wurde.)[94] Crick, Griffith und Orgel kombinierten nun diesen hypothetischen Transportmechanismus mit dem hypothetischen kommafreien Code und schlugen eine Möglichkeit vor, wie ein solcher Trinukleotid-Adaptor, beladen mit seiner Aminosäure, von unkorrekten (Unsinn-)Positionen abgestoßen würde und sich nur an das korrekte (Sinn-)Triplett an der Matrize binden konnte. Ihr Modell sollte die implizite Idee des Informationstransfers in der Proteinsynthese konkretisieren.

Crick, Orgel und Griffith waren begeistert von der Idee eines kommafreien Codes. »Er schien so schön, beinahe elegant«, erinnerte sich Crick. Dennoch waren sie im veröffentlichten Artikel eher vorsichtig: »Die Argumente und Annahmen, die wir aufstellen mußten, um diesen Code abzuleiten, sind zu unsicher, als daß wir aus rein theoretischen Gründen sehr viel Vertrauen in ihn hätten. Wir legen ihn nur deshalb vor, weil er die magische Zahl – 20 – auf eine saubere Weise ergibt, ausgehend von vernünftigen physikalischen Postulaten.« Sie gestanden zu, daß auch andere Codes, insbesondere der »Kombinationscode« von Gamow und Yčas, das Ziel der »magischen zwanzig« erreichten, doch diese bauten für Crick auf unplausiblen physikalischen Prämissen auf.[95]

Yčas hielt dem entgegen, daß ein kommaloser Code den Beobachtungen widersprach: Beispielsweise kamen dadurch intersymbolische Einschränkungen in den Proteintext hinein, obwohl keine beobachtet worden waren. Eine Mutation konnte zu einer Veränderung an nur einer Stelle führen und die übrige Sequenz unverändert lassen. In jedem Falle, beharrte er, konnte das »Interpunktions«-Problem gelöst werden, ohne die Geister der überlappenden Tripletts wieder ins Leben zu rufen, wenn nämlich die Aminosäuren sequentiell ausgewählt wurden, angefangen an einem Ende der Matrize. Trotz der Vorbehalte und Einwände wurde der kommalose Code erstaunlich populär, und nachdem vier Leute angefragt hatten, ob sie die Notiz zitieren durften, entschlossen sich die Autoren, sie für *PNAS* auszuarbeiten, wo der Artikel im Mai 1957 erschien. Zeitweilig wurde er sogar zu einer Art Dogma.[96] Inzwischen hatte noch ein anderer Physiker, der Ungar Leo Szilard, seinen Verstand am Codierungsproblem geschärft und war zu ähnlichen Schlußfolgerungen wie die Cambridge-Gruppe gelangt.

Szilard war zu dieser Zeit in der Biologie heimisch geworden. Wie mehrere andere vom Aufkommen der Atommacht und der Militarisierung der Physik desillusionierte Atomwissenschaftler wanderte er aus der »Todeswissenschaft« aus und in die Lebenswissenschaften ein und engagierte sich für ein Ende des Wettrüstens. Max Delbrücks kongeniale Sommergemeinschaft in Cold Spring Harbor diente als Initiationsritus und Brücke zur Biologie. Im Herbst 1946 trat Szilard der Fakultät der Universität von Chicago bei, und zwar als Professor für Biophysik am Institut für Strahlenbiologie und Biophysik. Er tat sich mit dem physikalischen Chemiker Aaron Novick zusammen, einem jüngeren Kollegen, mit dem er im Krieg am Atomenergieprojekt der University of Chicago zusammengearbeitet hatte, und erhielt seine Biologieausbildung durch Delbrücks Phagen-Sommerkurse in Cold Spring Harbor und Cornelius Van Niels Sommerkurs in Bakterien-Biochemie in Pacific Grove.[97]

Szilard und Novick arbeiteten über Licht-Reaktivität bei Bakterien, Phänotyp-Vermischungen bei Viren, an Experimenten mit dem Chemostat (einem Gerät dauerhafter Bakterienkulturen, einer von Szilards patentierten Erfindungen), an chemisch induzierten Mutationen und der Aminosäuresynthese bei Bakterien, sowie zusammen mit dem Genetiker Maurice Fox an einem Gerät, um Bakterienpopulationen unter den Bedingungen des Fließgleichgewichts zu züchten. Noch wichtiger allerdings war, daß Szilard nach den Worten von François Jacob als eine Art intellektuelle Hummel fungierte, die quer durch die internationale molekularbiologische Gemeinschaft Ideen hin und her trug. Wie Gamow und von Neumann hatte Szilard einen Hang zum unsteten Leben, der ihn zu einigen der aktivsten Forschungszentren im Land und jenseits des Atlantik trug: 1957, als er sich für das Codierungsproblem interessierte, war er ein häufiger Besucher im Pasteur-Institut, an der *Medical Research Council Molecular Biology Unit* in Cambridge, am Caltech, am Rockefeller Institut, an der New York University und an der Universität von Colorado (wo seine Frau Trude öffentliches Gesundheitswesen an der Medical School lehrte, Gamow Physikprofessor war und der Phagenforscher Theodore Puck Professor in Biophysik).[98]

Szilard fand Gefallen an dieser ungebundenen trans-institutionellen Weise, Wissenschaft zu betreiben. Als das Institut für Strahlenbiologie und Biophysik im Juli 1956 aufgelöst wurde, bemühte sich Szilard nicht, dem *Institute of Nuclear Studies* an der Universität von Chicago beizutreten, sondern versuchte, seine akademischen Streifzüge als »Wissenschaftler im Außendienst« zu institutionalisieren. Er wandte sich an die National Science Foundation (NSF) für die Förderung einer »Wander-Professur«. Er präsentierte sich als theoretischer Biologe, der die Kommunikation in Schlüsselbereichen der molekularbiologischen Forschung förderte:

> Zum gegenwärtigen Zeitpunkt sind einige Zweige der Biologie, für die ich mich interessiere, in schnellem Fortschritt begriffen. Die Probleme der Proteinsynthese, die Rolle der RNA und der DNA und das allgemeine Problem der Selbst-Reproduktion, Differenzierung und Alterung werden sich bald mit neuen Techniken angehen lassen... Als Wissenschaftler im Außendienst sollte es mir möglich sein, gründliche Kenntnisse der Experimente zu erlangen, die an vielfältigstem biologischen Material und mit unterschiedlichen Techniken durchgeführt werden, und demnach in dieser Form als »theoretischer Biologe« tätig zu sein.[99]

Die Biologie hatte noch nicht den Stand der theoretischen Physik von vor einem halben Jahrhundert erreicht, erklärte Szilard, womit er Delbrücks und Schrödingers Einschätzung aufgriff. Doch sie konnte sehr gut kurz davor stehen. Das hieß, es konnte fruchtbar sein, wenn einige Wissenschaftler »weniger Wert auf ihre eigenen Experimente legten und mehr Zeit damit verbringen würden, mit den Experimenten anderer enge Verbindung zu halten, um so vielleicht in der Lage zu sein, neue Strukturen zu erkennen und Einsichten in einige allgemeine biologische Gesetze zu gewinnen, die bislang noch nicht deutlich in Erscheinung getreten sind«. Mehrere führende Biologen pflichteten ihm bei und unterstützten seine Wander-Professur wärmstens. Sie gestanden die Eigenartigkeit eines solchen Arrangements zu, doch Szilard war, wie sie anmerkten, auch eine besondere Persönlichkeit.

> Nicht nur gehen einige Entdeckungen höchsten Ranges auf ihn zurück, Szilard hat sich auch als ein ungewöhnlich wirkungsvoller Katalysator in der Wissenschaft erwiesen. In den letzten Jahren hat er ausgiebig andere Laboratorien besucht und hat nicht mit gründlicher Aufmerksamkeit und Gedanken zur laufenden Arbeit gespart. Er besitzt die einzigartige Fähigkeit, augenblicklich die unterschiedlichsten Probleme zu erfassen, ihre bedeutsamen Aspekte aufzugreifen und seinen phantasievollen und kritischen Geist auf sie zu richten. Seine Laborbesuche haben oft zu wertvollen neuen Experimenten geführt und vielen jungen Biologen einen tieferen Sinn für die Unterscheidung zwischen wichtigen und trivialen Problemen vermittelt.[100]

Auch wenn dieses besondere institutionelle Arrangement (und einige andere) am Ende nicht zustande kam, setzte Szilard seine globalen intellektuellen Streifzüge fort.

Im Juni 1957 sandte er einen Brief an Crick und legte ein Manuskript bei, »How May Amino Acids Read the Nucleotide Code?«, das er bei *PNAS* eingereicht hatte; eine weitere Kopie schickte er an Delbrück. Wie er zugab, hatte er die letzte Ausgabe von *PNAS* verpaßt, die den Artikel »Codes Without Commas« enthielt, doch unabhängig davon war er zu ähnlichen Schlußfolgerungen gelangt und hatte inzwischen einige ihrer Punkte eingearbeitet. »Wenn Sie in meinen Ansichten irgend etwas grundsätzlich Falsches finden, bitte senden Sie mir eine Zeile oder ein Telegramm. Zehn Tage lang kann ich den Artikel noch zurückziehen, ohne irgend jemandem merklich Ungelegenheiten zu bereiten«, schrieb er. So hielt er es öfter, und sah dann tatsächlich auch oft von einer Veröffentlichung ab. Im Herbst wäre er in Europa und würde gerne einige Zeit mit der Cambridge-Gruppe verbringen (Seymour Benzer, Renato Dulbecco, George Streisinger und Sidney Brenner), insbesondere wenn sie »vollständig versammelt« wäre.[101]

Szilard hatte das Codierungsproblem und dessen ganze Verflechtung mit dem Informationsdiskurs verfolgt. Auch wenn er im nachhinein als einer der Gründer der Informationstheorie anerkannt wurde, hatte er offensichtlich kein großes Interesse an ihr, noch hielt er viel von ihrer Anwendung in der Biologie. Dennoch übernahm er wie Gamow bereitwillig ihre diskursiven Praktiken, die den Code zur bestimmenden Komponente im genetischen Kommunikationssystem gemacht hatten: Informationsgehalt, Botschaften, Wörter, Kommas und Lesen.

Szilards Schema war verhältnismäßig auf dem neuesten Stand und beruhte auf der Prämisse, daß es nicht notwendigerweise das Gen (DNA) war, sondern das – »die gleiche Information« enthaltende – »Paragen« (RNA), wie er es nannte, das die Proteinsynthese steuerte. Sein Schema wies mit der »Adaptorhypothese« vergleichbare Ideen auf, beschäftigte sich mit der Gerichtetheit bei nicht-überlappenden Codes (obwohl er sich auch Codes vorstellen konnte, die aus vier oder mehr Nukleotiden zusammengesetzt waren), bot eine Lösung für das »Interpunktionsproblem« und überprüfte detailliert die Kinetik des Aminosäurezusammenbaus in der Proteinsynthese bei Bakterien.

Sequenzen von jeweils drei Nukleotiden am Paragen repräsentieren dementsprechend die Codewörter, und die Trinukleotide, welche die Aminosäuren transportieren, repräsentieren die Anticode-Wörter... Wir gehen davon aus, daß diese Anticode-Wörter zu den Codewörtern komplementär sind... Wenn die Basensequenzen entlang eines DNA-Strangs eine codierte Botschaft darstellen, die aus Drei-Buchstaben-Wörtern besteht, dann ... muß der Code auf dem Paragen fortlaufend von einem Ende her gelesen werden – sagen wir vom »Kopfende« des Paragens an abwärts. Unter diesen Umständen würde der Code falsch gelesen, wenn die Trinukleotide, die die Anticode-Wörter darstellen, entlang dem Paragen gleichzeitig, anstatt – von einem Ende her – nacheinander zusammengesetzt würden.[102]

Wie er bald erfahren sollte, waren einige dieser Codemerkmale bereits vorgeschlagen worden. Doch das neuartigste an Szilards Artikel war sein zweiter Teil: eine detaillierte Erklärung der Kinetik des Aminosäurezusammenbaus bei der Proteinsynthese, den er sich als eine chemische Kettenreaktion vorstellte, die am Kopfende des Paragens startete und dann an diesem entlang abwärts weiterging. Unter Verwendung bekannter Enzymsyntheseraten berechnete er die Raten, in denen das Paragen jene Enzyme synthetisierte, die erforderlich waren, um die Aminosäuren auf die Anticode-Nukleotide zu laden; die Gleichgewichtsbedingungen für die Bildung von Lücken am Paragen, in die diese Einheiten hineinpaßten; und die für den Aminosäurezusammenbau erforderliche Zeit. Er kam zu dem Schluß, daß seine Theorie die hohe Rate der Enzymsynthese bei Bakterien erklären konnte, wenn diese durch einen Induktor maximal gesteigert wurde. Seine Arbeit über enzymatische Feedback-Hemmung bei E. coli (zusammen mit Aaron Novick) überschnitt sich stark mit Jacques Monods Forschungen am Pasteur-Institut (siehe Kapitel 5).[103]

Den zweiten Teil des Artikels hatte Crick nicht gelesen. »Wir hatten nur Zeit, jenen Teil Ihres Artikels zu durchdenken, der sich mit dem Codieren beschäftigt«, antwortete er Szilard umgehend, »und ich sage am besten sofort geradeheraus, daß er uns nicht gefällt. Der von Ihnen vorgeschlagene Codetyp ist äußerst restriktiv«; dann listete er die Ungereimtheiten in Szilards Vorschlag auf. Er hatte ihm gerade Brenners Vorabdruck aus *PNAS*, »On the Impossibility of All Overlapping Codes«, geschickt, in dem alle bekannten Sequenzdaten gesammelt waren. »Wie Sie sehen können«, schrieb Crick, »wird schon eine bescheidene Auswahl dieser Daten alle möglichen Versionen Ihres Codes widerlegen ... Ich habe Ihr Papier auch Brenner und Orgel gezeigt, und die obigen Kritikpunkte sind unser gemeinsames Werk.« Inzwischen hatte Szilard bereits Gamow an der Universität von Colorado getroffen und Brenners Daten von ihm erhalten. Szilard publizierte sein Manuskript nie und setzte seine Mitarbeit am Codierungsproblem auf seine informelle und episodische Art fort.[104]

Die kommafreien Codes erregten beträchtliche Aufmerksamkeit. Während die Molekularbiologen vor allem von ihrer Neuartigkeit, ihrer makellosen Logik und verführerischen Eleganz fasziniert waren, war es auch eine Klasse von Codes, die in fortgeschrittenen Nachrichtensystemen eingesetzt wurde, worauf Yčas hinwies. Dementsprechend schien es natürlich, die Fachkenntnis von Mathematikern und Nachrichteningenieuren heranzuziehen, um die allgemeinen Eigenschaften von kommafreien Codes zu analysieren und genauer auszuarbeiten. Solche Fachkenntnis stand abrufbar bereit im *Jet Propulsion Laboratory* (JPL) am Caltech, das sich nur einen Steinwurf von Delbrücks Gruppe entfernt befand und seit Ende des Zweiten Weltkriegs von der United States Army gefördert wurde.

Das 1944 gegründete JPL war eine wichtige wissenschaftliche Ressource für die in Kalifornien stationierten Industriegiganten Lockheed und Convair; beide waren nicht nur führend in der Entwicklung des Interkontinentalraketen-Programms und seiner Weltraumtechnologien, sondern auch innerhalb des wachsenden Raketenforschungsprojekts *National Advisory Committee on Aeronautics* (NACA), das 1958 als *National Aeronautics and Space Administration* (NASA) neu eingerichtet wurde. JPL-Forscher entwickelten einige der Schlüsseltechnologien des Raketenzeitalters für Elektronik, Lenk- und Kontrollsysteme. Und ihre Rolle im Waffenwettrüsten verstärkte sich noch nach der Verabschiedung des *National Defense Security Act* (1958) und der Militarisierung der NASA, beides Reaktionen auf den Start des *Sputnik I* am 4. Oktober 1957.[105]

Max Delbrück unterhielt am Caltech enge Arbeitsbeziehungen mit Physikern und Mathematikern innerhalb und außerhalb des JPL. Er vermittelte den Eindruck, ein Mann der Tat zu sein, und war der charismatische Kopf einer florierenden Phagenschule. Doch er hatte auch den Ruf des Denkers. Seine theoretische Auffassungsgabe für Probleme in Physik, Chemie und Biologie versah ihn mit einer ungewöhnlichen Fähigkeit, Wissen über die Schranken einzelner Wissenschaften hinweg zu integrieren, eine Eigenschaft, die bei der interdisziplinären Agenda des Caltech von besonderer Bedeutung war. Sein Image als kultivierter Exzentriker wurde ausgeglichen durch sein Talent für Gruppenarbeit, ein geschätzter Vorzug am Caltech. Kurz nachdem er ans Caltech gekommen war, hatte er bereits ein interdisziplinäres Seminar eingerichtet. »Max hat ein biophysikalisches Seminar, an dem theoretische Chemiker und Physiker nicht nur teilnehmen, sondern auch wirklich Beiträge liefern!« rief George Beadle, Leiter des Biologie-Fachbereichs, 1947 ungläubig aus.[106] Zehn Jahre später war Delbrücks Dienstagsseminar immer noch aktiv und seine Teilnehmer hartnäckig mit dem widerspenstigen genetischen Code beschäftigt, der sich inzwischen als kommafreier Code darstellte.

Drei JPL-Wissenschaftler stellten sich dem Problem: Solomon W. Golomb, ein junger Mathematiker und Nachrichteningenieur, der Mathematiker Basil Gordon, Spezialist für kombinatorische Analyse, und der Elektroingenieur Lloyd R. Welch, der zwei Jahre später in das *Institute for Defense Analysis* eintrat. Im Sommer 1957 nahmen sie die Herausforderung an, eine mathematische Verallgemeinerung für das Codierungsproblem zu entwickeln: Was war der maximale Umfang eines Wörterbuchs für einen kommafreien Code bei einer arbiträren Anzahl von Symbolen und arbiträrer Wortlänge?

Sie analysierten die kommafreien Codes als ein allgemeines kombinatorisches Problem. Das heißt, sie überprüften ein Alphabet (man beachte die Metapher), das aus den Zahlen 1, 2, ... n bestand, mit dem es möglich war, alle Wörter der Länge k zu bilden ($a_1, a_2 ... a_k$), wobei sowohl n als auch k positive ganze Zahlen waren und n^k die Anzahl möglicher Wörter. Und um den Einschränkungen von kommafreien Codes zu genügen – daß manche Tripletts »Sinn« ergaben (Wörter), andere dagegen »Nonsense« (Nichtwörter) –, definierten sie die Menge D von k-Buchstaben-Wörtern (»Sinn«) als ein kommafreies Wörterbuch so, daß alle überlappenden Tripletts (»Nonsense«) ausgeschlossen waren.[105]

Ihre Lösungen demonstrierten, wenn auch nur teilweise, daß es tatsächlich möglich war, Codes zu konstruieren, in denen zwanzig Nukleotidsequenzen, die den zwanzig Aminosäuren entsprachen, ein kommafreies *Wörterbuch* bildeten. Der Ausdruck *Wörterbuch* war eine weitere sprachliche Trope in dem von Informationstheorie, elektronischen Rechnern und Sprachwissenschaft gebildeten diskursiven und semiotischen Raum, in dem sich der genetische Code als skripturale Technologie konstituierte.

Golomb, Gordon und Welch stützten ihre Analyse auf die Informationstheorie. Demnach konnte man sich die Nukleotidsequenz vorstellen »als eine unbegrenzte Botschaft, ohne Interpunktion geschrieben, aus der jedes begrenzte Teilstück durch passende Einfügung von Kommas in eine Aminosäuresequenz decodierbar sein muß. Wenn die Art und

Weise der Einfügung von Kommas nicht eindeutig wäre, ergäbe sich genetisches Chaos.« Eher überraschend argumentierten die Autoren weiterhin, daß kommafreie Codes sogar zur mathematischen Codetheorie beitragen konnten, da sie eine Untermenge einer größeren Klasse verwandter Codes bildeten.

In ihrer Suche nach optimalen Codierungstechniken hatten Claude Shannon und Brockway McMillan theoretische Codes studiert, bei denen die gesamte Nachricht verfügbar war. Doch in tatsächlichen Kommunikationsanwendungen – wie beim Problem des genetischen Codes – war zu erwarten, daß nur zerstückelte Teile einer Nachricht empfangen wurden. In diesem Fall konnten kommafreie Codes in der Tat nützlich sein. Diese genetischen Codes wurden nun zu »Grenzobjekten«, die zwischen der molekularen Genetik auf der einen Seite und der Welt der Mathematik, Nachrichtentechnik und des Militärs auf der anderen in beiden Richtungen wanderten.[108]

Golomb, Gordon und Welch behandelten das Problem rein mathematisch. Doch kurz darauf tat sich Delbrück mit Golomb und Welch zusammen, um kommafreie Codes auch als genetisches Problem anzugehen. Auf der mathematischen Seite analysierten Golomb und Welch nun Klassen von Wörterbüchern für den spezifischen Fall von Triplett-»Wörtern« (k=3), untersuchten die umkehrbaren Teile solcher Wörterbücher und charakterisierten Nachrichten, die aus maximal zwanzig Tripletts bestanden (k=3, n=4).[109]

Dann zeigten sie auf, daß es fünf Klassen solcher (insgesamt 408) Codes gab, und daß keine mit irgendeinem dieser Codes geschriebene Botschaft jemals eine viermalige Wiederholung irgendeiner Base enthielt. In manchen der Codes waren gewisse dreimalige Wiederholungen ausgeschlossen. Sie zogen sogar Vierer-Codes in Betracht. Zusammen mit Delbrück erweiterten sie den Bereich möglicher Codierungsirrtümer – »Druckfehler« nannten sie diese –, um »falschen Sinn« mit einzubeziehen: »Manche Druckfehler in der codierten Botschaft werden Nonsense hervorbringen (das resultierende Triplett codiert gar keine Aminosäure), andere Druckfehler werden falschen Sinn erzeugen (das resultierende Triplett codiert eine andere Aminosäure). Die Codes wurden hinsichtlich der von verschiedenen Klassen von Druckfehlern hervorgebrachten Proportionen zwischen Nonsense/fehlerhaftem Sinn untersucht.«[110]

Unter biologischem Gesichtspunkt bestand das durchdachteste Merkmal ihres Modells darin, daß solche genetischen Codes einer weiteren Anforderung genügen mußten: Transponierbarkeit (Gerichtetheit im Verhältnis zu einem DNA-Strang). Wie Delbrück schon seit mehreren Jahren betont hatte, besitzt die DNA keinen inhärenten Sinn für Richtung; ihre beiden Helices verlaufen in entgegengesetzter Richtung. Und da keine Fälle bekannt waren, wo der Genort für zwei verschiedene Proteine codierte, schien es wahrscheinlich, daß nur ein DNA-Strang gelesen wurde. Das Wörterbuch mußte also, argumentierte Delbrück, nicht nur kommafrei, sondern auch transponierbar sein. Sein umgekehrtes Komplement mußte vollständigen Unsinn bedeuten.

Wir möchten betonen, daß wir das Postulat der Kommafreiheit und das Postulat der Transponierbarkeit für nahezu gleichgestellt halten. Der prinzipielle Vorteil der Kommafreiheit liegt ja darin, daß eine jede Botschaft von jedem Punkt an eindeutig gelesen werden kann, allerdings mit dem Vorbehalt, daß man im vorhinein weiß, *in welcher Richtung vorzugehen ist.* Da die Äquivalenz der beiden entgegengesetzten Richtungen in strukturellem Sinn eines der feststehenderen Merkmale des DNA-Moleküls zu sein scheint, kann das Wissen, in welcher Richtung zu lesen ist, nicht von der Grundstruktur her stammen. Kommafreiheit erschiene demnach als wertloser Vorteil, solange sie nicht mit Transponierbarkeit gekoppelt ist.[111]

Wie er es schon seit einigen Jahren hielt, formulierte Delbrück seine Argumente im Bezugsrahmen des Informationsdiskurses. Sein mit Golomb und Welch verfaßter Artikel begann folgendermaßen: Die Entdeckung, daß genetische Information bei vielen Organismen von den Eltern zum Nachwuchs mittels DNA übertragen wurde, hatte das Problem aufgeworfen, welches die Natur des Codes sei, der verwendet wurde, um diese Information zu übertragen, und über welchen Mechanismus der Code gelesen wurde.[112] Im Hinblick auf die zunehmenden Beweise, daß die Phagen-DNA sich in der Bakterienzelle nicht direkt replizierte, sondern dies mittels einer Zwischen-Substanz (RNA) tat, meinte Delbrück, daß »es unklug wäre, dem ›Informationstransfer‹ nicht einen gewissen Kredit als möglicher Replikationsmechanismus zu geben«.[113] Delbrück gebrauchte das Informationsidiom nicht beiläufig. Obwohl er wie die meisten Molekularbiologen den Informationsbegriff im allgemeinen Sinne verwendete (und nicht in seiner mathematischen Bedeutung), war er im Unterschied zu vielen seiner Kollegen in der Informationstheorie bewandert. »Ich lehre diesmal Informationstheorie«, schrieb er im Herbst 1955 an seinen Kollegen Robert Sinsheimer, einen Biophysiker am Physik-Fachbereich am Iowa State College, »und habe Ihre DNA-

Daten und die RNA-Daten anderer Leute verwendet, um die Begriffe des intersymbolischen Einflusses und der statistischen Eigenschaften von Informationsquellen zu illustrieren.«[114] Offensichtlich formte sein enger Umgang mit den Mathematikern und Nachrichteningenieuren am JPL sein Denken und verstärkte den wachsenden Trend, Vererbung als elektronisches Nachrichtensystem zu repräsentieren; auch wenn so durch die Verschmelzung von allgemeinem und technischem Gebrauch des Informationsbegriffs tatsächlich die Gültigkeit von DNA, RNA und Proteinen als kryptographischen Texten unterminiert wurde.

Delbrücks Kollege Golomb sollte seine Versuche, den genetischen Code mathematisch zu entziffern, fortsetzen. Noch im Frühjahr 1961 (nur wenige Wochen, bevor der Code biochemisch »geknackt« wurde) schien sein Ansatz vielversprechend. »Neuer Weg gefunden, um den Code des Lebens zu lesen«, verkündete die *New York Times*. »Ein ›Wörterbuch‹ von 24 Wörtern scheint den Vererbungsmechanismus erklären zu können.«

Der Wissenschaftler, der 29jährige Dr. Solomon W. Golomb vom Jet Propulsion Laboratory in Pasadena, Kalifornien, berichtete bei einem Treffen der American Mathematical Society in einem New Yorker Hotel, daß er dabei sei, eine Art »Wörterbuch des Lebens« zu erstellen ... Biologen, die die neue Theorie überprüft haben, sagen, daß sie mit allen Fakten übereinstimmt, die inzwischen über die Funktionsweise von Nukleinsäuren und Proteinen bei der Übertragung der Erbinformation bekannt sind ... Seit Mitte der fünfziger Jahre haben Wissenschaftler aus verschiedenen Bereichen versucht, den Code des Lebens zu knacken ... Dr. Colomb kam zu dem Schluß, daß die [alphabetische] Verschwendungssucht [der Natur] wahrscheinlich die Redundanz in den codierten Botschaften hervorgebracht habe, die notwendig sei, um die Fehler zu minimieren und einen hohen Grad an Verläßlichkeit bei der Übertragung genetischer Information sicherzustellen ... Er ist überzeugt, daß sein Code gut und funktionsfähig ist und in der Natur gefunden werden könnte – und wenn auch nur auf einem anderen bewohnten Planeten.[115]

1958 formalisierte Francis Crick Information als grundlegende Eigenschaft biologischer Systeme und als bestimmenden Begriff in der Molekularbiologie. Crick war nun eine Berühmtheit; sein kometenhafter Aufstieg von dem nahezu Unbekannten, der er 1952 war, mitten ins Rampenlicht hatte ihn mit beträchtlicher Autorität versehen. Er war prominentes Mitglied einer renommierten Gruppe von Molekulargenetikern und Proteinkristallographen, zu denen John Kendrew, Vernon Ingram und Sydney Brenner gehörten und die an der *MRC Unit for the*

Study of the Molecular Structure of Biological Systems unter der Leitung von Max Perutz arbeiteten. Wie Soraya de Chadarevian gezeigt hat, war dies eine kleine, von einigen vermögenden Schirmherren unterstützte Forschergruppe, die jedoch keinen klaren Ort in der Landschaft der wissenschaftlichen Disziplinen an der Universität hatte. In den späten fünfziger Jahren begann die Gruppe, mit dem MRC und der Universität von Cambridge über den Aufbau des *Laboratory of Molecular Biology* zu verhandeln.

Diese Pläne bedeuteten nicht bloß eine räumliche Erweiterung oder erschöpften sich in einem neuen, mehr im Trend liegenden Namen. Sie stellten auch die Konsolidierung und Formalisierung einer neuen Disziplin dar. Wie Chadarevian gezeigt hat, fanden die politischen und die am Labortisch stattfindenden Verhandlungen um die gleiche Zeit statt, und auch die Gründung des *Journal of Molecular Biology* erfolgte 1959 (mit John Kendrew als erstem Herausgeber).[116] Pnina Abir-Am hat weiterhin beobachtet, daß in den dreißiger und vierziger Jahren der Ausdruck *Molekularbiologie* in der wissenschaftlichen Literatur nur bescheiden verwendet wurde, in den fünfziger Jahren dagegen weiter in Umlauf kam.[117] Der Informationsbegriff oder vielmehr seine verschiedenen Tropen wie Informationsfluß, -speicherung, -übertragung und -abrufung dienten nicht nur als Quelle überzeugender Modelle und Analogien, sondern auch als rhetorische Software, die das Revier der Molekularbiologie nicht nur als Disziplin absteckte, sondern auch in die umfassenderen Diskurse der Nachkriegskultur einbettete.

Crick formalisierte die Rolle der Information, um damit eine thematische und diskursive Ordnung beim vielschichtigen Problem der Proteinsynthese durchzusetzen. In seinem Vortrag über »The Biological Replication of Macromolecules«, den er 1957 auf dem Symposion der *Society for Experimental Biology* hielt, verkündete er, das Problem der Proteinsynthese bestehe im wesentlichen im Fließen: Materie-, Energie- und Informationsfluß. Seine Kategorisierung wies bemerkenswerte Ähnlichkeit mit der von Wiener ein Jahrzehnt früher auf, wonach das Darstellungssystem für Organismen sich von einem materialistischen und energetischen hin zu einem informatischen verschoben hatte. Wie Wiener konzentrierte sich auch Crick auf die dritte Kategorie – den Informationsfluß. »Unter Information verstehe ich die Spezifizierung der Aminosäuresequenz des Proteins«, erklärte er. Aminosäuren mußten in der richtigen Reihenfolge zusammengesetzt werden. Er betonte: »Dieses

Problem, das Problem der ›Sequenzialisierung‹, stellt die Crux der ganzen Angelegenheit dar.«[118]

Damit wiederholte Crick die Definition von Information als Maß der biologischen Spezifität, wie sie von Henry Quastler und seinen Kollegen fünf Jahre vorher formuliert worden war. »Information bezieht sich auf so unterschiedliche Aktivitäten wie arrangieren ... bestimmen, ordnen, organisieren ... spezifizieren ...«, hatte Quastler als allgemeine Behauptung aufgestellt, gefolgt von einer Quantifizierung des Informationmaßes für Enzymspezifität. »Proteine wurden als lineare Botschaften betrachtet, mit Aminosäuren als Symbolen«, lautete die Ausarbeitung von Quastlers These durch Leroy Augenstine und seine Mitarbeiter. Sie berechneten die Informationseigenschaften (den intersymbolischen Einfluß) von fünfundzwanzig Proteinen, ausgehend von den relativen Häufigkeiten ihrer Aminosäuren und gaben bereitwillig zu, daß es entscheidend zur Lösung der Aufgabe beitragen würde, wenn man über die tatsächlichen Aminosäuresequenzen verfügte. Insulin war gerade sequenziert worden.[119] Ihre Erklärungen wiesen die Spezifizierung der Aminosäuresequenz deutlich als Schlüssel zu den informationellen Eigenschaften der Proteine aus. Während Augenstine und Mitarbeiter versuchten, Information in ihrer mathematischen Bedeutung zu verwenden (und sie als Maß für die Spezifität *aller* biologischen Entitäten definierten), gebrauchte Crick sie bloß qualitativ, selektiv (Nukleinsäuren bevorzugend).

Nachdem die Proteinsynthese als Informationsfluß definiert war, verkündete Crick seine beiden allgemeinen Prinzipien: die »Sequenzhypothese« und das »Zentrale Dogma«, Regeln, die bald als die beiden Säulen der Molekularbiologie betrachtet wurden. In ihrer einfachsten Form besagte die Sequenzhypothese, daß »die Spezifität eines Stücks Nukleinsäure ausschließlich durch seine Basensequenz bestimmt wird und daß diese Sequenz ein (einfacher) Code für die Aminosäuresequenz eines bestimmten Proteins ist«. Das Zentrale Dogma postulierte:

Sobald die »Information« einmal in Protein übergegangen ist, *kann sie nicht wieder herauskommen.* Genauer gesagt: die Informationsübertragung von Nukleinsäure zu Nukleinsäure oder von Nukleinsäure zu Protein ist möglich, doch die Übertragung von Protein zu Protein oder von Protein zu Nukleinsäure ist unmöglich. Information meint hier die *präzise* Bestimmung einer Sequenz, entweder von Basen in der Nukleinsäure oder von Aminosäureresten im Protein.

In einem einzigen meisterhaften Schachzug bündelte Crick die Ideologie und den experimentellen Auftrag der molekularen Genetik: Genetische Information war qua DNA sowohl Ursprung als auch universeller Agent allen Lebens (der Proteine) – nach Delbrück der Aristotelische unbewegte Beweger.[120]

Dazu arbeitete Crick den alten Begriff der biologischen Spezifität subtil um. Eine dreidimensionale Konfiguration ohne Gerichtetheit wurde zusammengezogen und in einem eindimensionalen Informationsfluß in eine Richtung orientiert. Spezifität war auf Materie beschränkt, Information dagegen mobil, sie transportierte das Gedächtnis der Form über materielle Schranken hinweg. Information war die Seele und der Logos des Körpers. Information wurde vom Sender zum Empfänger übermittelt, Spezifität dagegen war einsam und stumm. Doch diese Biosemiotik führte eine mögliche Dekonstruktion mit sich. Um Nukleinsäuren als einzige Quelle biologischer Information zu privilegieren, mußte die Information in ihrer wissenschaftlichen Definition stillschweigend umgestürzt werden. Information war nicht länger ein rein stochastischer Prozeß, unabhängig von materialen und semantischen Kontexten, sondern wurde re-repräsentiert als ein Medium, das seine eigene Bedeutung mitbrachte, das Botschaften durch zellulare Räume und Lebens-Zyklen übermittelte. Dieser metaphorische Prozeß der Informationsübertragung wurde vom immer noch nicht entschlüsselten genetischen Code beherrscht. Ob die jüngsten Decodierungsversuche irgendeine Gültigkeit hatten, »kann nur die Zeit sagen«, schloß Crick.[121]

Es gab hier vieles, was nachdenklich stimmen konnte. Ein jüngerer Bericht von zwei russischen Biochemikern in *Nature* brachte kognitiven Aufruhr in das Codierungsproblem. Die beiden Wissenschaftler zeigten auf, daß die DNA verschiedener Mikroorganismen eine breite Schwankung in ihren Basenverhältnissen aufwies. Vor allem das Verhältnis (G+C)/(A+T) betrug bei einigen Organismen nur 0,5, und bei anderen war es höher als 2,5 [A-Adenin, G-Guanin, T-Thymin, C-Cytosin]. Ihr Bericht lenkte die Aufmerksamkeit auf frühere Funde am Pasteur-Institut, wo in sechzig Bakterienstämmen diese Mengenverhältnisse ebenfalls zwischen 0,4 und 2,7 variierten. Überraschenderweise variierte die Basenzusammensetzung der gesamten RNA dieser Organismen (bei denen C durch U, Uracil, ersetzt ist) kaum. (Diese Ungereimtheit wurde einige Jahre später aufgelöst, als die gesamte RNA nach drei unterschiedlichen Arten differenziert wurde: Messenger-RNA oder mRNA;

Transfer-RNA oder tRNA; ribosomale RNA oder rRNA.) Die gewaltige Variation der DNA-Zusammensetzung war insofern beunruhigend, als die Häufigkeit verschiedener Aminosäuren von Organismus zu Organismus nicht sehr variierte. Die Ungereimtheit schien auf Gamows und Yčas' Rätsel der Zufallsverteilung zurückzuverweisen, wie sie es in ihrem Artikel über statistische Korrelationen bei Protein- und RNA-Zusammensetzung formuliert hatten.[122]

Diese Funde provozierten Robert Sinsheimer (damals am Biologiebereich des Caltech), einen raffinierten und mutigen Sprung zu wagen: Er schlug einen binären Code vor. Auf die Informationstheorie zurückgreifend, meinte er, daß ein solcher Code am besten mit den Daten in Einklang zu bringen sei. »Es gibt ein elementares Theorem in der Informationstheorie (Shannon & Weaver, 1949), wonach eine Nachricht, die in einem Code von T Symbolen zu schreiben ist, am effektivsten geschrieben werden kann (d. h. unter Verwendung der geringsten Menge von Symbolen), wenn jedes Symbol in gleichem Umfang verwendet wird. In unserem Falle wäre die Botschaft der Proteingehalt einer Zelle; dieser soll in einem zwei-symboligen (N, K) RNA-Code ausgedrückt werden.«[123] Sinsheimer hatte sich mit Rückkopplungsschleifen, Kybernetik und Kommunikationstheorie während des Zweiten Weltkriegs als Hochschulabsolvent vertraut gemacht, als er am Strahlenlabor des MIT arbeitete. »Es schien daher sehr natürlich«, erinnerte er sich, »die Begriffe des Informationsgehalts, Stabilität gegenüber thermischer und anderer Störung (Rauschen) etc. auf die Fragen der genetischen Vererbung, Mutation u. a. anzuwenden.« Er hielt eine Reihe von Vorträgen über diese Themen an der Iowa State University in John W. Gowens Genetikseminar; sie beruhten auf Wieners *Kybernetik*, Shannon und Weavers *Mathematischen Grundlagen der Informationstheorie* und Quastlers *Essays on the Use of Information Theory in Biology*.[124]

In seinem informationell effektiven Zwei-Buchstaben-Code (N, K) waren die einzigen zur Codierung erforderlichen strukturellen Merkmale das Vorhandensein zweier Konfigurationen: entweder einer 6-Amino-Gruppe (N) oder einer 6-Keto-Gruppe (K). Keto-Gruppen (Kohlenstoff mit einer Doppelbindung zu Sauerstoff, C = O) charakterisierten die DNA-Basen G und T (bzw. die RNA-Basen G und U), während die Basen A und C durch Aminogruppen gekennzeichnet sind (Kohlenstoff mit einer einzigen Bindung zu einem Amin, NH_2). Wie Chargaff vier Jahre früher bewiesen hatte, kommt in RNA die Summe der 6-Aminogruppen

(N) der Summe der 6-Ketogruppen (K) annähernd gleich. So schlug Sinsheimer vor, daß beim Lesen der DNA-Botschaft C das gleiche bedeutete wie A und T wie G. In einem solchen Alphabet war die Quantität der beiden Buchstaben (N, K) immer gleich – und erfüllte so Shannons Theorem –, und die effektive Zusammensetzung der DNA war unveränderlich. Unterstützung für sein Modell schien von Geoffrey Zubay zu kommen, Quastlers Kollegen, der einen Mechanismus für die Übertragung des genetischen Codes von der DNA zur RNA vorschlug.[123]

Mit einem solchen Wuchern von Codes – es gab nun schon mehrere hundert – hatte der Optimismus um das Codierungsproblem Ende der fünfziger Jahre merklich nachgelassen. Und als Brenner und Crick ein Schema für einen Vierer-Code versuchten, beendete ihr bescheidener Beitrag im Dezember 1959 – eine Ausarbeitung der Aminosäure-»Adaptoren« (lösliche RNA, bald umbenannt in tRNA) – das Sitzungs-Leben des RNA-Krawattenclubs. Der Präsident des Clubs, Gamow, absorbiert von seinem neuen Leben in Boulder und geplagt von Krankheiten, die im Zusammenhang mit seinem Alkoholkonsum standen, war inzwischen hauptsächlich zum Zuschauer und Kommentator dieser Forschungen geworden. »Ich hatte in letzter Zeit keine einzige neue glänzende Idee zur Codierung«, schrieb er an Brenner, »anscheinend steckt das Problem fest, so wie die Theorie der Elementarteilchen.«[126]

Die »Codierung« bot kein erbauliches Schauspiel mehr. In seiner Einschätzung »Die gegenwärtige Situation des Codierungsproblems« beim Sommersymposion 1959 im Brookhaven National Laboratory zeigte sich Crick niedergeschlagen. Angesichts der zahlreichen Codes und der unerwartet breiten Variation von DNA-Basenverhältnissen bei Mikroorganismen war es nun an der Zeit, einige der grundlegenden Prämissen des Codierungsproblems neu zu bewerten. Vielleicht codierte nur ein Teil der DNA Proteine; möglicherweise variierte der Übersetzungsmechanismus von DNA zu RNA; eventuell war der Code *nicht* universell (d. h. nicht der gleiche für alles Leben); der Nukleinsäure-Code mochte aus weniger als vier Buchstaben bestehen (wie bei Sinsheimer); die Aminosäurenzusammensetzung des Proteins konnte variieren.

Einen ähnlichen Überblick über das Codierungsproblem gab auch Brenner beim CIBA-Symposion 1959, wo er einige der bisherigen Grundlagen in Zweifel zog. Zu dieser Einschätzung gelangte er trotz seines eigenen Fortschritts: eine ingeniöse Mischung aus Phagenmanipulation, genetischer Analyse und deduktiver Überlegung, die auf Seymour Benzers kürzlichem Durchbruch beruhte; dieser hatte die Feinstruktur der rII-Region des Bakteriophagensystems T4 kartiert. (Diese Region betrifft den Locus spezifischer Mutationen auf der Phagen-Genomkarte, identifiziert durch ihre speziellen Plaques auf einer Petri-Schale von E. coli K12.) Benzer, ein zum Phagengenetiker gewandelter Physiker, war durch seine Arbeit dazu gebracht worden, das klassische Gen in seiner Einheit von Rekombination, Mutation und Funktion grundsätzlich zu überdenken und zwischen diesen drei Teilbereichen begrifflich zu unterscheiden. (Benzer gab ihnen Namen, die sich an den in der Physik üblichen orientierten: »Recon,« »Muton« und »Cistron«, die allerdings einige Jahre später wieder verschwanden.) Und wenn er auch nicht direkt am Codierungsproblem arbeitete, brachten seine Forschungen es beträchtlich voran. Mit Benzers Ausweitung des Gens ließ sich jede Mutation auf Veränderungen an einer definierten Stelle in der DNA-Sequenz beziehen, sowie auf die entsprechenden Veränderungen in der Aminosäuresequenz, die das Protein schadhaft machten. Konnte man eines solchen Proteins habhaft werden, so ließ sich ausgehend von einer DNA-Protein-Kolinearität eine direkte Verbindung zur codierenden Sequenz herstellen, insbesondere wenn man noch Analysen heranzog, die auf mehreren kürzlich erforschten Mutagenen beruhten. Brenners Team befand sich im Wettlauf gegen Cyrus Levinthals Gruppe am MIT und konzentrierte seine Anstrengungen auf die Phagenkopf-Proteine – die nahezu 90 Prozent des Virus ausmachen –, die durch osmotische Schockbehandlung und enzymatische Verdauung relativ zugänglich waren. In der Tat hatten sie gerade das »O-Gen« identifiziert, das den Zusammenbau des Kopfproteins zu kontrollieren schien. Das stellte zwar war einen bedeutenden Fund dar, doch bis zur Entzifferung des Codes war es noch ein weiter Weg, wie Brenner selbst betonte.[127]

»Ich kann Dr. Brenners Spekulationen über Proteinsynthese nicht kommentieren«, antwortete der Genetiker H. Kalmus in der Diskussion, »doch ... die Analogie zwischen gedruckter und genetischer Information scheint die Phantasie vieler Leute anzuregen, so daß einige allgemeine Überlegungen angebracht scheinen.« Aus einem allgemeinen Überblick über die Sprachentwicklung leitete Kalmus Analogien für den genetischen Code ab. Natürliche Sprachen, vom mündlichen Sprechen ausgehend und durch Zufälle geformt, entwickelten sich von einer ideographischen zu einer phonetischen Umschrift, so daß die Repräsentationen wenig mit den Gegenständen zu tun hatten, die sie bezeichneten.

Daher könne es nützlich sein, schlug Kalmus vor, hierarchische Ordnungen und Sequenzen des DNA-Skripts zu analysieren, anstatt nach Entsprechungen zwischen DNA- und Protein-Codes zu suchen, denn wie bei der Sprache gab es möglicherweise keine direkte Beziehung zwischen beiden. Worauf Brenner antwortete: »Das ist sehr schwierig; [genetische] Codierung ist nicht wirklich etwas wie Chiffrierung.« Und fuhr fort: »Wir haben die Problemtexte, doch wir wissen nicht, wie die ursprüngliche Sprache aussieht. Man stelle sich vor, man hätte eine Chiffre zu entschlüsseln, ohne daß einem gesagt würde, ob sie von der russischen, amerikanischen, chinesischen oder italienischen Armee stammt. Ohne die Kenntnis der ursprünglichen Sprache wäre das unmöglich.« Gegen Kalmus' Behauptung, daß die genetische Situation eine Art Entzifferung des Steins von Rosette sei, argumentierte Brenner, daß der genetische Code eine noch größere Herausforderung darstelle als die kürzliche Entzifferung des »Linear B« im Jahr 1952, eine der überraschendsten und elegantesten Code-Entschlüsselungs-Geschichten.[128]

Die als »Linear B« bezeichneten obskuren Schriftzeichen auf Minoischen Tontäfelchen, die 1900 in Knossos auf Kreta ausgegraben worden waren, trotzten fünf Jahrzehnte lang der Entzifferung, hauptsächlich wegen hitziger Meinungsverschiedenheiten der Forscher über die verwendete Sprache; die Schrift unterschied sich von klassischem Griechisch und schien mit semitischen, etruskischen oder hethitischen Sprachen in Zusammenhang zu stehen. Es ging hier unter anderem um die Datierung der minoischen Kultur, den Aufstieg des Hellenismus und die Wahrheit der *Ilias* und der *Odyssee*. Zuletzt erwies sich Linear B als eine ursprüngliche Form des Griechischen. Nicht nur klärte die Entdeckung (durch den britischen Architekten Michael Ventris, der auf der Arbeit der amerikanischen Archäologin Alice B. Kober aufbaute) entscheidende historische Fragen, sondern sie trug die Entzifferungsmethoden zu neuen Höhen. »Es leuchtet in reiner euklidischer Schönheit«, formulierte David Kahn.[129] Doch der Fall der genetischen Entschlüsselung war davon verschieden, stellte Brenner schnell richtig.

Wenn man das Buch von Chadwick über die Entzifferung von Linear B liest, so wird einem schnell klar, wieso das Nukleinsäure-Protein-Problem davon verschieden ist. Als die Forscher mit Linear B konfrontiert waren, konnten sie den semantischen Kontext einiger Symbole ausmachen – sie konnten Pferde und Frauen erkennen. Wir sehen uns Proteinen gegenüber. Nun hat mit großer Gewißheit der semantische Kontext der Polypeptidkette einer Aminosäuresequenz nichts mit dem ursprünglichen Nukleinsäurecode zu tun, sondern nur mit der Faltung des Proteins ... und so weiter. Mit anderen Worten, die nähere Untersuchung von Aminosäuresequenzen kann uns vermutlich nichts über den Code erzählen, aber alles über die Proteinstruktur. Das würde das Entschlüsseln des Proteincodes bedeuten, wenn man ihn in eine Analogie zur Entzifferung von Linear B bringt. Wir versuchen dagegen die Buchstaben-Übereinstimmungen zwischen der Sprache eines bislang unbekannten Systems und einem System zu finden, dessen semantischen Kontext wir nicht voll verstehen.[130]

Angesichts der Mehrdeutigkeiten des »Code«-Begriffs und den erkannten Unvereinbarkeiten zwischen natürlicher Sprache und DNA-Sequenzen, angesichts auch der Sprünge zwischen Syntax und Semantik und den grundlegenden Unterschieden zwischen sprachlichem und genetischem Decodieren erscheint die Macht der Sprach- und Codierungsmetaphern nur um so erstaunlicher. 1959 gab es wenig, woran man Halt finden konnte, außer am grundsätzlichen Glauben an die Existenz »des Codes«, der das Zentrale Dogma bestimmte, an die Existenz eines im Geiste feststehenden Objekts, das seiner experimentellen Bestätigung noch harrte. Nach fünf Jahren gab es, trotz widersprüchlicher Daten und zweifelhafter Resultate und trotz »mit Hochgeschwindigkeit arbeitender hervorragender grauer Hirnzellen«, wie Yčas es formuliert hatte, zwar einige interessante Theorien, doch wenig konkrete Ergebnisse. Gamows Kollege, der Admiral im Bureau of Ordnance in Washington D.C., hatte schließlich recht behalten. Es gab keine kryptoanalytische Lösung für den genetischen Code (denn linguistisch gesehen war es kein Code). Doch die Verfechter des genetischen Codes hielten hartnäckig an ihrem Logos fest. Crick konnte sich nur für drei sichere Anhaltspunkte verbürgen, die das Zentrale Dogma unterstützten: die RNA des Tabakmosaikvirus (TMV) kontrolliert (zumindest teilweise) die Aminosäuresequenzen von Virusproteinen; die DNA determiniert genetische Effekte, und die DNA kontrolliert (zumindest teilweise) die Aminosäuresequenz von Hämoglobin.[131] Die Hoffnungen richteten sich nun auf den TMV als Stein von Rosette des genetischen Codes und auf das Viruslabor in Berkeley, wo der Biochemiker Heinz Fraenkel-Conrat dabei war, in einem umwerfenden Tempo neue Anhaltspunkte ans Licht zu bringen.

Der Tabakmosaikvirus als Informationscode

Seit seiner Kristallisierung durch Wendell Meredith Stanley (1904–1971) am Rockefeller Institut 1935 galt der TMV als Schlüssel zum jahrtausendealten Rätsel: »Was ist Leben?« Stanley, der damals noch innerhalb des Proteinparadigmas der Biowissenschaft arbeitete, schien durch seine erfolgreiche Isolierung des TMV gezeigt zu haben, daß die mysteriösen submikroskopischen Organismen bloße Proteinmoleküle waren, eine spezielle Klasse selbstreproduzierender oder autokatalytischer Enzyme. Diese kristallinen Moleküle, die in ihrem trägen Zustand unbegrenzt in Laborregalen aufbewahrt werden konnten, in der Tabakpflanze jedoch zum Leben erwachten, sich reproduzierten und mutierten, wurden zu einem symbolischen Sieg für die Verfechter einer chemischen Sichtweise des Lebens. Da Stanley den Umgang mit den Nachrichtenmedien meisterhaft beherrschte, hatte seine TMV-Arbeit ein bemerkenswert breites Publikum erreicht.[132]

Stanleys Entdeckung, für die er 1946 den Nobelpreis in Chemie erhalten hatte, wurde als symbolischer Beginn der Molekularbiologie betrachtet; mehrere Wissenschaftler, insbesondere Max Delbrück, waren dadurch inspiriert worden, einen Virus als Gen-Analogon zu betrachten und ihn auf molekularer Ebene anzugehen. Wie die meisten Biochemiker und im Einklang mit der generellen Einschätzung am Rockefeller Institut hatte Stanley wenig für die Logik und die Methoden der Genetik übrig. Gleichwohl ließ er sich in den vierziger Jahren darauf ein, kognitive und disziplinäre Brücken zwischen Viren und Genen zu bauen. Er nahm an den Genetiktreffen und -symposien in Cold Spring Harbor und Woods Hole teil und brachte mehrere seiner Mitarbeiter, insbesondere C. Arthur Knight, zu Untersuchungen über die biologischen Unterschiede von Proteinveränderungen und Mutationen.[133]

1947 hatte Knight beeindruckende Ergebnisse über die chemischen Unterschiede von Proteinen bei mehreren Virenstämmen angesammelt. Seine Überlegungen spielten sich im Rahmen des Proteinparadigmas ab (wonach Protein sich selbst replizierte), und er hoffte nicht nur die Replikationsweise des Proteins zu erhellen, sondern ebenso »die Beziehung zwischen chemischer Struktur und biologischer Spezifität«. Gestützt auf chemische und mikrobiologische Versuche für neunzehn Aminosäuren, überprüfte er hochpurifizierte Isolierungen von acht TMV-Stämmen, wobei er nach Veränderungen in ihrem Aminosäuregehalt suchte. Die Ergebnisse waren dramatisch. Im allgemeinen zeigten jene Stämme, die von biologischem (immunologischem) Standpunkt aus am meisten vom gewöhnlichen TMV-Typus abwichen, deutliche Unterschiede in der Proteinzusammensetzung. Knight merkte beiläufig an, daß es »wenige direkte chemische Beweise für das Vorhandensein von Unterschieden unter den Nukleinsäurekomponenten von Tabakmosaikvirenstämmen gibt«, und unterstützte so Stanleys entschiedene Opposition gegen Nukleinsäuren als Träger genetischer Spezifität. Knights Arbeit deutete stark darauf hin, daß »eine Mutation beim Tabakmosaikvirus schrittweise Veränderungen im Aminosäuregehalt nach sich zieht«.[134] Im darauffolgenden Jahrzehnt stellten Knights Analysen der Proteine des TMV und anderer Viren zusammen mit Chargaffs Untersuchungen zur RNA viele der Daten bereit, anhand derer Gamow und Yčas RNA und Proteinzusammensetzung statistisch zu korrelieren versuchten.

Ende 1947, als der blühende Zweig des Rockefeller Instituts in Princeton gerade aufgelöst worden war, machten sich Stanleys Gruppe und Knight zur University of California in Berkeley auf. Stanley war mittlerweile eine internationale wissenschaftliche Berühmtheit und eine mächtige politische Figur in der amerikanischen Wissenschaft. Als Empfänger von Ehrungen und Preisen, mit guten Beziehungen zu Herausgeberkomitees und zum Nobelpreis-Komitee und stark involviert in die Verwaltung der Nachkriegsbiowissenschaft, war Stanley in einer guten Position, um dem Forschungsfeld Gestalt zu geben. Vom kalifornischen Nachkriegsboom profitierend und unterstützt von reichlichen Ressourcen – staatliche Gelder und Mittel von der Rockefeller-Stiftung –, machte er sich daran, ein Forschungszentrum der Weltklasse aufzubauen: einen qua Molekularbiologie innovativen Biochemiefachbereich, der 1952 eingeweiht wurde.[135]

Wie Angela Creager aufgezeigt hat, war Stanleys Programm paradox. Im fortwährenden Dilemma zwischen der Autonomie der Grundlagenforschung und den ökonomischen und politischen Rechtfertigungen gefangen, vertrat Stanley beide Seiten gleichzeitig. Er faßte einen eigenständigen Fachbereich ins Auge, der von der traditionellen Rolle befreit war, Dienstleistungen anzubieten, aber gleichzeitig sollte er lokale medizinische und landwirtschaftliche Forschung integrieren und über das öffentliche Gesundheitswesen Kaliforniens wachen. Den Rahmen für diesen kalifornischen Traum bildete die Virusforschung. Stanley sah in der Virusreproduktion nicht nur die zentrale Fragestellung für sein Viruslabor, sondern auch für das Feld der Biochemie insgesamt und darüber hinaus für Medizin und öffentliches Gesundheitswesen. Seit Mitte der fünfziger Jahre wurde Stanley zu einem der frühen Verfechter der Virusforschung als Teil der Kampagne gegen Krebs und half so schließlich, massive Ressourcen in die Molekularbiologie zu lenken.[136]

Entsprechend seiner seit langem bestehenden Neigung zu einem rein chemischen Ansatz in der Biologie – obgleich er die Wichtigkeit der Phagenforschung anerkannte – stellte Stanley nur wenige Forscher ein, die sich mit Virusgenetik befaßten. Dean Frazer und Gunther Stent, beide begeisterte Anhänger von Delbrück, waren tatsächlich die einzigen Genetiker im Gebäude. Und wie Creager bemerkte, half es der Sache der Phagengenetik in Berkeley nicht, daß Stent dazu tendierte, sein Labor als Außenstelle des Caltech zu begreifen. Dementsprechend nahmen die meisten von Stanley versammelten Virusforscher eine biochemische und nicht genetische Perspektive gegenüber den Problemen der Vererbung und Reproduktion ein.[137] Auch Heinz Fraenkel-Conrat verkörperte den biochemischen Ansatz des Viruslabors.

Fraenkel-Conrats (1901–1999) wissenschaftliche Laufbahn umspannte einen weiten kognitiven und geografischen Bereich. Sein Medizinstudium hatte er 1933 in seiner Geburtsstadt Breslau abgeschlossen und drei Jahre später im schottischen Edinburgh seinen Doktortitel in Biochemie erworben. Er war teilweise jüdischer Abstammung, und da deshalb seine beruflichen Aussichten in Deutschland vereitelt waren, ging er 1936 nach Amerika. Ein Jahr lang arbeitete er mit dem bekannten Proteinchemiker Max Bergmann am Rockefeller Institut, verbrachte ein weiteres Jahr am Instituto Butantan in São Paulo und die Jahre 1938 bis 1942 als Forscher am *Institute of Experimental Biology* an der University of California in Berkeley. Schließlich etablierte er sich in Albany als Chemiker am *Western Regional Research Laboratory*, USDA (1942–50). Seine Forschungsinteressen hatten sich auf ein weites Spektrum physiologischer Proteine erstreckt: Enzyme, Toxine, Hormone und Viren.[138]

Mit seiner Arbeit am *Western Regional Research Laboratory* war Fraenkel-Conrat nicht sehr zufrieden. Seit Mitte der vierziger Jahre hatte er sich für die Chemie des TMV interessiert, doch wie er Stanley gegenüber betonte, wurde solche Grundlagenforschung am Laboratorium nicht gefördert. An Stanley schrieb er:

Die Einschränkungen und Begrenzungen, die uns vom rigiden System der Bürokratie aufgezwungen werden, lassen mich immer wieder wünschen, mit einer freien Forschungsinstitution wie dem Rockefeller oder mit einer Universität verbunden zu sein. Sollten sie von freien Stellen dieser Art wissen, die nicht erheblich schlechter bezahlt sind, als ich es jetzt bin ($5000) [damals ein normales akademisches Gehalt], könnten Sie so gut sein, an mich zu denken?[139]

Verständlicherweise war Fraenkel-Conrat begeistert, von Stanley über »die neue glänzende Zukunft der Biochemie an der Westküste« zu erfahren, Neuigkeiten, die auf eine akademische Karriere hoffen ließen.

Sie werden verstehen, daß diese Entwicklungen die Planung oder das Wunschdenken von jemandem beeinflussen müssen, der so sehr wie ich an akademischer Forschung in der Biochemie interessiert ist, insbesondere im Hinblick auf Ihr großes Interesse an einem Forschungsfeld, in dem ich mich ja gerade in den vergangenen Jahren spezialisiert habe. Denn eine Berufung als Professor in Ihrem Fachbereich oder Institut würde die Erfüllung all meiner Hoffnungen für die Zukunft bedeuten.[140]

Nach einem Jahr in Europa als Rockefeller-Stipendiat, in dem er in den Laboratorien von Frederick Sanger, R. R. Porter und K. V. Linderstrom-Lang Proteinsequenzierung lernte, trat Fraenkel-Conrat, nun in den Vierzigern, 1952 in Stanleys neues Viruslabor ein. Doch die Position in Stanleys Labor erfüllte seine Hoffnungen nur teilweise: Er wurde mit dem Versprechen einer Professur als Forschungsbiochemiker eingestellt (als Labormitarbeiter, und nicht in der Fakultät). In den folgenden sechs Jahren, in denen er einige seiner bedeutendsten Arbeiten produzierte – vor allem die klassischen Rekonstruktionsstudien am TMV und die vorbereitenden Experimente zur Sequenzierung des TMV-Proteins –, wurde er durch Fördermittel finanziert, die Stanley von der National Foundation, der Rockefeller-Stiftung und dem *United States Public Health Service* erhielt.[141]

Als Fraenkel-Conrat 1954 an seine Rekonstruktionsexperimente ging, wußte man, daß der stabförmige Tabakmosaikvirus aus zwei Komponenten bestand: aus einem spiralförmig gewickelten inneren RNA-Kern und aus einer äußeren Proteinhülle, die 2200 sich wiederholende Untereinheiten umfaßte (siehe Abbildung 9). Die Architektur dieser Proteine war in den frühen fünfziger Jahren von Knight und seinen Mitarbeitern im Viruslabor ermittelt worden.[142] Während die Rolle der DNA als Träger der genetischen Spezifität inzwischen akzeptiert und ihre Replikation bei DNA-Viren (z. B. Bakteriophagen) nachgewiesen war, blieb die Funktion der RNA unbestimmt. Es gab zunehmend Be-

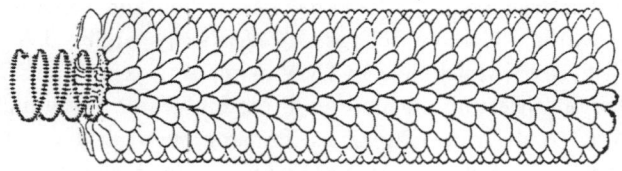

Abbildung 9. Heinz Fraenkel-Conrat, »The Genetic Code of a Virus«, *Scientific American* 211 (1964): S. 47. Genehmigter Nachdruck.

weise dafür, daß die RNA genetische Spezifität besaß und ein wichtiges Zwischenglied in der Proteinsynthese darstellte, wie Chargaff 1954 an Gamow schrieb. Doch bei Stanleys allgemeinem Widerstand gegen das genetische Primat der Nukleinsäuren und Knights spezifischem Nachweis, daß die meisten TMV-Mutanten sich zwar in ihrer Aminosäurenzusammensetzung, jedoch kaum in ihrer Nukleotidenzusammensetzung unterschieden, war der TMV vom sich verändernden Paradigma unberührt geblieben. Fraenkel-Conrats Experimente sollten nun genau diese Frage klären: War die Infektiosität des TMV eine genetische Eigenschaft seiner RNA oder seines Proteins?

Fraenkel-Conrat isolierte natives Protein und RNA des TMV und stellte fest, daß jeder Bestandteil für sich genommen nicht infektiös, der rekonstruierte Virus dagegen voll infektiös war und typische TMV-Schädigungen bei der Tabakpflanze hervorrief. Er dehnte seine Experimente auf einen hybriden TMV aus, bei dem die Proteinhülle vom TMV stammte, der RNA-Kern dagegen von einem anderen Virenstamm (HR). Immunologisch gesehen verhielt sich der Hybride genauso wie TMV – aufgrund der Wirkungsweise der Proteinhülle –, doch die Symptome in der Tabakpflanze waren nur die des HR-Stamms, von dem die RNA stammte. Und die Nachkommenschaft des Hybriden war nahezu identisch mit dem HR-Stamm. »Daher scheint die Ribonukleinsäure die hauptsächliche genetische Determinante sogar für das Nachfolgeprotein im TMV-Stamm darzustellen«, lautete Fraenkel-Conrats Schlußfolgerung, nur wenige Wochen, bevor seine schärfsten Konkurrenten am Max-Planck-Institut in Tübingen an die Öffentlichkeit gingen.[143]

Das war 1955 nicht mehr unbedingt eine überraschende Neuigkeit, aber sie war entscheidend: eine Bestätigung, daß RNA die Virusproteine spezifizierte (zumindest teilweise). In ihrer Vollständigkeit und Eleganz galten diese Experimente als intellektuell und ästhetisch so befriedigend, daß sie in die Ruhmeshalle der klassischen Experimente aufgenommen wurden. Gamow rief aus: »Alex [Rich] schreibt, daß Frenkel Conrad [sic] RNA-Moleküle vom TMV nahm, sowie ein kurzes Protein. Durch Polymerisierung züchtete er Proteinmoleküle in zylindrischer Form mit RNA als ihrer Achse. Diese Präparationen wirkten ordnungsgemäß auf die Tabakpflanze ein. So kann man nun einen lebenden *Virus* synthetisieren (d. h. Leben)!!!« Unterdessen verkündete die *New York Times*: »Rekonstruktion eines Virus im Labor wirft wieder die Frage auf: Was ist Leben?«[144] Wie Stanley reflektierte, bestand wahrscheinlich, wieder einmal, der bedeutsamste Aspekt der Rekonstruktionsstudien in ihrem symbolischer Wert: Sie galten als erneute Bestätigung der chemischen Sicht auf das Leben. An das Nobelpreis-Komitee schrieb er: »Damit wurde gezeigt, daß an der Integrität des natürlichen Virus-Partikels nichts heilig ist. So wie ich vor fünfundzwanzig Jahren gezeigt habe, daß der aktive Wirkstoff durch chemische Methoden isoliert und kristallisiert werden kann, zeigte Fraenkel-Conrat nun, daß er sich in seine Komponenten zerlegen läßt und aus ihnen ohne Verlust seine biologischen Funktion wiederherstellbar ist.«[145] Eine Geschichte des Ausschneidens und Einfügens, soviel ist sicher. Als Stanley 1935 sein sogenanntes Protein-als-aktiver-Wirkstoff isoliert hatte (indem er es von RNA gereinigt hatte), sah er irrigerweise die genetische Rolle der Virusproteine bestätigt. Unter technischen Gesichtspunkten hätten Fraenkel-Conrats Experimente tatsächlich bereits in den vierziger Jahren durchgeführt werden können. Daß sie es aber nicht wurden, ist ein wichtiges Beispiel dafür, wie Verpflichtungen auf ein Paradigma manche Linien wissenschaftlicher Untersuchung verhindern können.

Nachdem die genetische Rolle der RNA bestätigt war, begannen Fraenkel-Conrat und sein Mitarbeiter C.-I. Niu 1955 mit den Forschungen, die 1960 schließlich zur vollständigen Sequenzierung des TMV-Proteins führen sollten. Diese Untersuchungen konnten potentiell den wesentlichsten Schlüssel zur Entzifferung des genetischen Codes liefern und wurden von Gamow und Yčas aufmerksam verfolgt. Seit 1952 war bekannt, daß die Proteinuntereinheiten des TMV aus ungefähr 2200 Ketten bestanden, jede mit der Aminosäure Threonin als ihrem C-Ende (ein Polypeptid wird von einem C [Carboxyl]-Ende auf einer Seite und einem N [Amino]-Ende auf der anderen flankiert). Sie konzentrierten sich auf die Natur dieses C-Endes und isolierten ein winziges Endfragment des Virusproteins (das Hexapeptid thr-ser-gly-proala-thr). »Wo ein C-Ende ist, muß auch ein N-Ende sein«, überlegte Fraenkel-Conrat. Da er ein Jahr lang mit den Sequenzierungsexperten Sanger, Porter und K. Linderstrom-Lang gearbeitet hatte, hatte er »N-Enden-Techniken« erworben. Ende 1957, als er mit K. Narita zusammenarbeitete, isolierte Fraenkel-Conrat zum ersten Mal das N-Ende-Fragment (acetyl-ser-tyr). Mit der Bestimmung der beiden Enden der Proteinkette war nun die vollständige Sequenzierung des TMV-Proteins in Sicht.[146]

Nachdem er sich so mehr als ausgezeichnet hatte, verlangte Fraenkel-Conrat seine lange überfällige Professur. Da Stanley sein Versprechen weiterhin nicht hielt, entschloß sich Fraenkel-Conrat zu gehen, komme was wolle. »Heinz Fraenkel-Conrat besuchte kürzlich NIH. Mit ihm wird ein Gespräch über die Stelle geführt, die ich verlasse. Anscheinend lehnt er sich gegen die Ereignisse am Viruslabor auf und insbesondere gegen Stanley und erklärt, daß er sich nach einer anderen Stelle umschaut«, schrieb Rich an Crick.[147] Stent stimmte in den Chor der Enttäuschung über Stanleys Verhalten ein. Mit der Bitte, in der Sache Heinz Fraenkel-Conrat zu helfen, wandte er sich an Delbrück.

Am meisten leidet zur Zeit F.-C., der die vergangenen sechs Jahre wirklich ungerecht behandelt worden ist. Stanley hat ihm Jahr für Jahr eine Professur versprochen, ohne viel dafür zu tun ... er wird immer noch nur über eines der Viruslabor-Stipendien bezahlt. Stanleys Haltung scheint zu sein, daß die Sache keine Eile hat; schließlich hat Heinz schon so viele Jahre gewartet, warum sollte er da nicht noch etwas länger warten können? ... So versuchen wir uns für unseren Kumpel umzusehen und dachten, man könnte vielleicht Beadle fragen, ob sich für Heinz am CalTech etwas arrangieren läßt.[148]

Delbrücks Diskussionen mit Beadle und Sinsheimer in der »Sache F.C.« führten zu nichts, denn »F. C.« besaß nicht viel Gefühl für Biologie (z. B. einen Virus einfach so auseinanderzunehmen und ihn dann wieder zusammenzusetzen), wie Stent zugestand, und sein beleidigendes Benehmen gegenüber seinem deutschen Konkurrenten Gerhard Schramm warf auch kein günstiges Licht auf ihn. (Dabei wußte er noch nicht einmal von Schramms Nazi-Vergangenheit.) Darüber hinaus war, wie Stent zugab, »F. C. ein strikter Einzelgänger, und es ist nicht so einfach, mit ihm als Mitarbeiter auszukommen« – ein schwerwiegender Nachteil, wenn man an die Wertschätzung der Zusammenarbeit am Caltech dachte. Doch »es ist angenehm, F.C. um sich zu haben, wenn man nicht genau an derselben Sache wie er arbeitet«, fuhr Stent fort, und in jedem Falle verdiene er eine Professur. Nachdem die Caltech-Idee durchgefallen war, wollten Stent und seine Kollegen »versuchen, sich über Stanleys Kopf hinweg direkt an den Kanzler zu wenden und zu sehen, ob sich nicht doch in Berkeley etwas für F. C. tun läßt«.[149] Nach der Fürsprache des Kanzlers wurde Fraenkel-Conrat 1958 schließlich Professor für Virologie.

Während Fraenkel-Conrat die genetische Spezifität viraler RNA bestimmte und mit der Sequenzierung des TMV-Proteins begann, war der RNA-Krawattenclub samt Mitarbeitern dabei, Vererbung als Kommunikationssystem umzudeuten. Viren und Gene wurden zu Agenten der Informationsspeicherung und -übertragung und zu Texten, die von Codes beherrscht waren: Kombinationscodes, kommalosen Codes, transponierbaren kommalosen Codes, Codes aus zwei, drei, vier, sechs (oder mehr) Buchstaben. Auch wenn die Forschungen zum TMV (mittels der RNA) eine direkte Relevanz für die Analysen und Entschlüsselungsbemühungen des Clubs hatten, dachten 1958 weder Fraenkel-Conrat noch seine Kollegen am Viruslabor in solchen Begriffen. Sie stellten ihre Funde nicht in Begriffen von Codierung oder Information dar. Der Träger der genetischen Spezifität, die Viren-RNA, war sprachlos und unbeweglich und transportierte auch keine Botschaften. Sie verkörperte auch nicht den Code des Lebens, wie das der RNA-Krawattenclub sah.

Seit Gamow 1946 die Konferenz »Physics of Living Matter« in Washington veranstaltet hatte, stand er mit Stanley in Kontakt. »Ich habe so viel auf unserer kürzlichen Konferenz gelernt, daß ich mich entschlossen habe, ein Kapitel über Gene, Viren etc. in mein Laien-Buch aufzunehmen«, schrieb er kurz danach an Stanley, mit der Bitte um Fotografien vom TMV.[150] »Es scheint eine Epidemie unter Physikern zu geben«, schrieb er ihm ein Jahr später, »man könnte sie ›maladia biologica‹ nennen«, und ging dann dazu über, die ökonomische Bedeutung dieser Lage zu erklären. Denn die Festkörper-Abteilung an der Physiksektion des *Office of Naval Research* begann sich für »aperiodische Kristalle« zu interessieren. Unmittelbar vor Stanleys Umzug nach Kalifornien schlug Gamow vor: »Die Moral: können ich und Mr. Meckenzi (verantwortlich für Festkörper beim ONR) irgendwann Ende März nach Princeton kommen und mit Ihnen darüber sprechen, wie ein paar hunderttausend Dollar ausgegeben werden sollen? Das ist kein Scherz, sondern verdammt ernst!«[151]

Gamow verbrachte 1954 beträchtliche Zeit am neuen Viruslabor, wo er sich einen Tag in der Woche der Biologie widmete, wie Stent Delbrück gegenüber geäußert hatte. Als er 1955 mit Yčas am dornigen Problem der statistischen Korrelation zwischen RNA und Protein bei Viren arbeitete, fragte er oft Stanley um Rat. Und im Herbst 1956, als Gastprofessor am Physikfachbereich in Berkeley, gab er einen Kurs über »Biologie auf molekularer Ebene«. Wie beeinflußten Gamows Aktivitäten die Biochemiker am Viruslabor? Wie wirkten sich seine Code-Repräsentationen mit ihrer neuen diskursiven Software auf die epistemischen Verpflichtungen oder technischen Praktiken der Biochemiker aus? Nach Fraenkel-Conrat so gut wie gar nicht. Er erinnerte sich, daß sie Gamows theoretischen Argumenten nicht folgten und diese auch nicht ernst nahmen; schließlich kannte Gamow noch nicht einmal die Namen der Aminosäuren. Von Cricks Codierungsunternehmungen hatten sie eine vage Kenntnis, doch auch diese kamen ihnen ätherisch vor. Die Angelegenheiten des RNA-Krawattenclubs schienen den Biochemikern von geringer praktischer Relevanz; ihr Ziel war es, die gesamte Aminosäuresequenz des TMV detailliert zu bestimmen, nicht als Träger genetischer Information oder irgendeines abstrakten Codes, sondern als materielle (d. h. chemische) Substanz mit genetischer Spezifität.[152]

Ende 1958 begann sich ihre Einstellung zu ändern, nachdem die Gruppe in Tübingen die sensationelle Nachricht verkündet hatte, daß durch chemische Veränderung der RNA TMV-Mutanten erzeugt worden waren. Die chemische Modifikation von Virusproteinen war lange ein aktives Forschungsfeld gewesen (vor allem in Stanleys Gruppe), und von vielen Wirkstoffen war bekannt, daß sie auf lebende Zellen als Mutagene wirkten. Doch innerhalb des Proteinparadigmas der Vererbung hatte wenig Veranlassung bestanden, mutagene Wirkungen bei Nukleinsäuren zu untersuchen. Im Sommer 1958 verwendeten Heinz Schuster und Gerhard Schramm Nitriersäure, um spezifische RNA-Basen zu modifizieren (während der virale RNA-Strang intakt blieb), und konnten zeigen, daß schon die Veränderung eines von dreitausend Nukleotiden (der TMV hat ungefähr sechstausend) letal war. Innerhalb eines Monats folgte eine Untersuchung ihrer Kollegen Alfred Gierer und Karl-Wolfgang Mundry über die genaueren Auswirkungen des Mutagens (nekrotische Schädigungen bei der Pflanze), aus der hervorging, daß auf diese Weise eine Vielzahl unterschiedlicher Mutationen erzeugt werden konnten.[153]

Kontrollierte Mutationen sind eine der leistungsstärksten molekularen Untersuchungsmethoden. Wenn durch chemische Veränderung des viralen RNA-Kerns Mutanten künstlich erzeugt werden konnten, dann konnte man, unter der Voraussetzung der Kolinearität, damit anfangen, die korrespondierenden Veränderungen in der Aminosäurezusammensetzung ihrer Proteinhülle herauszufinden. Und mit den allerneuesten Methoden der Aminosäureanalyse war nun die Ermittlung ganz winziger Veränderungen möglich, wie die Substitution einer einzigen Aminosäure. »Mutationswirkstoff enthält den Schlüssel zum Leben«, verkündete die *New York Times*. Der Artikel berichtete:

> Auf dem Symposion über Virusforschung wurde eine Methode beschrieben, die Wissenschaftlern dabei helfen könnte, den wichtigsten »Code« in der Welt zu knacken. Sie besteht in der Möglichkeit, auf chemische Weise das Erbmaterial bei Viren zu verändern, ... und wird als vielversprechendes Werkzeug bei der ungeheuren Aufgabe der Entzifferung des »Codes« angesehen, durch den Chemikalien, genannt Nukleinsäuren, allen Lebewesen die Bedingungen des Lebens, Form und Funktion diktieren.[154]

Fraenkel-Conrat und A. Tsugita waren schon im Wettlauf mit der Zeit. Die vorbereitende Begutachtung mehrerer mit Nitriersäure behandelter TMV-Mutanten ergab, daß drei Aminosäuren (Prolin, Asparaginsäure und Threonin) durch drei andere ersetzt worden waren (Leucin, Alanin und Serin).[155]

Die Folgerungen aus ihrem Überblick waren tiefgreifend, auch wenn eine kürzliche Untersuchung ergeben hatte, daß nicht alle Veränderungen in der Viren-RNA die Aminosäuresequenz veränderten, und damit das Bild etwas komplizierte. Nun erst (Anfang 1960) fing Fraenkel-Conrat damit an, seine Forschung im Rahmen des Codierungsproblems neu zu konfigurieren. Er zog den Schluß: »Die Implikation aus der Tatsache, daß einige chemisch erzeugte Mutanten sich in ihrer Proteinzusammensetzung unterscheiden, andere dagegen möglicherweise nicht, wie von Wittman kürzlich berichtet, erscheint von beträchtlichem Interesse in Verbindung mit dem Codierungsmechanismus genetischer Eigenschaften durch die RNA.« Bald sollte auch er damit anfangen, »genetische Eigenschaften« als »genetische Information« umzuformulieren. Es wurde nun klar, daß die gesamte TMV-Aminosäuresequenz zusammen mit einer chemischen Technik zur Ersetzung von Aminosäuren als ein äußerst wirkungsvolles Werkzeug zur Entzifferung des Codes dienen konnte.[156] »Wissenschaftler finden Schlüssel zum Vererbungscode«, schrieb die *New York Times* über die Leistung Fraenkel-Conrats und Tsugitas.[157] Der Reporter berichtete: »Diese Entdeckung [ist] die erste klare Verknüpfung zwischen einer Mutation, oder einer

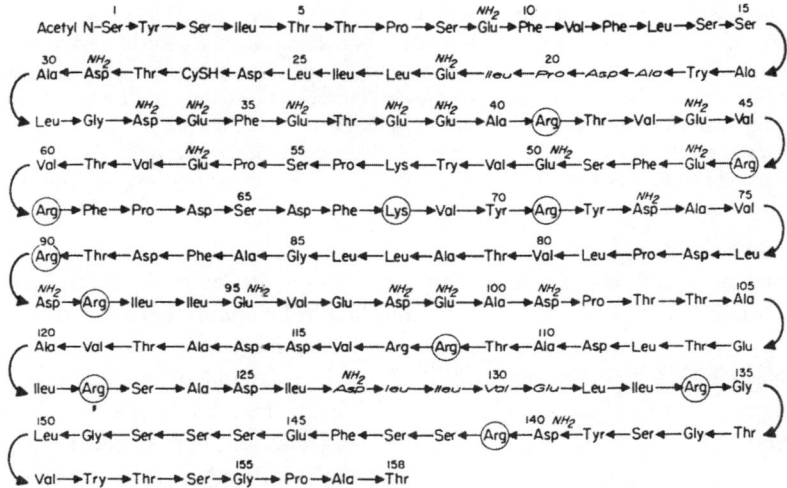

Sequence of the 158 amino acid residues in the protein subunit of tobacco mosaic virus. The encircled residues indicate the points of splitting by trypsin.

Abbildung 10. A. Tsugita, D. T. Gish, J. Young, H. Fraenkel-Conrat, C. A. Knight und W. M. Stanley, »The Complete Amino Acid Sequence of the Protein of Tobacco Mosaic Virus«, *PNAS* 46 (1960): S. 1463–69. Genehmigter Nachdruck.

Veränderung im Vererbungscode, und einer spezifischen Veränderung in der Zusammensetzung eines Moleküls, das entsprechend diesem Code angefertigt worden ist ... Als ›einer jener seltenen Durchbrüche‹ wurde der neue Fund von Dr. Wendell M. Stanley beschrieben, Nobelpreisträger und Direktor des Viruslabors der Universität in Berkeley, wo die Arbeiten durchgeführt worden sind.«

Innerhalb weniger Monate und deutlich vor Schramms Gruppe gab Stanleys Labor die vollständige Aminosäuresequenz des TMV-Proteins bekannt (siehe Abbildung 10). Es wurde zum ersten Virusprotein, dessen Aminosäuresequenz vollständig bestimmt war, und war das größte Protein, das bislang aufgeklärt worden war; 158 Aminosäuren im Unterschied zu den 124 in Insulin und den 51 in Ribonuklease. Seine gewaltige Bedeutung für das Codierungsproblem wurde nun innerhalb des Informationsdiskurses formuliert: Die Proteine einfacher Viren wurden »produziert als Ergebnis der von der Nukleinsäure übertragenen Information«. Damit waren die epistemischen und technischen Grundlagen für eine Vielzahl neuer Untersuchungen gelegt, sagten die Autoren voraus.

Der nächste Schritt wird darin bestehen, die Struktur der viralen Nukleinsäure mit dem spezifischen Protein Punkt für Punkt in Beziehung zu setzen. Auch wenn in dieser Richtung Fortschritte zu verzeichnen sind, wird es wahrscheinlich einige Zeit dauern, bevor die Methodologie der Nukleinsäurechemie zu der der Proteinchemie aufgeschlossen hat und der Code enträtselt ist, der die eine Struktur mit der anderen verbindet. Dies ist selbstverständlich ein Problem von größter Wichtigkeit für Biologie und Medizin, und es scheint, daß mit den Viren ein einzigartiger experimenteller Ansatz gefunden ist.[158]

Stanleys Laboratorium stand an der Schwelle zu einem Durchbruch. »Nehmen Sie bitte meine Glückwünsche für die wunderbare 158-Juwelen-Halskette an. Vor sechs oder sieben Jahren hätte ich einige schlaflose Nächte lang versucht, sie mit Hilfe eines überlappenden Codes zu decodieren«, schrieb Gamow. »Ich hoffe, daß bald jemand die RNA-Sequenz beim TMV herauskriegt.« Stanley antwortete: »Sie haben gewiß eine schwere Verpflichtung formuliert, als sie der Hoffnung Ausdruck verliehen, daß die RNA-Sequenz beim TMV bald gefunden sein wird.« Doch er dachte, daß es noch sehr lange dauern werde, es sei denn, etwas Unerwartetes geschähe.[159] Um auf der sicheren Seite zu sein, nominierte Stanley schnell Fraenkel-Conrat für einen Nobelpreis (und räumte ein, »daß es nicht zwangsläufig ungerecht wäre, sollte der Preis geteilt werden« [zwischen Fraenkel-Conrat und Schramm]). Die Nominierung erfolgte nicht nur für die Rekonstruktionsexperimente, die demonstriert hatten, daß die RNA »die gesamte genetische Information übertrug«, sondern auch für die vollständige Sequenzierung des TMV-Proteins. Feierlich sagte Stanley voraus: »Diese Art von Arbeit wird zweifellos eine entscheidende Rolle bei der Entzifferung des Codes spielen, über den die Nukleotidsequenz mit der Aminosäuresequenz in Verbindung steht, und die eines der Schlüsselprobleme der Molekularbiologie darstellt. Es ist sogar das Grundproblem des Lebens selbst«, womit er den TMV zum Code des Lebens erhob.[160]

Und wie schon vor einem Vierteljahrhundert bei der Kristallisierung des TMV sorgte Stanleys meisterhafte Beherrschung der Nachrichtenmedien dafür, daß die Funde im Viruslabor dramatisiert wurden. Das *Time*-Magazin berichtete:

Dr. Stanley ist der Ansicht, daß die von Tsugita und Fraenkel-Conrat eingesetzten Techniken so weit entwickelt werden können, daß sie sich als »Stein von Rosette für die Sprache des Lebens« erweisen. Bei vielen Virusmutanten angewandt, können sie möglicherweise ganze genetische Codes entschlüsseln, indem sie angeben, welche

Basengruppen für welche Merkmale verantwortlich sind. Der nächste Schritt, der vielleicht noch Jahre auf sich warten läßt, wird dann darin bestehen, dasselbe mit den komplizierteren Molekülen der DNA zu versuchen, von denen das Erbgut höherer Tiere bestimmt wird.[161]

Nachdem der TMV ein Symbol für die chemische Sicht des Lebens gewesen war, gewann er nun Bedeutung in der Vertextung des Lebens. Die Nachkriegswissenschaft konfrontierte den ältesten »Text« der Welt mit der unwiderstehlichen, wenn auch weit hergeholten Vorstellung eines genetischen »Steins von Rosette«.

Jahrhundertelang hatten sich die ägyptischen Hieroglyphen der Entzifferung widersetzt. Das Interesse nahm jedoch mit der Zeit nicht ab. 1799 wurde im Nildelta ein Basaltstein mit drei Schriftfeldern gefunden – Hieroglyphen das erste, eine zweite Schrift, die man für Altsyrisch hielt, und Griechisch; der Fundort lag in der Nähe der Stadt Rashid, die bei Europäern unter dem Namen Rosette bekannt war. Auch wenn das Potential des Steins sofort erkannt wurde, dauerte es mehr als zwanzig Jahre, bis seine Hieroglyphen entziffert waren. Wie beim genetischen Code Mitte der fünfziger Jahre gab es nur Fragmente, mit denen man arbeiten konnte. Der griechische Text bestand aus vierundfünfzig Zeilen; von den Hieroglyphen waren nur vierzehn Zeilen übrig, die den letzten achtundzwanzig des Griechischen entsprachen; der mittlere Text erwies sich schließlich als eine vereinfachte umgangssprachliche Form der Hieroglyphen (Demotisch, eine mit dem Koptischen verwandte Sprache).[162]

Die bedeutendsten Orientalisten und Experten in alten Sprachen, die sich mit dem Stein von Rosette beschäftigten, arbeiteten hauptsächlich mit dem griechischen und dem demotischen Text. Die Entzifferung gelang jedoch erst mit der unkonventionellen Herangehensweise eines jungen französischen Wunderkinds, Jean-François Champollion, dessen lebenslange Leidenschaft es gewesen war, das Mysterium der Hieroglyphen aufzuklären. Seine vorbereitende Analyse erwies sich als entscheidend: Hieroglyphen waren eine phonetische Schrift. Er annullierte damit die altehrwürdige Theorie, nach der sie ideographisch waren. 1822 lieferte er eine fast vollständige Übersetzung der relativ zugänglichen Teile des Codes – die hieroglyphischen Namen der ägyptischen Herrscher aus der griechisch-römischen Zeit. Anstatt den verständlichen Text (griechisch) mit dem Codetext (demotisch und hieroglyphisch) Symbol für Symbol zu vergleichen, leitete Champollion die Lautwerte der weiteren phonetischen Hieroglyphen durch die kryptoanalytische Methode ab, mit der bekannte Werte ersetzt wurden, die Namen geraten und die vermuteten Werte anderswo ausprobiert wurden. Eine solche Methode ließ sich in der Analyse von Aminosäuresubstitutionen beim TMV ebenfalls vorstellen.

Als Champollion in jenem Jahr einige ägyptische Inschriften erwarb, die aus der Zeit vor der griechisch-römischen Periode stammten, wurde der Bann schließlich mit dem Wort »Ramses« gebrochen. Mit seinem neuen Verständnis des Schriftsystems konnte er nun in die Sprache eindringen, während seine Kenntnis des Koptischen ihn in die Lage versetzte, sich dem Ägyptischen zu nähern. Sich vor und zurück bewegend, die Sprache durch die Schrift und die Schrift durch die Sprache korrigierend und verfeinernd, konnte er drei Jahre später andere frühe ägyptische Inschriften akkurat übersetzen.[163] Der Stein von Rosette hatte so schließlich die Geheimnisse alter Texte preisgegeben. Es gab sicherlich einige vage Ähnlichkeiten zum TMV (wenn man die Rolle des dritten demotischen Texts außer acht ließ): Die RNA-»Hieroglyphen« einer Sequenz konnten mit dem bekannten »griechischen« Proteintext verglichen werden; und Aminosäuresubstitutionen konnte man sich als kryptoanalytische Substitutionen ausmalen. Doch die Ungereimtheiten waren bezeichnend. Wie vorher schon beruhten diese problematischen Analogien bereits auf einer Metapher, der Metaphorizität von Nukleinsäuren als sprachlichen Entitäten. Der Stein von Rosette fügte ein weiteres überzeugendes semiotisches Requisit – Bilder geheimer alter Texte – zur Repräsentation des genetischen Codes als skripturaler Technologie hinzu.

Von 1960 bis 1961 diente der TMV als wichtigste Decodier-Vorrichtung, eine Ressource, auf die man lange gewartet hatte, vor allem Yčas. Er hatte das in seinen Forschungen mit Gamow entwickelte Grundprinzip unverdrossen weiterverfolgt: statistische Korrelationen zwischen Nukleotiden und Aminosäuren, die auf Vergleichen ihrer jeweiligen Anteile in Proben verschiedener organismischer Herkunft beruhten. In einer verzweifelten Anstrengung, einen Stein von Rosette zu finden, war er 1957 sogar bis nach Zentralafrika gereist, um Jagd auf Riesenseidenraupen zu machen, eine örtliche Delikatesse. Seidenproteine bestehen aus nur zwei Aminosäuren (Glycin und Alanin). Diese Einfachheit, so hoffte er, würde sich in der DNA der seidenproduzierenden Drüsen der Raupe wiederfinden und so direkte Schlüsse auf den Code ermöglichen. Es wurde kein Unterschied in der DNA-Zusammensetzung ermittelt.[164]

Gestützt auf die vollständige Sequenzierung des TMV-Proteins und einen wachsenden Bestand von Nitriersäuremutationen, wurden die Daten von Aminosäuresubstitutionen nun zum wichtigsten kryptoanalytischen Werkzeug, und Yčas unternahm beträchtliche Anstrengungen, es zu nutzen. Wenn ausgehend von einem nicht-überlappenden Triplett-Code eine für die Ersetzung der Aminosäure A durch B verantwortliche Mutation von einem einzigen mutagenen Basenaustausch herbeigeführt worden war, dann mußten die beiden Nukleotid-Tripletts, die A und B repräsentierten, zwei Nukleotide gemeinsam haben. Angenommen beispielsweise, ein Basenübergang von GAC zu GAU spezifizierte die Aminosäure Leucin anstelle von Prolin, dann hätten Leucin und Prolin die beiden Basen G und A gemeinsam. Und wenn in einem anderen, von einer einzigen Basenmutation herbeigeführten Mutantenprotein eine Aminosäure C wiederum A ersetzt hätte, dann hätte das Triplett, das B und C repräsentierte, nur ein Nukleotid gemeinsam. Indem so die vielen bekannten schrittweisen Substitutionen in Proteinen von Virusmutanten inspiziert und die Austauschungen von Nukleotiden abgeschätzt wurden, die möglicherweise die RNA-Mutation hervorgebracht hatten, ließ sich ein Netzwerk von Aminosäuren-Basentriplett-Korrelationen konstruieren und schließlich – wenn auch sehr mühselig – der gesamte genetische Code knacken.[165]

Yčas' fleißige Analysen der Aminosäuresubstitutionen spornten andere dazu an, seinem Beispiel zu folgen, unter anderem Richard V. Eck an den NIH sowie den Biophysiker Carl R. Woese am *General Electric Research Laboratory*, der ab 1964 Professor für Physik und Mikrobiologie an der University of Illinois war. Woese, der 1967 ein wichtiges Lehrbuch zum genetischen Code verfaßte, in dem er diesen als ein Kommunikationssystem darstellte, ersann sogar einen bemerkenswert erfolgreichen Triplettcode. Damit ließ sich die Nukleotidenzusammensetzung von sechs RNA-Viren aus ihrer Aminosäurenzusammensetzung richtig vorhersagen; und es erwies sich, daß eine beachtliche Zahl seiner Zuordnungen zwischen Aminosäuren und Tripletts mit denen übereinstimmten, die einige Jahre später biochemisch festgestellt wurden.[166]

1961 war der TMV schließlich geradezu eine Verkörperung des »Codes des Lebens«, von dem das Kommunikationssystem der Vererbung beherrscht wurde, und Stanleys Laboratorium bildete die Vorhut in dieser Umdeutung. Während 1957 noch keine Spur dieses skripturalen Leitsymbols in der Virusforschung zu finden gewesen war (und kaum eine in der Biochemie), hatte sich die Situation im Laufe dreier Jahre radikal gewandelt. Selbst standhafte Materialisten wie Stanley und Fraenkel-Conrat konfigurierten ihren Untersuchungsgegenstand mit Hilfe des Informationsdiskurses neu und re-repräsentierten ihn als skripturale Technologie. Stanley hielt nun Vorlesungen über »Regelung und Übertragung biologischer Information durch Viren«; auch Fraenkel-Conrat vollzog einen bemerkenswerten Diskurswechsel. Als er den Stand der Virusforschung für die Monographie *Viruses and the Nature of Life* (1961) einer Überprüfung unterzog, schieb er: »Nun kommen wir zur großen Frage: wie läßt sich der Nukleinsäure, einem langen, dünnen, fadenartigen Molekül, eine solche einzigartige und spezifische biologische Aktivität zusprechen? Wie kann sie all die Information tragen und kommunizieren, die notwendig ist, um neue Viren eines, und nur eines, spezifischen Typs anzufertigen?‹«[167]

Die Natur der Nukleotid-Bausteine von Viren erklärend, führte er nun aus: »Man kann sehr gut sehen, daß dies ein Code ist«; einige Jahre früher hatte er es noch anders gesehen. Seine Rekonstruktionsexperimente hatten dasselbe Material in Begriffen genetischer Spezifität interpretiert, ohne jegliche linguistische Attribute, nun dagegen schrieb er:

Die Sequenz AGUACUCAGUCGUCGCAGUCUCAAGU in unserem Modell ist gewissermaßen ein Satz oder Absatz, geschrieben in der mikroskopischen Sprache der Nukleinsäuren. Und eine Sequenz von 6500 Buchstaben kann ein gutes Stück Information übertragen. Die Tatsache, daß nur vier verschiedene Symbole zur Verfügung stehen – ein Alphabet aus vier Buchstaben –, beunruhigt uns nicht sehr. Schließlich besteht der Morsecode nur aus drei Symbolen, einem Punkt, einem Strich und einer Leerstelle, und mit diesem internationalen Drei-Buchstaben-Alphabet läßt sich alles schreiben, was je geschrieben worden ist oder werden wird.[168]

Die nächste wichtige Frage lautete: Wie wurde diese Information übersetzt? Fraenkel-Conrat fragte: »Unser Problem ist folgendes: wie übersetzen wir eine Sprache aus vier Symbolen in eine Sprache mit 16 oder 20 Symbolen? Wie kann der Vier-Buchstaben-Code der Nukleinsäure übersetzt werden in einen Protein-Code aus 20 Buchstaben?« (Offensichtlich war er sich der problematischen Intertextualität nicht bewußt, die zu einem Code von Codes führte.) Dies war keine rhetorische Frage, sondern stellte eine dringliche Aufgabe dar. Nachdem er die jüngste Decodierungsarbeit nacherzählt hatte, die auf Aminosäuresubstitutionen bei TMV-Mutanten aufbaute, bemerkte er: »Die chemische Erzeugung von Pflanzenvirus-Mutanten ist gerade erst der Anfang, und eine Menge Arbeit liegt noch vor uns. Wir unternehmen die ersten kleinen Schritte. Wir beginnen, jenen Code zu entziffern, durch den die Proteinstruktur mit der Struktur der Nukleinsäure verbunden ist. Schrittweise, im Laufe vieler Jahre, wird klar werden, wie die genetische Information übertragen wird.«[169] Als Fraenkel-Conrats Buch die Buchhandlungen erreichte, ereignete sich das »unerwartete Etwas«. Im Sommer 1961 wurde der genetische Code von zwei jungen, unbekannten Biochemikern an den NIH geknackt, von Marshal Nirenberg und dem Postdoktoranden Heinrich Matthaei, die das Problem in einer radikal verschiedenen Perspektive angegangen waren. Teilweise von der Arbeit der Pasteur-Gruppe inspiriert, die in den späten fünfziger Jahren über genetische Regulation gearbeitet hatte, und mit deren Begrifflichkeit einer Informationsübertragung von DNA zu Proteinen mittels der Messenger-RNA, sollten die biochemischen Untersuchungen an den NIH die Herangehensweise an das Codierungsproblem in den sechziger Jahren vollständig umorientieren.

5 Die Pasteur-Connection: Enzymkybernetik, Informationsgen und Messenger-RNA

Auf dem Cold Spring Harbor Symposion von 1961 mit dem Thema »Cellular Regulatory Mechanisms« gab Sydney Brenner einen aktuellen Überblick über die Proteinsynthese und den genetischen Code. Seiner Ansicht nach war das dominierende Bild im langsam zusammenwachsenden Bereich der Molekularbiologie, daß die DNA in Form eines Codes Information übertrug (spezifische Nukleotidsequenzen bestimmten die Aminosäuresequenzen von Proteinen). Die Frage, wie dies genau vor sich ging, bildete die größte Herausforderung im Forschungsfeld. Die Beantwortung dieser Frage oder vielmehr »die Entschlüsselung des genetischen Codes« wurde zum ehrgeizigsten Ziel vieler Forscher; mehrere Gruppen in führenden Laboratorien in den Vereinigten Staaten und in Europa sahen sich nun im Wettlauf, »das Geheimnis des Lebens« zu entschlüsseln.

Im großen und ganzen gab es nach Brenner zwei Arten, das Codierungsproblem anzugehen. Nach dem einen Ansatz wurde die interne biochemische Maschinerie ignoriert und die Proteinsynthese als »Black Box« betrachtet, in die DNA-Information am einen Ende hineinging und eine Polypeptidkette am anderen Ende herauskam. Den Code aus den rätselhaften Botschaften der Aminosäuresequenzen bekannter Proteine abzuleiten, bildete hier einen wichtigen Forschungsstrang (beispielsweise in den Bemühungen des RNA-Krawattenclubs). Eine weitere Decodierungsstrategie innerhalb dieses Black-Box-Ansatzes bestand darin, in den Aminosäurezusammensetzungen von Virusproteinen Veränderungen zu analysieren, die durch eine spezifische Mutagenese am RNA-Strang der Viren aufgetreten waren (wie etwa in der Arbeit mit dem Tabakmosaikvirus von Heinz Fraenkel-Conrat in Berkeley und Gerhard Schramms Gruppe in Tübingen). Eine verwandte, wenn auch mehr von genetischer und technischer Sensibilität inspirierte Strategie bestand darin, entweder natürlich aufgetretene oder durch Mutagenese erzeugte Virus- und Bakterienmutanten zu nehmen und dann die genetischen Kreuzungen zu kartieren (repräsentativ für diese Forschungslinie waren die E. coli-Studien der Gruppe von Charles Yanofsky in

Stanford; Cricks und Brenners Analysen der Muster von Phagenpaarungen in Cambridge; und François Jacobs Forschungen zum Gen-Transfer zwischen zwei verschiedenen Bakteriengattungen am Pasteur-Institut). Unter der Annahme, daß ein Gen und sein Proteinprodukt kolinear sind (eine Eigenschaft, die erst später, 1965, gleichzeitig von Brenner und Yanofsky wirklich nachgewiesen werden sollte), konnten Forscher die kartierte Genstruktur mit durch Mutationen erzeugten Aminosäureveränderungen korrelieren, in der Hoffnung, den Code durch erschöpfende Sätze solcher Veränderungen und Substitutionen abzuleiten. Vor allem in den Untersuchungen von Molekularbiologen sowie von Theoretikern aus der Physik, die vom Codierungsproblem fasziniert waren, wurden solche Black-Box-Methoden eingesetzt.

Die andere, sehr viel schwierigere Herangehensweise bestand in der gründlichen Untersuchung der tatsächlichen biochemischen Maschinerie bei der Proteinsynthese und Enzymaktivität, indem man die genauen Stoffwechselwege verfolgte und ihre Bestandteile aufspürte. Dieser Ansatz umfaßte ein weites Forschungsspektrum und stützte sich sehr viel stärker auf die traditionelle Biochemie, die sich bis dahin im allgemeinen in einer gewissen Distanz zur Genetik und den Formalismen der Decodierung hielt. Beispiele für diese Arbeitsweise waren die Untersuchungen zur Polynukleotidsynthese von Arthur Kornberg an der Washington University und von Severo Ochoa an der New York University; Forschungen zur Proteinsynthese und der Rolle der RNA von Paul Zamecnik am Huntington Memorial Hospital und von Mahlon Hoagland in Harvard; sowie Sol Spiegelmans Arbeit an der University of Illinois zu Nukleinsäuren und enzymbildenden Systemen. Genetische Werkzeuge und Codierungstheorien drangen jedoch in mehrere biochemische Untersuchungen der Proteinsynthese ein: vor allem bei den RNA-Studien von James Watson und seinen Kollegen in Harvard; bei der Arbeit zum Operon – der koordinierten genetischen Regulation der Proteinsynthese – durch Jacques Monod, François Jacob und ihre Mitarbeiter am Pasteur-Institut; und bei der Erweiterung dieser Arbeit auf die Funktion der Messenger-RNA.[1] Als Brenner den Stand des Forschungsfeldes zusammenfaßte, nur wenige Wochen bevor Marshall Nirenberg und Heinrich Matthaei die Entschlüsselung des Codes verkünden sollten, war das Codierungsproblem explizit im ersten Ansatz vertreten (der Code als Schlüssel) und implizit im zweiten (die Proteinsynthese als Schlüssel).

Ob sich nun die Anstrengungen der Forscher direkt auf den genetischen Code richteten und ihn als Schlüssel zum Problem der Proteinsynthese betrachteten, oder hauptsächlich auf das Problem der Proteinsynthese und Enzymregulation, um so schließlich ebenfalls »den Code des Lebens zu knacken«, am Ende der fünfziger Jahre kreuzten sich ihre Wege. Sie bildeten schließlich eine Gemeinschaft mit sich überlappenden Zielen in »Austauschzonen« unterschiedlicher, doch komplementärer experimenteller Techniken und theoretischer Modelle; zunehmend teilten sie materiale, diskursive und sogar soziale Praktiken. Sowohl Jean-Paul Gaudillière als auch Richard Burian haben gezeigt, daß die besondere Dynamik der Bildung einer Disziplin wie der Molekularbiologie aus den Interaktionen zwischen verschiedenen Laborgruppen und lokalen wissenschaftlichen Kulturen verstanden werden muß, in denen durch die Nutzung institutioneller Nischen und durch Austausch von Material, Methoden und Repräsentations- und Kommunikationsformen gegebene Fragestellungen gebrochen und transformiert werden.[2] Gegen Ende der fünfziger Jahre wurden nun in der molekularen Genetik Objekte und Mechanismen zunehmend im Informationsdiskurs dargestellt, der seit den frühen fünfziger Jahren durch Tropen und Bilder aus Kybernetik, Kommunikations- und Informationstheorie konfiguriert worden war. Tatsächlich wurde die Informationsmetapher zu einer gemeinsamen sprachlichen Währung, die zunehmend als Verbindung zwischen Biochemie und Molekularbiologie fungierte.

In diesem Repräsentationsraum nahm die Pasteur-Gruppe eine wichtige Stellung ein. Mit ihrer privilegierten Position innerhalb der internationalen Forschergemeinschaft, die sich mit der Proteinsynthese und -regulation beschäftigte, spielte sie eine Hauptrolle bei der Formung der disziplinären Identität und institutionellen Form der Molekularbiologie.[3] Monods Labor für Zell-Biochemie war ausgerichtet auf Enzymsynthese und -regulation bei Bakterien (es nahm viele europäische und amerikanische Forscher auf, unter denen sich manche enge Zusammenarbeit, Romanze, Ehe entwickelte, wie auch bleibende Freundschaften und Feindschaften). In André Lwoffs Abteilung für Bakterienphysiologie untersuchte Jacob die genetischen Mechanismen bei der Phagenlysogenie und der Bakteriensexualität. Zusammen lieferten die beiden Laboratorien einige der entscheidenden Stücke, um das Puzzle der Proteinsynthese und ihrer genetischen Kontrolle sowie der Struktur des genetischen Codes zu lösen (Lwoff, Monod und Jacob erhielten 1965 gemeinsam den Nobelpreis). Auch zur sprachlichen Software der Molekularbiologie leisteten sie ihren Beitrag, da sie ihre Erklärungen für Enzyminduktion in kybernetische Modelle kleideten und die Phagenreplikation durch Metaphern des Informationsflusses beschrieben; in ihrem Konzept der Messenger-RNA bündelten sich schließlich die verschiedenen Schrifttropen der Kommunikation: »Text«, »codierte Botschaft«, deren mobiles »Transkript« und das »Übersetzungssystem«.

In diesem Kapitel will ich den Übergang zum Informationsdiskurs am Pasteur-Institut genauer untersuchen. Als erstes verfolge ich den Paradigmenwechsel von der »Enzymadaptation« zur »Enzyminduktion« (d. h. von lamarckistischen und teleologischen zu darwinistischen und zufallsbasierten Erklärungen der Enzymsynthese bei Bakterien) als eine diskursive Wende, die dazu bestimmt war, Zweckursachen aus der Molekularbiologie zu verbannen. Ich beleuchte auch die begleitenden institutionellen Veränderungen am Pasteur-Institut. Als nächstes folge ich dem Zusammenwachsen genetischer und biochemischer Erklärungen und Praktiken in den berühmten PaJaMa-Experimenten (benannt nach den drei Forschern Arthur Pardee, Jacob und Monod). In diesen Versuchen wurde eine koordinierte genetische Steuerung bei der Proteinsynthese nachgewiesen, die in einem einheitlichen Regulationssystem vor sich ging. Angestachelt von einem nicht abreißenden Strom von Funden zur Rolle der RNA bei der Proteinsynthese (insbesondere von der belgischen Gruppe in Rouge-Cloître), gelangte das Pasteur-Team zum Gedanken einer Messenger-RNA. Zuletzt folge ich den begrifflichen Verfeinerungen dieses allgemeinen Begriffs und der experimentellen Identifizierung der Messenger-RNA, die einen Wendepunkt in der Geschichte des genetischen Codes darstellt.

Wenn ich diese lokalen und internationalen Entwicklungen nachzeichne, will ich dadurch das Bewußtsein für die wichtige Rolle der neuen Biosemiotik schärfen. Wie schon beim RNA-Krawattenclub und bei der Arbeit am Tabakmosaikvirus in ihrer späten Phase spielte der Informationsbegriff auch in den Untersuchungen am Pasteur-Institut eine zentrale und sehr spezifische Rolle, denn er bildete das interpretative Grundgerüst für die experimentellen Ergebnisse.[4] Tatsächlich wurde er erst im Sommer 1958 übernommen, kurz nach dem Abschluß der PaJaMa-Experimente. Erst nun, als die verschiedenen experimentellen Stränge verknüpft wurden, begannen Jacob und Monod damit, die Kommunikationstropen aus der Informationstheorie zu verwenden (Informationsfluß, Informationsübertragung, Transkription, Translation, Botschaften, Interpunktion und Text) und Modelle zu entwickeln, die aus Kybernetik und Elektronik stammten (Regelkreise, ja/nein-Schalter, Magnetband, Speicher, Sender, Empfänger, negative Rückkopplungsschleifen, Lenksysteme, automatisierte Fabriken und Computerprogramme), um sich einen Reim auf ihre experimentellen Funde zu machen und ihnen eine Bedeutung zu geben.

Während Monods Mission zwischen 1953 und 1958 darin bestand, alle Spuren teleologischer Erklärungen aus der Molekularbiologie zu verbannen, ging er ab 1958 von den Interpretationen der PaJaMa-Experimente aus und revidierte im Grunde seine Position. Das kybernetische Modell zielgerichteter Systeme mit negativer Rückkopplung stellte für Monod die Legitimation einer Teleologie dar, die durch ein neues biologisches Konzept ihre Reichweite erhielt: die *Teleonomie*; sie war aus der Zielgerichtetheit von Computerprogrammen hergeleitet. (Teleologie meinte einen unbegrenzten Anpassungsprozeß von Organismen an ihre Umwelt, Teleonomie, die sie ersetzte, enthielt die Vorstellung einer Speicherung begrenzter genetischer Information; Anpassung wurde damit zur bloßen Aktivierung präexistierender Information.) Mit der Trope der »Informationsübertragung« als Schlüsselbegriff wurde der Unterschied zwischen Strukturgenen und Regulatorgenen in Systemen der Enzymsynthese markiert. Um die weitgespannten Interpretationen und Funde zusammenzuschließen, wurde 1960 das Operon-Modell entwickelt; es arbeitete mit der Vorstellung eines Informationsflusses in Regelkreisen mit negativem Feedback.

Die PaJaMa-Experimente deuteten auch auf die Existenz eines zytoplasmatischen »Boten« oder »Messenger« hin: eine kurzlebige (instabile) RNA-Matrize, die als Botschaft vom Genom an das Zytoplasma übermittelt wird. Damit wurde eine internationale Jagd auf den »Boten« ausgelöst, die Anfang 1961 in der Identifizierung der Messenger-RNA (mRNA) durch zwei – zugleich konkurrierende und kooperierende – Forschungsteams mündete. Am Caltech untersuchten Jacob, Sydney Brenner und Matthew Meselson phage-infizierte Bakterien, während in Watsons Laboratorium François Gros (in Zusammenarbeit mit Hiatt, Gilbert, Kurland und Risebrough) die Untersuchungen an nichtinfizierten Bakterien leitete. Auch hier wurde der Bote als Bestandteil des Proteinsynthese-Systems aus dem Informationsdiskurs heraus gedeutet. Neben den »Schrauben und Bolzen« der biochemischen Manipulationen wurden in den entscheidenden konzeptuellen Phasen die Modelle der Informationsübertragung, kybernetische Analogien und Kommunikationstropen in das Laboratorium transportiert; sie waren besonders hilfreich bei der Interpretation der experimentellen Resultate, woran sich dann wieder der Aufbau nachfolgender Experimente orientierte. Der Messenger wurde nicht bloß als materielle oder chemische Entität betrachtet (wie die Hormone in den zwanziger Jahren), sondern galt als informationell: Er wurde also, ausgehend von seiner beherrschenden Form, der strukturellen Information, als *Prädikat* einer spezifischen chemischen Wirkung konstruiert, Information stand synekdochisch für chemische Spezifität und für zelluläres Gedächtnis – Sein und Werden – und diente darin als Verbindungsglied zwischen genotypischen Potentialitäten und phänotypischen Aktualitäten quer durch Raum und Zeit der Biologie.

Monods Monographie von 1970, *Zufall und Notwendigkeit*, in der das Leben als mikroskopische Kybernetik der Zellmaschinerie erklärt wird, und Jacobs Geschichte von 1970, *Die Logik des Lebenden*, in der molekulare genetische Mechanismen als kybernetische Kommunikations- und Informationsübertragungssysteme umgedeutet werden, sind daher beides keine Konstruktionen, die im nachhinein früheren wissenschaftlichen Erfahrungen übergestülpt wurden. Die informationellen und kybernetischen Darstellungen waren keine dramaturgischen Kunstgriffe oder Zuspitzungen, die einen feuilletonistischen Gebrauch von nüchternen experimentellen Tatsachen machten, noch bloß raffinierte Beispiele einer der Wissenschaft äußerlich bleibenden Popularisierung. Zwar gehören beide Bücher eindeutig zur französischen intellektuellen Wissenschaftsliteratur, beide hatten enormen nationalen und internationalen Einfluß in Intellektuellenkreisen.[5] Doch wie wir sehen werden, entfernten sie sich mit ihren Tropen, Bildern und Modellen nie weit vom Labortisch, halfen vielmehr der wissenschaftlichen Imagination, die nicht nur von zirkulierenden wissenschaftlichen Erfahrungen, sondern auch von der zeitgenössischen Technokultur und ihren Bedeutungsregimen geprägt wurde, bei der Herstellung von Bedeutung.

Die Austreibung von Zweckursachen

1953 war ein wichtiges Jahr für die Molekularbiologie und für das Pasteur-Institut. Watson und Crick klärten die Struktur der DNA auf; ein Paradigmenwechsel brachte die Umdeutung der Enzymadaptation zur

Enzyminduktion; und Monod wurde zum Direktor einer expandierenden Abteilung für Zell-Biochemie am Institut Pasteur ernannt. Diese Veränderungen und ihr Zusammenhang prägten in den folgenden Jahren die materiellen, diskursiven und sozialen Dimensionen der Molekularbiologie am Pasteur-Institut.

Gegen Ende 1953, ungefähr sechs Monate vor der Bekanntgabe der DNA-Doppelhelix (scherzhaft WC genannt) in *Nature*, erschien in der gleichen Zeitschrift eine kurze Notiz mit dem Titel »Terminology of Enzyme Formation«. Unterzeichnet war sie von Monod und mehreren angesehenen Mitarbeitern (dem Immunologen Melvin Cohn und den Mikrobiologen Martin R. Pollock, Sol Spiegelman sowie Roger Y. Stanier); sie stellte eine Art wissenschaftliches Manifest dar und verkündete eine terminologische Änderung; damit sollte dem kürzlich erfolgten Paradigmenwechsel von der Enzymadaptation zur Enzyminduktion im Forschungsfeld der Mikrobenphysiologie Rechnung getragen werden. »Wir schlagen die folgenden Begriffe und Bezeichnungen vor; bisher verwendete Begriffe werden in Klammern gesetzt«, verkündeten sie über ihr System der Enzymbildung.

Die relative Zunahme der Syntheserate eines spezifischen Apoenzyms, die daraus hervorgeht, daß es einer chemischen Substanz ausgesetzt ist, wird »Enzyminduktion« (Enzymadaptation) genannt. Jede Substanz, die in dieser Weise Enzymsynthese induziert, ist ein Enzym-»Induktor«. Ein enzymbildendes System, das derart von einem exogenen Induktor aktiviert werden kann, ist »induzierbar«, und das so gebildetete Enzym ist »induziert« (adaptiv) ... Viele Enzyme werden in beträchtlicher Menge gebildet, ohne daß ein solcher exogener Induktor vorhanden ist. Eine solche Enzymbildung wird »konstitutiv« genannt ... »Konstitutivität« und »Induzierbarkeit« sind dementsprechend Eigenschaften enzymbildender Systeme, nicht der Enzyme *als solcher,* und können als sinnvolle Ausdrücke *nur in einem biologischen Bezugsrahmen* verwendet werden, *nicht in einem chemischen* [Hervorhebungen hinzugefügt].

Mit der Abgrenzung zwischen Chemischem und Biologischem – eine Unterscheidung zwischen roher Materie und organisierten Systemen – formulierten die Autoren eine kritische Neuorientierung in den Untersuchungen zur Enzymadaptation, die für Jahrzehnte eine wichtige Fragestellung in der Mikrobenphysiologie gewesen war.[6]

Schon zu Beginn des Jahrhunderts war allgemein bekannt, daß enzymatische Eigenschaften von Mikroben vom Nährmedium abhängig waren, in dem sie aufwuchsen, daß Mikroben also »trainiert« werden konnten für das Aufwachsen in unterschiedlichen Umgebungen bzw. an diese angepaßt werden konnten. Als Monod Mitte der dreißiger Jahre mit seinen Untersuchungen zur Bakterienkultivierung begann, wurden die Bakterienenzyme in zwei Klassen eingeteilt: adaptive Enzyme, die sich nur bildeten, wenn ihr Substrat im Nährmedium vorhanden war (so waren kohlehydrat-spaltende Enzyme auf Zucker angewiesen); und konstitutive Enzyme, die sich unabhängig von der Art des Nährmediums bildeten. In den frühen vierziger Jahren wußten die Forscher, daß das Auftauchen einer neuen Enzymaktivität bei sich vermehrenden Bakterien entweder von einem chemischen Stimulus aus dem Nährmedium herrührte oder von der allmählichen Selektion spontaner »konstitutiver« genetischer Varianten. Max Delbrücks und Salvador Lurias entscheidender Artikel über das »Fluktuationstestexperiment« (1943) schien den spontanen (eher zufälligen als gerichteten) Charakter von Bakterienmutationen statistisch bewiesen zu haben, eine harte Herausforderung für das lamarckistische (und »adaptive«) Denken, das in der französischen Biologie immer noch vorherrschte.[7] Diese Erkenntnis beeinflußte Monods Arbeit über die Enzymadaptation von β-Galaktosidase (Laktose-verarbeitendes Enzym) bei E. coli, die er mit Wildtyp-Bakterien und mutierter Bakterien durchgeführt hatte. Die offensichtliche – genetisch/chemische – Dualität der Kontrollmechanismen bei der Enzym-Biosynthese wurde Ende der vierziger Jahre zu einer Schlüsselfrage für die Bakterienphysiologie, als Joshua und Esther Lederberg ihre Pionierarbeit über Bakteriensexualität und genetische Rekombination durchführten und damit zu neuen Denkweisen und wirkungsvollen Analysetechniken in diesem Forschungsfeld beitrugen.[8]

Doch wie aus Monods großartigem und oft zitierten Überblick von 1947, »The Phenomenon of Enzyme Adaptation and Its Bearings on Problems of Genetic and Cellular Differentiation«, hervorgeht, lag die umfassendere Bedeutsamkeit des Phänomens in seiner zentralen Rolle in der schon lange anhaltenden Debatte über zytoplasmatisches Erbgut und in der Suche nach den Geheimnissen der biologischen Spezifität. In den späten vierziger Jahren war Spezifität *das* vereinheitlichende Thema in der Erforschung des Lebens – es umfaßte das gesamte Spektrum von Molekülen über Organismen zu Arten – und wurde im allgemeinen als Schlüssel zum Verständnis von Ontogenese, Differenzierung, Entwicklung und Artenbildung angesehen. Spezifität war ein Schlüsselelement in dem älteren Weltbild, in dem Leben komplex, fließend und kontingent war und in Begriffen der »Organisation« behandelt wurde. Wie

Monod erklärte: »Die Zelle wird als eine komplexe Population spezifischer Moleküle und Molekülgruppen betrachtet, zelluläre Organisationen ergeben sich aus Interaktionen, Rivalitäten und Umgruppierungen elementarer Einheiten«: Noch hatte der Informationsdiskurs hier seine Herrschaft nicht angetreten.[9] Im Rahmen des Proteinparadigmas, in den Monods Artikel gehört, gab die Enzymadaptation die experimentellen Werkzeuge an die Hand, um die Mechanismen der molekularen Spezifität zu erforschen, die in den bestimmenden Mustern der Genaktivität und Antikörperbildung gefunden werden konnten.[10] Wie Jean-Paul Gaudillière gezeigt hat, bestimmte das Proteinparadigma die disziplinäre Kombination von Stoffwechsel-Biochemie und Immunologie, und die daraus hervorgehenden Forschungsprogramme gaben der lokalen Wissenschaftskultur am Pasteur-Institut ihr Kolorit. Vor dem Paradigmenwechsel zur DNA, 1953, wurden die von Mel Cohn (der von 1948 bis 1953 mit Monod am Institut zusammenarbeitete) feingeschliffenen immunologischen Methoden in Untersuchungen der β-Galaktosidase eingesetzt, um Abstammungs- und Verwandtschaftslinien zwischen Proteinmolekülen, Genen, Enzymen und Antikörpern zu ziehen.[11]

Da diese Experimente auf äußerst stabile und genau kontrollierte Bedingungen für Bakterienkultivierung angewiesen waren, hatte Monod die technische Innovation einer kontinuierlicher Bakterienkultur entwickelt – den *bactogène* (1950) – einen Apparat, mit dem durch kontinuierliche Verdünnung bei konstantem Volumen ein physiologisch stabiler Zustand aufrechterhalten wurde. Merkwürdigerweise entwickelten »unabhängig davon« die Physiker Leo Szilard und Aaron Novick an der University of Chicago, beide frisch zur Biologie konvertiert und mit der Untersuchung der Kinetik des Bakterienwachstums befaßt, ebenfalls 1950 eine sehr ähnliche Technik der kontinuierlichen Bakterienkultur, den Chemostat. Szilard teilte seine Befriedigung über die Erfindung Erwin Schrödinger mit (dessen *Was ist Leben?* ihm »viel Vergnügen« bereitet hatte).[12] (siehe Abbildung 11) Teilweise hatte Szilard den Chemostat auch als Reaktion auf Monods Untersuchungen an Bakterienkulturen entwickelt. Die neue Technik führte Novick und Szilard ihrerseits 1953 zur Beobachtung einer Feedbackkontrolle (bzw. negativen Rückkopplung) durch Endprodukt-Hemmung bei E. coli: Sie konnten zeigen, daß der Prekursor für die Aminosäure Tryptophan durch Tryptophan selbst inhibiert wurde (auch wenn sie den Mechanismus nicht auf der enzymatischen Ebene selbst nachwiesen). Von anderen (insbesondere

Arthur Pardee und Edwin H. Umbarger) bestätigt, sollte diese negative Rückkopplung bald überall auftauchen und eine zentrale Rolle in Jacobs und Monods Versuch spielen, eine enzymatische Kybernetik aufzubauen. Monod, Cohn, Szilard, Novick, das Pasteur-Institut und das *Centre National de la Recherche Scientifique* (CNRS) teilten sich 1958 die Patenterlöse für die neue Biotechnik. Diese merkwürdige Koinzidenz war aus der Verpflichtung auf ein gemeinsames Paradigma und die technoepistemischen Imperative des Experimentalsystems hervorgegangen.[13]

In dieser technoepistemischen Überlappung schlug sich aber auch der häufige Kontakt, die tiefe intellektuelle Bindung und Zuneigung zwischen Monod und Szilard nieder, die bis zu Szilards Tod 1964 fortdauerte. Monod hatte den exzentrischen Mann zum erstenmal 1946 bei der Begrüßung in der ersten Reihe des Cold Spring Harbor Symposions gesehen, »mit seinem runden Gesicht und dicken Bauch sah er aus wie ein unbedeutender italienischer Obsthändler, der vor seinem Laden vor sich hin döst«. Er wurde zu seinem engen Kollegen, wissenschaftlichen Guru und politischen Seelenverwandten. Szilards rastloses intellektuelles Temperament und seine nomadische Wissenschaftspraxis waren ihrerseits angewiesen auf ständige Stimulation und experimentelle Neuheiten, die von jungen brillanten Forschern wie Monod kamen. Szilard begeisterte Monod für die Mysterien der »Maxwellschen Dämonen« und ihre mögliche Aufklärung durch Prozesse des zellulären Gedächtnisses, die sich in der genetischen Kontrolle von Enzymen zeigten. Durch seinen fortgesetzten Umgang mit den Mitgliedern der Phagengruppe und dem RNA-Krawattenclub sollte Szilard später die Pasteur-Gruppe jeweils über den neuesten Stand der genetischen Decodierung auf dem laufenden halten.[14]

Monod und Cohn veröffentlichten 1953, zum Abschluß ihrer Zusammenarbeit, einen umfassenden Überblick, der die wichtigsten Merkmale der Enzymsynthese bei E. coli zusammenfaßte (Cohn kehrte nach St. Louis zurück, in Arthur Kornbergs Mikrobiologie-Abteilung). Der hemmende Puffereffekt von Laktose auf β-Galaktosidase wurde der Verdrängung eines endogenen Induktors zugeschrieben, der für die konstitutive Synthese verantwortlich war. Sie versuchten diese Prozesse also in Begriffen *positiver* Kontrolle zu erklären; die negative Rückkopplung war noch nicht auf den Plan getreten. Auch stellten sie fest, daß entgegen vorherrschender Erklärungen die induktive Fähigkeit nicht mit der Einwirkung des Enzyms auf den Induktor zusammenhing (wie beispielsweise die Einwirkung von β-Galaktosidase auf Laktose) oder gar mit der chemischen Affinität der beiden. Ihre Überlegung war, daß die Induktion auf der Ebene eines anderen molekularen Bestandteils ansetzen mußte. Merkwürdigerweise produzierten (konstitutive) Bakterien, die auf einem Nährmedium mit einem anderen, mit Laktose verwandten Zucker wuchsen, den sie jedoch nicht in ihrem Stoffwechsel verarbeiten konnten, gleichwohl das Enzym β-Galaktosidase – ein »Theater des Absurden«, wie Cohn formulierte. Warum sollten Bakterien, als Reaktion auf eine Substanz, die sie nicht verarbeiten konnten, ein nutzloses Enzym produzieren? »Dies läßt sich vielleicht am einfachsten dadurch erklären, daß es eine Alles-oder-nichts-Antwort individueller Zellen gibt. Vielleicht wäre die neurophysiologische Terminologie auch für die Enzymforschung geeignet, und nicht nur für die Embryologie«, schlug Joshua Lederberg vor; er schien fasziniert von der Anwendung der Kybernetik auf die Molekularbiologie. Für Lederberg wurden durch Cohns und Monods Rückblick »zum ersten Mal die spekulativen abergläubischen Vorstellungen von einer Enzym-›Adaptation‹ ausrangiert«.[15]

Für Monod bedeuteten diese Ergebnisse einen weiteren Schlag gegen den französischen Neo-Lamarckismus mit seiner Betonung einer fortschreitenden Evolution sowie eine Herausforderung für die weitverbreiteten teleologischen Erklärungen des Lebens. Noch immer war die französische Biologie beherrscht von Lebenskräften und Zweckursachen, die eine fortschreitende geradlinige Entwicklung und harmonische Funktionsweise komplexer Organe und Strukturen lenkten; Teilhard de Chardin war in den fünfziger Jahren unter französischen Intellektuellen sehr präsent. Diese traditionellen Verpflichtungen wurden noch verstärkt durch den »Kalten Krieg in der Genetik« (Jan Sapp) und die Anziehungskraft von Lyssenkos Genetik mit ihrer Betonung der organismischen Adaptation. Noch in den vierziger Jahren sah Lucien Cuénot, der »große alte Mann der französischen Wissenschaft« und einer der wenigen französischen Genetiker, die Keimzellen im Besitz einer »teleologischen Erfindungskraft«.[16] Monods Essay von 1947 über Enzymadaptation enthielt zwar noch Spuren dieses Weltbilds und des Organisationsdiskurses, doch 1953 erklärte er diese Trends zum Feind des wissenschaftlichen Fortschritts. Unter den vielen philosophischen Gedanken, die in Monods persönlichen Notizbüchern verstreut sind, findet man 1953 immer wieder Tiraden gegen die Aristotelische Doktrin von den Zweckursachen in

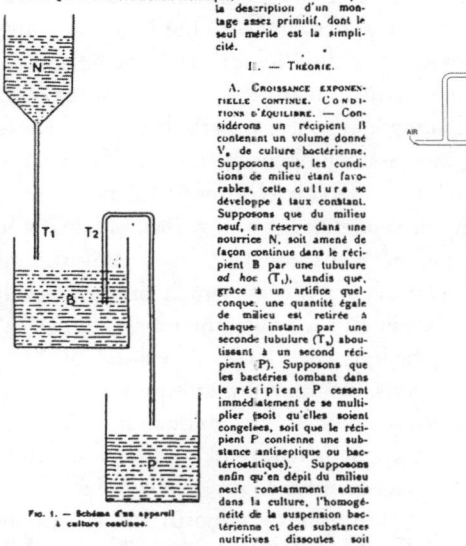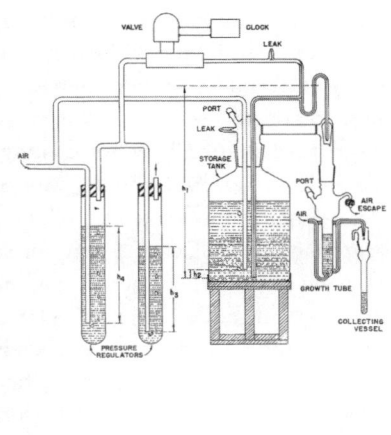

Abbildung 11. Links: Jacques Monod, *Annales de l'Institut Pasteur* 79 (1950): S. 390. Der »bactogène«-Apparat für kontinuierliche Bakterienkultur.
Rechts: A. Novick und L. Szilard, *Cold Spring Harbor Symp. Quant. Biol.* 16 (1951): S. 338. Das Chemostat-Gerät für kontinuierliche Bakterienkultivierung. Genehmigter Nachdruck.

der Biologie, gegen die Unbrauchbarkeit des Vitalismus, die Bedrohung der Wissenschaft durch die Teleologie und die Gefahren von Lyssenkos Lehre, ferner Kritik an Cuénots »morphologischen Netzwerken«, die sich auf den Organismus als Ganzheit bezogen und »sehr viel ärmer und weniger komplex als Enzymnetzwerke« seien; außerdem wird die zentrale Rolle des Zufalls für biologische Erklärungen im besonderen und die Epistemologie im allgemeinen betont.[17]

So ging 1953 die Bekanntgabe der Umbenennung von »Enzymadaptation« in »Enzyminduktion« in dem in *Nature* veröffentlichten »Manifest« über die terminologische Korrektur hinaus. Sie bedeutete eine ideologisch aufgeladene wissenschaftliche Enzyklika, eine epistemologische Wende und einen rhetorischen Schachzug, der vom »Kardinalskollegium des Adaptiven Enzyms« (Cohn) abgesegnet wurde. Auf einer bestimmten Ebene war es gewiß nur eine deutliche Antwort auf das spezifische Paradox einer nutzlosen bakteriellen Adaptation; auf einer anderen Ebene beinhaltete es jedoch eine Konfrontation, eine Ablehnung des lange verwendeten Teleologiebegriffs in der Biologie und eine Kampfansage gegen die verheerenden Auswirkungen des Lyssenkoismus. Der Begriff Adaptation bzw. Anpassung, der in darwinistischer Sprechweise Veränderungen bezeichnete, welche die biologische (genetische) Stärke eines Organismus erhöhten, schien äußerst irreführend, wie die Autoren argumentierten. Denn er war verwendet worden, um sowohl konstante als auch veränderliche genetische Mechanismen bei Mikroorganismen zu erklären, und außerdem zur Erklärung von Mechanismen, die funktionell nicht-adaptiv und daher biologisch nutzlos zu sein schienen.[18]

Die technische Präzision und theoretische Klarheit, die durch die Umbenennung von »Enzymadaptation« in »Enzyminduktion« gewonnen wurde, brachte somit einen tiefgreifenden Wandel im biologischen Denken mit sich. Sie bildete den ersten Schritt in einer Reihe von Infragestellungen, die innerhalb der nächsten fünf Jahre in wichtigen Darstellungen von Organismen als Reservoires genetischer Potentiale münden sollten; Organismen sollten bald als für die Umgebung unzugängliche informatische Programme gesehen werden, die durch eine Reihe von Transformationen ausschließlich intern reguliert wurden. »Das Programm lernt nicht aus Erfahrung«, formulierte Jacob es später.[19] Ironischerweise sollten aber diese neuen Darstellungsformen es erforderlich machen, den Gedanken der Teleologie erneut zu akzeptieren; nicht als aristotelischer oder lamarckistischer Atavismus, sondern – im Zuge einer Neuerfindung der Teleologie als Teleonomie – als manifeste Eigenschaft von kybernetischen Maschinen, Computerprogrammen und nun auch biologischen Systemen.

Nicht nur wissenschaftlich war das Jahr 1953 für Monod ereignisvoll. In jenem Jahr wurde er damit beauftragt, eine Abteilung für Zell-Biochemie (*Service de Biochemie Cellulaire*) am Pasteur-Institut aufzubauen und zu leiten. Obwohl diese Abteilung natürlich entsprechend Monods eigenem Forschungsprogramm organisiert war, spiegelte dieses Ereignis gleichzeitig eine Verpflichtung auf disziplinärer Ebene. Die Biologie war in Frankreich im allgemeinen immer noch nach den traditionellen Disziplingrenzen aufgeteilt in Botanik, Zoologie, Physiologie und Embryologie, und die Genetik begann gerade erst als lebensfähige Disziplin zusammenzuwachsen. Die französische Biologie sollte nun neu belebt werden durch die Aufwertung zellulärer und molekularer

Forschungen bei Mikroorganismen. Die neue Abteilung signalisierte außerdem die Modernisierung der Pasteurschen Biochemie, weg von Antikörperproduktion und Stoffwechselhaushalt und hin zu Prozessen der Biosynthese, inspiriert vom Material und den Perspektiven des jungen Spezialgebiets der Mikrobengenetik. Auch wenn Monods Gruppe in den frühen fünfziger Jahren noch keine genetischen Techniken einsetzte, hatte er selbst doch ein tiefes Verständnis der genetischen Theorien und Praktiken; er war damit durch die engen Bande zu seinem Mentor Boris Ephrussi vertraut gemacht worden, außerdem durch ein Postdoktoranden-Stipendium der Rockefeller-Stiftung am Biologiefachbereich des Caltech (1936), ständige Interaktionen mit Lwoffs Gruppe und häufige Treffen mit britischen und amerikanischen Molekulargenetikern.[20]

Der moderne und in gewisser Hinsicht amerikanische Stil von Monods Wissenschaft zeigte sich auch in seiner Art, finanzielle Mittel zu akquirieren. Seine geräumige und gut ausgestattete neue Abteilung wurde finanziell unterstützt vom CNRS, von Rothschild-Schenkungen, von der Rockefeller-Stiftung, der *National Science Foundation* und den *National Institutes of Health*. Und wie das Caltech und Cambridge in England wurde Monods Labor zu einem internationalen Treibhaus, in dem sich das kühne neue Feld der Molekularbiologie festigte. Seine Berühmtheit unterstützte auch Monods Kampagne gegen die wissenschaftliche »Sklerose« in Frankreich. Seit Mitte der fünfziger Jahre warb er für eine modernisierte Forschungspolitik – die amerikanische Wissenschaft diente als Modell –, um Regierungsinvestitionen in die Grundlagenforschung zu lenken, vor allem in die neuen biologischen Forschungsfelder. »Ich bin sogleich meinen neuen Pflichten nachgekommen und habe damit angefangen, eine detaillierte Untersuchung der gegenwärtigen Situation in der Abteilung (Einrichtungen, Ausrüstungen und Personal) durchzuführen; ich plane eine vollständige Umorganisation«, berichtete Monod der Rockefeller-Stiftung, als er um ihre Unterstützung bat. Er plante eine Abteilung von zwischen fünfundzwanzig und dreißig Kollegen, Forscher und technisches Personal zusammengenommen. Er schrieb an die Stiftung:

Was nun die wissenschaftliche Ausrichtung anbelangt, die ich der Abteilung geben will, so könnte sie sehr breit definiert werden als die Untersuchung elementarer Prozesse des zellulären Wachstums. Dies würde meiner Ansicht nach parallele Untersuchungen der vorwiegend chemischen und der vorwiegend physiologischen Aspekte des Wachstums beinhalten, d. h. der Biosynthese, und ich denke an die Bildung von drei oder vielleicht vier Forschungsgruppen, die arbeiten sollten über: 1. die Biosynthese von Proteinen, insbesondere Enzymen. 2. die Biosynthese von Nukleinsäuren. 3. die Biosynthese von Aminosäuren. 4. die Biosynthese von Purin- und Pyrimidinbasen und Nukleotiden... Dies ist natürlich ein überaus ehrgeiziges und überaus breites Programm.

Obwohl er die Ehrgeizigkeit seines Programmes zugestand, glaubte er doch, daß es sowohl kooperativ als auch fokussiert war, da es sich auf ein und dasselbe mikrobiologische Material (E. coli) und gemeinsame Methodologien stützte.[21] Die Stiftung bewilligte 50000 Dollar für die Dauer von vier Jahren. Während einer Besichtigung, die der Verantwortliche der Rockefeller-Stiftung den noch im Bau befindlichen neuen Räumlichkeiten abstattete, unterstrich Monod die besondere Bedeutung der Unterstützung durch die Stiftung: »Ohne die Förderung durch die Rockefeller-Stiftung und die Anerkennung, die sie auf internationaler Ebene bedeutete, wäre es nicht möglich gewesen, diesen gesamten Betrag von 100000 Dollar [aus anderen Quellen] zusammenzubringen, und es ist gut, daß [wir] dieses Geld bekommen haben, denn es stellte sich heraus, daß der Umbau der alten Labore für moderne Lehr- und Forschungszwecke eine äußerst kostspielige Angelegenheit war.«[22]

Als Leiter einer wichtigen neuen Abteilung am Pasteur-Institut wurde Monod eine noch öffentlichere, noch prominentere Figur. Und er war weiterhin politisch so engagiert wie in früheren Jahren, als während der Nazi-Besatzung Frankreichs sein Laboratorium an der Sorbonne eine Verbindungsstelle für die politischen Aktivitäten seiner Resistance-Gruppe gewesen war, und während seiner kurzen Mitgliedschaft in der Kommunistischen Partei Frankreichs (er trat unter anderem aus Protest gegen die Nachkriegspolitik der Partei und ihre Verstrickungen in die Lyssenko-Doktrin aus). Nachdem er den Generalstreik organisiert hatte, der zur Befreiung von Paris führte, wurde Monod Offizier der Streitkräfte des Freien Frankreich und gehörte General de Tassignys Generalstab an. Als George Cohen (sein zukünftiger Mitarbeiter) ihn 1944 zum ersten Mal traf, »trug er immer noch die Uniform eines Majors der französischen Armee«.[23]

Eine Verbindung mit der Kommunistischen Partei, die in den frühen fünfziger Jahren in Frankreich stark präsent war, schien eher schädlich für französische Wissenschaftler, die von amerikanischen Behörden unter der Schirmherrschaft des Marshall-Plans unterstützt wurden, jener massiven Wiederaufbaupolitik, die ein am freiem Markt orientiertes Europa im NATO-Bündnis des Kalten Kriegs stärken sollte (mit 12,4 Milliarden Dollar bzw. 1,2 Prozent des Bruttosozialprodukts der Vereinigten Staaten). Noch nachteiliger war eine solche Verbindung auf dem Höhepunkt der Hexenjagd des McCarthyismus in den Vereinigten Staaten. Als Monod 1952 ein Visum für die USA verweigert wurde, nachdem er von der American Chemical Society und der Harvey Society Einladungen für bedeutende Vorlesungen erhalten hatte, kam er der Erniedrigung durch eine nur vorübergehende Aufenthaltsgenehmigung zuvor und ergriff die Gelegenheit, seine Opposition gegen die fehlgeleiteten amerikanischen Sicherheitsmaßnahmen in der Zeitschrift *Science* kundzutun. Ein Vorabdruck ging an Szilard, der gerade dabei war, Wissenschaftler zu einer gemeinsamen Aktion gegen die übertriebenen Sicherheitsüberprüfungen durch die Atomenergiebehörde zu mobilisieren. Szilard engagierte sich außerdem gegen die Wasserstoffbombe und scheute keine Mühen, den Schaden einzudämmen, den sein Freund Edward Teller Robert Oppenheimer zugefügt hatte, nachdem dieser gegen den Bau der Wasserstoffbombe aufgetreten war. Monod, der seine Liebe für die Vereinigten Staaten betonte – seine Mutter war Amerikanerin –, wie auch seine höchste Bewunderung und Dankbarkeit gegenüber der amerikanischen Wissenschaft, war davon überzeugt, daß die Sicherheitspolitik der USA fehlgeleitet war: »Es ist eine klare Tatsache, daß solche Maßnahmen eine ziemlich ernste Gefahr für die Entwicklung der Wissenschaft darstellen und daß sie zumindest in dieser Hinsicht den besten Interessen der Vereinigten Staaten zuwiderlaufen.«[24]

Auch organisierte er 1953 einen außerordentlich bewegenden Protest gegen den Rosenberg-Prozeß im *Bulletin of Atomic Scientists* (und auch hier ging wieder ein Vorabdruck an Szilard). »Amerikanische Wissenschaftler und Intellektuelle«, rief er in der Schlußpassage seines langen Briefs über das Ereignis aus, das in Europa Erschütterung ausgelöst hatte, »die Hinrichtung der Rosenbergs ist eine schwerwiegende Niederlage für euch, für uns und für die freie Welt ... Sie ist ein Zeugnis für eure gegenwärtige Schwäche in eurem eigenen Land ... Ihr amerikanischen Wissenschaftler und Intellektuellen tragt eine große Verantwortung, der ihr nicht ausweichen könnt und die wir nur teilweise mit euch teilen können. Für das Wohl der Zivilisation müßt ihr moralische Führerschaft und Macht in eurem eigenen Land erringen.«[25] »Von hier aus gesehen scheinen die USA ein unheilvoller Ort zu sein«, erfuhr Szilard auch von Novick aus dem Pasteur-Institut, »die politischen Ereignisse der letzten Monate in den USA erschrecken hier jeden.«[26] Die Eisenhower-Administration (1953–61) reduzierte den Glauben an eine zivilisierende Mission der Wissenschaft noch weiter. Durch die neue Intensität des Kalten Krieges wurde die allgegenwärtige Verpflichtung auf die nationale Sicherheit noch verstärkt, was Szilards Bemühungen um eine Rüstungskontrolle nur noch mehr anspornte.

Weder das amerikanische Außenministerum noch die Rockefeller-Stiftung schätzten Monods politischen Aktivismus und unverblümte Redeweise. Als ihm 1954 ein Visum erteilt wurde, um die Jessup Lectures an der Columbia-Universität zu halten, wurde er als Sicherheitsrisiko eingestuft, wenn auch als eines, das man immerhin eingehen konnte, wie die staatlichen Autoritäten meinten. Die Haltung des Außenministeriums kommentierte der Funktionär der Rockefeller-Stiftung folgendermaßen:

[Mr. Rudolph, Beamter des Außenministeriums] sagte, daß die Sorge bezüglich Monod sich hauptsächlich auf Indiskretion in politischen Angelegenheiten richte – daß Monod an der falschen Stelle, zum falschen Zeitpunkt und auf die falsche Weise Erklärungen abgeben könnte, was unangenehm wäre. Er fügte jedoch unmittelbar hinzu, daß wir [die Rockefeller-Stiftung] keine Einwände gegen Leute haben sollten, die andere Ideen haben und ihnen Ausdruck verleihen, und daß wir einer solchen Kritik nicht zu viel Bedeutung beimessen sollten.[27]

Doch die Grenze zwischen *vita contemplativa* und *vita activa* war für Monod stets durchlässig gewesen. Das verstärkte sich in den folgenden Jahren sogar noch, denn in der politisch turbulenten Regierungszeit von Charles de Gaulle engagierte er sich verstärkt für die Umstrukturierung der französischen Biologie in Richtung der Molekularbiologie.

Neben diesen administrativen und politischen Aktivitäten und parallel zur laufenden Forschungsarbeit an der Enzyminduktion konzentrierte man sich Mitte der fünfziger Jahre in Monods Laboratorium auf ein verwandtes Phänomen, das bald die Rolle der genetischen Kontrolle von Enzymen schärfer ins Blickfeld bringen sollte. Monod griff einen experimentellen Strang aus seiner Zusammenarbeit mit Cohn auf und richtete zusammen mit dem Mikrobiologen George Cohen (der gerade in das neue Biochemielabor eingetreten war) seine Aufmerksamkeit auf die Analysen von »kryptischen« Mutanten (1953–57): E. coli-Mutanten (bekannt als Lac⁻- oder Laktose-negative Mutanten), die sich nicht in Laktose entwickeln konnten, auch wenn sie das Enzym β-Galaktosidase enthielten (oder konstitutiv für es waren). Ihre »Kryptizität« leitete sich aus der Beobachtung ab, daß intakte Bakterien keine Galaktosidase-Aktivität aufwiesen, obwohl sich im Zellextrakt eine solche Aktivität klar nachweisen ließ. Lac⁻-Mutanten waren das erste Mal 1948 von Joshua Lederberg an der University of Wisconsin isoliert worden; Mitte der fünfziger Jahre hatten die Lederbergs zahlreiche weitere Lac⁻-Mutanten isoliert und charakterisiert, einschließlich der »kryptischen«. Durch einfallsreiche Kreuzungsexperimente und Komplementierungstests nach dem Vorbild der klassischen *Neurospora*-Arbeit von George Beadle und Edward Tatum wurden diese Lac⁻-Mutationen im E. coli-Genom lokalisiert und kartiert (das entsprechende Genomsegment wurde als die »Lac-Region« bekannt). Während Monod die Physiologie der Laktose-Fermentierung studierte, erforschte Lederberg ihre genetische Grundlage. Als Präzisionstechnologie waren die verschiedenen Mutantenstämme zentral für die materiale Kultur der Mikrobengenetik und zirkulierten in ihrem internationalen Netzwerk. Die physiologische Grundlage einiger Mutanten war einfach; andere, wie die »kryptischen«, schienen verblüffend komplex zu sein.[28]

Unter dem Postulat, daß »kryptische Mutanten« spezifische Permeationsfaktoren besitzen mußten (d. h. Faktoren, die das Eindringen der Laktose in die Bakterienzelle ermöglichen), schlug Cohen ein Modell vor, das nach erheblicher gemeinsamer Herumbastelei mit Monod bald zur Identifizierung eines funktionell spezialisierten Faktors führte, der die Grundelemente der Laktose in der Zelle zusammenzieht, ohne die Zelle chemisch zu verändern, ein Faktor, der kurze Zeit später als β-Galaktosidpermease bekannt wurde. (Zu diesem Zeitpunkt war die Permease nur ein theoretisches Konstrukt; isoliert wurde sie erst ein Jahrzehnt später.) Die »kryptischen« Mutanten hatten keine Permeasen mehr. Monod und Cohen fanden außerdem heraus, daß Bakterienstämme, die konstitutiv für β-Galaktosidase waren, dies auch für Permease waren, eine Beobachtung, die nahelegte, daß beide Enzyme genetisch verknüpft waren.

1957 klassifizierte Monods Labor die Mutanten nach drei Grundtypen: y, z und i. Der Typ $y^{\pm}$ konnte in Anwesenheit von Laktose Permease synthetisieren; der Typ y konnte in Anwesenheit von Laktose keine Permease synthetisieren; der Typ z^+ konnte β-Galaktosidase synthetisieren; der Typ z^- konnte keine β-Galaktosidase synthetisieren; der induzierbare Wildtyp i^+ synthetisierte sowohl Permease als auch β-Galaktosidase in Anwesenheit von Laktose; und der konstitutive Typ i^- synthetisierte beide Enzyme sogar in Abwesenheit von Laktose.»Demnach scheinen die Permeasen eine entscheidende Rolle als chemische Verbindungsglieder zwischen äußerer Welt und intrazellulärer Stoffwechselwelt zu spielen«, verkündeten Cohen und Monod in ihrem Artikel. Sie fuhren fort: »Enzyme sind die Elemente der Wahl, die Maxwellschen Dämonen, sie kanalisieren Metaboliten und chemisches Potential bei Synthese, Wachstum und schließlich Zellvermehrung. Da in dieser Folge von chemischen *Entscheidungen* die Permeasen als erste auftreten, sind sie von einzigartiger Wichtigkeit; sie kontrollieren nicht nur die Funktionsweise intrazellulärer Enzyme, sondern sogar ihre induzierte Synthese.« [Hervorhebung hinzugefügt][29]

Es handelte sich also um intelligente Systeme, die Entscheidungen treffen konnten. Für Monod bestand die Bedeutung »der Entdeckung von Maxwell in der Reihenfolge der Herkunft: Gene, Enzyme, Ideen«. Dieser gedankliche Höhenflug war vermutlich von Szilard inspiriert, der (in den zwanziger Jahren) gezeigt hatte, daß Maxwells Dämonen durch Denken eine Entropie erzeugen, welche die erhöhte Ordnung in Systemen erklärte.[30] Es schien nun intuitiv klar, daß die unterschiedlichen enzymatischen Entscheidungen dieser Mutanten nicht nur genetisch kontrolliert wurden, sondern daß ihre genetischen Mechanismen auch irgendwie miteinander zusammenhingen. Diese Kontrollmechanismen und ihre Verbindungen zu verstehen wurde zum nächsten Ziel der Pasteurgruppe, zum Schlüssel, um das Mysterium von Sein und Werden aufzuklären. In den beiden folgenden Jahren sollten die neuen Techniken der Bakteriophagengenetik und die neuen Modelle einer negativen Rückkopplung bei der Enzymsynthese konvergieren, um schließlich diese zellulären Mechanismen als kybernetische und informationelle Systeme zu repräsentieren; diese technoepistemisch-diskursive Konvergenz geht auf die inzwischen klassischen PaJaMa-Experimente zurück.

Information, Kybernetik und die Neuerfindung der Teleologie

Mit Zunahme der Beweise dafür, wie zentral die genetischen Kontrollmechanismen in der Synthese von Permease und β-Galaktosidase waren, wurde das Bedürfnis nach einer genetischen Analyse der Enzyminduktion immer dringlicher. 1956 begann Monod, mit François Jacob zusammenzuarbeiten, der in André Lwoffs Laboratorium tätig war, einer europäischen Kontaktstelle in Max Delbrücks Phagen-Netzwerk bzw. der »Phagenkirche«, wie es manchmal hieß. Lwoffs Labor war im Dachgeschoß des Pasteur-Instituts untergebracht, dem inzwischen legendären »Speicher« (*grenier*), wo auch Monod anfangs gearbeitet hatte, als er 1945 ins Institut gekommen war. Hier im Speicher erprobte man neue Forschungsansätze zur Lysogenie. Das Labor gehörte zur Vorhut der Bakteriengenetik, die seit Mitte der fünfziger Jahre erheblich bestimmt war durch die bemerkenswerten Studien von Elie Wollman und Jacob über Bakteriensexualität und Genorganisation. Über die Beiträge zur Bakteriengenetik hinaus versprach der neue Ansatz, wirkungsvolle Werkzeuge zur Analyse der Enzyminduktion zu liefern.[31]

Jacob war erst vor kurzem zur Biologie gestoßen. Sein Medizinstudium an der Universität von Paris war durch den Krieg unterbrochen worden. Er hatte sich den Streitkräften des Freien Frankreich in London als Sanitätsoffizier angeschlossen und die blutigen Schrecken des Schlachtfelds in Afrika und in der Normandie erlebt. Die Folgen seiner Verletzungen und die lebhaften Erinnerungen an Gesichte, Geräusche und Gerüche quälten ihn noch in der relativen Ruhe des Wiederaufbaus nach dem Krieg. Beharrlich hatte er seinen Weg in Lwoffs Laboratorium geschafft – nachdem er kurz nach Beendigung seiner Medizinausbildung beschlossen hatte, Biologe zu werden – und fand sich 1950 bei der Arbeit am neu entdeckten Phänomen der »Prophageninduktion« wieder, ein Begriff, der ihm damals noch wenig sagte. Lysogene Bakterien, Stämme, welche die Phagen, die sie enthielten, in einem nichtinfektiösen oder Prophage-Zustand weitergaben, konnten induziert werden (indem sie z. B. ultravioletten Strahlen ausgesetzt wurden), lytisch zu werden, d. h. zu bersten. Die Mechanismen dieser induzierten Verwandlungen wurden zu einem »heißen« Problem in der Bakteriengenetik. Jacob untersuchte die genaueren Eigenschaften lysogener Bakterien und zeigte, daß ihre »Immunität« auf einen Mechanismus zurückging, der die Aktivität der Prophagen-Gene hemmte; dies war sein Dissertationsprojekt, für das er 1954 den Doktortitel an der Sorbonne bekam. Zu diesem Zeitpunkt arbeitete er schon intensiv mit Elie Wollman zusammen, dessen Eltern, Eugène und Elizabeth Wollman, Pionierarbeit für die Lysogenieforschung am Pasteur-Institut geleistet hatten, bevor sie in den Nazilagern umgekommen waren. Die Forschungen von Wollman und Jacob sollten die Beziehungen zwischen dem Prophagen und dem Genmaterial der Bakterie erklären.[32]

Zusammen entwickelten sie die wirkungsvolle genetische Technik der Bakterienpaarung oder die »Zygotentechnik«, wie sie später genannt wurde. Mit Hilfe dieses neuen Instruments zeigten ihre Experimente bald, daß das Chromosom eines (»männlichen«) lysogenen Donor-Bakteriums in ein nicht-lysogenes Empfänger-Bakterium (»weiblich«) eindringen konnte und dort die Expression von Phagen und damit einhergehend eine bakterielle Lyse auslöste. Ihre Hypothese, daß während der Paarung ein Chromosomensegment vom Donor- zum Empfänger-Bakterium übertragen wurde, in einer Richtung und in einer konstanten Rate, wurde 1955 in einem »Experiment mit unterbrochener Paarung« elegant demonstriert; es wurde auch bekannt unter Namen wie »Spaghetti-Experiment« oder häufiger noch als »Coitus interruptus«-Experiment der »erotischen Induktion«. Unter Verwendung eines Küchenmixers (aus Frau Wollmans Küche) »schüttelten« sie während der Vermählung die zusammenhängenden Bakterien zu unterschiedlichen Zeitpunkten; dadurch wurden die Paare getrennt und ihre Chromosomen entzweigebrochen; so ließ sich zeigen, daß die »männlichen« (Donor-)Gene in einer bestimmten, für jeden Stamm spezifischen Reihenfolge in die »Weibchen« (Empfänger) eintreten (siehe Abbildung 12). Mit einem Gedicht des französischen Dichters Paul Verlaine, das sie ins Englische übersetzt hatten, beschrieben Wollman und Jacob die Bakteriensexualität, die, wie sie dachten, noch mehr über die Mechanismen genetischer Rekombination beim Menschen offenbarte:

> These passions which only they in their sport
> Call love: they too are love, tender and furious
> And with particularities curious
> Not love of the everyday sort.[33]

Die beiden Bakterienforscher verwendeten die »Coitus interruptus«-Technik, um das neu beobachtete Phänomen der erotischen oder Zygoteninduktion zu untersuchen: nämlich wie bei Paarungen zwischen bestimmten lysogenen oder Prophagen enthaltenden »männlichen« Bakterien (bekannt als Hfr) und nicht-lysogenen »weiblichen« Bakterien die in das Zytoplasma des »Weibchens« eintretenden Prophagen induziert werden, d.h. infektiös werden. Jacob und Wollmann demonstrierten nicht nur, daß die Induktion überraschenderweise sofort eintrat, sondern auch, daß das »Weibchen« (der Empfänger) für eine gewisse Zeit zwei Kopien von Chromosomensegmenten enthielt. Die zeitweilige Existenz von Erbanlagen in diploidem und nicht im (für Bakterien) typischen haploiden Zustand schuf eine außergewöhnliche experimentelle Situation, denn sie ermöglichte die Analyse der genetischen Dominanz (charakteristisch für höhere, diploide Organismen) in einer äußerst vereinfachten Form.[34] Von diesen jüngsten Funden bakterieller Rekombination und Prophageninduktion ging dann Anfang 1957 die Zusammenarbeit zwischen Monod und Jacob aus. Die Zygotentechnik versprach wirkungsvolle Untersuchungen zur Analyse genetischer Kontrollmechanismen bei der Enzyminduktion. Zu diesem Zeitpunkt kam Arthur B. Pardee, der über Enzymbiosynthese bei Bakterien im Viruslabor in Berkeley gearbeitet hatte, für ein Jahr (1957–58) in Monods Laboratorium.

Pardee erinnerte sich zwei Jahrzehnte später, daß in den Jahren zwischen 1953 und 1957 »die Arbeit in meinem Laboratorium oft parallel zu den Veröffentlichungen der Gruppen von Monod und Jacob verlief. Mein Interesse an der Enzyminduktion ging aus mehreren von mir unternommenen Untersuchungen hervor: über Enzymveränderungen, die auf eine Virusinfektion folgten, über regulatorische Wechselwirkungen zwischen Proteinsynthese und Nukleinsäuresynthese; und aus unserer Entdeckung der Rückkopplungs-Hemmung von Enzymaktivität sowie der Enzymsynthese-Repression.« In dieser Erinnerung versuchte Pardee unausgesprochen, die Priorität (oder zumindest Gleichzeitigkeit) bei einigen der wichtigen, dem Laboratorium Monods zugeschriebenen Entdeckungen für sich geltend zu machen. Er sah sich geradezu verfolgt von der Schnelligkeit, Brillanz und dem rhetorischen Geschick seiner französischen Konkurrenten; so erinnerte er sich, daß jedesmal, wenn er Gunther Stent bei dessen Rückkehr von der jährlichen Pilgerfahrt zum Pasteur-Institut berichtete, welche Fortschritte er, Pardee, in der Zwischenzeit gemacht hatte, Stent mit der Bemerkung reagierte: »das hat die Pasteurgruppe auch schon gemacht«. Er erinnerte sich weiter: »Es war ein glorreicher Tag, als ich ihm über etwas Neues berichten konnte, das wir gemacht hatten, und er nach einer langen Pause antwortete: ›Nun, das haben sie noch nicht gemacht, aber sie denken darüber nach.‹«[35]

Obwohl es seinen akribisch detaillierten Artikeln an Verallgemeinerungskraft und Darstellungsgeschick fehlte, arbeitete Pardee als aus-

280 Die Pasteur-Connection: Enzymkybernetik, Informationsgen

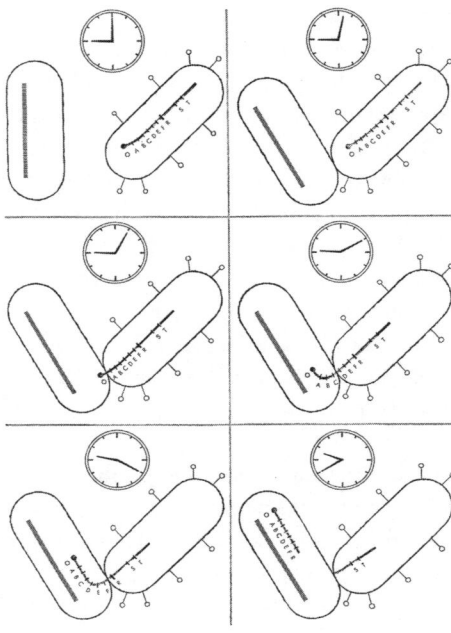

Abbildung 12. Elie Wollman und François Jacob, »Sexuality in Bacteria«. Scientific American 195, Nr. 1 (1956): S. 109–18. Gentransfer bei Bakterienpaarung. Genehmigter Nachdruck.

BAKTERIENGENE werden von einem Bakterium zum anderen in der linearen Reihenfolge übertragen, wie sie im Experimentdiagramm demonstriert wird [an anderer Stelle im Artikel], was nahelegt, daß die Gene in einer chromosomartigen Struktur organisiert sind. Das »Männchen« in den nebenstehenden grafischen Darstellungen ist mit dem Virus versehen, wie im Elektronenmikrograph dargestellt [an anderer Stelle]. Die Paarung beginnt einige Minuten, nachdem die beiden Stämme vermischt worden sind (oben rechts). Der Transfer des Genmaterials (Mitte links) beginnt einige Minuten später. Die Buchstaben entlang dem Chromosom repräsentieren die Position von Genen für spezifische, identifizierbare Merkmale. Durch die experimentelle Unterbrechung des Paarungsprozesses in verschiedenen aufeinanderfolgenden Phasen läßt sich zeigen, daß die Gene eines bestimmten Stammes stets in der gleichen Reihenfolge in die »weibliche« Zelle eindringen.

gezeichneter Experimentator in der vordersten Reihe der Biosyntheseforschung. Sein Beweis von 1956, wonach durch 5-Bromouracil bei Bakteriophagen Mutationen ausgelöst werden, indem der DNA-Stoffwechsel gestört wird, trug zur Gewinnung effektiver Werkzeuge für die Molekularbiologie bei. Unabhängig von anderen entdeckte er außerdem das Phänomen der negativen enzymatischen Rückkopplung bei Bakterien (was Enzym-Repression implizierte, obwohl er diesen neuen wissenschaftlichen Terminus nicht einführte, sondern in konventioneller Terminologie von Hemmung sprach), doch Edwin Umbarger, der dem Mikrobiologie-Fachbereich in Harvard angehörte, war ihm in der Veröffentlichung der Entdeckung um einen Monat voraus. Umbargers sensationeller Bericht in *Science*, »Evidence for a Negative-Feedback Mechanism in the Biosynthesis of Isoleucine«, war dazu bestimmt, großen Widerhall beim wissenschaftlichen Publikum zu finden. Die Allgemeinheit seiner Behauptungen und seine Analogien zu Automation und zeitgenössischen kybernetischen Systemen waren bezwingend. Umbarger schrieb:

> Kürzliche Entwicklungen in der Automation haben zur Verwendung von Maschinen in der Industrie geführt, die mit manchen Arten menschlicher Aktivität vergleichbare Operationen ausführen können. In der intern regulierten Maschine werden wie im lebenden Organismus Prozesse durch eine oder mehrere Rückkopplungsschleifen kontrolliert, die jede Phase des Prozesses davon abhalten, in ein katastrophisches Extrem abzugleiten. Die Konsequenzen einer solchen Rückkopplungskontrolle lassen sich bei einem Lebewesen auf allen Ebenen der Organisation beobachten... Ein einfaches, wenn auch typisches Beispiel ist die Wirkung von L-Isoleucin auf den L-Threonin-Bedarf bei Threonin-Mutanten von Escherichia coli.[36]

Pardee seinerseits reichte beim *Journal of Biological Chemistry* seine umfassenden Untersuchungen über Pyrimidin-Biosynthese bei E. coli ein (Pyrimidine sind Ringbasen der Nukleinsäuren) und berichtete nüchtern über die »Existenz eines zellulären Mechanismus, der die Pyrimidinproduktion mit der Rate der Pyrimidinaufnahme für die Nukleinsäuresynthese verknüpft«; beiläufig fügte er hinzu: »die Hemmung der eigenen Synthese durch das Endprodukt scheint ein üblicher Kontrollmechanismus in der Zelle zu sein« und wies auf Umbargers »Rückkopplung« hin.[37] Pardees Interessen, die nun mit denen Monods zusammenliefen, führten ihn dazu, sein Sabbatical am Pasteur-Institut zu verbringen.

Trotz der unterschiedlichen technischen Herangehensweisen in seinem und in Monods Labor meisterte Pardee das knifflige Paarungssystem der Lac-Bakterien rasch. Er verbesserte sogar die örtlichen biochemischen Verfahrensweisen. Im Dezember 1957 begannen Pardee, Jacob und Monod dann mit einer Reihe von Versuchen, in denen die genetische Kontrolle des Laktosesystems genauer untersucht werden sollte, eben den »PaJaMa-Experimenten«. Sie verwendeten die verschiedenen von Monod isolierten Mutanten (solche, deren Produktion von β-Galaktosidase oder Permease schadhaft war, sowie die konstitutiven kryptischen Mutanten: die z, y, i-Dreiergruppe) und planten, die mutierten Gene in verschiedenen Kombinationen in weibliche oder männliche Bakterien einzuführen. Die Zygotentechnik wurde buchstäblich zu einer Vorrichtung, um Ort und Funktion von Bakteriengenen aufzuspüren, d. h. um Genomkarten zu erstellen. Das Experimentalsystem wurde abgeändert. Die Verbindungen zwischen dem E. coli- und dem Phagensystem brachten nun ein zusammengesetztes Experimentalsystem und Hybridtechniken hervor und konfigurierten den experimentellen Raum wieder einmal um, der nun neue Grapheme einschloß: Darstellungen der Enzymfunktion in Form von Genomkarten.[38]

Im Laufe weniger Monate, in denen sie verschiedene wechselseitige Kreuzungen vornahmen, ermittelten ihre Versuche drei Hauptmerkmale des Laktosesystems. Erstens wurde zu ihrer großen Überraschung bereits zwei bis drei Minuten nach dem Eintreten des Gens in die Bakterienzelle in maximaler Rate β-Galaktosidase synthetisiert. Diese Synthese konnte nicht Ausdruck der genetischen Rekombination sein, da diese, wie Wollman und Jacob bewiesen hatten, mehr als eine Stunde dauerte; sie mußte statt dessen auf eine Art von direktem chemischen Signal vom Gen zum Zytoplasma zurückzuführen sein – einen Messenger. Mit dieser Hypothese richtete sich die Aufmerksamkeit nun auf die RNA als Zwischenglied, was bald darauf eine internationale Jagd nach einer instabilen intermediären Matrize auslöste (von der andere Forscher schon früher berichtet hatten), die man mit diesem Boten in Verbindung brachte (siehe dazu weiter unten). Zweitens bewiesen sie, daß das i-Gen, das den induzierbaren versus konstitutiven Charakter der Enzymsynthese bestimmte, sich vom z-Gen unterschied, das die β-Galaktosidase-Synthese kontrollierte, sowie vom y-Gen, das die Permeasesynthese kontrollierte. Drittens fanden sie entgegen ihrer Erwartungen heraus, daß die Induzierbarkeit gegenüber der Konstitutivität dominant war; es war demnach das induzierbare i^+-Allel der Zygote, nicht das konstitutive i^-, das im Zytoplasma als aktives Produkt exprimiert wurde. Dieser Fund widersprach Monods und Cohns Hypothese von 1953, wonach Konstitutivität aus *positiver* Kontrolle hervorging, d. h. aus der Synthese eines endogenen Induktors, dessen Verdrängung dann zur Hemmung führte.[39]

Im Januar 1958 schien nun alles auf einen *negativen* Kontrollmechanismus für die Enzyminduktion hinzudeuten. Jetzt sah es so aus, als kontrollierte das i-Gen die Synthese irgendeines Produkts, das die Enzymbiosynthese hemmte: Novicks und Szilards Identifizierung einer Endprodukt-Hemmung bei der Tryptophansynthese; Werner Maas' Untersuchungen der Argininbiosynthese; Umbargers kybernetische Mechanismen bei der Isoleucinsynthese; Pardees Analyse der Hemmung der Pyrimidinsynthese; und weitere frühere und folgende Feststellungen einer negativen Rückkopplung bei der Enzymbiosynthese. Da die Existenz und die Allgemeinheit hemmender Systeme nun ausführlich bewiesen waren, warum dann nicht annehmen, daß die Induktion durch Aufhebung der Hemmung ausgelöst wurde? Mehrere Jahre später erinnerte sich Monod:

> Wie jeder Schuljunge hatte ich natürlich gelernt, daß die doppelte Verneinung einer positiven Aussage gleichkam, und Melvin Cohn und ich diskutierten diese logische Möglichkeit, nahmen sie aber nicht sehr ernst; wir nannten sie die »Theorie des doppelten Bluffs«, womit wir auf die subtile Analyse des Pokers bei Edgar Allan Poe anspielten. Heute sehe ich jedoch deutlich, wie blind ich war, daß ich diese Hypothese nicht früher ernst genommen hatte.[40]

Als Szilard Ende Januar 1958 das Pasteur-Institut besuchte, trug er dazu bei, daß die Waage sich in Richtung der »Repressor-Hypothese« neigte, wie sie später genannt wurde. Szilard hatte 1957 einen geschäftigen Winter in Europa verbracht. Nach mehreren Tagen bei Cricks Gruppe in Cambridge (im Anschluß an das Scheitern seines Codierungsschemas) kam er kurz durch London, wo er an einem Treffen des *Pugwash Continuing Committee* teilnahm, um die zukünftigen Pugwash- und Abrüstungaktivitäten mitzugestalten. Ferner beriet er die deutsche Regierung bei der Umstrukturierung der Nachkriegsbiologie, die an den neuen Trends in der Molekularbiologie orientiert werden sollte, und hielt Vorträge über Enzyminduktion und -repression bei Bakterien, z. B. vor der Deutschen Chemischen Gesellschaft in Berlin, und schließlich auch in Paris. »Wir warteten alle gespannt auf Szilards Eintreffen«, erinnerte sich Cohn, der damals am Pasteur-Institut zu Besuch war. »Er bekam ein Büro in Monods Laboratorium, und jeder hatte etwas mit ihm zu besprechen; wir stellten uns alle an, um die Gelegenheit zu nutzen.«[41]

Genau zu dem Zeitpunkt also, wo Pardee, Jacob und Monod sich mit der Interpretation ihrer experimentellen Ergebnisse herumschlugen und versuchten, den im Laktosesystem wirksamen Kontrolltyp genauer zu bestimmen, tauchte Szilard auf. Er votierte für die Existenz eines »Repressor«-Moleküls (das erst acht Jahre später als ein Protein erwiesen wurde) und stellte sich vor, daß es irgendwie die Synthese von β-Galaktosidase und Permease blockierte, vermutlich, indem es an einer bestimmten Stelle am i-Gen gebunden wurde (mutmaßlich die Stelle, von der das Signal vom Gen zum Zytoplasma ausging); in konstitutiven Mutanten war demnach der Repressionsmechanismus gestört. Induktion war in Wirklichkeit Aufhebung der Repression, also tatsächlich ein »doppelter Bluff«-Mechanismus. Vor Pardees Rückkehr nach Berkeley im Juli 1958 erschien sofort ein kurzer Bericht in den *Comptes Rendus de l'Académie des Sciences*, auf den bald ein ausführlicher Artikel folgte. Als dieser Artikel im ersten Band des *Journal of Molecular Biology* von 1959 erschien, hatten sie ihre Funde bereits wesentlich verallgemeinert und mit neuer Bedeutung versehen. Es begann mit der intuitiven Ahnung von Jacob, daß zwischen den Mechanismen der Phageninduktion bei der Lysogenie und den Mechanismen der bakteriellen Enzyminduktion eine Analogie bestand.[42]

Zu jener Zeit, Ende Frühjahr 1958, begannen Monod und Jacob zum ersten Mal, Idiom und Modell der Informationsübertragung zu verwenden – auf sehr spezielle Weise, denn sie versuchten, das Mysterium einer Fernwirkung der Genaktivität zu erklären, d. h. die »Übertragung struktureller Information von einem spezifischen Gen« zum Zytoplasma, wo ihre Interaktion mit dem Induktor stattfand. Mit »Information« sollte somit ein Mechanismus veranschaulicht werden, der nicht allein in materiellen Begriffen erklärt werden konnte, da er Merkmale wie Wiedererkennen und Kommunikation (mittels Kontrolle) beinhaltete.[43]

Oben im »Speicher« war Jacob dabei, die Mechanismen der Phageninduktion und -immunität bei E. coli buchstäblich auszuschwitzen, als die beiden Forschungspfade plötzlich zusammenliefen. Es war »Ende Juli 1958. Ein Sonntag in Paris«, erinnerte sich Jacob. Er fühlte sich »nicht zum Arbeiten aufgelegt«, auch wenn er allzu viele Vorträge vorbereiten mußte, insbesondere die Harvey Lecture »Genetic Control of Viral Functions«, die er im September in New York halten sollte, ein Meilenstein in der Karriere eines Biologen. Doch sein ruheloser Geist war hartnäckig am Arbeiten, selbst während eines Kinobesuchs. Er erinnerte sich:

Auf der Leinwand schemenhafte Gestalten. Ich schließe die Augen, gespannt darauf, was in meinem Innern vorgeht. Plötzlich spüre ich eine freudige Erregung in mir wach werden, die mich aus dem Kino wegreißt und von den andern Zuschauern trennt, deren Augen auf die Leinwand geheftet sind. Und jäh ein Gedankenblitz. Es ist zu offensichtlich! Weshalb bloß bin ich nicht früher darauf gekommen? Das Kreuzungsexperiment mit dem Phagen, das Elie und ich erarbeitet haben – die erotische Induktion –, und der PA-JA-MA-Versuch mit dem Laktosesystem, den ich mit Pardee und Monod durchgeführt habe, sind ein und dasselbe! Dieselbe Ausgangslage. Dasselbe Ergebnis. Dieselbe Schlußfolgerung. In beiden Fällen steuert ein Gen die Bildung eines zytoplasmatischen Produkts, eines Repressors, der die Funktion anderer Gene blockiert, indem er entweder die Synthese der Galaktosidase oder die Vermehrung des Virus verhindert. In beiden Fällen induziert man, indem man den Repressor inaktiviert, sei es durch die Laktose oder durch Ulraviolettstrahlen. Das ist der eigentliche Mechanismus, die Grundlage der Regulation.

Niemand war da, um seine Aufregung zu teilen; niemand, um seine verrückte Idee zu überprüfen. Lwoff und Monod waren in den Sommerferien, und auch Wollman war nicht zu erreichen. So verfolgte Jacob seine machtvolle Analogie allein weiter.[44]

Er nahm diese neuen Einsichten zunächst in die Harvey Lecture auf, wobei er seine Gedanken im Informationsdiskurs formulierte. Während er implizit Materie von Information abgrenzte, zeigte Jacob, wie die in zwei Schritten erfolgende (zwei »genetischen Grundeinheiten« entsprechende) Phagenexpression in lysogenen Bakterien auf »Informationsübertragung« beruhte. Durch die Information des Phagen konnte sein Genmaterial einen spezifischen Ort des Wirtschromosoms erkennen und sich dort als Prophage festsetzen. Gestützt auf seine und Wollmans Untersuchungen zur Zygoteninduktion, berichtete Jacob, daß Immunität lysogener Bakterien gegen Phageninfektion (bzw. die Hemmung der Phagenproduktion) ein genetisch dominantes Merkmal sei, das im Zytoplasma exprimiert wurde. »Auffallend genug, die Expression der Immunität bei Zygoten scheint jener ähnlich zu sein, wie sie bei der Expression des induzierbaren Charakters eines Enzyms bei wechselseitigen Kreuzungen zwischen konstitutiven und induzierbaren Bakterienstämmen gefunden wurde«, verkündete Jacob kühn, als er die PaJaMa-Experimente anführte. »Die Analogie zwischen diesem Phänomen und der Immunität lysogener Zellen ist so auffallend, daß wir kaum die Vermutung von der Hand weisen können, daß auch diese Immunität auf die Existenz eines Repressors im Zytoplasma lysogener Zellen hinweist.«[45] Jacob baute seine Analysen in einer weiteren Veröffentlichung aus, »Transfer and Expression of Genetic Information in Escherichia Coli K12«, wo die Unterscheidung zwischen (vorhandenem) Genmaterial und der Übertragung (und Expression) genetischer Information deutlicher war. Doch den gemeinsamen Wirkungsmechanismus der beiden Phänomene – Enzyminduktion und Phageninduktion – konnte er noch nicht erhellen. Er stellte sich vor, daß die Prozesse der Gen- und Enzymregulation nicht fortschreitend arbeiteten, sondern diskontinuierlich wie ein Schalter, durch einen Alles-oder-Nichts-Mechanismus.[46]

Sofort nach seiner Rückkehr aus New York im September teilte Jacob seine Visionen Monod mit. Monod ließ sich nicht so schnell überzeugen. Sobald er sich jedoch für die Idee erwärmt hatte, ging daraus in den folgenden Wochen eine der intensivsten Partnerschaften in der Geschichte der modernen Wissenschaft hervor, »die große Zusammenarbeit«. In stundenlangen Diskussionen wurden täglich die Modelle überarbeitet, fieberhaft Schemata an die Tafel gezeichnet, mit Pfeilen, die in alle Richtungen verliefen. Dabei verwendeten Jacob und Monod Analogien und Bilder aus der zeitgenössischen Technokultur, zu denen nicht nur elektronische Schaltkreise, sondern auch elektronische Waffensysteme gehörten. Jacob schrieb später:

Diesen [Regulations-]Kreis dachten wir uns als Zusammensetzung zweier Gene: Sender und Empfänger eines zytoplasmatischen Signals, des Repressors. Fehlte ein Induktor, so blockierte dieser Kreis die Synthese der Galaktosidase. Jede Mutation, die eines der Gene inaktivierte, mußte also eine konstitutive Synthese nach sich ziehen. Ungefähr wie ein Kontrollturm, der dem Bomber funkt: Bomben nicht abwerfen... Bomben nicht abwerfen... Wenn eine der beiden Stationen, Sender oder Empfänger, nicht funktionierte, so würde das Flugzeug seine Bomben abwerfen. Aber wenn es zwei Sender und zwei Bomber gäbe, so würde sich die Situation ändern. Die Zerstörung eines Senders wäre wirkungslos, der andere würde weiterfunken. Die Zerstörung eines Empfängers hingegen hätte den Abwurf von Bomben zur Folge, wenn auch nur von einem Flugzeug, und zwar desjenigen, dessen Empfänger zerstört wäre.

In Jacobs Augen bildeten Bomber (Induktor), Bombe (Enzym), Sender (i-Gen), Empfänger (z-Gen) und zytoplasmatisches Signal (Repressor) ein geschlossenes Kommunikationssystem. Monod seinerseits veranschaulichte die Enzymregulation als elektronisch automatisierte Langstreckenrakete. »Interpretationen (oder Beschreibungen) werden in Experimenten eingelöst«, wie Evelyn Fox Keller es formulierte. Mehrere neue und wiederentdeckte Mutanten, einige Experimente weiter, und schon war das Phänomen der gleichzeitigen Aktivierung der beiden benachbarten Gene – für Galaktosidase und Permease – bestätigt. Im Herbst 1958 wurden Jacob und Monod sicherer, daß ihre Vorstellungen von der Induktion im Sinne von »Aktionseinheiten« nach dem Modell kybernetischer Systeme, die mittels eines Ja/Nein-Schalters als ganzes aktiviert oder deaktiviert wurden, mehr sein könnten als ein Hirngespinst.[47]

Das Timing war glücklich. Monod schloß gerade seine Vorbereitung der renommierten Dunham Lectures ab, die er in der dritten Novemberwoche 1958 in Harvard halten sollte. Er gliederte die Vortragsreihe wie folgt: I. »Eigenschaften, Funktionen und Wechselbeziehungen von Galaktosidase und Galaktosidpermease bei E. coli«; II. »Induktion und Repression«; und III. »Genetische Kontrolle«. Monod wollte das Ereignis mit einer »Tour nach Far West« kombinieren und unterwegs Freunde besuchen (und Seminare abhalten); er plante Besuche in den NIH in Washington D.C, bei Mel Cohn in St. Louis und bei Roger Stanier in Berkeley. Ende September kam er zu dem Schluß, daß die Reichweite der Vortragsreihe zu groß und seine Behandlung des Gegenstands zu begrenzt war, so daß er die Entwürfe an Cohn sandte, als Grundlage für eine gemeinsame Monographie über Enzymkybernetik.[48]

Monod richtete seinen Blick auf das umfassendere phänomenologische Dilemma »Sein und Werden«; dazu zog er die von ihm und Jacob gerade ausgearbeiteten Erklärungen heran und strukturierte seine Vorträge anhand ihres kybernetischen Modells der Enzymregulation und Informationsübertragung. Im zweiten Vortrag bemerkte er: »Die beiden Mechanismen Induktion und Repression hängen ziemlich sicher zusammen und scheinen gemeinsam einen der wichtigsten integrierenden Mechanismen im Zellhaushalt zu bilden. Diese integrierenden Mechanismen würde ich gerne integriert erörtern, doch die Enzymkybernetik ist eine sehr komplizierte Wissenschaft.«[49] In einer subtilen Verwerfung der Enzymadaptation stellte er die (rhetorische) Frage: »Lernt die Zelle etwas vom Induktor oder verhält es sich so, daß der Induktor bereits existierende Mechanismen aktiviert, auswählt und auslöst?« Er leitete seine Zuhörerschaft durch die Verwickeltheiten der Enzymregulation und führte sie dann zu einer Darstellung des Enzyms (β-Galaktosidase), nach der dieses sehr präzise (präexistierende) strukturelle Information besaß. Als Antwort auf die grundsätzlichere Frage »Woher kommt diese Information?« – womit das Problem von Sein und Werden in einer allgemeineren Form angesprochen war – leitete er sie schließlich geschickt zu der Schlußfolgerung, daß diese Information »vollständig angeboren« sei. Der ältere Begriff eines zellulären Gedächtnisses – der implizierte, daß die Zelle aus externer Erfahrung lernt –, wurde nun durch das computer-orientierte Modell eines zellulären Gedächtnisses ersetzt, das als interner Speicher für endliche Mengen genetischer Information fungierte. Es gab keine Beweise dafür, daß der Induktor irgendwelche neue Information an die Zelle übermittelte; vielmehr aktivierte oder entband er latente Potentiale, womit Monod das von Crick schon zuvor verkündete Zentrale Dogma unterstützte. Es gab eine Implosion von Sein und Werden, eine Gen-Kooperation (z^+ und z^-), erreicht durch die Aktivität »zytoplasmatischer ›Boten‹«, wie Monod sie nannte; allerdings präzisierte er nicht genauer, worin die Natur und Wirkungsweise solcher »Boten« bestehen könnte.[50]

Die Vorträge waren offenbar ein voller Erfolg. »Ich habe mich praktisch schon dazu entschlossen, in Zusammenarbeit mit Dr. Melvin Cohn eine Monographie zu schreiben, die auf meiner Dunham-Vortragsreihe beruht«, informierte Monod seinen Gastgeber in Harvard, Otto Krayer, als er nach Paris zurückgekehrt war. Mit sieben Kapiteln, davon zwei von Cohn, sollte das Buch *Enzyme Cybernetics* bei Harvard University Press erscheinen; es wurde allerdings nie fertiggestellt. Obwohl Monod sich einem kybernetischen Mechanismus verschrieben hatte – der eine spezifische Rolle bei der Enzymsynthese spielte und dann auf andere physiologische Prozesse verallgemeinert wurde –, entschuldigte er sich, daß er die modischen Ausdrücke der Kybernetik verwendete, die besonders in Frankreich populär waren. In der Einleitung zum geplanten Buch schrieb er:

> Der Gegenstand der vorliegenden Essays beschränkt sich somit vielleicht nicht auf die Enzymadaptation selbst und ließe sich zweifellos besser mit dem Namen (zelluläre) enzymatische Kybernetik bezeichnen, sofern dieser in Mode gekommene Ausdruck für den Leser nicht alarmierende journalistische Anklänge heraufbeschwört... Interesse und Schwierigkeit dieser enzymatischen Kybernetik liegen darin, daß die von ihr aufgeworfenen theoretischen und experimentellen Probleme zahlreich und für mehrere Disziplinen relevant sind, und daß sie von äußerst unterschiedlichen Gesichtspunkten in den Blick genommen werden können.[51]

In den Kapitelentwürfen kam unmißverständlich die freudige Erregung zum Ausdruck, welche die gerade erhellten zellulären Mechanismen hervorriefen. Das waren nicht mehr die dumpfen Maschinen aus der Vorkriegszeit, sondern die intelligenten, zielgerichteten Kommunikationssysteme der Nachkriegszeit, die das industriell-militärische Terrain und die zeitgenössische Vorstellungskraft umzuformen begonnen hatten. Als Monod die Kybernetik in dieser Weise feierte, war er offenbar auf dem Weg dazu, teleologische Erklärungen in der Biologie wieder zuzulassen. Seine Besorgnis über den journalistischen Sensationalismus mag unter anderem erklären, wieso er und Jacob, auch wenn sie sich der Kybernetik verschrieben hatten, davor zurückschreckten, sie allzu enthusiastisch in der wissenschaftlichen Gemeinschaft zu verbreiten.

Monods Vortrag in Berkeley, »Induktion – Repression – Gene«, den er eine Woche nach den Dunham Lectures hielt, war sehr viel knapper und technischer. Monods Notizen waren kurz und bündig:

Einleitung: Hauptpunkt: a. neue Betrachtungsweise des Mechanismus der Enzyminduktion. b. neue Betrachtungsweise der genetischen Kontrolle der Enzymsynthese. Existenz von genetischen »Kontrolleinheiten«, die zwei Typen spezifischer Kontrolle umfassen: Informationsgene – (Struktur); Regulatorgene – (Freisetzung von Information). Rolle von Pardee; β-Galaktosidase-System; Induktion; Konstitutive; Repression: Anti-Induktion; Mutanten-Typen [die z, y, i-Dreiergruppe]; Locus-Struktur: z = Strukturgen = Information; i = Kontrollgen = Freisetzung von Inf. Vorhersagen: wie $i^+ \rightarrow i^-$ »Information freisetzt« (drei Möglichkeiten: Aktivator, Induktor, Repressor); Zygotentechnik; Spekulationen: Krebs = Zusammenbruch der Kontrolle.[52]

Es kann wenig Zweifel daran bestehen, daß in Monods und Jacobs Deutungsschema der Informationsbegriff eine präzise und operationale Rolle einnahm: Er sollte die Differenz zwischen Strukturgenen (z und y) und Regulatorgenen (i) erklären; und er stand ein für die Fernwirkung des abstrakten »Boten«, der die »Informationsfreisetzung« vermittelte.

Sich des neuen Informationsidioms voll bewußt, erläuterte Monod seine Verwendung im Vortrag »Information, Induction, Répression dans la Biosynthèse d'un Enzyme«, den er für das Frühjahrs-Colloquium 1959 der Gesellschaft für Physiologische Chemie in Mosbach-Baden vorbereitet hatte; sein Kollege am Pasteur-Institut, François Gros, verlas den Vortrag. Zusammen mit einer graphischen Darstellung der Genetik des Galaktosidase-Permease-Systems (siehe Abbildungen 13 und 14), schlug Monod einen Mechanismus vor, der die Natur der Interaktion zwischen den z- und i-Mutationen erklären sollte. »Man könnte beispielsweise annehmen, daß der Locus z genetische Information bezüglich der Struktur des Proteins Galaktosidase enthält, während der Locus i festlegt, unter welchen Bedingungen diese Information möglicherweise zum Zytoplasma übertragen wird.« Die Übertragung wurde kontrolliert durch eine »vom Gen i ausgesandte zytoplasmatische Botschaft, die entweder den induzierbaren oder den konstitutiven Charakter der Synthese durch Gen z bestimmt.« Es gab demnach zwei Arten von Genen: Die eine, *le gène informateur* (z. B. z und y), enthielt strukturelle Information zur Anfertigung spezifischer Proteinmoleküle (z. B. Galaktosidase und Permease); die andere, *le gène regulateur*, bestimmte die Synthese eines spezifischen Repressors, durch den die Expression des »*gène informateur*« gehemmt wurde.[53]

Génotypes et phénotypes biochimiques du système galactosidase-perméase

Génotype	Phénotype biochimique			
	Avec inducteur		Sans inducteur	
	Galactosidase	Perméase	Galactosidase	Perméase
$z^-y^+i^-$	+	+	—	—
$z^-y^+i^+$	—	+	—	—
$z^+y^-i^+$	+	—	—	—
$z^+y^+i^-$	+	+	+	+
$z^-y^-i^+$ (1)	—	—	—	—
$z^-y^-i^-$ (2)	—	—	—	—
$z^+y^-i^-$	+	—	+	—
$z^-y^+i^-$	—	+	—	+

(1) · Ce génotype, difficile à obtenir par recombinaison, et impossible à sélectionner n'a pas encore été isolé.

(2) · Ce génotype a été observé dans une souche portant une délétion complète de la région »Lac« du chromosome d'*Escherichia coli*.

Abbildung 13. Jacques Monod, »Information, Induction, Répression dans la Biosynthèse d'un Enzyme«, *Colloquium der Gesellschaft für Physiologische Chemie* (9./12. April 1959): S. 125. Biochemische Genotypen und Phänotypen des Galaktosidase-Permease-Systems. Abdruck mit Genehmigung des Springer Verlags.

Monod legte dar, daß die Proteinsynthese nicht durch ein einziges Gen bestimmt wurde – wie von der alten Regel »Ein Gen – ein Enzym« gefordert –, sondern durch mehrere und, allgemeiner, durch genetischen und biochemischen »Kontext«, was tiefgreifende Folgen für die Physiologie nach sich zog. Denn, wie er seine Zuhörerschaft erinnerte, es war das Phänomen der Enzymadaptation bei Mikroorganismen, das letztlich die Erklärungsmodelle für die Embryologen bei ihren Differenzierungsstudien liefern würde.[54] Damit kehrte er, zumindest bei dieser Gelegenheit, zu Fragen zurück, die ihn Mitte der vierziger Jahre schon beschäftigt hatten. Er stellte sich die Entwicklung nun als genetisch determiniert und allein durch den »Kontext« des Systems bestimmt vor; in diesem wurde der Informationsfluß durch sequentielle Prozesse der Aktivierung und Repression reguliert, durch einen Schaltmechanismus, der für externe Erfahrung unzugänglich war. In Monods platonischer Sicht war zelluläre Information angeboren, endlich und ewig.

Anders als viele Molekularbiologen beteiligte sich Monod nicht naiv am Informationsdiskurs. Er wußte um die allgemeinen Eigenschaften der mathematischen Kommunikationstheorie – ihre Reichweite und ihre Grenzen –, und es war ihm klar, daß in diesem Bereich Information rein

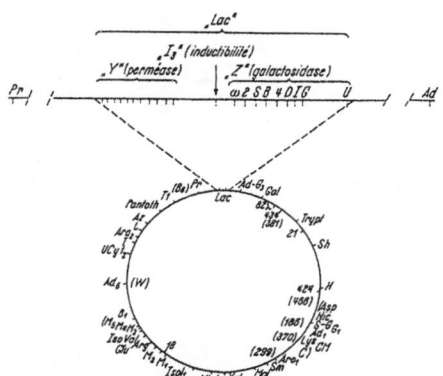

Figure 1. - *Structure du segment Lac du chromosome d'Escherichia coli.*
A la partie supérieure de la figure: représentation schématique agrandie du segment Lac. Le cercle de la partie inférieure de la figure représente l'ensemble du groupe de liaison d'*Escherichia coli* (cf. JACOB et WOLLMAN, 1958 b) et situe le segment Lac par rapport aux autres marqueurs connus

Abbildung 14. Jacques Monod, »Information, Induction, Répression dans la Biosynthèse d'un Enzyme«, *Colloquium der Gesellschaft für Physiologische Chemie* (9./12. April 1959): S. 126. Struktur des Lac-Segments des E. coli-Chromosoms. Abdruck mit Genehmigung des Springer Verlags.

syntaktisch war und jedes semantischen Werts entbehrte. Seine häufigen und intensiven Diskussionen mit Szilard hatten ihn zweifellos dazu gezwungen, die Gedanken von Norbert Wiener, Claude Shannon und Leon Brillouin (Szilards Freund, auf den der Ausdruck *Informationswert* zurückging) kritisch abzuwägen; obwohl Szilard über die Kommunikationswissenschaften auf dem laufenden war, und vielleicht gerade deswegen, schien er nicht versucht zu sein, seine eigene Arbeit in kybernetischen oder informatischen Begriffen zu deuten. Angesichts der Verengungen der Informationstheorie schlug sich Monod mit dem Problem herum, die Informationstheorie auf die Biologie anzuwenden. »Versuche, den Informationswert durch seine ›Übertragbarkeit‹ zu bestimmen«, notierte er im Mai 1959 in sein Notizbuch.

Vom Gesichtspunkt der Informationstheorie aus hätten die Werke Shakespeares den gleichen Wert, wenn alle ihre Buchstaben von einem Affen zufällig aneinandergereiht würden. Diese fehlende Definition des Informationswerts macht die Verwendung der Information in der Biologie so schwierig. Was ließe sich an der Shakespeareschen Information als »objektiv« betrachten, das sie von der Information des Affen unterscheidet? Im wesentlichen die Übertragbarkeit. Der Wert des Einflusses, daher der Evolution. Die biologische Information ist derart beschaffen, daß ihre Übertragung zu ihrer Nachhaltigkeit beiträgt – der Nachhaltigkeit eines Systems, das sie überträgt. Daher ist es Information, die zur Reproduktion des Systems beiträgt und folglich zu ihrer eigenen Reproduktion. Läßt sich eine quantitative Definition für diesen Begriff finden?[55]

Die Antwort auf die zuletzt gestellte Frage lautete, zumindest für den Moment, nein (siehe aber weiter unten, Kapitel 7). Monod verwendete »Information« qualitativ, d. h. er bediente sich der Tropen und Semiotiken des mehrwertigen Informationsdiskurses. Diese besaßen nicht nur kulturelle Resonanz, sondern waren auch wissenschaftlich produktiv. Die folgende Äußerung des Immunologen Peter Medawar wurde schon zitiert: »Die Vorstellungen und Sprechweisen der Informationstheorie hätten sich wohl kaum so rasch durchsetzen können, wenn sie nicht in bestimmten Hinsichten ungeheuer nützlich wären.« In seinen Augen waren die qualitativen Begriffe der Information produktiv bei der Darstellung biologischer Funktionen wie der Übertragung und Modifikation (Mutationen) von Botschaften durch Raum und Zeit, selbst wenn die physikalischen und mathematischen Analysen von Information als ein Maß biologischer Organisation sich nicht als produktiv erwiesen hatten (beispielsweise Negentropie und Henry Quastlers Berechnungen).[56]

Die Produktivität von Metaphern in der Wissenschaft läßt sich an der Nützlichkeit der von ihnen hervorgebrachten Modelle ablesen. Doch der Prozeß der »Entlehnung« ist komplex. Monod war dabei, nicht nur die Elemente seines zellulären Universums zu ordnen, sondern ebenso die Elemente des vernetzten Universums von Kommunikation und Kontrolle, das durch kybernetische Analogien und Informationsmodelle in seinen (und Jacobs) Experimentalraum hineintransportiert worden war. In diesem dialektischen Prozeß wurden die Objekte in beiden Universen – Bakterien, Phagen, Information, negative Rückkopplung, Schaltkreise, Schalter – neu konfiguriert und umgewandelt. Wie George Canguilhem es formulierte, als er 1961 das Verhältnis zwischen mechanischer und biologischer Rückkopplung überprüfte: »Nur in seiner eigenen Verarmung wird ein Modell fruchtbar. Es muß etwas von seiner spezifischen Originalität verlieren, um mit seinem Gegenstück eine neue Allgemeinheit eingehen zu können.« In der Biologie, bemerkte er, waren Analogiemodelle häufiger als mathematische Modelle. Und sie waren fruchtbarer bei der Erforschung der Funktion (z. B. Genetik) als in Untersuchungen zur Struktur und zum Verhältnis von Struktur und Funktion (z. B. Biochemie).[57]

Die Kaskade experimenteller Resultate und ihre teleologische (kybernetisch-informationelle) Interpretation nahmen die dramatischen Dimensionen einer religiösen Bekehrung an, der Monod in seinem persönlichen Notizbuch im Mai 1957 leidenschaftlich Ausdruck verlieh. Nachdem er die destruktive Macht der Zweckursachen jahrelang dämonisiert hatte, nachdem er die aristotelische, lamarckistische und lyssenkoistische Inanspruchnahme der Teleologie in der Biologie verdammt hatte, kam es nun zum Widerruf. Monod bekannte seine Kurzsichtigkeit und gestand die zentrale Rolle und erklärende Kraft des »Finalismus« in der Biologie ein. Unter der Überschrift »Die Entdeckung der Repression« erklärte er, daß Induktion als Antirepression für ihn eine tiefgründige Lektion bedeutet hatte, die zu einer entscheidenden Neubewertung führte. »Der Glaube an den Antifinalismus hat mein Werk beherrscht, geleitet und – weil er verborgen war – in die Irre geführt«, bekannte er. »Ich habe Zweckursachen bekämpft, die Rolle des Zufalls betont und unverwandt Erklärungen von Prozessen als von einem Endpunkt gelenkt verworfen«, berichtete er. »Leben ist Zufall, der Notwendigkeit wird. Da braucht ein Wissenschaftler dreißig Jahre, um zu verstehen und zu akzeptieren, daß Notwendigkeit den Zufall nicht ausschließt.« Seine Erleuchtung sollte bald im neuen evolutionären Konstrukt der Teleonomie eine Form finden: Zufall, vermittelt durch die Notwendigkeit (Zielgerichtetheit) eines computerartigen »Genprogramms«.[58]

Zu diesem Zeitpunkt war der PaJaMa-Artikel »The Genetic Control and Cytoplasmic Expression of ›Inducibility‹ in the Synthesis of β-Galactosidase by E. coli« gerade in der zweiten Nummer des *Journal of Molecular Biology* erschienen. Diese neue Zeitschrift – mit John Kendrew, einem britischen Kristallographen und Verfechter der Molekularbiologie, als Herausgeber – gab dem Zusammenwachsen der Molekularbiologie zu einer eigenen (wenn auch hybriden) disziplinären Identität eine feste Form. Die Pasteur-Gruppe verstand ihre Arbeit explizit als »Molekularbiologie« und beteiligte sich auch durch die Abspaltung von der Medizin und ihre Allianz mit der Politik der Rockefeller-Stiftung bewußt an der Konsolidierung der neuen Disziplin. Mit der diskursiven Abgrenzung gingen einflußreiche institutionelle Strategien einher. Wie Jean-Paul Gaudillière geschildert hat, war die Pasteur-Gruppe 1959 mit dem US-Senator Hubert Humphrey im Gespräch, um eine *European Molecular Biology Organization* (EMBO) für ihren eigenen wissenschaftlichen »Marshallplan« einzurichten. Wenn auch das Humphrey-Gesetzesvorhaben nie bis in den Kongreß gelangte, so trug es doch dazu bei, den Aufbau der Molekularbiologie in Europa zu intensivieren. Die erste De-Gaulle-Regierung (die Fünfte Republik) war dazu bereit, die finanzielle Förderung für wissenschaftliche Forschung und Entwicklung zu verstärken, und setzte mit dieser Politik den Trend für das kommende Jahrzehnt. Beeinflußt von der Pasteur-Gruppe, betrachtete die neu eingerichtete *Délégation Générale à la Recherche Scientifique et Technique* (DGRST) – eine Institution zur militärischen Mobilmachung der Wissenschaft im Kalten Krieg – die »Molekularbiologie« als Speerspitze einer künftigen Wissenschaft und Biotechnologie.[59]

Der PaJaMa-Artikel wurde schnell zum Klassiker. Seine technische und begriffliche Kniffligkeit, dargestellt in einem eleganten Stil, gipfelte in den entscheidenden Schlußfolgerungen der Autoren: Die Enzymsynthese bei E. coli wurde durch drei äußerst eng verknüpfte Gene (Cistrons) z, i und y kontrolliert; zum i- und z-Faktor gehörte ein spezifischer zytoplasmatischer Bote (i sandte die Botschaft aus, die von z, der Region der strukturellen Information, empfangen wurde), auch wenn die Funktionsweise dieser Substanz noch unklar blieb; und die Bildung dieser sequentiellen Enzymsysteme wurde (analog der Zygoteninduktion beim Phagen) von ihrem Endprodukt reprimiert.[60] Vielen Lesern außerhalb des Pasteur-Instituts müssen diese Ergebnisse und Interpretationen überraschend erschienen sein, auch wenn ähnliche Funde in aller Stille an den NIH gemacht wurden. Doch in diesem Frühjahr 1959 waren Jacob und Monod schon auf einer höheren Verallgemeinerungsstufe angelangt: dem Operon.

Nachdem sie festgestellt hatten, daß der Informationstransfer von Strukturgenen durch spezifische Repressoren kontrolliert wurde, die wiederum durch spezialisierte Regulatorgene synthetisiert wurden, wandten sich Jacob und Monod nun dem nächsten Problem zu: dem Ort und der Wirkungsweise der Repressoraktivität. Aus der spezifischen Arbeitsweise des Repressors ergab sich, daß er wirkte, indem er – irgendwo an der i-Region – eine sterospezifische Kombination mit einem Element des Systems einging, das eine komplementäre molekulare Konfiguration aufwies. Sie überlegten sich, daß der Informationsfluß vom Gen zum Protein unterbrochen werden mußte, wenn dieses Kontrollelement, das sie »Operator« nannten, mit dem Repressor kombiniert war. Die Existenz des Operators wurde als gegeben angesehen; das Problem war,

Information, Kybernetik und die Neuerfindung der Teleologie 295

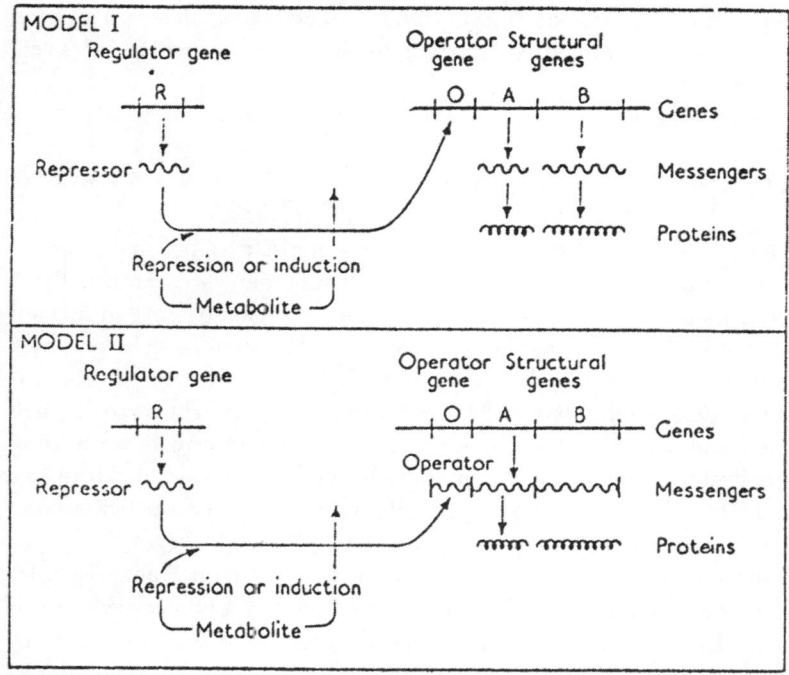

Models of the regulation of protein synthesis.

Abbildung 15. François Jacob und Jacques Monod, »Genetic Regulatory Mechanisms in the Synthesis of Proteins«, *Journal of Molecular Biology* 3 (1961): S. 318–59. Genehmigter Nachdruck.

herauszufinden, wo und wie er in das System der Informationsübertragung eingriff.[61] Die Regulatorregion (i) wurde mit »O«, dem Operatorgen, in Zusammenhang gebracht, und aus dem i,z,y-Segment wurde so die »ozy-Einheit« der Informationsübertragung. 1960 tauften Monod und Jacob diese genetische »Einheit koordinierter Expression« auf den Namen »Operon« (eine von Bruce Ames' Arbeit an den NIH über enzymatische Repression inspirierte Idee). Außer in malerischen Bildern genetischer Blaupausen wurde das Operon veranschaulicht als ein computerartiges »koordiniertes Programm der Proteinsynthese mitsamt den Mitteln, seine Ausführung zu koordinieren.«[62] (siehe Abbildung 15)

Alle Puzzlestücke fanden schnell zusammen, allerdings gab es noch einen Haken im eleganten Operonmodell: der zytoplasmatische »Bote«, jenes theoretisch konstruierte Zwischenglied; über dessen Funktion war das Operon nun direkt mit dem Problem des genetischen Codes verbunden.

Das Wort transkribieren: der Bote

Die Pasteur-Gruppe hatte die Arbeit am genetischen Code in der Literatur und durch Szilards Berichte verfolgt. Und sie waren Francis Crick zum ersten Mal im Frühjahr 1955 begegnet, als er anbot, ein Seminar am Pasteur-Institut abzuhalten. Crick sah eine Verbindung zwischen ihrer Arbeit und seiner Beschäftigung mit der Proteinsynthese. »Schon seit einiger Zeit«, schrieb er an Monod, »habe ich die Ansicht vertreten, daß die Induktion zurückzuführen ist auf eine Veränderung in der Faltung des Proteins *während seiner Synthese* ... und ich bemerke, daß Ihre Idee auf einer ähnlichen Linie liegen muß, wenn man von einer Bemerkung zur Antikörpersynthese in Ihrem letzten Artikel ausgeht.«[63] Crick konnte keinen Vortrag auf französisch halten; »mein Französisch besteht hauptsächlich aus Tadel gegenüber Kindern, und der auch nur in der zweiten Person«, entschuldigte er sich (seine Frau war Französin). Er erinnerte sich, »die ziemlich irrige [Instruktions-]Theorie« einer induktor-gelenkten Proteinfaltung dargestellt zu haben. Doch für Jacob, angetan von Crick, »dieser fabelhaften Denkmaschine«, bewies der Vortrag, daß »Francis nicht einfach ein Gefolgsmann Jims war«, wie man es sich in der Pasteur-Gruppe vorher ausgemalt hatte. Cricks anschließender, auf französisch gehaltener Vortrag zum genetischen Code vor dem Pariser Physiologie-Club war weniger spektakulär (er erfuhr anschließend, daß der französische wissenschaftliche Begriff für »overlapping« [überlappend] »oh-ver-lap-pang« lautete).[64] Die Begegnungen zwischen der Pasteur- und der Cambridge-Gruppe intensivierten sich in den späten fünfziger Jahren, insbesondere zwischen Jacob und Sydney Brenner. »Seymour [Benzer] und ich haben Proflavin auf rII gegeben und Francis und ich haben einen neuen Code«, schrieb Brenner im Winter 1958 an Jacob, »aber da sie beide selbst davon erzählen kommen, will ich ihnen nicht ihr Pulver stehlen« (er bezog sich hier auf die verwickelten Rekombinationsexperimente an der rII-Region des Phagengenoms, das mit dem mutagenen Acridinfarbstoff Proflavin behandelt worden war, der DNA-Basen deletierte).[65]

Jacob und Brenner tauschten oft Mutantenbestände aus und verfolgten aufmerksam ihre gegenseitigen Fortschritte. Während Brenner und Crick sich in einem Wettrennen sahen, den Code aus genetischen Veränderungen herzuleiten, die durch Phagenpaarungen bewerkstelligt wurden – was Brenner den Titel eines »Sexbesessenen« eintrug –, versuchte Jacob, den Schaltmechanismus im Operon und die Natur von »Nonsense«-Mutationen zu bestimmen (bei denen ein DNA-Triplett keine Aminosäure spezifizierte oder die Proteinsynthese unterdrückt wurde); alles deutete auf den postulierten zytoplasmatischen »Boten« hin. »Wie ich höre, sind Sie nun mit Cy Levinthals Team in einem Wettlauf, um den Code zu entschlüsseln, und ich bin sehr daran interessiert, Neuigkeiten über Ihre O-Mutanten zu erfahren«, schrieb Jacob im April 1959 an Brenner.

Ich interessiere mich für den sequentiellen Schalter des Phagenproteins... Da die Zellkern-Replikation wie auch die Proteinsynthese streng von der Zelle kontrolliert wird, muß es ein System geben, das dem DNA-Molekül (und dem RNA-Molekül) sagen kann: mach deine Arbeit oder mach sie nicht. Daher die Idee, daß es spezialisierte Stellen geben muß, die als »Schalter« für das ganze Molekül (der DNA und/oder RNA) dienen, das den zytoplasmatischen Boten (Induktoren oder Repressoren) empfängt und ihn zum Molekül übermittelt in Form von »ja« oder »nein«, »arbeite« oder »arbeite nicht«.

Den Boten mit einem Induktor oder Repressor in Zusammenhang zu bringen, war natürlich noch eine recht allgemeine Vorstellung; die Entität war noch nicht jene instabile RNA-Art, die später zur Messenger-RNA werden sollte. Doch für Jacob bestätigte dieses Modell die selektive Kontrolle, die über miteinander verbundene Gene bei der Enzym- und bei der Phagenproduktion im biochemischen System ausgeübt wurde,[66] eine Kontrolle genetischer Information nach den Regeln eines Codes. Wie Monod einige Monate später in seinem Kapitel über genetischen Determinismus (Kapitel 6) in *Cybernétique Enzymatique* erklären sollte: »Ein Gen enthält jeweils in Form einer bestimmten Nukleotidsequenz die Information hinsichtlich der Aminosäuresequenz in einem bestimmten Protein. Von außerordentlich interessanten Spekulationen ausgehend, ist man dahin gelangt, das Prinzip einer Chiffre oder eines Codes vorzuschlagen, der die ›Übersetzung‹ einer Nukleotidsequenz in eine Aminosäuresequenz ermöglichen soll.«[67] Cricks (und Delbrücks) elegante theoretische Modelle kommafreier Codes wurden nun langsam ersetzt durch Vorstellungen von Start- und Terminationscodons, die das sequentielle »Lesen« des DNA-»Texts« lenkten. Dieses Modell mit seinen textuellen Bezeichnungen wurde immer wichtiger, um die Funktion des Messenger im Operon-System zu veranschaulichen. Zum Operon-Modell notierte Monod: »Die Existenz des Operons als Haupteinheit genetischer Expression, *transkribiert* von einem Boten, der unerläßlich ist zum Verständnis der Information hinsichtlich verschiedener Peptidketten, wirft ein wichtiges Problem auf, das wir hier diskutieren wollen: die ›*Interpunktion*‹ des linearen chemischen *Textes*, den die DNA bildet.« [Hervorhebungen hinzugefügt] Den Messenger betrachtete er als Vermittler in einem »Übersetzungssystem« und überlegte sich, daß jene Segmente der Sequenz, die Anfang und Ende des Operons bestimmten, den Start- und Terminationspunkten der Transkription der DNA auf einen RNA-Boten entsprachen. Dementsprechend modifizierte er die vorhandenen Interpunktionszeichen und führte eine »Klammer« anstelle der beiden Kommas ein, um ein Operon abzugrenzen (siehe Abbildung 16).[68]

In ihrem Operon-Artikel, dessen Veröffentlichung im *Journal of Molecular Biology* sich trotz Jacobs Drängen verzögerte, äußerten Jacob und Monod folgende Schätzung: »Wenn wir annehmen, daß die Botschaft polyribonukleotid ist und der Codierungsfaktor 3, dann dürfte die ›Botschaftseinheit‹, die einem Operon entspricht, das die Synthese der drei Proteine mit einem durchschnittlichem molekularen Gewicht von 60.000 steuert, ein molekulares Gewicht von ungefähr $1{,}8 \times 10^6$ haben.« Zum Zeitpunkt, als der Artikel erschien, war die vage Vorstellung eines zytoplasmatischen Boten schon sehr viel spezifischer geworden. Nach langem Widerstand war Monod bereit, die Schlußfolgerungen von Brachet und der Rouge-Cloître-Gruppe zu akzeptieren, wonach dieses Zwischenglied tatsächlich eine RNA war. Obwohl Raymond Jeener schon 1958 behauptet hatte (wie Thieffry gezeigt hat), daß es sich um eine RNA mit schnellem Umsatz handelte, brauchte die Pasteur-Gruppe ungefähr zwei Jahre, um zu einer ähnlichen Schlußfolgerung zu gelangen. Entscheidende Beweise deuteten auf die flüchtige Natur des Boten hin, und bald wurde er mit früheren Forschungsarbeiten in Verbindung gebracht.[69]

Das Umschalten auf die Vorstellung, daß es eine Messenger-RNA als instabiles Zwischenglied gab, erfolgte von verschiedenen Richtungen her. Das PaJaMa-Experiment und nachfolgende Versuche deuteten auf folgenden Sachverhalt hin: Sobald es in eine Bakterie übertragen war

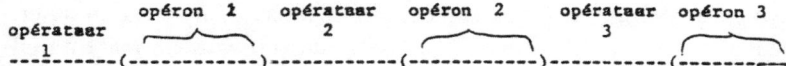

Abbildung 16. Jacques Monod Papiere, MS (Mon.MSS.01 #17), »Operon«. Monods Modell für die Transkription der Messenger-RNA. Mit freundl. Genehmigung von SAIP, Font Monod; © Institut Pasteur.

und bevor genetische Rekombination stattgefunden hatte, begann das die Struktur eines Proteins kontrollierende Gen unverzüglich zu arbeiten und in maximaler Rate Protein zu produzieren. Das war ein verblüffendes Resultat, wenn man von den vorherrschenden Vorstellungen ausging, wonach gengesteuerte Proteinsynthese auf den stabilen Matrizen ribosomaler RNA stattfand. Um das neue Modell zu testen, überlegte Jacob, müßte man einem Bakterium ein Gen entziehen und nach Proteinrückständen suchen, die von der stabilen RNA-Matrize aus synthetisiert wurden. Doch eine solche Extraktion von Genen war technisch nicht realisierbar. Eine alternative Versuchsstrategie bestand darin, ein Gensegment in die Bakterie zu übertragen, das sehr stark mit einem Radioisotop (^{32}P) markiert war, und dann die anschließende Zerstörung dieses Gens durch radioaktiven Zerfall abzuwarten.[70]

Während Jacob und Monod an der Feinabstimmung ihres Operon-Modells arbeiteten, brachten Arthur Pardee und seine graduierte Studentin Monica Riley dieses technische Meisterstück in Berkeley zustande; alles in allem war es eine transatlantische Zusammenarbeit mit mehrmaligem Hin und Her. Ihre Ergebnisse zeigten unzweideutig, daß die Fähigkeit, das Protein zu produzieren, die Zerstörung des Gens (durch radioaktiven Zerfall) nicht überlebte. So war der Beweis erbracht, daß Genexpression nicht durch die Bildung stabiler Matrizen vor sich ging; es mußte einen schnellen RNA-Umsatz geben. Dies war ein Wendepunkt: Das allgemeine Konzept eines Boten wandelte sich, hin zu einer spezifischen Charakterisisierung seiner flüchtigen Natur. Gleichzeitig erbrachte François Gros – er war von älteren Untersuchungsmethoden des RNA-Stoffwechsels gerade übergegangen zu den neuen Analysen der RNA-Synthese – in Monods Labor zusätzliche entscheidende Beweise. Er hatte 1959 eine neue Zentrifugationstechnik zur RNA-Fraktionierung entwickelt, sowie »Pulsmarkierungs«-Techniken, die darauf abgestimmt waren, »flüchtige« Fraktionen zu identifizieren. Nun ging aus seinen vorbereitenden Experimenten hervor, daß durch Hinzufügung des Mutagens 5-Fluorouracil in ein Bakteriennährmedium innerhalb von Minuten abnormale Proteine produziert wurden, was ein weiteres starkes Argument gegen den Fortbestand irgendwelcher stabiler Matrizen darstellte.[71]

Die Interpretation dieser experimentellen Ergebnisse erfolgte in Diskurspraktiken, die den Transfer genetisch bestimmter struktureller Spezifität als ein System des Informationstransfers darstellten. Die neue, dritte RNA-Art (noch ein bloßes theoretisches Konstrukt) wurde zunächst als »informationstragende RNA« oder »Informations-RNA« repräsentiert. Eine solche Bezeichnung stellte nicht bloß ein modisches Schlagwort dar. Sie wurde vielmehr operational verwendet, um diese kurzlebige RNA-Art von der löslichen RNA-Fraktion zu unterscheiden (letztere inzwischen als »Transfer-RNA« bezeichnet), die entsprechend Rileys und Pardees Berechnungen als »sehr viel zu klein erscheint, um all die Information zu tragen, die für eine lange Polypeptidkette wie die des Monomers von β-Galaktosidase« erforderlich ist;[72] selbst in ihrer qualitativen metaphorischen Version als zirkulierende Währung struktureller (immobiler) Spezifität diente Information dazu, Form zu »messen«. »Informationstragende RNA« wurde weiterhin unterschieden von der stabilen ribosomalen RNA-Fraktion, in der bald eine bloße Übersetzungsmaschine gesehen werden sollte, bzw. der »Lesekopf« für das »Magnetband« des genetischen »Programms«.[73]

Der internationale Wettlauf zur Isolierung und Charakterisierung der Messenger-RNA, eine knifflige technische Herausforderung für Spitzenlaboratorien und führende Fachleute der Molekulargenetik, dauerte etwas mehr als ein Jahr. Es war ein großartiger Balanceakt zwischen Konkurrenz und Kooperation, zwischen lokalen wissenschaftlichen Kulturen und internationalen Netzwerken, zwischen biochemischer Virtuosität und technischem genetischem Geschick. Es schien, als »erinnerte« sich über Nacht plötzlich wieder jeder an die merkwürdigen Funde von Eliott Volkin und L. Astrachan aus der Biologieabteilung des *Oak Ridge National Laboratory*. In der Folge von Alfred Hersheys »vernachlässigter« Beobachtung von 1952, daß in (T2) phage-infizierten Bakterien RNA in einer schnellen Rate synthetisiert wurde, hatten die beiden Forscher schon 1956 über die Basenzusammensetzung der »schnellen« RNA berichtet und gezeigt, daß sie von der bakteriellen RNA verschieden und der Phagen-DNA ähnlich war.[74] Ihre Arbeiten waren zwar weit in Umlauf, doch sie ließen sich nicht so einfach in eines der bekannten RNA-Modelle integrieren (Jeener machte 1957 von ihnen Gebrauch). Es dauerte bis zum Spätsommer 1959, bevor die physische Form von »Volkins RNA«, wie sie manchmal genannt wurde, zum Gegenstand der Analyse wurde. Als Sol Spiegelman und seine Mitarbeiter an der University of Illinois sie mit den beiden bisher bekannten RNA-Arten (lösliche und ribosomale RNA) verglichen, bemerkten sie, daß keine Phagen-RNA in die stabilen Bakterienribosomen eingeschlossen wurde (die frei in niedriger Magnesiumkonzentration existierten), ein Fund, der gleichzeitig in Watsons Laboratorium erhärtet wurde.[75]

Das Bild der Phagenproteinsynthese gewann langsam schärfere Konturen. Die Synthese schien auf genetisch nicht spezifischen (bakteriellen) Ribosomen stattzufinden, an die sich die »informationelle RNA« heftete. Allerdings stand die Isolierung und Charakterisierung dieses Boten noch aus (»Volkins RNA«). Um dieses technische Kunststück zu vollbringen, planten Jacob und Brenner, den gesamten Monat Juni 1960 am Biologiefachbereich des Caltech zu verbringen und mit ihrem Freund Matthew Meselson zusammenzuarbeiten. Dessen jüngste Untersuchungen von Bakterienribosomen und die von ihm entwickelte Präzisionstechnik – eine Kombination schwerer radioaktiver Markierungen mit Zentrifugationsmethoden (Dichtegradienten-Gleichgewicht) – waren wichtig für ihre geplanten Experimente. »Mit diesem Brief will ich Dir über die aufregenden Entwicklungen hier berichten und ebenso das Experiment diskutieren, das wir in Pasadena durchführen wollen. Ich weiß nicht, ob Du von der neueren Monod-Jacob-Arbeit Kenntnis hast, ich will hier nur die wichtigsten Merkmale anführen«, schrieb Brenner Anfang Mai 1960 an Meselson. Nachdem er in großen Zügen nachgezeichnet hatte, was zur Gleichsetzung der Messenger-RNA mit »Volkins RNA« geführt hatte, schlug er einige Experimente vor. Bei dem einen sollte die Proteinsequenz des Phagenkopfs bestimmt werden, um sie mit der RNA zu korrelieren und so den Code zu entschlüsseln; dieses Experiment wurde bereits in Cambridge durchgeführt, berichtete er. Das zweite sollte in Pasadena realisiert werden. »Es würde uns helfen, wenn Du all die Dichtemarkierungen verfügbar hast, die wir möglicherweise brauchen, schwere Basen, schwere Aminosäuren usw. Du weißt genau, was wir brauchen«, fügte Brenner hinzu.[76]

Ausgehend vom Argument, daß alle Messenger-RNA des Phagen (T_2) an die »alten« Bakterienribosomen (die vor der Phageninfektion schon vorhanden waren) geheftet sein sollte, machten die drei sich daran, in dem vorgesehenen Monat in Pasadena ihren Beweis anzutreten. Jacob erinnerte sich: »Die Versuche, die wir vor uns hatten, waren sehr lang und schwierig. Ein Teil davon spielte sich in Weiglés Labor ab [Jean Weiglé, ein Schweizer Physiker, der sich zum Biologen gewandelt hatte]. Ein anderer im Soutterain, wo die Zentrifugen und die [Geiger-]Zähler standen. Während die Zentrifuge sich drehte und sich der Dichtegradient bildete, wurde uns die Zeit unendlich lang.« Meselson, besessen vom Kalten Krieg und vom Bedürfnis, bessere Beziehungen zur Sowjetunion herzustellen, konnte sich stundenlang über Strategie, Taktik, Atomwaffen, die Rand Corporation, Erstschläge, Vergeltungsschläge und das Weltende auslassen. Als erstes infizierten sie schwer markierte Bakterien (die in einem Nährmedium vermehrt worden waren, das ^{13}C und ^{15}N enthielt) in einem leichten (^{12}C und ^{14}N) Medium mit Phagen, dann zentrifugierten sie die Probe, sammelten die unterschiedlich sedimentierten RNA-Fraktionen und suchten nach den leichten radioaktiven Peaks. Nach wiederholten Fehlschlägen (die auf die falsche Magnesiumkonzentration zurückzuführen waren) bestätigte die CsCl-Gleichgewichtszentrifugation elegant ihr Argument – buchstäblich im letzten Moment, am Tag, bevor Brenner und Jacob wieder nach Europa abreisen wollten. Tatsächlich befand sich das meiste der markierten Messenger-RNA in der Fraktion mit den bereits vorhandenen Ribosomen; kurz darauf zeigte Brenner noch, daß das neu entstehende Virenprotein ebenfalls an das alte Ribosom gebunden war.[77]

»Für mich war es mühseliger!« erinnerte sich Gros. Als Jacob und Brenner zum Caltech abgereist waren, machte er sich zu Watsons Laboratorium in Harvard auf. »Wir waren ebenfalls davon überzeugt, daß ähnliche Messenger-RNA in nicht infizierten Bakterien gefunden werden konnte. Ihr Nachweis warf allerdings größere Probleme auf, da gleichzeitig ribosomale und lösliche RNA synthetisiert wurde«, berichtete Watson in seiner Nobelpreisrede im Jahr 1962. Unter Verwendung von Gros' »Pulsmarkierungs«-Technik wollten sie in Zellen, die kurz einem radioaktiven RNA-Prekursor ausgesetzt worden waren, nach markierten Messenger-Molekülen Ausschau halten. Wenn nicht infizierte Zellen sich wie infizierte verhielten, überlegten sie, dann mußte während eines kurzen Zeitintervalls die meiste RNA-Synthese in Messenger-RNA bestehen, die sich, kaum war sie hergestellt, auch schon wieder auflösen würde, ohne daß es eine signifikante Akkumulation gab. »Die Hitze war erstickend, der Reagenzglasbestand des Labors gleich Null, die Radioaktivitätszähler alt, riesig und geräuschvoll; oft zogen sich die Versuche bis spät in die Nacht hin«, erinnerte sich Gros. Doch ihre Hypothese wurde bestätigt. Die markierte RNA war großenteils an die Ribosomen geheftet, und die Analyse der Basenverhältnisse ergab, daß die RNA-Matrizen der bakteriellen DNA-Matrize entsprachen, eine Beobachtung, die sogleich in anderen Laboratorien ausgearbeitet wurde, vor allem von Spiegelmans Gruppe.[78]

Jacob und Brenner trafen sich mehrmals und standen in ständigem Kontakt, als sie in den folgenden Monaten ihre Arbeit fertigstellten und ihr den letzten Schliff gaben. Anfang September mahnte Jacob Brenner zur Eile:

Ich fürchte, die ganze Geschichte wird sehr viel schwächer sein, wenn wir (ich sollte sagen wenn Du) nicht beweisen können, daß die Phagenproteine tatsächlich auf alten Ribosomen hergestellt werden... Wie Du wahrscheinlich gehört hast, haben François Gros und Jim inzwischen die Messenger-RNA durch zwei Methoden gefunden [32P und 14P Pulsmarkierung] ... Offenbar arbeiten inzwischen sämtliche US-Biochemiker daran. Daher wäre es gut, unsere Veröffentlichungen nicht zu weit hinauszuzögern.[79]

Während er weiterhin versuchte, Nonsense-Mutanten zu isolieren, intensivierte Jacob nun seine Erforschung des genetischen Codes. Er tat sich außerdem mit Gros zusammen, um die Beziehung zwischen der Messenger-RNA und dem Repressor zu untersuchen. Mit dem »genetischen Transkript« in Händen wurde ein Messenger-Übersetzungssystem von Gros' Frau Françoise angefertigt. Sie arbeitete in jenem Sommer 1960 mit Alfred Tissières in Harvard daran, ein zellfreies invitro-System für die Synthese von β-Galaktosidase zu entwickeln. Mit François Gros als Mitarbeiter befanden sich Jacob und Brenner allerdings in einer delikaten Situation, denn die Forschung am Messenger wurde vor allem in einem konkurrierenden Laboratorium durchgeführt. Mitte Februar 1961 vollendeten beide Laboratorien die schriftliche Ausarbeitung ihrer Experimente (mit detailliertem kritischen Beitrag von Meselson); beide Artikel wurden bei *Nature* eingereicht und sollten zusammen in der gleichen Ausgabe erscheinen. »Dies ist bei weitem die beste Lösung, und wir hätten es schon früher so halten sollen«, informierte Jacob Brenner.[80]

Beide Artikel erschienen im Mai 1961 in *Nature*: Brenner et al. berichteten über »An Unstable Intermediate Carrying Information from Genes to Ribosomes for Protein Synthesis« bei phage-infizierten Bakterien; Gros et al. analysierten die »Unstable Ribonucleic Acid Revealed by Pulse Labeling of Escherichia Coli« bei nicht infizierten Zellen. Und beide Artikel interpretierten ihre Funde im Begriffsrahmen eines Informationsübertragungssystems und bezeichneten den Boten als »Informationsübermittler«, um ihn von nicht-informationeller RNA, insbesondere den Ribosomen, zu unterscheiden. Das im Zentralen Dogma verkündete und im Operon-Modell ausgearbeitete Modell der Informationsübertragung, die nur in einer Richtung verlief, wurde von Brenner et al. in ihrer Schlußfolgerung vervollständigt: »Auch wenn die Details der Informationsübertragung durch den Messenger nicht klar sind, zeigen die Experimente mit phageinfizierten Zellen unzweideutig, daß die Information für die Proteinsynthese nicht in der chemischen Sequenz der ribosomalen RNA encodiert sein kann. Ribosomen sind nicht-spezialisierte Strukturen, sie synthetisieren zu gegebener Zeit das Protein, wie es ihnen vom Messenger diktiert wird, den sie gerade aufnehmen.«[81] Gros et al. bestätigten: »Unsere Arbeitshypothese lautet, daß kein grundsätzlicher Unterschied zwischen der Proteinsynthese in phageinfizierten und nicht infizierten Bakterien besteht. In beiden Fällen überträgt die typische ribosomale RNA keine genetische Information, sondern hat eine andere Funktion, vielleicht die, eine stabile Oberfläche bereitzustellen, auf die Transfer-RNAs ihre spezifischen Aminosäuren zur Messenger-RNA-Matrize bringen können.« Weitere interessante Beweise kamen aus unerwarteter Quelle: Martynas Yčas hatte die Funktion der RNA in Hefe untersucht und dabei eine ähnliche RNA-Art identifiziert, was Brenner als wichtigen Beleg für die Universalität des Codes ansah.[82]

Das vormals der Spezifität von DNA und RNA vorbehaltene Privileg, Information zu enthalten, wurde nun nur noch zwei ausgewählten Typen von Nukleinsäuren verliehen: der DNA und der Messenger-RNA. Spiegelman, der seine Arbeit über Enzym- und RNA-Synthese schon seit mehr als zehn Jahren in kybernetischen Analogien, Computermodellen und Tropen der Informationsübertragung konzeptualisiert hatte, schlug eine nuanciertere, wenngleich verwirrende Unterscheidung vor. In seinem Versuch, die »Beziehung von informationeller RNA zur DNA« aufzuklären, lieferte er einen terminologischen Leitfaden. Für die Begriffe »komplementär« und »Information« gab es »wohldefinierte operationale Definitionen«, insistierte er:

Ein gegebenes RNA-Molekül wird als in die informationelle Klasse fallend definiert, wenn sein Basenverhältnis homolog und seine Sequenz komplementär ist zu einem spezifischen DNA-Molekül... Jede »komplementäre« RNA ist in zumindest einem Sinne »informationell«. Selbst wenn sie die komplementäre Kopie einer unsinnigen DNA-Sequenz sein sollte, so enthält sie immer noch die notwendige Information, um die Reihenfolge der Basen zu spezifizieren... Es sollte betont werden, daß das Wort »informationell« nicht als Ersatz für den Ausdruck »Messenger« vorgeschlagen wird, wie er in den eleganten Experimenten und Theorien von Jacob und Monod (1961) eingeführt worden ist. Es scheint, daß beide Ausdrücke nützlich sein können. Dementsprechend bildet eine gegebene Messenger-RNA das strukturelle *Programm*, um ein bestimmtes Protein zu synthetisieren. Sie muß also offensichtlich informationell sein. Doch nicht alle informationelle RNA muß zwangsläufig eine Messenger-Funktion erfüllen. Es ist vorstellbar, wie es tatsächlich in der Operon-Theorie von Jacob und Monod (1961) impliziert ist, daß informationelle RNA-Moleküle gefunden werden, die eine regulatorische und nicht programmierende Funktion ausüben. [Hervorhebungen hinzugefügt][83]

Als nichtkörperliche Qualität, die der Intelligenz des programmierten Systems inhärent war, diente biologische Information dazu, die ausgehend vom Gen transkribierte RNA von roher Materie abzugrenzen.

Nachdem ihre Messenger-Arbeit vollendet und schriftlich niedergelegt war, begann Jacob, neue Strategien einzusetzen, um den Code zu entschlüsseln. Tatsächlich revolutionierte die Existenz der Messenger-RNA vollständig den »Decodierungs«-Ansatz. Anstelle der indirekten Black-Box-Methode, bei der eine Entsprechung zwischen Nukleotiden und Aminosäuren hergestellt wurde (einschließlich der mühseligen Aminosäure-Substitutionsmethode beim TMV), konnte nun eine direkte biochemische Herangehensweise versucht werden: der Messenger, als DNA-Transkript, konnte im zellfreien E. coli-System für eine direkte Übersetzung in Proteine benutzt werden; er konnte den Schlüssel zum Code liefern. Aufregung lag in der Luft. Gerade hatte man am MIT und am Pasteur-Institut mit einem neuen experimentellen Ansatz zur Decodierung angefangen, bei dem Gen-Transfers zwischen E. coli und Serratia-Bakterien (ein am Institut Pasteur gut erforschter Mikroorganismus) vorgenommen werden sollten. Vorbereitende Versuche durch beide Forschergruppen legten nahe, daß die E. coli-Gene in Serratia korrekt transkribiert wurden. Dies schien darauf hinzudeuten, daß der 20prozentige Unterschied im Basenverhältnis G+C/A+T zwischen den beiden Bakteriengattungen nicht auf unterschiedliche Codes zurückzuführen war. Wie immer der Code genau aussehen mochte, dieses Beweisstück legte nahe, daß er universell war. Jacob berichtete im März 1961 an Brenner:

Schon seit ein paar Monaten habe ich die Nase voll vom Messenger. Mich interessiert jetzt am meisten zu zeigen, daß es tatsächlich die Synthese des Messenger ist, die durch Induktoren und Repressoren an- oder abgeschaltet wird... Bei der anderen Methode, die wir verwenden wollen, arbeiten wir mit Serratia-Stämmen, und wir hoffen, zwischen coli- und Serratia-Messengern Unterschiede feststellen zu können. Das Serratia-System könnte sich als sehr interessant erweisen.

Die genetischen Mechanismen des interbakteriellen Transfers »dürften einen degenerierten Binärcode nahelegen«, dachte er, und unterstützte damit Sinsheimers informationseffizienten Zwei-Buchstaben-Code.[84] Bald darauf waren Jacob und Brenner dann schon dabei, ihre Reisepläne für das Cold Spring Harbor Sommersymposion zu koordinieren, bei dem die Pasteur-Beiträge im Mittelpunkt des Interesses stehen sollten.

Das Symposion »Cellular Regulatory Mechanisms« (gesponsert von NIH, U.S. Public Health Service, National Science Foundation, Rockefeller-Stiftung, AEC, U.S. Air Force und überwacht vom *Air Force Office of Scientific Research of the Air Research and Development Command*) war mit seinen nahezu zweihundert Teilnehmern und vierzig Referenten ein denkwürdiges Ereignis. Es bedeutete einen Meilenstein in der Geschichte der Molekularbiologie, denn hier wurde die phänomenologische Dreieinigkeit der Proteinsynthese als skripturale Operation sanktioniert: DNA-Replikation, RNA-Transkription und Protein-Translation. Die Eröffnungsansprache durch den Mikrobiologen Bernard Davis aus Harvard mit dem Titel »The Teleonomic Significance of Biosynthetic Control Mechanisms« ließ keinen Zweifel daran, daß die Zellmaschinerie eine neue Form gefunden hatte: die eines kybernetischen Kommunikationssystems. Davis begann seine Einführung mit folgenden Worten:

Doch jetzt, wo viele Pfade der Biosynthese mehr oder weniger vollständig bekannt sind, ist es nicht nur möglich geworden, Umsetzungsraten zu beschreiben, sondern ihre Kontrollmechanismen detailliert zu untersuchen. Und wie es sich in der weitverbreiteten Verwendung des Ausdrucks »Rückkopplung« widerspiegelt, wurden solche Untersuchungen zellulärer Regulationsmechanismen in gewissem Umfang von Begriffen beeinflußt, die in der Nachrichtentechnik entwickelt worden sind.

Er ging dann über zu einer meisterhaften Erörterung der Themen, die in den nächsten Tagen behandelt werden sollten.[85] Neuigkeiten von der Decodierungsfront wurden vorgestellt in der Sektion über die »Rolle der DNA bei der Proteinsynthese«. Es gab zwei kleine Sektionen zur »Kontrolle der Nukleinsäuresynthese« und zur »Rolle der DNA bei der RNA-Synthese«, in denen Spiegelman seine neuen Funde zur »informationellen RNA« vorstellte. Brenner und Gros verkündeten die Geburt des Messenger in der Sektion über die »Rolle der RNA bei der Proteinsynthese«. In der riesigen Sektion über die »Regulation der Enzymsynthese« wurden die jüngsten Funde über Repression und De-Repression vorgeführt, mit Jacobs und Monods Beitrag als Mittelstück, gefolgt von den Sitzungen »Kontrolle der Enzymaktivität: Konkurrenz zwischen Enzymen«, »Kontrolle der Enzymaktivität: Feedback-Kontrolle« und »Kontrolle der Enzymbildung und -aktivität in tierischen Systemen«. Jacob und Monod präsentierten das große Finale des Symposions unter dem Titel: »Teleonomische Mechanismen bei Zellstoffwechsel, Zellwachstum und Zelldifferenzierung«.

Daß weder sie noch Bernard Davis sich die Mühe machten, den Begriff der Teleonomie zu definieren oder zu erklären – der von einem genetischen Programm determinierte zielgerichtete Prozeß der Ontogenese –, legt nahe, daß der Teleonomiebegriff in der wissenschaftlichen Gemeinschaft bereits angenommen war. Monods und Jacobs nachfolgende Darstellungen waren anschaulicher, sie zeigten die »Zelle als eine Gesellschaft von Makromolekülen, verbunden durch ein komplexes System von Kommunikationen, das sowohl ihre Synthese als auch ihre Aktivität reguliert«; die grundlegenden Regulationselemente des Systems waren »wie Grundelemente der Elektronik, [die] sich zu einer Vielzahl von Schaltkreisen organisieren lassen, welche eine Vielzahl von Zwecken erfüllen« – alles in allem ein fein abgestimmtes System von Information und Kontrolle.[86] Auch wenn diese Darstellungen des Lebens als Kommunikation nur durch wenige Jahrzehnte von den Organisationsmetaphern eines Paul Weiss, Walter Cannon und selbst des jungen Monod getrennt waren, gehörten sie zu einem neuen Weltbild, zu einer Nachkriegs-Technokultur, die durch den Informationsdiskurs und das aufkommende Computerzeitalter geprägt war.

Im Hinblick auf die vorherrschende Forschung an Mikroorganismen und umfassendere biologische Fragestellungen formulierten Monod und Jacob »eine ständig wiederkehrende Frage«:

In welchem Umfang sind die Mechanismen, die bei Bakterien entdeckt werden, auch in den Geweben höherer Organismen wirksam? Welche Funktionen könnten solche Mechanismen in diesem anderen Kontext erfüllen? Und lassen sich die neuen Begriffe und experimentellen Ansätze, die sich vom Studium der Mikroorganismen herleiten, auf die Analyse und Interpretation komplexerer Kontrollen übertragen, wie sie sich in der Funktionsweise und Differenzierung von Gewebezellen finden?

Nach einem Rundblick über die verschiedenen experimentellen Stränge und einer markigen theoretischen Verallgemeinerung von teleonomischen Zellmechanismen kamen sie wieder auf diese Fragestellung zurück. Die Antwort hing ab von der Natur des genetischen Codes, der die Informationsübertragung von der DNA zu den Systemen der Enzymsynthese steuerte. Von einer Einheit zellulärer Mechanismen quer durch verschiedene Spezies könnte man ausgehen, wenn sich zeigen ließe, daß der Code universell war, argumentierten sie.[87]

Dann gingen sie dazu über, die allerneuesten Fortschritte im Decodierungswettrennen zu umreißen; sie zitierten Kolinearität, chemische Mutagenese, reverse Mutationen und »direkten chemischen Eingriff, wozu die Bestimmung partieller Sequenzen sowohl in einem Protein als auch in der entsprechenden Messenger-RNA gehört, [die] vielleicht möglich wird – vorausgesetzt, die mRNA-Theorie ist korrekt –, sobald und sofern Methoden zur Isolierung einer spezifischen Botschaft bereitstehen«. Sowohl im Bereich der Feinabstimmung zellfreier Translationssysteme für die Messenger-RNA als auch in den kniffligen Analysen der Phagen-Rekombination bewegte sich die Arbeit am Code zwar sehr langsam, doch sicher vorwärts. Dann wagten sie sich zu jenem berüchtigten »Axiom« vor, das seither zum Emblem für das molekularbiologische Monopol auf das »Geheimnis des Lebens« geworden ist: »Sollte sich herausstellen, daß die Codes bei Serratia und Escherichia und vielleicht einigen weiteren Bakteriengattungen dieselben sind [womit sie sich auf die jüngste Arbeit am MIT und am Pasteur-Institut bezogen], dann werden die Mikrobengenetiker davon überzeugt sein, daß der Code in der Tat universell ist, entsprechend dem wohlbekannten Axiom, daß etwas, das sich von E. coli als wahr erweist, auch von Elefanten als wahr gelten muß.«[88] Der gewöhnlich übersprudelnde Gordon N. Tomkins von den NIH stand die Präsentation in betretenem Schweigen durch. Gerade vor drei Wochen hatten Marshall Nirenberg und Heinrich Matthaei in seiner Abteilung »den Code geknackt«. Da Nirenberg kein Mitglied des inneren Zirkels war, der sich in Cold Spring Harbor versammelte, hatte man seine Teilnahme abgelehnt. Allerdings sollte sich die Nachricht bald – nämlich nach Nirenbergs Präsentation seiner Funde beim fünften internationalen Kongreß für Biochemie im August 1961 in Moskau – wie ein Lauffeuer verbreiten, womit der Übergang in die zweite, hauptsächlich biochemische Phase der genetischen Decodierung eingeleitet wurde.

6 Informationsmaterie: die Schreibung genetischer Codes nach 1960

Auf der Suche nach genetischer Information in Proteinsynthese-Systemen

Als Marshall W. Nirenberg im Sommer 1957 als Postdoktorand und Stipendiat der *American Cancer Society* an die *National Institutes of Health* (NIH) in Bethesda kam (der wichtigsten medizinischen Forschungseinrichtung des *Public Health Service*, PHS), entwickelten sich diese gerade zu einem Hauptakteur in den biomedizinischen Wissenschaften. Seit der Reorganisation und Erweiterung des PHS – eingeleitet durch den *Public Health Service Act* von 1944 – hatten sich dessen finanzielle Mittel am Ende der Eisenhower-Administration auf bis zu 840 Millionen Dollar vervierfacht. In den verschiedenen Aufgabenstellungen des PHS spiegelten sich Veränderungen des politischen Klimas, angefangen beim sozialen Aktivismus des New Deal und dem Pragmatismus der Kriegszeit bis hin zum politischen Konservativismus der McCarthy-Ära und dem Koreakrieg. Die staatliche Krankenversicherung, eine frühere Aufgabe des PHS, gab es nicht mehr, teilweise weil die *American Medical Association* (AMA) ihre Kampagne gegen die »Vergesellschaftung der Medizin« verstärkte und der McCarthyismus den PHS mit Loyalitätsüberprüfungen, Entlassungen und der Blockierung von Fördergeldern überzog. In dieser politischen Umgebung verschob sich der Schwerpunkt von der medizinischen Versorgung zur politisch neutraleren medizinischen Forschung. Als Eisenhower 1953 die *Federal Security Agency* in den Status eines Ministeriums (*Department of Health, Education, and Welfare*, HEW, erhob), wurde der PHS Teil des neuen Ministeriums und seine Forschung gedieh in den expandierenden neuen Instituten der NIH.[1]

Als wichtigster Schirmherr der biomedizinischen Forschung verdrängten die NIH zunehmend die vorherrschende militärische Förderung. Von der Gesamtsumme der 2.744,7 Millionen Dollar Regierungsgelder für wissenschaftliche Forschung und Entwicklung kamen 1955 2.084,2 Millionen Dollar vom Verteidigungsministerium und 372,9 Millionen Dollar von der Atomenergiekommission (AEC), während das

HEW (einschließlich der NIH) seine Wissenschaft mit einem Budget von 70,9 Millionen Dollar bestreiten mußte, und die *National Science Foundation* (NSF) mit nur 10,3 Millionen Dollar. 1955 kamen annähernd 45 Prozent der Regierungsgelder für die biomedizinischen Wissenschaften vom Verteidigungsministerium und der Atomenergiekommission (zu Beginn des Jahrzehnts waren es noch 60 Prozent gewesen). Und obwohl sich 1957 die direkte militärische Förderung für die Biomedizin bei 19 Prozent einpendelte, hatte für die NIH eine Periode beispiellosen Wachstums begonnen, angetrieben durch die verstärkte Förderung für Wissenschaft und Technologie aus dem Weltraumprogramm. Diese wurde im Rahmen der traumatisierten Reaktion auf den Start des sowjetischen *Sputnik I* am 4. Oktober 1957 ausgeweitet. Von 1957 bis 1963 wuchs das NIH-Budget jährlich durchschnittlich um 40 Prozent; die bereitgestellten Mittel betrugen 98 Millionen Dollar im Jahr 1956 und 930 Millionen Dollar im Jahr 1963, mit einer Verzwölffachung der Mittel für externe Forschung. Aus einer Handvoll NIH-Gebäuden in den vierziger Jahren waren zu Beginn der sechziger Jahre fünfzig Gebäude geworden, in denen 13.000 Mitarbeiter tätig waren.[2]

In den fünfziger Jahren nahm die Biochemie in den NIH eine privilegierte Stellung ein, vor allem die Proteinforschung, die Enzymologie und Forschungen über Nukleinsäurestoffwechsel und -synthese; zunehmend wurden junge Talente gefördert, wie Arthur Kornberg, Alexander Rich, Bruce Ames, Maxine Singer, Marshall Nirenberg und Philip Leder. In mehreren Zeugnissen erscheinen die NIH als Schmelztiegel der Biowissenschaften in der Nachkriegszeit; hier nahmen zahlreiche brillante Karrieren in der Molekularbiologie ihren Anfang. Lewis Thomas formulierte es folgendermaßen: »Ganz für sich allein steht diese wunderbare Institution weltweit als die brillanteste soziale Erfindung des zwanzigsten Jahrhunderts da.« Der Nobelpreisträger Kornberg meinte, »mehr als jede Universität ist NIH meine Alma mater«. Wie andere NIH-Ehemalige pries auch er die »nicht eingeengte Atmosphäre gut ausgerüsteter, gut verwalteter Laboratorien, [in denen] junge Doktoranden in die professionelle Wissenschaft eingeführt wurden«. Viele blieben in den NIH, doch mehr als 25000 Forscher gingen von hier aus in führende Positionen in der Grundlagen- und klinischen Biomedizinforschung, auch außerhalb der Vereinigten Staaten. Nirenberg gehörte zu denen, die blieben, trotz der zahlreichen Angebote, die er von führenden Institutionen erhalten sollte.[3]

Ähnlich wie die Pilger ans Pasteur-Institut, ans Caltech oder nach Cambridge und vielleicht auch als Reaktion auf deren Vergötterung, umgaben auch die NIH-Biochemiker ihre eigene wissenschaftliche Organisation und ihre Helden mit einem regelrechten Kult. Gleich um die Ecke von Nirenbergs Labor leistete Leon Heppel Pionierarbeit bei neuen Ansätzen zur Polynukleotidsynthese. Sein Vergnügen an der Forschung wurde nur durch seine anhaltende Begeisterung für das Leben selbst übertroffen. Der Biochemiker Robert G. Martin, Heppels Schüler, der auch an der Codearbeit beteiligt war, erinnert sich:

Leon gab jeweils den Ton für das Labor an: achtsam, akribisch, kindisch oder verrückt, aber stets kalkuliert. Er war seit 1942 an den NIH und hatte viel dafür getan, Struktur und Stoffwechsel der Nukleinsäuren aufzuklären – eine Arbeit, die grundlegend war für Arthur Kornbergs Entdeckung eines DNA synthetisierenden Enzyms [DNA-Polymerase]. Es war bezeichnend für ihn, daß er in einem Kühlschrank alle Polynukleotide aufbewahrte, die von ihm über die Jahre synthetisiert worden waren [sie sollten »den Code brechen«] – und daß er es nie versäumte, diesen Kühlschrank täglich zu inspizieren.[4]

Die Laboratorien von Heppel an den NIH und von Severo Ochoa an der New York University, der auf Einladung mit den NIH zusammenarbeitete, wurden in den späten fünfziger Jahren zu wichtigen Zentren für Polynukleotidsynthese. Einflußreich war auch der Biochemiker Gordon Tomkins. Eigentlich »war Gordon ein Mediziner, kein Biochemiker, doch er lernte schnell«, erinnerte sich Nirenberg. Nachdem Tomkins als Abteilungschef in Heppels Laboratorium gearbeitet hatte (als Nachfolger von Herman Kalckar), wurde er zum Laborchef im Arthritis-Institut ernannt, kurz vor Nirenbergs Ankunft an den NIH. »Tomkins war etwas Besonderes«, hatte eine weitgefächerte Ausbildung, war wissenschaftlich vielseitig, ein fähiger Jazzmusiker und ein Intellektueller, dessen Enthusiasmus ansteckend wirkte. Es war wie bei Max Delbrücks Phagenkult: »Eine ganze Generation von Wissenschaftlern hat seine [Tomkins'] Redeweisen und Manierismen übernommen.«[5]

Wie die meisten Biochemiker hegten auch die Forscher an den NIH Mißtrauen gegenüber den schnellen Tricks der Molekularbiologen, ihrem Glamour und ihren Hohenpriestern Jacques Monod, François Jacob, Francis Crick, James Watson und Sydney Brenner. »Nicht, daß mit den Techniken der Molekularbiologie als solchen irgend etwas nicht stimmt. Nur war es so, daß diese impulsive und kreative neue Brut von Wissenschaftlern auf der Grundlage von unzulänglichen Daten oft daneben traf.«⁶ Auch die NIH-Biochemiker hatten etwas zu nörgeln, ihre Kritik erinnerte an Erwin Chargaffs Groll gegen Watson und Crick, an Seymour Cohens Ressentiment gegenüber der Phagengruppe oder an Arthur Pardees Bitterkeit gegenüber Monod. Man erinnerte sich beispielsweise noch an Monods Besuch in den NIH im Jahr 1958, wo ihm Bruce Ames, der gerade die Histidin-Biosynthese als Aktivierung (De-Repression) koordinierter Gene begriffen hatte, seine Gedanken erklärte und damit die Operon-Theorie vorwegnahm bzw. inspirierte. Manche erinnerten sich auch daran, wie Monod stets vehement darauf beharrte, seine Funde auf alle enzymatischen und bakteriellen Systeme zu verallgemeinern, oder an sein schroffes Zurückweisen Andersdenkender, die nicht mit dem Dogma des negativen Feedbacks einverstanden waren und nicht zum innersten Zirkel gehörten, sondern deren Arbeit nur auf soliden Beweisen beruhte. Martin deutete sogar an, daß die bemerkenswerten Leistungen der Pasteur-Gruppe in großem Umfang auf jungen amerikanischen Talenten basierten. »Mit allem gehörigen Respekt für das französische Wissenschaftsmilieu«, schrieb er, »es ist schwer, sich einen Mißerfolg vorzustellen, wenn man auf Talente wie Ames, Beckwith, Cohen, Hogness, Pardee, Miller, Stent, Tomkins, Yarmolinsky und viele andere zurückgreifen kann.«⁷ Er hatte eben seine eigenen Ansichten über die französischen Ursprünge der Molekularbiologie.

Besser allerdings lassen sich diese lokalen und globalen Spannungen zwischen Molekularbiologie und Biochemie begreifen, wenn man darin den Niederschlag der lang anhaltenden Entfremdung der Biochemie von der klassischen und molekularen Genetik sieht; diese neueren Forschungsfelder teilten im allgemeinen weder die medizinische Herkunft der Biochemie noch ihre disziplinäre und materiale Kultur und ihre diskursiven Praktiken. Denn wie beim Rockefeller Institut, das als Inspiration und Vorbild für die NIH diente, umfaßten die biomedizinischen Wissenschaften hier keine genetische Forschung – weder *Drosophila*-Studien noch Mikrobengenetik, noch Phagenforschung wurden in den NIH betrieben. Wie Martin zugestand, »hatten die klassischen Biochemiker ein eingewurzeltes Mißtrauen gegenüber Daten, die in den Augen der Genetiker zwingend waren. Sie konnten nicht so ohne weiteres Beweisführungen akzeptieren, die mit den Abstraktionen der Mikrobengenetik verbunden waren.« Um so bemerkenswerter war es, daß zwei der denkwürdigsten Kurse an der NIH-»Abendschule« (einer »Weiterbildung« von und für NIH-Forscher) sich mit Genetik befaßt hatten: der Kurs von Robert DeMars über Phagengenetik und der von Bruce Ames über biochemische Genetik. DeMars' Phagenkurs beeindruckte Nirenberg tief. Er fing danach an, auf neue Weise über die Zellregulation nachzudenken und wurde mit genetischen Denkweisen und mit den Experimentierverfahren für Enzymsysteme vertraut. Auch kam er durch DeMars' Kurs dazu, das Gen-Material als Informationsmaterie zu denken, womit er einem Trend folgte, der in den späten fünfziger Jahren unter Biochemikern zunehmend spürbar wurde.[8]

Genetische Sensibilität und das Denken in Informationsbegriffen stammten nicht aus Nirenbergs akademischer Ausbildung – er hatte an der University of Florida zoologische Studien betrieben und seine Magisterarbeit über die Ökologie von Köcherfliegen geschrieben. Während seines Aufbaustudiums in Biochemie an der University of Michigan arbeitete er über das Permeaseenzym, das den Zucker Hexose in Aszitestumorzellen transportiert, und war so mitten in der Stoffwechselbiochemie der Krebsforschung plaziert, weit entfernt von aller molekularen Genetik. Diese Orientierung an einer traditionellen Disziplin vertiefte er weiter, als er sich für eine Postdoktoranden-Ausbildung in den NIH unter DeWitt Stetten, Jr., dem Leiter des *National Institute of Arthritis and Metabolic Diseases,* und dem Biochemiker William Jakoby entschied; er erweiterte diese traditionelle Ausrichtung noch mit einem nachfolgenden PHS-Forschungsstipendium.[9]

Seine gemeinsam mit Jakoby zwischen 1959 und 1960 verfaßten Artikel waren akribische Beispiele klassischer Enzymologie, aus denen, wie es bei veröffentlichten Arbeiten üblich ist, alle persönlichen Spekulationen und gedanklichen Umwege getilgt waren. Im Kontrast zu den Veröffentlichungen offenbarten seine Beschäftigungen »hinter den Kulissen« eine gewisse Faszination für die Funktion der genetischen Kontrolle und enthielten Überlegungen zum »Informationsfluß« in biochemischen Reaktionen und Zellfunktionen. Seine Arbeitsjournale sind voller Analysen, die an die molekulare Genetik denken lassen. Eine flüchtige Ahnung davon gewinnt man in Nirenbergs kurzer, aber bemerkenswerter Mitteilung »The Induction of Two Similar Enzymes by One Inducer: A Test Case for Shared Genetic Information«, in der er, ähnlich wie Monods Gruppe, die Enzymsysteme in einem neuen Licht darstellt und sie im Informationsdiskurs und der techno-epistemischen Denkweise über genetische Regulation formuliert. Auch wenn Nirenberg sich seiner Verwendung des »Informations«-Idioms nicht sonderlich bewußt war (nur daß sie im Trend lag, war ihm klar) – gibt es keine unschuldigen Bezeichnungen, wie Hans-Jörg Rheinberger gezeigt hat, vielmehr zählen die jeweils gewählten. Wie in anderen Fällen in der damaligen Biochemie (z. B. Heinz Fraenkel-Conrats Untersuchungen zum Tabakmosaikvirus, Severo Ochoas Erforschung von Enzymmechanismen und Paul Zamecniks Arbeit über die Transfer-RNA) fungierte Information als Derridasches *Supplement*, ein mitgeschleppter Begriff, der genetische Repräsentationen in Denk- und Handlungsweisen einschmuggelte und schließlich zu einer Rekonfiguration des gesamten Darstellungsraumes und Diskurses der Enzymregulation und Proteinsynthese führte.[10]

In einer biomedizinischen Kultur, die auf wissenschaftliche Teamarbeit Wert legte, arbeitete Nirenberg weitgehend allein, still und intensiv. In dem Porträt, das die *New York Times* anläßlich der Nobelpreisverleihung 1968 von ihm zeichnete, wurde Nirenberg als »Genie« beschrieben, »denn er macht eine Sache unübertrefflich gut, hat aber Schwierigkeiten mit dem Autofahren, und es soll vorgekommen sein, daß er über seine eigenen Füße stolperte ... Er arbeitet zwölf Stunden am Tag, sieben Tage in der Woche, und hat darüber hinaus kein Hobby.«[11] Oft wurde er als geradliniger und gründlicher Biochemiker wahrgenommen, ohne biologische Sensibilität und theoretische Einsichten; seine Leistungen wurden auf Rezeptwissen und Glück reduziert.

Doch aus seinen Arbeitsjournalen geht etwas anderes hervor. In detaillierten Einträgen – »Dinge, die zu lesen« und »die zu tun sind« – erscheint Nirenberg als äußerst zielbewußt und in alle Richtungen neugierig. Während der drei Jahre, die den sensationellen Experimenten vorausgingen, die »den Code brechen« sollten, machte er sich nahezu täglich Notizen; die Seiten sind gespickt mit anspornenden Ermahnungen, härter zu arbeiten, sich mehr Wissen anzueignen und schneller zu denken. Seine distanzierte Faszination für den »Code des Lebens« war Teil einer rastlosen Suche, die einigen der Schlüsselprobleme in der zellulären und molekularen Biologie galt.[12]

Gewiß, in seinen ersten Monaten an den NIH war seine begriffliche Herangehensweise an die enzymatische Aktivierung der Glykogen-Phosphorylase eine noch rein biochemische, doch Ende 1957 hatte er bereits damit begonnen, in seinen Arbeitsjournalen Fragen über die transformierende Rolle der DNA in Aszitestumorzellen aufzuwerfen. Neben seiner Beschäftigung mit der DNA findet sich hier ein Eintrag mit dem Titel »Bereiche, über die ich etwas lernen sollte«, in dem aufgeführt werden: Chemie des Gehirns (ein Feld, dem er sich unmittelbar nach der Lösung des Codeproblems zuwenden sollte), biochemische Genetik, biochemische Embryologie, Immunologie, Differenzierung, Entdifferenzierung und Gewebeerkennung. Der Tag hatte nicht genug Stunden, um auch nur einem Bruchteil dieser Interessen nachkommen zu können. Einige Zeilen weiter, unter der Überschrift »Gesamtphilosophie«, machte Nirenberg sich Sorgen über das Mißverhältnis zwischen Vision und Realität. Allein zu arbeiten, spürte er, verzögerte die Verwirklichung seines Potentials, die großen Fragen der Biologie anzugehen. Er überlegte:

Ich interessiere mich eher dafür, nach Problemen zu suchen – das Ausdenken von Fragen und experimentelle Herangehensweisen an Antworten –, als Forschungsergebnisse in großem Umfang auszustoßen. Würde am liebsten meine Zeit fast vollständig damit verbringen, *nichts zu produzieren*, keine publizierbare Arbeit zu tun. Wenn ein System funktioniert, überlaß es jemand anderem... Persönlicher Ehrgeiz sollte mir überhaupt nichts bedeuten. In Wirklichkeit – bedeutet er mir etwas, denn ich merke, daß ich *mehr* erledigen kann, wenn 1, 2 oder 3 Leute mit mir an einer Aufgabe zusammenarbeiten. Ich kann mein Potential nicht ausschöpfen, wenn ich allein arbeite.[13]

Im Herbst 1958, während er noch immer allein über Glykogen-Phosphorylase arbeitete, intensivierte sich seine Beschäftigung mit biochemischer und Phagengenetik, zweifellos beflügelt durch DeMars' und Ames' Anwesenheit. Seine Notizen vermitteln eine enge Vertrautheit mit der Beziehung zwischen Phagengenetik und induzierbaren Enzymen (noch bevor das PyJaMa-Experiment 1959 veröffentlicht wurde). Als großer Bewunderer der Arbeit am Pasteur-Institut hegte Nirenberg, neben anderen Karrierezielen, die Hoffnung, ein Jahr in Jacobs Laboratorium verbringen zu können.[14]

Sein Übergang von der Biochemie zur Molekularbiologie beschleunigte sich. Eine Notiz signalisiert den Wandel: »Besorg dir Chemical Basis of Heredity« (gemeint war *The Chemical Basis of Heredity*, das 1957 von William D. McElroy und Bentley Glass herausgegeben worden war). Laut Robert Martin hatte dieses Buch nahezu transzendente Qualitäten, es wurde in seinen Augen zum »Neuen Testament der zweiten Generation [von Molekularbiologen]«. Dieses Werk enthielt klassische Essays über zelluläre Einheiten der Vererbung von George Beadle, Seymour Benzer und David Nanney; über die Rolle der Nukleinsäuren bei der Proteinsynthese von Sol Spiegelman und Henry Vogel; über Viren und

Genetik von Roger Herriott, Fraenkel-Conrat, François Jacob und Elie Wollman; über die Struktur der Nukleinsäuren von Chargaff, Crick, Watson und Alexander Rich; über Nukleotidsynthese von Kornberg, Ochoa und Heppel, Seymour Cohen, Elliot Volkin und Lazarus Astrachan; über die DNA-Replikation und -Rekombination von Max Delbrück und Gunther Stent. Alle diese Wissenschaftler gehörten zur Vorhut in ihren jeweiligen Forschungsbereichen.[15] Wie bei Monod war Nirenbergs Affäre mit der genetischen Kontrolle der Enzyminduktion eng verbunden mit einem lebhaften Interesse für Embryologie und Entwicklung sowie mit Ideen für Experimente über Befruchtung, Geschlechtsentwicklung und Differenzierung bei verschiedenen Modellorganismen, von Seeigeln über Schleimpilze bis hin zu Fröschen. Dennoch gab Nirenberg bereitwillig zu, daß er sich bei seiner Suche nach einem interessanten Problem »anscheinend heftig im Kreise drehte«.[16] Gegen Ende 1958 spekulierte er, von Jacobs Arbeiten inspiriert, daß aus der (Bakteriophagen-)Zygotentechnik eine biologische Methode hervorgehen könnte, mit der spezifische Nukleotidsequenzen für biologisch spezifische Gene gewonnen werden könnten (beispielsweise das transformierende Gen für Krebs). In einer anschließenden forschen Notiz, die recht gut die technowissenschaftliche Vorstellungswelt einfängt, vermutete er: »[Man] bräuchte die Polynukleotidsynthese nicht sehr weit zu treiben, um das Codierungsproblem zu lösen. Wahrscheinlich würden 30 Nukleotide & gleiche Anzahl von AA [Aminosäuren] genügen. *Könnte den Code des Lebens brechen!*«[17]

Die Intensität dieser Einsicht führte allerdings nicht zu einer zielstrebigen Verfolgung des Problems; »der Code« fing gerade erst an, sich im materialen und semiotischen Raum der Biochemie als konkretes Objekt zu konstituieren. Für die meisten Biochemiker war »der Code« noch immer hauptsächlich eine Abkürzung für »Proteinsynthese«. Wie die meisten seiner Kollegen wußte Nirenberg damals nur vage von der Existenz des RNA-Krawattenclubs und dessen theoretischen und mathematischen Decodierungsstrategien. Eher gärte der Codebegriff in seinen Gedanken, und er hatte ihn wohl im Hinterkopf, als er die Beziehungen zwischen Genen, Nukleinsäuren und Proteinen sondierte. Seine Fragestellung formulierte er innerhalb des Feldes, das er am besten kannte, der Enzymologie; allerdings war darunter nicht die metabolische Enzymologie von gestern zu verstehen, sondern bereits das neue Paradigma der Enzymregulation als einem sequentiellen, gengesteuerten Vorgang von Induktion und Repression. Nirenberg war sich jedoch schmerzlich bewußt, daß führende Laboratorien in harter Konkurrenz daran arbeiteten, das Problem der Proteinsynthese zu lösen. Er hatte das Gefühl, hier ohne jede Chance zu sein. Im Frühjahr 1959 ermahnte er sich selber: »Proteinsyn. wird in 2–5 Jahren vorbei sein. Wahrsch. 2 Jahren. Nachdem die Korrelationen [»der Code«] ausgearbeitet sind, kann man sich folgenden Fragen zuwenden... [Aktivierung, Enzyminduktion, Lysogenie]. Konkurriere nicht bei der Proteinsynthese... Nutze die Zeit, Exp. zu planen, die gemacht werden können, wenn Proteinsyn. geknackt ist & und sei physisch & geistig bereit, dich voll darauf zu stürzen.« Ein paar Tage später wiederholte er vor sich selbst: »Mein Hauptziel ist es nicht, die Proteinsynthese zu knacken, sondern alles bereit zu haben, um Enzyminduktion zu erforschen.«[18]

Um diese Zeit, kurz bevor er an einem Sommerkurs über Bakteriengenetik in Cold Spring Harbor teilnahm, fing er damit an, die zellfreie Synthese des Enzyms Penicillinase bei B. cereus-Bakterien zu studieren, ein Enzymsystem, mit dem der bekannte britische Mikrobiologe Martin Pollock arbeitete, seit er 1953 in Monods Labor gewesen war. Das System war interessant, denn induzierbare B. cereus-Stämme erzeugten Penicillinase nur in Anwesenheit von Penicillin, ähnlich der Enzyminduktion und -repression von β-Galactosidase bei E. coli. Anders als im β-Galactosidase-System schien es jedoch unwahrscheinlich, daß konstitutive Mutanten auch in der Abwesenheit des (Penicillin-)Induktors Penicillinase erzeugen konnten, da Penicillin als Medikament und fremde Substanz kein Bestandteil des üblichen Stoffwechsels der Bakterie war. Auch Pollock war darum nicht einverstanden mit Monods Verallgemeinerungen von E. coli auf alle anderen Bakterien. Über die Regulation der Penicillinasesynthese in vivo hatten Pollock und seine Kollegen reichlich publiziert und gezeigt, daß Penicillinase ein kleines Enzym war (mit geringem molekularen Gewicht), dem die Aminosäure Cystein fehlte; letzteres erwies sich als nützlicher Anhaltspunkt.[19]

Nirenberg überlegte, daß er auf diesem Wege vielleicht die Synthese von Proteinen, die Cystein erforderten, selektiv hemmen und gleichzeitig die Synthese von Penicillinase stimulieren konnte, indem er Nukleinsäurematrizen in vitro zu Zellextrakten gab und diese dann auf Penicillinaseaktivität hin untersuchte, indem er den Abbau von Penicillin maß. Da sich bereits winzige Mengen von Penicillin biologisch messen ließen, war klar, daß der Versuch außerordentlich empfindlich sein würde. Nahezu zwei Jahre lang studierte Nirenberg die Eigenschaften des Penicillinasesystems; dabei bestimmte er die Auswirkungen von Nukleinsäuren und zahlreicher anderer Faktoren auf die Rate zellfreier Proteinsynthese und entwickelte eine hochempfindliche Prüfungsmethode für Penicillinase. Es war Nirenbergs »allgemeine Philosophie der Proteinsynthese«, jeden Stein umzudrehen; er entschloß sich, »alles hineinzugeben, einschließlich der Küchenspüle & versuchen, *neue* Proteinsyn.[these] zu erhalten. Dann, und erst dann, führe viele Kontrollen durch. a) Gebe auch Ochoas Enzym etc. hinein [Polyribonukleotidphosophorylase, 1955 von Marianne Grunberg-Manago und Severo Ochoa isoliert; siehe unten]«. Die zunehmenden Beweise für die enzymatische Feedbackhemmung bei Mikroorganismen verfolgte er genau; in seinem Interpretationsgerüst für das Penicillinasesystem war der von der Pasteurgruppe vertretene genetische Ansatz zur Enzymregulation stets präsent. Im Sommer 1959 lassen sich deutliche Spuren des gerade veröffentlichten PaJaMa-Artikels (der die Existenz eines »zytoplasmatischen Boten« postulierte) in Nirenbergs Arbeit nachweisen.[20]

In seinem Wettlauf gegen die Zeit trieb Nirenberg sich hart an. »Das Leben ist so kurz – laß jede Minute zählen im Denken und Handeln ... Wenn dein Gehirn 2 x so schnell arbeitet, ist es fast so, als hätte man ein 2 x so langes Leben.« Doch er milderte seine Zielstrebigkeit ab mit der Ermahnung: »Gib anderen von dir ab. Gib den Leuten Liebe & Verständnis, Freundlichkeit und Fröhlichkeit ... Gib ohne zu erwarten, etwas zurückzubekommen. Sei nicht so in dich selbst verkapselt.« Währenddessen setzte er seine Überlegungen fort: über das Verhältnis zwischen Nukleinsäuren und Proteinsynthese in der Perspektive der Phagentechnik, über die Logik der (damals noch nicht bewiesenen) Gen-Protein-Kolinearität, über die biochemische Bedeutung des Positionseffekts (Veränderungen in der Gen-Reihenfolge) und über Zelldifferenzierung als biochemisches Verbindungsglied zwischen Genotyp und Phänotyp. Er spekulierte: »Wenn die Proteinsynthese geknackt ist, könnte Syn. eines bestimmten Proteins folgen vor & nach Diff.[erenzierung]. Könnte testen, ob ein bestimmtes Cystron [Cistron, Benzers kleinste genetische Funktionseinheit] die ganze Zeit da ist. Wäre möglicherweise schwierig durchzuführen, wenn Cystron [Gen] reprimiert ist.«[21] Ungefähr um diese Zeit schrieb er seine kurze Mitteilung für die *Federation Proceedings*, in der er Enzymsysteme im Begriffsrahmen verteilter genetischer Information faßte.

Nirenbergs Penicillinase-Experimente erbrachten nur winzige Mengen neu synthetisierten Enzyms, weshalb eine empfindlichere Prüfungsmethode erforderlich war. Er gewann umfangreiche Daten über das System, doch anders als Pollock – und als die meisten jüngeren Forscher – kümmerte er sich nicht darum, seine noch nicht schlüssigen Resultate zu publizieren. Besser die kostbare Zeit, die für die Vorbereitung von Manuskripten zur Veröffentlichung nötig war, dafür nutzen, um sich voranzukämpfen, empfand er, womit er auch nach damaligem Standard eine eher unorthodoxe Strategie an den Tag legte. Im Herbst 1959, als sein PHS-Stipendium bald auslaufen sollte, plante er, ein Jahr darauf zu verwenden, seine molekulargenetischen Techniken zu verfeinern. Unter mehreren möglichen Ausbildungsstätten (die Laboratorien von Joshua Lederberg, Edward Tatum, Salvador Luria und Jacob) entschied er sich für das Pasteur-Institut, wurde jedoch abgelehnt, und auch sein Versuch, in Kornbergs Laboratorium unterzukommen, scheiterte. Es war Tomkins' Verdienst und ein Zeugnis für die aufgeklärte Forschungshaltung an den NIH (die Nirenberg wiederholt gewürdigt hat), daß ihm 1960 trotz der Penicillinase-Publikationslücke eine Position als Forschungsbiochemiker in Tomkins' *Section of Metabolic Enzymes* angeboten wurde. Dort verbesserte Nirenberg schrittweise das B. cereus-System. Seine wiederholte Suche nach einem Proteinsynthesesystem, mit dem sich genetische Signale verstärken ließen, führte ihn als erstes zu E. coli, dem wichtigsten Experimentalsystem in der Molekularbiologie. Die zellfreien E. coli-Extrakte wiesen weniger Penicillinaseaktivität auf als nicht induzierte B. cereus-Extrakte, wodurch er gezwungen war, die Empfindlichkeit der Versuchsanordnung zu verbessern.[22]

Nirenberg war es nur allzu bewußt, daß zellfreie Proteinsynthesesysteme gegen Ende der fünfziger Jahre zu einer regelrechten »Industrie« geworden waren. Monatlich wurden von verschiedenen Gruppen neue Funde berichtet, vor allem aus Paul Zamecniks Laboratorium am *Collis P. Huntington Memorial Hospital* in Harvard. Wie Hans-Jörg Rheinberger im einzelnen dargestellt hat, ging Zamecniks Beschäftigung mit einem zellfreien System aus der Krebsforschung hervor und hatte ursprünglich zum Ziel, die Mechanismen der Proteinsynthese in malignen Zellen aufzuklären. Bei diesen Untersuchungen wurde ein Experimentalsystem mit Rattenleberextrakten eingesetzt, und mit diesem war 1958 festgestellt worden, daß bei der Proteinsynthese kleine RNA-Moleküle vorhanden und für sie notwendig waren. Es war jene Fraktion, die sich bei pH 5 gelöst im Rückstand fand, nachdem die *Mikrosomen* (die damalige Bezeichnung für Ribosomen mit Fragmenten des endoplasmatischen Retikulums und damit zusammenhängendem Material) für zwei Stunden bei 100000 g zentrifugiert worden waren, und sie wurde operational als lösliche RNA (sRNA) klassifiziert. In diesen Untersuchungen wurde auch nachgewiesen, daß es viele verschiedene sRNAs gab und diese durch Enzymwirkung mit aktivierten Aminosäuren verbunden wurden – jede Aminosäure hatte ihren eigenen sRNA-Träger; von diesem wurden sie dann zu den Ribosomen transportiert, wo sie auf der Ribosomenoberfläche zu Polypeptidketten zusammengesetzt wurden. Nach einigen Jahren wurde die lösliche RNA bzw. sRNA umbenannt in Transfer-RNA bzw. tRNA.[23]

Ziemlich aufgebauscht wurde eine nachträgliche Rekonstruktion, nach der man in diesen kleinen sRNA-Molekülen die Adaptoren »wiederzuerkennen« glaubte, die Crick 1955 in seiner Notiz an den RNA-Krawattenclub postuliert hatte; damit hatte er bekanntlich erklären wollen, wie Aminosäuren entlang der Nukleotidmatrize angeordnet werden (siehe dazu Kapitel 3).[24] Doch Crick dachte an äußerst simple winzige, direkte Triplett-Adaptoren für die Gen-Matrize; die komplexe und größere kleeblattförmige sRNA dagegen heftete sich, beladen mit der spezifischen Aminosäure, an Ribosomen, die überhaupt nicht als Matrizen fungierten; wobei ihr Anticodon komplementär zum Codon des Messenger war. Wichtiger noch, Cricks »Adaptoren« wurden in einem anderen Darstellungsraum, im Rahmen des Codierungsproblems konzeptualisiert. Cricks Vorstellung der Proteinsynthese bildete sich im Informationsdiskurs und dessen skripturalen Bedeutungen heraus. Wie Rheinberger gezeigt hat, ist der Übergang von Zamecniks Trägern zu Cricks »Adaptoren«, als die man jene plötzlich »wiedererkannte«, und von der operational definierten sRNA zur funktional konzeptualisierten tRNA weder eine unschuldige Namensänderung noch eine reibungslose »Erkenntnis«. Das Informationsidiom signalisierte eine Neuorientierung des begrifflichen Grundgerüsts, in dem die Proteinsynthese verstanden wurde. Bei einer solchen Rekonfiguration von rein materiellen und chemischen hin zu genetischen und informationellen Repräsentationen mußten neue disziplinäre und epistemische Festlegungen ausgehandelt werden. Wie im zeitgleichen Falle der TMV-Studien in Berkeley und in der Interpretation der PaJaMa-Experimente in Paris fingen Zamecnik und seine Kollegen plötzlich damit an, die Proteinsynthese als genbasierte Informationsübertragung zu fassen. Sprachliche und textliche Symbole, die im früheren semiotischen Repertoire der Biochemie gefehlt hatten, begannen eine Brücke zur Molekularbiologie zu schlagen, und die Proteinsynthese wurde als Kommunikationssystem umgedeutet. 1958 stellte man sich die tRNA als möglichen Schlüssel vor, mit dem sich die Sprache der Gene entziffern ließe.[25]

Trotz seiner zunehmenden Kontakte mit Crick sprang Zamecnik nicht auf den Zug der »Codeknacker« auf. Er war der Meinung, der Code beanspruche schon mehr als genug Aufmerksamkeit. Doch sein Laboratorium lieferte bald einen entscheidenden Beitrag zu dieser Suche, als es nämlich ein Proteinsynthesesystem aus E. coli entwickelte, dem wichtigsten Modellorganismus für Decodierungsexperimente. Eng an zellfreien Rattenleberpräparaten orientiert, erforderte das Bakteriensystem von Lamborg und Zamecnik ebenfalls Ribosomen wie auch die nach zweistündiger Zentrifugation bei 100000 g erhaltene Überstandsfraktion mit Nukleinsäuren und Enzymen, sowie den molekularen Energielieferanten ATP und GTP (Adenosin- und Guanintriphosphat) und die Einführung von Aminosäuren (eine davon mußte radioaktiv markiert sein, damit sie verfolgt werden konnte), die zu einem Protein verkettet werden sollten. Nach einigem Herumbasteln übertraf das neue E. coli-System das alte Rattenlebersystem: Die Rate des Einbaus von Aminosäuren in Proteine (mit radioaktiven Spuren als Indikatoren) war mehrfach höher.[26] Dieses System war allerdings stumm, was die genetische »Information« anbelangte, denn die das Protein spezifizierende DNA-Nukleotidsequenz (»der Code«) war nicht bekannt und ihr Messenger-RNA-»Transkript« existierte noch nicht.

Die Dringlichkeit, dieses genetische Signal genetisch und biochemisch aufzuspüren, verstärkte sich noch mit der internationalen Jagd auf den RNA-Boten bzw. die »informationstragende RNA«, welche die DNA-»Botschaft« zum Zytoplasma transportierte. Während im Sommer 1960 François Gros vom Pasteur-Institut und seine Mitarbeiter in Watsons Laboratorium sich im Wettlauf mit Jacob, Brenner und Meselson am Caltech und weiteren Laboratorien befanden, um dieses instabile RNA-Zwischenglied zu identifizieren, arbeitete Gros' Frau Françoise mit dem Schweizer Biochemiker Alfred Tissières in Harvard daran, ihr zellfreies in-vitro-System für E. coli zu verfeinern. Messenger ließen sich möglicherweise verwenden, um die Proteinsynthese genauer zu untersuchen. Jacob dachte daran, mit einem solchen System die

Expression des Messenger in einem Polypeptid zu testen. Tissières' Funde glichen denen von Lamborg und Zamecnik (mit dem er sich in einem freundschaftlichen kooperativen Wettstreit sah), doch sie fügten eine neue kritische Einsicht hinzu; aus ihnen ging nämlich hervor, daß DNAse (ein DNA-abbauendes Enzym) die Proteinsynthese hemmt. Diese auch von anderen Forschern berichteten Beobachtungen bewiesen schlüssig, daß die zellfreie Proteinsynthese von einer DNA-Matrize abhängig war, die den RNA-Messenger spezifizierte. Auch legten sie nahe, daß DNAse-Behandlung verwendet werden konnte, um das interne Signal des Systems (und so auch die komplementäre endogene RNA) zu zerstören, und dann auf den Einbau von Aminosäuren hin zu testen, die nach den Spezifikationen eines externen, gut charakterisierten RNA-Signals aus genau bekannter Quelle zusammengebaut wurden – wiederum eine Dialektik von Darstellung und Eingriff.[27]

Im Sommer 1960 war Nirenberg mit seinem neuen E. coli-System zu ähnlichen Schlüssen gelangt. Er hatte Zugang zu erstrangigen Quellen, vor allem zu den führenden Autoritäten für Nukleotidsynthese an den NIH, konnte die Sachkenntnis von Richard B. Roberts' Gruppe an der *Carnegie Institution of Washington* über Ribosomenfunktion und Proteinsynthese nutzen und sich mit dem Biochemiker Roger Herriott von der Johns Hopkins University beraten, der auf die Phagenexpression bei E. coli spezialisiert war. Da Nirenberg weiter allein arbeitete und sich in einem Wettlauf mit mehreren großen Laboratorien befand, beschloß er (wieder einmal), »nicht nur am Tage, sondern auch nachts zu arbeiten«, um verschiedene Aspekte und Bestandteile des Systems zu testen. In diesem Frühjahr und Sommer finden sich in seinen Arbeitsjournalen Fragestellungen und Verfahren, um DNA-RNA-Komplexe zu handhaben, zahlreiche Experimente (durchgeführte und geplante) zur Isolierung von Ribosomen sowie Analysen von enzymatisch aktivierten sRNA-Aminosäure-Komplexen. Eine neue, gerade von Martin und Ames entwickelte Methode zur Bestimmung des Enzymgehalts mit direkter Anwendung auf Proteingemische verbesserte seine Techniken; er beschrieb sie als »die aufregendste Sache, die ich seit Monaten gesehen habe«. In seinen Notizen finden sich zahlreiche Hinweise auf den jeweils neuesten Stand der Proteinsynthese in E. coli-Systemen (durch Spiegelman, Novelli, Nisman und Fukuhara sowie Tissières), auf Wiederholungen und Modifikationen der Versuchsanordnungen und Fragen zur Interpretation der Beobachtungen.[28]

Als Nirenberg sich schließlich auf sein Problem konzentrierte, machte er »eine Sache unübertrefflich gut«, wie die *New York Times* es später formulieren sollte. Seine schweifende Neugier gegenüber den großen Fragen der Biologie, der Ausflug in die Embryologie und sogar die Beschäftigung mit Phagengenetik, die seine Begriffe für die Zellregulation durchdrang, hatten endlich den Weg frei gemacht für ein scharf umrissenes Programm: nämlich das Problem der Proteinsynthese aufzuklären. »Beschleunige Exp[erimente]. Es sollte nicht 1 Woche dauern, um zu wissen, ob das System arbeitet. *Arbeite – Arbeite – Arbeite*«, spornte er sich Anfang August 1960 an.[29] Doch kurz darauf trat ein glückliches Ereignis ein, das seine Fortschritte wesentlich beschleunigen sollte. Unangekündigt stellte sich an Nirenbergs Labortür der Pflanzenphysiologie Heinrich Matthaei vor, deutscher Postdoktorand an der Cornell University, und fragte an, ob er mit ihm über Proteinsynthese-Systeme arbeiten könne. Sie beschlossen, daß Matthaei im November zu ihm stoßen sollte. Nirenbergs Tagebuchnotizen über Aufgaben, die durchzuführen wären, »wenn Heinrich da ist«, kündigen eine neue Phase im Projekt an.[30]

Den »Code des Lebens« knacken

Für Matthaei bedeuteten die NIH nach einigen frustrierenden Erfahrungen die lang ersehnte Chance, seine wissenschaftlichen Ziele zu verwirklichen. Im Juni 1960 war er als NATO-Stipendiat aus Bonn in die Vereinigten Staaten gekommen; diese Stipendien sollten das wissenschaftliche Wachstum fördern, um damit die technologische und militärische Konkurrenzfähigkeit des westlichen Bündnisses zu stärken, außerdem hatten sie Bedeutung für die Wiedereingliederung Deutschlands, ein Eckpfeiler der amerikanischen Politik in Europa. Seit seiner Doktorarbeit über das Proteingleichgewicht in wachsenden Pflanzengeweben, die er 1956 abschloß, hatte Matthaei die allgemeine Forschungslinie zur zellfreien Proteinsynthese verfolgt, und wie aus seinen Veröffentlichungen hervorgeht, kannte er die Rolle der RNA bei der Proteinsynthese aus den Veröffentlichungen von Jean Brachet und Torbjorn Caspersson. Doch an der Universität in Bonn sah er kaum eine Möglichkeit, seine Forschungsziele zu verfolgen: Es standen keine Einrichtungen für radioaktive Markierung zur Verfügung, um den Einbau von Aminosäuren in

Protein zu verfolgen, und es gab nur wenige Kollegen, mit denen er sich über zellfreie Systeme hätte beraten können.[31]

Sein Stipendienprojekt war darauf angelegt, unter Verwendung radioaktiver Aminosäuren eine zellfreie Proteinsynthese durchzuführen, um so einige zentrale Fragen der Zellphysiologie zu beantworten: Proteinsynthese, Enzymregulation des Zellstoffwechsels sowie Zellenentwicklung. Der Biologiefachbereich in Cornell, ein führendes Forschungszentrum für Pflanzenphysiologie, und das Laboratorium von Frederick C. Stewart, der Spezialist für Proteinsynthese in Karottengewebe war, schienen da genau das richtige zu sein. Doch Matthaei fand schnell heraus, daß es nicht nur an der Laborausrüstung mangelte, sondern daß auch Stewart über Matthaeis unabhängiges Projekt wenig begeistert war. Matthaei mußte sich nach einer Alternative umsehen – ein komplizierter Vorgang, da er die Erlaubnis des Deutschen Akademischen Austauschdienstes brauchte und seiner Familie einen Umzug zumuten mußte. Kalifornien lag zu weit weg, Zamecnik befand sich außer Landes, und Fritz Lipmann, der Nobelpreisträger, der den Energieumsatz im Zellstoffwechsel kartographiert hatte, hätte ihn erst im folgenden Jahr aufnehmen können; allerdings empfahl er ihm die NIH. »Glücklicherweise habe ich einen sehr guten Arbeitsplatz in den NIH gefunden«, verkündete Matthaei in seinem Versetzungsantrag, nachdem er die vorangegangenen Frustrationen dargelegt hatte. Nirenbergs Ansatz kam seinen eigenen tatsächlich sehr nahe.[32]

Als Matthaei im November eintraf, pendelte Nirenberg zwischen seinen beiden Experimentalsystemen hin und her: zwischen B. cereus, mit dem er immer noch eine zellfreie Synthese von Penicillinase versuchte, und E. coli, mit dem er die Mechanismen des Aminosäureeinbaus erforschte. Es erforderte einige Bastelei, um gewisse Schlüsselideen für die folgenden Experimente mit Matthaei zunächst innerhalb des B. cereus-Systems zu formulieren; dann wurden sie auf das E. coli-System übertragen. Nirenberg notierte:

[Samstagnacht Mitte November] In Abwesenheit von Cystein [der in Penicillinase fehlenden Aminosäure] könnte die Bildung von *Messenger RNA* sich verlangsamen. Müßte das Durcheinander trennen. RNA & sRNA ... [Und eine Woche später:] Entwickle ein AA [Aminosäure] Inkorp. [Inkorporations-] System, das von DNA abhängig ist. Am besten B. cereus, aber verwende E. coli wenn nötig... [Es folgt eine Liste von Dingen, die im System getestet werden sollen:] Besorge oX-174 DNA [ringförmige DNA von einem winzigen Phagen]. Wird einsträngige DNA es tun? +/– Nitriersäure [RNA-Mutagen]. Heterologe DNA, *Synthetische RNA-Polymere* [die

Makromoleküle, die einige Monate später als Schlüssel zum »Code« dienen werden], RNA-transformierender Faktor... Kannst du das System mit Messenger-RNA überschwemmen? Oder ist DNA erforderlich. Könnte AA benutzen, um diese eine Inkorp. in Protein zu analysieren, d. h. C^{14}-Phenylalanin [außerordentlich leicht im Reaktionsgemisch wiederzufinden].

Zwei kritische Punkte werden durch diese Notizen verdeutlicht: Begriff und Diskurs der Messenger-RNA waren zum damaligen Zeitpunkt weit verbreitet (auch wenn die NIH-Forscher behaupteten, die »Messenger-Hypothese« nicht gekannt zu haben); und synthetische RNA-Polymere sollten bei der Proteinsynthese auf ihre Matrizenfunktion getestet werden – wie es mit TMV-RNA kurz darauf auch geschah. In den Notizen spiegeln sich außerdem Nirenbergs häufige Beratungen mit Tomkins und Maxine Singer, Heppels Postdoktorandin, die Material und Sachkenntnis für die Polynukleotidsynthese bereitstellte. Nirenberg bat Maxine Singer sogar darum, mit ihm zusammenzuarbeiten, doch sie lehnte ab, obwohl Heppel versuchte, sie zu überreden. Sie wollte Nirenberg auf jede erdenkliche Weise helfen, aber doch auf eine förmliche Zusammenarbeit verzichten, da sie sich unbedingt mit ihrem eigenen Projekt einen Namen machen wollte. »Da schwimmt dein Nobelpreis davon«, kommentierte Heppel das angeblich.[33]

Im Dezember hatten Nirenberg und Matthaei ihre Energien ausschließlich auf das E. coli-System konzentriert. Sie teilten einen kleinen Labortisch in Tomkins' Laboratorium und arbeiteten sehr eng zusammen, im buchstäblichen und übertragenen Sinne. Beide zogen es vor, in der Einsamkeit der Nacht zu arbeiten, was die Sache förderte. Ihre Anstrengungen zur Feinabstimmung des Systems richteten sich nicht nur auf den Einbau von Aminosäuren in dem mit DNAse ergänzten System (entsprechend Tissières' Berichten), sondern auch darauf, endgültig festzustellen, daß das System von einer RNA-Matrize abhängig war (wie in Tissières' Werk angedeutet). Ein detaillierter Eintrag im Arbeitsjournal von Mitte Januar 1961 macht deutlich, daß ihre Bemühungen zu einer Strategie gehörten, den Code mit einem Polynukleotid-Schlüssel zu knacken, und daß das vorherrschende Modell eines Triplettcodes ihr Denken leitete:

Idee. Zugang zum Code. 1. Markiere sRNA-Gemisch mit C^{14} Protein-Hydrolysat, so daß alle AA beladen sind. Gib sRNA-AA zu poly(A), (U), (C), (G) & mache Dichtegradienten-Zentr. [Zentrifugation]... 2. Verwende entweder mRNA oder TMV-RNA & zeige, daß alle AA-sRNA interagieren. Werden sie alle interagieren? 3. Verwende etwas in der Art wie AU-Polymer [aus Heppels Kühlschrank]. Probiere viele verschied. Permutationen. Könnte sich ergeben, daß einige interagieren, andere nicht. Man könnte Grenzen spezifizieren. Vergleiche AG und UC, Purin vs. Pyrimidin. Ebenso AU, AC, GU GC. Könnte genug Info. bekommen, um die Grenzen eines Codes zu bestimmen ... Wenn du alle 4 Basen brauchst [vermutlich für das Aufspüren einer bestimmten Aminosäure], kann es kein Triplettcode sein. Falls drei Basen nicht funktionieren sollten.[34]

Der »Code des Lebens« als eine Semiotik für gen-orientierte Proteinsynthese hatte bei Nirenberg zunächst nur im Hinterkopf existiert. Doch langsam formulierte er das Projekt zur Proteinsynthese im Darstellungs- und Diskursraum des Codierungsproblems. (Für Matthaei sollte die Umorientierung von der Pflanzenbiochemie zur Molekularbiologie erleichtert werden, nachdem er einen Sommerkurs in biochemischer Genetik in Cold Spring Harbor absolviert hatte.)

Ende Januar hatten sie ihr vorläufiges Ziel erreicht und ein bemerkenswert empfindliches und stabiles zellfreies System aufgebaut, das in sehr schnellem Tempo C^{14}-Valin in Protein einbaute. Zu diesem Kunststück waren handwerkliches Können und Nuancen der materialen Praxis entscheidend. Matthaei, ein genauer und geschickter Experimentator, verfeinerte und stabilisierte das System merklich. Vor allem sorgte er für die Feinabstimmung der Systemkomponenten (z. B. durch ATP und die kritische Magnesiumkonzentration), half Nirenberg, eine schnelle Proteinprüfmethode zu entwickeln, mit der die Experimentierzeit auf ein Viertel verkürzt wurde, und entwickelte ein Verfahren, um das System monatelang im Kühlschrank aufzubewahren, womit experimentelle Effizienz und Einheitlichkeit der Parameter über viele Experimente hin beträchtlich erhöht wurden. »Ohne ihn hätte ich das nicht leisten können«, wiederholte Nirenberg später öfter. Für die Mitte Februar stattfindenden *Federations Meetings* bereiteten sie eine kurze Mitteilung ihrer Resultate vor. Neben der Beschreibung von »Some Characteristics of a Cell-Free DNAase Sensitive System Incorporating Amino Acids into Protein« berichteten sie, daß der Aminosäureeinbau bei Anwesenheit von DNAse aufhörte, so daß er sehr gut auf DNA angewiesen sein konnte.[35] Ihr Bericht fand wenig Beachtung.

Am 22. März sandten sie eine etwas längere und definitivere Version an *Biochemical and Biophysical Research Communication*, eine neugegründete Zeitschrift, die sich die Veröffentlichung rascher Mitteilungen zum Ziel gesetzt hatte. Der vorsichtige Titel »The Dependence of Cell-

Free Protein Synthesis in *E. coli* upon RNA Prepared from Ribosomes« scheint etwas irreführend, denn sie meinten in Wirklichkeit Proteinsynthese via Messenger-RNA. Sie berichteten von »einem neuen charakteristischen Merkmal des Systems, nämlich einem Bedarf an ›ribosomaler RNA mit hohem molekularem Gewicht‹ (eine dritte Art von RNA), die sogar in Anwesenheit von löslicher RNA und Ribosomen gebraucht wurde«; der RNA-Bedarf wurde durch die Tatsache bewiesen, daß RNAse (ein RNA-abbauendes Enzym) die Proteinsynthese stoppte. Was sie jedoch im Blick hatten – wie Nirenbergs Notizen zeigen –, war der Bedarf an einem mit den Ribosomen verbundenen RNA-Messenger. (Dieses Merkmal der Messenger-RNA wurde nur wenige Monate später von Brenner, Jacob und Meselson in *Nature* nachgewiesen; allerdings scheinen Nirenberg und Matthaei diese Arbeit nicht zur Kenntnis genommen zu haben.) Erst am Ende des Artikels deuteten Nirenberg und Matthaei das an: »Es ist möglich, daß ein Teil der ribosomalen RNA oder die gesamte, die in unserem Versuch verwendet wurde, der Matrizen- oder Messenger-RNA entspricht.«[36] Wie die Arbeitsjournale zeigen, stand die Messenger-RNA schon seit Monaten im Mittelpunkt der Konzeptualisierung des Experimentaufbaus. In dieser diskursiven Austauschbarkeit von »Matrizen«- und »Messenger«-RNA ist ein aufschlußreicher Moment im Übergang vom älteren Darstellungsrahmen der Biochemie zum neueren der Molekularbiologie festgehalten: der Übergang von materiegebundener chemischer Spezifität zu einem Erkennungs- und Kommunikationsapparat der Informationsübertragung. Auch dieser Bericht der beiden Forscher fand nur geringe Aufmerksamkeit.

Merkwürdiger- und ironischerweise wurde poly(A), das synthetische Polymer Polyadenylsäure (Polyadenylat) aus Heppels Kühlschrank, nicht als Messenger zum Reaktionsgemisch gegeben, sondern als ein Polyanion, zum Schutz der endogenen Messenger-RNA. Matthaei erklärte:

Wir wollten herausfinden, ob es nicht zumindest einige ungewöhnliche Arten von RNA gab, die *überhaupt keine Matrizenaktivität* aufwiesen und uns so helfen könnten, die Möglichkeit auszuschließen, daß die Zugabe von RNA nur bedeutet hätte, irgendeine Ribonuklease zu aktivieren und diese daher davon abzuhalten, die endogene RNA abzubauen... Zum damaligen Zeitpunkt lautete die Hypothese, daß es einige Nukleotidsequenzen gibt, die *keine Codierungsaktivität* aufweisen und wenn sie in diesem Fall Aminosäureeinbau stimulieren sollten – indirekt, indem sie die Ribonuklease aktivierten – so hätte es bedeutet, daß vielleicht unser Messenger-Assay nicht sehr gut war... Natürlich waren wir uns sogar im Februar 1961 bewußt, daß *poly(A) möglicherweise ein Codon* [Nukleotid-Triplett] für eine der 20 Aminosäuren *enthielt, die wir bei dieser Gelegenheit gerade nicht testeten;* wir ließen das für später [Hervorhebungen hinzugefügt].[37]

Eine widersprüchliche Denkweise und eine merkwürdige Wendung der Ereignisse. Nach dem herrschenden Modell von Cricks kommafreiem Code bedeutete das Nukleotid-Triplett AAA ein »Unsinns«-Wort (es spezifizierte keine Aminosäure). Wären Nirenberg und Matthaei diesem Modell gefolgt, dann hätte poly(A) tatsächlich bloß dazu gedient, die endogene RNA zu schützen. Waren sie dagegen mit den Einschränkungen des kommafreien Codes nicht vertraut, dann hatten sie sicherlich keinen Grund, die Matrizenaktivität von poly(A) auszuschließen. Aber da sie sich in der Grauzone zwischen »Sinn« und »Unsinn« vortasteten und die unterschiedlichen Codes und ihre Eigenschaften nur vage kannten, hielten sie an keiner besonderen Version fest und ließen alle Möglichkeiten zu. Wie ein Jahr später gezeigt werden sollte, wies poly(A) tatsächlich Matrizen-Aktivität auf. Es ließ das monotone Polypeptid Polylysin entstehen (denn AAA spezifizierte die Aminosäure Lysin); doch da es im Reaktionsgemisch lösbar war (mit Trichloressigsäure als Reagens zur Ausfällung), war Polylysin technisch schwer nachzuweisen, selbst wenn das Experiment dazu gedient hätte, seinen Einbau zu testen. Experimentalsysteme sind keine Black Boxes, die Input automatisch in Output übersetzen; sie sind vielmehr empfindliche Unterscheidungs-Generatoren, die auf das Aufspüren spezifischer Signale eingestellt sein müssen.

Zwar konnten Nirenberg und Matthaei nachweisen, daß endogene Messenger-RNA die Proteinsynthese stimulierte, doch der Effekt war relativ gering, er hob sich gerade vom Hintergrundrauschen ab. Sie brauchten dringend eine bessere, weniger kontaminierte RNA-Isolierung. In den folgenden Wochen prüften sie verschiedene Eigenschaften des Systems, als Vorbereitung, um die Wirkungen verschiedener Typen synthetischer und natürlicher RNA-Proben zu testen: »David's RNA«, »Crestfield-RNA«, Aszites-RNA, Hefe-RNA und schließlich TMV-RNA. Nirenberg fragte sich Anfang Mai: »*Idee:* Dient virale RNA als Matrize? Verwende TMV-RNA & eine andere RNA mit verschiedener Basenzusammensetzung, vorzugsweise Wasserrübenmosaikvirus-RNA [TYMV]. Nimm die, die du kriegen kannst. Verwende dieselbe Enzymfunktion. Teste ungefähr 10 verschied. AA. Sind Verhältnisse von in Protein eingebauten AA bei Anwesenheit von TMV-RNA dieselben wie bei denen in Anwesenheit von TYMV-RNA?«[38] Unbewußt wiederholte er so Gamows, Yčas' und Richs Fragen aus den fünfziger Jahren. Seine Experimente unterstützten die Vorahnung, daß TMV-RNA eine brauchbare Matrize sein könnte, da der Proteineinbau relativ hoch war. Diese vorbereitenden Funde waren nicht nur deshalb aufregend, weil sie das neue zellfreie System bestätigten, sondern auch, weil sie sein enormes Potential deutlich machten, den genetischen Code zu entschlüsseln. In dieser Hinsicht konvergierte die Arbeit von Nirenberg und Matthaei mit den jüngsten Anstrengungen von Heinz Fraenkel-Conrat im Viruslabor in Berkeley.

Zu jener Zeit war Fraenkel-Conrats Laboratorium eines der führenden im Rennen um die Dechiffrierung des Codes. Nachdem Fraenkel-Conrat und seine Mitarbeiter gerade ein Jahr zuvor – 1960 – die vollständige Aminosäuresequenz des TMV veröffentlicht hatten, setzten sie nun RNA-Abänderungstechniken ein, nämlich die 1958 von ihren deutschen Konkurrenten eingeführte Mutagenese durch Nitriersäure, um Entsprechungen zwischen Nukleotidveränderungen in der RNA des Virus und dem Austausch von Aminosäuren in seiner Proteinhülle zu ermitteln. Der Nobelpreisträger Wendell Stanley, der mächtige Chef des Viruslabors, nominierte Fraenkel-Conrat 1960 sogar für den Nobelpreis.[39] Nirenberg bewunderte Fraenkel-Conrat sehr. Er hatte damals auch das Gefühl, das Viruslabor in Berkeley sei der aufregendste Ort, teilweise wegen des Potentials, das die großen Mutantenbestände und Daten über Aminosäureentsprechungen darstellten; sie konnten beispielsweise dazu verwendet werden, um die mit dem zellfreien E. coli-System produzierten Virusproteine zu untersuchen. Nirenberg dachte, ein Monat in Fraenkel-Conrats Laboratorium würde sein technisches Geschick mit TMV verbessern und viele der Fragen beantworten, die um die Natur der Matrizenaktivität der TMV-RNA kreisten; vielleicht ließen sich dabei sogar wesentliche Anhaltspunkte für den genetischen Code finden. Nirenberg plante zahlreiche Experimente für seine Berkeley-Reise Mitte Mai und legte eine Liste der mitzunehmenden Gegenstände an, Notizbücher, Manuskripte, Laborzubehör und verschiedene Proben. Er fertigte auch detaillierte Protokolle für Polynukleotid-Experimente an, die Matthaei in seiner Abwesenheit durchführen sollte.[40]

Matthaei verübelte ihm diesen wissenschaftlichen Paternalismus. Als fähiger Experimentator und nur ein Jahr jünger als Nirenberg, war er eindeutig in der Lage, seine eigenen Experimente zu planen. Langsam aber sicher stieg die Verärgerung in ihm hoch. In der Zwischenzeit führte er Nirenbergs Protokolle effizient und akribisch aus. Er begann mit den Experimenten am 15. Mai und testete poly(A) – diesmal als Messenger – und poly(U) (Polyuridylat), sowie poly-(2A)U und poly-(4A)U (Polymere, die in verschiedenen Anteilen aus Uridyl- und Adenylsäure bestehen) auf Aminosäureeinbau. Am 22. Mai bemerkte er eine signifikante Aktivität bei poly(A). In Vorbereitung auf die folgenden Experimente mit poly(U) sollte ein vollständiger Satz radioaktiver, C^{14}-markierter Aminosäuren in das zellfreie System eingeführt werden. Alle erforderlichen Materialien zusammenzubringen und zu testen, dauerte ein paar Tage. Er erinnerte sich:

Dr. Heppel konnte mir damals nur 1 mg poly(U) geben und in jedes der beiden Reagenzgläser, die ich vorbereitete, gab ich 200 Mikrogramm, damit waren 400 von den 1000 Gammas [ein Milligramm] bereits verbraucht, aber es war immer noch genug, um viele Experimente durchzuführen... Es war genug, um die spezifische Aminosäure herauszufinden und genug Produkt zu erhalten, um es zu charakterisieren... So »borgte« ich mir die 18 Aminosäuren zusammen; wir nannten es immer »borgen«, ich glaube, wir gaben nie irgend etwas zurück.[41]

Die Logik der Experimente bestand darin, jedes synthetische Polynukleotid in Anwesenheit von neunzehn unmarkierten (kalten) und einer markierten (heißen) Aminosäure zu testen, und durch systematische Variationen zu bestimmen, welche radioaktive Aminosäure jeweils in Reaktion auf eine spezifische synthetische Messenger-RNA in ein Polypeptid eingebaut wurde. Matthaei führte das Experiment 27Q am Samstag, dem 27. Mai, um drei Uhr morgens durch, indem er zehn Mikrogramm poly(U) und neunzehn kalte Aminosäuren plus das heiße Phenylalanin in das zellfreie System gab. Nach einer Stunde Inkubationszeit registrierte der Geigerzähler mehr als 38000 Einheiten pro Milligramm Protein, während die Kontrollproben nur ungefähr siebzig Einheiten zeigten, gerade etwas über dem Hintergrundpegel (siehe Abbildung 30 und 31). Es war eindeutig: poly(U) spezifizierte den Zusammenbau von Poly-Phenylalanin; es mußte das erste »Wort« sein, um den genetischen Code zu entschlüsseln. Matthaei erinnerte sich später: »[Und] als Gordon Tomkins hereinkam, ich glaube so um neun, acht oder neun Uhr morgens, erzählte ich ihm schon, ich weiß es jetzt, es ist nur *dieses* eine, das codiert wird«.[42]

Man behielt die Neuigkeit für sich; kein Wort zu Sydney Brenner, der vorbeikam, um einen Vortrag über die Messenger-Arbeit zu halten, genau eine Woche vor dem Cold Spring Harbor Symposion 1961.[43] Nirenbergs und Matthaeis Teilnahme an dem Treffen war abgelehnt worden, da sie nicht zum inneren Kreis der Molekularbiologie zählten, und Tomkins blieb die ganze Zeit hindurch schweigsam. Matthaei unterrichtete Nirenberg telefonisch über die poly(U)-Resultate, doch auch Nirenberg schwieg. Er kehrte bald aus Berkeley zurück, nachdem die Experimente abgeschlossen waren, die nach seinem Empfinden die Messenger-Aktivität der TMV-RNA schlüssig bewiesen. Am Sonntag, dem 11. Juni, war Nirenberg wieder im Labor; er wiederholte das poly(U)-Experiment und erweiterte die Prozedur auf poly(A), poly(C) und poly(I) (letzteres eine Variante von poly(G), bei der Inosinat Guanylat ersetzt). Nirenbergs »Übernahme« konnte Matthaeis Groll nur verstärken; Nirenberg hatte seinerseits nicht das Gefühl, daß er Matthaei von der Arbeit am Polynukleotid ausschloß, sondern nur versuchte, diese Arbeit aufzuteilen, um unnütze Wiederholungen zu vermeiden. »Es gab so viel zu tun, und es gab nur uns zwei, die es tun konnten«, erinnerte er sich. Sie (und ihre NIH-Kollegen) verhielten sich schweigsam, vermutlich um die gewaltige Konkurrenz hinzuhalten, während sie die Folgeuntersuchungen durchführten. Es waren Artikel sowie ein kurzes Referat vorzubereiten, das Nirenberg Mitte August beim fünften internationalen Kongreß für Biochemie in Moskau halten sollte.[44]

Ihre beiden Artikel erreichten die *Proceedings of the National Academy of Sciences* am 3. August 1961; der erste hieß »Characteristics and Stabilization of DNAase-Sensitive Protein Synthesis in E. Coli Extracts« von Heinrich Matthaei und Marshall W. Nirenberg; der zweite: »The Dependence of Cell-Free Protein Synthesis in E. Coli upon Naturally Occurring or Synthetic Polyribonucleotides« von Marshall W. Nirenberg und Heinrich Matthaei. Der Titel war eine Untertreibung und gab keinen Hinweis darauf, daß sie den Code geknackt hatten. Die unterschiedliche Reihenfolge der Autorschaft hatte eine gewisse Bedeutung, was die Verdienstzuschreibung betraf. Im ersten Artikel wurden die technischen Merkmale des Systems mitgeteilt, Lagerungsfähigkeit, aktiver Aminosäureeinbau und seine Beziehung zur »Messenger-RNA«; im zweiten wurde von dem bemerkenswerten Befund berichtet, wonach »das synthetische Polynukleotid den Code für die Synthese eines ›Proteins‹ zu enthalten scheint, das aus nur einer einzigen Aminosäure zusammengesetzt ist«. TMV-RNA war zwanzigmal so aktiv wie endogene RNA, poly(U) nahezu neunhundertmal. Ihre Schlußfolgerungen waren weitreichend formuliert.

Die Resultate zeigen, daß Polyuridylsäure die Information für die Synthese eines Proteins enthält, das viele Merkmale von Poly-L-Phenylalanin besitzt ... Einer oder mehrere Uridylsäurereste scheinen demnach der Code für Phenylalanin zu sein. Ob der Code vom Singlett-, Triplett- etc. Typ ist, wurde noch nicht bestimmt. Polyuridylsäure dient anscheinend als synthetische Matrize oder Messenger-RNA, und dieses stabile, zellfreie E. coli-System kann möglicherweise jedes Protein synthetisieren, je nach der *bedeutsamen Information*, die in der eingeführten RNA enthalten ist. [Hervorhebung hinzugefügt][45]

Mit »Information« war die genetische Spezifität von poly(U) gemeint; nicht irgendeine Information, sondern die bedeutsame, »Sinn« und »Wörtern« entsprechende. Aus seinen früheren Untersuchungen über Enzymrepression wußte Nirenberg, daß nicht alle genetische Information in Proteine übersetzt wurde.

Als die beiden Artikel im Oktober 1961 erschienen, hatte sich die Nachricht schon wie ein Lauffeuer unter den Molekularbiologen verbreitet; zuerst hatte man im August davon Wind bekommen, durch Nirenbergs Referat beim internationalen Kongreß für Biochemie in Moskau. Nur eine Handvoll Zuhörer waren bei Nirenbergs fünfzehnminütiger Darstellung anwesend, unter ihnen Walter Gilbert, Tissières und Meselson. Die noch vor dem poly(U)-Experiment verfaßte Zusammenfassung seines Referats bot keinen Hinweis auf das zu Erwartende. Meselson informierte sofort Crick von der verblüffenden Neuigkeit. Es wurde dann arrangiert, daß Nirenberg sein Referat noch einmal vor dem größeren Publikum halten konnte, das zur von Crick geleiteten Sektion strömte. Für Crick war Nirenbergs Bekanntgabe verständlicherweise ein schwerer Schlag, galt er selbst doch gewissermaßen als Sprecher in Sachen genetischer Code; auch war seine Gruppe gerade dabei, sich durch die Rekombinationsuntersuchungen mit Phagen durchzuarbeiten, um den Code zu entschlüsseln. Noch vor wenigen Wochen hatte er Max Delbrück enthusiastisch mitgeteilt: »Ich habe hart gearbeitet und Phagengenetik getrieben; insbesondere diese Frage der Suppressoren. Ich glaube, Dick Feynman hat etwas ähnliches gemacht, allerdings hörte ich nur gerüchteweise davon ... Wir haben eine raffinierte Theorie für unsere Resultate, die, wenn sie stimmt, sehr wichtig für die Decodierung wäre; um sie zu beweisen, ist allerdings noch mehr Arbeit nötig. Wenn wir nur ein Protein hätten!«[46] Nirenberg hatte das Protein (Phenylalanin). Das Knacken des Codes durch Nirenberg und Matthaei war in der Tat eines der verblüffendsten Ereignisse in der Geschichte der modernen Wissenschaft. Es bedeutete einen Sieg des materialen Einfallsreichtums über Pythagoreische Ideale, und es war eine »David gegen Goliath«-Geschichte von einem unbekannten jungen Wissenschaftler, der die überragende graue Substanz von Physikern, Mathematikern, Biochemikern und Genetikern, darunter einigen Nobelpreisträgern, geschlagen hatte.

Viele mißgönnten ihm den Erfolg. »Wir hatten keine Möglichkeit, es mathematisch zu decodieren, und Nirenberg hat es gestartet. Und er hat mich noch nicht einmal in seinem Artikel zitiert«, protestierte George Gamow. (Nirenberg kannte Gamows Arbeit damals noch gar nicht.) Im Rückblick dachten manche, das ganze sei zu simpel, zu selbstverständlich. Jacob, dessen Versuch, zusammen mit Françoise Gros, Messenger-RNA für β-Galactosidase in einem zellfreien System induzierter E. coli zu isolieren, gescheitert war, erinnerte sich: »Wir pflegten zum Scherz davon zu sprechen, poly(A) oder poly(U) [in das System] hineinzugeben.« Auch Tissières verfügte über ein gutes zellfreies System und Zugang zu Paul Dotys poly(U), hielt einen Versuch dieser Art aber für »idiotisch«, was auch völlig einleuchtete, wenn man von Cricks kommalosem Code ausging. Alexander Rich gestand zu, daß »Nirenberg einen enormen Beitrag zum Problem geleistet hat. Was mich jetzt verdutzt«, schrieb er an Crick, »ist, warum es das ganze letzte Jahr oder sogar zwei gedauert hat, bis irgend jemand das Experiment versucht hat, denn es war ziemlich naheliegend.«[47] Manche glaubten an einen Glücksteffer. Gunther Stent gab subtil zu verstehen, daß das Vorgehen wohl unbeabsichtigt gewesen sei. »Eines Tages wurde eine künstlich synthetisierte Polyuridylsäure anstelle natürlicher mRNa zu diesem Reaktionsgemisch gegeben, und das Resultat war äußerst verblüffend«, erklärte er in seinem vielgelesenen Lehrbuch.[48] Auch Zamecnik dachte, daß Nirenberg sehr viel Glück gehabt hatte, denn bei einer nur geringfügig niedrigeren Magnesiumkonzentration hätte die Proteinsynthese nicht stattgefunden. (Er übersah, daß Nirenberg und Matthaei ein sehr breites Spektrum verschiedener Magnesiumkonzentrationen ausprobiert hatten.)[49] Andere wiederum glaubten, selbst in den NIH, daß poly (U) als eine Negativkontrolle hinzugegeben worden war (so wie poly (A) vorher). Tomkins, der angeblich vorgeschlagen hatte, synthetische Polynukleotide als Negativkontrolle einzusetzen, »gelangte schließlich dahin zu glauben, daß er ihnen selbst geraten hatte, wie sie den Code knacken konnten«.[50] Diesen Einschätzungen von Skeptikern und Kritikern widersprachen Nirenberg und Matthaei heftig und betonten, daß ihre Experimente auf einem Plan beruhten. Ihre Position wird stark gestützt durch die zahlreichen Ideen, Absichten, Strategien und Experimentpläne, die in Nirenbergs Arbeitsjournalen festgehalten sind.

Mit dem beachtlichen Meisterstück von Nirenberg und Matthaei gingen die Untersuchungen zum genetischen Code – zu den Korrelationen von Nukleotiden und Aminosäuren – in ihre zweite Phase über: eine überwiegend biochemische, ergänzt um genetische Analysen. Mit einigen Ausnahmen verblaßten nun die auf theoretischen und mathematischen Ansätzen beruhenden deduktiven Konstruktionen neben den direkten Experimenten. Der genetische Code konnte jetzt vervollständigt werden, indem man systematisch die Effekte synthetischer RNA-Messenger studierte, die in Proteinsynthese-Systeme hineingegeben wurden. Man rechnete damit, daß der ganze Code innerhalb eines oder zweier Jahre entschlüsselt sein werde, obwohl es schließlich sechs Jahre dauerte, wenn man die Terminationssignal-Tripletts mitrechnet, und weitere Kraftakte des technischen und analytischen Einfallsreichtums nötig waren. Angesichts der beeindruckenden Direktheit, Zuverlässigkeit und Effizienz der neuen biochemischen Methoden wurde der frühere indirekte Ansatz abgewertet. Viele Forscher gelangten dahin, die »Decodierungs«-Arbeit aus der ersten, mathematischen und theoretischen Phase herabzustufen; sie sahen sie günstigstenfalls als naiv optimistisch, schlimmstenfalls als fehlgeleitet und unproduktiv. Sie würdigten nicht, wie Carl Woese, der seine theoretischen Analysen des Codes produktiv weiterverfolgte, bemerkt hat, daß die späteren spektakulären Fortschritte im Forschungsfeld, die in der zweiten Periode (1961–67) erfolgten, auf dem hier geschaffenen begrifflichen Grundgerüst aufbauen konnten.[51]

In der Tat übernahmen die zahlreichen Forscher, die in das Rennen um die Dechiffrierung einstiegen, die vom RNA-Krawattenclub in den fünfziger Jahren ausgearbeiteten skripturalen Repräsentationen und informationellen Diskurspraktiken für das Codierungsproblem, wenn sie ihre Herangehensweise, Materialien und Methoden strukturierten. 1962 gelangten Biochemiker schließlich dahin, Nukleinsäuren als »informationelle Makromoleküle« (nämlich Träger genetischer Spezifität) zu betrachten. Sowohl Nukleinsäuren als auch Proteine erwarben nun sprachliche Attribute, mit denen die Proteinsynthese als Kommunikationssystem rekonfiguriert wurde (wie im Falle der Arbeit über Proteinregulation am Pasteur-Institut und bei Fraenkel-Conrats TMV-Analysen in Berkeley). Das zellfreie Proteinsynthese-System wurde bald als »Übersetzungssystem« für die »Transkriptionen« des Messenger umgedeutet; Nukleotide wurden zu »Buchstaben« geadelt, die durch »Interpunktionen« gegliedert waren; Aminosäuren zu »Wörtern«; und der gesamte Satz der Codewörter avancierte zum »Wörterbuch«. Erwin Chargaff, der in den fünfziger Jahren kybernetische Modelle und Kommunikationstheorie übernommen, inzwischen aber wieder verworfen hatte, machte sich über diese informationellen Repräsentationen lustig, nannte sie das anmaßende Technogeplapper der Molekularbiologen – dennoch verstärkte sich dieser Trend. Doch es handelte sich gerade nicht um bloße wissenschaftliche Popularisierungen, modische Redensarten oder rhetorische und disziplinäre Strategien (wenn sie unter anderem auch solchen Zwecken dienten). Als diskursive Praktiken – Artikulations-, Repräsentations- und Interventionsweisen – leiteten die Informationstropen und -modelle die Konzeptualisierungen, Interpretationen und materialen Praktiken der nachfolgenden Experimente, mit denen die weiteren Code-»Wörter« herausgefunden werden sollten.

»Informationelle Makromoleküle«: Buchstaben, Wörter, Unsinn

Nachdem der tote Punkt überwunden war, gewann das Rennen zur Vervollständigung des Codes an Dringlichkeit und Schärfe. Nirenberg sah sich plötzlich offen herausgefordert und im Wettstreit mit mindestens einem halben Dutzend anderer Forschungsgruppen. Robert Martin erinnerte sich, wie er an einem Samstagnachmittag im Spätsommer 1961 ins Labor kam; fast niemand war da, und Nirenberg saß allein an einem Tisch, mit gebeugtem Kopf und glasigen Augen, offensichtlich verärgert und deprimiert. Er hatte gerade einen Vortrag auf dem Septembertreffen der *New York Academy of Medicine* gehalten; dort hatte Severo Ochoa auch bekanntgegeben, daß sein Laboratorium, mit ungefähr zwanzig Forschern ausgestattet, sich nun voll auf das Codierungsproblem geworfen habe.[52] Daß Ochoa ins Rennen eintrat, gefiel Nirenberg überhaupt nicht. Ochoa hatte es nicht nötig, nachdem er gerade erst vor zwei Jahren für seine Arbeit zur enzymatischen Synthese von Ribonukleinsäure den Nobelpreis erhalten hatte (zusammen mit seinem früheren Postdoktoranden Arthur Kornberg, dieser für die Entdeckung des DNA-synthetisierenden Enzyms DNA-Polymerase). Erst recht unverständlich erschien es, daß er mit der NIH-Gruppe in Konkurrenz treten wollte, mit der er die letzten fünf Jahre auf Einladung zusammengearbeitet hatte. Nirenbergs NIH-Kollegen teilten seine Empfindungen. Wie Martin erzählte: »Wir an den NIH waren furchtbar verärgert über Ochoa und sein Team, weil sie sich auf Marshalls und Heinrichs Entdeckung stürzten. Aber natürlich arbeiteten auch sie damals an der Proteinsynthese. Peter Lengyel, Ochoas Planungsleiter, sagte, daß sie diese Experimente schon anvisiert hatten, noch bevor sie von Marshalls Arbeit hörten. Ich bin mir sicher, er hat recht.«[53] Auch Matthaei hatte eine solche Entwicklung vermutet, denn er erinnerte sich, daß er im Juli 1961 in Cold Spring Harbor bemerkte, wie »Ochoa mit meinem Freund Jo Speyer telefonierte und ihm sagte, er solle seinen Urlaub abbrechen und ins Labor zurückzukommen, damit sie ihre Arbeit an der Polynukleotid-Codierung wiederaufnehmen könnten. Sie müssen es irgendwann Anfang 1961 versucht haben, tatsächlich vor uns, aber sie haben wohl den poly(U)-Effekt verpaßt.«[54]

Zweifellos war das Verpassen des poly(U)-Effekts eine unangenehme Erfahrung für Ochoa, den Nobelpreisträger. Wie die meisten Biochemiker hatte Ochoa bis zu diesem Zeitpunkt (ca. 1960) strikt im traditionellen Begriffsrahmen der Stoffwechsel-Biochemie gearbeitet (wobei er sich auf chemische Zusammensetzung und Energieaustausch konzentrierte). Er war in Spanien geboren und hatte sein Medizinstudium 1929 an der Universität von Madrid abgeschlossen, dann seine Postdoktoranden-Ausbildung bei Otto Meyerhof am Kaiser-Wilhelm-Institut in Heidelberg absolviert, um anschließend Dozent für Physiologie und Biochemie an der Universität von Madrid zu werden; mit dem Ausbruch des spanischen Bürgerkriegs begab er sich 1936 nach Deutschland. Von dort ging er nach England und landete nach einem Umweg über mehrere Laboratorien schließlich in den Vereinigten Staaten. Solche Kriegs-»Wanderjahre« kennzeichneten auch die Karrieren anderer europäischer Biochemiker, wie beispielsweise Heinz Fraenkel-Conrat. Nach einem Jahr als Ausbilder am legendären Laboratorium von Carl und Gerty Cori (die 1947 gemeinsam den Nobelpreis für ihre Untersuchungen zum Kohlehydratstoffwechsel erhielten) an der Washington University in St. Louis kam Ochoa 1942 an die *School of Medicine* der New York University.

»Eine elegante, charmante El-Greco-Gestalt und von seiner Arbeit begeistert« (wie Kornberg ihn beschrieb), war Ochoa von einem nur mit dürftigen Ressourcen ausgestatteten Forschungsassistenten 1954 zu vollen Professuren für Biochemie und Pharmakologie aufgestiegen und dann zum Vorsitz eines rasch expandierenden Fachbereichs. In seiner Forschung hatte er sich hauptsächlich mit enzymatischen Prozessen in der biologischen Oxidation, mit der Synthese und Energieübertragung im Metabolismus von Kohlehydraten und Fettsäuren und der Verwendung von Kohlendioxid beschäftigt. In jüngerer Zeit hatte er sich auf die Biosynthese von Nukleinsäuren konzentriert sowie auf Proteinsynthese in zellfreien bakteriellen Systemen.[55] In diesen Forschungen spielten genetische Konzepte und Modelle der Informationsübertragung keine Rolle.

1954 machte die Biochemikerin Marianne Grunberg-Manago aus Paris, eine Postdoktorandin, die in Ochoas Laboratorium oxidative Phosphorylierung untersuchte, eine aufregende Entdeckung. Sie identifizierte ein bakterielles Enzym, das ein RNA-ähnliches Produkt entstehen ließ, welches nur eine der vier Nukleotidbasen enthielt. Zum ersten Mal war damit ein RNA-ähnliches Polynukleotid außerhalb der Zelle synthetisch erzeugt worden. Das Enzym wurde auf den Namen Polynukleotidphosphorylase getauft, und man dachte zunächst, es katalysiere in vivo RNA-Synthese. In dieser Eigenschaft wurde es zum Mittelpunkt energischer Forschungsanstrengungen (und zum Gegenstand zahlreicher Veröffentlichungen), auch wenn es kritische Stimmen gab.[56] Bald stellte sich jedoch heraus, daß das Enzym keine Rolle in der RNA-Synthese in vivo spielte. (Die Entdeckung RNA-synthetisierender Enzyme 1959 zerstreute schließlich Ochoas gegenteilige Ansichten.) Doch für mehrere Laboratorien bildeten synthetische RNA-Polymere, »Schablonen-RNA«, wie Ochoa sie nannte, nützliche Modelle – vor allem für Alexander Rich, der 1957 von den NIH zum MIT gegangen war –, da sie sich zur Erforschung der biochemischen und strukturellen Eigenschaften der RNA eigneten. Polynukleotidphosphorylase war zu einem wichtigen Werkzeug für ihre biochemische Kunstfertigkeit geworden. In den späten fünfziger Jahren hatte man in einer größeren Zusammenarbeit zwischen Ochoas und Heppels Laboratorien festgestellt – wozu Maxine Singer bedeutend beigetragen hatte –, daß Polynukleotidphosphorylase aus einem Gemisch der vier Nukleotidbasen RNA-ähnliche Polymere herstellt; allerdings war die resultierende Basensequenz zufällig angeordnet. Das Verhältnis der Nukleotide konnte also bestimmt werden, z. B. 2U 1G oder 2C 2U, nicht jedoch ihre Sequenz.[57]

Zumindest im Rückblick sah Ochoa in der Polynukleotidphosphorylase den Schlüssel zum genetischen Code. Wie er sich erinnerte, regte 1960 das neue Konzept der Messenger-RNA die Verwendung synthetischer Polynukleotide als Messenger in zellfreien Systemen an, um damit den genetischen Code zu entziffern.

Peter Lengyel [der damals an seinem Dissertationsprojekt arbeitete] und Joe Speyer glaubten fest daran, daß dieser Ansatz den Weg zur Entschlüsselung des Codes frei machen würde. Anfang 1961 fingen sie an, mit zellfreien Proteinsynthesesystemen zu arbeiten. Sie erwarteten, daß Systeme, die für den Einbau von Aminosäuren in Protein davon abhängig waren, daß mRNA hinzugefügt wurde, möglicherweise auf die Zuführung synthetischer Polynukleotide reagieren würden und, abhängig von deren Basenzusammensetzung, bestimmte Aminosäuren einbauen könnten. Als wir mit unserer Arbeit begannen, berichtete Nirenberg, daß ein E. coli-System poly(U) in Polyphenylalanin übersetzte.[58]

Verstimmt über Nirenbergs Vorsprung, richtete Ochoas Gruppe nun alle ihre Energien darauf, den Code zu vervollständigen, indem sie ihre Synthetisierungsmaschinerie und ihre Vorräte an synthetischen RNA-Polymeren ausnutzte. In den nächsten beiden Jahren sollten sich Nirenbergs und Ochoas Laboratorien ein Kopf-an-Kopf-Rennen liefern; ihre Konkurrenz und die doppelte Arbeitsbelastung wurden etwas dadurch abgemildert, daß häufige Kontakte stattfanden und Manuskripte vor der Veröffentlichung ausgetauscht wurden.

Am 25. Oktober 1961 reichten Lengyel, Speyer und Ochoa ihren Bericht »Synthetic Polynucleotides and the Amino Acid Code« bei den *Proceedings of the National Academy of Sciences* (im folgenden PNAS) ein, den ersten einer Serie von neun Artikeln. Im Unterschied zum sperrigen Titel von Nirenbergs und Matthaeis Forschungsbericht (»Die Abhängigkeit zellfreier Proteinsynthese in E. coli von natürlich vorkommenden oder synthetischen Polynukleotiden«), ließ Ochoas knappe Überschrift keinen Zweifel an den Ansprüchen seiner Gruppe (»Synthetische Polynukleotide und der Aminosäurecode«). Die poly(U)-Untersuchungen von Nirenberg und Matthaei wurden von Ochoa bestätigt und weitere Merkmale der Proteinsynthese nachgewiesen. Die Zugabe von E. coli-Transfer-RNA (sRNA) führte zu einer deutlichen Zunahme des Einbaus von Phenylalanin, was darauf hindeutete, daß poly(U) den Transport aktivierter Aminosäuren von der Transfer-RNA zu den Ribo-

AMINO ACID INCORPORATION IN *E. coli* SYSTEM WITH VARIOUS POLYNUCLEOTIDES*

Amino acid	None	Poly U	Poly C	Poly UC	Poly UA	Poly CU
Phenylalanine	0.03	13		7	3	0.02
Serine	0.02	0.02	0.01	1.6	0.01	
Tyrosine	0.02			0.02	0.75	
Leucine	0.02	0.3		1.5	0.46	0.03
Isoleucine	0.01	0.09		0.32	0.62	0.007
Proline	0.02	0.02	0.06	0.6	0.03	0.14

* mµmoles/mg of ribosomal protein. 19 amino acids were tested individually in all cases, but the ones giving negative results have been omitted from the table. All values (except those for poly CU) are averages of at least two separate experiments.

Abbildung 17. Nach P. Lengyel, J. Speyer und S. Ochoa, »Synthetic Polynucleotides and the Amino Acid Code«, *PNAS* 47 (1961): S. 1936–42.

somen beeinflußte und so als Bote diente. Dieser Punkt war entscheidend, denn er lieferte eine experimentelle Rechtfertigung für die konzeptuelle Austauschbarkeit zwischen synthetischen Polynukleotiden und endogener Messenger-RNA. Doch gleichzeitig ging daraus eine Verschmelzung zwischen dem Messenger als Werkzeug und als Untersuchungsobjekt hervor: Werkzeug und Objekt durchdrangen einander in der Verzahnung von Darstellung und Eingriff oder, um mit Rheinberger zu sprechen, in einer Dialektik von epistemischem und technischem Ding. Außerdem stellte Ochoas Gruppe fest, daß poly(U) nur den Einbau von Phenylalanin förderte, gemischte Polynukleotide wie poly(UC) jedoch den Einbau von Phenylalanin, Serin und Leucin; und poly(UA) den von Phenylalanin und Tyrosin (siehe Abbildung 17).[59]

Ochoa erinnerte sich später: »Lengyel, Speyer und ich beobachteten den Zähler und waren hingerissen. Diese zum ersten Mal überhaupt irgendwo erhaltenen Resultate zeigten, daß die Inkubation von E. coli-Extrakten mit Copolynukleotiden, die neben U-Resten auch C oder A enthielten, die Synthese von Polypeptiden förderten, außer Phenylalanin noch Serin, Leucin und Tyrosin. Ich erinnere mich daran als einen der aufregendsten Momente meines Lebens.«[60] Ochoa und seine Gruppe formulierten am Schluß ihres Artikels einen gewissen Prioritätsanspruch: »Diese und andere hier berichtete Resultate scheinen einen experimentellen Ansatz zu eröffnen, mit dem sich das Codierungsproblem in der Proteinbiosynthese untersuchen läßt.« In einer vor Drucklegung des Artikels hinzugefügten Anmerkung gaben die Autoren außerdem bekannt, daß sie durch Verwendung von poly(UG) und poly(UAC) die Liste der Aminosäuren auf elf erweitert hatten: Cystein, Histidin, Isoleucin, Leucin, Lysin, Phenylalanin, Prolin, Serin, Threonin, Tryrosin

Abbildung 18.
Nach J. Speyer, P. Lengyel,
C. Basilio und S. Ochoa,
»Synthetic Polynucleotides
and the Amino Acid
Code, II.«, *PNAS* 48 (1962):
S. 63–68.

TRIPLET CODE LETTERS FOR AMINO ACIDS*

Amino acid	Code letter†
Cysteine	2U 1G
Histidine	1U 1A 1C
Isoleucine	2U 1A
Leucine	2U 1C
Lysine	1U 2A
Phenylalanine	UUU
Proline	1U 2C
Serine	2U 1C
Threonine	1U 2C
Tyrosine	2U 1A
Valine	2U 1G

* From data for *E. coli* system from this and the previous[1] paper.
† Sequence unknown except for phenylalanine.

und Valin. Weitere Resultate sollten demnächst in *PNAS* folgen.[61] Ihre Proteinsynthesemaschine lief nun offiziell auf Hochtouren.

Ungefähr drei Wochen später berichteten sie in ihrem Artikel »Synthetic Polynucleotides and the Amino Acid Code, II«, daß poly(UC) den Einbau von Phenylalanin, Serin, Leucin, Prolin und Threonin stimulierte; poly(UA) den von Phenylalanin, Tyrosin, Isoleucin und Lysin; poly(UG) den von Phenylalanin, Valin und Cystein; poly(UAC) den von Phenylalanin, Serin, Leucin, Tyrosin, Isoleucin, Prolin, Threonin, Lysin und Histidin; poly(UCG) den von Phenylalanin, Serin, Leucin, Prolin, Valin und Cystein; und poly(UAG) den von Phenylalanin, Tyrosin, Isoleucin, Lysin, Valin und Cystein. Die Nukleotidsequenz dieser gemischten Polymere war natürlich noch nicht bekannt – nur ihre Zusammensetzung –, so daß die Zuordnungen von Aminosäuren immer noch indirekt durch Rückschlüsse erhalten wurden. Unter der Annahme, daß der Code aus Nukleotid-Tripletts bestand, und ausgehend von einem Vergleich der Länge von poly(U) und der Häufigkeit von UUU-Triplets, konnten sie nun elf Aminosäuren Triplettcode-Buchstaben zuordnen (siehe Abbildung 18). Die von ihnen vorgeschlagenen Codebuchstaben stimmten, wie sie überprüft hatten, ausgezeichnet mit den Aminosäuresubstitutions-Daten bei TMV-Nitriersäuremutanten überein. Eine vor Drucklegung hinzugefügte Anmerkung kündigte an: »Die Zuordnung der folgenden Codebuchstaben wird in einem nachfolgenden Artikel in diesen *Proceedings* aufgezeigt werden: Arginin 1U 1C 1G, Glycin 1U 2U 2G und Tryptophan 1U 2G.«[62]

Mit ihren Befunden, daß poly(U) eine Rolle beim Transport der aktivierten Aminosäure von der Transfer-RNA zu den Ribosomen spielte, schlug Ochoas Gruppe die von Nirenberg um drei Tage, auch wenn Nirenbergs Beweis bei weitem strenger war. Am 24. November 1962 reichte Nirenbergs Gruppe ihren Artikel bei PNAS ein; darin wies sie nach, daß Phenylalanin-Transfer-RNA ein obligatorisches Zwischenglied in poly (U)-abhängiger Phenylalaninsynthese war.[63] Ochoas Berichte über die Aminosäurelisten waren denen von Nirenberg um sechs Wochen voraus. Um der großen Herausforderung gerecht werden zu können, taten sich Mitarbeiter aus Tomkins' und Heppels Gruppen mit Nirenberg zusammen; mit bemerkenswertem *Esprit de Corps* unterstützten sie ihn rund um die Uhr. Singer stellte Enzyme und Sachkenntnis bereit, Martin synthetisierte Polynukleotide von drei Uhr nachmittags bis ein Uhr früh und

Heinrich, der zur Nachtarbeit neigte (wenn die Radioaktivitätszähler am ehesten zur Verfügung standen), übernahm die Schicht von Mitternacht bis mittags. Er testete Polynukleotide für die Proteinsynthese. Marshall, der von ungefähr 9 bis 6 im Labor und den Rest des Abends zu Hause arbeitete, analysierte die Daten... Stetten und Tomkins halfen, indem sie Marshall mit Raum und Postdoktoranden versorgten.[64]

Nirenberg hat es nie versäumt, seine Dankbarkeit für diese Unterstützung zum Ausdruck zu bringen. Und er mußte »zu seinem Schrecken entdecken, daß er den Wettstreit liebte«.[65]

Für eine rasche Veröffentlichung reichte Nirenbergs Gruppe ihren Artikel »Ribonucleotide Composition of the Genetic Code« bei den *Biochemical and Biophysical Research Communication* am 4. Dezember ein und gab darin »den genetischen Code« für fünfzehn Aminosäuren bekannt (und bestätigte zum Teil Ochoas Ergebnisse;[66] siehe Abbildung 19). Wie andere vor ihnen, verstrickten auch sie sich in den sprachlichen Ungenauigkeiten, die das Code-Idiom mit sich brachte: War es der Aminosäuren-»Code« der Proteine, der Nukleotidbasen-»Code« der DNA (bzw. RNA) oder der »Code« als Entsprechung zwischen beiden?

Neben ihrer erweiterten Liste der Entsprechungen zwischen Nukleotiden und Aminosäuren (sie hatten nun fünfzehn Aminosäuren aufgeklärt) war an ihrem Artikel die diskursive und epistemische Wende bemerkenswert: Von biochemischen Darstellungen waren sie zu skripturalen Bezeichnungen des Codierungsproblems übergegangen. Es war klar, daß sie nun auch mit Molekularbiologen kommunizierten und deren Beschäftigung mit Struktur und Formalismen des Codes im Blick hatten. Die Autoren gaben eine Neudefinition der Nukleotide als »Buchstaben des genetischen Codes« und der Aminosäuren als »Wörter des Codes«, womit sie zwischen zwei semiotischen Versionen des Codes schwankten: Nukleotidbasen als einzelne Codebuchstaben und Nukleotid-Tripletts als Wörter; und Aminosäuren als Code-Wörter und Proteine als Sätze oder Text. Sie schnitten auch die immer noch ungeklärte Frage an, inwiefern der Code nun wirklich aus den theoretisch postulierten Tripletts bestand.

Genetischer Code für fünfzehn Aminosäuren

Aminosäure	Nukleotidzusammensetzung der Codierungseinheit*
Phenylalanin	UUU...
Valin	UG (U>G)
Leucin	UG, UC (U>G) (U>C)
Cystein	UG
Tryptophan	UG (U≤G)
Glutaminsäure	UGC
Methionin	UG
Glycin	UG
Arginin	UGC
Alanin	UGC
Serin	UC, UGC (U>C) (U>G oder C)
Prolin	UC (U<C)
Tyrosin	UA (U>A)
Isoleucin	UA
Lysin	UA (U<A)

*Die Reihenfolge der Nukleotide in einer Codierungseinheit wird nicht spezifiziert.

Abbildung 19. Nach R. G. Martin, J. H. Matthaei, O. W. Jones und M. Nirenberg, »Ribonucleotide Composition of the Genetic Code«, *Biochemical and Biophysical Research Communications* 6, Nr. 6 (1961/62): S. 410–14.

Von den skripturalen Repräsentationen des Codierungsproblems inspiriert und nicht allein an ein Publikum von Biochemikern gerichtet, wollten sie mit Hilfe ihrer Daten »die Möglichkeit von Singlett- und Dublett-Codes ausschließen. Das *minimale* Codierungsverhältnis muß drei sein; *wahrscheinlich sogar größer.*« Sie bemerkten auch: »wenn ein Polynukleotid mit zwei Basen den Einbau einer Aminosäure stimulierte, wurde diese Stimulation durch den Einschluß einer dritten Base in das Polynukleotid nicht verhindert«, womit sie darauf hinwiesen, daß nicht allein der Code, sondern auch die »Codierungseinheiten« (Tripletts) selbst teilweise »degeneriert« waren. Die ganze begriffliche Terminologie stammte nicht aus der Biochemie, sondern aus mathematischen und

»*Informationelle Makromoleküle*«: *Buchstaben, Wörter, Unsinn* 343

physikalischen Modellen, wie sie in den fünfziger Jahren von Henry Quastler und dem RNA-Krawattenclub in die Molekularbiologie transportiert worden waren. Wie sich später herausstellen sollte, erwies sich der Code leider auch als mehrdeutig (mehr als eine Aminosäure wurde von einem Triplett spezifiziert, z. B. Leucin oder Serin), auch wenn sie diese Eigenschaft nicht hervorhoben. Zwei Monate später sandten sie einen detaillierteren Artikel an *PNAS*, und hier zitierten sie zum ersten Mal Gamows *Nature*-Artikel von 1954.[67]

Offensichtlich hatte Nirenberg im Herbst 1961 einiges aus der theoretischen Literatur zum Code gelesen und sich mit Schlüsselbegriffen und Terminologie vertraut gemacht. Zur Unterstützung der experimentellen Befunde zitierte er die Aminosäuresubstitutions-Daten von TMV-Mutanten, wobei er sich bezeichnenderweise auf Martynas Yčas Artikel von 1958 bezog, »The Protein Text«, der in *Symposium on Information Theory in Biology* erschienen war (dem von Henry Quastler organisierten Symposion). In dieser Zusammenfassung hatte Yčas das Problem der »Speicherung, Übertragung und Replikation der Information, die im Proteinmolekül enthalten ist«, untersucht und dabei die Nukleotidsequenz als einen mit einem Alphabet von vier Symbolen geschriebenen »Text« bezeichnet, der einen anderen, mit ungefähr zwanzig Symbolen geschriebenen Text encodiert, das Protein. Weiterhin hatte er hier die statistischen Korrelationen zwischen benachbarten Aminosäuren und ihrer Auftretenshäufigkeit analysiert (man erinnere sich daran, daß die Häufigkeitsverteilung der Analogie zwischen Proteinen und sprachlichen Texten widersprach). Und er hatte »das Codierungsproblem« umrissen. Dabei hatte Yčas nicht nur seinen und Gamows schwerfälligen »Kombinationscode« eingeführt, bei dem allein die Kombination der Tripletts, nicht jedoch ihre Reihenfolge zählte, sondern auch Cricks eleganten kommafreien Code. Obwohl Cricks Code gerade dazu gedacht war, das »Interpunktionsproblem« zu umgehen, hob Yčas hervor, daß dieses »natürlich auch dadurch gelöst werden könnte, daß Aminosäuren in einer sequentiellen Reihenfolge ausgewählt wurden, die an einem Ende der Matrize startet«.[68] (Dies wurde tatsächlich zum wichtigsten Merkmal der neuen Lösung, die Cricks Gruppe im Dezember 1961 für die Codestruktur vorschlagen sollte.)

Daß diese skripturalen Repräsentationen für Nirenberg nicht bloß als rhetorische Fassade dienten, sondern als Begriffsstrukturen seine experimentelle Praxis prägten, ist reichlich belegt durch die Einträge in seinen Arbeitsjournalen vom Herbst 1961. Mitte September 1961 notierte er: »*Diskussion*: Diskussion des Codierungsproblems, insbesondere wie es durch unsere Funde verändert wird... *Artikel 2* [der bald bei *PNAS* eingereicht werden sollte]: Ausrichtungsproblem [Gerichtetheit der Sequenztranslation].« Ein paar Wochen später umfaßten die geplanten Experimente »andere Buchstaben des Codes; Codierungsquotient«. Angesichts der neuen Einblicke in den Code und die Rolle der Messenger-RNA entwarf Nirenberg auch eine mögliche »Repressionstheorie« (ein Problem, das für ihn – wie für Jacob – vorrangig war) und spekulierte: »Ein Strang der DNA macht Matrizen-RNA, ein anderer Strang macht Repressor-RNA... ein Repressor macht nichts, denn er bedeutet Unsinn. Komplement des Codes ist Repression. Keine zwei Buchstaben des Codes werden komplementär sein. Ich werde so 20 Buchstaben haben, 20 komplementäre Buchstaben (Repressor) & [?]2 Unsinn, wenn es nicht-degenerierter Triplettcode ist.«[69] (Man beachte, daß hier »Code« die Basensequenz bezeichnet, keine Korrelation.) Es bedeutet in der Tat ein epistemisches Rätsel, sich eine Methode auszudenken, um die Auswirkungen eines biochemischen »Nichts« zu messen oder ein genetisches Schweigen aufzuspüren, ein Problem, das die Phagen-Rekombinationstechniken lösen sollten. Anfang Dezember hatten sich die Pläne für einen »2. Artikel: Charakteristika des Genetischen Codes« konkretisiert: »1. Kommafreier Code; 2. Nötig sind mindestens 3 Nukleotide (arg. & hist.); 3. Unsinns-Codes für nichts; 4. Degeneriert (?); 5. Einstrangigkeit«. Auf diese Notizen folgten Ideen für einen »Degenerations-Test«, Weiteres zum Status von Nonsense-Wörtern, ständig wiederkehrende Überlegungen zu »Kommas« und Fragen, ob der Code nicht doch überlappend sei.[70]

Am 20. Dezember hatte Ochoas Gruppe beinahe Nirenbergs Team eingeholt. Sie konnten nun die Zuordnungen für vierzehn Aminosäuren vornehmen, so daß nur noch sechs unbelegt blieben: Alanin, Asparaginsäure, Asparagin, Glutaminsäure, Glutamin und Methionin; merkwürdigerweise enthielten alle Basentripletts Uracil, eine auch von Nirenberg gemachte Beobachtung. (Tatsächlich wurden die »U-reichen Codes von Nirenberg und Ochoa«, wie man sie nannte, bald angezweifelt.) Eine Anmerkung kurz vor Drucklegung kündigte die baldige Veröffentlichung in *PNAS* von weiteren drei (Alanin, Asparagin, Methionin) oder möglicherweise fünf (auch Asparagin- und Glutaminsäure) Aminosäuren an.[71] Vielleicht war es ein Zufall, daß am selben Tag, an dem Ochoas

Gruppe diese Anmerkung veröffentlichte, eine Bekanntmachung die *New York Times* erreichte, die (offenbar zum ersten Mal) die Neuigkeit berichtete: »›Genetischer Code‹ von US-Forschern teilweise entschlüsselt«.

Wissenschaftler aus Regierungsinstitutionen teilten heute mit, daß es ihnen gelungen sei, den »genetischen Code« teilweise zu entschlüsseln. Der »genetische Code«, so wurde in einem Bericht der Wissenschaftler des *National Institute of Arthritis and Metabolic Diseases* erklärt, ist ein System von Botschaften zwischen zwei Chemikalien [DNA und RNA] ... Zusammen sorgen diese beiden Nukleinsäuren für die Herstellung spezifischer Proteine ... Die Theorie besagt, daß DNA als allgemeines Lagerhaus genetischer Information dient ... RNA fungiert als eine Art chemischer Bote, um die Information zu übermitteln ... Mit anderen Worten, ein »Code« ist eine Operation, bei der die vier Grundchemikalien von DNA und RNA die Selektion von zwanzig Aminosäuren in ähnlicher Weise dirigieren, wie die Aufeinanderfolge der beiden Alternativen des Morse-Codes – Punkte und Striche – sinnvolle Wörter aus den sechsundzwanzig Buchstaben des Alphabets bildet. Wie jedoch Dr. Marshall W. Nirenberg und Dr. J. Heinrich Matthaei berichteten, gibt es bislang noch keine experimentellen Beweise, aus denen die direkte Übersetzung eines solchen Codes hervorgeht ... Wissenschaftler aus der ganzen Welt haben daran gearbeitet, den »Code des Lebens« zu entschlüsseln ... Dabei verlief die Forschung jedes Labors relativ unabhängig ... Kürzlich veröffentlichten Wissenschaftler von der *New York University School of Medicine* unter Leitung des Nobelpreisträgers Dr. Severo Ochoa ebenfalls wichtige Resultate im gleichen Forschungsfeld. Ihre Bekanntmachungen scheinen größtenteils dasselbe Gebiet zu betreffen, mit dem sich die Wissenschaftler vom Institut beschäftigen, und in manchen Punkten noch über sie hinauszugehen. In beiden Fällen stellen diese Leistungen nur einen, wenn auch wichtigen, Anfangspunkt dar, um die Details des Codes herauszufinden.[72]

Zwar hatte es auch früher schon gelegentlich Berichte in den Medien gegeben, in denen auf die Jagd nach dem »Stein von Rosette« für den genetischen Code aufmerksam gemacht worden war, doch erst mit dieser Bekanntmachung in der *New York Times* setzte ein stetiger Strom von Berichten ein, durch die »der Code« bald zu einem öffentlichen Symbol des Atomzeitalters werden sollte. Nach und nach wurde Nirenberg, wie Ochoa ein paar Jahre früher, zu einer wissenschaftlichen Berühmtheit, zum Manager eines beeindruckenden Forschungsteams und 1962 zum Leiter der neuen Abteilung für »Biochemische Genetik« (ein präziserer Ausdruck als »Molekularbiologie«).

Zehn Tage später, am 30. Dezember 1961, erschien ein wichtiger Artikel in der letzten Nummer des Jahres von *Nature* mit dem Titel »General Nature of the Genetic Code for Proteins« von den Autoren F. H. C.

Crick, Leslie Barnett, S. Brenner und R. J. Watts-Tobin. Wie Crick Delbrück einige Wochen vor dem Moskauer Kongreß informiert hatte, hatten sie ihre früheren genetischen Untersuchungen erweitert, die das B-Gen der rII-Region des Bakteriophagensystems T4 erforschten, ein Experimentalsystem, das »[Seymour] Benzer so brillant auszunutzen verstand«.[73] (Die rII-Region bezieht sich auf den Locus spezifischer Mutationen auf der Phagen-Genomkarte, identifiziert durch ihre speziellen Plaques auf einer Petri-Schale von E. coli K12; siehe dazu genauer Kapitel 4.) Nirenbergs Moskauer Bekanntmachung und die darauf folgenden Entwicklungen bei der biochemischen Decodierung konnten Cricks Anstrengungen, aufzuholen, nur verstärken. Gerade zwei Wochen vor Cricks Veröffentlichung hatte Jacob an Brenner geschrieben: »Wir hatten gerade einen Besuch von Francis, der ein beachtliches Seminar gehalten hat. Diese Geschichte ist wirklich erstaunlich. Ich versuchte Francis davon zu überzeugen, daß das Codierungsproblem nicht mehr von Interesse ist. Ich bezweifle sehr, daß es mir gelungen ist!«[74]

Die genetischen Experimente von Cricks Gruppe deuteten – zusammen mit herangezogenen Untersuchungen anderer Forscher – auf vier Hauptmerkmale des genetischen Codes hin, die im Artikel von Crick et al. wie folgt aufgeführt wurden:

(a) Eine Gruppe von drei Basen (oder, weniger wahrscheinlich, ein Vielfaches von drei Basen) codiert für eine Aminosäure. (b) Der Code ist nicht vom überlappenden Typ (siehe Abbildung 7) [das entspricht Abbildung 20 in diesem Band]. (c) Die Basensequenz wird von einem festgelegten Startpunkt an gelesen. Damit ist vorgegeben, wie die langen Basensequenzen korrekt als Tripletts zu lesen sind. Es gibt keine speziellen »Kommas«, um die richtigen Tripletts anzuzeigen. Wenn der Startpunkt um eine Base verschoben ist, wird das Lesen nach Tripletts ebenso verschoben und folglich unkorrekt. (d) Der Code ist wahrscheinlich »degeneriert«; das heißt im allgemeinen, daß eine bestimmte Aminosäure von einem von mehreren Basentripletts codiert werden kann.[75]

Dabei erklärten sie ebenfalls die Mechanismen von Unsinns-Mutationen, indem sie durch genetische Mittel geschickt die Schweigepausen eines biochemischen »Nichts« aufspürten. (siehe Abbildung 20)

Daß der Code nicht überlappend war, ging nicht aus ihrer eigenen Arbeit hervor, wie sie bereitwillig zugaben, sondern aus den Untersuchungen von H. G. Wittman sowie von A. Tsugita und Fraenkel-Conrat über die Nitriersäuremutanten des TMV. Bei einem überlappenden Triplett-Code hätte die Änderung einer Base üblicherweise die Änderung von

»Informationelle Makromoleküle«: Buchstaben, Wörter, Unsinn   347

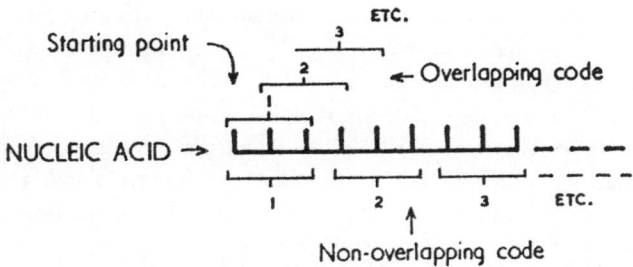

Abbildung 20. F. H. C. Crick, L. Barnett, S. Brenner und R. J. Watts-Tobin, »General Nature of the Genetic Code for Proteins«, Nature 192 (1961): S. 1227–32. »Leseraster« für nicht überlappenden Triplett-Code. © 1961 Macmillan Magazines Ltd.

drei angrenzenden Aminosäuren in der Polypeptidkette zur Folge. Doch die Daten der Aminosäuresubstitution zeigten, daß auf die Nitriersäurebehandlung hin in der Regel nur eine Aminosäure auf einmal geändert wurde. Wenn der Code nicht überlappend war, wie Crick und Yčas bereits Mitte der fünfziger Jahre betont hatten, dann mußte es eine Anordnung geben, um die korrekten Tripletts entlang der Basensequenz auszuwählen. Cricks eleganter kommafreier Code bot ein solches, da in ihm manche Tripletts »Sinn« ergaben, andere »Nonsense«. Doch im Lichte der neuen genetischen Befunde war Crick auf Yčas' alte Lösung zurückgekommen: Eine korrekte Auswahl konnte getroffen werden, wenn von einem festgelegten Punkt angefangen wurde und man sich dann in Dreierschritten die Basensequenz entlangbewegte.[76]

Zu ihren Schlußfolgerungen gelangten sie durch ingeniöse Manipulationen des Bakteriophagen-Experimentalsystems, ausgefeilte genetische Analysen und verwickelte deduktive Überlegungen. Dazu verwendeten sie Benzers feinstrukturierte Genkarte und die umfangreichen Daten, die durch die Präzisionstechnik der Acridinmutanten (mit Acridinfarbstoffen, z. B. Proflavin behandelte Phagen) gewonnen worden waren. Bei diesen »FC O«-Mutanten ist eine Nukleotidbase entweder hinzugefügt oder herausgelöst worden. Sie vermehren sich nicht auf E. coli K (sondern nur auf E. coli B), können jedoch wieder auf ihre normale Funktion umgestellt werden (»Wildtyp«, der sich sowohl auf E. coli K und B vermehrt) mit einer zweiten, »Suppressor«-Mutation, ein weniger weiter längs des Gens. Wie FC O-Mutanten vermehren sich auch »Suppressor«-Mutanten nicht auf E. coli K. Wenn also eine FC O-Mutation in der Deletion einer Base besteht (−), dann stellt der Suppressor durch die Hinzufügung einer Base (+) die normale genetische Funktion wieder her (oder umgekehrt wird eine Hinzufügung durch Deletion neutralisiert). Mutanten mit doppeltem Plus oder doppeltem Minus vermehrten sich allerdings nicht auf K.[77]

Cricks Gruppe verwendete ungefähr achtzig unabhängige Mutanten für diese begrenzte Region des Gens, die alle Suppressoren von FC O oder Suppressoren von Suppressoren oder Suppressoren von Suppressoren von Suppressoren waren. Durch verwickelte Methoden genetischer Rekombination fügten sie drei Mutationen desselben Typs in ein Gen ein, nämlich (+ mit + mit +) oder (− mit − mit −) und zeigten, daß diese dreifache Änderung in einem aktiven Gen resultierte, während (+ mit +) und (− mit −) und bloß (+) oder (−) das Gen vollständig inaktivierten. Aus diesen Manipulationen folgerten sie, daß eine Basenhinzufügung oder -deletion eine »Verschiebung des Leserasters« ergab. Eine Verschiebung (entweder nach links oder nach rechts) um eine oder zwei Basen produzierte Tripletts, deren Lesen »Unsinn« ergab oder die Synthese abbrach, oder mögliche andere Defekte in der Proteinstruktur erzeugte. Eine Verschiebung um drei Basen stellte dagegen die Genaktivität oder die »korrekte Lektüre« wieder her (siehe Abbildung 21). Daraus schlossen sie, daß der Codierungsfaktor drei war (auch wenn sich Vielfache von drei nicht ganz ausschließen ließen) und der Code degeneriert; »wie viele Tripletts Aminosäuren codieren und wie viele von ihnen andere Funktionen haben, können wir allerdings nicht sagen«.[78]

Neben der mit experimentellem Einfallsreichtum gepaarten glasklaren Logik des Artikels fiel noch ein weiterer Aspekt auf, er überging nämlich Nirenbergs und Matthaeis Entdeckung und die nachfolgenden Ausarbeitungen von Nirenbergs und Ochoas Gruppen nahezu vollständig. Nur ganz am Ende ihres Artikels gingen die Autoren kurz darauf ein:

Beim jüngsten Biochemie-Kongreß in Moskau wurde das Publikum in Symposion I durch die Bekanntgabe Nirenbergs überrascht, daß er und Matthaei Polyphenylalanin produziert hatten..., indem sie Polyuridylsäure... zu einem zellfreien System gaben, das Proteine synthetisieren kann. Daraus geht hervor, daß eine Uracilsequenz für Phenylalanin codiert, wahrscheinlich ein Uracil-Triplett, wie unsere

»Informationelle Makromoleküle«: Buchstaben, Wörter, Unsinn 349

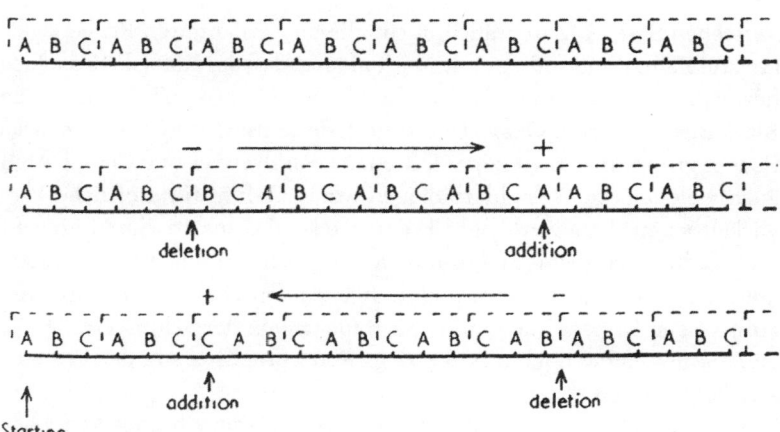

Abbildung 21. F. H. C. Crick, L. Barnett, S. Brenner und R. J. Watts-Tobin, »General Nature of the Genetic Code for Proteins«, *Nature* 192 (1961): S. 1227–32. Modell von Leseraster-Mutationen. © 1961 Macmillan Magazines Ltd.

Arbeit nahelegt. Es ist möglich, durch verschiedene Vorrichtungen, chemische oder enzymatische, Polyribonukleotide mit definierten oder teilweise definierten Sequenzen zu synthetisieren. Sollten diese ihrerseits spezifische Polypeptide produzieren, so läßt sich das Codierungsproblem experimentell umfassend in Angriff nehmen, und tatsächlich arbeiten viele Laboratorien, darunter auch unseres, an diesem Problem. Wenn der Codierungsquotient wirklich 3 ist, worauf unsere Befunde hinweisen, und der Code in der ganzen Natur der gleiche, dann könnte der genetische Code wohl innerhalb eines Jahres aufgeklärt sein.[79]

Die Cambridge-Gruppe und die Molekulargenetiker im allgemeinen waren verärgert über die biochemische Übernahme des Codierungsproblems, mochten sie auch in ihren rückblickenden Darstellungen den Biochemiker Alexander Dounce neben Erwin Schrödinger in ihre »Ruhmeshalle« des genetischen Codes aufnehmen. Sie hatten gehofft, den Code strikt durch deduktive Schlußfolgerungen zu knacken, ohne an die Biochemie zu rühren oder die Black Box zu öffnen. Wie Brenner es später formulierte: »Es gab eine Kultur – oder beinahe einen *Kult* –, der für die Molekularbiologie typisch war. Geschätzt wurde Ideenreichtum.

Verstehen Sie?... Man braucht nicht alle die verdammten Reagenzgläser und Zähler und so weiter. Und ich glaube, daß der Kult um diese Idee herum aufgebaut wurde, daß sich der Code aufklären läßt, ohne je die Black Box zu öffnen. Okay?«[80] Ein Kult, der anfing mit Max Delbrücks Phagengruppe in den vierziger Jahren. Neben Brenner und Crick hatten auch viele andere Molekularbiologen wenig Gefühl für stoffliche Verwickeltheiten, handwerkliches Können oder die spezifische Findigkeit und deduktiven Schlußfolgerungen, die sich im Experimentaufbau äußerten oder bei der Interpretation biochemischer Untersuchungen zum Tragen kamen. Man wußte auch nichts von der Schlüsselrolle, die genetisches Know-how in Nirenbergs Konzeptualisierung der Proteinsynthese gespielt hatte.

Während Nirenbergs und Ochoas Gruppen weiter hinter dem Code her waren, stimulierten ihre aufregenden Funde eine Lawine theoretischer Artikel. Mit Analysen, die sich aus unterschiedlichen Quellen speisten, alten und neuen, sprang man auf den Code-Zug auf; »die meisten davon vergißt man am besten«, meinte Crick. Richard V. Eck von den NIH, der ein Jahr zuvor, auf informationstheoretische Berechnungen von Aminosäuredaten gestützt, argumentiert hatte, daß der Code sehr gut auch überlappend sein könnte, schlug nun ein »Gedankenexperiment« zur Sequenzanalyse großer Proteine vor, das »schließlich die Lösung des Nukleinsäure-Protein-Kryptogramms ermöglichen« würde. Alle bislang vorgeschlagenen Codes hatten eine zusätzliche unbekannte Informationsquelle erfordert, seien es »Kommas«, »Leerstellen«, »Dreierschritte«, »verbotene Kombinationen« oder ähnliches, legte er dar und fuhr fort: »solange die Natur dieses zusätzlichen Mechanismus unbekannt ist, bleibt die Möglichkeit offen, daß er genug Information enthalten könnte, um einen überlappenden Code zu unterstützen«. (Ecks Ideen brachten ihm immerhin einen Bericht in der *New York Times* ein.)[81] Nirenbergs Gruppe verwendete sogar Ecks Einsichten, um die Struktur des Codes zu bestimmen. Robert Wall vom Computing Laboratory in Harvard griff auf Ecks und Woeses Untersuchungen zurück, um mathematische Argumente für die Möglichkeit überlappender Codes zu liefern.[82] Andererseits veröffentlichte R. T. Hersh vom Biochemie-Fachbereich der University of Kansas theoretische Analysen von TMV-Peptidsequenzen, um einen nicht-überlappenden Code zu bestätigen und zum Schluß zu gelangen, daß »die Botschaft von einem festgelegten Anfangspunkt aus gelesen wird«.[83]

Richard Roberts, der Ribosomenexperte, mit dem sich Nirenberg in den letzten zwei Jahren öfter beraten hatte, nahm eine radikale Position ein: »Der Triplett-Code läßt sich in einen Dublett-Code konvertieren, wenn man die allen Codewörtern gemeinsamen U entfernt.« Für sein Modell war allerdings ein hoher Preis zu entrichten, denn aus ihm folgte, daß viele der synthetischen RNA-Polymere keine Matrizen waren. Roberts legte dar, ein Dublett-Code sei andererseits mit der Möglichkeit vereinbar, daß ribosomale RNA eine Matrize darstellte, wie auch mit den Aminosäuresubstitutions-Daten vom TMV. »Der Dublett-Code hat den möglichen theoretischen Vorteil, daß er weniger Buchstaben erfordert, keinen ›Unsinn‹ enthält und mit den Korrelationen übereinstimmt, die von Sueoka gefunden worden sind«; ein Jahr vorher hatte Noboru Sueoka (vom Mikrobiologiefachbereich der University of Illinois) die Korrelationen zwischen RNA-Basen-Zusammensetzungen und Aminosäuren bei mehreren Bakterien-Spezies untersucht und dabei auch die Möglichkeit eines Vierer-Codes angedeutet. Eine der besten Argumentationen, daß man es überwiegend mit einem Dublett-Code zu tun hatte, fand sich in einem wenig bekannten Artikel der tschechoslowakischen Forscher I. Rychlik und F. Šorm; ihre ausgiebige Auswertung von Aminosäureersetzungs-Daten beim TMV führte annähernd zu Code-Dubletts (nämlich die Übereinstimmung von bloß zwei der drei Basen mit einer Aminosäure).[84]

Carl Woese (immer noch bei General Electric) hatte das Gefühl, daß es »nun gewiß möglich ist, eine Theorie zu entwickeln, die alle vorliegenden Fakten zum Code mit einbezieht«. Er stellte ein degeneriertes Codierungsschema vor, das sich für ihn von einem »Informationsgesichtspunkt« her ergab; es paßte ziemlich gut mit der experimentell beobachteten Triplettzuordnung zusammen, stimmte mit den Aminosäuresubstitutions-Daten überein und brachte die experimentell ermittelte Zusammensetzung von Codetripletts in Einklang mit den beachtlichen Variationen, die im G+C-Gehalt der DNA verschiedener Organismen beobachtet worden waren. Woese arbeitete dieses Schema später mit bemerkenswerter Genauigkeit weiter aus.[85] Zhores Alexandrovich Medvedev, leitender Biochemiker an der Landwirtschaftsakademie in Moskau und Teilnehmer am fünften internationalen Biochemiekongreß (sowie Autor eines Buchs über seinen Vorgesetzten Trofim Lyssenko), favorisierte die Idee eines überlappenden Codes, »nicht weil dieser ökonomischer erscheint, sondern weil er die Parallelität unterschiedlicher Abstände zwischen Nukleotiden und Aminosäureresten besser erklären kann, und weil die Deletion oder Hinzufügung eines einzigen Nukleotids bei ihm nur eine punktuelle Mutation bedeutet, nicht jedoch die falsche Lektüre der gesamten genetischen Information und die Erzeugung vollständig unsinniger Proteinmoleküle«.[86] Und Mario Ageno (vom *Istituto Superiore di Sanita, Laboratori di Fisica* in Rom) schlug ein Schema vor, bei dem (über Wasserstoffbrückenbindungen) komplementäre Tripletts (wie beispielsweise TAC und ATG) der gleichen Aminosäure entsprachen; damit sollte das Problem umgangen werden, daß bestimmt werden mußte, welcher der beiden DNA-Stränge zu lesen war.[87] Es gab noch zahlreiche andere Schemata.

Ochoas Gruppe reichte fünf Artikel bei *PNAS* ein, in denen weitere Zuordnungen von Nukleotid-Tripletts berichtet wurden – in allen war Uracil enthalten[88] –, während Nirenberg sich den Zweifeln stellte, die Roberts (neben anderen) daran angemeldet hatte, daß der Code so U-reich sei, und sich mit der Möglichkeit befaßte, daß der Code aus Dubletts bestand. Virale RNA enthielt kein solches Übergewicht an U, gestand Nirenberg zu, und ihre früheren Befunde, daß poly(AC) zum Einbau kleinerer Mengen von Prolin und Theonin in Protein geführt hatte (die vorher als vernachlässigbar betrachtet worden waren), deutete auf die Existenz von Codewörtern ohne U hin; diese Resultate wurden inzwischen von den gründlichen Untersuchungen von M. S. Bretcher in Cambridge und M. Grunberg-Manago in Paris unterstützt. Um das Problem zu lösen, verwendete Nirenberg synthetische Polynukleotide, die vier, drei oder zwei Basen enthielten und alle mit hoher Effizienz und Spezifität Aminosäuren in Proteine leiteten. Dabei wurden viele zusätzliche RNA-Codewörter gefunden, die kein U enthielten. Auffällig war, daß nahezu alle Aminosäuren durch Polynukleotide mit nur zwei Basen codiert werden konnten, berichtete Nirenbergs Gruppe; das schien Roberts Argumente zu unterstützen.[89] Unter den Autoren des Artikels fehlte Matthaeis Name; er war nach Deutschland zurückgekehrt, um am Max-Planck-Institut für Biologie in Tübingen zu arbeiten, damals dem wichtigsten deutschen Forschungszentrum für Molekularbiologie. Kurz darauf wechselte er zum Max-Planck-Institut für experimentelle Medizin in Göttingen.

Als Crick Ende 1962 den Nobelpreis erhielt (gemeinsam mit James Watson und Maurice Wilkins für die Aufklärung der DNA-Struktur), beeinträchtigte der ungewisse Status des Codes – gebrochen, doch noch

»*Informationelle Makromoleküle*«: *Buchstaben, Wörter, Unsinn* 353

nicht entschlüsselt – ein wenig seine Zufriedenheit. Auf Delbrücks Glückwünsche antwortete er: »So wie Jim in Ihnen immer seinen wissenschaftlichen Vater gesehen hat, betrachte ich Sie stets als meinen wissenschaftlichen Onkel. Das von Ihnen geschaffene Phagen-Forschungsfeld war der Humus, auf dem die Molekularbiologie gediehen ist, und inzwischen scheint es, daß sie es endlich geschafft hat! Noch schöner wäre es freilich, wenn wir den Code entziffern könnten.«[90] Nahezu ein Jahrzehnt nach dem Watson und Crick die DNA-Sequenz als »den Code« bezeichnet hatten, »der genetische Information überträgt«, und trotz Cricks jüngsten Verlautbarungen, daß der Code (die Korrelation von Basen und Aminosäuren) innerhalb eines Jahres entziffert sein werde, blieben immer noch viele Fragen hinsichtlich seiner Struktur und seines Inhalts offen: die *Sequenz* einer Codierungseinheit, ihr Umfang (Triplett oder Dublett), die Weise, wie der Code »gelesen« wurde, sowie seine Universalität. Diese Probleme wollte Crick in seiner Nobelpreisrede behandeln, die den Titel trug: »On the Genetic Code«. Er führte also seine »Präsidentschaft« über das Codierungsproblem fort, auch durch Artikel in *Scientific American* (Nirenbergs Fortsetzung zu Cricks Artikel über den genetischen Code erschien nur wenige Monate später) und in *Discovery* (dem britischen Gegenstück zu *Scientific American*). Am Ende seiner Nobelpreisrede erklärte Crick feierlich: »Wir erreichen nun das Ende einer Ära in der Molekularbiologie. Wenn die DNA-Struktur das Ende ihrer Anfangsjahre markierte, so bedeutet die Entdeckung von Nirenberg und Matthaei den Anfang vom Ende dieser Ära.«[91]

Sein Codierungsmandat erweiterte er noch einmal in dem zusammenfassenden Überblick »The Recent Excitement in the Coding Problem« (vermutlich die Fortsetzung zu seinem pessimistischen Resümee von 1959, »The Present Position of the Coding Problem«).[92] Mit seiner Sequenzhypothese (oder dem Zentralen Dogma) als Ausgangspunkt bot Crick einen Überblick über den Mechanismus der Proteinsynthese und lieferte ein Begriffsglossar, wobei er die Codierungseinheit auf den Namen *Codon* taufte (offenbar war der Ausdruck von Brenner geprägt worden). Er erklärte, daß das überwiegende Beweismaterial einen voll oder teilweise überlappenden Code unwahrscheinlich machte. Allerdings war es möglich, mit einer gewissen Findigkeit überlappende Schemata zu konstruieren, die mit den Daten übereinstimmten (hier bezog er sich auf Walls Arbeit). »Wird die Botschaft von einem Ende her gelesen?« Seine genetischen Beweise stützten eine solche Behauptung, und sie ließ sich auch mit jüngeren biochemischen Befunden vereinbaren, berichtete er. Diese wiesen ebenfalls auf eine Codonlänge von drei Basen hin, obwohl ein Dublett-Code nicht ganz ausgeschlossen werden konnte. War der Code universell? Mit wenigen Ausnahmen deuteten Vergleiche von Befunden bei verschiedenen Bakterienarten, TMV und Säugetier-Hämoglobin auf seine Allgemeingültigkeit hin.

Auch wenn Crick zugestand, daß Nirenbergs und Matthaeis »Entdeckung die biochemische Herangehensweise an das Codierungsproblem vollständig revolutioniert hat«, stand er ihrer Arbeit doch kritisch gegenüber. »Es gibt so viele Kritikpunkte, die sich gegen diese Art von Experimenten vorbringen lassen, daß man kaum weiß, wo man anfangen soll«, meinte er, womit er sich hauptsächlich auf die unbekannte Basenzusammensetzung der Polynukleotide bezog, doch ebenso auf Vorannahmen und Interpretationen der Forscher.[93] Er erkannte jedoch an, daß ihre Arbeit bedeutsame Aspekte zur Proteinsynthese beibrachte und Sinsheimers cleveren Zwei-Wort-Code definitiv widerlegte. Nachdem er die Nirenberg-Ochoa-Resultate mit Daten von Aminosäuresubstitutionen beim TMV und menschlichem Hämoglobin verglichen hatte, kam Crick zu dem Schluß: »Das zellfreie System ist kein vollständiges Artefakt und steht in Zusammenhang mit authentischer Proteinsynthese.«[94] Er würdigte Woeses theoretische Bemühungen, die ganze Struktur des Codes aus einem kleinen Teil von ihm abzuleiten, und erkannte an, daß Woeses Codonzuordnungen mit bemerkenswerter Genauigkeit erfolgten. Crick glaubte fest daran, daß gute Theoriearbeit – sowohl die Interpretation experimenteller Daten als auch reines Theoretisieren (auf dem Papier) – für das Codeprojekt wesentlich war. Dennoch bedauerte er, daß so viel schlechte Theorie in Umlauf war.

Auf lange Sicht wollen wir den genetischen Code nicht *erraten*, sondern wollen *wissen*, was er ist. Schließlich stellt er eines der Grundprobleme der Biologie dar. Der Zeitpunkt rückt immer näher, wo das ernsthafte Problem nicht darin bestehen wird, ob beispielsweise UUC *wahrscheinlich* für Serin steht, sondern welches Beweismaterial wir akzeptieren können, aus dem sich diese Zuordnung über jeden vernünftigen Zweifel hinaus ergibt. Worin besteht, kurz gesagt, der Beweis für ein Codon?[95]

Crick schloß seinen Überblick, indem er die Unsicherheiten hinter der jüngsten Aufregung hervorhob.

Auch wenn das »Codierungsproblem« noch ungelöst war, so hatte es gleichwohl, mitsamt seinen skripturalen und informationellen Darstellungen, den begrifflichen Rahmen und die materiale Praxis der Proteinsyntheseforschung dauerhaft umorientiert. Die halbdurchlässige Grenze zwischen Biochemie und Molekularbiologie war inzwischen nahezu porös geworden, denn die Praktiker formierten beide Felder neu als Informationswissenschaften. In einem Symposion zu Ehren des Biochemikers und Nobelpreisträgers Albert Szent-Gyorgyi brachte auch Ochoa, der nur drei Jahre früher seine Studien zur RNA-Synthese noch im Paradigma der Stoffwechselchemie formuliert hatte, sie auf den Nenner von Informationsbegriffen. Dies war gewiß keine Popularisierung für ein Laienpublikum noch bloßer Kunstgriff für die Darstellung, sondern eine Re-Repräsentation der RNA-Synthese von einem genetischen Standpunkt aus und orientiert an Cricks Zentralem Dogma der Informationsübertragung. In seinem Text mit dem Titel »Enzymatic Mechanisms in the Transmission of Genetic Information« erklärte Ochoa: »Die Übersetzung des DNA-Codes in den entsprechenden Code des RNA-Messenger wird demnach zum Brennpunkt der Übertragung genetischer Information.«[96] Man beachte, daß er das Code-Idiom nicht für eine Korrelation zwischen Codons und Aminosäuren benutzte, sondern um die Nukleotidsequenzen zu bezeichnen (und sogar noch einen RNA-Code hinzufügte). Inzwischen gab es vier Bedeutungen von »genetischer Code«.

Der auf Ochoa folgende Vortrag beim Szent-Gyorgyi Symposium, »A Book Model of Genetic Information – Transfer in Cells and Tissues«, den der Chicagoer Biophysiker John R. Platt hielt (Leo Szilards Freund, der gerade Gast am MIT war), wertete die skripturalen Analogien noch weiter aus: »Der Ausdruck [bzw. die Expression] genetischer Information in Zellen und ganzen Organismen ist wie das Ablesen einer komplexen Gebrauchsanweisung, wobei die Analogie sich auf sehr viel mehr Einzelheiten erstreckt, als im allgemeinen angenommen wird«, behauptete er in seiner zusammenfassenden Ankündigung.

Die Information ist linear in »Wörtern« angeordnet, die sequentiell in der Zeit »abgelesen« werden. Es gibt einen Kopiermechanismus (DNA-Polymerase), um das ganze Buch neu zu drucken, und einen anderen (RNA-Polymerase), um das Abgelesene in der Zellchemie zu selektieren. Das »Ablesen« geschieht »absatzweise« (nach Genen) und seitenweise (nach Operons) und kann entweder »abgeschlossen« (reprimiert) oder »eröffnet« (induziert) werden, entsprechend zusätzlicher »Instruktionen« (Repressor-Korepressor-Komplexe) von »Referenzen« (Regulatorgenen) auf früheren Seiten oder in den »Büchern« benachbarter Gewebe... Zwischen den »Lesungen« können die »Bücher« in kompakten »Speicherungs«-Formen (Phagenköpfe, Chromosomen) »weggeschlossen« werden.[97]

Die Metapher vom »Buch des Lebens« enthielt vielfache Anspielungen. Es wurde gleichzeitig als biochemisches Manuskript, gedrucktes Handbuch und elektronischer Text vorgestellt (man erinnere sich, daß das Operon als Magnetband eines Computerprogramms veranschaulicht wurde, und die Ribosomen als »Lesekopf«, wie in Kapitel 5 genauer erörtert). Wie schon des öfteren seit den fünfziger Jahren, offenbarten auch Platts skripturale Repräsentationen eines Codes, der den »Lesevorgang« in der Zelle steuert, die Mehrdeutigkeit, die dreifache Bedeutung des Code-Idioms: Gemeint war zum einen der DNA-Code, zum anderen der Aminosäure-Code und schließlich auch noch der Code als Entsprechung zwischen beiden. Und wie andere vor ihm entwand auch er sich geschickt dem semiotischen Rätsel der Intertextualität und ihrer Dekonstruktion als dem Code von Codes: »Wenn wir zwei verschiedene miteinander zusammenhängende Arten von Code in der Zellbiochemie haben sollten – den Basensequenz-Code der Nukleinsäurekette und den Aminosäuresequenz-Code der Proteinkette –, müssen wir an jedem Punkt der Interaktionen zwischen ihnen ›Übersetzermoleküle‹ annehmen, die *beide* Codes enthalten und in der Lage sind, beide Sprachen zu ›sprechen‹.«[98]

Auch beim riesigen »Symposium on Informational Macromolecules« im Herbst 1962 war das Umschwenken der Biochemiker zum Informationsdiskurs auffallend; zweihundertfünfundzwanzig Lebenswissenschaftler kamen dazu am *Institute of Microbiology* der *Rutgers University* zusammen (wo auch Nirenberg seine jüngsten Revisionen des Codes vorstellte). Das Programm des Symposions verwischte in aller Form die Grenzen zwischen Biochemie und Molekularbiologie, indem konsequent Informationsdiskurs und Schriftrepräsentationen verwendet wurden.

Aus unterschiedlichen Disziplinen zusammenlaufende Anstrengungen auf dem Gebiet der Molekularbiologie haben kürzlich zu Durchbrüchen in unserem Verständnis der molekularen Grundlagen für Speicherung, Übertragung und Expression genetischer Information geführt. Diese Anstrengungen betreffen größtenteils die Synthese und Funktionsweise der Nukleinsäuren und der Proteine, die sich als die beiden grundlegenden Klassen biologischer Polymere betrachten lassen. Die Wissensgebiete, die sich mit diesen beiden Arten von Makromolekülen beschäftigen, werden inzwischen durch den genetischen Code vereint; dieser Begriff, umfassend und hochpräzise, liefert den Schlüssel zur Übersetzung der Sprachen der Nukleotiden in die Sprache der Aminosäuren. Hierbei sind die informationellen Makromoleküle von besonderem Interesse, da sie die Instruktionen für die Aminosäuresequenz in Proteinen übertragen.[99]

Chemische Spezifität, einst das übergreifende Thema in Biochemie und anderen Biowissenschaften, wurde umgedeutet in Informationsübertragung: Träger von Spezifität wurden zu Trägern von Instruktionen. Was bedeutet dieser Namenswechsel? Der Informationsdiskurs reduzierte die Mannigfaltigkeit und Komplexität biochemischer Vorgänge, an denen unzählige verschiedene Moleküle beteiligt waren, auf ein uranfängliches binäres Paar des Lebens: Nukleinsäuren und Proteine.

Joseph Fruton, Biochemiker und Biochemiehistoriker, stand diesen aus der Informationstheorie entlehnten metaphorischen Konstruktionen stets skeptisch gegenüber und zweifelte die Bedeutung des Informationsdiskurses für die Biochemie an, auch wenn er zugestand, daß diese idealisierten Modelle wichtige empirische Entdeckungen angeregt hatten.[100] Doch der Informationsdiskurs leistete sehr viel mehr: Er rekonfigurierte die Biochemie nach den Richtlinien der Molekularbiologie und orientierte sie hin zu genbasierten Konzeptualisierungen belebter Materie. Davon zeugte auch die Struktur des Symposions. Die Sektionen über Polynukleotideigenschaften und -synthese, Proteinstruktur und -synthese und den genetischen Code waren alle offenbar am Zentralen Dogma ausgerichtet, an einer Einbahnstraße der Informationsübertragung von Nukleinsäuren zu Proteinen. Proteinsynthese war zu einem programmierten Kommunikationssystem geworden.

Gleichermaßen markant war die diskursive Wende beim internationalen Kolloquium über Information in der Biologie, das Ende 1962 in der Abtei von Royaumont nahe Paris stattfand. »Ziel des Organisationskomitees war es, interessierte Forscher aus unterschiedlichen biologischen Bereichen zusammenzubringen, in denen Probleme der Information angegangen werden – Genetik, Biochemie, Immunologie, Embryologie, Neurophysiologie.« Max Delbrück leitete ein Seminar über genetische Information, das die erste Hälfte des Kolloquiums einnahm und in dem Nirenberg, Lengyel, Bretcher, Wittman und Woese über neuere Interpretationen des Codierungsproblems berichteten. Benzer und Alan Garen aus Yale stellten den aktuellen Stand zur Mutagenese dar. Jacob umriß das Problem der »Informationsübertragung vom Gen zur Maschine der Proteinherstellung« und hob wohlwollend die Unterstützung hervor, die sein Werk durch Nirenbergs Arbeiten gefunden hatte (den er zweimal abgewiesen hatte, einmal am Pasteur-Institut und einmal in Cold Spring Harbor). François Gros ging genauer auf verschiedene RNA-Fraktionen in Nirenbergs System ein, und Sol Spiegelman unterrichtete über die Phagen-RNA. Nach verschiedenen Referaten über »Information bei der Proteinsynthese« folgten Melvin Cohns Vortrag über Immunologie, der von C. H. Waddington über embryonale Differenzierung sowie verschiedene Darstellungen von Rückkopplungsmechanismen bei der Enzymregulation; zuletzt wurde noch das Problem des Gedächtnisses als Informationsspeicherung behandelt.[101] Auch wenn der Informationsdiskurs sehr weit von der mathematischen Kommunikationstheorie entfernt lag, erwies er sich in seiner allgemeinen und mehrwertigen Form dennoch als bemerkenswert produktiv. Während er innerhalb der Molekularbiologie operational (wenngleich nicht immer konsistent) als eine modellgenerierende Metapher für den Transport genetischer Spezifität fungierte, diente er auch dazu, diese Forschergemeinschaft in einem dialektischen Prozeß mit der informationellen Diskursen anderer Bio- und Sozialwissenschaften und mit der umfassenderen Kultur des Atomzeitalters zu verbinden.

Bei dieser kulturellen Koppelung nahm die *New York Times* eine wichtige Rolle ein, da sie die relevanten Fortschritte verfolgte und interpretierte. Sie propagierte unentwegt die gewaltigen potentiellen Auswirkungen des genetischen Codes als Agent der Information des Lebens; die Entschlüsselung des Codes sah man als ein Problem an, das innerhalb eines Jahres gelöst wäre, und als den Anfangspunkt einer kurz bevorstehenden wissenschaftlichen Revolution. So verkündete die Zeitung im Januar 1962 in einem Artikel mit dem Titel »Struktur des Lebens«: »Bei ihrer Suche nach dem Verständnis der Chemie des Lebens und der grundlegenden Mechanismen der Vererbung, durch die sich alle Lebewesen nach ihrem eigenen Bild reproduzieren, hat die biologische Wissenschaft eine neue Grenze erreicht; es heißt, daß dies zu einer weitaus größeren Revolution führen wird, als sie die Atom- oder Wasserstoffbombe bedeutete.« Der Artikel schloß mit einer Warnung des schwedischen Biochemikers und Nobelpreisträgers Arne Tiselius, daß »diese neuen Entdeckungen, wenn sie mißbraucht werden, zu Formen des Herumbastelns am Leben, zur Erzeugung neuer Krankheiten, zur Gedankenkontrolle, zur Beeinflussung der Erbanlagen, womöglich sogar in bestimmte gewünschte Richtungen, führen werden«. In einem späteren Artikel in der *New York Times* wurde der Biochemiker Erwin Chargaff mit einem »Ruf nach Besonnenheit« zitiert; er wies darauf hin, daß einige der Befunde nicht mit gesicherten experimentellen Daten übereinstimmten. Chargaff und seine Kollegen, die in einem Treffen an der

Columbia University zusammenkamen, zogen den Schluß: »Es ist klar, daß nicht sehr viel klar ist.«[102]

In einem anderen Artikel der New York Times mit dem Titel »Neue Erkenntnisse über den genetischen Code«, der über ein Treffen an der Indiana University berichtete, beschrieb man das Forschungsfeld als »sich in einem derart schnellen Tempo vorwärtsbewegend, daß selbst Wissenschaftler, die sich am besten darin auskennen, verblüfft sind«.[103] Und in einem beeindruckend langen Artikel in derselben Zeitung mit dem Titel »Biologen hoffen die Geheimnisse der Erbanlagen in diesem Jahr aufklären zu können« wurde vorausgesagt:

Die Biologie befindet sich gegenwärtig in einer Revolution, deren Bedeutung und Größe erst in den letzten Wochen deutlich geworden sind. Das Tempo ist so schnell, daß viele Wissenschaftler das Potential des Pulverfasses, auf dem sie sitzen, nicht voll erkennen können ... Diese Einschätzung stützt sich darauf, daß der chemische Code der Vererbung ... sehr wahrscheinlich vor Ende dieses Jahres entschlüsselt sein wird ... Mit Sicherheit läßt sich sagen, daß einige der biologischen »Bomben«, die vermutlich in kurzer Zeit als Ergebnis dieser Leistung explodieren werden, in ihrer Bedeutung für die Menschheit es mit der Atombombe aufnehmen können.

Die Zeitung veröffentlichte sogar den teilweise entzifferten »Aminosäure-Code«, soweit er damals bekannt war (die U-reichen Codes von Nirenberg und Ochoa). Wie Jean Baudrillard später bemerkte, waren diese Codes Symbole der Nachkriegskultur der Simulation: »Zwischen diesen beiden Codes, also in der Gabelung zwischen dem Nuklearen und Genetischen, wird jedes Prinzip des Sinns durch den simultanen Aufstieg dieser beiden grundlegenden Abschreckungscodes absorbiert und jede Entfaltung des Realen zur Unmöglichkeit.«[104] Die New York Times berichtete ebenfalls über das riesige »Symposion über informationelle Makromoleküle« und zitierte Nirenbergs und Ochoas Einschätzung, daß der Code bald vollständig bekannt sein werde.[105] Und etwa einen Monat später, bei der Einweihung des neuen Wissenschaftszentrums in Case Western Reserve in Cleveland, gab die Zeitung bekannt, gestützt auf »zunehmende Beweise« (hauptsächlich von Viren und Bakterien, doch auch in menschlichem Hämoglobin), daß der Code wahrscheinlich für alle Lebensformen der gleiche sei. »Der genetische Code wird für universell gehalten«, verkündete das Blatt.[106]

Universalität war natürlich eine nicht zu unterschätzende Eigenschaft. Wenn es stimmte, dann würde damit der genetische Code auf den Sockel universeller Naturgesetze gehoben, ein Privileg, das im allgemeinen den olympischen Gefilden der Physik vorbehalten war. Technologisch und sozial gesehen, würde Universalität den Weg frei machen für genetische und biomedizinische Technologien. Joshua Lederberg sagte voraus, daß in »weniger als einem Jahrzehnt« das bei Mikroben gewonnene molekulare Wissen auf das menschliche Genom angewandt werde.[107] Pragmatisch gesehen bedeutete Universalität Wirtschaftlichkeit. Die allgegenwärtigen Untersuchungen, die mit E. coli und dem Phagen durchgeführt wurden, wären dann für alle Organismen gültig – von Bakterien bis zu Elefanten, wie Monod es formulierte –, und dieses erprobte Experimentalsystem ließe sich dann weiter einsetzen, um die genauen Zuordnungen von Codons zu Aminosäuren zu bestimmen und *biochemisch* festzustellen (und nicht nur über genetische Rückschlüsse), daß die Codierungseinheit tatsächlich ein Nukleotid-Triplett war. Nach einer zweijährigen Flaute sollten in den folgenden vier Jahren (1963–1967) neue Präzisionstechniken eingesetzt werden, um Trinukleotide bekannter Sequenz zu synthetisieren (entwickelt von Har Gobind Khorana), sowie eine ingeniöse Technik, um Trinukleotid-Messenger an Ribosomen zu binden (von Leder und Nirenberg ausgearbeitet); mit beiden Methoden zusammen wurde die Triplett-Natur des Codes biochemisch nachgewiesen und ein »Wörterbuch« von Codons und Aminosäuren aufgestellt. Mit Hilfe der Bakteriophagen-Technik und genetischer Analysen gelangten Brenner, Garen und ihre Mitarbeiter dazu, die Funktion von Nonsense-Codons festzustellen: Sie dienten der Ketten- »Termination«. Kurz darauf sollte Nirenberg einen zwingenden Nachweis der Universalität des Codes von Bakterien bis zu Säugetieren über phylogenetische Gräben hinweg liefern; mit immensen Folgen für die Gentechnologie.

Die Erstellung eines (universellen) Wörterbuchs

Das Jahr 1963 bedeutete intellektuell, institutionell und sozial einen Wendepunkt für die Molekularbiologie. Während nach Crick die Ereignisse der vorangegangenen Jahre den »Anfang vom Ende« markiert hatten, ging für Stent die Molekularbiologie nun in ihre »akademische Phase« über (die dritte und letzte in seiner Reihe, angefangen bei einer »romantischen Phase« 1938–1953 über eine »dogmatische Phase« 1953–1963), die gekennzeichnet war durch Säuberungsaktionen in der sogenannten »Normalwissenschaft«.[108] Auch der institutionelle Kontext und die Förderungsmuster veränderten sich. Die Ermordung von John F. Kennedy im November 1963 löste eine Kette von Ereignissen aus, mit tiefgreifenden Auswirkungen auf den *Public Health Service*, angefangen bei Lyndon B. Johnsons gesetzgeberischen Aktivitäten, die zur »großen Gesellschaft« hinführen sollten. Ganz im Geist der Anfangsjahre des New Deal verabschiedete der Kongreß Gesetze im »Kampf gegen die Armut«, die *Medicare-* und *Medicaid*-Programme, Verordnungen für Modellstädte, den *Voting Rights Act* sowie eine Lawine von Gesetzen und Verordnungen zum Gesundheitswesen. Dabei wurde das bisherige exponentielle Wachstum des NIH-Budgets (mit seinem jährlichen Zuwachs von 40 Prozent) auf ein ausgeglichenes konstantes Wachstum von ungefähr 6 Prozent jährlich zurückgeschraubt. Doch diese Kürzung repräsentierte in Wirklichkeit den Preis für internationalen Erfolg. Denn NIH-Förderungen waren an viele Institutionen im Ausland geflossen (die NIH unterhielten Büros in Paris, Tokyo und Rio de Janeiro), und dies hatte die molekularen Biowissenschaften in der Nachkriegsära mitgeformt; dazu kamen Stipendien und Forschungsaufträge von der United States Air Force, Army und Navy wie auch Unterstützung durch die Rockefeller-Stiftung. In der biomedizinischen Forschung standen die Vereinigten Staaten 1963 an der Spitze, und die Molekularbiologie wurde zum Modell der Biologie in den entwickelten Ländern.[109]

Diese Verschiebungen in den Finanzierungsstrukturen spiegelten politische Entscheidungen im Kongreß und bei den privaten Stiftungen; man wollte die europäische Wissenschaft der amerikanischen Abhängigkeit entwöhnen und die Unterstützung für Entwicklungländer verstärken. Auf die internationale Gemeinschaft der Molekularbiologie hatten die Veränderungen einen direkten und dauernden Einfluß. Als Reaktion auf die Kürzungen begannen nämlich die europäischen Länder – um die Abwanderung von Wissenschaftlern ins Ausland zu stoppen und die Alte Welt als Zentrum der Wissenschaft wiederherzustellen – mit mächtigen Investitionen in Forschungsinfrastrukturen, die sich am amerikanischen Beispiel orientierten, das so viele europäische Postdoktoranden (wie Matthaei) persönlich kennengelernt hatten: »gut finanziert, klatschhaft und demokratisch organisiert«.[110]

1963 stieg das Volumen des *British Department of Scientific and Industrial Budget* auf 2,65 Millionen Dollar (von 560.000 Dollar 1959), und das Budget des *Medical Research Council* hatte sich auf ungefähr 20

Millionen Dollar verdoppelt (die hauptsächliche Förderungsquelle für die britische Molekularbiologie). In Schweden wuchs das Wissenschaftsbudget von 1,7 Millionen Dollar 1963 auf 2,4 Millionen Dollar 1964. In Deutschland betrugen die finanziellen Mittel der Max-Planck-Gesellschaft 1961 1 Million Dollar im Jahr und stiegen bis 1963 auf mehr als 30 Millionen Dollar (damals mit ungefähr tausend Wissenschaftlern und einundvierzig Instituten); und ungefähr 50 Millionen Dollar waren für den Aufbau von Universitäten im kommenden Jahrzehnt vorgesehen, mit besonderer Berücksichtigung der Molekularbiologie. In Frankreichs Fünfter Republik kamen der Molekularbiologie seit 1961 8,2 Millionen Dollar für einen Zeitraum von fünf Jahren zu (was hauptsächlich den Kampagnen der Pasteurgruppe zu verdanken war). Die Budgets des staatlichen Hygieneinstituts, des CNRS und des Pasteur-Instituts versiebenfachten sich, mit dem Resultat erheblich verbesserter Forschungseinrichtungen. Wie Victor McElheny, europäischer Korrespondent der Zeitschrift *Science*, berichtete:

Frau Professor Marianne Grunberg-Manago vom *Institut de Biologie Physico-Chimique* in Paris gehört zu den Forschern, die von der »konzertierten Aktion« in der Molekularbiologie profitiert haben. Sie führt die Besucher durch umgebaute Laboratorien, die mit neuer Ausrüstung bestückt sind. Nach ihren Worten hat in den letzten 5 Jahren eine »dramatische Verbesserung« stattgefunden. George Cohen von den CNRS-Biologielaboratorien in Gif-sur-Yvette [der nach Jahren in Monods Laboratorium fast ein Angebot von den NIH angenommen hätte] sagt, daß die Ausstattungsmängel zum größten Teil behoben sind. »Wenn jetzt etwas nicht in Ordnung ist«, bemerkte er, »wissen wir, daß es an *uns* liegt.«

Die Investitionen in Frankreich wurden noch verstärkt, nachdem Monod und Jacob ihren Nobelpreis 1963 (zusammen mit André Lwoff erhalten) nutzten, um die Förderung der Molekularbiologie und wissenschaftliche Reformen voranzutreiben. Neben diesen nationalen Initiativen gab es auch Pläne für eine europäische Molekularbiologie-Organisation (EMBO), die nun finanziell und institutionell gefördert wurden (die Vision der EMBO wurde von Leo Szilard vorangetrieben, er wollte eine Vereinigung von Forschern in Europa und Israel aufbauen sowie ein internationales Laboratorium in der Art des CERN). Die Molekularisierung der Biologie wurde international vollzogen; es war ein globaler Prozeß, der verbunden war mit der Aussicht auf gewaltige technologische, ökonomische und soziale Potentiale.[111]

1963 markierte in Amerika ebenfalls den Beginn der Debatten über die künftigen Auswirkungen der Biotechnologie (die durch den genetischen Code möglich geworden war) und die soziale Verantwortung der Wissenschaftler. Bei dem von der CIBA Foundation gesponserten Symposion »Man and His Future« diskutierten viele anerkannte Forscher, hauptsächlich Biologen (darunter Hermann J. Muller, Joshua Lederberg und Francis Crick) Ausmaß und Grenzen einer neuen Eugenik. Und auf dem ungewöhnlich großen elften internationalen Genetikkongreß (in Den Haaag) spekulierten Wissenschaftler über die Kontrolle und Schöpfung von Leben. Nach der umfangreichen Berichterstattung in der *New York Times* über diesen Kongreß warnte ein Leitartikel vor der neuen Bio-Macht, die vom Code ausging.

Ist die Menschheit reif für ein solche Macht? Die moralischen, ökonomischen und politischen Auswirkungen dieser Möglichkeiten machen sprachlos, dennoch haben sie kaum eine gründliche öffentliche Beachtung gefunden. Es besteht die Gefahr, daß die Wissenschaftler uns in den nächsten Jahren zumindest einige dieser gottgleichen Fähigkeiten zugänglich machen werden, noch bevor die Gesellschaft – soweit man das heute beurteilen kann – auch nur im entferntesten auf die ethischen und anderen Zwangslagen vorbereitet ist, mit denen wir bald konfrontiert sein werden.[112]

Basil O'Connor, Präsident der *National Foundation* (ein wichtiger Schirmherr der Molekularbiologie), brachte in seiner Antwort auf solche Beunruhigungen weniger seine Sorgen über die Konsequenzen des neuen Wissens zum Ausdruck, als über die »Flut verfrühter Ängste, abergläubischer Vorstellungen und Widerstände«. Er schrieb: »Auf all dies hat der Wissenschaftler nur eine Antwort: seine Aufgabe ist das Streben nach Wissen, wo immer es ihn hinführen mag, wie schön oder unschön, wie sicher oder gefährlich dieses Wissen sein mag – und ganz gleich wie vorbereitet oder unvorbereitet die Welt darauf sein mag, mit der Wahrheit umgehen zu können, die er ihr präsentiert. Sollte es eine Gefahr des Wissens geben, so kann der einzige Schutz davor nur in noch mehr Wissen bestehen.« Eine beunruhigende Haltung für jemanden, der Zeuge der technologischen Annehmlichkeiten und destruktiven Kräfte der Atombombe gewesen war.[113]

Bei einer Konferenz über »Kontrolle der menschlichen Erbanlagen und Evolution« äußerte der bekannte Phagengenetiker Salvador Luria eine ähnliche Einschätzung: »Unsere Aufgabe war es, nur die technischen Aspekte dessen zu diskutieren, was voraussichtlich durchführbar sein wird ... Ich erwarte, daß die ethischen und moralischen Fragestellungen erst später Gegenstand von vielen Diskussionen werden.«[114] Die

National Academy of Sciences nahm allerdings eine nachdenklichere Haltung ein. Im Auftakt zu ihrer Hundertjahrfeier brachte ihr Präsident, Frederick Seitz, nicht nur Begeisterung, sondern auch Warnungen hinsichtlich der neuen biologischen Entdeckungen zum Ausdruck (auch wenn seine größte Sorge die jüngsten Mittelkürzungen für die Wissenschaft durch den Kongreß waren). In einem Artikel in der *New York Times* wurde berichtet: »Dr. Frederick Seitz warnte, daß Fortschritte bei der vollständigen Entschlüsselung des genetischen Codes zwar möglicherweise zu großem Nutzen führen können, es jedoch auch zu unvorhergesehenen Auswirkungen kommen könnte, sofern ein solches Wissen direkt auf den Menschen angewendet wird. Experimente in diesen Bereichen sollten genau im Auge behalten werden, ›um sicherzustellen, daß sie nicht außer Kontrolle geraten‹, sagte er.«[115] In all diesen Debatten ging es nicht nur um die Abwägung zwischen wissenschaftlichen Wahrheiten und ethischen Besorgnissen, sondern auch um die Forderungen ökonomischer Wettbewerbsfähigkeit und nationaler Sicherheit.

Diese Diskussionen über Aussichten und Gefahren der neuen Biologie waren bald eingebettet in umfassendere Debatten, in denen es um das politische Engagement im akademischen Bereich zur Zeit des Vietnamkriegs ging: Widerstand gegen den Krieg, den industriell-militärisch-akademischen Komplex und biologische Kriegsführung; Zweifel an der Verfassungsmäßigkeit des Loyalitätseids und des Untersuchungsausschusses für unamerikanische Umtriebe (HUAC); und ein erneuertes Engagement für die gesellschaftliche Verantwortung der Wissenschaft.[116] Auch Nirenberg äußerte schließlich seine Besorgnis über mögliche soziale Auswirkungen des genetischen Codes und fragte sich, ob die Gesellschaft vorbereitet und weise genug sei, um mit den bevorstehenden biotechnischen Wogen umzugehen.[117] Allerdings hatte Nirenberg 1963 – inzwischen war er Mitglied der *National Academy of Sciences*, Molekularbiologie-Preisträger der Akademie und erhielt zahlreiche Angebote führender Institutionen, darunter vom Viruslabor in Berkeley – nur ein Ziel: den genetischen Code zu vervollständigen, eine Aufgabe, die bald durch Khoranas technische Meisterstücke bei der Isolierung definierter RNA-Messenger erleichtert wurde.

Wie bei Ochoa and Kornberg, ging auch Har Gobind Khoranas Interesse an Nukleinsäuren zurück bis in die frühen fünfziger Jahre; allerdings nicht in Reaktion auf die Erhellung der DNA-Struktur durch

Watson und Crick, sondern ausgehend von seinem Interesse für den Energieaustausch in Stoffwechselprozessen. Von seinen bescheidenen Anfängen in der einzigen gebildeten Familie eines kleinen Dorfes im Punjab mit hundert Einwohnern, wo er seine Schulausbildung bei den monatlichen Besuchen eines Wanderlehrers erhalten hatte, schaffte es Khorana zum Magister der Naturwissenschaften an der Punjab-Universität in Lahore. Mit einem Stipendium der indischen Regierung konnte er 1945 nach England gehen, um an der Universität von Liverpool als Postdoktorand in organischer Chemie zu forschen. Nach verschiedenen Laboraufenthalten in Zürich und Cambridge, England, und nachdem er sich mit Analysen von Proteinen und Nukleinsäuren bekanntgemacht hatte (insbesondere mit Alexander Todds Nobelpreis-gekrönten Untersuchungen über die Verknüpfungen zwischen Nukleotiden in Nukleinsäuren), fand Khorana 1952 eine Stelle an der University of British Columbia. Sie bot ihm hinsichtlich der Ausstattung zwar nur dürftige Mittel, doch er hatte »alle Freiheit der Welt«, seinen Forschungen nachzugehen. Zusammen mit einigen Kollegen begann er mit der Arbeit »im Bereich der biologisch interessanten Phosphatester und Nukleinsäuren«. Diese Forschung erweiterte sich erheblich, als er 1960 an das gut ausgestattete Institut für Enzymforschung an der University of Wisconsin kam (berühmt für seinen Biochemiebereich).[118]

Bis zu diesem Zeitpunkt hatte Khorana wenig Berührung mit der Molekularbiologie oder dem Codierungsproblem (auch wenn er zuletzt seine Ergebnisse in Begriffen der damals vorherrschenden skripturalen Repräsentationen analysieren sollte, zogen seine strukturellen Untersuchungen wenig Nutzen aus den Informationsmodellen makromolekularer Funktionen). Kornberg erinnerte sich, daß einmal, als er mit Crick und Khorana zusammensaß, Crick die anderen fragte, was sie zu ihrer Arbeit an der DNA gebracht hätte. »Gobind antwortete, daß sein Erfolg bei der chemischen Synthese von ATP [dem Energielieferanten bei Stoffwechselprozessen] ihn zu dem komplexeren Koenzym A führte, welches ihn wiederum zu immer schwierigeren Formen der Kondensation von Nukleotidketten brachte.«[119] Das war in den fünfziger Jahren. 1961 war Khorana eine führende Autorität auf dem Gebiet der Polynukleotidsynthese (laut Nirenberg »jemand wie ein Gott«)[120] und begann sich für die jüngsten Entwicklungen zu interessieren. Das Feld der Polynukleotidsynthese war im Aufblühen begriffen, nachdem mehrere neue Funde in kurzer Zeit erfolgt waren: die Isolierung von DNA-Polymerase und

DNA-abhängiger RNA-Polymerase, die Produktion synthetischer Polynukleotide sowie neue Möglichkeiten, Transfer-RNA aufzuspüren, wenn sie sich an die Ribosomen band. In einer dauernden Dialektik wurden diese epistemischen Dinge rasch zu technischen Dingen, d. h. zu molekularen Werkzeugen, um andere molekulare Vorgänge und Entitäten zu untersuchen. Khoranas Forschungsinteressen gewannen nun Gestalt innerhalb des Darstellungsraums, der durch die Konvergenz von Biochemie und Molekularbiologie, Nukleotid- und Proteinsynthese und den genetischen Code – durch die Verschmelzung von Materie und Information – neu konfiguriert wurde. Nirenbergs und Matthaeis Durchbruch, seine nachfolgende Ausarbeitung durch Nirenbergs und Ochoas Gruppen und das ungelöste Problem der Codonzuordnung nahmen bald sein Interesse gefangen. Noch gab es keine Möglichkeit, die Länge oder Sequenz eines Codons festzustellen, wenn man nur die Zusammensetzung der synthetischen RNA kannte. Um den Code aufzuklären, um zu bestimmen, welches Codon einer bestimmten Zusammensetzung eine Aminosäure bedeutete (z. B. welche der drei Permutationen von U_2G – UUG, UGU oder GUU – Valin oder Cystein oder Leucin repräsentierte), mußte die genaue Basenreihenfolge im Messenger bekannt sein. »In meinem Laboratorium gab es die Hoffnung, Ribopolynukleotid-Messenger mit vollständig definierten Nukleotidsequenzen anzufertigen«, erklärte Khorana.[121]

Diese Aufgabe war technisch sehr viel schwieriger zu realisieren als erwartet. Die chemische Technologie für RNA-Synthese hinkte hinter der blendenden Technik der DNA-Synthese hinterher; während DNA-Ketten mit zehn bis fünfzehn Basen angefertigt werden konnten (hergestellt mit Kornbergs Enzym), erhielt man nur kurze RNA-Segmente mit einer Handvoll Basen. Um diese Beschränkung zu umgehen, verwendete Khorana die kurz zuvor isolierte RNA-Polymerase, in der Hoffnung, mit ihr einen RNA-Messenger ausgehend von einer bekannten DNA-Sequenz zu synthetisieren (zu »transkribieren«), in passender Länge und mit den komplementären Basen zur DNA. Doch das elegante Schema verfing sich bald in technischen Schwierigkeiten. Es konnten keine komplementären Kopien in gleicher Länge wie das DNA-Segment produziert werden, das RNA-Produkt erwies sich stets als sehr viel länger – um mehr als hundert Nukleotide. Nach anfänglicher Entmutigung wurde diese Eigenart bald in ein nützliches Werkzeug verwandelt. Die ständig wiederholte Synthese (oder das »Kopieren«) wurde zu einem

Kunstgriff, um die »Botschaften« in dem kurzen synthetischen Polynukleotid zu verstärken.[122]

Einige Monate später (Anfang 1963) begann Khorana Experimente mit DNA-Polymerase in Kornbergs Laboratorium an der Washington University (»eine meiner zahlreichen Pilgerfahrten in dieses großartige Laboratorium«, schrieb er). Hier gelang es ihm, ein DNA-Polymer zu gewinnen, das abwechselnd die Basen A und T enthielt (von dem aus ein komplementärer RNA-Messenger mit abwechselnden U- und A-Basen synthetisiert werden konnte). »Von diesem Punkt an [Frühjahr 1963] lief alles erstaunlich glatt«, erinnerte sich Khorana später. Sein Artikel (mit Arturo Falaschi und Julius Adler als Mitautoren) mit dem Titel »Chemically Synthesized Desoxynucleotides as Templates for Ribonucleic Acid Polymerase« wurde im April 1963 zur Veröffentlichung eingereicht. Inzwischen gingen die komplizierten Synthesen von genau definierten Di- und Trinukleotiden reibungslos weiter.[123] Doch nicht einmal ein Jahr später (lange bevor Khoranas maßgefertigte Messenger verfügbar waren), erfanden Nirenberg und der bemerkenswert talentierte Postdoktorand Philip Leder eine einfallsreiche Prozedur, um Länge und Sequenz der Codons unmittelbar zu bestimmen.

Gebürtig aus Washington D.C., Absolvent des Harvard College und der Harvard Medical School und durch Sommerjobs mit Laborerfahrung in den NIH-Laboratorien ausgestattet, erhielt Philip Leder 1962 ein NIH-Forschungsstipendium. Anscheinend bestärkten ihn seine Beratungen mit Robert Martin (ein Harvard-Studienkollege), mit Nirenberg zu arbeiten; er trat 1963 in das Labor ein. Hier testeten die beiden Forscher nun Khoranas Schema, indem sie ein kurzes synthetisches DNA-Segment, das nur Ts enthielt (oligo dT), zusammen mit RNA-Polymerase in ihr zellfreies System gaben; sie konnten innerhalb weniger Monate demonstrieren, daß der resultierende Messenger poly(A) tatsächlich zur Synthese der Aminosäure Polylysin führte (in Übereinstimmung mit den Aminosäure-Zuordnungen von Ochoas Gruppe). Sie präsentierten ihre Ergebnisse auf dem Cold Spring Harbor Symposion »Synthesis and Structure of Macromolecules«, bei dem zwei Sektionen dem »Aminosäurecode« gewidmet waren; dazu gehörten im übrigen nicht nur biochemische Herangehensweisen an den Code, sondern auch Aminosäuresubstitutions-Untersuchungen bei E. coli (Yanofsky) und dem TMV (Wittman). (Das Jahr 1963 markierte auch einen Wendepunkt in der Geschichte von Cold Spring Harbor: Mit dem Rückzug der

Carnegie Institution of Washington – Cold Spring Harbors Schirmherr seit der Gründung 1904 – kam es zu einer vollständigen Neuorganisation der Laboratorien und ihrer Verwaltung.)[124]

Nirenbergs Referat »On the Coding of Genetic Information« war auch interessant, was seine diskursiven Praktiken und sprachlichen Verwischungen anging.[125] Ganz deutlich führte die Bewegung zwischen definitorischen Unterschieden dazu, daß die Bedeutungen destabilisiert wurden, die man diesen molekularen Entitäten zuschrieb. Als die Autoren ihre Korrelationen zwischen der »beobachteten Häufigkeit von Aminosäuren« und der »theoretischen Häufigkeit von RNA-Codewörtern« (grafisch) darstellten, orientierten sie ihre Analysen (nun wahrscheinlich bewußt) am skripturalen Grundgerüst von Gamow, Yčas und dem RNA-Krawattenclub. Doch wie bereits in den fünfziger Jahren festgestellt worden war, widersprach die Zufalls-(Poisson-)Verteilung der Aminosäuren bei Proteinen (damals in Analogie zu Buchstaben, nicht Wörtern gedacht) der nicht zufälligen (da durch Nachbarpositionen eingeschränkten) Buchstabenverteilung in jeder bekannten Sprache. Und wie andere Codeforscher auch verfing sich Nirenberg in den Inkonsistenzen einer Analogie mit Buchstaben (Nukleotidbasen oder Aminosäuren?) und dann wieder mit Wörtern (Codone oder Aminosäuren?); tatsächlich hatte er (unwissentlich) seine frühere Definition von Aminosäuren als Wörter und RNA-Basen als Buchstaben aufgegeben.

Die Verschiebungen in der Verwendung des Code-Idioms offenbarten sogar noch mehr: Die Entsprechungstabelle von Codons und Aminosäuren wurde nun geradezu kontradiktorisch als »Codewörterbuch« bezeichnet. War es ein Code? Oder war es ein Wörterbuch? (Ein Wörterbuch enthält definitionsgemäß Wörter; in Analogie dazu wurde auch in der Codierungstheorie das Wörterbuch als die Menge von k-Buchstaben-Wörtern definiert, siehe dazu Kapitel 4.) Diese unvereinbaren Analogien wohnten den sprachlichen Bedeutungen *beider* Entitäten inne: Nukleinsäuren und Aminosäuren. Sollte die Analogie konsistent sein, mußten zwei in Beziehung stehende »*Texte*« dasein (wie Platt dargelegt hatte): die DNA-Botschaft und ihre Protein-»Übersetzung« (via RNA-»Transkription«), die in *zwei* Arten von Code geschrieben waren. Ihre Entsprechung bildete eine problematische Intertextualität oder einen *Code von Codes*. Mit der Wörterbuchmetapher war die Codemetapher logisch redundant geworden, auch wenn sie die wissenschaftliche Vorstellungswelt weiterhin leitete. Sie sollte sogar noch redundanter werden, je komplexer und kontingenter ihre Funktionen wurden. Die meisten Wissenschaftler verschwendeten allerdings wenig Gedanken an solche semantischen Überlegungen.

Während Khorana die definierten Oligonukleotide anfertigte, technisch gesehen ein anspruchsvoller und arbeitsintensiver Vorgang, kündigten Nirenberg und Leder beim sechsten internationalen Kongreß für Biochemie in New York (vom 26. Juli bis 1. August 1964) einen wichtigen Durchbruch an. Um die Sequenz der RNA-Code-Wörter festzustellen, hatten sie eine schnelle und empfindliche Methode entwickelt, mit der sich der direkte Effekt von Trinukleotiden auf die Bindung von Transfer-RNA an Ribosomen messen ließ. Bei *PNAS* hatten sie bereits einen Artikel eingereicht, für den die neue Technik eingesetzt worden war, um Aminosäure-Zuordnungen zu bestimmen. Die Methode beruhte auf technisch verwickelten Befunden, die von mehreren Laboratorien gleichzeitig berichtet worden waren. In diesen Berichten war gezeigt worden, daß eine Aminoacyl-tRNA (eine aktivierte Aminosäure, die an eine tRNA geheftet ist) sich an Ribosomen binden konnte, wenn ein synthetischer RNA-Messenger anwesend war, der das korrespondierende Triplett enthielt (z. B. ging Phenylalanin-tRNA nur in Anwesenheit von poly(U) eine Bindung an Ribosomen ein).[126]

Durch sorgfältige Manipulationen entdeckten Leder und Nirenberg, daß Aminoacyl-tRNA zwar nicht von selbst an Scheiben von Nitrozellulosefilter haften blieb, aber doch, wenn sie an Ribosomen gebunden war, die ihrerseits an den Scheiben hafteten. Sie bemerkten bald, daß sogar ein isoliertes Triplett zur Bindung von Aminoacyl-tRNA führte. Als sie das Verfahren an den zweifelsfreien Aminosäurezuordnungen testeten, bestätigte sich, daß pUpUpU zur Bindung von Phenylalanin-tRNA führte, pApApA zur Bindung von Lysin-tRNA und pCpCpC von Prolin-tRNA (ein kleines p links von einer Base zeigt 5'-Ende-Phosphat an; rechts davon ein 3'-Ende-Phosphat, und definiert so die Richtung oder Polarität, in der die Botschaft »gelesen« wird). Ein Dublett hatte keinen Bindungseffekt; daher war die Mindestlänge einer Codierungseinheit drei (allerdings erwies sich der Mechanismus als sehr viel subtiler, wie weiter unten noch erklärt wird). Der Codierungsengpaß war überwunden. Sie hatten einen schnellen und zuverlässigen experimentellen Ansatz entwickelt, mit dem sich die genauen Basensequenzen der vierundsechzig Codons bestimmen ließen, eine nach der anderen. »Wieder ging das Rennen los«, diesmal gegen Hunderte von Forschern, zu denen erfahrene Wissenschaftler, ausländische Gastforscher, Postdoktoranden und Labortechniker (viele von ihnen Frauen) gehörten. »Und wieder kamen die NIH Marshall zu Hilfe«, in verschiedenen Formen von Kooperation und mit einer Armee von Postdoktoranden.[127]

»Die Entschlüsselung des Codes. Neue Ansätze zum Verständnis der Grundlagen des Lebens« verkündete die *New York Times* in ihrer Berichterstattung über den internationalen Kongreß. Noch einmal wurde an die sensationelle Geschichte des Moskauer Kongresses von 1961 erinnert und an den »von Wissenschaftlern in der ganzen Welt begrüßten Triumph«, wie auch an die Vorhersage Cricks, wonach das ganze Codierungsproblem innerhalb eines Jahres gelöst sein werde. »Nun, es wurde nicht gelöst und ist es immer noch nicht.« Allerdings hieß es weiter:

Letzte Woche... haben Dr. H. Gobind Khorana von der University of Wisconsin und Dr. Nirenberg neue Ansätze zum Codierungsproblem vorgestellt, mit denen sich die meisten Schwierigkeiten überwinden, wenn nicht gar das Problem insgesamt lösen läßt... Dr. Nirenbergs Ansatz besteht darin, einzelne Tripletts herzustellen oder zu isolieren, die passende Aminosäure zu finden, sich dann die Kombination chemisch »anzuschauen« und somit den Code Wort für Wort zu entziffern. Bei Dr. Khoranas Technik werden mit rein chemischen Mitteln DNA-Nukleotide eines nach dem anderen in Sechser-Ketten zusammengesetzt oder drei oder vier Dreier-Ketten aneinandergehängt, alle mit bekannter Sequenz. Mit diesen synthetischen DNA-Fragmenten stellt er dann gezielt synthetische RNAs bekannter Sequenz her, die ihrerseits synthetisches Protein herstellen, dessen Aminosäuresequenz analysiert und schließlich decodiert werden kann.[128]

Es klang ziemlich einfach. Tatsächlich ergab Nirenbergs und Leders Fraktionierung von poly-(U,G)-Kombinationen sehr schnell drei Trinukleotide, GUU, UGU und UUG, von denen sich nachweisen ließ, daß sie in dieser Reihenfolge Valin, Cystein und Leucin spezifizierten. Doch die Trinukleotidsynthese erwies sich technisch als ein ziemliches Hindernis. Heppel bot Anleitung, Material, Methoden und Zusammenarbeit an, bis schließlich 1965 viele Trinukleotide zusammen waren. Kurz darauf führte die Korrelation von fünfundvierzig Trinukleotiden mit Aminosäuren zu einer Kaskade von Veröffentlichungen aus Nirenbergs Labor.[129]

Der Artikel der Labormannschaft von 1965, »RNA Codewords and Protein Synthesis, VII. The General Nature of the RNA Code«, war besonders instruktiv. Er brachte Funde aus verschiedensten Quellen zusammen und lenkte die Aufmerksamkeit auf viele unerwartete Begleitaspekte in den Merkmalen des Codes, auf die Raffiniertheit seines

Erkennungsapparats und seine verwickelten Muster. Nachdem nun 70 Prozent des Codes bestimmt und zusätzliche genetische Daten gesammelt waren, ließ sich die Frage der Nonsens-Tripletts neu angehen. Durch verwickelte Rekombinationen von Phagemutanten hatte Brenners Gruppe gerade demonstriert – was bisher stets Annahme geblieben war –, daß eine Kolinearität zwischen Gen und Polypeptidkette vorlag (ebenfalls nachgewiesen von Charles Yanofsky mit seinem E. coli-Tryptophan-Synthetase-System. Brenners Befunde, die demonstrierten, daß UAG oder UAA die »Termination« einer Polypeptidkette bei E. coli spezifizieren konnte, wurden unabhängig ebenso in Alan Garens Laboratorium in Yale gewonnen. (Etwas später legten Nachuntersuchungen aus Cambridge, England, nahe, daß auch UGA zur Kettentermination diente.) Vom Standpunkt der Biochemiker aus galten diese Befunde jedoch allenfalls als indirekte Beweise. Und Nirenbergs Laboratorium bestätigte biochemisch, daß diese beiden Codons zu einer Gruppe gehörten, die keine Aminosäure spezifizierte.[130]

Darüber hinaus konnte Nirenberg nun versuchen, das Rätsel zu lösen, das immer noch die Frage Dublett- oder Triplett-Code umgab. Zwar hatten Nirenberg und Leder gezeigt, daß die minimale Codonlänge drei Nukleotide betrug, doch vorhergehende Untersuchungen mit Polynukleotiden in Zufallsanordnungen hatten ebenfalls ergeben, daß »synonyme« Codons (die für dieselbe Aminosäure codierten) sich oft in ihrer Zusammensetzung nur durch *eine* Base unterschieden. Dies legte nahe, daß Basen, die synonymen Codons gemeinsam waren, identische Positionen in der Sequenz einnahmen, und daß entweder in einem Triplett manchmal nur zwei der drei Basen erkannt wurden, oder daß eine Base auf zweierlei oder mehr Arten korrekt erkannt werden konnte (Woeses und Ecks theoretische Analysen boten Einsichten, um diese Ungereimtheiten zu erklären). »Den Code betreffend lassen sich mehrere Verallgemeinerungen treffen«, schloß Nirenbergs Gruppe: strukturell und metabolisch in Zusammenhang stehende Aminosäuren hatten oft ähnliche Codons; viele Codons konnten vielleicht auch schon teilweise erkannt werden; die Erkennung am 3'-Ende des Codons war am variabelsten; und in den meisten Fällen unterschied sich die offensichtliche Matrizenaktivität eines Codons der einen Gruppe von Synonymen von der einer anderen Gruppe. Diese komplexen und kontingenten Muster – kaum ein Code, der zur Vorhersage taugte – schienen die allgemeinen Erkennungsmechanismen zu bestimmen, insbesondere die Interaktionen von tRNA-Molekülen mit den Tripletts in der Messenger-RNA. »Hinweise auf den Erkennungsvorgang könnte die für ein Alanin-Codon gefundene Nukleotidsequenz liefern (GCU gefunden, GCC, GCA und GCG vorhergesagt), des weiteren die aus Hefe isolierte Nukleotidsequenz einer Alanin-sRNA [tRNA], von der Holley et al. berichtet haben«, meinten sie in ihrer Schlußfolgerung; sie bezogen sich dabei auf die Arbeit von Robert Holley in Cornell, der gerade die entscheidenden Merkmale dieses Erkennungsmechanismus erhellt hatte, was in jeder Hinsicht eine phantastische Leistung darstellte.[131]

Robert W. Holley war ein bescheidener und reservierter Forscher, der aus Urbana im mittleren Wesen stammte. Nach seinem Studienabschluß hatte er 1947 eine Ausbildung in organischer Chemie in Cornell absolviert, wurde Assistenzprofessor für organische Chemie an Cornells Experimental Station, Geneva, New York, und später Forschungschemiker im Labor des amerikanischen Agrarministeriums auf dem Cornell-Campus. 1964 war er Professor für Biochemie und Molekularbiologie in Cornell. Sein seit langer Zeit bestehendes Interesse an der Chemie natürlicher Produkte führte ihn zu komplexeren biologischen Problemen, zu Aminosäuren und Peptiden, und schließlich zum zentralen Problem der Proteinsynthese. Als Nirenberg nachwies, daß tRNA ein obligatorisches Zwischenglied bei der Bildung von Phenylalanin war (1962), hatte Holley bereits fünf Jahre über tRNA gearbeitet.[132]

Er war dem Forschungspfad Zamecniks (und anderer) gefolgt, der gezeigt hatte, daß die Zelle viele Arten von tRNA-Molekülen enthielt, von denen jede für eine bestimmte Aminosäure spezifisch war. 1961 war bekannt, daß eine Reihe von Enzymen, jedes für eine Aminosäure und eine bestimmte tRNA spezifisch, die Bildung einer kovalenten Bindung zwischen der Aminosäure und der tRNA katalysierten (und auf diesem Weg den Aminoacyl-tRNA-Komplex hervorbrachten). Schon vor Nirenbergs Experimenten vermuteten die Forscher stark, daß tRNA die Aminosäuren während der Proteinsynthese transportierte. Frühere Untersuchungen über das Gemisch der verschiedenen tRNAs hatten gezeigt, daß sie relativ kurz waren. Bei weniger als hundert Nukleotiden pro Kette waren sie die kleinsten bekannten biologisch aktiver Nukleinsäuren – alle mit einer ähnlichen, wenn nicht gar identischen Nukleotidzusammensetzung an einem Ende der Kette. Auch enthielten sie kleine Mengen ungewöhnlicher Nukleotidbasen (andere als A, G, T und C). Die Nukleotidsequenz einer tRNA zu bestimmen war eine sehr schwierige Aufgabe und erforderte bedeutende technische Neuerungen: Methoden, um eine bestimmte tRNA aus einem großen Gemisch ähnlicher Moleküle zu isolieren, sowie Verfahren, um ihre Basen zu sequenzieren. Nach fünf Jahren Arbeit gab Holleys Gruppe Anfang des Jahres 1965 bekannt, daß es ihnen gelungen war, die gesamte Sequenz der tRNA zu kartieren, die für Alanin spezifisch war (bei Hefe).[133]

Mit Bezug auf Nirenbergs Codonzuordnung für Alanin legte Holley ein bedeutsames Merkmal ihrer Struktur dar: daß nämlich mehrere Trinukleotidsequenzen als Kandidaten für das Codierungstriplett bzw. »Anticodon« zum Transfer von Alanin in Frage kamen. (Der Ausdruck *Anticodon* war gerade neu geprägt worden, um das zum Codon des RNA-Messenger komplementäre tRNA-Triplett zu bezeichnen.) Holleys Struktur und ihre Basensequenzen konnten nicht nur die Funktion der tRNA erklären, sondern ließen sich auch für die weitere Aufklärung des Codes einsetzen. Untersuchungen der Anticodone auf unterschiedlicher tRNA konnten nun zu jenem »Stein von Rosette« werden, wie man ihn sich 1958 vorgestellt hatte. Von Holleys Funden inspiriert, schlug Crick ein Modell vor, das seine Adaptorhypothese auf die neuen Erkenntnisse abstimmte und einige Kontingenzen der Codierung erklärte; auch entwickelte er ein Schema für die Paarung zwischen Codon und Anticodon, das den offensichtlichen Widerspruch zwischen Dublett- und Triplett-Codes auflösen sollte, und zeigte schließlich einen molekularen Mechanismus auf, der die Degeneration des Codes erklärte. Cricks »Wobble-Hypothese« ermöglichte etwas Spielraum in der Bindung der Codons am abgerundeten Ende der stecknadelartigen tRNA-Struktur (siehe Abbildung 22). »Während die üblichen Basenpaare an den ersten beiden Positionen des Tripletts eher genau besetzt werden, könnte es bei der Paarung der dritten Base etwas Spielraum oder ein Schwanken [*wobble*] geben ... damit ließe sich im allgemeinen die Degeneration des genetischen Codes erklären«, schlug Crick vor, womit er Holleys tRNA-Struktur theoretisch absegnete. Angesichts der gewaltigen Herausforderung und Reichweite von Holleys Funden erstaunt es nicht, daß die Bewunderung der Biochemiker und Molekularbiologen für sein Werk recht groß war.[134]

Inzwischen war es Khorana durch eine elegante Kombination chemischer und enzymatischer Methoden gelungen, seine Technik zur Synthetisierung langer RNA-Ketten mit vollständig definierten Sequenzen zu vervollkommnen (wie die *New York Times* berichtete). Im Hinblick

374 Informationsmaterie: die Schreibung genetischer Codes nach 1960

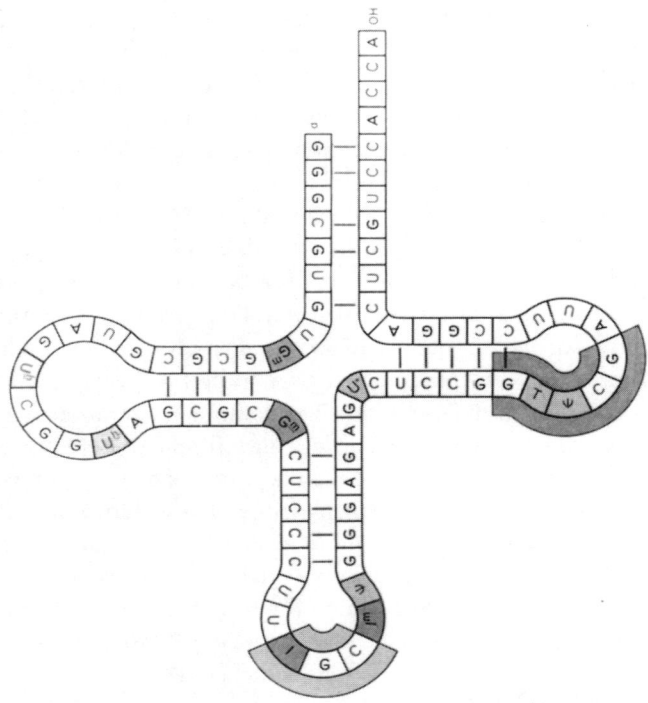

Abbildung 22. Robert Holley, »The Nucleotide Sequence of a Nucleic Acid«, *Scientific American* 214 (1966): S. 31. Genehmigter Nachdruck. In der Bildunterschrift war zu lesen: Hypothetische Modelle von Alanin-Transfer-Ribonukleinsäure (RNA) zeigen drei der vielen Formen, in denen die lineare Kette des Moleküls gefaltet sein könnte. Die verschiedenen Buchstaben bezeichnen Nukleotid-Untereinheiten ... In diesen Modellen wird davon ausgegangen, daß gewisse Nukleotide, wie beispielsweise C–G und A–U, sich paaren werden und so kurze doppelsträngige Regionen bilden. Eine solche »Basenpaarung« ist ein charakteristisches Merkmal von Nukleinsäuren.

auf Nirenbergs und Leders effiziente Technik zur Bindung von Trinukleotiden hatte er alle vierundsechzig Trinukleotide isoliert und charakterisiert (alle von ihnen Permutationen von A, C, U und G).[135] Mit Khoranas präzise angefertigten Trinukleotiden und Nirenbergs und Leders Bindungsmethode wurde es möglich, den gesamten Code innerhalb des nächsten Jahres aufzuklären (d. h. alle Aminosäuren wurden mit Codons korreliert). Ungefähr ein Dutzend Codons blieben unbelegt, da ihre Bindungstests entweder negativ oder mehrdeutig waren. Die Bedeutung dieser Tripletts, einschließlich der Unsinns-Codons, war noch zu bestimmen und wurde zum Gegenstand nachfolgender Untersuchungen, die andere »Decodierungs«-Verfahren einsetzten.[136] Doch im wesentlichen war das (universelle?) »Wörterbuch« 1966 vervollständigt.

Das Cold Spring Harbor Symposion von 1966 war ganz dem genetischen Code gewidmet, und sein Programm wurde von Nirenberg, Speyer, Watson und Crick vorbereitet. »1961 wurde nachgewiesen, daß der genetische Code aus Drei-Buchstaben-Wörtern besteht und das Wort UUU für Phenylalanin codiert. Fünf Jahre sind vergangen, und der Code ist jetzt praktisch vollständig bekannt«, erklärte der neue Direktor in Cold Spring Harbor, der Molekulargenetiker John Cairns, in seiner Eröffnungsansprache. (Milislav Demerec, fünfundzwanzig Jahre lang der verehrte Direktor von Cold Spring Harbor, war vor kurzem verstorben.) »Die für diese Entschlüsselung erforderliche Anstrengung, das sonderbare Gefühl von Dringlichkeit und die bemerkenswerte Vielfalt der Herangehensweisen, die zusammen zur Lösung geführt haben, dürften in der Geschichte der Biologie einmalig sein. Es scheint daher der richtige Zeitpunkt für eine Konferenz zu sein, um die vielen Beiträge zu dieser Lösung ein für alle Mal zusammenzubringen.« Crick lieferte die Einführung, die er mit dem Titel versah: »The Genetic Code: Yesterday, Today, and Tomorrow«; es war der erste (veröffentlichte) Überblick über die Geschichte des Codes und ein kritisches Resümee der noch offenen Fragen, denen man sich in den verschiedenen Sektionen der Konferenz widmen wollte.[137]

Während den Nonsense-Codons mit hinreichender Sicherheit die Funktion der Kettentermination zugeordnet werden konnte, blieben die Mechanismen für den Kettenanfang im dunkeln, legte Crick dar. Zumindest bei E. coli schien GUG die Aminosäure Methionin zu bedeuten, wenn es eine Kette eröffnete, und Valin in der Mitte der Kette, ein Sachverhalt, der die Bestimmung der Auswirkung einer Mutation auf ein benachbartes Gen komplizierte. Degeneration war seit den fünfziger Jahren ein anerkanntes Merkmal des Codes, doch »der dunkle Punkt ist die mögliche Mehrdeutigkeit. Es könnte sein, daß ein bestimmtes Triplett sogar in der Mitte einer Botschaft für mehr als nur eine Aminosäure steht«, gab Crick zu. »Selbst wenn wir den genetischen Code kennen, wissen wir immer noch nicht, was den Beginn eines Operons und was sein Ende signalisiert«, warnte er. Gleichwohl wagte er die Voraussage, daß diese Schwierigkeiten in wenigen Jahren behoben wären. Das galt nicht für die härteren Fragen nach der Struktur des Codes, nach seiner Allgemeingültigkeit und seinen (evolutionären) Ursprüngen. Crick erklärte: »Während wir in den fünfziger Jahren recht viele ziemlich dürftige Artikel über die Natur des genetischen Codes ertragen mußten, hat es in den letzten Jahren geradezu eine Flut von Artikeln über seine Struktur und seinen Ursprung gegeben. Ich erwäge, einen jährlichen Preis für den schlechtesten Artikel über diesen Gegenstand auszusetzen – und glaube, daß es uns an Kandidaten dafür niemals mangeln wird.«[138] Über diese Fragen wurde in der Abschlußsitzung des Cold Spring Harbor Symposions diskutiert, die von Woese geleitet wurde (dieser war gerade dabei, sein Buch *The Genetic Code* zu vollenden, in dem er die Proteinsynthese als durch skripturale Technologien gelenkte Informationsverarbeitung darstellte). Mit vierundneunzig Referaten, die auf dreizehn Sektionen verteilt waren (Codons in vitro; Leserichtung; in vivo-Code und Polarität; Polarität; Interpunktion; Kontrolle der Genexpression; Transfer-RNA: Chemie; Transfer-RNA: Funktion; Transfer-RNA: Interaktionen; Transfer-RNA und Ribosomen; Ungenauigkeit der Informationsübertragung; Ursprünge des Codes; sowie Cricks Einleitung), und mit dreihundert teilnehmenden Wissenschaftlern war es die bislang größte Konferenz in Cold Spring Harbor. Zu den Teilnehmern gehörte eine vielversprechende Konstellation führender Forscher aus Molekularbiologie und Biochemie: Watson, Crick, Jacob, Monod, Arthur Pardee, Stent, Gros, Lipmann, Ochoa, Khorana, Heppel, Tomkins und Nirenberg. Doch die nicht so sichtbaren Massen – buchstäblich Hunderte von Teilnehmern (darunter auch Matthaei, der ein Referat hielt) – bildeten die Bataillone der Fußsoldaten, die alle zusammen in den sechziger Jahren den vielgestaltigen Verworrenheiten des Codierungsproblems zu Leibe gerückt waren.

Nirenbergs Überblicksreferat »The RNA Code and Protein Synthesis« eröffnete die Beiträge (er sollte in einer späteren Sektion noch spezifischere Forschungsresultate vorstellen). Er nutzte die Gelegenheit, um einen weiteren wichtigen Fund seines Labors bekanntzugeben: den Nachweis, daß der genetische Code (nahezu) universell war. »Die Ergebnisse vieler Untersuchungen weisen darauf hin, daß der RNA-Code größtenteils universell ist«, erklärte er. Dennoch waren seine Befunde nicht ganz schlüssig. Gestützt auf sein breites biologisches Wissen legte er dar, daß die Übersetzung des RNA-Codes – auf verschiedenen Stufen und auf verschiedene Weise – in vivo verändert werden konnte und daß verschiedene Zellen manchmal Variationen in ihrem »Erkennungsapparat« aufwiesen (nämlich in ihrer Spezifität für Codons). Nirenberg spekulierte nun, daß diese subtilen Unterschiede möglicherweise eine Rolle bei der embryonalen Differenzierung spielten (ein Gegenstand, der ihn fünf Jahre früher schon beschäftigt hatte).[139]

Mit einem jüngeren Mitarbeiter, C. Thomas Caskey (später eine wichtige Persönlichkeit im *Human Genome Project*), hatte sich Nirenberg an die Aufgabe gemacht, die Feinstruktur des Erkennungsapparates bei verschiedenen Organismen zu untersuchen. Fünfzig RNA-Codons von tRNA aus Leberextrakten von Amphibien (südafrikanische Krallenfrösche) und Säugetieren (Meerschweinchen) wurden bestimmt und mit den von E. coli-tRNA bestimmten verglichen. Mit der tRNA der drei verschiedenen Spezies wurden nahezu identische Translationen erzielt, auch wenn die Reaktion von E. coli-tRNA deutlich von den beiden anderen tRNAs abwich; tRNA aus Säugetierleber, Amphibienleber und Amphibienmuskel reagierten ähnlich auf RNA-Codons. Daher war der Code »im wesentlichen universell«, schlossen sie. »Die bemerkenswerte Ähnlichkeit bei der Codon-Basensequenz, die von Bakterien-, Amphibien- und Säugetier-AA-sRNA erkannt wird, legt nahe, daß die meisten, wenn nicht alle Lebensformen auf diesem Planeten nahezu die gleiche genetische Sprache verwenden, und daß diese Sprache, möglicherweise mit wenigen wichtigen Veränderungen, mindestens die letzten 500 Millionen Jahre verwendet worden ist.«[140] Das beinahe universelle Wörterbuch für eine nahezu universelle Sprache war endlich fertig. »Genetische Sprache für universell erklärt. Forscher finden heraus, daß verschiedene Organismen den gleichen Code, aber unterschiedliche ›Dialekte‹ verwenden. Resultat von Experten begrüßt«, gab die *New York Times* bekannt. »Er hat die Sache wirklich auf den Punkt gebracht«, rief der Biochemiker Ralph T. Hinegardner von der Columbia University aus. »Es war wirklich eine Tour de force.«[141]

Die Reaktion der Wissenschaftler und Medien auf diese Funde war außerordentlich, und sowohl Ehrfurcht als auch Beunruhigung wurden nun über die Bedeutungen und Auswirkungen des neuen biologischen Wissens laut. Der Genetiker und Nobelpreisträger George Beadle hatte gerade sein Buch *Die Sprache des Lebens* fertiggestellt. Das vorletzte Kapitel, »Der Code wird gebrochen«, kam auf den vielzitierten Stein von

Rosette zurück und erklärte, die »Entzifferung des DNS-Codes hat zutage gebracht, daß wir im Besitz einer Sprache sind, die älter als die Hieroglyphen ist, einer Sprache, die so alt ist wie das Leben selbst, einer Sprache schließlich, die die lebendigste aller Sprachen ist – auch wenn ihre Buchstaben unsichtbar sind und ihre Worte tief in den Zellen unseres Körpers verborgen liegen.«[142] Robert Sinsheimers kleines Buch *The Book of Life* stellte eine Analogie zwischen dem genetischen Code und einem Maya-Codex her. »Dies«, schrieb er, wobei er auf ein Zeichenfeld aus dem Codex verwies, »ist ein Buch. Kein heute lebender Mensch kann es vollständig entziffern.« »Dies«, schrieb er, wobei er auf die Bündel menschlicher Chromosomen hinwies, »ist ein anderes Buch – oder vielleicht genauer eine Enzyklopädie [...], das Buch des Lebens.«[143]

Niemand spekulierte darüber, wer dieses Buch geschrieben haben könnte, doch die Möglichkeit, es umzuschreiben, löste Erregung und Furcht zugleich aus. Während Beadle in seinem Schlußkapitel bedacht auf die Erfahrung mit den Nazis verwies, sowie auf die Kalamitäten der Eugenik oder der Züchtung eines Übermenschen, hatte er dennoch wenig Schwierigkeiten, sich eine »schöne neue Welt« der Medizin vorzustellen, in der Irrtümer aus einem Genpool einfach gelöscht werden konnten, der mit angesammelten genetischen Defekten übersät war. Sein Freund, der berühmte Biologe Theodosius Dobzhansky, stimmte bei seiner Besprechung von Beadles Buch im *New York Times Book Review* zu, daß die »gewaltige Leistung« der Entschlüsselung des genetischen Codes nicht verwendet werden dürfe, um negative oder positive Eugenik zu rechtfertigen; allerdings hob auch er die Gefahr der Anhäufung genetischer Defekte (hauptsächlich durch radioaktive Strahlung) hervor. »Sie sind jedoch Teil eines allgemeineren und schwerwiegenderen Problems: der Anhäufung von Erbkrankheiten und konstitutionellen Schwächen«, warnte er.[144]

Linus Pauling, Chemiker und zweifacher Nobelpreisträger schlug eine Politik eugenischer Prophylaxe vor: »Auf der Stirn einer jeden jungen Person sollte ein Symbol tätowiert sein, das den Besitz des Sichelzellen-Gens oder jedes anderen ähnlichen Gens anzeigt ... Meiner Ansicht nach sollte eine Gesetzgebung in dieser Richtung betrieben werden.«[145] Unterdessen bejubelte sein Caltech-Kollege Sinsheimer die wirkungsvollen Technologien, um das beachtliche Erzeugnis von zwei Milliarden Jahren Evolution zu perfektionieren: »Die alte Eugenik war beschränkt auf eine zahlenmäßige Steigerung des Besten aus unserem existierenden Genpool. Durch die neue Eugenik wäre im Prinzip die Umwandlung aller Untüchtigen auf die höchste genetische Stufe möglich.«[146] Und der berühmte Genetiker H. Bentley Glass wagte gegenüber einem Publikum von viereinhalbtausend Schuladministratoren die Voraussage, daß im Jahr 2000

der Mensch frei von Hunger und ansteckenden Krankheiten sein wird. Die meisten Menschen werden sich eines körperlich und geistig tatkräftigen Lebens bis zum Alter von 90 oder 100 Jahren erfreuen. Schadhafte Körperteile werden ersetzt werden, sogar pränatal. Die eingefrorene Fortpflanzungszelle, manchmal von Menschen, die schon lange tot sind, wird verwendet werden, um Leben zu schaffen ... Hier haben wir unsere »schöne neue Welt«, mit Retorten-Babys in verschiedenen Arten von Lösungen zur Beeinflussung ihres geistiges Wachstums, damit sie in eine bestimmte Gesellschaftsklasse hineinpassen.

Allerdings gab er zu, daß »diese umwerfende Macht« über die menschliche Evolution »eine andere große Krise in den menschlichen Angelegenheiten provozieren« werde, eine »Krise der Werte und Ziele«.[147]

Marshall Nirenberg sprach in einem *Science*-Leitartikel – »Will Society Be Prepared?« – eindringlich über bevorstehende soziale Dilemmata. Er wußte nicht, wie lange es dauern werde, bis mit synthetischen Messengern programmierte Zellen verfügbar wären. Und mochten die Hindernisse auch beträchtlich sein, so hatte er doch wenig Zweifel daran, daß sie schließlich überwunden würden; er spekulierte: wahrscheinlich in fünfundzwanzig Jahren, vielleicht früher, wenn man die Bemühungen verstärkte.

Besonderen Nachdruck verdient der Punkt, daß der Mensch in der Lage sein könnte, seine eigenen Zellen mit synthetischer Information zu programmieren, lange bevor er in der Lage ist, die langfristigen Konsequenzen solcher Veränderungen angemessen einzuschätzen, und lange bevor er die ethischen und moralischen Probleme zu lösen vermag, die damit aufgeworfen werden. Wenn der Mensch imstande ist, seine eigenen Zellen zu instruieren, so muß er davon Abstand nehmen, bis er genügend Klugheit besitzt, um dieses Wissen zum Nutzen der Menschheit einzusetzen. Ich benenne dieses Problem, lange bevor die Notwendigkeit besteht, es zu lösen, denn die Entscheidungen über die Anwendung dieses Wissens müssen letztlich von der Gesellschaft getroffen werden und nur eine informierte Gesellschaft kann solche Entscheidungen weise treffen.

Diese und ähnliche Äußerungen der Besorgnis führten 1968 zu einer Reihe von Anhörungen im Kongreß, um eine staatliche Kommission über Gesundheit, Wissenschaft und Gesellschaft zu erwägen; diese sollte die juristischen, ethischen und sozialen Auswirkungen der biomedizinischen Forschung, einschließlich der Gentechnologie, antizipieren, überprüfen und darüber berichten.[148]

Mittlerweile war Nirenberg eine der führenden Persönlichkeiten in der Molekularbiologie und Empfänger zahlreicher angesehener Preise (*Paul Lewis Award* für Enzymchemie von der *American Chemical Society* 1964; die *National Medal of Science* 1965; der *Research Corporation Award* 1966; der *Hildenbrand Award* 1966; der *Gairdner Foundation Award of Merit* 1967; der *Prix Charles Leopold Meyer* von der französischen Akademie der Wissenschaften 1967; der *Joseph Priestly Award* 1968 und die *Franklin Medal*). 1968 erhielt er den Nobelpreis für Physiologie oder Medizin zusammen mit Robert Holley and H. Gobind Khorana; »ein Triplett von großem Sinn«, wie Maxine Singer es formulierte.[149] Inzwischen war auch Nirenberg, wie Delbrück, Stent, Benzer, Pauling, Crick und andere zum wissenschaftlichen Neuland der Neurobiologie aufgebrochen. Seiner Philosophie treu – »wenn ein System funktioniert, überlaß es jemand anderem« –, nahm er die Probleme des Nervensystems in Angriff und entschied sich trotz zahlreicher prestigeträchtiger Angebote, an den NIH zu bleiben.

So war mit der Aufklärung des genetischen Codes und noch vor dem Aufkommen rekombinanter DNA-Technologien in den siebziger Jahren eine neue Ära in der Biologie angebrochen. Molekularbiologie wurde zu einer Art von Informationswissenschaft mit dem Ziel, das Buch des Lebens umzuschreiben, ein Feld, das durch die Anstrengungen großer Forschungsteams mit ganz unterschiedlichen Ansätzen gebildet wurde. Buchstäblich Hunderte von Wissenschaftlern mit unterschiedlichstem Hintergrund – leitende Forscher, jüngere Mitarbeiter, Postdoktoranden und Labortechniker – trugen zur Aufklärung des genetischen Codes bei; allerdings haben heroische Schilderungen zum unausweichlichen Schluß geführt, daß »nach dem achten Tag nur noch Francis Crick übrigblieb«. Wie Robert Martin bemerkte: »die meisten Molekularbiologen haben nicht so sehr in einer Welt voller Riesen und Zwerge gestanden ... sondern zwischen vier Fuß zehn und sechs Fuß eins«.[150] Doch es war nicht nur die Geschichte von Individuen. Die Aufklärung des genetischen Codes in den sechziger Jahren war ein sozialer und kultureller Prozeß, der aus einer Konvergenz von diskursiven, materialen und sozialen Techniken hervorging. Als technowissenschaftliche Vorstellungswelt konstituierte er sich in einer ständigen Dialektik des Änderns und

Geändertwerdens; durch Informationstropen und skriputrale Darstellungen der Proteinsynthese; durch sich verschiebende disziplinäre Rekonfigurationen; und durch die institutionellen und finanziellen Strukturen, von denen die biowissenschaftliche Forschung durch die sich verändernde politische Landschaft der sechziger Jahre getragen wurde.

7 Im Anfang war das Wort? (die Welt?)

Die Geschichte des genetischen Codes endet nicht mit der Vervollständigung eines »Wörterbuchs« voller »Wörter«. Vielmehr verwob und entwickelte sich die Geschichte des Codes nun mit der Geschichte der Linguistik. Wie ich in den vorangegangenen Kapiteln dargelegt habe, wurde der genetische Code zusammen mit dem Auftauchen und der Ausbreitung des Informationsdiskurses als wissenschaftlicher Gegenstand und skripturale Technologie gebildet. In Verbindung mit den Kommunikationstechnologien der Nachkriegsära, d.h. Kybernetik, Informationstheorie und Computerwissenschaft, gewann das altehrwürdige Buch des Lebens seine spezifische historische Bedeutung als genetische Informationsübertragung. Biologische Spezifität war nicht länger einzig in der zähen Materialität biologischer Muster eingefangen; die übermittelten Botschaften wurden nun durch alphabetische Schreibung konstituiert, als eine Form »verbaler Vererbung«. Der neue Diskurs tauchte auf als reine Repräsentation.

In der Mitte der sechziger Jahre, mit der Ausbreitung der Vision einer genomischen Schrift, hatte man plötzlich das erstaunliche Gefühl der Entdeckung einer transzendenten wissenschaftlichen Realität. »Die Überraschung liegt darin, daß die genetische Spezifität nicht mit Ideogrammen geschrieben wird, wie im Chinesischen, sondern mit einem Alphabet wie im Französischen, oder vielmehr wie im Morsealphabet«, gab François Jacob seiner Überraschung Ausdruck, als er 1965 seine Antrittsvorlesung am Collège de France hielt. George Beadle sah die Menschheit im Besitz einer Sprache, »die so alt ist wie das Leben selbst«, und Robert Sinsheimer erblickte im genetischen Code ein heutiges Buch des Lebens bzw. eine Gebrauchsanweisung. Das alles sind typische Beispiele für die Repräsentation der DNA als dem Ursprung von Information, Schrift und Leben.[1] Diese Verdinglichung der DNA als verbaler Code erhielt ihre höchste Legitimation durch den international anerkannten Linguisten Roman Jakobson.

Worin bestand die besondere Anziehungskraft dieser skripturalen Repräsentationen der DNA? In welcher einzigartigen Weise fesselten Schrift und Sprache die Phantasie der Nachkriegswissenschaft? Diese historischen Fragen haben nichts von ihrer Bedeutung eingebüßt. Die Vision vom Buch des Lebens ist auch in der heutigen Genomforschung zu finden, insbesondere in den verschiedenen Projekten zum menschlichen Genom. Sobald die elementare Einheit des Lebens informationell wurde, half die Vorstellungswelt des »Wortes« dabei, das umfassendere biologische Terrain neu zu konfigurieren, einschließlich der Theorien über den Ursprung des Lebens und die Evolution.

Bei den skripturalen Repräsentationen des genetischen Codes als einem Buch des Lebens haben theistische Implikationen – wenn auch nie ausdrücklich – eine große Rolle gespielt. Angefangen bei den Predigern im Alten Testament, hat das Buch des Lebens seine prägnanteste Verdichtung, und Problematisierung, im ersten Vers des Johannes-Evangeliums gefunden: »Im Anfang war das Wort«. Immer neue Auslegungen sowohl für »das Wort« als auch »das Buch« waren die Folge; vor allem Augustinus und Thomas von Aquin dachten über die Definition und Interpretation dieser Aussage nach. Goethes Faust forderte sie auf seiner Suche nach epistemischer Herrschaft heraus, sie wurde zur Quelle seiner subversiven Macht, als er das »Wort« (»Ich kann das Wort so hoch unmöglich schätzen«) erst mit »Sinn« übersetzte (doch »ist es der Sinn, der alles wirkt und schafft?«), dann mit »Kraft« (»schon warnt mich was, daß ich dabei nicht bleibe«) und schließlich mit: »Im Anfang war die Tat«. Wie Friedrich Kittler annimmt, wird mit Goethes letztem Interpretationsschritt das Wort als Signifikant dem Primat des (transzendentalen) Signifikats unterworfen; ohne diesen Schritt bleibt das Wort das mit Aporie behaftete Signifikat, als reine Repräsentation.[2] Wenn also das Genom für den Ursprung des Lebens steht, dann hat das Wort – die erste DNA-Sequenz – die Molekularbiologen so nahe wie möglich an den Schöpfungsakt herangebracht und übernatürliche, faustische Mächte beschworen.

Sowohl in der theologischen Geschichte des Lebens als auch in der Evolutionstheorie hat Sprache tatsächlich eine privilegierte Stellung eingenommen. In beiden Geschichten liegt die Unterscheidung zwischen Bestialität und Humanität im Spracherwerb und in der Ausbildung von Schrift. So war auch der Status der tierischen Kommunikation ein entscheidender Streitpunkt in der Debatte zwischen Linguisten, Semiotikern und Biologen; die »Biosemiotik« weitete die enge linguistische Definition der Sprache aus. Der Nobelpreisträger Manfred Eigen beteiligte sich an dieser Debatte, indem er herauszufinden versuchte, nach welchen Regeln das »Spiel des Lebens« erfolgt: Welche Informationsordnung – Buchstaben, Wörter oder gar DNA-Sequenzen – hat seit präbiotischer Zeit den Erwerb evolutionärer Bedeutung und so den Aufstieg auf dem Lebensbaum bis zum Gipfel der Evolution, dem Sprachvermögen nämlich, ermöglicht?[3] Sprache und Schrift bildeten stets strategische Bezugspunkte in den bereits lange anhaltenden Debatten zwischen Anthropologie und Biologie: War Sprache hauptsächlich ein Produkt der Natur oder der Kultur? Naturgesetz oder Menschencode?

Wenn ein genomisches Sprach- und Schreibvermögen eine Form der säkularen Transzendenz darstellte, dann wurde seine Anziehungskraft sicherlich noch gesteigert durch die Aura eines geheimen Wissens, die diese Schrift umgab (ein Geheimwissen, das inzwischen publik gemacht wurde). In der Tat haben Geheimschriften, Codes und Chiffren die Menschen schon seit langem fasziniert. Die Anfänge einer kryptographischen Imagination verlaufen neben jenen der Schrift im dritten Jahrtausend v. Chr. Doch diese Faszination einer genomischen Geheimschrift erhöhte sich noch, da sie sich mit einer der ältesten Projekte der Biologie verband: der Suche nach dem Schlüssel zum »Geheimnis des Lebens«, die seit dem 19. Jahrhundert leitmotivisch wurde, nachdem die Seele als Erklärungskategorie aus der Wissenschaft vertrieben war. Wie bei den verschiedenen anderen Formen, die das Buch des Lebens im Laufe der Zeit angenommen hatte, wuchs auch »dem Code« als einer Art Geheimschrift zusätzliche Bedeutung durch die Gleichzeitigkeit von Kommunikationstechnologien, Spionage und Verteidigungsszenarien des Kalten Krieges zu. Wie James Bono bemerkt hat, liegt die Macht von Metaphern in ihren Verknüpfungen zu anderen Diskursen und Texten. Durch solche stillschweigenden oder ausdrücklichen Verbindungen können die Bedeutungen einer Metapher zu einer bestimmten Zeit verstärkt oder unterminiert werden.[4] Jahrhundertealte Metaphern werden so bei ihrer Reise durch die Zeit immer wieder umgebildet; die neue Konfiguration des »Codes«, der »Information« und des »Buchs des Lebens« in der Nachkriegszeit schuf die Möglichkeit einer Information ohne Bedeutung, eines Codes ohne Sprache, einer Botschaft ohne Absender und eines Textes ohne Verfasser.

Solche Verschiebungen oder nicht intendierten Bedeutungen betrafen auch die Metapher der Sprache selbst, den Begriff von dem, was Sprache ist oder als was sie wahrgenommen wird. Die verführerische Anziehungskraft der DNA als einer uralten Sprache beruhte gewiß hauptsächlich auf in der Biologie gängigen mechanistischen Vorstellungen von der Sprache, die auf die Zeit der Aufklärung zurückgehen und von der modernen Linguistik längst aufgegeben wurden. Sie wurden seinerzeit gegen jenes während der Renaissance geltende System der sprachlichen Bedeutung entwickelt, in dem die Beziehungen zwischen Worten und Dingen noch durch okkultes alchemistisches Wissen, durch Zeichen-, Analogie- und Ähnlichkeitsdoktrinen vermittelt waren. Die Naturphilosophen des 17. und 18. Jahrhunderts versuchten dagegen, die Phänomene durch Sprachreformen zu rationalisieren. In ihrer Suche nach einer Universalsprache und universellen Gewißheiten wollten sie alle Überreste diskursiver Götzen aus der Wissenskonstruktion vertreiben. Etienne de Condillacs *Logik* verkörperte diese Rationalisierung; so verkündete er, daß eine »gut verfaßte Sprache« eine Form von Algebra sei, in der sich die Worte, vergleichbar mathematischen Symbolen, auf genau definierte, sogar quantifizierbare Dinge bezogen. »Denn in der Kunst der Überlegung wie in der Kunst der Berechnung läßt sich alles auf Zusammensetzungen und Auflösungen zurückführen; und man darf nicht glauben, diese [Algebra und Sprache] seien zwei verschiedene Künste.«[5] Als Lavoisier an seine Reform der Chemie ging, schnitt er ihre epistemologischen Verbindungen zur Alchemie ab und führte eine neue Nomenklatur ein, die nicht mehr auf okkulten Analogien, sondern auf einer algebraischen Vernunft im Sinne Condillacs aufbaute.

Anscheinend griffen verschiedene Molekularbiologen in den sechziger Jahren auf diesen mechanistischen Sprachbegriff zurück: Glaube an die absolute Natur des Zeichens, Beharren auf exakten Übereinstimmungen zwischen Signifikant und Signifikat und die Möglichkeit einer unzweideutigen positiven Lesart eines Textes, des gedruckten Wortes oder des Buchs des Lebens. So nahm die Entschlüsselung des genetischen Codes die Dimension einer Offenbarung an: Leben ließ sich unzweideutig aus dem in DNA-Sprache geschriebenen genomischen Text herauslesen. Damals machte allerdings auch die Linguistik einen modernistischen Wandel durch – neben anderen Bereichen in den Geisteswissenschaften waren auch die Naturwissenschaften betroffen –, es kam zu einem epistemischen Bruch, der sie von allen Newtonschen Absolutheiten entfernte und zu den relationalen Regimen des Strukturalismus hinführte. Die Folgen für das genomische Buch des Lebens waren tiefgreifend.

Der Auftrag, den die Molekularbiologie und das *Human Genome Project* sich gaben, ließ diese problematischen skripturalen Repräsentationen und das Genom als Buch des Lebens schließlich zu einer Art von göttlichem Eingriff aufrücken, deren Telos in einer neuen Form der Bio-Macht und neuen Selbsttechniken lag. »Wenn wir nicht Gott spielen, wer dann?«[6] In den späten vierziger Jahren begann sich diese neue Form von Bio-Macht zu entwickeln, und ihre erste treffende Formulierung erhielt sie durch Norbert Wiener, der erklärte: »Heutzutage müssen wir zugestehen, daß Individualität ... das Wesen der Kommunikation teilt«, und der so das Individuum buchstäblich als Nachricht oder Wort neu faßte. Oberhalb der zähen Materialität der organischen Substanz angesiedelt und als Gedächtnis ihrer Form und ihres Logos geltend, hat Information seither andere Stufen der Kontrolle von Körpern und Populationen in Aussicht gestellt. Die molekulare Vision des Lebens wurde mit den Technologien des DNA-Wortes ausgerüstet. Wie der Molekularbiologe und biotechnologische Sprecher David Jackson es vor nicht allzu langer Zeit formulierte: »Um eine Sprache zu beherrschen, muß man in der Lage sein, in ihr zu *lesen*, zu *schreiben*, zu *kopieren* und zu *editieren*. Die funktionalen Äquivalente jedes dieser Aspekte der Sprachbeherrschung sind nun in Technologien für den Umgang mit der Sprache der DNA verkörpert.«[7] Diese Vorstellung einer Bio-Textverarbeitung erhielt in den sechziger und siebziger Jahren des 20. Jahrhunderts ihre theoretische Autorisierung. Die Regeln der Sprache und das »Spiel des Lebens« standen hierfür Modell – mit all ihren Aporien, Zirkeln und Referentialitätseinbußen –, bis schließlich, wie Derrida bemerkte, auch ihr eigener »historisch-metaphysischer« Charakter deutlich werden sollte.[8]

Verbaler Code: Roman Jakobson und die Molekularbiologie

Auch Roman Jakobson, der 1896 in Rußland geborene Harvard-Linguist wurde von der kybernetischen Welle mitgerissen. Er teilte die weitverbreitete Überzeugung, daß die Kommunikationstheorie eine neue Epoche des menschlichen Wissens, einschließlich der Sprachwissenschaft, einleitete. 1949, kurz nach dem Erscheinen von Wieners *Kybernetik*, sandte er eine Notiz an den Autor: »Bei jedem Schritt war ich immer wieder überrascht über die extremen Parallelen zwischen modernen linguistischen Analysen und den faszinierenden Problemen, die Sie erörtern. Das linguistische Schema paßt ausgezeichnet in die von Ihnen analysierten Strukturen, und es wird noch klarer, welche großen Zukunftsaussichten für eine konsequente Zusammenarbeit zwischen moderner Linguistik und den exakten Wissenschaften bestehen.«[9] Die von Jakobson bemerkten Parallelen betrafen die allgemeinen Ähnlichkeiten zwischen der Definition der Information und der Zeichentheorie, wie sie Ferdinand de Saussure um die Jahrhundertwende formuliert hatte.

Wie Robert Brain gezeigt hat, stellte Saussure in den Mittelpunkt seiner Forschungen das Phonem – die elementare sprachliche Einheit, durch akustische Inskription materialisiert als wissenschaftlicher Gegenstand. Damit hob er nicht nur die Erforschung der *parole* (gesprochene Sprache) über die der *langue* (System der Sprache), sondern verschob auch die Aufmerksamkeit von der diachronischen (philologischen) zur synchronischen (strukturalen) Untersuchung von Sprache. Sein Augenmerk war auf die materiellen Eigenschaften der Sprache gerichtet, was ihn – angefangen bei seinen frühen Studien in Leipzig bis zu seiner späteren Zusammenarbeit mit den französischen Linguisten – zu einem begrifflichen Bruch mit der Vergangenheit führte und vor allem hin zu einer radikalen Theorie der sprachlichen Zeichen. Saussure verglich die Linguistik mit Theorien vom (homöostatischen) Gleichgewicht in der Ökonomie[10] und verstand Sprache dementsprechend als System von relativen und konstrastierenden Lautbildern – mitsamt all ihren begleitenden semantischen und grammatischen Beziehungen; nicht durch irgendeine absolute Referenz unterschieden diese Bilder sich voneinander, sondern allein durch ihre Differenzen. Nur aus dem Kontext des gesamten Sprachsystems gewann das Zeichen seine Bedeutung.[11] Saussures Sprachbegriff relativierte entsprechend die bislang unterstellte Positivität von Sprechen, Lesen, Schreiben.

Saussures Programm fand Anhänger in der ganzen Welt und wurde in der Zwischenkriegszeit von der Prager Schule mit ihren beiden Protagonisten Roman Jakobson and Nikolai Trubetzkoy weiter ausgearbeitet. Anstatt das Phonem als die minimale Analyseeinheit anzusehen, galten ihnen Phoneme als Bündel verschiedener distinkter Eigenschaften: Zu jedem von diesen gehörte eine Auswahl zwischen binären Gegensätzen (z.B. sind /P/ und /t/ Phoneme, die jeweils einen nicht scharfen und einen scharfen Laut darstellen, mit kontrastierenden physikalischen und physiologischen Eigenschaften). Das Jahr 1939 stellt, wie bei anderen jüdischen Forschern, auch in Roman Jakobsons Leben einen harten Bruch dar. Nach zweijähriger Flucht aus der Tschechoslowakei über Dänemark, Norwegen und Schweden fand er 1941 in den Vereinigten Staaten Zuflucht. Nach einigen vorübergehenden Anstellungen konnte er schließlich seine Arbeit an der Columbia University fortsetzen; 1949 ging er nach Harvard. In seiner charakteristischen umsichtigen Weise ging Jakobson über die Phonologie hinaus und zeigte auf, daß binäre Gegensätze nicht nur bei Phonemen, sondern auch auf anderen linguistischen Ebenen gefunden werden konnten: in der Syntax, Semantik und Pragmatik.[12]

Jakobsons Einfluß auf die Linguistik war gewaltig; seine Beherrschung zahlreicher Sprachen, sein bemerkenswert breites Interessenspektrum, seine Befähigung zum Aufbau einer Disziplin und sein Hang zu kühnen Theorien dehnten seine Einflußsphäre auf andere Wissensbereiche aus, insbesondere auf die Sozialwissenschaften (vor allem die Anthropologie) und die Biologie. Als Claude Lévi-Strauss in den frühen vierziger Jahren nach einem begrifflichen Instrumentarium suchte, um die gewaltige Menge seiner Daten zur Verwandtschaft und sozialen Organisation zu interpretieren, eröffneten ihm Jakobsons strukturale Methoden einen neuen analytischen Zugang. Neben dem Denken in Systembegriffen wurde der linguistische Strukturalismus zur wichtigen Ressource für die Anthropologie; ein Element – ein sprachliches Zeichen, ein codifiziertes Verhalten, eine rituelle Praktik – war nicht länger auf seine intrinsische Bedeutung beschränkt, sondern gewann seinen Wert aus den Wechselbeziehungen mit anderen Elementen des kulturellen Systems, aus seinem Kontext. Ähnlichkeiten zwischen der Saussureschen Sichtweise der *langue* als einem System und der Kybernetik drängen sich auf. So wie der linguistische Strukturalismus auf Kontextualität und Arbitrarität der Referenz Wert legt, wird in Wieners Kybernetik Kommunikation als ein stochastischer Prozeß in einem statistischen Universum betrachtet, in dem die Nachricht ihre Bedeutung nur im Verhältnis zu anderen Nachrichten gewinnt. Für Saussure, Jakobson und Wiener hatte Bedeutung mit Relationen zu tun, nicht mit Objekten oder der Welt als solcher.[13]

Jakobson äußerte seine Begeisterung für die Kybernetik auch gegenüber Funktionären der Rockefeller-Stiftung aus deren humanwissenschaftlicher Abteilung. Daraufhin sandte ihm Warren Weaver ein Exemplar von seiner und Claude Shannons *Mathematical Theory of*

Communication von 1949. Jakobson nahm Weavers and Shannons Theorie enthusiastisch auf. Er schrieb zurück: »Nach der Rückkehr von meiner Vortrags- und Studienreise durch sieben europäische Länder möchte ich Ihnen mitteilen, daß ich in den verschiedensten Universitäten bei der Diskussion über das umstrittene Problem von *Laut und Bedeutung* ganz offen Ihre und Shannons *Mathematische Grundlagen der Informationstheorie* als wichtigste der jüngeren amerikanischen Veröffentlichungen aus dem Bereich der Sprachwissenschaft bezeichnet habe.«[14] Zweifellos boten diese neuen Richtungen und die Möglichkeit entsprechender Förderung gute Aussichten für die Wiederbelebung der Linguistik, die zum damaligen Zeitpunkt stagnierte, wenn sie sich nicht sogar in der Krise befand.[15] Als Jakobson seine neuen Visionen für die Disziplin darlegte, versuchte er – vermutlich durch Weaver ermutigt – die Informationstheorie weit über den Bereich der Nachrichtentechnik hinaus auszudehnen, bis sie auch zahlreiche Aspekte der Linguistik einschloß. »Ich bin mit W. Weaver völlig einer Meinung«, erklärte Jakobson, »daß wir jetzt, vielleicht zum ersten Mal, für eine wirkliche Theorie der Bedeutung und der Kommunikation im allgemeinen gerüstet sind. Damit eine solche Theorie ausgearbeitet werden kann, ist eine wirksame Zusammenarbeit der Linguisten mit Repräsentanten aus verschiedenen anderen Forschungsfeldern nötig, wie etwa aus der Mathematik, Logik, Kommunikationstechnik, Akustik, Physiologie, Psychologie und den Sozialwissenschaften.« Shannon mochte darauf beharren, daß die informationstheoretische Sprachanalyse nur auf die Syntax anwendbar war, Jakobsons Vision war größer. Er skizzierte die Bereiche der Linguistik, die innerhalb des neuen Informationsparadigmas entwickelt werden sollten: Morpheme (als kleinste Bedeutungselemente, z.B. Präfixe und Suffixe), Phoneme, Grammatik (Morphologie und Syntax), Vokabular und Phraseologie, der Codierungsprozeß mit seiner Redundanz und Mehrdeutigkeit sowie schließlich Semantik und Pragmatik. In einem späteren Entwurf war auch die Semiotik eingeschlossen, insbesondere in ihrer Beziehung zur Anthropologie. Mehrere dieser Untersuchungen, insbesondere zur Psychoakustik, sollten dann in Zusammenarbeit mit seinen MIT-Kollegen entwickelt werden.[16]

Es waren vielversprechende Pläne. 1957 erhielt Jakobson eine zusätzliche Berufung ans MIT, er gehörte zum Lenkungsausschuß des *Center for Communication Sciences*, das 1958 gegründet wurde. Weitere Mitglieder des Zentrums waren Claude Shannon, Jerome Wiesner, Walter

Rosenblith, Jerome Lettvin, Noam Chomsky, Marvin Minsky und John McCarthy. Dem *Research Laboratory of Electronics* angegliedert, bot das Zentrum eine »einzigartige Umgebung, um Kommunikationsvorgänge in natürlichen und künstlichen Systemen zu untersuchen«. Wie MIT-Präsident Julius Stratton erklärte:

> Die Entwicklung einer mathematischen Kommunikationstheorie sowie Fortschritte in der Computertechnologie haben das Studium der Organisationsprinzipien solcher Systeme möglich gemacht... [Man suchte für] das Institut Wissenschaftler mit Interesse an sprachlicher Kommunikation, an Lernen und Wahrnehmung, an Kleingruppenverhalten, an der logischen Analyse der Sprache und anderer Symbolsysteme, an Übersetzung, an Sinnesvorgängen und einer Vielzahl von Problemen, die mit der Funktionsweise des Nervensystems zu tun haben. Diese Wissenschaftler taten sich mit Mathematikern und Ingenieuren zusammen, die sich für Informationstheorie, Spieltheorie und das Verhalten von Automaten interessierten.

Auch wenn am Zentrum Grundlagenforschung betrieben wurde, hatte es eine gewisse militärische Relevanz.[17] Wie die meisten akademischen Disziplinen wurde auch die Linguistik in die Wissensproduktion des Kalten Kriegs hineingezogen, insbesondere seit 1957, nach dem Start des sowjetischen *Sputnik I*. Denn Methoden der mechanisierten linguistischen Analyse waren beispielsweise für die Kryptoanalyse wichtig (etwa Claude Shannons Arbeit), aber auch für das nationale Projekt, automatisierte Übersetzungsverfahren zu entwickeln – hauptsächlich vom Russischen ins Englische (und insbesondere von wissenschaftlichen Publikationen); entsprechende Forschungen wurden gefördert von der National Science Foundation, dem National Bureau of Standards, der U.S. Army, Air Force und der Central Intelligence Agency (CIA). 1960 hatten diese Behörden zusammen ungefähr 3 Millionen Dollar für linguistische Forschungen ausgegeben, die sich mit automatischer Übersetzung beschäftigten; 1963 war diese Summe auf ungefähr 8 Millionen Dollar angestiegen.[18] In den späten fünfziger Jahren entwarf Jakobson zusammen mit dem MIT-Schüler Morris Halle und dem bekannten Informationstheoretiker Colin Cherry einen informationstheoretischen Ansatz zur Phonemtheorie. Dazu gehörte eine logische Neu-Beschreibung der Sprache, bei der die Syntax in eine binäre Symbolkette umgewandelt wurde. Zum Beispiel läßt sich jeder Buchstabe im Alphabet identifizieren, indem gefragt wird: »Befindet er sich in der ersten Hälfte von a bis m? ja oder nein?«; wenn ja: »Befindet er sich in der ersten Hälfte von a bis g? ja oder nein?« etc., bis er identifiziert ist. Und da Sprache auf binären Oppositionen beruht, hoch/tief, innen/außen, Fakt/Fiktion, läßt sie sich leicht in einen Binärcode konvertieren. Zur phonologischen Analyse wurde ein ähnlicher Ansatz verwendet. Jakobson hatte die Analyse von Phonemen bereits weiter getrieben, bis zur Bestimmung ihrer Grundattribute oder *distinkten Eigenschaften*, um so das Phonem mit seiner Artikulation zu verbinden. In den fünfziger Jahren identifizierten sie nun zwölf solcher Eigenschaften oder binären Gegensätze (z.B stimmhaft/stimmlos, scharf/nicht scharf, nasal/oral, gespannt/ungespannt), die sich in zahlreichen Sprachen finden. Und sie suchten nach informationstheoretischen Repräsentationen dieser distinkten Eigenschaften, mit denen sich deren Informationsgehalt in Bits quantifizieren ließ und sprachliche Regeln operationalisiert werden konnten.[19] Dies konnte möglicherweise zu automatisierten Informationssystemen beitragen.

1961 hatte Jakobson diese Erkenntnisse ausgebaut. Gestützt auf die Wiener-Shannon-Theorie, insbesondere auf ihre korrigierte Version, wie sie im Werk des britischen Informationstheoretikers Donald M. MacKay vorlag, formulierte Jakobson seine Vision der Linguistik als (mathematische) Kommunikationswissenschaft. Für die Feinheiten der linguistischen Analyse war die Wiener-Shannon-Theorie als Werkzeug zu stumpf. MacKay versuchte, Information, Semantik und Pragmatik zu verbinden und bezog Kontext und Subjektivität der menschlichen Kommunikation mit ein. Doch gerade aufgrund der damit verbundenen technischen Komplexität konnte MacKays Version der Informationstheorie in den Vereinigten Staaten nie Fuß fassen. In Jakobsons Augen wurde die Linguistik qua Kommunikationswissenschaft dialektisch: Sie gründete sich auf Bohrs Komplementaritätsprinzip. Danach beruhte alle sprachliche Kommunikation auf der »Untrennbarkeit von objektivem Inhalt und beobachtendem Subjekt« und auf einem Feedback zwischen den beiden irreduziblen Gegensätzen von Sprechen und Hören, Codieren und Decodieren. Jakobson sah »vielfältige Möglichkeiten für die Messung des Betrags an phonemischer Information, wie sie von den Kommunikationsingenieuren vorgesehen werden«. Er betonte die Parallelen zwischen dem Redundanzbegriff in der Kommunikationstheorie und seinem Gegenstück in der phonologischen Analyse, wo das Ziel in der Eliminierung von Redundanz bestand.

Auch pries er die Codierungstheorie als wichtiges Werkzeug für die linguistische Analyse.

Der Code entspricht dem *signans* mit seinem *signatum* und dem *signatum* mit seinem *signans*. Ausgehend von der Behandlung der Codierungsprobleme in der Kommunikationstheorie läßt sich heute die Saussuresche Dichotomie *langue/parole* sehr viel genauer formulieren, und gewinnt so einen neuen operationalen Wert. Umgekehrt kann die Kommunikationstheorie in der modernen Linguistik erhellende Information über die stratifizierte Struktur des verwickelten sprachlichen Codes mit seinen verschiedenen Aspekten finden... Nachdem die Kommunikationstheorie die Stufe der phonemischen Information gemeistert hat, kann sie nun an die Aufgabe gehen, den Betrag an grammatikalischer Information zu messen; denn offensichtlich beruht das System grammatikalischer, insbesondere morphologischer Kategorien, ähnlich dem System der distinkten Eigenschaften, offensichtlich auf einem ganzen Spektrum binärer Oppositionen... Zusammenfassend gesagt, es gibt einen weiten Bereich von Fragen, die nach der Zusammenarbeit der beiden unterschiedlichen und unabhängigen hier zur Rede stehenden Disziplinen verlangen.[20]

Information, Codierung und Encodierung waren die Elemente eines Informationsdiskurses, durch den die Linguistik, ähnlich wie die Molekularbiologie, in den fünfziger Jahren als Informationswissenschaft rekonfiguriert wurde. Mit einer gewissen Ironie wurde so schließlich die Saussuresche Linguistik, die auf differentiellen materiellen (akustischen/ physiologischen) Repräsentationen der Sprache aufgebaut war, durch ihre Konvertierung in logische Syntax entvokalisiert und entmaterialisiert. Wie in der Biologie wurde aus Inhalt Form. Die mehrdimensionalen organischen Attribute von Sprache und Leben wurden begrifflich eingeebnet, scheinbar eingefangen von dem imaginären Magnetband, einem mit Nullen und Einsen übersäten Logos.

Seiner großen epistemischen und interdisziplinären Vision kam das *Center for Communication Sciences* nie nach und verschwand schließlich in den Annalen der Geschichte. Mochte es auch bei einigen Beteiligten beträchtlichen Enthusiasmus hervorgerufen haben (z.B. bei Jakobson), so zeugte es andererseits – wie Kritiker, sogar am MIT, hervorhoben – doch von der Diskrepanz zwischen einer ausgedehnten wissenschaftlichen Phantasie und den technischen Grenzen der Informationstheorie.

Wissenschaftler in den biologischen und Sozialwissenschaften und in verwandten Anwendungsbereichen hatten plötzlich die Einsicht, daß die »einfachen« Probleme des Nachrichtentechnikers ihren eigenen, komplizierteren recht ähnlich seien. Manche ließen sich von der kybernetischen Strömung derart hinreißen, daß sie glaubten, man brauche nur die vor kurzem entwickelten Begriffe und Forschungstechniken von den Kommunikationstheoretikern zu entlehnen, und schon seien die eigenen Probleme gelöst.[21]

Die Kritiker erläuterten, und zwar vor allem gegen Linguisten gerichtet, daß in Shannons Informationstheorie die wichtigsten Bestandteile – Code, Sender, Empfänger, Kanal und Signal – präzise definierte Entitäten mit quantifizierbaren Eigenschaften waren. Bei der sprachlichen Kommunikation dagegen war die Kenntnis der analogen Bestandteile – Sprache, Sprecher, Hörer, Luft und Schallwellen – unpräzise und bruchstückhaft und ließ sich daher nicht quantifizieren.

»Die Kommunikationstheorie wendet sich jetzt der Sprache zu... doch hier lauern Gefahren«, warnte ein Rezensent des Sammelbands *On Translation* (der auch einen Beitrag von Jakobson enthielt). Er wies vor allem auf die Verwirrung hin, wie sie durch die Entlehnung der Begriffe *Information* und *Code* entstand, und wiederholte den alten Shannon-und-Weaver-Refrain: »Die semantischen Aspekte der Kommunikation sind irrelevant für das technische Problem« und »Information darf nicht der Bedeutung gleichgesetzt werden«. Der Rezensent warnte:

In der Kommunikationstheorie müssen Nachricht (sagen wir ein geschriebener Satz) und Signal (sagen wir eine Morsesequenz) getrennt identifizierbar sein und muß die Beziehung zwischen ihnen angebbaren *Transformationsregeln* gehorchen. Wo dies nicht der Fall ist, ist die Rede vom Codieren und Decodieren von Nachrichten eine gefährliche, irreführende Metapher, was vor allem Linguisten doch eigentlich erkennen müßten. Leider ist diese Redeweise modisch geworden und breitet sich aus.[22]

Dem neuen kybernetischen Trend stand auch der junge Noam Chomsky kritisch gegenüber. Obwohl er gleichzeitig eine Berufung an das *Research Laboratory of Electronics* und das *Center for Communication Sciences* bekommen hatte, erinnerte er sich später daran, daß er hier nichts fand, was sich auf seine Arbeit an der generativen Transformationsgrammatik anwenden ließ: »Praktisch jeder Ingenieur oder Psychologe, mit dem ich zu tun hatte, und auch viele Linguisten nahmen an, daß die formalen Sprachmodelle, wie sie von der mathematischen Kommunikationstheorie vorgeschlagen wurden, das angemessene Begriffsgerüst für eine allgemeine Sprachtheorie liefern könnten. Diese Annahme stimmt jedoch nicht.«[23] Chomskys Einschätzung mag vielleicht im engeren Sinne Gültigkeit haben, doch im umfassenderen Projekt der automatisierten Sprachverarbeitung und Übersetzung waren die syntaktischen und transformationsgrammatischen linguistischen Analysen sehr wohl wichtig; daher gab es durchaus Resonanzen zwischen der Theorie der generativen Grammatik und der Kybernetikkultur.[24]

Gerade zu jener Zeit, als die Chomskysche Linguistik zusehends an Bedeutung gewann und der Strukturalismus sich an einem Tiefpunkt befand, wandte sich der alternde Jakobson der Biologie zu und wurde von der Euphorie um die Entschlüsselung des Codes mitgerissen. In gewissem Sinne können seine Visionen einer informationsbasierten »verbalen Vererbung« als Versuch angesehen werden, seiner Variante der Linguistik dadurch wieder Auftrieb zu geben, daß er ihre Einflußsphäre auf die Biologie ausdehnte. (In ähnlicher Weise hatten ja auch die beiden Physiker Max Mason und Warren Weaver als Architekten des Molekularbiologie-Programms der Rockefeller-Stiftung in den dreißiger Jahren versucht, die klassische Physik in den Bereich einer neuen Biologie hinüberzuretten.)[25] Und Jakobson fand nicht nur in der Molekularbiologie, sondern sogar unter Biochemikern ein Publikum, das bereit war, sich auf seine Ideen einzulassen.

Kurz nachdem der Schlüssel für den genetischen Code gefunden worden war, ergab sich eine erste Gelegenheit für sein Vorhaben. Die weitreichenden Implikationen des Codes – insbesondere die Aussicht, einen chemischen Gedächtniscode zu finden – nahmen die wissenschaftliche Vorstellungskraft weit über das Gebiet der Molekularbiologie hinaus gefangen. Diese Ideen bildeten den Brennpunkt des ersten jährlichen Treffens des *Neuroscience Research Project* (NRP) unter Leitung von Francis O. Schmitt (der sich damals für das neu entstehende Forschungsfeld einsetzte, das er auf den Namen »Neurowissenschaft« getauft hatte); es fand im August 1962 an der *American Academy of Arts and Sciences* in Boston statt. Mit dem ganzen Charme eines europäischen Staatsmanns hielt Jakobson seinen Vortrag »Phoneme als linguistischer Code«, aus dem sich eine ausgedehnte Diskussion über die »mögliche Beziehung zum molekularen Informationscode« entwickelte. Unter den Teilnehmern befanden sich die Biochemiker Severo Ochoa, Richard Roberts, William H. Sweet, Gerhard Schramm, Albert L. Lehninger, der Biophysiker (und Informationstheoretiker) Leroy Augenstine und der physikalische Chemiker Manfred Eigen, der gerade dabei war, seine Beziehungen zur Molekularbiologie zu intensivieren. Marshall Nirenberg nahm an einem Folgetreffen teil. Beadle fehlte zwar, doch hatte er Jakobson ausdrücklich ermutigt, die linguistische Erforschung der Sprache des Lebens zu verfolgen.[26]

»In der Sprache haben wir es mit Information zu tun«, begann Jakobson seine morgendliche Darbietung. »Ihre Botschaften sind informationsübertragende Botschaften ... Wenn wir sprechen ... gibt es viele Redundanzen, und eine große Hilfe ist es, wenn man den Kontext befragt«, erklärte er, womit er ein Grundgerüst geliefert hatte. Er ging dann dazu über, seine Arbeit über distinkte Eigenschaften zu erklären und seine linguistische Analyse zu erläutern, die hauptsächlich auf Redeattribute und Artikulationsmechanismen zentriert war. Nach einigen Fragen zu den Begriffen Redundanz und Rauschen bei der Sprache (die nicht genau geklärt werden konnten) wandte sich die förmliche Diskussion den Beziehungen dieser informationstheoretischen Begriffe zum genetischen Code zu. Merkwürdigerweise sprach niemand das offenkundige Problem an: Was hatte Sprache mit der sogenannten Sprache des Lebens zu tun, und worin bestand die Relevanz einer phonologischen Analyse für den genetischen Code? »Gibt es einen Teilbetrag von Redundanz und wenn, was ist Redundanz in der molekularen Codierung?« fragte Eigen. Diese Frage konnte Jakobson nicht beantworten; selbst bei der Sprache war Redundanz schwer zu quantifizieren (Shannon hatte sie auf 50 bis 75 Prozent geschätzt). Doch »was würden Sie im Falle des Aminosäuren-Codes als Redundanzen bezeichnen?« fragte Ochoa und riskierte selbst die Vermutung: »Vergleicht man ihn mit der Sprache, so könnte man sagen, daß es einige Wörter gibt, die die gleiche Bedeutung haben« – womit er vermutlich Codon und Wort analogisierte.[27] Seit dieser Zeit findet man übrigens Spuren des Informationsdiskurses in Ochoas Schriften.

Schramm rang mit dem Redundanzbegriff, indem er die RNA des Tabakmosaikvirus als einen dreiseitigen Text aus sechstausend Buchstaben umdeutete (jeder Buchstabe ein Nukleotid). Er zog seine TMV-Inaktivierungsstudien heran, bei denen Nitriersäure-Techniken 1956 zu der sensationellen Entdeckung geführt hatten, daß eine Punktmutation (die eine einzelne Base betraf) den Virus inaktivierte; Schramm verglich dies nun mit der Veränderung eines Buchstabens in einem Buch. Doch anders als bei der Sprache war nicht klar, welcher Buchstabe gelöscht wurde oder ob die Auswahl eines bestimmten Buchstabens überhaupt wichtig war. Änderte man hier einen einzigen, wurde schon der gesamte Text sinnlos. Oder der gesamte Sinn des Textes änderte sich, und man erhielt ein anderes Resultat (einen »falschen Sinn«, laut Delbrück). So mußten die Redundanzen sehr gering sein, wenn es überhaupt welche gab. Während Ochoa vermutete, daß die Deletion eines Buchstabens hier »Unsinn« hervorbrachte (vielleicht im Sinne eines nicht-codierenden Tripletts), ergab sich für Schramm kein Unsinn, sondern ganz einfach Unlesbarkeit. In jedem Fall war die Situation mit sprachlicher Redundanz nicht vergleichbar, schlossen sie, da die Lesbarkeit entscheidend verändert wurde. Für Jakobson dagegen war »dies eine Redundanz im Sinne von Kanälen«, während eine Buchstabenredundanz sich nur durch den Kontext bestimmen ließ; der Kontext gab vor, wie weit man mit Buchstabenauslassungen gehen konnte. Etwas sei auf phonologischer Ebene ganz klar, betonte er: Bei gleichbleibendem Kontext konnte man distinkte Elemente (oder Eigenschaften) voneinander unterscheiden.[28] Doch was sollte eine solche phonologische Analyse beim Genom bedeuten? Welche Art von Artikulationsvorgängen ließen sich damit in einer aus vier Symbolen bestehenden syntaktischen RNA-Kette erfassen? Und er nahm noch einmal Eigens Frage auf: Wie war Redundanz in einem genetischen Code repräsentiert?

Gegen Ende der Diskussion kamen die Teilnehmer zu dem Schluß, daß sie mit »Redundanz« vermutlich »Degeneration« meinten: Die vierundsechzig Codons spezifizierten zwanzig Aminosäuren mit ungefähr dreißig Prozent Redundanz (eine Zahl, die ganz klar Schramms Resultaten über die Deaktivierung einer einzigen Base widersprach). Sweet meinte, die Redundanz könne beim Code eine ähnliche Funktion erfüllen wie bei der Sprache: als eine Art von Sicherheitsfunktion, die die Wahrscheinlichkeit erhöhte, daß der Kommunikationsversuch erfolgreich war. Konnte es sich beim genetischen Code ebenso verhalten? Darauf gab es keine klare Antwort. Ochoa rief den Diskussionsteilnehmern in Erinnerung: »Beim genetischen Code ist das letzte Wort noch nicht gesprochen.«[29] In der Tat gab es 1962 noch mehrere konkurrierende Versionen des Triplettcodes, sowie andere Code-Arten, die mit den Daten zusammenzupassen schienen; dazu gehörte auch der Zwei-Buchstaben-Code von Roberts, der kaum redundant war, sich jedoch eines großen Respekts erfreute.

Auch wenn keine konkreten oder schlüssigen Erkenntnisse aus der Sitzung hervorgingen, scheint die Diskussion Jakobson dazu inspiriert zu haben, in den folgenden Jahren einige der strittigen Punkte in Veröffentlichungen, Vorträgen und Fernsehauftritten weiterzuverfolgen. Zwischen 1962 und 1965 besuchte er zweimal das neu gegründete *Salk Institute for Biological Studies* im kalifornischen La Jolla, wo mehrere führende Molekularbiologen forschten. Das Salk-Institut war damals Jonas Salks humanistischem Wissenschaftsideal verpflichtet. Wie andere europäische Forscher war auch Jakobson angetan von der physischen Schönheit und intellektuellen Intensität des Instituts und plante, bald dorthin zu ziehen. »Mit großer und freudiger Erwartung sehe ich meinen Forschungsaktivitäten in Ihrem Institut entgegen«, schrieb er im Frühjahr 1965 an Jacob Bronowski, den stellvertretenden Direktor. »Meine gegenwärtige Forschung orientiert sich zunehmend an biologischen Problemen. Vor kurzem hielt ich einen Vortrag an der American Academy über die Suche nach dem Wesen der Sprache, der in *Diogène* erscheinen soll und den ersten Entwurf für eine sehr viel umfangreichere Studie darstellt.«[30]

Wenn auch der Umzug zum Salk-Institut sich nie verwirklichen sollte, verstärkte sich Jakobsons Interesse an der Molekularbiologie. Wie er Bronowski 1967 mitteilte, zirkulierten seine Ideen über die Beziehung zwischen Linguistik und Molekularbiologie nicht nur in Amerika, sondern weltweit, und hatten inzwischen eine lebhafte Diskussion ausgelöst, unter anderem an der Akademie der Wissenschaften in Moskau (wo die Verbindung zwischen Biologie und Kybernetik besonders stark war), auf dem internationalen Linguistikkongreß in Bukarest sowie schließlich in Paris:

> Zuletzt hatte ich in Paris zusammen mit Lévi-Strauss eine recht improvisierte Fernsehdiskussion mit den Biologen F. Jacob und M. L. Heritier [sic]. Wir waren alle fasziniert von den auffallenden Isomorphien zwischen dem sprachlichen und dem molekularen Code, wie sie in dieser Diskussion zutage traten. Ich arbeite jetzt weiter an meiner Untersuchung über die Beziehung der Linguistik zu den Geistes- und Naturwissenschaften.[31]

Die Debatte

Die im Fernsehen übertragene Debatte »Vivre et Parler« (»Leben und Sprechen«), die im September 1967 ausgestrahlt und anschließend in *Les Lettres Françaises* veröffentlicht wurde, war anscheinend sogar für die Gemeinschaft der französischen Intellektuellen eine einzigartige Begegnung von Forschern. Aus der »revolutionären Diskussion« ging auch ein bemerkenswertes historisches Dokument hervor: Zwar hatte die Berichterstattung über die epistemische und soziale Bedeutung des genetischen Codes eingesetzt, doch es war das erste (und vermutlich auch das letzte) Mal, daß führende Forscher aus Linguistik, Anthropologie, Genetik und Molekularbiologie in einem öffentlichen Forum zusammentrafen, um die Konvergenzen zwischen ihren jeweiligen Darstellungsweisen zu erkunden und sich bemerkenswert intensiv mit deren Verästelungen auseinanderzusetzen. Über den linguistischen Status der DNA konnte zwar kein Konsens erzielt werden, doch die Debatte und ihre Veröffentlichung führten dazu, daß sich die Idee von der Welt als Kommunikationssystem verbreitete: An der Schnittstelle, die Natur und Kultur sich teilten, nämlich der Sprache, implodierten beide, und beide verwendeten Sprache gleichzeitig als Werkzeug und als Objekt, als *episteme* und als *techne*.[32]

Jacob eröffnete die Diskussion, indem er sich der »genetischen Information und der Funktion von Sprache« zuwandte und erklärte: »Was wir genetische Information nennen, ist [durch Permutationen von Elementen] in das Chromosom eingetragen ...; genauso ist es im Satz eines Textes«. Daraus ergaben sich wichtige Konsequenzen für eines der großen Probleme der Biologie: die Organisation. Organisation betraf die informationelle Integration der verschiedenen Ebenen – von Molekülen über Zellen, spezialisierten Strukturen bis hin zum ganzen Organismus und schließlich zur Gesellschaft – und erfolgte über »Systeme der Kommunikation«. Als nächster sprach Jakobson und erkundete das Verhältnis von »Biologie und Linguistik«; er erinnerte daran, daß er sich seit seiner Jugend für die Überschneidungen zwischen diesen beiden Wissenschaften interessiert und schon frühzeitig Untersuchungen verfolgt hatte, in denen die Unterschiede zwischen den Sprachen mit Theorien der menschlichen Evolution in Verbindung gebracht wurden. Bis vor kurzem hatte er jedoch eher versucht, »den biologischen Analogien auszuweichen, da es hier verfrühte Theorien gab, biologische Theorien der Sprache, die sich als vollkommen falsch erwiesen haben« und sich auf rassenkundliche Forschungen und die nazistische Ideologie stützten. Widersetzt hatte er sich auch der »ganz mechanischen Anwendung der Mendelschen Gesetze auf die Evolution der Sprachen«. Doch seine zahlreichen Begegnungen mit Molekularbiologen und seine Arbeit am Salk-Institut in den letzten Jahren hatten ihn zu der Überzeugung geführt, »daß man hier nicht nur entfernte Analogien und Isomorphismen, sondern sogar viel tiefgreifendere Annäherungen zwischen Biologie und Linguistik finden kann«.[33]

Sowohl an Jacob als auch an Jakobson gerichtet, deutete der Moderator (Michel Treguer) an, daß vielleicht eine Analogie bestand zwischen Jacobs Vorstellung von Organismen und dem Paradigmenwechsel Saussures zu Beginn des Jahrhunderts, wonach die Sprache als System betrachtet wurde. Jakobson stimmte dem zu. Seine Ansicht wurde von Lévi-Strauss unterstützt, der darlegte, daß der Strukturalismus nicht nur das Denken in der Biologie beeinflußte, sondern auch die Art und Weise, wie die Anthropologen menschliche Gesellschaften untersuchten.[34] Philippe L'Héritier stimmte zu, daß Vererbung Informationsübertragung sei, schlug jedoch vor, die Analyse sehr viel weiter zu treiben, in eine Art von Proto-Soziobiologie. Könnte es nicht sein, fragte er, daß das Sprachvermögen des Menschen »in die Welt der Biologie tatsächlich eine neue Art der Vererbung eingeführt hat, die man soziale Vererbung oder Vererbung durch Sprache nennen kann«? Jakobson sprach von »verbaler Vererbung«. L'Héritier überlegte, daß verbale Vererbung denselben Regeln der Evolution und natürlichen Selektion unterworfen sei wie andere Formen der Vererbung, doch daß sie nicht auf der Ebene des Individuums, sondern auf der Ebene von Gruppen und der Zivilisation erfolge. Damit ergab sich die interessante Fragestellung des kindlichen Spracherwerbs (war es ein physiologisch vorgegebener oder ein kulturell geformter Lernprozeß?), und es wurde die strittige Frage der tierischen im Unterschied zur menschlichen Kommunikation angeschnitten. (Konnten Vogelrufe, Bienentänze oder das Schnalzen von Delphinen als Sprachen betrachtet werden? Waren sie genetisch determiniert?) Doch all das schien nebensächlich, wenn man an die zentrale Frage dachte: Ist die DNA eine Sprache?[35] Später sollte Jakobson darauf bestehen, daß sie eine natürliche Sprache sei; er ging dann sogar so weit zu behaupten, daß die menschliche DNA als Quelle verbaler Vererbung mit der Entstehung der Sprache zusammenhängen müsse

Der Moderator fragte die Gruppe, wie weit die Konvergenzen zwischen Biologie und Linguistik reichten. Wenn Phoneme die Elemente der Kommunikation bildeten, auf welcher Ebene der biologischen Organisation kam dann eine phonologische Analyse (oder ihr Analogon) zum Tragen? Gab es eine wirkliche Verbindung in der Art, wie sprachliche Mechanismen und die biologische Organisation funktionierten? Jacob antwortete: »... ich glaube, daß es besonders verblüffend ist, zu entdecken, daß die genetische Information durch die Aneinanderreihung und Folge von vier Einheiten gebildet wird, und daß die Sprache in gleicher Weise durch die Organisation, die Kombination, die Permutation und die Folge einer sehr geringen Anzahl von Einheiten entsteht«. Gewiß sei die Frage, auf welcher Ebene die Analogie griff, nur ein Teil des Problems, bemerkte Jacob, denn Struktur (oder Organisation) bedeutete etwas sehr Verschiedenes in Physik, Biologie und Sozialwissenschaft. Stimmte Jakobson mit Jacobs Bemerkungen überein? »Absolut«, rief Jakobson mit der Überzeugung eines Glaukon in Platons Dialogen.

Als ich das erstemal auf die linguistische Terminologie in der Literatur der Biologen gestoßen bin, habe ich mir gesagt: Man muß prüfen, ob dies nur eine Art und Weise zu sprechen, ein metaphorischer Gebrauch ist, oder ob hier eine tiefere Ursache vorliegt. Ich muß sagen, daß die Biologen vom linguistischen Standpunkt vollkommen legitim gehandelt haben und daß man sogar noch weiter gehen kann. Welche Gemeinsamkeiten gibt es zwischen dem System der Molekulargenetik und dem System der Linguistik? Erstens – und das ist vielleicht das Außergewöhnlichste und Wichtigste daran – ist es derselbe Aufbau, sind es dieselben Prinzipien der Konstruktion, ein ganz und gar hierarchisches Prinzip.[36]

Jakobson buchstabierte die Hierarchie aus: Phoneme zunächst, dann Wörter, dann die syntaktische Ebene. Er umging die offenkundigen Schwierigkeiten, die mit der Vorstellung einer phonologischen Analyse des genetischen Codes verbunden waren, und erklärte, ganz im Sinne Jacobs, daß die Wörter des genetischen Codes denen eines sprachlichen Codes vergleichbar seien (womit er, wie so viele andere vor ihm, die Vorstellung des genetischen Codes als Relation mit der eines DNA-Codes als Ding verschmolz). Und er wiederholte, die Kompositionsgesetze im genetischen Code seien die gleichen wie die Strukturgesetze der indoeuropäischen und semitischen Wurzeln. Auf der syntaktischen Ebene verwies er auf Interpunktionszeichen wie Kommas (und vergaß, daß der genetische Code ein kommaloser Code war) und setzte Interpunktion mit Start- und Terminationscodon gleich. Das heißt, Jakobson bestand auf den Parallelen. Solche Interpunktionen kamen auch auf der Ebene von Sätzen zum Tragen, die, wie die Formen des Lebens, eine erstaunliche Vielfalt aufwiesen. Jacob stimmte dem ungeteilt zu. In ihrer Diskussion »Gibt es linguistische Modelle in der Biologie?« fügte Jacob hinzu, daß Gene, lange bevor man sie sich wie Perlen auf einer Kette vorstellte, als Strukturen oder Ideogramme betrachtet wurden, und nicht als in sehr einfachen Kombinationen geschriebene Sätze. Den Vergleich zwischen der Linearität des Gens und der Linearität der alphabetischen Sprache hielt er für sehr überzeugend.[37] Seine Überzeugung sollte allerdings in den folgenden Jahren schwinden.

Lévi-Strauss war dagegen nicht von der linguistischen Sicht des Lebens überzeugt. Das Haupthindernis für solche Analogien sah er in den Schwierigkeiten, die mit der Frage der Bedeutung zusammenhingen, die nicht richtig definiert worden sei. Die Behauptung, daß Bedeutung aus der Kombination von Elementen entstehe, die selbst ohne Bedeutung sind – Phoneme, Buchstaben des Alphabets oder DNA-Basen – sei in der Biologie problematisch, wandte er ein, denn Bedeutung wurde hier nicht im gleichen Sinne verwendet. In der Sprache handle es sich um die Bedeutung für uns, die Sprecher, während es in der Biologie um die Bedeutung von trägen Molekülen gehe – und den Decodierer, fügten die Biologen hinzu; es gab eine Verwischung der Grenze zwischen Objekt und Subjekt. L'Héritier verfolgte den Gedankengang von Lévi-Strauss weiter: Da die menschliche Sprache eine symbolische sei, setze sie einen Gesprächspartner voraus und ein Gehirn, um diesen zu verstehen, doch in der Genetik hatte man es immer nur mit der Übertragung von Information zwischen Molekülen zu tun (und selbst dies war noch metaphorisch gesprochen). »In welchem Sinne handelt es sich hier um Bedeutung?« fragte L'Héritier. Doch Jakobson war der Ansicht, daß die Ähnlichkeiten zwischen beiden Systemen ihre Unterschiede bei weitem überwogen, vor allem, wenn man den Kommunikationsbegriff erweiterte und die Semiotik mit einbezog: nicht-verbale Botschaften und andere Zeichensysteme. (In diesem Sinne werde die Anthropologie zu einer Wissenschaft der Kommunikation, argumentierte er.)

Lévi-Strauss war nicht überzeugt. Für ihn führte die ganze Diskussion letztlich zu einem fundamentalen philosophischen Rätsel: Konnte es eine prädiskursive Sprachkenntnis geben, die bestand, bevor die Menschen Sprache entwickelten? Konnte etwas existieren, wie die Biologen behaupteten, das seiner Struktur nach der Sprache ähnlich war, aber weder Bewußtsein noch Subjekt einschloß? Ließ sich wirklich eine Kommunikation denken, die vor dem Bewußtsein der sprechenden Subjekte existierte und nicht in deren Aussagen sich geltend machte? In diesem Punkt sah er die größte Herausforderung für die Humanwissenschaften.[38] Hier liegt nach wie vor eine grundsätzliche Kritik an der Vorstellung, ein genomisches Buch des Lebens hätte vor den materialen und skripturalen Technologien existiert, die es entstehen ließen.

Zwischen Ontologien und Analogien: das Buch des Lebens als Chimäre

Jakobson fühlte sich durch die Debatte inspiriert, denn sie hatte einige der wichtigsten Merkmale herausgearbeitet, die Biologie und Linguistik verbanden, und auf Felder für weitere interdisziplinäre Forschung hingewiesen. Wie er Bronowski gegenüber geäußert hatte, nahmen diese Ideen jetzt viel von seiner Energie in Anspruch. 1969, während er Gastprofessor am Salk-Institut war, nahm Jakobson an einem September-Treffen teil, das sich mit der Biologie als Brücke zwischen den »zwei Kulturen« beschäftigte. Er sprach über die »Sprache des Lebens und das Leben der Sprache« und schlug vor, die Sprache selbst als Bindeglied zwischen Natur- und Geisteswissenschaften zu betrachten. In seinem Vortrag erkundete er die Zusammenhänge zwischen Sprache und Denken, die biologischen Mechanismen bei der menschlichen Sprache und die Frage, inwiefern man den genetischen Code als eine Sprache betrachten konnte; der letzte Punkt bestimmte im wesentlichen die nachfolgende Diskussion. Zu diesem Zeitpunkt hatte Jakobson bereits ausgiebig über die Sprache des Lebens geschrieben.[39] Eine feinkörnige Studie erschien 1970 in dem Band *Main Trends of Research in the Social and Human Sciences*. »Die spektakulären Entdeckungen, die man in den letzten Jahren auf dem Gebiet der Molekulargenetik gemacht hat, werden von den Forschern selbst in einer aus der Linguistik und der Kommunikationstheorie entlehnten Terminologie dargestellt«, legte er zustimmend dar.

Der Titel des Buches *Die Sprache des Lebens* von George und Muriel Beadle ist nicht bloß metaphorischer Ausdruck, und die ungewöhnlich starke Analogie zwischen dem System der genetischen und dem der sprachlichen Information rechtfertigt völlig die Grundaussage dieses Buchs: »Die Entzifferung des DNS-Codes hat zutage gebracht, daß wir im Besitz einer Sprache sind, die älter als die Hieroglyphen ist, einer Sprache, die so alt ist wie das Leben selbst, einer Sprache schließlich, die die lebendigste aller Sprachen ist.«

Die Gültigkeit dieser (weiter oben schon zitierten) Behauptung beruhte nach Jakobson auf mehreren isomorphen Eigenschaften der beiden Informationssysteme, dem verbalen Code und dem genetischen Code: ihren elementaren und phonologischen Strukturen; ihren Hierarchien, ihrer Kontextabhängigkeit, Kolinearität und Feedback-Regulation; und dem Gleichgewicht von Stabilität und Variabilität.[40]

Gestützt auf die Schriften von Francis Crick and Charles Yanofsky erklärte er, daß genetische Botschaften, wie verbale, aus Wörtern bestünden, oder Codons, ihrerseits aus den vier Buchstaben des Code-Alphabets zusammengesetzt, von denen jeweils drei auf einmal kombiniert würden, und daß das Wörterbuch des genetischen Codes vierundsechzig verschiedene Wörter enthielt, von denen drei offenbar nur dazu dienten, das Ende einer genetischen Nachricht anzuzeigen. Dies war von großer Bedeutung, meinte er, und zitierte Jacobs Antrittsvorlesung am Collège de France über die alphabetischen und dem Morsealphabet ähnlichen Attribute der genetischen Schrift. Jakobson schien nun die Hindernisse der phonologischen Analyse überwunden zu haben. Unbeeindruckt von der Stummheit des Genoms, argumentierte er syllogistisch, daß eine phonematische Analyse durch einen doppelten Abstraktionsprozeß möglich sei.

Da unsere Buchstaben nur ein Ersatz für die phonematische Struktur der Sprache sind und das Morsealphabet nur ein sekundärer Ersatz für Buchstaben ist, muß man die Untereinheiten des genetischen Codes direkt mit den Phonemen vergleichen. Wir können feststellen, daß von allen informationstragenden Systemen der genetische und der sprachliche Code die einzigen sind, die auf dem Gebrauch diskreter Komponenten [Phoneme] beruhen, die von sich aus keine inhärente Bedeutung besitzen, sondern dazu dienen, die kleinsten sinnvollen Einheiten zu bilden.

Er führte nie genauer aus, was »Sinn« (oder Semantik) in der Molekularbiologie bedeuten könnte. Dieses Stimmlosmachen der Phoneme ermöglichte es ihm, die Analogie noch sehr viel weiter zu treiben: So wie sich die Wechselbeziehungen von Phonemen in verschiedene Oppositionen von distinkten Eigenschaften aufgliedern ließen, lagen auch den vier Buchstaben des genetischen Codes zwei binäre molekulare Oppositionen zugrunde: die Paarung der DNA-Basen A und T sowie G und C.[41] Seine Erregung über diese zufällige oberflächliche Ähnlichkeit scheint für ihn das offensichtliche Problem verdeckt zu haben, daß distinkte Eigenschaften und Nukleotidbasen operational, also in ihren Funktionen, in keinem Verhältnis standen.

Jakobson argumentierte weiter, daß es neben der Analogie der Elementstrukturen eine solche auch zwischen der hierarchischen Anordnung verbaler und genetischer Nachrichten gebe. Und obwohl er die dornige Frage der Semantik nie direkt anging, verfolgte er seine Analyse höherer Ordnung weiter. Er schrieb: »Eine Parallele zu dem Übergang von lexikalischen zu syntaktischen Einheiten verschiedener Stufen bildet der Aufstieg von der Ebene der Codone zu der der ›Cistrone‹ [Benzers Wortprägung für eine genetische Funktionseinheit] und ›Operone‹ [Jacobs und Monods Begriff für koordinierte Gene]; die beiden letzteren Ränge der genetischen Sequenzen setzen die Biologen [etwa der russische Biologe V. A. Ratner] mit hierarchiehöheren syntaktischen Konstruktionen gleich.« Jakobson gestand bereitwillig zu, daß solche aufsteigenden syntaktischen Konstruktionen, damit Bedeutung entstand, auf Interpunktionszeichen angewiesen waren, und der genetische Code hatte keine. Allerdings meinte er, daß Start- und Terminations-Codons («»Wörter«) *metaphorisch* als Interpunktionszeichen beschrieben werden konnten, womit er Interpunktion und Wort gleichsetzte. Die jüngeren Erkenntnisse, wonach Startcodons eine unterschiedliche Bedeutung hatten, wenn sie in der Mitte und nicht am Anfang einer DNA-Sequenz standen, verallgemeinerte er bereitwillig: Wie in der natürlichen Sprache und anders als in formalen Sprachen war die Bedeutung einer genetischen Botschaft kontextabhängig, so daß ein Wort eine Vielzahl unterschiedlicher, kontextbedingter Bedeutungen annehmen konnte. Darüber hinaus gab es, so argumentierte Jakobson weiter, eine strenge Kolinearität der zeitlichen Abfolge beim Codierungs- und Decodierungsvorgang sowohl in der verbalen als auch in der genetischen Sprache. Doch wie ließ sich diese Kolinearität mit der Beobachtung vereinbaren, daß der genetische Code, anders als die Kommunikation zwischen Sprechern, eine strenge Gerichtetheit aufweist, daß sein Mechanismus nur in einer Richtung übersetzen kann? Dazu zog Jakobson den Begriff der Regulation durch Rückkopplung heran: Die regulativen Mechanismen der molekularen Genetik und Sprache stellten aus seiner Sicht eine Parallele zum Dialogcharakter der Rede dar. Diese beiden Informationssystemen gemeinsamen Eigenschaften sorgten für Stabilität, die Bildung von Gattungen und unbeschränkte Individualisierung, verkündete er.[42]

Die Bildung von Gattungen führte zum Auftreten des Menschen. Diese Homologien enthielten laut Jakobson eine tiefe Bedeutung für die Menschheit (da sie in der tierischen Kommunikation nicht zu finden seien). Er schrieb:»Im genetischen Code, der ersten Manifestation des Lebens, und andererseits in der Sprache, der universalen Begabung der Menschheit, in der sich der gewaltige Sprung von der Genetik bis zur Zivilisation zeigt, sind die beiden Arten fundamentaler Information gespeichert, die von den Vorfahren an die Nachkommen übermittelt werden, das molekulare Erbgut und das sprachliche Vermächtnis als notwendige Voraussetzung für eine kulturelle Tradition.« Er brachte dann vor, was er für eine berechtigte und wichtige Frage hielt: War die Isomorphie der beiden Informationssysteme bloß eine Konvergenz zweier unabhängiger Entwicklungen, die auf ähnlichen natürlichen Zwängen beruhten, oder konnte sich darin ein gemeinsames Phänomen manifestieren: die genetischen Grundlagen der Sprache? Er favorisierte die zweite Hypothese.[43] Wie Jacob später bemerken sollte, hatte Jakobson einen weiten Weg zurückgelegt seit seinem jugendlichen Mißtrauen gegenüber den voreiligen Theorien zur Biologisierung der Sprache. Durch diese suggestiven Analogien gewann der Code einen ontologischen Status als Sprache; wenn nicht gar als kosmologisches Prinzip.

Jacob dagegen wurde im Laufe der Zeit zunehmend mißtrauisch gegenüber der Tragweite dieser Analogien und schränkte seine Äußerungen dahingehend ein, daß die Biologie sich nur mit Modellen und Repräsentationen des Lebens beschäftige und nicht mit präexistierenden Realitäten. Im Kontrast zu seinem 1965 geäußerten Staunen darüber, daß genetische Spezifität »geschrieben ist« (nicht in Ideogrammen, wie im Chinesischen, sondern in einem linearen Alphabet, wie im Französischen), spricht sein 1970 erschienenes Buch *Die Logik des Lebenden* von Darstellungen, Vorstellungen und Modellen: »Darstellung des Gens ... in Form einer Kugel im Rosenkranz«, und »unser Wissen von der Vererbung wird am besten mit der Vorstellung einer chemischen Botschaft wiedergegeben. Diese Botschaft ist nicht in Ideogrammen wie die chinesische Schrift verfaßt, sondern in einer Art Morsealphabet.« Seine Schlußworte regen zum Nachdenken über die Problematik wissenschaftlicher Repräsentationen an: »Die heutige Welt besteht aus Botschaften, Codes, Informationen. Welches Skalpell wird morgen unsere Welt zerteilen, um sie in einem neuen Raum von neuem zusammenzusetzen? Welche neue russische Puppe wird in ihm zum Vorschein treten?«[44] In seinem Artikel »Le Modèle Linguistique en Biologie« (1974) machte Jacob seine Vorbehalte dann explizit. Seine Untersuchung zur Rolle von Modellen in der Biologie war kritisch; sie enthält einen Schuß Ironie und sogar eine Herausforderung an Jakobson.[45] Er begann damit, daß er Jakobson zitierte (der ursprünglich Jacob zitiert hatte, um sein Argument anzubringen): »Wir können feststellen, daß von allen informationstragenden Systemen der genetische und der sprachliche Code die einzigen sind, die auf dem Gebrauch diskreter Komponenten beruhen, die von sich aus keine inhärente Bedeutung besitzen, sondern dazu dienen, die kleinsten sinnvollen Einheiten zu bilden, das heißt Entitäten, die in dem gegebenen Code ihre eigene innere Bedeutung haben.« Diese Analogien waren zwingend, doch die Unterschiede zwischen der biologischen und der sozialen »Sprache« waren ebenso auffallend. Es verdiene besondere Beachtung, legte Jacob dar, daß diese Einschätzung von jemandem stammte, der immer nachzuweisen versucht hatte, daß die Linguistik zu den Sozialwissenschaften, nicht aber den Naturwissenschaften gehöre.

Die Vorstellung einer in der Vererbung wirksamen Sprache war natürlich nicht vollkommen neu. Schon 1943 hatte Schrödinger auf die Möglichkeit einer Schlüsselschrift in der Art eines Morsealphabets hingewiesen, die für die genetische Diversität verantwortlich wäre. Doch erst durch die Informationstheorie, argumentierte Jacob, hätten die Biologen ihre Sichtweise von der Vererbung geändert. Innerhalb weniger Jahre wurde Vererbung zu Information, Botschaft und Code. Er führte die wichtigsten Merkmale des Codes auf und wiederholte noch einmal Jakobsons Analyse der auffallenden Homologie zwischen den beiden Informationssystemen, zwischen dem verbalen und dem genetischen Code. Doch worauf liefen diese bemerkenswerten Analogien letztlich hinaus? fragte sich Jacob. Drückt die Beschreibung der Vererbung in Begriffen von Programm, Instruktionen und Code bloß die Gedanken einer Epoche aus, die von der Informationstheorie dominiert ist, oder findet sich hier die tiefste »Realität« wieder? Als er Jakobsons Vorschlag prüfte, wonach die Isomorphien der beiden Systeme nicht bloß Konvergenzen von Zufälligkeiten seien, sondern eine Art Erbe, wies er auf die grundsätzlichen Grenzen solcher Parallelen hin:

Sprache untersucht die Botschaften, die von einem Sender an einen Empfänger übertragen werden. Nun gibt es aber nichts dergleichen in der Biologie: kein Sender, kein Empfänger. Die berühmte Botschaft der Vererbung, die von einer Generation an die andere übertragen wird – *niemand* hat sie je geschrieben [personne ne l'a jamais écrit]; sie bildet sich von selbst, langsam, mühselig die Wechselfälle der Reproduktionen durchquerend, die von der Evolution getragen sind. Mehr noch, niemand hat eine wahre Botschaft *erhalten* [Hervorhebung hinzugefügt].[46]

Die beiden auffallendsten Eigenschaften der Isomorphie – kombinatorische Elemente und strenge Linearität – bewiesen noch lange nicht die Identität der beiden Systeme. Es gebe zahlreiche Beispiele in der Wissenschaft, wo diverse und komplexe Strukturen aus kombinatorischen Anordnungen einfacher Elemente entstanden – zum Beispiel das Periodensystem der chemischen Elemente und die Atomstruktur –, argumentierte Jacob. Doch anders als die Sprache seien genetische Strukturen dreidimensionale Produkte der organismischen Evolution. Er hätte natürlich noch zwei weitere schwerwiegende Einwände gegen die Analogie von Linguistik und Genetik vorbringen können, die auf den Entdeckungen der fünfziger Jahre beruhen; zunächst hatten Quastler und seine Mitarbeiter und kurz darauf George Gamow und Alexander Rich herausgefunden, daß, anders als jede bekannte Sprache, die sogenannte genetische Sprache keine intersymbolischen Einschränkungen aufwies und der Code daher weder überlappend sein konnte noch kryptographisch zu entschlüsseln war. Außerdem bestehen in keiner natürlichen Sprache Wörter aus aufeinanderfolgenden Triplett-Buchstaben. Selbst ohne auf diese wichtigen strukturellen Unterschiede hinzuweisen, kam Jacob zu dem Schluß, daß die bemerkenswerten Analogien zwischen Vererbung und Sprache Ausdruck von Erfordernissen waren, die aus naheliegenden Funktionen hervorgingen (zum Beispiel der Entwicklung des Stimmapparats und der Gehörorgane, die der Sprache ihre Linearität aufzwangen). Und er glaubte dementsprechend, daß die Linguistik für die genetische Analyse zwar hilfreich sein könne, die Genetik aber wenig zur Linguistik beizutragen habe.[47] Linguistik diente in der Biologie zwar als ein starkes, aber doch nur als ein Modell.

Ganz auf der Linie von Georges Canguilhem unterschied Jacob die Biologie von den physikalischen Wissenschaften: »Die Biologie entbehrt vielleicht der Mittel, um sich mathematisch begründete Theorien zu geben und arbeitet meist mit Modellen. Es gibt in der Biologie zahlreiche Verallgemeinerungen, jedoch nur wenige genuine Theorien.« Im notwendigen Dialog zwischen Theorie und Experiment hätten Modelle in den Naturwissenschaften oft die Rolle einer Theorie gespielt, von der das Experiment in der Biologie angeleitet wurde. Doch häufig tendierte man dazu, das Modell für eine Erklärung zu halten, und Analogien für Identität, bemerkte er. Wenn der Wert eines Modells sich nach seiner operationalen Wirksamkeit beurteilen lasse, dann sei das linguistische Modell bemerkenswert effektiv. »Selten konnte ein Modell, das den Konzeptionen einer Epoche aufgezwungen wurde, eine gewissenhaftere Anwendung finden«, gestand er ein. Doch wie ernst konnte eine Analogie genommen werden, selbst wenn sie so exakt erschien? Um dies auf den Punkt zu bringen, berichtete Jacob von den Homologien zwischen dem genetischen Code und dem alten chinesischen Buch des Lebens

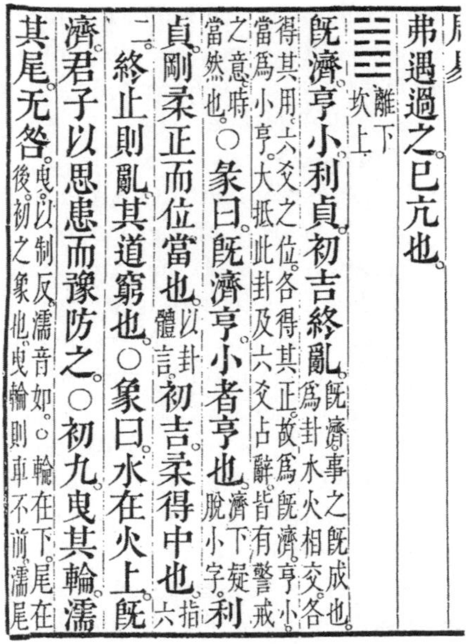

408 *Im Anfang war das Wort? (die Welt?)*

☲☵ Chi Chi –
Nach der Vollendung

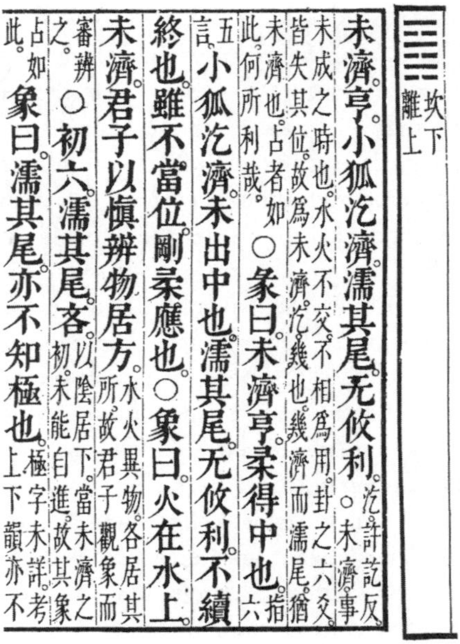

☵☲ Wei Chi –
Vor der Vollendung

Abbildung 23. Die letzten beiden komplementären Zustände im I Ging-Code, »Vor der Vollendung« und »Nach der Vollendung«: ihre Bedeutungen und ihr kombinatorisches Potential. Komplementäre Hexagramme im I Ging.
Aus: *Zhou yi benyi (The Fundamental Meaning of the I Ching)*, Taipeh, Taiwan: Huailan chubanshe, 1975.

Zwischen Ontologien und Analogien: das Buch des Lebens als Chimäre 409

(dem I Ging oder Buch der Wandlungen), die in den späten sechziger Jahren entdeckt wurden; die Entsprechungen waren weitaus erstaunlicher als die zwischen der Linguistik und dem genetischen Code. Mit Hinweis auf die Schriften von Gunther Stent und vielleicht mit einem gewissen Sarkasmus schloß er: »Vielleicht sollten wir das I Ging studieren, um die Beziehungen zwischen Vererbung und Sprache zu erfassen.«[48]

Genetischer Code und I Ging: ein ernster Scherz?

Um 1969 wurde in Europa und in den Vereinigten Staaten von sehr unterschiedlichen fachlichen Gesichtspunkten aus bemerkt, daß das alte chinesische I Ging und der soeben vervollständigte genetische Code beachtenswerte Ähnlichkeiten aufwiesen.[49] Zwischen dem dreitausendjährigen Buch der Wandlungen – einem symbolischen System zum Verständnis der menschlichen Erfahrung – und dem genetischen Buch des Lebens kamen auffallende Entsprechungen zutage. Beide symbolischen Systeme wollen die Muster in der Diversität erklären, und beide versuchen dies durch Permutationen von vier Grundelementen, die jeweils in Dreiergruppen gebündelt sind, was vierundsechzig Bausteine ergibt (Codons beim genetischen Code; Hexagramme beim I Ging). Im I Ging geht die Mannigfaltigkeit aus der Wechselbeziehung zwischen zwei binären Gegensätzen oder antithetischen Prinzipien hervor: Yang (das aktive oder männliche Prinzip, repräsentiert durch eine durchgehende Linie) und Yin (das passive oder weibliche Prinzip, repräsentiert durch eine unterbrochene Linie). In der chinesischen Philosophie ist der Kosmos nach Prinzipien der Einheit, der Dualität und des Wandels organisiert. Yin und Yang gelten als komplementäre Polaritäten; sie sind keine getrennten Dualitäten. Und sie treten zusammen, um vier Digramme zu bilden: Altes Yang (══), Altes Yin (╌╌), Neues Yang (═╌) und Neues Yin (╌═). Diese vier Digramme werden kombiniert, jeweils in Dreiergruppen, und bilden so $4^3=64$ Hexagramme. Von unten nach oben gelesen symbolisiert jedes Hexagramm einen der vierundsechzig Grundzustände des Lebens und seinen polaren Gegensatz, zum Beispiel: Fülle und Begrenzung, Befreiung und Behinderung, vor der Vollendung und nach der Vollendung. Alle diese Grundzustände ergeben sich durch Wechselbeziehung der drei Digramme, aus denen das Hexagramm besteht, und gehen zurück auf einen Wandel der Komplementaritäten: Yin nach Yang oder umgekehrt. Auf diese Weise erfassen die Anordnungen

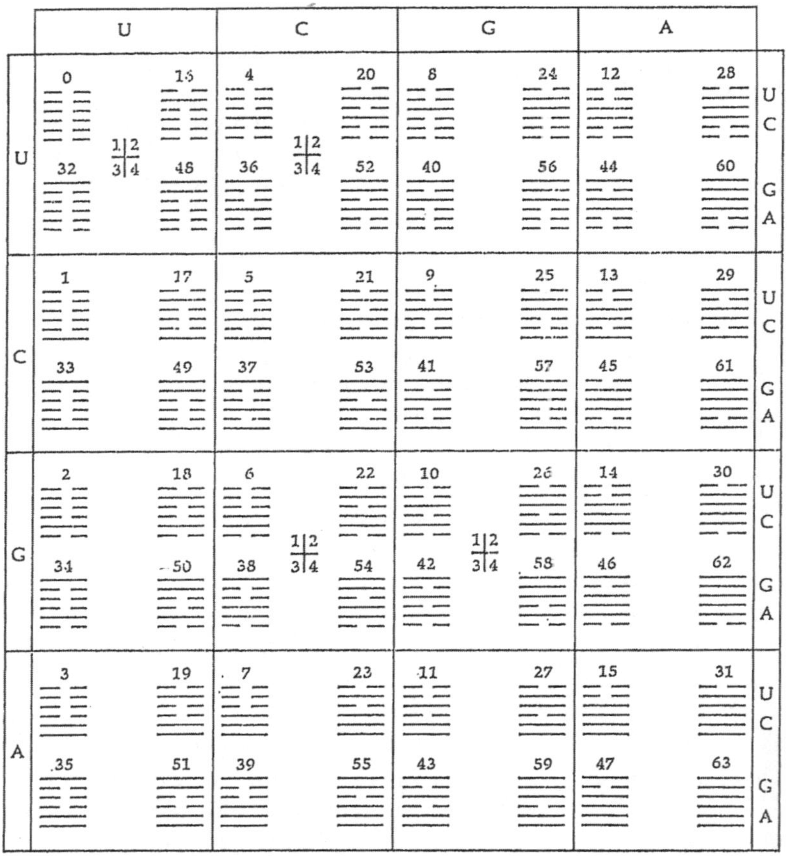

410 Im Anfang war das Wort? (die Welt?)

	U		C		G		A		
U	0	16	4	20	8	24	12	28	U
	32	1|2 3|4 48	36	1|2 3|4 52	40	56	44	60	C G A
C	1	17	5	21	9	25	13	29	U
	33	49	37	53	41	57	45	61	C G A
G	2	18	6	22	10	26	14	30	U
	34	50	38	1|2 3|4 54	42	1|2 3|4 58	46	62	C G A
A	3	19	7	23	11	27	15	31	U
	35	51	39	55	43	59	47	63	C G A

Abbildung 24. Martin Schönberger, *The I Ching and the Genetic Code: The Hidden Key to Life,* Santa Fe, N.M., 1992, S. 72.
Abdruck mit Genehmigung von Aurora Press.

der Hexagramme – die im Laufe der Jahrtausende variierten – angeblich die sich wandelnden kosmischen Muster, das heißt den unaufhörlichen Fluß des Lebens.[50] (siehe Abbildung 23)

Wenn jede der vier DNA-Basen einem der Digramme zugeordnet wird (man beachte, daß die Zuordnung willkürlich ist), dann repräsentiert jedes der vierundsechzig Hexagramme jeweils ein Codon. Auf diese Weise kann die »natürliche« Ordnung der I Ging-Zustände den vollen Umfang des genetischen Codes erzeugen (siehe Abbildung 24). Stent glaubte, daß »die Übereinstimmung zwischen ihm [I Ging] und dem genetischen Code geradezu erstaunlich ist ... Vielleicht sollten die Erforscher der gegenwärtig immer noch mysteriösen Ursprünge des genetischen Codes die ausführlichen Kommentare zum I Ging heranziehen, um Hinweise auf die Lösung ihres Problems zu finden.«[51] Martin Schönberger war der erste, der diese Homologien detailliert ausgearbeitet hat. Ähnlich wie Jakobson sah er darin keine kontingenten Konvergenzen, sondern schrieb ihnen eine ontologische Bedeutung zu. Für ihn manifestierte sich im Buch der Wandlungen wie im Buch des Lebens ein universeller Informationsfluß, der ein kosmologisches Prinzip bildete.

Und doch werden wir nicht die Frage vermeiden können: Manifestiert sich in beiden »Büchern« ein gemeinsames Prinzip? Handelt es sich hier vielleicht um einen universellen Code, der vor 5000 Jahren von den Chinesen entdeckt wurde – und vor 10 Jahren von Watson und Crick? Mit andern Worten: gibt es nur einen einzigen Geist, dessen Manifestation (=Information?) mit Notwendigkeit seinen Ausdruck in den 64 Wörtern des genetischen Codes einerseits, und andererseits in den 64 möglichen Zuständen und Entwicklungen des I Ging findet?[52]

Wie bei Jakobson lautete die Antwort ja und deutete auf ein Universum, das sich grundsätzlich von dem in Jacques Monods *Zufall und Notwendigkeit* gezeichneten unterschied. Anstatt das DNA-basierte Leben als ein Produkt des Zufalls anzusehen, sah Schönberger den Zufall als den Strukturen und Mustern des I Ging unterworfen. Der Mensch könnte, statt, wie Monod formuliert hatte, wie ein Zigeuner am Rande des Universums zu leben, vielmehr ein tiefes Sicherheitsgefühl empfinden, das davon herrührte, daß er physisch und geistig in eine natürliche Ordnung hineingeboren sei.[53] Gewiß müssen Wissenschaftler solche spirituellen Überlegungen weit von sich weisen; allerdings legen sie damit einen doppelten Maßstab an: Wenn man die auffallende Analogie zwischen dem I Ging und dem genetischen Code nicht gelten läßt, wie kann man dann die weitaus schwächere Analogie zwischen Sprache und DNA akzeptieren und sogar ontologisch verstehen?

Vielleicht läßt sich die Spannung zwischen Ontologie und Analogie durch den Begriff der »Chimäre« auflösen, den die Semiotikerin Françoise Bastide mit ihrem Essay »Linguistique et Génétique« in die Debatte brachte. Sie analysierte das Hin und Her zwischen Jacob und Jakobson kritisch und zeigte (ganz im Sinne Canguilhems), daß Modelle nicht einseitig wirksam sind: Der Transfer von Modellen über Disziplingrenzen hinweg stürzt auch ihre jeweiligen Untersuchungsobjekte um.

Wenn Jakobson dem Code eine »eigene innere Bedeutung« zuschrieb, so negierte er Saussures Theorie der Arbitrarität des Zeichens; Jacob dagegen unterminierte gerade die Idee der sprachlichen Kommunikation, als er von einem Code ohne Sender und Empfänger sprach. Doch statt hier Treue zu verlangen, vielmehr um besser mit »unseren Räumen des Nichtwissens« umzugehen, schlug Bastide vor, daß die moderne Biologie ihre Objekte als Chimäre begreifen solle, als eine hybride mythologische Kreatur wie ein Zentaur, ein Tierkörper mit einem Menschenkopf. Der Tierkörper ist die Natur, und sie ist den Gesetzen elementarer Wechselwirkungen unterworfen, während der Kopf die unbestimmte Ebene der Bedeutung repräsentiert: »eine gemischte Benennung, fruchtbar, aber mehrdeutig«, wie Anne-Marie Moulin formuliert hat. »Die Natur bringt nicht spontan Chimären hervor, sie sind vielmehr der Versuch des Menschen, Natur und Kultur zu integrieren ... darin besteht die größte Quelle der Produktivität«, betonte Bastide.[54] In diesem Sinne könnte das Buch des Lebens als Chimäre betrachtet werden, als eine Produktion von Natur und Kultur. Wie Jacob schrieb: »Die genetische Botschaft, das Programm des heutigen Organismus liegt vor wie ein Text ohne Verfasser, den ein Korrektor während einer Milliarde von Jahren überprüft, verbessert, verfeinert, unaufhörlich ergänzt und aus dem er mit der Zeit jede Unvollkommenheit ausgemerzt hätte.«[55] Teils Natur, teils Kultur, wurde das chimärenhafte Buch des Lebens mit Bedeutungen gefüllt, es wurde zur autorlosen Schöpfung.

So hat also in den fünfziger Jahren der gleichzeitige Transfer kybernetischer und informationeller Darstellungsweisen sowohl in die Linguistik als auch in die Molekularbiologie die auffallenden Analogien zwischen den beiden Forschungsfeldern vorangetrieben. Wie in anderen Disziplinen wurden ihre Untersuchungsgegenstände durch die Zirkulation des Informationsdiskurses (jeder für sich) neu konfiguriert, und so tauchten sie dann gar nicht so überraschend mit einigen parallelen Eigenschaften wieder auf. Sprache und Leben wurden gleichzeitig entmaterialisiert, und dadurch die Bedingungen der Möglichkeit geschaffen, um das Wort (Information der DNA-Sequenz) als Ursprung der Selbstorganisation, als ontologische Einheit von Leben und Evolution ins Auge zu fassen. Diese Vision wurde von Manfred Eigen in den siebziger Jahren ausgearbeitet, und sie schuf die Voraussetzungen für die Simulation und Manipulation von Leben mit computergenerierten mathematischen Modellen sowie die theoretische Möglichkeit einer evolutionären Biotechnologie und postgenomischen Zukunft. Auf der eher pragmatischen, kurzfristigen Ebene versprach die DNA-Linguistik ein machtvolles Werkzeug zu entwickeln, um die Codierungssequenzen aus dem Sumpf der sogenannten Junk-DNA herauszuziehen (jenen 97 Prozent nicht-codierenden Sequenzen), um somit aus der Syntax Semantik zu extrahieren. Als in den siebziger Jahren der Einfluß von Jakobson schwand, sollte die Erforschung der linguistischen Eigenschaften der DNA von neuem angegangen werden, diesmal unter dem Chomskyschen Paradigma; darauf ließ sich jedoch immer noch die gleiche Kritik anwenden, daß nämlich unverbürgt von der linguistischen Analogie auf die Ontologie extrapoliert wurde.

Evolution des Worts (der Welt)

Manfred Eigens Exkursionen in die Lebenswissenschaft begannen in den frühen sechziger Jahren, kurz nachdem der Code entschlüsselt war. Sie bekamen Auftrieb durch seine regelmäßige Teilnahme an den Treffen von Schmitts *Neuroscience Research Program* (NRP). Noch bevor Eigen 1967 den Nobelpreis erhielt (zusammen mit Ronald Norrish und George Porter) und die Leitung des Max-Planck-Instituts für biophysikalische Chemie in Göttingen übernahm, begann er, seine Fachkenntnis über ultrakurze chemische Reaktionen auf biomolekulare Systeme anzuwenden. Er betrachtete Nukleinsäure- und Enzymreaktionen als ein System der Informationsübertragung, als molekulares Lernen, als Speichern und Abrufen von Informationen. Bis 1970 hatten diese Streifzüge sich zu einem fokussierten Forschungsprogramm über den Ursprung des Lebens als Information verdichtet: Selbstorganisation der Materie, molekulare Evolution und der Anfang von dem, was sich zu einer regelrechten DNA-Linguistik auswachsen sollte. Eigens Projekt verlieh nicht nur Gamows ursprünglicher Zufallssequenz neue Bedeutung, sondern auch Shannons statistischen Kommunikationen, Wieners Vision des Individuums als Nachricht und von Neumanns Traum von selbstreproduzierenden Automaten – alle diese Konzepte fanden nun zusammen in biologischen Algorithmen, die auf den Regeln einer neo-darwinistischen Evolution beruhten, welche ihrerseits im Rahmen einer auf Information basierten Spieltheorie neu konfiguriert wurden.[56]

Laut Eigen brauchte man sich in der Frage nach dem Ursprung des Lebens nicht in dem bekannten Dilemma – Henne oder Ei – zu verheddern, brauchte nicht fragen, was zuerst da war: Nukleinsäuren oder Proteine? (DNA kann sich nicht replizieren ohne Enzyme; Enzyme können nicht hergestellt werden ohne DNA.) Wenn man Nukleinsäuren durch »Information« ersetzte und Proteine durch »Funktion«, dann wurde das Verhältnis zwischen beiden zum geschlossenen Kreislauf: Funktion setzt Information voraus; Information gewinnt Bedeutung nur durch Funktion. Eigen war sich voll bewußt, daß Bedeutung in der Informationstheorie nicht vorkam, und er fand die fehlende Semantik in den dynamischen und funktionalen Eigenschaften, die sich aus einem präbiotischen Wechselspiel zwischen Nukleinsäuren und Proteinen ergaben. Folglich bestand keine Notwendigkeit, die Entstehung des Lebens als einen unwahrscheinlichen, riesigen Zufall zu betrachten (der von manchen in der Größenordnung von 10^{-255} angesiedelt wurde), sondern man konnte von Zufallseffekten ausgehen, die auf ihre Ursprünge rückkoppelten und so eine Wirkung verstärken konnten. Wie Eigen es formulierte, bildeten sie ein Kommunikationssystem mit legislativen und exekutiven Funktionen. Unter gewissen äußeren Bedingungen konnte ein solches vielfältiges Wechselspiel zwischen Ursache und Wirkung – durch Hyperzyklen – sich zu einer makroskopischen funktionalen Organisation aufbauen, die dann ihre Umgebung zu ihrem Vorteil veränderte. So entstand genetische Information selektiv durch die Selbstorganisation eines materiellen Systems. In Eigens Kosmogonie ist Leben »weder Schöpfung noch Offenbarung, es ist keines von beiden, weil es beides zugleich ist«. Seine Theorie war nicht vollständig neu; schon zu Beginn der sechziger Jahre hatte Henry Quastler ein informationstheoretisches darwinistisches Modell für die biologische Organisation vorgeschlagen, das Eigen und seine Kollegen allerdings nicht gekannt zu haben scheinen.[57] Doch Eigen ging sehr viel weiter, als er die Merkmale dieses Evolutionsmodells und seiner angeblichen linguistischen Eigenschaften ausarbeitete und quantifizierte – bis hin zu futuristischen Visionen einer postgenomischen Bio-Macht.

»Von Neumanns Idee eines selbstreproduzierenden Automaten hat in einer bestimmten Kategorie von Spielen, die Vermehrung und Wachstum simulieren, das Interesse der Mathematiker [darunter S. Ulam und J. H. Conway] erregt«, erzählte Eigen.[58] Doch er modifizierte diese statistischen »Lebensspiele« – farbige Glasperlen und Würfel, als idealisierte Spielfiguren geformt, mit denen auf eigens konstruierten Brettern gespielt wurde –, indem er ein Zufallselement einführte. Jeder molekulare Reproduktionsprozeß war zufällig auftretenden »Irrtümern« ausgesetzt, und diese »Mutationen« konnten, wenn sie passend ausgewählt wurden, zur Quelle neuer Information werden. Am Ausgangspunkt des Spiels steht also eine Buchstabensequenz (etwa AGUUCCGCAGGCU), und das Ziel des Spiels besteht darin, zu einer spezifizierten Sequenz zu gelangen (sagen wir GCUGGCUACUAGC); dies geschieht durch eine zufällige Variation einzelner Buchstaben nach bestimmten Selektionsregeln, die das Überleben begünstigen, also durch die Erhaltung von Information oder eine »Ur-Semantik«. Sequenzen, die mehr Information bereitstellen, um die Geschwindigkeit oder Genauigkeit der Reproduktion oder den Schutz vor Auflösung zu erhöhen, haben einen Selektionsvorteil. In diesem stochastischen Universum eines molekularen Darwinismus gibt es analog zu jeder Spezies eine »Quasi-Spezies«, die definiert ist als eine gegebene Verteilung makromolekularer Arten mit eng in Beziehung stehenden Sequenzen. Externe Einschränkungen erzwingen die Selektion der am besten angepaßten Verteilung, die als *Wildtyp* bezeichnet wird.[59]

Aus diesen Glasperlenspielen zog Eigen folgende Lehren: Ein darwinistisches Selektionsverhalten wurde erreicht durch Erfüllung gewisser Vorbedingungen, die unveränderlich wurden, sobald die Komplexität des System so groß geworden war, daß nicht mehr alle Alternativen gleichzeitig repräsentiert werden konnten. Solange das Spiel mit einfachen Vorbedingungen startete, die in unbegrenzten Konzentrationsbereichen leicht zu erfüllen waren, kam nur eine bestimmte Kombination von Strategien – Stoffwechsel, Selbstreproduktion und Mutagenität – für Darwinsche Selektionswerte in Frage. Auf diese Weise hatte die natürliche Selektion eine Qualität, die auf Eigenschaften der Materie gegründet war und schnell durch unabhängige Experimente überprüft werden konnte; das Modell umging so die sprichwörtliche Tautologie, die im Darwinschen Diktum vom »Überleben des Stärksten«, dem *survival of the fittest* liegt, bei dem die Stärke nach der Überlebensrate beurteilt wird und so zum »Überleben des Überlebenden« führt. Neben seiner theoretischen Ausgeklügeltheit deutete Eigens Modell auch auf die Möglichkeit hin, eine »Evolutionsmaschine« zu bauen – von Neumanns Traum von den genetischen Simulakren wurde hier noch weit über Baudrillards Apokalypse hinaus weitergedacht; die Maschine sollte die spezifizierte Bedingung automatisch kontrollieren und aufrechterhalten und zu selbstentwickelnden Molekularsystemen führen. Ein Jahrzehnt später sollte Eigen die Kinetik einer evolutionären Molekulartechnologie der RNA-Replikation in Modellen umreißen, die in Computersimulationen getestet wurden; und er skizzierte die grundlegenden Merkmale eines Evolutionsreaktors. Seine Arbeit war nicht nur von theoretischer Bedeutung, denn sie lockte die Förderung großer Biotechnologiefirmen an (wie Bayer, Hoechst und Hofmann La-Roche). Die Implosion technologischer und biologischer evolutionärer Biotechnologie ist seitdem zu einem Symbol künftiger biologischer Maschinen und industrieller Ökologien geworden.[60]

Um vom Überleben auf makromolekularer Ebene auf die protozellulare aufzusteigen, postulierte Eigen ein Ordnungsprinzip in Form der Entstehung eines Hyperzyklus (eine geschlossene Schleife von Nukleinsäuren und Proteinen). Als Vorbedingung für die Selbstorganisation bilden die Nukleinsäuren die Legislative: komplementäre Instruktionen für Codebildung, die ein binäres oder quaternäres Ziffernsystem verwenden. Doch für die Akkumulation eines großen und gleichwohl reproduzierbaren Informationsgehalts in einzelnen Ketten ist ihr Erkennungsvermögen nicht hoch genug. Proteine ihrerseits besitzen eine enorme Exekutivgewalt, nämlich funktionale und Erkennungs-Diversität und -Spezifität. Über katalytische Kopplungen können sie viele Informationsträger verknüpfen und eine große Informationskapazität aufbauen; ihnen fehlt allerdings die Voraussetzung für eine Evolution, nämlich Instruktionen. Eine Kombination von Legislative und Exekutive oder komplementäre Instruktion mit katalytischer Kopplung werden schließlich zu einem nicht-linearen Selektionsverhalten als dem einfachsten Mechanismus der funktionalen Kopplung führen, bzw. zu einem selbstreproduktiven Hyperzyklus. Jene Fluktuationen im System, die zu einer eindeutigen Übersetzung und ihrer Verstärkung über die Bildung eines Hyperzyklus führen, weisen einen enormen Selektionsvorteil auf. So vollzieht sich die Entstehung des Lebens durch selektive Wiederholungen. Der Ursprung für die Information des Lebens erweist sich damit weniger als Zufallstreffer denn als zwangsläufiges Ereignis.

Mitte der siebziger Jahre erhielt dieser informationstheoretische molekulare Darwinismus eine linguistische Dimension. Jakobson hatte einen Ausgangspunkt formuliert, und mit dem Paradigmenwechsel vom Strukturalismus zu Chomskys Programm – syntaktische Strukturen, generative Grammatik und Transformationsregeln – machten sich nun einige Molekularbiologen daran, die sogenannte genetische Sprache im neuen Paradigma zu erkunden. »Sprache« galt nun nicht mehr als ein System, das auf differentielle phonemische Attribute gegründet war, sondern als eine Menge von Sätzen, mit Bedeutung versehene Konstruktionen von begrenzter Länge, aber unbegrenzten Möglichkeiten. Sprache definierte sich dadurch, daß auf ihr Alphabet (eine begrenzte Menge von Elementen) eine begrenzte Menge von Regeln (die Grammatik) angewandt wurde, um alle Sätze zu generieren, sowie durch die Einführung einer Menge von Interpunktionszeichen bzw. von Strängen alphabetischer Zeichen, die als Interpunktionszeichen dienten.[61]

Auf solche Vorgaben gestützt, entwickelten Eigen und seine Mitarbeiterin Ruthilde Winkler ein Grundmodell für Untersuchungen in der evolutionären biomolekularen Linguistik:

> Die Existenz einer »Sprache« ist für die materielle Selbstorganisation der Lebewesen, die Kommunikation zwischen den Menschen wie auch für die Evolution der Ideen gleichermaßen von Bedeutung. Voraussetzung für die Ausbildung einer Sprache ist eine eindeutige Symbolzuweisung. In den molekularen Sprachen hat sie ihre Entsprechung in definierten physikalisch-chemischen Wechselwirkungen, in der Kommunikation zwischen den Menschen basiert sie auf der Phonemzuordnung und ihrer bildlichen Fixierung. Die Sinnzuweisung zu den Symbolkombinationen wie auch deren gegenseitige Beziehungen entstammen einem aus funktioneller Bewertung resultierenden Evolutionsprozeß. Nach Chomsky weisen alle Sprachen – ähnlich wie die aus molekularen Mechanismen hervorgegangene Sprache der Genetik – in ihren Tiefenstrukturen Gemeinsamkeiten auf, welche die in der Wirkungsweise des Zentralnervensystems begründete funktionelle Logik widerspiegeln. Die Parallelen zwischen einer molekularen Genetik und einer generativen Grammatik der sprachlichen Kommunikation lassen die Spielregeln evolutiver Prozesse deutlich hervortreten.

Mit einer Dialektik von Sprache und Materie, Wort und Tat, umging Eigen das Faustische Dilemma: Leben ist weder Tat noch Wort, weder Schöpfung noch Offenbarung; es ist beides zugleich. Entsprechend der Sicht des entstehenden Lebens als einer Verknüpfung von Hyperzyklen, als einer Kommunikation zwischen Legislative und Exekutive, wurde den Proteinen eine Semantik zugeschrieben. Wie in menschlichen Sprachen bildeten zwanzig alphabetische Symbole (Aminosäuren) mit spezifischen Funktionen kooperative Einheiten von Wörtern und Sätzen; die Sprache der Legislative, der Nukleinsäuren, wurde zur formalen Maschinensprache in Analogie gesetzt, einer reinen (syntaktischen) Informationsverarbeitung.[62]

Doch Eigens linguistische Unterscheidung zwischen DNA-Syntax und Protein-Semantik setzte sich nicht durch. Was konnte auch einen Anreiz bilden, Anstrengungen auf die linguistische Analyse bekannter Entitäten zu verwenden, anstatt einen Vorhersageprozeß zu operationalisieren, mit dem sich biologische Bedeutung (Funktionalität) aus der undurchsichtigen genomischen Syntax ableiten ließ? Die Suche nach der genetischen Bedeutung verstärkte sich, als in den achtziger Jahren klar wurde, daß nur ein kleiner Bruchteil der menschlichen DNA (ungefähr 3 Prozent) die Herstellung von Proteinen spezifizierte; die Suche gewann noch einmal an Dringlichkeit, als die Sequenzierung des gesamten menschlichen Genoms anstand. So begannen Edward Trifonov und Volker Brendel Mitte der achtziger Jahre damit, die Regeln der Chomskyschen Grammatik operational auf die genomische Sprache anzuwenden, und tauften ihr Vorhersagewerkzeug »Gnomik«. Wörter, als intern korrelierte Stränge begrenzter Länge betrachtet, sollten die Grundlage für eine künftige linguistische Analyse der Nuklectidsequenzen bilden. »Wenn man sich der Wichtigkeit der Information bewußt ist, die in diesen Texten über lebende Materie enthalten ist, über deren Funktionen und Funktionsstörungen, kann man sich vorstellen, daß die Gnomik bald eine sehr intensiv studierte Sprache sein wird und sich als eine sehr interessante Lektüre erweisen wird, wie sie es ja bereits jetzt schon tut.«[63]

Aus der DNA-Linguistik wurde keine wissenschaftliche Bewegung, doch sie gewann an Boden und formierte sich als eine wahrnehmbare Unterdisziplin in der theoretischen oder mit Computermodellen arbeitenden Molekularbiologie. Der von Jakobson und Jacob beeinflußte Julio Collado-Vides wurde beispielsweise zum Verfechter einer DNA-Linguistik. Für ihn besteht eines der größten Probleme in der Biologie in der Anhäufung riesiger Datenmengen, für die ein angemessener theoretischer Begriffsrahmen fehlt. Die generative Grammatik, erklärte er 1989, könnte ein breites und flexibles Begriffsgerüst für ein umfassendes Paradigma bereitstellen, mit dem sich die genomische Organisation und die Regulation der Genexpression besser verstehen ließen. Auch wenn manche Linguisten dieses Projekt kritisieren, erproben theoretische Biologen weiterhin ihre linguistischen Werkzeuge an prokaryotischen und eukariotischen Systemen, auf der Suche nach biologischer Bedeutung.[64]

»Biologen suchen die Wörter im unentschlüsselten DNA-Text«, verkündete 1991 ein Artikel in der New York Times. Der Reporter erklärte:

In einem Versuch, den großen Helixstrang biochemischer Buchstaben zu entziffern, aus dem das *Buch des Lebens* besteht, haben einige besonders phantasiereiche Biologen damit angefangen, die Techniken der Linguistik auf die Erforschung der DNA anzuwenden ... Die Idee, sich Gene als Sprache vorzustellen, ist nicht wirklich neu. Denn schließlich, sagte Dr. Konopka [mathematischer Biologe am *National Cancer Institute*], begann die Wissenschaft der Molekularbiologie in den vierziger Jahren aufzublühen, als die Sozialwissenschaftler gerade dabei waren, die Natur der Kommunikation und der Sprache zu erkunden. »Das hat natürlich unser Denken beeinflußt ... Die meisten Biologen waren geistig bereit, das Genom als Kommunikationssystem zu denken« ... Biolinguisten versuchen eine Methode zu finden, um den Kern von drei Prozent aus dem biochemischen Hintergrundrauschen herauszuziehen; sie versuchen, die Wörter als solche zu identifizieren, ohne sich darum zu kümmern, was diese Wörter jeweils besagen.[65]

Nicht länger als Metapher verstanden, war das chimärenhafte Buch des Lebens mit all seinen Unvereinbarkeiten und Aporien zum Leitsymbol der Suche nach Bio-Macht geworden, nach genomischer Herrschaft, die von nun an »DNA-Alphabetismus« und die Kontrolle des Worts voraussetzte. Es erweist sich als Schöpfung und Offenbarung zugleich.

Schluß

Die Vorstellungswelt von der Information, die im genomischen Buch des Lebens geschrieben steht und darauf wartet, gelesen und editiert zu werden, hat sich wissenschaftlich und kulturell als produktiv erwiesen. Jeden Tag werden neue Gene identifiziert; die Daten zur Gensequenzierung wachsen exponentiell an, während die Kurswerte an den Börsen in die Höhe schnellen. Doch was bedeutet all diese Information? Wie schon mehrfach behauptet wurde, liegen hier stark vereinfachende Vorstellungen vom Genom zugrunde, die sehr viel mehr versprechen, als sie vernünftigerweise werden halten können. Selbst wenn wir die so glatten skripturalen Analogien für gesichert hielten, ließe sich das Buch des Lebens immer noch nicht eindeutig lesen oder editieren. Wie im Bereich der literarischen Schöpfungen ist eine Transkription etwas anderes als eine Übersetzung; sie erfaßt keine Bedeutungsnuancen. Auch transkribierte DNA-Sequenzen bleiben polysemisch und kontextabhängig; was Kontext ist, ist aber keineswegs einfach zu definieren. Biologen geben zu, daß die großangelegten Sequenzierungsbemühungen zwar nützlich sind, doch auf dem Glauben an das Vorhersagevermögen von Genomsequenzen beruhen, was eine geradlinige Entsprechung zwischen Genen, Funktionen und Strukturen voraussetzt, kurzum ein »genetisches Programm«. Doch mit Transposons, Exons und Introns, mit Excisionsreparatur und Postreplikationsreparatur wird aus der geradlinigen Entsprechung eine flexible, kontextabhängige und kontingente Beziehung. In mehreren Laboratorien der Welt geht die Genomik inzwischen über einen monogenetischen und polygenetischen Determinismus, selbst über eine funktionelle Genomik hinaus und in eine Phase über, in der nichtlineare, adaptive Eigenschaften komplexer dynamischer Systeme in den Blick kommen. Dabei werden Vorstellungen von einer linearen Kausalität zunehmend ersetzt durch Analysen von Netzwerken, die mit der Umgebung interagieren und sich über mehrere Regulationsebenen erstrecken – genetische, epigenetische, morphogenetische und organismische.

Tatsächlich sind ja die meisten bekannten Funktionsstörungen beim Menschen (ungefähr 98 Prozent) polygen (das heißt mehrere Gene sind beteiligt) und multifaktoriell (sie werden von Wechselwirkungen zwischen Genen, Körper und Umwelt beeinflußt). Nur ungefähr 2 Prozent der bekannten Störungen sind monogen, wie in dem paradigmatischen Fall der Mukoviszidose, bei der bisher nahezu fünfhundert Mutationen des CF-Gens nachgewiesen werden konnten, auch wenn einige Mutationen möglicherweise nie exprimieren oder sich nur in einer leichten Form manifestieren. Und die Gentherapie hat sich als äußerst kostenaufwendig erwiesen und ist außerdem nicht so einfach zu bewerkstelligen. Experten erkennen an, daß die Gentherapie, selbst wenn sie möglicherweise bei einer begrenzten Anzahl von Störungen erfolgreich sein sollte, als alltägliche medizinische Maßnahme in ferner Zukunft liegt. Rekombinante-DNA-Medikamente (die verschiedentlich als »Gentherapie« bezeichnet wurden) kommen nur schleppend auf den Markt. Inzwischen erzeugen die von globalem Kapital finanzierten Projekte zum menschlichen Genom umfangreiche genetische »Rohinformation«, von der nur ein Teil nützlich ist; darüber hinaus wurden zahlreiche Diagnostiken von genetischen Prädispositionen veröffentlicht, wodurch sich Einstellungspraktiken, Familienplanung, Erziehungspolitik, Versicherungspraktiken, Kapitalanlagen und kulturelle Einstellungen zu verändern beginnen. Zwar sind die Projekte zum menschlichen Genom eine Fundgrube des journalistischen Sensationalismus, doch im Bereich der Therapie bringen sie bisher wenig. Ihre aktuelle medizinische Leistungsfähigkeit und ihre ökonomische und kulturelle Stärke zeigen sich eher in der von ihnen ausgehenden »Genetisierung« der Gesellschaft, in der Art und Weise, wie genetische Information unsere Vorstellungen von Selbst, Gesundheit und Krankheit neu konfiguriert. Noch bevor es wirksame medizinische Techniken gibt, sind die sozialen Techniken bereits aktiviert.

In der Tat bildet das *Human Genome Project* die Bio-Macht für das Informationszeitalter ab. Wenn wir über eine Genkarte und die DNA-Sequenz eines menschlichen Wesens verfügen, wird das unser Leben verändern, heißt es. Für Leroy Hood, der zur Vorhut des *Human Genome Project* gehört, ist der Aufbau einer Enzyklopädie des Lebens im wesentlichen ein technischer Vorgang, der leistungsstärkere Technologien hervorbringen wird, und zwar insbesondere Computertechnologien, mit denen die drei Milliarden Basenpaare erfaßt, gespeichert und zugänglich gemacht werden können, sowie schnelle Mikrochips für die Mustererkennung bei der Suche nach Anomalien. In der Ausgabe der Zeitschrift Wired vom September 1995 berichtete ein Artikel mit dem Titel »Hacking the Mother Code« über Hoods genomische Vorhersagen (die auf die finanzielle Unterstützung durch den Software-Magnaten Bill Gates zählen können). Gates' eigene hohe Erwartungen entsprechen den gewaltigen Möglichkeiten, die im Genom liegen – dem raffiniertesten aller Programme. Auch für den Molekularbiologen und Nobelpreisträger Walter Gilbert besteht unser Wesen in genetischer Information; er sagt voraus, daß wir unser Selbst bald anhand der Information identifizieren können, die auf einer einzigen Compact-Disk (CD) enthalten ist. Jenseits der Kontrolle von Körpern und Bevölkerungen in all ihrer materiellen Konfusion und ihrer physischen Zufälligkeit verspricht so die genomische Bio-Macht neue Ebenen der Kontrolle über das Leben – durch die unverfälschte Metaebene der Information, durch Kontrolle über das Wort oder die DNA-Sequenz.

Während die Projekte zum menschlichen Genom (in den Vereinigten Staaten, Europa und Japan) erst im letzten Jahrzehnt des 20. Jahrhunderts in Gang gesetzt wurden, sind die zugrundeliegende technowissenschaftliche Vorstellungswelt und ihre diskursiven Praktiken relativ alt, besonders die textlichen und linguistischen Vorstellungen vom Genom. In ihrer (post-)modernen Form tauchten sie zuerst in den späten vierziger Jahren auf und wurden dann durch die Forschung am genetischen Code in den fünfziger und sechziger Jahren weiter ausgearbeitet. Die DNA wurde als programmierte Information konzeptualisiert, als das Buch des Lebens für das heraufziehende Informationszeitalter. Auch wenn diese informationellen Darstellungen der genetischen Phänomene ungenau und oft metaphorisch waren, sich manchmal sogar selbst aufhoben, erwiesen sie sich operational wie kulturell als bemerkenswert verführerisch und produktiv. Sie halfen der wissenschaftlichen Imagination innerhalb und außerhalb des Labors beim Prozeß der Bedeutungsherstellung. Und sie verknüpften die Molekularbiologie mit anderen Bereichen der von den neuen Kommunikationswissenschaften geprägten Technokultur in der Nachkriegszeit.

So läßt sich diese Untersuchung auch als eine Genealogie der Zukunft verstehen: Sie spürt den materiellen, diskursiven und sozialen Praktiken nach, die zur Entstehung und zu Verkörperungen einer Sichtweise des Lebens als Information und Schrift beigetragen haben, zu Darstellungen der Vererbung, von denen die genomische Zukunft angeregt wird. Doch gleichzeitig ging es mir um eine Untersuchung jenes epistemischen Bruchs, durch den ein rein materielles und energetisches Natur- und Gesellschaftsbild von einem informationellen abgelöst wurde. Wir sahen, daß Gene nicht immer Information übertragen haben, daß das »Informationsdenken« historisch kontingent ist. Noch bis ungefähr 1950 und darüber hinaus beschrieben die (hauptsächlich von der Rockefeller-Stiftung geförderten) Molekularbiologen genetische Mechanismen, ohne je den Ausdruck *Information* zu verwenden; was vorher durch den biologischen Raum und die biologische Zeit übertragen wurde, war biologische und chemische Spezifität. Als Leitbegriff der Lebenswissenschaften stammte die Spezifität aus einer früheren historischen Epoche, sie wurde im Organisationsdiskurs im Rahmen eines anderen biologischen Weltbilds entwickelt. Auch wenn die beiden Begriffe *Information* und *Spezifität* oft austauschbar waren, ließen sie sich nicht direkt aufeinander abbilden, wie das ja bei historisch eingebetteten Diskursen nur selten der Fall ist. Die Diskrepanzen lagen im kategorialen Unterschied zwischen den beiden Begriffen: Spezifität bezeichnete materielle und strukturelle Eigenschaften, Information dagegen nicht-materielle Attribute wie Seele, Potentialität und Form (Telos), die früher mit dem Begriff der Organisation oder des Plans (Logos) eingefangen wurden. Im genetischen Code erblickte man vielfach den Schlüssel zum geheimen Logos des Lebens.

Die frühen Versuche, genetische Spezifität durch die Permutation von Nukleinsäuren zu erklären (die manche als Protocodes interpretiert haben), wurden noch ohne Informationsbegriffe formuliert. Auch auf die Gefahr eines Anachronismus hin kann man sich ausmalen, daß die Darstellungsformen für das Codierungsproblem, wäre es in den dreißiger Jahren untersucht worden, vermutlich sehr anders ausgesehen hätten. Die zwanzig Aminosäuren waren seit Beginn des Jahrhunderts bekannt, und die vier DNA-(und RNA-)Basen wurden bereits in den zwanziger Jahren identifiziert. Daß die theoretischen Entsprechungen zwischen Nukleotidbasen und Aminosäuren nicht als ein interessantes biologisches Problem galten, lag an der vorherrschenden Protein-Sichtweise des Lebens: an der Überzeugung, das genetische Material bestehe aus Protein. Wären DNA und RNA in den dreißiger Jahren genetisch von Interesse gewesen, so hätte man sich wahrscheinlich auch für ihre Entsprechungen zu Aminosäuren interessiert. Doch dann hätte man sie kaum mit einer informationellen und skripturalen Terminologie und Denkweise untersucht, da der Informationsdiskurs noch nicht geboren war.

Dieses Bild änderte sich radikal gegen Ende der vierziger Jahre; bei diesem Paradigmenwechsel spielte nicht nur der Zweite Weltkrieg eine wichtige Rolle, sondern auch die nachfolgende Militarisierung von Wissenschaft und Kultur im Kalten Krieg. Mehrere führende Forscher der Informationsrevolution gewannen entscheidenden Einfluß auf die biologischen und Sozialwissenschaften, einschließlich der Molekularbiologie (die damals immer noch im Proteinparadigma der Vererbung verharrte). Auch wenn die mathematischen Aspekte ihrer Arbeiten den technischen Inhalt und die Experimente der Molekulargenetiker nicht beeinflußten – wie viele Informationstheoretiker vorausgesagt hatten –, so blieb der diskursive Rahmen, den sie entwickelt hatten, der Informationsdiskurs, bestehen. Information ersetzte teilweise den Spezifitätsbegriff; sie wurde in der Molekularbiologie und der Arbeit am genetischen Code zu einer Leitmetapher, oder eher zur Metapher einer Metapher.

Wir sahen, wie der Astrophysiker George Gamow im Anschluß an Watsons und Cricks Beschreibung der DNA-Struktur formulierte, was bald als Codierungsproblem bekannt wurde: wie die DNA-Basen, jeweils in Dreiergruppen, den Zusammenbau von zwanzig Aminosäuren spezifizieren. Damit leitete Gamow die erste Phase des genetischen Codes ein: die formalistische Phase von 1953 bis 1961. Gamow sah im Code eine militärische Geheimschrift und warb zu ihrer Decodierung einige der führenden Physiker, Mathematiker und Kommunikationsexperten der damaligen Zeit an, die zum Teil auch in der Waffenentwicklung tätig waren. Bei ihren Decodierungsbemühungen betrachteten sie die Proteinsynthese als Black Box, denn sie versuchten, den DNA-Input nur ausgehend vom Protein-Output zu entschlüsseln. Durch diese Versuche sowie durch verschiedene Beiträge von Gamows RNA-Krawattenclub, vor allem die Untersuchungen von Francis Crick and Sydney Brenner, etablierte sich der genetische Code nach und nach als Informationssystem und linguistische Kommunikation. Der Ansatz führte allerdings nicht zur »Entschlüsselung des Codes«, denn linguistisch und kryptoanalytisch gesehen ist der genetische Code kein Code.

In dieser formalistischen Phase (in der die Untersuchungen sich von überlappenden hin zu nicht-überlappenden Codes bewegten) wurde die skripturale Darstellung des genetischen Codes als Text, Lektüre, Alphabet und Wörter eingeführt; mit Hilfe dieser analytischen und begrifflichen Werkzeuge versuchte man, die Entsprechungen zwischen Nukleotid-Tripletts und Aminosäuren herauszufinden. Trotz der Verwischungen definitorischer Unterschiede (das betraf sogar die Definition von »Code« selbst), trotz Tautologien und empirischen Widersprüchen und gegen die Einwände von Informationstheoretikern setzten sich diese Kommunikationstropen als diskursives Grundgerüst der Molekularbiologie durch; und orientierten, wie wir gesehen haben, ab 1959 sogar das Denken der Biochemiker. 1960 war der genetische Code dann zum Gebieter über die genetische Information geworden, zum zentralen Problem in der Molekularbiologie; viele Forscher in amerikanischen und europäischen Laboratorien sahen sich nun in einem Rennen um die Entschlüsselung des Codes des Lebens.

Auch in den Forschungen von Jacques Monod und François Jacob am Pasteur-Institut nahm der Informationsdiskurs seit den späten fünfziger Jahren eine Schlüsselstellung ein. Ihre verwickelten Studien zur genetischen Regulation der Enzymsynthese bei E. coli faßten diese Prozesse neu als kybernetisches Kommunikationssystem (von Information gespeiste negative Rückkopplung). Daraus ging die Messenger-Hypothese hervor, die als ein System der Informationsübertragung veranschaulicht wurde und 1961 schließlich zur Identifikation des Messenger als einem instabilen RNA-Zwischenglied führte. Damit ließ sich synthetische Messenger-RNA zunächst postulieren, dann isolieren, und nach einigen Feinabstimmungen am zellfreien E. coli-System fand nun die Herangehensweise an das Codierungsproblem eine vollständige Neuorientierung.

Doch bevor die Messenger-RNA identifiziert war, hatte Marshall Nirenberg an den NIH (zum Teil inspiriert durch die Arbeit am Pasteur-Institut) schon überlegt, den genetischen Code dadurch zu entschlüsseln, daß er synthetische Messenger-RNA in einem zellfreien Proteinsynthesesystem einsetzte. Im Frühsommer 1961 gelang es ihm schließlich, zusammen mit seinem Postdoktoranden Heinrich Matthaei »den Code zu knacken«, als sie den synthetischen RNA-Messenger poly(U) in ihr feinabgestimmtes zellfreies E. coli-System gaben und zeigen konnten, daß er die Synthese von Polyphenylalanin anleitete. Dies war einer der erstaunlichsten Momente in der Geschichte der modernen Wissenschaft; und es war eine ziemliche Überraschung für jene Theoretiker und Molekularbiologen (wie Crick und Brenner), die versucht hatten, den Code zu entschlüsseln, ohne je die Black Box der Proteinsynthese zu öffnen. Die Forschung am genetischen Code ging damit in ihre zweite Phase über: die biochemische Phase von 1961 bis 1967, die freilich um genetische Analysen ergänzt wurde.

Das in der ersten Phase aufgebaute begriffliche und diskursive Grundgerüst lenkte die Bemühungen in der zweiten. Die Arbeit, alle »Wörter« des Codes zu vervollständigen – das »Wörterbuch« aufzustellen –, war gekennzeichnet durch einen harten Wettbewerb, in dem das Laboratorium Nirenbergs und das des Nobelpreisträgers Ochoa sich ein Kopf-an-Kopf-Rennen lieferten. Nicht unwesentlich trugen zur Aufhellung des Codes auch die einfallsreichen genetischen Rekombinationsforschungen am Phagen, vor allem von Crick und Brenner, bei. Allerdings waren einige weitere biochemische Kunststücke nötig, um alle »Code-Wörter« zu bestimmen. 1967 war der Code im wesentlichen vervollständigt; seine folgenschwere Bedeutung wurde in vielen wissenschaftlichen Schriften und der Berichterstattung in den Medien eingefangen; man prophezeite eine kurz bevorstehende Revolution in der Biologie, sah gewaltige Aussichten und ebensolche Gefahren. Der Nobelpreis für die Arbeit ging 1968 an Marshall Nirenberg, Har Gobind Khorana und Robert Holley. Einige der Prophezeiungen, wie sie die Verfechter des *Human Genome Project* in den achtziger Jahren verkünden sollten, waren bereits damals zu hören; sie gründeten sich auf die Bio-Macht, die sich abzeichnete, nachdem das Buch des Lebens entschlüsselt war.

Daß die DNA eine universelle Sprache sei, war inzwischen eine weitverbreitete Vorstellung geworden, nicht nur in der Biologie, sondern in der gesamten Öffentlichkeit. Sie inspirierte Roman Jakobson bei seinem Versuch, eine DNA-Linguistik zu etablieren. Nachdem der linguistische Strukturalismus in den fünfziger Jahren, ähnlich wie die Molekularbiologie, in den Bann der Informationstheorie geraten war, tauchte er in den sechziger Jahren mit bemerkenswerten Ähnlichkeiten zu dieser wieder auf. Die ebenfalls starken Divergenzen wurden ignoriert. Von Manfred Eigen wurde Information schließlich ins Extrem getrieben und als ontologische Einheit des Lebens, der Evolution und der natürlichen Selektion angesehen, und das »Wort« (die erste DNA-Sequenz) galt ihm als Offenbarung und (Neu-)Schöpfung zugleich. Die genomische Textualität war zu einer Tatsache – mit vielversprechenden kommerziellen Zukunftsaussichten – geworden; eine Metapher war wortwörtlich genommen, Analogie und Ontologie verschmolzen worden – mit allen demütigenden Einschränkungen, die das für die textuelle und materielle Beherrschung des »Buchs des Lebens« bedeutet.

Danksagung

An diesem Projekt hätte ich nicht über einen Zeitraum von sechs Jahren forschen und schreiben können, hätte ich nicht auf viele kollegiale, institutionelle und finanzielle Ressourcen zurückgreifen können. Der Vertrauensbeweis, der in dieser Unterstützung lag, bildete ein Gegengewicht zu den gelegentlichen skeptischen Stimmen. An diesem Buch haben viele mitgewirkt, unter anderem Kollegen und Freunde, Studenten, Archivare und natürlich auch einige der Wissenschaftler, deren Werk direkt oder beiläufig behandelt wird.

Manfred Eigen schulde ich großen Dank für seine großzügige Gastfreundschaft während meines Aufenthalts am Max-Planck-Institut für biophysikalische Chemie in Göttingen im Frühjahr 1992. Auch wenn sein wissenschaftliches Werk erst am Ende des Buches auftaucht, bildeten seine Beiträge zum Projekt – in Form von geliehenen Publikationen, Zugang zu seiner Bibliothek und Diskussionen – den Ausgangspunkt. Ebenfalls dankbar bin ich Marshall Nirenberg, der mir seine Laborprotokollbücher zur Verfügung stellte und über einen Zeitraum von drei Jahren mehrere längere Interviews erduldete. Auch Heinrich Matthaei schenkte mir freizügig von seiner Zeit und stellte mir Kopien seiner Labornotizbücher zur Verfügung. Nützlich waren ebenfalls lebhafte Diskussionen mit Sydney Brenner und Joshua Lederberg sowie ihre persönlichen Archivschätze, weiterhin die historischen Nuggets von Martynas Yčas. Besprechungen mit Heinz Fraenkel-Conrat, Moris Halle, Henry Linschitz, Wayne O'Neil, Leslie Orgel, Robert Sinsheimer, Heinz von Foerster und Mitgliedern des *Brookhaven National Laboratory* trugen zu verschiedenen Aspekten dieser historischen Rekonstruktion bei; und lebhafte Gespräche mit Ernst Mayr haben den evolutionären Blick auf die Molekularbiologie nicht in Vergessenheit geraten lassen. Meinen Fragen und Ansprüchen gegenüber zeigten sich alle diese Wissenschaftler bemerkenswert aufgeschlossen, trotz mancher unterschiedlicher Einstellung. Die Verantwortung für die endgültigen wissenschaftlichen und historischen Interpretationen liegt allein bei mir.

Zahlreiche Forscher lasen und kommentierten verschiedene Teile des Manuskripts; zwar folgte ich nicht immer allen ihren Vorschlägen, dennoch danke ich William Aspray, Mario Biagioli, James Bono, Yoonsuhn Chung, Angela Creager, Lorraine Daston, Soraya de Chadarevian, Paul Forman, Peter Galison, Jean-Paul Gaudillière, Herbert Gottweis, Loren Graham, Morris Halle, Donna Haraway, Victoria Harden, Ruth Harris, Thomas Hughes, Henry Krips, Joshua Lederberg, Timothy Lenoir, Michael Mahoney, Helmut Müller-Sievers, Marshall Nirenberg, Robert Richards, Henning Schmidgen, Skuli Sigurdsson, Denis Thieffry und Mary Winsor. Zu Dank verpflichtet bin ich ebenfalls Robert Olby, Silvan Schweber, Michal Fischer sowie vor allem Hans-Jörg Rheinberger für die aufmerksame Lektüre des Manuskripts, lebendige Diskussionen und ein fein ausbalanciertes Gleichgewicht von Kritik und Unterstützung.

Die finanzielle und institutionelle Beihilfe für das Projekt war beträchtlich, sowohl hinsichtlich der Dauer als auch des Umfangs. In seinem embryonalen Planungsstadium wurde es vom *Provost Fund* des MIT und einer *Old Dominion Fellowship* gefördert; kurz darauf folgte ein großzügiges Stipendium vom NIH-ELSI-Forschungsprogramm, mit einer Zusatzförderung von der NSF (1993–95). Diese finanziellen Mittel und Freistellungen erleichterten die Reisen zu Archiven, Interviews und Konferenzen sowie die langen Schreibphasen. Insbesondere danke ich den Archivarinnen Madeleine Brunerie und Helen Samuels, den Archivaren Tom Rosenbaum und Clifford Mead für Findigkeit und Engagement bei diesem Projekt. Durch die finanziellen Mittel konnten ebenfalls mehrere Forschungsassistenten mitarbeiten. Ich danke den MIT-Studenten Ashwin Balogopal, Ahlam Hashem und Smruti Vidwans; den Graduierten Steven Collier, Evan Ingersoll und vor allem Eric Kupferberg für ihre ausgezeichneten Recherchen und geduldiges Fotokopieren von wissenschaftlichen und populären Quellen; sowie Slava Gerovitch, die kritische Fragen stets zur Sprache brachte. Die bemerkenswerte intellektuelle Gemeinschaft am Max-Planck-Institut für Wissenschaftsgeschichte in Berlin bildete den Nährboden für dieses Projekt im Endstadium. Weiterhin danke ich Judith Stein, Phyllis Klein und Betsy Keats, den Mitarbeiterinnen im Sekretariat des *Program in Science, Technology, and Society* am MIT für ihre verwaltungstechnischen und redaktionellen Dienste. Debbie Meinbresse gebührt besonderer Dank für ihre freundliche Hilfe und sachkundige Vorbereitung des Manuskripts. Helen Tartar und Nathan MacBrien bei Stanford University

Press waren Lektoren, wie sie sich ein Autor wünscht, sie begleiteten das Manuskript durch die verschiedenen redaktionellen und Produktionsphasen mit anspruchsvoller akademischer und ästhetischer Sensibilität.

Schließlich danke ich Charles Weiner, Alan Attie, John Eskridge und insbesondere Peter Kuznik für ihre beständige und umfassende Freundschaft und Kollegialität, sowie meiner Familie, Kurt und Paulette Olden, für ihre beherzte Großzügigkeit. Ich kann nur hoffen, daß all diese Unterstützung auf dem »Marktplatz der Ideen«, wie ein wohlwollender Gutachter es einmal nannte, als der Mühe wert befunden wird.

L.E.K.

Anmerkungen

Abkürzungen

Einige der in diesem Buch verwendeten Dokumente sind französisch oder deutsch. Die Übersetzungen stammen von mir, auch wenn ich manchmal die Originaltitel und Spezialausdrücke beibehalten habe.
Archiv-Quellen werden mit folgenden Abkürzungen zitiert:

AIP   American Institute of Physics (George Gamow Oral History; Korrespondenz Alexander Rich – George Gamow; Leon Brillouin Papers; Korrespondenz Henry Quastler – Henry Dancoff)
APS   American Philosophical Society Library (Erwin Chargaff Papers; Warren S. McCulloch Papers; Robert Olby Sammlung)
AT&T AT&T/Bell Laboratory Archive (Claude Shannon Papers)
CIT   California Institute of Technology (Max Delbrück Papers; George Beadle Papers; Biology Division Papers)
CIW   Carnegie Institution of Washington (George Gamows Konferenz 1946)
JLF   Joshua Lederberg Files
LC   Library of Congress (George Gamow Papers; John von Neumann Papers; Vannevar Bush Papers; Gertrud Quastler Papers)
MIT   Massachusetts Institute of Technology (Norbert Wiener Papers; Roman Jakobson Papers; Julius Stratton Papers)
MND   Marshall Nirenberg Diaries
OSU   Oregon State University (Linus und Ava Helen Pauling Papers)
RAC   Rockefeller Archive Center (Detlev Bronk Papers; MIT-Serie; Rockefeller Brothers Fund; Warren Weaver Diaries; Allgemeine Korrespondenz; Henry Quastler; Heinz Fraenkel-Conrat und Jacques Monod Stipendienunterlagen)
SAIP Service des Archives de L'Institut Pasteur (Fonds Monod [Jacques Monod Manuskripte und Dokumente])
SBF   Sydney Brenner Files
UCB   University of California at Berkeley, Archives of The Bancroft Library (Wendell M. Stanley Papers)
UCSD University of California at San Diego, Archiv (Leo Szilard Papers)
UIA   University of Illinois Archive (Verwaltungsunterlagen Henry Quastler)

1 Der genetische Code: Vorstellungswelten und Praktiken

1 PBS Nova, »Decoding the Book of Life«.
2 W. Gilbert, S. 96.
3 D. Jackson, S. 358.
4 Pollac.
5 V.a. Thomas von Aquin; Derrida, Grammatologie. Die umfassendste Untersuchung zum Buch der Natur findet sich in Blumenbergs Die Lesbarkeit der Welt, allerdings akzeptiert er das Konzept einer Schrift der Natur, ohne es in Frage zu stellen.
6 Bono, »Science, Discourse, and Literature«; idem, »Locating Narratives«.
7 Es ist allgemein bekannt, daß Erwin Schrödinger in seinem gefeierten Buch Was ist Leben? vom Begriff eines Codes spricht, und seit langer Zeit gibt es eine historiographische Debatte über Schrödingers Rolle in der Geschichte der Molekularbiologie (s.u. Kap. 2, Anm. 7). Es besteht kein Zweifel, daß Schrödinger der erste war, der den Ausdruck Schlüsselschrift (code script) im Zusammenhang mit der Vererbung verwendete, und daß dies eine Rolle in der Geschichte des genetischen Codes gespielt hat, wie von Richard M. Doyle beredt analysiert: »On Beyond Living«, Kap. 2. Ich stimme allerdings mit Edward Yoxens Einschätzung überein (»Where Does Schrödinger's What Is Life? belong in the History of Molecular Biology?«), daß die Mythen um Schrödingers Code hauptsächlich in den sechziger Jahren konstruiert wurden; weder Crick oder Gamow bezogen sich auf Schrödinger, als sie in den frühen fünfziger Jahren am genetischen Code zu arbeiten begannen.
8 Public Papers of the Presidents of the United States: Dwight D. Eisenhower, Washington, 1960–61, S. 1045; zitiert nach Sherry, In the Shadow of War, S. 235.
9 Forman, »Behind Quantum Electronics«. »The Cold War and Expert Knowledge: New Essays on the History of the National Security State«, Radical History Review 63 (Herbst 1995); die gesamte Ausgabe ist dem Einfluß des Kalten Krieges auf die akademische Welt gewidmet. Siehe auch P. Novick. Ich verwende den Ausdruck kulturelle Hegemonie im Gramscischen Sinne, wie er entwickelt wird von T. J. Jackson Lears sowie von Ernesto Laclau und Chantal Mouffe: eine Macht, die keinen Zwang einsetzt und die durch diskursive Praktiken zirkuliert. Siehe Gramsci, S. 12; Lears, S. 567–93; Laclau und Mouffe, S. 109. Als ausgezeichnete Diskussion der kulturellen Hegemonie siehe Comaroff und Comaroff, S. 19–27. Siehe auch Kay, »Rethinking Institutions«.
10 McCormick, S. 7–15; zu Großbritannien, Frankreich und Deutschland siehe Kap. 3–6. Zu Großbritanniens Schlüsselrolle in Amerikas globaler Hegemonie siehe Howard Whidden, »Europe at the Crossroads: The Next 10 to 15 Years«, Dezember 1956, Box 3.35, Special Studies Project Records, Rockefeller Brothers Fund, RAC. Siehe auch Pestre.
11 McCormick, S. 98. Siehe auch Leffler, A Preponderance of Power; sowie Wittner, Kap. 4–7.
12 Forman, »Behind Quantum Electronics«; Leslie, The Cold War and American Science; idem, »Science and Politics«; Edwards. Siehe auch Noble, Forces of

432 Anmerkungen

Production, v.a. Kap. 3; idem, »Command Performance«. Siehe auch Herken, Kap. 3–7; J. Wang; Reingold, »Science and Government«; Aaserud; sowie Z. Wang.

13 Haraway, »Signs of Dominance«. Abgeschwächt, weil es um 1960 verschiedene Förderungsquellen, staatliche und private, für die Lebenswissenschaften gab. Mehrere Forscher arbeiten inzwischen über den Einfluß des Kalten Krieges auf die akademische Welt (siehe die Sondernummer von *Radical History Review*, Herbst 1995). Die Tagung »The Cold War and the Shape of Science« bei dem Treffen der *History of Science Society* 1994 umfaßte auch Arbeiten über Wirtschafts- und Sozialwissenschaft. Siehe auch Simpson. Viele Historiker haben die Kultur des Kalten Krieges untersucht, zum Beispiel: Lipsitz; D'Emilio; May; Whitfield; Carmichael; mehrere unveröffentlichte Referate wurden präsentiert bei der *Landmarks Conference on the Cold War and American Culture* an der American University, Washington, D.C., 17.–19. März 1994, darunter Appy, der damit beginnt, sich mit dem historischen Vergessen zu beschäftigen (ich bin Peter Kuznick dankbar, daß er mir diese Unterlagen zur Verfügung gestellt hat).

14 Zusammengestellt aus Information, die für die Jahre 1950–69 jährlich von der National Science Foundation, *Federal Funds for Science*, gegeben wurde; zu den staatlichen Laboratorien und den Lebenswissenschaften siehe Kap. 3 in diesem Band.

15 Beatty, »Opportunities for Genetics«; idem, »Origins of the U.S. Human Genome Project«. Jean-Paul Gaudillière hat in *Biologie Moléculaire* detailliert die politische Dynamik der französischen Molekularbiologie untersucht (wenngleich nicht unmittelbar im Zusammenhang mit dem Kalten Krieg); und Soraya de Chadarevian vollendet z.Zt. das Buch *The Making of a New Science*, in dem sie explizit die Beziehung der Molekularbiologie zur Nachkriegspolitik untersucht. Zum Verhältnis der britischen Mikrobiologie zum militärischen Kontext siehe Bud, »Bugs and Institutes«, sowie Fulbright. Admiral Rickover sprach vom »militärisch-wissenschaftlichen Komplex«. Siehe Nelson, »Research Probe«.

16 Biagioli, *Galilei, der Höfling*, Prolog und Epilog. Hacking, »Weapons Research«. Siehe auch Leslie, *The Cold War and American Science*, Einl. Die Beschäftigung mit der nationalen Sicherheit und dem Einfluß des Kalten Kriegs wurde auch ausgeweitet auf die Geschichtsschreibung der amerikanischen Geschichte. Zum umfassenderen kognitiven und kulturellen Einfluß des Kalten Krieges siehe D. Campbell, Einleitung und Kap. 6; sowie P. Novick, Kap. 10, insbes. S. 281–82.

17 Baudrillard, *Der symbolische Tausch und der Tod*, S. 90.

18 Es gibt zur Zeit ein wachsendes Interesse an Standardisierungspraktiken in der Wissenschaft im allgemeinen und in der Biologie im besonderen; siehe z.B.: Clarke und Fujimura; Kohler, *Lords of the Fly*; sowie Rader.

19 Rheinberger, »Experiment, Difference, and Writing« I und II; idem, *Experimentalsysteme und epistemische Dinge*.

20 Burroughs; Fredrickson; J. A. Shannon; McElheny, »Research in Biology«.

21 C. Shannon und W. Weaver, S. 18.

22 Medawar, S. 51.

23 Zum Einfluß der Kybernetik und Informationstheorie auf die Sozialwissen-

schaften siehe Heims, *The Cybernetics Group*; Edwards; siehe auch Kap. 3 in diesem Band. Zu einem damaligen Überblick über die Information in der Biologie siehe Elsasser. Zum kybernetischen Einfluß in der Evolutionsbiologie siehe Haraway, »The High Cost of Information«; idem, »Signs of Dominance«. Zum Einfluß der Kybernetik in der Ökologie siehe Mitman, S. 5. Eine umfangreiche Literaturrecherche, die in endokrinologischen und immunologischen Zeitschriften für die Jahre 1950–1970 durchgeführt wurde (von meinem Forschungsassistenten Evan Ingersoll), stieß auf zahlreiche Artikel, die Begriffe der Kybernetik und Informationstheorie enthielten; der bekannteste ist vermutlich Burnet, der der Diskussion über den Informationsbegriff in der Immunologie beträchtlichen Raum widmet. Die Embryologie war besonders empfänglich für den Informationsdiskurs; siehe z.b.: Raven; Waddington; sowie Keller, »The Body of a New Machine«. Zur sowjetischen Kybernetik siehe die Arbeit von Gerovitch. Adams zeigte, in »Molecular Answers in Soviet Genetics«, daß die sowjetische Molekularbiologie ihre institutionelle Legitimation aus der Kybernetik bezog. Meine Suche in der Zeitschrift *Problems of Cybernetics*, herausgegeben von A. A. Lyapunov, für die Jahre 1960–1965 zeigte, daß in der Sowjetunion wie auch in den Vereinigten Staaten der weitverbreitete Einfluß der Kybernetik hauptsächlich rhetorisch war. Ich bin Slava Gerovitch dankbar, die mir Hinweise in dieser Richtung gegeben hat.
24 R. G. Martin, »A Revisionist View«, S. 283.
25 Woese, *The Genetic Code*, S. 5.
26 Jacob, *Die Logik des Lebenden*, Einl. und Kap. 5, Zitate auf S. 9 und S. 272.
27 Monod, *Zufall und Notwendigkeit*, insbes. Kap. 3–4, Zitate auf S. 55 und 72.
28 Beadle und Beadle, S. 215.
29 Sinsheimer, *The Book of Life*, S. 5–6.
30 Jacob, *Die Logik des Lebenden*, S. 343.
31 Foucault, *Archäologie des Wissens*, S. 58.
32 Ibid. S. 72.
33 Foucault, *Power/Knowledge*, S. 93; sowie Smart. Als ausgezeichnete Diskussion siehe Lenoir. Auf die Kritik hin, daß Macht bei ihm überall und daher nirgends ist, hat Foucault die zentrale Rolle von Institutionen bei der Bildung eines Macht/Wissen-Komplexes hervorgehoben. Siehe Dreyfus und Rabinow, S. 222–24; sowie Foucault, »Politics and the Study of Discourse«. Siehe auch Rouse.
34 Foucault, *Sexualität und Wahrheit*, Bd. 1, S. 161–87. Siehe auch Hacking, »Biopower and the Avalanche of Numbers«; idem, *The Taming of Chance*. Siehe auch Kay, »Problematizing Basic Research«; idem, »Rethinking Institutions«.
35 »Information«, *Compact Oxford English Dictionary*, S. 847. Zur Diskussion der drei Ebenen sprachlicher Kommunikation (wie sie Colin Cherry vorschlägt) siehe Kap. 3 in diesem Band.
36 Aspray, »The Scientific Conceptualization of Information«.
37 C. Shannon und W. Weaver, S. 18.
38 Ibid. S. 8, zitiert von Weaver. [Zitat abgewandelt nach Kay]
39 Cherry, S. 62; von Foerster.

40 Bar-Hillel, zitiert nach Cherry, S. 256.
41 Lakoff und Johnson, S. 3, 124. Lakoff hat versucht, seine Behauptung, daß alles Wissen erfahrungsmäßig und metaphorisch ist, auf die Mathematik auszudehnen, gewissermaßen das Rückgrat der Informationstheorie. Die Mathematik, das platonische Ideal, wird üblicherweise herangezogen, um die Behauptung zu begründen, daß dem Universum eine Rationalität zukommt, die menschliche Erfahrung transzendiert. Gestützt auf Schriften des bekannten Mathematikers Saunders MacLane, behauptet Lakoff, daß platonische charakterisierte reine Mathematik nicht erklären kann, *welche* Ideale in *welchem* Partikularen realisiert sind; mathematischer Platonismus gibt keine anwendbare Paarung von Mathematik und gegebenen Phänomenen an die Hand. Nach Lakoffs Verständnis von Realismus – einem erfahrungsorientierten – beruht Mathematik auf Strukturen im menschlichen Begriffssystem, Strukturen, die die Menschen verwenden, um gewöhnliche Erfahrungen zu verstehen. Siehe Lakoff, Kap. 20.
42 Die Bewegung in der Wissenschaftsphilosophie weg von der Theoriekonstruktion und hin zur experimentellen Praxis wurde von Hacking in *Einführung in die Philosophie der Naturwissenschaften* signalisiert. Die detailliertesten Analysen, wie Sprache die Laborpraxis in der Molekularbiologie geformt hat, werden gegeben von Rheinberger, »Experiment, Difference, and Writing I and II«; idem, *Experimentalsysteme und epistemische Dinge*.
43 Black; Hesse, »The Explanatory Function of Metaphor«; idem, *Models and Analogies*; idem, *Revolutions and Reconstructions*, S. 111–12.
44 Arbib und Hesse, S. 156.
45 Reddy, S. 165. Zur linguistischen/informationellen Krise der Repräsentation siehe Derrida, *Grammatologie*, insbes. S. 21; Baudrillard, *Agonie des Realen*; idem, *Der symbolische Tausch und der Tod*; sowie Lyotard.
46 Reddy, S. 182.
47 Von Foerster, »Epistemologie der Kommunikation«, S. 272–273; Galison, »Die Ontologie des Feindes«; Noble, *Forces of Production*; Winner; sowie MacKenzie.
48 Boyd, Kap. 21, S. 486. Dagegen hat Evelyn Fox Keller, in »The Body of a New Machine«, behauptet, daß die »Cyberwissenschaften« (Kybernetik, Informationstheorie, *operations research* und elektronische Computer) und die Molekularbiologie zwar Produkte des gleichen historischen Moments gewesen sein mögen, doch hinsichtlich ihrer Modelle und Kausalstrukturen zwei getrennten Gleisen gefolgt sind, und daß die Molekularbiologen für ihre Organismen die Maschinen von gestern zum Modell genommen haben. Wie wir noch sehen werden, gibt es überwältigendes – veröffentlichtes und archiviertes – Beweismaterial dafür, daß die Molekularbiologen durch formelle und informelle Transaktionen und auf unterschiedlichen und komplizierten Wegen von der Wiener-Shannon-Theorie beeinflußt wurden. Das schließt Max Delbrück ein, dessen Brief S. J. Heims in *The Cybernetics Group* zitiert (und Keller in »Body of a New Machine«), doch dieser Brief wurde 1973 geschrieben, nahezu zwanzig Jahre nach dem Geschehen und nach einer Lehrveranstaltung Delbrücks über Informationstheorie. Wir werden ebenfalls sehen, daß Maschinen aus dem Kalten Krieg (wie Waffenleitsysteme und Computer), aber auch die institutionellen

und diskursiven Praktiken aus der Waffenforschung, direkte und indirekte Modelle für die Analysen des genetischen Codes in den fünfziger Jahren bereitgestellt haben, einschließlich seiner auf Information aufbauenden Textualisierung. Tatsächlich liefert dieser Gedanken- und Diskursaustausch starke Beispiele für die Beobachtung von Keller, daß Mathematiker und Nachrichteningenieure die Agenda der Biologie im neuen Macht/Wissen-Komplex der Nachkriegsäre rekonfiguriert haben.
49 Simon an Yčas, 5 December 1956, S. 2, Yčas fld. (1956), Gamow Papers, LC. Burnet, insbes. Kap. 5. Siehe auch Boyd.
50 Der *Science Citation Index* (1955–63) enthält nahezu vierhundert Hinweise auf Quastlers Arbeit. Mehrere Forscher in der Molekularbiologie, z.B. Gamow, Sinsheimer und Delbrück, machten Gebrauch von seinem Werk. Für eine genauere Untersuchung siehe Kap. 3 in diesem Band.
51 Canguilhem, »The Role of Analogies and Models«. Siehe auch Delaporte, insbes. Kap. 4, wo er sich mit der Rolle der Information in der Biologie beschäftigt.
52 Medawar, S. 51.
53 Woese, *The Genetic Code*, S. 17.
54 Canguilhem, »The Role of Analogies and Models«.
55 Chargaff, »A Few Remarks on Nucleic Acids«, Kap. 8, Zitat auf S. 113.
56 Florkin, S. 13.
57 Fruton, S. 200–201.
58 Edge; die Eisenbahnmetapher wurde eingehend untersucht von Leo Marx in *The Machine in the Garden*.
59 Rosenberg, S. 4–6; Stepan. Dies sind nur einige vereinzelte Beispiele für die unzähligen Metaphern in der Wissenschaft. Es gibt auch eine umfangreiche Literatur zu geschlechtsspezifischen Metaphern in der Wissenschaft; siehe z.B.: Keller, »Molecules, Messages, and Memory«; idem, *Secrets of Life*; sowie idem, »Gender and Science«, das einen guten Überblick bietet.
60 Bono, »Science, Discourse, and Literature«, S. 61. Zur Geschichtlichkeit von Diskursen siehe Kusch, insbes. Kap. 4.
61 Crick, »On Protein Synthesis«, Zitat auf S. 152–53.
62 Rheinberger, *Experimentalsysteme und epistemische Dinge*, insbes. Kap. 10.
63 Fussell, S. 187. Siehe auch Pynchon.
64 Thomas v. Aquin, S. 287–88.
65 Ibid. Zum Logos der Weltseele siehe Plato. Zur Trennung von Theologie und Philosophie in der mittelalterlichen Universität siehe Ben-David, Kap. 4.
66 Derrida, *Grammatologie*, S. 35.
67 Blumenberg.
68 Poster, S. 6–11. Siehe auch H-J. Martin. Für eine nuanciertere Sichtweise der Epochenbrüche bei Büchern siehe J. Martin.
69 Lukrez, Erstes Buch, Verse 170 und 195, S. 45 und 47. Ich danke Matthew Meselson dafür, daß er mich auf diese Quelle aufmerksam gemacht hat.
70 Stock, insbes. S. 315–25.
71 Eisenstein; Derrida, *Grammatologie*, S. 32–33. Siehe auch Kay, »Who Wrote the Book of Life?« in *Science in Context*.

72 Über die skripturalen Repräsentationen der Natur und die Metapher vom Buch der Natur im 17. Jahrhundert siehe Arbib und Hesse, Kap. 8, insbes. S. 149. Bacon; Bonnets Zitat (nicht belegt) in Derrida, *Grammatologie*, S. 32. Siehe auch Bono, *The Word of God*; sowie Mario Biagioli, »Stress in the Book of Nature«.
73 Immanuel Kant, *Briefwechsel* (Hamman, 1759), Akademie-Ausgabe X 28, zitiert nach Blumenberg, S. 190.
74 Goethe an Charlotte von Stein, 15. Juni 1786 (Werke XVIII, 931), zitiert nach Blumenberg, S. 215. Zu Schrödingers Schlüsselschrift siehe Kap. 2 in diesem Band. Goethe, S. 187. Zur Romantik und dem Buch der Natur siehe Blumenberg, Kap. 16; K. Hartley; sowie Steigerwald.
75 Sinsheimer, *The Book of Life*, S. 5–6; siehe auch seine Autobiographie, *The Strands of Life*, Kap. 16.
76 Zur Kritik an einer genomischen »Sprache« siehe das Transkript »Un Débat Entre François Jacob, Roman Jakobson, Claude Lévi-Strauss et Philippe L'Héritier: Vivre et Parler«, 20. September 1967, S. 17–18, 31, Box 18.48, MC 72, Jakobson Papers, MIT. Siehe dazu ausführlicher Kap. 7 in diesem Band. Baudrillard, *Der symbolische Tausch und der Tod*, S. 90–91.
77 Zum Aufstieg der strukturalistischen Linguistik siehe Kap. 7 in diesem Band; siehe auch Pollack, insbes. Einleitung.
78 Zum Übergang vom Strukturalismus zum Poststrukturalismus siehe Derrida, *Die Schrift und die Differenz*, insbes. Kap. 10. Zur Autopoiese und der Neudefinition des Systems siehe Maturana und Varela; Varela, Thompson und Rosch; Luhmann; Rasch und Wolfe.
79 Heidegger; Hacking, *Einführung in die Philosophie der Naturwissenschaften*; Rheinberger, »Genetic Engineering«.
80 Derrida, *Grammatologie*, Teil I.
81 Siehe zum Beispiel Delbrücks Festschrift von Cairns, Stent und Watson; Lwoff und Ullman; sowie Stent und Calendar. Siehe auch Nelkin und Lindee.
82 Trifonov und Brendel, Vorwort. Ich bin Manfred Eigen sehr zu Dank verpflichtet, daß er mir diesen Text zugänglich gemacht hat.
83 Watson, »Values from Chicago Upbringing«, S. 197.

2 Räume der Spezifität: der molekularbiologische Diskurs vor dem Informationszeitalter

1 Delbrück, »Aristotle-totle-totle«.
2 Ibid., S. 54–55. Ein Vergleich zwischen mehreren Schlüsselpassagen aus Aristoteles' *Generation of Animals* (dt.: *Über die Zeugung der Geschöpfe*) die Delbrück zitiert (I, 21, 730a, 24–30; I, 21, 729b, 5–8; I, 22, 730b, 10–19), und ihren Gegenstücken in einer englischen Standardübersetzung zeigt, daß Delbrück sich in seinen Zitaten einige Freiheiten herausgenommen hat. Seine modernisierte Fassung von Begriffen erleichterte seine (post)moderne Interpretation. Siehe auch Canguilhem, »Epistemology of Biology«, Kap. 4 und Einl.
3 Delbrück und Stent, Zitat auf S. 730.
4 Canguilhem, »Epistemology of Biology«; Foucault, *Die Ordnung der Dinge*,

S. 282, 326. Foucault insistierte nicht auf dem Primat des *Organisationsbegriffs* und verwendete ihn im Wechsel mit *hierarchischer Ordnung* und *Plan*. Karl M. Figlio hat in seinem wichtigen Essay »The Metaphor of Organization: An Historiographical Perspective on the Bio-Medical Sciences of the Early Nineteenth Century« Foucaults Ideen in dieser Hinsicht weiter ausgearbeitet. Figlio hält den Organisationsdiskurs in historischen Untersuchungen zur modernen Lebenswissenschaft für nützlicher als Foucaults breiten Begriff der *episteme*.
5 Jacob, *Die Logik des Lebenden*, S. 86. Michel Foucault, »La Logique du Vivant«, S. 9. Foucaults Lob ist auf dem Rückumschlag zu lesen. Das »Integron« bildet das Schlußkapitel des Buches.
6 Diese Rekonfiguration (Macht/Wissen-Komplex) ist beispielsweise diskutiert worden von Haraway, »A Semiotics of the Naturalistic Field«, Kap. 5; idem, »A Cyborg Manifesto«, Kap. 8; sowie von Edwards. Für eine genauere Erörterung des militärischen Einflusses auf Form und Organisation biologischen Wissens siehe Kap. 3–4 in diesem Band. Die vielen Verbindungen zu den Systemtheorien, sowohl in den Vereinigten Staaten als auch in Europa, wurden auf dem *Dibner Institute Systems Workshop* diskutiert, der im Mai 1996 stattfand (Sitzungsberichte veröffentlicht in Hughes und Hughes).
7 Über den Stellenwert des Proteinparadigmas in der Geschichte der Molekularbiologie siehe Olby, »The Protein Version of the Central Dogma«; idem, *The Path to the Double Helix*; sowie Judson. Siehe auch Kay, *The Molecular Vision of Life*, Interlude I.
8 Zu diesen Beiträgen siehe Olby, *The Path to the Double Helix*, Abschn. 3–4; sowie Judson, Teil I.
9 Schrödinger. Zu denen, die Schrödinger diese prägende Rolle zugeschrieben haben, gehören Stent und Calendar; Jacob, *Die Logik des Lebenden*, Kap. 5; Olby, *The Path to the Double Helix*, Abschn. IV; idem, »Schrödingers Problem: What Is Life?«; Moore, S. 394–404; J. A. Witkowski; Doyle, »Mr. Schrödinger Inside Himself«; idem, »On Beyond Living«, Kap. 2. Gegen diese Linie wurden schon einige Argumente vorgebracht von Yoxen, »Where Does Schrödingers *What Is Life?* Belong in the History of Molecular Biology?«; und in gewisser Hinsicht von Symonds. Siehe auch Sigurdsson.
10 François Jacob, »Le Modèle Linguistique en Biologie«.
11 Judson hat in seinem bemerkenswerten Buch, *The Eighth Day of Creation*, S. 608–12, darauf hingewiesen, wie zentral das Thema der Spezifität in der Geschichte der Molekularbiologie ist. Allerdings hat er nicht den umfassenderen Kontext, materialen Raum und die Bedeutungen der Spezifität gründlich untersucht, noch ihre offensichtliche Äquivalenz mit »Information«. Aufgrund seines engen, nachträglichen Blickwinkels kam Judson zu dem Schluß, daß in den dreißiger Jahren »Spezifität wirklich ein nahezu bedeutungsleerer Begriff war... Vierzig Jahre später ist biologische Spezifität geradezu vollgepackt mit Bedeutung« (S. 12). In seinen Augen waren es Francis Cricks »Sequenzhypothese« und »Zentrales Dogma«, die der Spezifität Bedeutung gaben. Wie wir noch sehen werden, folgte Crick mit der Einführung des Informationsbegriffs dem diskursiven Trend, »Spezifität« durch einen metaphorischeren Ausdruck zu

ersetzen. Auch Olby hat sich, in »The Recasting of the Sciences«, zur biologischen Spezifität geäußert. Siehe auch Sarkar, »Biological Information: A Skeptical Look at Some Central Dogmas of Molecular Biology«; sowie Thieffry und Sarkar. Doch die diskursive Bedeutsamkeit des Spezifitätsbegriffs bei der Formung der Gegenstände biologischer Forschung und ihre nachfolgende Umformung durch den Informationsdiskurs ist bislang noch von niemandem untersucht worden.

12 Silverstein, »History of Immunology«; idem, *A History of Immunology*, Kap. 5–6; Tauber und Chernyak; sowie Tauber, v.a. Teil I. Siehe auch Gilbert und Greenberg; sowie Mazumdar, »The Antigen-Antibody Reaction and the Physics and Chemistry of Life«. Landsteiners Beitrag ist ausgearbeitet in seinem berühmten Buch *Die Spezifizität der serologischen Reaktionen*.

13 Frank R. Lillie, zitiert in Gilbert und Greenberg, S. 27.

14 Zur hitzigen Kontroverse zwischen Lillie und Loeb siehe Gilbert und Greenberg, S. 31; Manning; sowie Pauly, *Controlling Life*. Über die Beziehungen zwischen Loeb und Arrhenius siehe Kay, *Molecules, Cells, and Life*, S. 64.

15 Zum Beispiel: Nuttall; Reichert und Brown. Siehe auch Mazumdar, *Karl Landsteiner and the Problem of Species, 1838–1968*; idem, *Species and Specificity*.

16 Reichert, zitiert nach Reichert und Brown, S. iv.

17 Für eine zeitgenössische Diskussion dieser Studien siehe Loeb, S. 63–68. Siehe auch die Diskussion in Olby, »The Recasting of the Sciences«.

18 Loeb, S. 61.

19 Ibid., S. 70. Zu diesen Debatten siehe Sapp, *Beyond the Gene*, Kap. 1.

20 Thomas H. Morgan, *The Physical Basis of Heredity*, S. 225–26. Siehe auch Allen, *Thomas Hunt Morgan*.

21 Morgan, *The Theory of the Gene*, S. 306. Zu Morgans Gedanken über die Materialität des Gens siehe Kay, *The Molecular Vision of Life*, Interlude I.

22 Zum unterschiedlichen Ansatz in der europäischen Genetik siehe Burian, Gayon und Zallen, »The Singular Fate of Genetics in the History of Biology«; Sapp, *Beyond the Gene*; Harwood, »National Styles in Science«; idem, *Styles of Scientific Thought*.

23 Report of the Committee on Appraisal and Plan, 11. Dezember 1934, S. 25, Box 24.184, RG3, 900, RAC. Über die Förderung der Wissenschaft und der Molekularbiologie durch die Rockefeller-Stiftung siehe Kohler, *Partners in Science*; idem, »The Management of Science«; Yoxen, »Giving Life a New Meaning«; Abir-Am, »The Discourse of Physical Power«; sowie Kay, *The Molecular Vision of Life*.

24 Weavers Diary, 1934, S. 98–110, Box 68, RG12.1, RAC; siehe auch Kay, *The Molecular Vision of Life*, Einl. und Kap. 1, zur Diskussion des Verhältnisses der neuen Biologie und der alten Eugenik. Zum Thema der Bio-Macht siehe Foucault, *Sexualität und Wahrheit*, Bd. 1, S. 161–87; Hacking, »Biopower and the Avalanche of Numbers«; idem, *The Taming of Chance*.

25 Morgan an Mason, 15. Mai 1933, S. 2–3, Box 5.71, RG1.1, RAC. Zur Diskussion der Rolle wissenschaftlicher Eliten (z.B. Morgan, Pauling oder Beadle) beim Aufbau kultureller Hegemonien siehe Kay, *The Molecular Vision of Life*, Einl.; sowie Kay, »Rethinking Institutions«.

26 Siehe z.B.: Irwin und Cumley; sowie Boyden. Siehe auch Standskot. Als Übersicht über Haldanes Forschungen siehe »John Burdon Sanderson Haldane«, *Biographical Memoirs of the Royal Societies* 12 (1966): 219–49.
27 Zur Rolle der Metaphern in der Wissenschaft siehe Kap. 1 in diesem Band. Als erhellende Analyse von Metaphern, mit besonderem Bezug auf die Immunologie, siehe Moulin, »Text and Context in Biology«.
28 Foucault, *Die Ordnung der Dinge*, Kap. 8; Jacob, *Die Logik des Lebenden*, Kap. 2; Figlio, S. 17–53.
29 Weiss, *Principles of Development*, S. 102. Siehe auch idem, »Principles of Development«.
30 Foucault, *Die Ordnung der Dinge*, Kap. 8. Über das Verhältnis der Biologie zur modernen Kultur siehe Pauly, »Modernist Practice in American Biology«.
31 Siehe z.B.: Spencer; Durkheim, Buch III, Kap. 1; Weber, »Wissenschaft als Beruf«; idem, »Politik als Beruf«. Siehe auch Crook, Pakulski und Waters, Kap. 7. Für eine ausführliche Bibliografie zum Naturalismus und den Humanwissenschaften siehe Cross und Albury. Zum »Fordismus« siehe Harvey, Teil II. Zu den rhetorischen und ideologischen Dimensionen von »Ko-operation« in der amerikanischen Kultur der Zwischenkriegszeit siehe Kay, *The Molecular Vision of Life*, v.a. Kap. 1. Zur Rolle der Diskursökonomie in der Naturwissenschaft siehe Lenoir.
32 Cannon, S. 287–92. Siehe auch Cross und Albury.
33 Huxley; Geison. Siehe auch Kay, *The Molecular Vision of Life*, Interlude I.
34 Chamberlin und Gilman; Ludmerer; Haller; Pickens; Kevles, *In the Name of Eugenics*; Allen, »The Eugenics Record Office«; Paul; Adams, *The Wellborn Science*; Weingart, Kroll und Bayertz. Zur Bio-Macht siehe Foucault, *Sexualität und Wahrheit*, Bd. 1; idem, *Power/Knowledge*.
35 Kohler, »The Enzyme Theory«.
36 Stanley, »Isolation of Crystalline Protein Properties«. Siehe auch Kay, »W. M. Stanleys Crystallization of the Tobacco Mosaic Virus«; sowie Olby, *The Path to the Double Helix*, Kap. 9–10.
37 Allgemeine Korrespondenz, Warren Weaver, 28. August 1939, Box 170.1235, RG2, 100, RAC. Siehe auch Kay, *The Molecular Vision of Life*, S. 111–12.
38 Zur Manager-Sichtweise in der Molekularbiologie siehe Yoxen, »Life as a Productive Force«; und in den Humanwissenschaften: Haraway, »A Pilot Plant for Human Engineering«; sowie Kay, *The Molecular Vision of Life*, Einl. und Kap. 1.
39 Weaver; Kay, »Problematizing Basic Research«; idem, »Rethinking Institutions«. Über den Zusammenhang von Repräsentation und Intervention oder Darstellen und Eingreifen (ein Gedanke, der zuerst von Heidegger formuliert wurde) siehe Hacking, *Einführung in die Philosophie der Naturwissenschaften*. Zu den ideologischen Implikationen siehe Merchant, Kap. 7–9; Keller, »Critical Silences in Scientific Discourse«, S. 73–92; idem, »Physics and the Emergence of Molecular Biology«; sowie Kay, »Life as Technology«.
40 Über Paulings Visionen zur sozialen Kontrolle siehe Kay, »Life as Technology«; idem, *The Molecular Vision of Life*, Kap. 8.
41 Mirsky und Pauling. Siehe auch Kay, *The Molecular Vision of Life*, Kap. 5.

42 Pauling und Delbrück, S. 78-79.
43 Siehe z.B.: Delbrück. Siehe auch Kay, *The Molecular Vision of Life*, Kap. 8.
44 Haldane, zitiert nach Pollock, »From Pangens to Polynucleotides«, S. 467.
45 Olby, *The Path to the Double Helix*, S. 115-18; Kay, *The Molecular Vision of Life*, Interlude I, Abschn. 1.
46 Pauling, »A Theory of the Structure«. Siehe auch Kay, »Molecular Biology and Paulings Immunochemistry«; idem, *The Molecular Vision of Life*, Kap. 6.
47 Pauling, »Antibodies and Specific Biological Forces«, S. 53.
48 Grant in Serological Genetics, 14. Juni 1940, Box 7.91, RG1.1, 205D, RAC. Siehe Kay, *The Molecular Vision of Life*, Kap. 6.
49 In der Tat beantragte Pauling ein Patent für die Produktion künstlicher Antikörper. Siehe Kay, *The Molecular Vision of Life*, S. 174-75.
50 Burnet, Kap. 5. Siehe auch Moulin, Teil II, Kap. 1.
51 Schultz.
52 Zu Beadles *Neurospora*-Forschung siehe Kay, »Selling Pure Science in Wartime«; idem, *The Molecular Vision of Life*, Kap. 4 und 7. Siehe auch Kohler, »Systems of Production«.
53 Beadle, »The Genetic Control of Biochemical Reactions«, Zitat auf S. 192; idem, »Biochemical Genetics«.
54 Report on Serological Genetics, März 1943; sowie Sturtevant (der Text wurde 1940 geschrieben), Box 7.94, RG1.1, 205D, RAC. Siehe Kay, *The Molecular Vision of Life*, S. 191. Sterling Emersons Veröffentlichungen wurden von Lebenswissenschaftlern positiv aufgenommen.
55 »The Structure and Function of the Gene«, 14. Oktober 1955, S. 7, Box 31.2, Beadle Papers, CIT. Siehe auch Beadle und Beadle.
56 Lederberg, »Comments on the Gene-Enzyme Relationship«, Zitat auf S. 167. Ich bin Sahotra Sarkar zu Dank verpflichtet, daß sie mir dieses Material zugänglich gemacht hat.
57 Gamow, Rich und Yčas, S. 23-67, Definition auf S. 66.
58 Fantini, »Monod, Jacques Lucien«. Der Ausdruck *Enzymadaptation* wurde von Henning Karstron geprägt, der zwischen konstitutiven und adaptiven Enzymen unterschied.
59 Die offizielle Konvergenz von Genetik, Bakteriologie und Virologie fand um 1946 statt. Siehe z.B.: Delbrück und Bailey; Hershey; Lederberg und Tatum. Siehe auch Bud, *The Uses of Life*, Kap. 8.
60 Lwoff, »Jacques Lucien Monod«; Judson, S. 354-58. Über die Stellung der Genetik in Frankreich siehe Burian, Gayon und Zallen, »The Singular Fate of Genetics«; sowie Sapp, *Beyond the Gene*, Kap. 5.
61 Monod, »The Phenomenon of Enzymatic Adaptation«, *Growth* 2 (1947): 224.
62 Weiss, zitiert nach Monod, »The Phenomenon of Enzymatic Adaptation« in *Growth Symposium* XI (1947): 2.
63 Monod, »The Phenomenon of Enzymatic Adaptation«, S. 260-61, 280. Siehe auch Burian, »Technique, Task Definition, and the Transition from Genetics to Molecular Genetics«.
64 Z.B. Brachet; Caspersson. Siehe auch Kay, *Molecules, Cells, and Life*, S. 4; idem,

Anmerkungen 441

The Molecular Vision of Life, Interlude I. Siehe Olby, The Path to the Double Helix, Sec. II.
65 Avery, MacLeod und McCarty. Siehe auch McCarty; Olby, The Path to the Double Helix, Sec. III. Für die historiographische Diskussion siehe Stent, Molecular Genetics; Wyatt; Lederberg, »Genetic Recombination in Bacteria«; idem, »The Transformation of Genetics by DNA«.
66 Avery, MacLeod und McCarty, S. 152.
67 Ibid., S. 154–55. Siehe auch Olby, The Path to the Double Helix, S. 189–90; Amsterdamska, »Stabilizing Instability«; idem, »Between Medicine and Science«.
68 James Watson, The Double Helix, Kap. 18; Chargaff, Heraclitean Fire, Teil II; Olby, The Path to the Double Helix, Kap. 14; Judson, S. 142–44; Abir-Am, »From Biochemistry to Molecular Biology«.
69 Chargaff, »On the Nucleoproteins and Nucleic Acids of Microorganisms«, Zitat auf S. 32.
70 Ibid., S. 32–33.
71 Chargaff, »Chemical Specificity of Nucleic Acids«. Siehe auch Stent und Calendar, Kap. 8.
72 Stent und Calendar, S 209. Siehe auch Chargaff, »Some Recent Studies of the Composition and Structure of Nucleic Acids«.
73 Chargaff, »The Chemistry and Function of Nucleoproteins and Nucleic Acids«, Kap. 4, Zitat auf S. 72–73.
74 Ibid.; idem, »First Steps toward a Chemistry of Heredity«, Kap. 8, Zitat auf S. 113.
75 Ibid.; idem, »A Few Remarks on Nucleic Acids«, Kap. 10, Zitat auf S. 163; idem, »Amphisbaena«, Kap. 11; der imaginäre Dialog auf S. 188–89.
76 Watson, The Double Helix, Kap. 18; Judson, Teil I.
77 Watson und Crick, »Molecular Structure of Nucleic Acids«. Hinsichtlich Watsons früheren Arbeiten siehe z.B.: Watson, »The Biological Properties of X-ray Inactivated Bacteriophage«.
78 Ephrussi et al., S. 701.
79 Watson und Crick, »Genetical Implications of the Structure of Deoxyribonucleic Acid«, Zitat auf S. 966.
80 Stent und Calendar, S 26.
81 Jacob, Die Logik des Lebenden, S. 278.
82 Siehe oben Anm. 9.
83 Symonds, S. 226. Siehe auch Yoxen, »Where Does Schrödingers What Is Life? Belong?«, Sec. I; Kay, »Conceptual Models and Analytical Tools«; sowie Keller, »Physics and the Emergence of Molecular Biology«.
84 Schrödinger, S. 34.
85 Ibid., S. 55.
86 Ibid., S. 56.
87 Ibid., S. 112.
88 Teich.
89 Semon; siehe W. Moore, S. 46–49.

90 Yoxen, »Where Does Schrödingers *What Is Life?* Belong?«, S. 31–36; idem, »The Social Impact of Molecular Biology«, S. 139–41; Sigurdsson, v.a. S. 61–64.
91 Schrödinger an E. I. Conway, 25. Oktober 1942, zitiert nach Yoxen, *The Social Impact of Molecular Biology*, S. 152.
92 F. Donnan sorgte für die Veröffentlichung bei Cambridge University Press. Das Material wurde aufgelistet in Schrödingers Vorlesungsordner mit der Bezeichnung »Biologica I« und aufgenommen in Sinnott und Dunn. Haldane, *New Paths in Genetics*; Darlington; Sherrington; sowie Timofeff-Ressovsky, Zimmer und Delbrück. Siehe Yoxen, »Where Does Schrödingers *What Is Life?* Belong?« S. 31–36; sowie Sigurdsson, S. 64.
93 Sherrington, S. 163; auch zitiert in Yoxen, »Where Does Schrödingers *What Is Life?* Belong?« S. 35.
94 Schrödinger, S. 56. Siehe auch Blumenberg, Kap. 22.
95 Zu diesem Schluß kam auch Yoxen in »Where Does Schrödingers *What Is Life?* Belong?«, S. 37.
96 Schrödinger, S. 134.
97 Szilard; für die englische Übersetzung siehe Rapoport und Knoller. Siehe auch Hayles, *Chaos Bound*, Kap. 2; Leff und Rex; sowie Keller, »Molecules, Messages, and Memory«, Kap. 2. Von Neumann war mit Szilards Artikel seit Anfang der dreißiger Jahre vertraut und machte Claude Shannon ungefähr 1947 auf ihn aufmerksam. Doch es war Brillouin, der ihn einem breiteren Publikum zur Kenntnis brachte. Warren Weaver (der mit Shannon zusammenarbeitete, siehe Kap. 3 in diesem Band) machte seinen Freund Brillouin 1950 auf Szilards Artikel aufmerksam und die beiden miteinander bekannt. Siehe Weaver Tagebuch, 11. September 1950, Box 68, RG12.1, RAC; sowie Weaver an Szilard, 15. September 1950, Box 20.21, MSS.32, Szilard Papers, UCSD. Dieser Ablauf der Ereignisse erklärt, wieso Brillouin, der seit 1949 über Information und Kybernetik schrieb, Szilards Artikel erst 1951 erwähnte. Siehe Brillouin, »Maxwell's Demon Cannot Operate«. Siehe auch idem, *Science and Information Theory*. Zu biographischem Material über Brillouin siehe Box 7.14, Leon Brillouin Papers, AIP; sowie Warren Weaver Tagebuch, Box 68–68, RG12.1, RAC, mit vielen Einträgen über Brillouins berufliche Laufbahn in den vierziger und fünfziger Jahren.
98 Schrödinger an Brillouin, 9. Oktober 1953, S. 3–4, Box 7.6, Brillouin Papers, AIP.
99 Als scharfsinnige Diskussion siehe Kusch, v.a. Kap. 4.
100 Zu diesen verschiedenen Berichten gehören unter anderem Crick, »The Genetic Code«; Woese, *The Genetic Code*, Kap. 2; Yčas, *The Biological Code*, Kap. 2; Judson, S. 245–47; sowie Sarkar, *Reductionism and Molecular Biology*, Kap. 2. Olby, *The Path to the Double Helix*, S. 217–21; sowohl Judson als auch Sarkar bezogen die Ideen von Stern in ihre jeweiligen historischen Rekonstruktionen der Codierung mit ein.
101 Siehe z.B.: Sterns Beiträge zur Elektrophorese in Kay, »Laboratory Technology and Biological Knowledge«.
102 Stern, Zitat auf S. 943. Zur Bedeutung von Sterns chemischer Struktur siehe Olby, *The Path to the Double Helix*, S. 217–21.

103 Stern, S. 945.
104 Siehe z.B.: Hinshelwood, S. 3, 206.
105 Caldwell und Hinshelwood, Zitat auf S. 3157.
106 Zur Reaktion der Biochemiker auf Schrödingers Buch siehe Fruton, *A Skeptical Biochemistry*, S. 198.
107 Dounce, »Nucleoproteins«.
108 Dounce, »Duplicating Mechanism for Peptide Chain«.
109 Ibid., S. 253–54.
110 Dounce, »Nucleic Acid Template Hypothesis«, S. 541.
111 Ibid.

3 Diskursproduktion: Kybernetik, Information, Leben

1 Wiener, »A Scientist Rebels«.
2 D. C. Cronemeyer an Wiener, 2. Februar 1947, Box 2.75, MC 22, Wiener Papers, MIT.
3 Ibid.
4 Über die Beziehung zwischen Bedeutungsregimen, Diskurs und kultureller Hegemonie siehe Laclau und Mouffe, S. 139. Siehe auch Comaroff und Comaroff, Einl.
5 Als frühe offizielle Darstellungen zur Geschichte der Wissenschaft im Zweiten Weltkrieg siehe Baxter; sowie Stewart. Siehe auch Gray. Als spätere historische Darstellungen siehe Cochrane, S. 382–432; Kevles, *The Physicists*, S. 102–38; sowie Noble, *Forces of Production*, Kap. 1. Für spezifische Fallstudien siehe Hevly; Dennis.
6 Noble, *Forces of Production*, Kap. 1; Cochrane, S. 382–432; Stewart, Kap. 6–8.
7 Kevles, »The National Science Foundation and the Debate«; Noble, *Forces of Production*, S. 11–12; Hevly, Kap. 2; Dennis, Teil II. Ähnliche Muster lassen sich in den Lebenswissenschaften erkennen. Siehe Kay, *The Molecular Vision of Life*, Kap. 6.
8 Bush. Für andere Interpretationen dieses Dokuments siehe Kevles, »The National Science Foundation«; Reingold, »Vannevar Bush's New Deal for Research«; sowie Kay, *The Molecular Vision of Life*, S. 223–25 und Interlude II.
9 Für eine kulturelle Untersuchung der bipolaren Welt siehe Edwards. Siehe auch Wittner, Kap. 1–4.
10 Zum Marshallplan siehe Leffler, »The American Concept of National Security«; Wexler. Siehe auch Kay, *The Molecular Vision of Life*, Interlude II.
11 Wittner, Kap. 1–4; Boyer; McDougall.
12 »USAF Establishes Broad Research Policy«, 5. März 1949, Box 28.18, RG 303U, Bronk Papers, RAC. Der *U.S. Air Force Chief of Staff* General Hoyt S. Vandenberg genehmigte eine Regelung, die eine weitreichende Politik für die Unterstützung eines F&E-Programms vorsah. Siehe auch Edwards, S. 68–69; Noble, *Forces of Production*, S. 15–16. Über die Unterstützung der Wissenschaft durch die Navy siehe Allison; Rees; Sapolsky, *The Polaris System Development*; idem, *Science and the Navy*; sowie Formans provokante Besprechung von letzterem in *IEEE Annals of the History of Computing*.

13 Noble, *Forces of Production*, S. 16; Hewlett und Anderson; Hewlett und Duncan; Weart, Teil II. Zur AEC-Förderung der Genetik siehe Beatty, »Genetics in the Atomic Age«; idem, »Opportunities for Genetics in the Atomic Age«.
14 Leslie, *The Cold War and American Science*, S. 6-8; siehe auch Sherry, *Planning for the Next War*; Melman, S. 231-34.
15 Forman, »Behind Quantum Electronics«; Leslie, *The Cold War and American Science*; Hevly. Siehe auch Smith, Kap. 5-8; sowie Mendelsohn, Smith und Weingart, die auch die europäische und russische Perspektive darstellen.
16 Leslie, *The Cold War and American Science*, S. 8; Forman, »Behind Quantum Electronics«, Einl.
17 Hacking, »Weapons Research«. Dieser Artikel hat den Ausgangspunkt gebildet für Formans »Behind Quantum Electronics«, für Leslies *The Cold War and American Science*, und für Kellers Kapitel »Critical Silences in Scientific Discourse« in ihrem *Secrets of Life, Secrets of Death*. Siehe auch Simpson.
18 Aspray, »The Scientific Conceptualization of Information«.
19 Der Ausdruck *militärisch-industrieller Komplex* wurde von Dwight Eisenhower geprägt, die Formulierung *militärisch-industriell-akademischer Komplex* von Senator J. William Fulbright.
20 Wiener, *Kybernetik*, S. 28-30. Siehe auch Aspray, »The Scientific Conceptualization of Information«, S. 124-25. Diese kybernetische Wende bedeutete nicht, daß die Kybernetik in ihrer Substanz vollständig neu war. Vor kurzem hat David A. Mindell in »*Datum for Its Own Annihilation*« sehr detailliert die vielen theoretischen und technologischen Vorläufer von Wieners Theorie dargestellt; siehe v.a. Kap. 9.
21 Owens. Siehe auch Baxter, S. 409-11.
22 Owens, S. 296 und S. 291; Bigelow an Weaver, 22. April 1944, AMP. Zu Wieners Kriegsaktivitäten siehe auch Heims, *John von Neumann and Norbert Wiener*, Kap. 9.
23 Wiener, »Cybernetics«; Heims, *John von Neumann*, S. 182-86. Über die kulturelle Rolle der Cyborgs siehe Haraway, »A Cyborg Manifesto«, Kap. 8; sowie Edwards, v.a. Kap. 3. Für eine Kritik der Cyborg-Phänomenologie siehe Kay, »Who Wrote the Book of Life?« in *Science in Context*. Siehe auch Galison, »Die Ontologie des Feindes«; sowie Pickering. Trotz des gewaltigen Einflusses dieser kybernetischen Vorstellungen wurde, wie bereits erwähnt, ihre Neuheit überzeugend in Frage gestellt durch Mindells »*Datum for Its Own Annihilation*«.
24 Wiener an Haldane, 22. Juni 1942, Box 2.62, MC22, Wiener Papers, MIT.
25 Holton, »Ernst Mach«; idem, »The Joys and Sorrows of the Vienna Circle in Exile«.
26 West, Zitat auf S. 4. Wieners geheimer Bericht wurde später als Buch veröffentlicht: *Extrapolation, Interpolation and Smoothing of Stationary Time Series*. Für eine detaillierte Analyse des Problems, wie eine Flugbahn zu verfolgen ist, siehe Galison, »Die Ontologie des Feindes«.
27 Rosenblueth, Wiener und Bigelow.
28 Ibid., S. 18.
29 Ibid., S. 21. Zu den Ursprüngen der Servomechanismen s.u. Anm. 44 und 45.

Anmerkungen 445

30 Rosenblueth, Wiener und Bigelow, S. 22.
31 Wiener an von Neumann, 17. Oktober 1944, und von Neumann an Wiener, 16. Dezember 1944, Box 2.66, MC22, Wiener Papers, MIT.
32 Wiener an Rosenblueth, 24. Januar 1945, Box 2.67, MC22, Wiener Papers, MIT.
33 Von Neumann an Wiener, 21. April 1945, Box 2.68, MC22, Wiener Papers, MIT.
34 Zur Macy Foundation siehe Heims, The Cybernetics Group. »Mathematical Biology, 1945–46«; Fünf-Jahres-Unterstützung (1947–52) über $27.500, RG1.1, 224 MIT, fld., MIT. Ab 1944 wurde eine Förderung von $4.000 und ein Zuschuß von $18.000 für Ausrüstung an Rosenblueth am Institut für Kardiologie in Mexico City gezahlt. 1946 erhielt Wiener eine Zuwendung von $850 für die Zusammenarbeit mit Rosenblueth in Mexico City. Siehe auch Hayles, How We Became Posthuman.
35 Scheffler; Nagel, Kap. 12; Becker.
36 »Mathematical Biology«; Morison an Rosenblueth, 17. Januar 1947, RG1.1, 224 MIT, fld., RAC.
37 Wimsatt.
38 »Mathematical Biology«; Weaver an Wiener, 28. Januar 1949, RG1.1, 224 MIT, fld., RAC.
39 Hinsichtlich ihrer Antworten siehe Rosenblueth an Morison, 25. Januar 1947; sowie Wiener an Weaver, 4. April 1949, RG1.1, 224 MIT, fld., RAC.
40 Weaver Tagebuch, 19. Mai 1947, Box 68, RG12.1, RAC.
41 Wiener, Kybernetik, S. 39. Die Erstausgabe wurde von Hermann & Cie in Paris veröffentlicht und erschien einige Monate später in den Vereinigten Staaten. Zu den Verhandlungen über die amerikanische Ausgabe siehe Wiener Papers, Box 2, passim, MC22, MIT.
42 Nowinski an Wiener, 7. Januar 1952; Wiener an Nowinski, 20. Februar 1952, Box 4.145, MC22, Wiener Papers, MIT. Ampère hatte cybernétique als einen Begriff für die Kunst des Regierens vorgeschlagen (Teil II, S. 140–41).
43 Wiener, Kybernetik, S. 74; sowie zum Verhältnis zwischen Technologie und Epistemologie S. 40. Foucault, Die Ordnung der Dinge.
44 Wiener, Kybernetik, S. 35–38, Zitat auf S. 38. Er verwies außerdem auf Ronald A. Fisher, der das Konzept der statistischen Information entwickelt hatte, und zwar in seinem Buch The Design of Experiments.
45 O. Mayr. Maxwells oft zitierter Artikel »On Governors« (in Proceedings of the Royal Society (London) 16 [1868]: 270–83) ist von besonderem historischen Interesse.
46 Bennet, Kap. 1.
47 Zum Beispiel: Hazen; Ivanoff; sowie A. V. Mikhailov, »The Method of Harmonic Analysis in Regulation Theory«, in Automatika i Telemekhania (zitiert in West, »Forty Years of Control«, S. 4). Siehe auch Mindell, „Datum for Its Own Annihilation".
48 West, S. 1.
49 Wiener, Kybernetik, S. 38.
50 Ibid., S. 78f.
51 Ibid., S. 256, 283–84.

52 Die Schwierigkeit wurde noch verstärkt durch die dürftige Redigierung der ersten Fassung des Manuskripts, die Wieners schlechter Sehkraft und damit zusammenhängender chirurgischer Behandlung geschuldet war. Wiener machte seinen jüngeren Mitarbeiter Walter Pitts dafür verantwortlich, der Korrektur gelesen hatte.
53 Haldane an Wiener, 12. November 1948, Box 2.86, MC22, Wiener Papers, MIT.
54 Haldane an Wiener, 13. Juli 1950, Box 3.121, MC22, Wiener Papers, MIT; sowie Haldane an Wiener, 6. Mai 1952, Box 4.150, MC22, Wiener Papers, MIT.
55 Kalmus.
56 Mandelbrot an Wiener, [nicht datiert] Juli 1948, Box 2.84, MC22, Wiener Papers, MIT. Wiener kam dann 1951 nach Paris.
57 Science Service Mitteilung vom 22. Oktober 1948, Box 2.85, MC22, Wiener Papers, MIT.
58 Sturtevant an Wiener, 8. November 1948; Feller an Wiener, 18. November 1948, Box 2.86; sowie McCulloch an Wiener, 9. Dezember 1948, Box 2.87, MC22, Wiener Papers, MIT.
59 Freymann an Wiener, 29. Dezember 1948, Box 2.87; Wallman an Wiener, 4. Januar 1949, Box 2.89; sowie Krozybski an Wiener, 19. Januar 1949, Box 2.90, MC22, Wiener Papers, MIT.
60 Jakobson an Wiener, 24. Februar 1949, Box 2.92, MC22. Wiener Papers, MIT.
61 »Mathematical Biology«; Weaver an Lovitt, 28. Januar 1949, Box 4, fld., RG1.1, 224, MIT.
62 R. S. Morison, Interview, 21. Februar 1949, Box 4, fld., RG1.1, 224 MIT.
63 Wiener, *Mensch und Menschmaschine*.
64 Ibid., S. 83–89, Zitat auf S. 83.
65 Ibid., S. 83–89.
66 Noble, *Forces of Production*, S. 54. Siehe auch idem, »Command Performance«.
67 Es ist nicht möglich, hier alle Reaktionen wiederzugeben, die sich in den Unterlagen noch finden lassen (Wiener Papers, Boxes 3–5, MC22, MIT). Die ausgewählten Vignetten fangen die Vielfalt und den Geist der Reaktionen ein.
68 Rathe an Wiener, 7. August 1950, Box 3.122, MC22, Wiener Papers, MIT.
69 Wheeler an Wiener, Oktober 1953, Box 4.174; sowie Wiener an Deutsch, 7. April 1953, Box 4.168, MC22, Wiener Papers, MIT. Deutsch wurde durch die »Unity of Science«-Gruppe zur Kybernetik bekehrt. Sein klassischer Text, *Nerves of Government*, faßte seine kybernetische Sicht der Politikwissenschaft zusammen. Zu Talcott Parsons' Untersuchungen der sozialen Kontrolle in der Zwischenkriegszeit (*The Structure of Social Action*) siehe Buxton, Kap. 5; zu Parsons' Rekonzeptualisierung der sozialen Kontrolle in kybernetischen Begriffen siehe Yoxen, *The Social Impact of Molecular Biology*, Kap. 4.
70 Boulding an Wiener, 12. Januar 1954, Box 4.186; sowie Kepes an Wiener, 1. August 1951, Box 3.140, MC22, Wiener Papers, MIT.
71 Ashby an Wiener, 2. April 1953, Box 4.168, MC22, Wiener Papers, MIT.
72 Still an Wiener, 29. Dezember 1952, Box 4.161; sowie Wiener an Still, 5. Januar 1953, Box 4.162, MC22, Wiener Papers, MIT.

73 Vonnegut. Zum Kontext und der Bedeutung des Romans siehe Noble, *Forces of Production*, Appendix II und passim.
74 Wiener an English, 17. Juli 1952; sowie Vonnegut an Wiener, 26. Juli 1952, Box 4.150, MC22, Wiener Papers, MIT.
75 Siehe z.B.: Hague an Wiener, 3. Januar 1953; sowie Wiener an Hague, 12. Januar 1953, Box 4.162, MC22, Wiener Papers, MIT; sowie Greely an Wiener, 3. April 1953, Box 4.165, MC22, Wiener Papers, MIT.
76 Wiener an Rabinowitch, 22. Juni 1951, Box 3.138, MC22, Wiener Papers, MIT; sowie Rabinowitch an Wiener, 18. Juli 1951, Box 3.139, MC22, Wiener Papers, MIT.
77 J. Jackson. Siehe auch Noble, *Forces of Production*, Kap. 1, für Zahlen zu den militärischen Aufträgen der Bell Labs. Bislang gibt es keine wissenschaftlichen Untersuchungen über die Bell Labs.
78 »Claude E. Shannon«, Lebenslauf, Kopien von Dokumenten, AT&T Archive; sowie Liversidge. Siehe auch Kahn, S. 743–44; Fagen, S. 165; sowie Edwards, S. 251–52. Shannon erhielt seinen Ph.D. mit vierundzwanzig. Vor seiner Dissertation arbeitete er im Sommer 1937 in den Bell Labs, wo er die Anwendung der Boolschen Algebra auf die Relais-Schaltkreisanalyse demonstrierte. Die Arbeit wurde sofort als ein Wendepunkt in der Geschichte des Forschungsfeldes angesehen. Siehe C. Shannon, »A Symbolic Analysis of Relay and Switching Circuits«. Zu Shannons Kenntnis der Genetik siehe Claude Shannon fld., »Mathematical Theory of Genetics«, 1938, S. 1–42, Box 12, Vannevar Bush Papers, LC; sowie Roch, der behauptet, daß Shannons Genetik-Arbeit von 1938 seine Begriffsbildung für die Informationstheorie beeinflußt hat.
79 Shannon, telephonisches Interview durch David Kahn, 27. November 1961; David Slepian, Interview durch David Kahn, 28. Oktober 1962; beide zitiert nach Kahn, S. 744.
80 Edwards, S. 251–55. Siehe auch Fagen, S. 317; sowie Millman, S. 104, 405–6.
81 C. Shannon, »Communication Theory«; idem, »The Mathematical Theory«. Bei menschlichen Sprachen führen die syntaktischen Regeln Redundanz in die Botschaften ein und erhöhen so die Wahrscheinlichkeit, daß sie korrekt verstanden werden; Shannon schätzte die Redundanz des gewöhnlichen Englisch auf 50 Prozent. In der Kommunikationstheorie wird die Syntax als eine Menge konditionaler Wahrscheinlichkeiten beschrieben. Redundanz erhöht die Kapazität des Übertragungskanals bei Rauschen und wird definiert als eins minus relative Entropie. Kahn, S. 744; Cherry, S. 226–35; sowie Aspray, *John von Neumann*, S. 198–99.
82 Shannon an Wiener, 13. Oktober 1948, Box 2.85, MC22, Wiener Papers, MIT.
83 Weaver an Wiener, 21. Dezember 1948, Box 2.87, MC22, Wiener Papers, MIT.
84 Wiener an Bello (der Technikredakteur von *Fortune Magazine*), 13. Oktober 1953, Box 4.179, MC22, Wiener Papers, MIT.
85 Nyquist. (*Intelligence* hat auch die Bedeutung »nachrichtendienstliche Information«, A.d.Ü.)
86 Ibid., S. 332–33. Siehe auch Aspray, »The Scientific Conceptualization of Information«, S. 121.
87 R. V. Hartley; Aspray, »The Scientific Conceptualization of Information«, S. 121–22; sowie Cherry, S. 215–22.

88 Aspray, »The Scientific Conceptualization of Information«, S. 122–24.
89 C. Shannon, »The Mathematical Theory«, S. 379 [hier zitiert nach C. Shannon und W. Weaver, S. 41].
90 Cherry, Kap. 5–6. Cherry ist besonders aufschlußreich, insofern er eine nichtamerikanische Perspektive auf die Entwicklung der Kommunikationstheorie liefert.
91 Ibid.; sowie Aspray, »The Scientific Conceptualization of Information«, S. 123–24.
92 C. Shannon und W. Weaver, S. 43–44; Edwards, S. 256; sowie Aspray, »The Scientific Conceptualization of Information«, S. 123.
93 Siehe oben Anm. 92. Die Sichtbarkeit von Shannons Arbeit ging auch zurück auf seine Teilnahme an den Macy-Konferenzen über Kybernetik; siehe unten Anm. 103.
94 C. Shannon und W. Weaver, S. 11–17.
95 Ibid., S. 18 und 39.
96 Cherry, Kap. 6. Siehe auch Edwards, S. 253–54; sowie Heims, *The Cybernetics Group*, S. 74–75. Siehe auch C. Shannon, »Prediction and Entropy of Printed English«.
97 Wiener, »Relation of Cybernetics to Semantics«, 3. Januar 1951, Box 15.830, MC22, Wiener Papers, MIT. Zu Derridas Kritik des Verhältnisses zwischen Worten und Tun siehe Kap. 1 in diesem Band.
98 Cherry, S. 261. Siehe auch oben Anm. 81.
99 Warren Weaver Tagebuch, 27. September 1951, Box 68, RG12.1, RAC. Siehe z.B.: Carnap und Bar-Hillel; Bar-Hillel, »Linguistic Problems«; idem, »Logical Syntax«. Siehe auch Sarkar, »The Boundless Ocean«. Bar-Hillel stand seit den späten vierziger Jahren in Kontakt mit der MIT-Fakultät und mit Warren McCulloch (siehe unten). Er verbrachte auch bedeutende Zeit am MIT. Beispielsweise wurde sein Artikel »A Logician's Reaction to Recent Theorizing on Information Search Systems« 1956 geschrieben, als er sich im *Research Laboratory of Electronics* aufhielt, und die Arbeit wurde unterstützt von der Armee (Fernmeldetruppe), der Air Force (Office of Scientific Research, Air Research and Development Command) und der Navy (Office of Naval Research); und zum Teil durch Eastman Kodak. Siehe allgemeine Korrespondenz (1957), Box 25.201, RG2, 200, RAC.
100 Zitiert nach Cherry, S. 256.
101 Ibid., S. 62.
102 Ibid., S. 89.
103 McCulloch-Shannon Korrespondenz, 1949–50, B M139 No. 1, McCulloch Papers, APS. Kahn, S. 744. Siehe auch Millman, S. 58–61. Für eine detaillierte Analyse dieser Beziehungen siehe Edwards, Teile II und III, passim; Heims, *The Cybernetics Group*, S. 74–77; sowie Mirowski, »When Games Grow Deadly Serious«; idem, »What Were von Neumann and Morgenstern Trying to Accomplish?«
104 Biographische Notiz, von Neumann Papers, LC; Aspray, *John von Neumann*, Kap. 9; Heims, *John von Neumann*, Kap. 11.

Anmerkungen   449

105 Ceruzzi, v.a. Kap. 6; I B. Cohen. Aspray, *John von Neumann*, v.a. Kap. 2; Edwards, S. 95–97; sowie Cortada.
106 Edwards, S. 102–7.
107 Ibid., Zitat auf S. 169.
108 Heims, *John von Neumann and Norbert Wiener*, Kap. 11, Zitat auf S. 247.
109 Aspray, *John von Neumann*, S. 241–45.
110 Von Neumann an Burington (Department of the Navy), 19. Januar 1951, Zitat auf S. 1, Box 2, fld. »B« Misc., von Neumann Papers, LC.
111 Rose, S. 36, zitiert nach Edwards, S. 106.
112 McCulloch und Pitts. Für eine ausführliche Beschreibung und Einschätzung von McCullochs Projekt siehe Warren Weaver Tagebuch, 10. Januar 1951, Box 68, RG12.1, RAC. Einen interessanten Rückblick McCullochs über diese Entwicklungen findet man in »Biological Computers« [nicht datiert], ca. 1957, B M139, No. 2, McCulloch Papers, APS. Siehe auch Aspray, *John von Neumann*, S. 180–81; idem, »The Scientific Conceptualization of Information«, S. 127–30.
113 Northrop an Wiener, 5. Mai 1947, B M139, No. 1, McCulloch Papers, APS.
114 B M139, No. 1, McCulloch Papers, APS, enthält eine bedeutende Menge von Korrespondenz, die McCullochs Verbindungen zur Marine, Armee und Luftwaffe betrifft. Teil Nr. 2 der Sammlung enthält Aufzeichnungen und Unterlagen, die das Verhältnis zwischen Kybernetik und Militärbehörden dokumentieren. Das Zitat war McCullochs erster Satz in seinem »Why the Mind Is in the Head«.
115 Lt. Col. Callahan, Jr., an Lt. Col. Sieber, Jr., 12. Dezember 1962, B M139, No. 1, McCulloch Papers, APS.
116 Aspray, *John von Neumann*, S. 181–89; Heims, *The Cybernetics Group*, S. 93–94.
117 »The Ninth Washington Conference on Theoretical Physics«, 18. November 1946, Theoretical Physics Conferences Series, Department of Terrestrial Magnetism Archive, CIW. Es gibt keine Sitzungsberichte von dieser Konferenz.
118 Zu Delbrücks Phagenarbeit und seinem Verhältnis zu Physikern siehe Kay, »Conceptual Models and Analytical Tools«; idem, »The Secret of Life«; idem, *The Molecular Vision of Life*, Kap. 4 und 8. Über Spiegelman siehe Sapp, *Beyond the Gene*, v.a. S. 103. Siehe auch Gaudillière, »J. Monod, S. Spiegelman et l'adaptation enzymatique«.
119 Spiegelman an von Neumann, 3. Dezember 1946, Box 7.1, von Neumann Papers, LC.
120 Von Neumann an Spiegelman, 10. Dezember 1946, von Neumann Papers, LC.
121 Ibid., passim (sechs Briefe).
122 Von Neumann an Wiener, 29. November 1946, Box 2.72, MC 22, Wiener Papers, MIT.
123 Ibid.
124 Zum Proteinparadigma in der Lebenswissenschaft siehe Kay, *The Molecular Vision of Life*, Interlude I.
125 Langmuir an von Neumann, 11. November 1946, Box 5.5; sowie von Neumann an Langmuir, 12. November 1946; sowie von Neumann an Harker (General Elec-

tric), 16. Dezember 1946, Box 4.8, von Neumann Papers, LC. Siehe auch Aspray, *John von Neumann*, S. 186. Zu Langmuirs Unterstützung für Wrinchs Theorie siehe Fruton, »Early Theories of Protein Structure«. Über die berufliche und persönliche Geschichte von Wrinch siehe Abir-Am, »Synergy or Clash«. Und zur Kontroverse um ihre Cyclolstruktur siehe Serafini, Kap. 6. Mehr zu Wrinch siehe Kay, *The Molecular Vision of Life*, Interlude I und Kap. 5.

126 Korrespondenz zwischen von Neumann und Edsall, 1951–54, Box 3.9; sowie Szent-Gyorgyi an von Neumann, 22. Juni 1949, Box 6.14, von Neumann Papers, LC.

127 Jeffress an von Neumann, 6. November 1947, Box 19.19, von Neumann Papers, LC. Über die Bedeutung des Symposions siehe H. Gardner, S. 10–16. Für eine andere Interpretation des Übergangs vom Behaviorismus zur Kognitionsforschung siehe Edwards, Kap. 8–10.

128 Von Neumann an Jeffress, 11. November 1947, Box 19.19, von Neumann Papers, LC. Die Mitglieder des Hixon Committees sind aufgelistet in *Cerebral Mechanisms in Behavior*, S. ix.

129 Von Neumann an Jeffress, »Abstract of Paper by Von Neumann«, [nicht datiert] ca. 1948, Box 19.19, von Neumann Papers, LC.

130 Ibid.

131 Ibid. Siehe die übrige Korrespondenz zu Reaktionen, Erwartungen und von Neumanns Unbehagen, seine Gedanken in Druck zu geben.

132 Von Neumann.

133 Ibid., S. 25–31.

134 Ibid., Zitat auf S. 30–31.

135 Kemeny. Über diese Konferenzen siehe Aspray, *John von Neumann*, S. 198–206. Die Fragmente, Notizen und unvollendeten Manuskripte für diese Vorlesungen wurden von Burks zusammengestellt und vervollständigt. Siehe auch C. Shannon und J. McCarthy.

136 Kemeny.

137 Millman, Kap. 9.3; sowie E. F. Moore.

138 Penrose, »Self-Reproducing Machines«; idem, »Mechanics of Self-Reproduction«. Das Interesse an biologischen Automaten im Verhältnis zur Entwicklungsbiologie wurde von Michael Arbib auch später noch aufrechterhalten. Siehe Arbib, »Automata Theory and Development: part I«; idem, »Self-Reproducing Automata«.

139 Lederberg an von Neumann, 10. März 1955. Die Korrespondenz zwischen von Neumann und Lederberg befindet sich in Box 58, von Neumann Papers, LC. Allerdings ist diese Korrespondenz unvollständig; ich bin Joshua Lederberg sehr dankbar, daß er mir die fehlenden Briefe zur Verfügung gestellt hat.

140 Lederberg an von Neumann, 3. April 1955, JLF. Siehe Lederberg, »Infection and Heredity«.

141 Lederberg an von Neumann, 10. August 1955, JLF.

142 Von Neumann an Lederberg, 15. August 1955, JLF.

143 Lederberg an von Neumann, 3. September 1955, JLF.

144 Siehe z.B.: Spiegelman, »On the Nature of the Enzyme-Forming System«; so-

wie Lederberg, »A View of Genetics«. Ich bin Sahotra Sarkar zu Dank verpflichtet, daß sie mich auf dieses wichtige Buch aufmerksam gemacht hat.
145 McLuhan. Baudrillard, *Agonie des Realen*, S. 48. Zu Jean Baudrillards späterer Kritik, die die Simulationskultur mit dem genetischen Code verbindet, siehe Baudrillard, *Der symbolische Tausch und der Tod*, S. 90–96.
146 Coggeshall an Bates, 21. Juni 1939, Box 1.6, RG11, Series 704I, RAC. Briefe zwischen Bates und Sawyer 15. Juli und 1. August 1939, RG Personnel File. Staff Appointments Papers, R.S. 2/5/15, UIA. Die Formulare »Records of Training and Professional Experience« von Henry Quastler, 1947–55. Curtis, S. vii–viii. Die erfolglose Suche nach Quastlers Manuskripten bei den relevanten Institutionen und in der Familie läßt darauf schließen, daß seine Unterlagen verlorengegangen sind. Ich war in der Lage, seinen Weg durch mehrere Interviews zu rekonstruieren: Interview der Verfasserin mit Henry Linschitz, 16. Juli 1993; sowie mit Heinz von Foerster, 26. Juni 1994; Telefongespräche mit Quastlers Nichte, Joan Zimmerman, 2. Juni 1994, und mit seiner Schwester, Frau Johanna Zimmerman, 6. und 14. Juni 1994; sowie mit J. Hastings, E. S. Krankeit und Maurice Goldhaber, 15. und 17. November 1994.
147 Curtis. R.S. 2/5/15, UIA. Hewlett und Duncan, S. 228–30. Von Foerster, Interview, 26. Juni 1994. Über die Einstellungspraxis in der Molekularbiologie an der University of Illinois siehe Kay, *The Molecular Vision of Life*, S. 249. Warren Weaver Tagebuch, 11. Februar 1949, Box 68, RG12.1, RAC.
148 Dancoff-Quastler Korrespondenz, AIP; Memorials for Sydney Dancoff, August 1951, fld. 3; Dancoffs Notizen und unvollständige Manuskripte. In dieser Korrespondenz dreht sich viel um ihren gemeinsamen Artikel und die von ihm aufgeworfenen begrifflichen Fragen. Für eine Beschreibung dieser Sammlung siehe auch Robert C. Olby, AIP.
149 Dancoff und Quastler, S. 263–73. Dancoff-Quastler Korrespondenz, fld. 1–2, passim, AIP. Zitat in Quastler an Dancoff, fld. 1, 4. Juli 1950, AIP.
150 Dancoff-Quastler Korrespondenz, fld. 1; Dancoff an Quastler, 31. Juli 1950, AIP. In der endgültigen Version des Artikels brachte Quastler die Korrektur an, daß es mindestens zwei genetische Allele gibt.
151 Dancoff an Quastler, 17. August 1950, S. 6, AIP.
152 Dancoff und Quastler. Fruton, »Early Theories«.
153 Quastler, *Information Theory in Biology*, S. 1–4.
154 Quastler, »The Measure of Specificity«. In Wirklichkeit weisen Enzym-Substrat-Reaktionen analoges Verhalten auf, das durch geeignete Axiomatisierung womöglich theoretisch »digitalisiert« werden kann.
155 Branson, Zitat auf S. 84–85.
156 Augustine, Branson und Carver, »A Search for Intersymbol Influences in Protein Structure«, S. 105–18.
157 Lederberg an Quastler, 3. Mai 1951; sowie Lederberg an Kay, 7. Juli 1993. Ich bin Joshua Lederberg dankbar, daß er mir dieses Material zugänglich gemacht hat.
158 Haurowitz; Irwin; Quastler, »The Specificity of Elementary Biological Functions«, Zitat auf S. 188.

159 Bragdon, Nalbandov und Osborne; sowie Tweedell, Zitat auf S. 215.
160 Linschitz; sowie Linschitz, Interview, 16. Juli 1993.
161 Quastler, »Feedback Mechanisms«; sowie von Foerster, Interview, 26. Juni 1994.
162 Geburtstagsunterlagen (1954), Box 3, Gertrud Quastler Papers, LC; sowie »In Memorium«, (anonym) 1963, Box 2, Gertrud Quastler Papers, LC.
163 Curtis. Zu den staatlichen Laboratorien siehe Hewlett und Duncan, S. 223–27; sowie Hewlett und Holl, S. 252–70.
164 »Remarks by Commissioner Henry D. Smyth«, 25. Oktober 1949, S. 4–5, Box 28.2, Series 303u, Detlev Bronk Papers, RAC.
165 Hewlett und Duncan, S. 4, 224–25, 242–51; sowie Hewlett und Holl, S. 253–54; Ramsey; sowie Rowe.
166 Alle Konferenzberichte der Symposien seit 1948 wurden vom Brookhaven National Laboratory veröffentlicht.
167 Yockey, *Symposium on Information Theory in Biology*; McCulloch an Yockey, 25. April 1956, B M139, McCulloch Papers, APS.
168 Quastler, »A Primer on Information Theory«. Laut von Foerster war dieser Leitfaden eine der besten Darstellungen der Informationstheorie; von Foerster, Interview, 26. Juni 1994. Zu Quastlers Beiträgen zur Informationstheorie in der Psychologie siehe Quastler, *Information Theory in Psychology*.
169 Yockey, »Some Introductory Ideas«.
170 Gamow und Yčas, »The Cryptographic Approach«.
171 Yčas, »The Protein Text«.
172 Quastler, »The Status of Information Theory in Biology«, Zitat auf S. 399.
173 Ibid., S. 402
174 Yčas, »Biological Coding and Information Theory«, Zitat auf S. 256. Ich danke Martynas Yčas, daß er mir dieses Material zugänglich gemacht hat.
175 Cherry, S. 214; siehe Kap. 1 in diesem Band.

4 Skripturale Technologien: genetische Codes in den fünfziger Jahren

1 Zu diesen Erzählungen gehören unter anderem: Stent und Calendar; Judson; sowie Crick, *Ein irres Unternehmen*. Für eine detailliertere (rein) technische Analyse der genetischen Codes in den fünfziger Jahren siehe Sarkar, *Reductionism in Molecular Biology*, Kap. 3. Zitiert nach R. G. Martin, »A Revisionist View«, S. 282.
2 Woese, *The Genetic Code*, S. 17. Dies zeigt sich auch daran, wie die in vitro-Forschung zu Proteinsynthese und tRNA im Rahmen des Informationsdiskurses an das Codierungsproblem assimiliert wurde. Siehe Rheinberger, *Experimentalsysteme und epistemische Dinge*, v.a. Kap. 10–12.
3 Fleming; Olby, *The Path to the Double Helix*, Abschnitt IV; Kohler, »The Management of Science«; Yoxen, »Giving Life a New Meaning«; Haraway, »The Biological Enterprise«; Abir-Am, »The Discourse of Physical Power«; idem, »From Multidisciplinary Collaboration to Transnational Objectivity«; Kay, »Conceptual Models and Analytical Tools«; idem, »The Secret of Life«; Keller, »Critical

Anmerkungen 453

Silences in Scientific Discourse«, S. 56–72. Kellers Bemerkung findet sich in ihrem »Physics and the Emergence of Molecular Biology«.
4 Richard Doyle hat in »On Beyond Living« eine ausgezeichnete Analyse von Gamows Beiträgen zu den skripturalen Repräsentationen des genetischen Codes geliefert (Kap. 3). Allerdings hat er seine Untersuchung zum Code im wesentlichen auf Gamows erster Notiz in *Nature* (1954) aufgebaut, und nicht auf dessen vielfältigen Formen der Zusammenarbeit mit anderen an verschiedenen Codes über einen Zeitraum von mehreren Jahren. Darüber hinaus beschäftigt sich seine Analyse weder mit dem Verhältnis des Informationsdiskurses zur Linguistik und zur neuen Semiotik der Codes noch mit den Einflüssen der militärischen Technokultur des Kalten Kriegs, insbesondere der Kommunikationstechnologien, auf die Darstellungsformen der Vererbung. Siehe auch Kay, »Wer schrieb das Buch des Lebens? Information und Transformation der Molekularbiologie«, in Hagner, Rheinberger und Wahrig-Schmidt; sowie die englische Version »Who Wrote the Book of Life?« in *Science in Context*.
5 Gamow an Delbrück, 13.–22. April 1941, Box 8.21, Delbrück Papers, CIT. Das geplante Biologiebuch wurde entweder nie geschrieben oder blieb unvollendet. Gamow, *Mr. Tompkins Learns the Facts of Life*.
6 Interview durch Charles Weiner, 4. April 1968, S. 76, Oral History, George Gamow, AIP. Gamow an Watson und Crick, 8. Juli 1953, Archive Box 2, SBF. Siehe auch Judson, Kap. 5.
7 Gamow, S. 80, AIP.
8 Für Quellen über die amerikanische Außenpolitik in den fünfziger Jahren siehe Leffler, *A Preponderance of Power*, Kap. 10–11; McCormick, Kap. 5–6; Wittner, Kap. 4–7. Zu McCarthyismus und nationaler Sicherheit siehe Griffith und Theoharis; Caute; D. Campbell, *Writing Security*, Kap. 6; Carmichael, Teil I. Für einen allgemeinen Überblick siehe Halberstam.
9 Beadle, »Science and Security«, [nicht datiert; 1954 oder 1955], S. 1, Box 31.7, Beadle Papers, CIT. Die Reaktion der Wissenschaftler auf den Loyalitätseid im Jahr 1954 ist dokumentiert in der Resolution der American Physiological Society, 29. April 1954, Box 6.12, RG 303-U, Bronk Papers, RAC. Zu früheren Reaktionen siehe J. Wang.
10 Zur Entwicklung von Wissenschaft und Technik in den fünfziger Jahren siehe Forman, »Behind Quantum Electronics«, S. 224–25; Leslie, »Science and Politics in Cold War America«, S. 200–233; Noble, *Forces of Production*, v.a. Kap. 3; idem, »Command Performance«, Kap. 8; sowie Edwards.
11 Kahn; Pratt.
12 Kahn, Kap. 22.
13 Ibid., Kap. 12, 15 und 17. Zur Kryptographie im Zweiten Weltkrieg siehe Welchman; sowie Hinsley and Stripp; zur Nachkriegsentwicklung siehe Bamford; Richelson. Siehe auch O'Toole. Über Friedmans Beiträge siehe Rosenheim.
14 C. Shannon, »Communication Theory«; idem, »Prediction and Entropy of Printed English«. Siehe auch Cherry, Kap. 3; sowie Kahn, S. 743–52.
15 Zur Verwendung elektronischer Computer in der Kryptoanalyse siehe Kahn, S. 725.

16 Crick, *Ein irres Unternehmen*, S. 132.
17 Zusammenfassung von Gamows beruflichem Werdegang, Januar 1968, S. 2, Box 8.21, Delbrück Papers, CIT.
18 Wie dokumentiert in der Korrespondenz und den Unterlagen von Neumanns und Gamows, passim, LC.
19 Januar 1968, S. 2, Box 8.21, Delbrück Papers, CIT.
20 Box 7, Yčas fld., passim, Gamow Papers, LC; Gamows Fernsehauftritte werden an mehreren Stellen in der Korrespondenz erwähnt. Zu seinen populären Büchern gehören: *Mr. Tompkins in Wonderland*; *The Birth and Death of the Sun*; *Mr. Tompkins Explores the Atom*; *One, Two, Three . . . Infinity*; *The Creation of the Universe*; *Mr. Tompkins Learns the Facts of Life*; *The Moon*; *Puzzle-Math*, zusammmen mit M. Stern; *Mr. Tompkins in Paperback*; *Thirty Years that Shook Physics*; *Mr. Tompkins Inside Himself*, zusammmen mit M. Yčas.
21 Gamow, »Possible Relation« (eingesandt am 22. Oktober 1953); Doyle, »On Beyond Living«, S. 78.
22 Gamow, »Possible Relation«, S. 318. Über die Wahl von zwanzig Aminosäuren (obwohl es tatsächlich zweiundzwanzig gibt) siehe Judson, S. 253–54; sowie Crick, *Ein irres Unternehmen*, S. 127–129.
23 Gamow an Pauling, 22. Oktober 1953; Pauling an Gamow, 9. Dezember 1953, Box 263.39, Ava Helen und Linus Pauling Papers, OSU.
24 Crick, *Ein irres Unternehmen*, S. 131. Sangers Ergebnisse wurden Crick bei ihrer Komplettierung 1952 zugänglich gemacht. Sanger und Thompson, S. 353–74. Über die Beziehung von Sanger (und Biochemikern) zu Crick und Brenner siehe de Chadarevian, »Sequences, Conformation, Biochemists«.
25 Interview durch Charles Weiner, 1968, S. 76–77, Oral History, George Gamow, AIP.
26 Gamow, »Possible Mathematical Relation«; (Emil Fischers Zitat aus *Sitzungsber. der Kgl. Preuss. Akad. der Wissenschaft*, S. 990).
27 Gamow, »Possible Mathematical Relation«, S. 10–13.
28 Chargaff an Gamow, 2. März 1954, Gamow fld., B:C37, Chargaff Papers, APS.
29 Chargaff an Gamow, 3. März 1954, Gamow fld., B:C37, Chargaff Papers, APS. Über die schrittweise Anerkennung der Rolle der RNA bei der Proteinsynthese siehe Judson, Teil II; Burian, »Technique, Task Definition, and the Transition«; idem, »Underappreciated Pathways Toward Molecular Genetics«; Rheinberger, »Experiment and Orientation: Early Systems of in Vitro Protein Synthesis«; idem, »Experiment, Difference, and Writing: I. Tracing Protein Synthesis«, und »II. The Laboratory Production of Transfer RNA«; sowie Denis Thieffry, »Contributions of the ›Rouge-Cloître Group‹« (in einer Sondernummer zur Rouge-Cloître-Gruppe).
30 Yčas, Interview, 6. Oktober 1993. Ich danke Yčas, daß er mir einen detaillierten Lebenslauf, Reprints und anderes relevantes Material zur Verfügung gestellt hat.
31 Delbrücks Zitat in seinem »Experiments with Bacterial Viruses (Bacteriophages)«.
32 Gamow an W. G. Parks (Leiter der Gordon Research Conferences, AAAS), 5. April 1956, Yčas fld. (1956), Gamow Papers, LC.

33 Yčas an Gamow, 16. März 1954; sowie Gamow an Yčas, 31. März 1954, Box 7, Yčas fld. (1954), Gamow Papers, LC.
34 Gamow an Yčas, 28. April 1954, Box 7, Yčas fld. (1954), Gamow Papers, LC.
35 Über Gamows Gastprofessur in Berkeley siehe »Scientists in the News«, *Science* 119 (1954): 540.
36 Gamow an Yčas, 28. April 1954, Box 7, Yčas fld. (1954), Gamow Papers, LC; sowie Stent an Delbrück, 27. März 1954, Box 20.20, Delbrück Papers, CIT.
37 Interview durch Charles Weiner, 1968, S. 81–82, Oral History, George Gamow, AIP. Die Anekdote über Wissenschaftler und Trinken in »Press Conference, U.S. Atomic Energy Commission«, 9. Mai 1950, S. 19, Box 28.3, RG 303-U, Bronk Papers, RAC. Zu Gamows Trinkgewohnheiten siehe Crick, *Ein irres Unternehmen*, S. 132.
38 Gamow an Chargaff, 6. Mai 1954, S. 2, Box 7, Yčas fld. (1954), Gamow Papers, LC. Eine etwas förmlichere Version ging an Vincent du Vigneaud, 6. Mai 1954, S. 1.
39 RNA Tie Club, Box 7.30, Gamow Papers, LC; Yčas flds. passim, Gamow Papers, LC. Siehe auch Crick, *Ein irres Unternehmen*, S. 133. Es gab im Lauf der Zeit einige Veränderungen bei den Namen.
40 Yčas an Gamow, 15. August 1954, Box 7, Yčas fld. (1954); sowie Yčas an Gamow, 13. Oktober 1954, Gamow Papers, LC. Ebenso Gamow an Bailey (Chief, Research & Development Division, U.S. Army, Philadelphia), 23. September 1954, B:C37, Gamow fld., Chargaff Papers, APS; sowie Bailey an Gamow, 8. Oktober 1954, SBF. Vielleicht hatten einige Mitglieder des RNA-Krawattenclubs Einwände gegen militärische Förderung, oder es gab bei manchen Probleme mit der sicherheitspolitischen Unbedenklichkeit.
41 Oral History, S. 82, Gamow, AIP. Dies ist auch Yčas' Einschätzung; Yčas, Interview, 6. Oktober 1993. Abir-Am, »From Multidisciplinary Collaboration to Transnational Objectivity« interessiert sich zwar für informelle internationale Netzwerke im Kalten Krieg, untersucht aber nicht den RNA-Krawattenclub.
42 Gamow an Chargaff, 6. Mai 1954, Box 7, Yčas fld. (1954), Gamow Papers, LC. Am selben Tag ging ein ähnlicher Brief an du Vigneaud.
43 Gamow, Rich und Yčas, »The Problem of Information Transfer«, S. 41–51. Für technische Analysen dieser Codes siehe Sarkar, *Reductionism in Molecular Biology*, Kap. 3.
44 Gamow, Rich und Yčas, »The Problem of Information Transfer«, S. 51–53. Über das Modell von Dounce siehe Kap. 1 in diesem Band.
45 Tellers Zeugnis spielte 1954 eine Schlüsselrolle bei der Aufhebung der sicherheitspolitischen Unbedenklichkeit für Oppenheimer, wodurch Teller zum Paria in der wissenschaftlichen Gemeinschaft wurde.
46 Ibid., S. 53–54; sowie Gamow an Yčas, 27 Mai und 11. Juni 1954, Zitat auf S. 2, Box 7, Yčas fld. (1954), Gamow Papers, LC. Zu Tellers Rolle in der Oppenheimer-Affäre siehe Halberstam, Kap. 24.
47 Gamow und Metropolis. Siehe auch Galison, *Image and Logic*, Kap. 8. »Computer Used to Probe Protein Structure«, *Science Service*, 11. Oktober 1954, Archive Box 2, SBF.

48 Gamow und Metropolis. Gamow, Rich und Yčas, »The Problem of Information Transfer«, S. 59–61. Genauer dazu, wie diese sprachliche Trope zu ihrer eigenen Dekonstruktion führt, siehe Kay, »Who Wrote the Book of Life?« in *Science in Context*.
49 Briefe zwischen Gamow und Yčas, 23. Juli bis 18. August 1954, Box 7, Yčas fld. (1954), Gamow Papers, LC. Siehe auch Judson, S. 277; sowie Crick, *Ein irres Unternehmen*, S. 131. Stent an Brenner, 6. Dezember 1954; Crick an Brenner, 12. Januar 1955; sowie Gamow an Brenner, 22. Januar 1955, Archive Box 3; »Short Biography«, SBF.
50 Gamow an Yčas, 27. November 1954, Box 7, Yčas fld. (1954), Gamow Papers, LC; Ledley, Zitate auf S. 498.
51 Ledley, S. 511.
52 Gamow, Rich und Yčas, »Information Transfer in Biology«, S. 55–59. Ebenso Yčas an Crick, 26. April 1955, Box 7, Yčas fld. (1954), Gamow Papers, LC.
53 Gamow an Watson, 17. Dez. 1954, Archive Box 2, SBF. Gamow an Yčas, [nicht datiert, aber wahrscheinlich 2.] Dez. 1954, S. 2, Box 7, Yčas fld. (1954), Gamow Papers, LC.
54 Yčas an Rich, 23. Dezember 1954; Yčas fld. (1955); sowie Yčas an Crick, 15. Februar 1955, Gamow Papers, LC.
55 Gamow, Rich und Yčas, »The Problem of Information Transfer«, S. 66.
56 Ibid., S. 24.
57 Kahn, S. xiv–xv; Pratt, S. 12–13.
58 Pratt, S. 12–13.
59 Crick, *Ein irres Unternehmen*, S. 126. Siehe auch Judson, S. 278.
60 Gamow, Rich und Yčas, »The Problem of Information Transfer«, S. 40.
61 Sie zitierten Pratts Buch *Secret and Urgent*.
62 Gamow, Rich und Yčas, »The Problem ...«, S. 64–65.
63 Ibid., S. 65–66.
64 Ibid., S. 66.
65 Gamow, »Information Transfer in the Living Cell«, S. 70.
66 Ibid., S. 78.
67 Gamow, Rich und Yčas, »The Problem of Information Transfer«, S. 23–67. Gamow an Yčas, 29. Januar 1955, Box 7, Yčas fld. (1955), Gamow Papers, LC. Zur Erörterung dieser Frage siehe Kap. 3 in diesem Band.
68 Francis Crick, »On Degenerate Templates«, eine unveröffentlichte Notiz an den RNA-Krawattenclub, [nicht datiert] Mitte Januar 1955. Ich danke Francis Crick, daß er mir eine Kopie dieses Textes geschickt hat. Zu seiner Diskussion siehe Judson, S. 287–93.
69 Crick, »On Degenerate Templates«, S. 4.
70 Ibid., S. 4–5. Wie Judson in *The Eighth Day of Creation* darlegt, stammt das Epigramm von einem unbedeutenden persischen Schriftsteller (S. 287). Über die Natur als Text siehe Doyle, »On Beyond Living«, Kap. 3.
71 Crick, »On Degenerate Templates«, S. 17. Yčas an Crick, 15. Februar 1955, Box 7, Yčas fld. (1955), Gamow Papers, LC. Crick an Brenner, 6. Juli 1955, Archive Box 3, SBF. Über Großbritannien im Jahrzehnt nach dem Krieg siehe Howard Whid-

Anmerkungen 457

den, »Europe at the Crossroads: The Next 10 to 15 years«, Dezember 1956, Box 3.35, Special Studies Project Records, Rockefeller Brothers Fund, RCA; sowie McCormick, Kap. 3–5 Yčas an Crick, 26. April 1955, Box 7, Yčas fil. (1955), Gamow Papers, LC.

72 Gamow an Rich, 15. November 1955, S. 1, MPC, George Gamow, AIP:
*King Dan-el Mazia of Sheba
Was in love with tiny amoeba
This Whee bit of Jelly
Had crowled over his belly,
And metabowhisper »!ch liebe«.
Queen Gertrude Mazia of Sheba
Was jealous of tiny amoeba
Said she: »Aint it odd
That this damed pseudopod
Entführte der Man dem ich liebe!«*

73 Gamow an von Neumann, 8. Juli 1955, Box 4, Gamow fld., von Neumann Papers, LC. George Gamow, »Information Transfer«; Gamow und Yčas, »Statistical Correlation of Protein«.

74 Gamow an von Neumann, 8. Juli 1955; von Neumann an Gamow, 25. Juli 1955, Box 4, Gamow fld., von Neumann Papers, LC.

75 Briefe zwischen Gamow und Yčas, Juli 1955, Gamow Papers, LC. Gamow und Yčas, »Statistical Correlation«, S. 1013.

76 Gamow und Yčas, »Statistical Correlation«, S. 1013; Ulams Beweis auf S. 1017–19. Elson und Chargaff.

77 Gamow an Yčas, 1. August 1955; Yčas an Gamow, 5. August 1955, Yčas fld. (1955), Gamow Papers. LC.

78 Yčas an Crick, 26. April 1955, Gamow Papers, LC. Gamow und Yčas, »Statistical Correlation«, S. 1013–14. Siehe auch Sarkar, *Reductionism in Molecular Biology*, Kap. 3.

79 Delbrück an Rich, 9. November 1955, Box 8.21, Delbrück Papers, CIT. Crick an Yčas, 17. November 1955, Yčas fld. (1955), Gamow Papers, LC.

80 Schwartz, »Speculations on Gene Action«; idem, »Coding Problem in Proteins«.

81 Dounce, »Duplicating Mechanism«; idem, »Role of Nucleic Acid and Enzymes«. Yčas an Dounce, 19. Juli 1955, Yčas fld. (1955), Gamow Papers, LC.

82 Simon an Yčas, 5. Dezember 1956, S. 2, Yčas fld. (1956), Gamow Papers, LC. Zu Simons Rolle im Informationsdiskurs siehe Poster, S. 148.

83 Gamow an Yčas, 3. Mai, 29. Mai 1956, Yčas fld. (1956), Gamow Papers, LC.

84 »Short Biography of S. Brenner«, SBF. Brenner, »On the Impossibility of All Overlapping Triplet Codes«, Notiz an den RNA-Krawattenklub, September 1956, Box 30.5, Delbrück Papers, CIT. Für eine Diskussion von Brenners Beweis siehe Woese, *The Genetic Code*, S. 19; Yčas, *The Biological Code*, S. 43–46; Judson, S. 329–30; sowie Sarkar, *Reductionism in Molecular Biology*, Kap. 3.

85 Brenner, »On the Impossibility of All Overlapping Triplet Codes«, S. 3 (s. o. Anm. 84).

86 Brenner, »On the Impossibility of All Overlapping Triplet Codes«.

87 Notizen zur Korrespondenz, 17. Oktober 1972, Yčas fld. (1972), Gamow Papers, LC. Gamow und Yčas, »The Cryptographic Approach«; sowie Yčas, »The Protein Text«, S. 70–101.
88 Yčas, »The Protein Text«, S. 71.
89 Ibid., S. 88–90. Siehe auch Kay, »Who Wrote the Bock of Life?« in *Science in Context*. [Die Übersetzung des Gedichts stammt von Hans-Jörg Rheinberger aus Kay, »Wer schrieb das Buch des Lebens?« (Hier zitiert nach Hagner, *Ansichten der Wissenschaftsgeschichte*, S. 516); A.d.Ü.]
90 Yčas, *The Biological Code*, S. 31.
91 Ibid.
92 Crick, Griffith und Orgel, Zitat auf S. 417–18.
93 Ibid., S. 419.
94 Crick, »On Degenerate Templates«, s.o. Anm. 68.
95 Crick, Griffith und Orgel, S. 420. Crick, *Ein irres Unternehmen*, S. 138–139.
96 Yčas, »The Protein Text«, S. 91–92 (s. o. Anm. 87); Crick, *Ein irres Unternehmen*, S. 139.
97 Über die Teilnahme in Cold Spring Harbor siehe Demerec; siehe auch Kay, »Conceptual Models and Analytical Tools«. Szilards Karriere ist detailliert dokumentiert in Szilard Papers, Box 1.2 und Box 2.9, MSS.32, UCSD. Lanquette. Für persönliche Eindrücke siehe A. Novick, »Phenotypic Mixing«.
98 Jacob, *Die innere Statue*, S. 363; Curriculum Vitae (einschließlich Publikationsliste), Box 1.2, MSS.32, Szilard Papers, UCSD; sowie Lanquette, Kap. 25.
99 Antrag an die National Science Foundation, 26. Juli 1956, S. 2–3, Box 67.22, Biology Division Papers, CIT.
100 Davis an Conzolazio (NSF), 6. Juli 1956; sowie »Confidential Memorandum: On a Roving Professorship for Leo Szilard«, by George W. Beadle, Bernard D. David und Theodore Puck, 25. Mai 1956, Zitat auf S. 1–2, Box 67.22, Biology Division Papers, CIT.
101 Szilard an Crick, 14. Juni 1957, Box 6.38, MSS.32, Szilard Papers, UCSD.
102 Leo Szilard, »How Amino Acids Read the Nucleotide Code«, 7. Juni 1957, S. 1–14, sowie Appendix, Zitat auf S. 2–4, Box 26.3, MSS.32, Szilard Papers, UCSD.
103 Ibid., S. 8–13.
104 Crick an Szilard, 20. Juni 1957; Szilard an Crick, 24. Juni 1957; Szilard an Delbrück, 24. Juni 1957, Box 6.38, MSS.32, Szilard Papers, UCSD; sowie Szilard an Novick, 25. Juni 1957, Box 14.21, MSS.32, Szilard Papers, UCSD.
105 Leslie, *The Cold War and American Science*, passim; MacKenzie; sowie McDougall.
106 Beadle an Weaver, 9. Dezember 1947, Box 4.24, RG1.1, 205D, RAC. Siehe auch Kay, *The Molecular Vision of Life*, Kap. 8.
107 Golomb, Gordon und Welch.
108 Ibid., S. 209; sowie McMillan. Über diesen Austausch in beiden Richtungen siehe Golomb, der sich auf Jayne bezieht, sowie auf »Recent Results in Comma-Free Codes«, Research Summary, Jet Propulsion Laboratory, CIT, 15. Februar 1961, S. 36–37. Über Sinn und Bedeutung von »Grenzobjekten« siehe Fujimura; sowie Star und Griesemer.

Anmerkungen 459

109 Golomb, Welch und Delbrück.
110 Ibid.
111 Ibid., S. 11. Siehe auch Yčas, *The Biological Code*, S. 33. Über Delbrücks frühere Fromulierung dieses Merkmals siehe Crick, »On Degenerate Templates«, S. 4–5 (s.o. Anm. 68).
112 Golomb, Welch und Delbrück, S. 1.
113 Delbrück und Stent, Zitat auf S. 730.
114 Delbrück an Sinsheimer, 21. November 1955, Box 20.3, Delbrück Papers, CIT. Die DNA-Daten, auf die sich Delbrück bezog, waren zu finden in Sinsheimer, »The Action of Pancreatic Desoxyribosnuclease«, Teil I und II.
115 Osmundsen, »New Way to Read Life's Code Found«. Der Bericht bezieht sich auf Golombs Artikel, »Efficient Coding for the Desoxyribonucleic Channel« (s.o. Anm. 108).
116 De Chadarevian, »Sequences, Conformation, Information: Biochemists and Molecular Biologists in the 1950s«.
117 Ibid.; sowie Abir-Am, »The Politics of Macromolecules«.
118 Crick, »On Protein Synthesis«, S. 138–63; Zitat auf S. 144. Wiener, *Kybernetik*, S. 76–79. Judson, S. 333–40. Sarkar, »Biological Information«.
119 Quastler, »The Measure of Specificity«, S. 41; sowie Augenstine, Branson und Carver, »A Search for Intersymbol Influences in Protein Structure«.
120 Crick, »On Protein Synthesis«, S. 152–53. Siehe auch Olby, »The Protein Version of the Central Dogma«. Als ausführliche Kritik am Zentralen Dogma siehe Sarkar, »Biological Information«; sowie Thieffry und Sarkar.
121 Crick, »On Protein Synthesis«, S. 160.
122 Belozersky und Spirin; Lee, Wahl und Barbu.
123 Sinsheimer, »Is the Nucleic Acid Message in a Two-Symbol Code?«, Zitat auf S. 219.
124 Sinsheimer an Kay, 19. Juli 1994, persönliche Mitteilung. Ich danke Sinsheimer, daß er mir diese Information übermittelt hat. Siehe auch Sinsheimer, *The Strands of Life*; sowie Buchbesprechung von Kay, *Bulletin of the History of Medicine* 69 (1995): 318–19.
125 Sinsheimer, »Is the Nucleic Acid Message in a Two-Symbol Code?«, S. 219; Elson und Chargaff; Zubay.
126 Brenner und Crick, unveröffentlichte Resultate, 1958, über den Vierer-Code, berichtet in Brenner, »The Mechanism of Gene Action«, Box 30.5, Delbrück Papers, CIT; Crick und Brenner, »Some Footnotes on Protein Synthesis: A Note for the RNA Tie Club«, December 1959, Yčas fld. (1957–59), Gamow Papers, LC; Gamow an Yčas, Februar bis April 1957, Gamow Papers, LC. Gamow an Brenner, 4. Juni 1957, Archive 1 (personal collection), SBF.
127 Brenner, »The Mechanism of Gene Action«; Benzer; Brenner und Barnett.
128 Siehe Brenner, »The Mechanism of Gene Action«, S. 317–18, zum »Diskussionsbeitrag« von Kalmus.
129 Kahn, S. 917–37, Zitat auf S. 937.
130 Brenner, »Mechanism of Gene Action«, S. 318–19.
131 Ibid., S. 38. Ingram, »A Specific Chemical Difference«; idem, »How Do Genes

Act?« Ingram folgte den Hämoglobin-Untersuchungen, die als erstes von Pauling et al. berichtet worden waren. Neel. Siehe auch Judson, S. 300–308; Kay, *The Molecular Vision of Life*, Kap. 8.
132 Olby, *The Path to the Double Helix*, S. 235–37; Stent und Calendar, S. 578; Kay, »W. M. Stanley's Crystallization of the Tobacco Mosaic Virus«; Van Helvoort, »What Is a Virus?«; idem, »History of Virus Research in the 20th Century«.
133 Kay, »W. M. Stanley's Crystallization of the Tobacco Mosaic Virus«, S. 470. Stanleys Korrespondenz mit Genetikern zu dieser Zeit beschäftigt sich hauptsächlich mit logistischen Fragen, um die Genetiktreffen mit seinem überfüllten Terminkalender in Einklang zu bringen; 78/18c, Ct. 1 (1937–40), Stanley Papers, UCB.
134 Knight, Zitat auf S. 307.
135 Für biografische Einzelheiten siehe Edsall; sowie Kay, »Wendell Meredith Stanley«. Über Stanleys Prestige und Beziehungen siehe Kay, »W. M. Stanley's Crystallization of the Tobacco Mosaic Virus«, S. 470; idem, »The Tiselius Electrophoresis Apparatus«; idem, »The Politics of Fame«; idem, »The Intellectual Politics of Laboratory Technology«.
136 Creager. Gaudillière, »Oncogenes as Metaphors for Human Cancer«; idem, »Circulating Mice and Viruses«; idem, »Norms and Practices of Molecular Medicine«.
137 Creager.
138 Antrag an die *National Science Foundation*, 24. Februar 1959, Box 4.59; sowie Stanley an das Nobelpreis-Komitee, 22. Dezember 1960, Box 5.12, 78/18c, Stanley Papers, UCB, beide enthalten detaillierte biografische Berichte über Fraenkel-Conrat.
139 Fraenkel-Conrat an Stanley, 4. Juli 1947, Box 8.58, 78/18c, Stanley Papers, UCB.
140 Fraenkel-Conrat an Stanley, 8. November 1947, Box 8.58, 78/18c, Stanley Papers, UCB.
141 Antrag an die *National Science Foundation*, 24. Februar 1959, Box 4.59; sowie Stanley an das Nobelpreis-Komitee, 22. Dezember 1960, Box 5.12, 78/18c, Stanley Papers, UCB.
142 Harris und Knight; Fraenkel-Conrat, »Protein Chemists Encounter Viruses«.
143 Fraenkel-Conrat und Williams; Fraenkel-Conrat, »The Role of the Nucleic Acid«, Zitat auf S. 883; idem, »Rebuilding a Virus«; Fraenkel-Conrat und Singer; sowie Kay, »Matter of Information«. Die Konkurrenz zwischen Stanleys Gruppe und Gerhard Schramms Gruppe in Tübingen reicht zurück bis in die dreißiger Jahre. Zur Vorkriegs-Virusforschung von Schramm siehe Olby, *The Path to the Double Helix*, Kap. 10. Zu ihrer Konkurrenz in den fünfziger Jahren siehe Stanley an das Nobelpreis-Komitee, 12. Dezember 1960, Box 5.12, 78/18c, Stanley Papers, UCB.
144 Gamow an Yčas, [nicht datiert] Mitte Juni 1955, Box 7, Yčas fld. (1955), Gamow Papers, LC; Kaempffert. Ähnliche Experimente wurden durchgeführt von Barry Commoners Gruppe an der Washington University in St. Louis.
145 Stanley an das Nobelpreis-Komitee, 12. Dezember 1960, S. 2, Box 5.12, 78/18c, Stanley Papers, UCB.

146 Niu und Fraenkel-Conrat; Narita; sowie Fraenkel-Conrat, »Protein Chemists Encounter Viruses«, S. 311.
147 Rich an Crick, 17. Dezember 1957, S. 1, Olby Collection, APS.
148 Stent an Delbrück, 30. Oktober 1957, Box 20.20, Delbrück Papers, CIT.
149 Stent an Delbrück, 7. November 1957, Box 20.20, Delbrück Papers, CIT.
150 Gamow an Stanley, 13 November 1946, Box 8.77, 78/18c, Stanley Papers, UCB.
151 Gamow an Stanley, 24. Februar 1947, Box 8.77, 78/18c, Stanley Papers, UCB.
152 Heinz Fraenkel-Conrat, Interview, 29. Juni 1994. Seine Erinnerungen werden von seinen Publikationen bestätigt.
153 Schuster und Schramm; Gierer und Mundry.
154 Schmeck.
155 Tsugita und Fraenkel-Conrat.
156 Ibid., Zitat auf S. 641. Die Komplikation wurde aufgezeigt von dem deutschen Biochemiker Wittman in »Comparison of the Tryptic Peptides«. Zur neuen Technik siehe Moore und Stein.
157 Osmundsen, »Scientists Find Clue to Heredity's Code«.
158 Tsugita et al., Zitat auf S. 1468.
159 Gamow an Stanley, 30. November 1960; sowie Stanley an Gamow, 5. Dezember 1960, Box 8.77, 78/18c, Stanley Papers, UCB.
160 Stanley an das Nobelpreiskomitee, 22. Dezember 1960, S. 5, Box 5.12, 78/18c, Stanley Papers, UCB.
161 »Genetic Rosetta Stone«, Time, 23. Mai 1960, S. 50. Siehe auch Stent und Calendar, S. 540–43.
162 Kahn, S. 905–12.
163 Ibid., S. 910.
164 Kryptische Bezugnahmen auf Yčas' Afrikareise finden sich in seiner Korrespondenz mit Gamow, Box 7, Yčas fld.(1956, passim), Gamow Papers, LC. Sie wird berichtet in Gamow, »What Is Life?«.
165 Yčas, »Correlation of Viral Ribonucleic Acid«; idem, »Replacement of Amino Acids in Proteins«; idem, The Biological Code, S. 63–66; sowie Stent und Calendar, S. 541–43.
166 Eck, »Non-Randomness«; er verwendete darin Elemente der Informationstheorie, um sein Argument anzubringen; Woese, »Composition of Various Ribonucleic Acid Fractions«; idem, »Coding Ratios«; idem, »A Nucleotide Triplet Code«; idem, The Genetic Code.
167 Zum Beispiel Stanley, »The Regulation and Transfer of Biological Information«. Mehrere leicht unterschiedliche Versionen derselben Darstellung zu verschiedenen Anlässen finden sich in den Stanley-Manuskripten, UCB. Fraenkel-Conrat, »Synthetic Mutants«, Zitat auf S. 200.
168 Ibid., »Synthetic Mutants«, S. 200.
169 Ibid., S. 205.

5 Die Pasteur-Connection: Enzymkybernetik, Informationsgen und Messenger-RNA

1 Diese breite, aber nützliche Charakterisierung gab Brenner in »RNA, Ribosomes, and Protein Synthesis«, buchstäblich nur wenige Wochen vor der Bekanntgabe von Marshall Nirenberg und Heinrich Matthaei, daß sie den Code geknackt hatten, und ihre Forschungen gehören ganz klar zum zweiten Ansatz. Brenners Darstellung des Wettstreits zwischen verschiedenen Gruppen, die den Code entschlüsseln wollten, wird bestätigt durch die damalige Berichterstattung über »das Rennen« in der *New York Times* und in *Time*. Zur Randständigkeit der Genetik im Viruslabor in Berkeley siehe Creager. Siehe auch Kap. 4 in diesem Band.

2 Gaudillière, *Biologie Moléculaire et Biologistes*; idem, »Molecular Biology in the French Tradition?«; sowie Burian, »Technique, Task Definition, and the Transition«. Zum Begriff der »Austauschzonen« in der Wissenschaft siehe Galison, »Context and Constraints«; idem, *Image and Logic*, Einl. und Kap. 9.

3 Zur Pasteur-Gruppe und der Molekularbiologie siehe Yoxen, *The Social Impact of Molecular Biology*, Kap. 4 und 8. Lwoff und Ullman; Judson; Sapp, *Beyond the Gene*; Gaudillière, »Biologie Moléculaire et Biologistes«; idem, »Molecular Biology in the French Tradition?«; Burian, »Technique, Task Definition, and the Transition« (s. Anm. 2); Abir-Am, »From Multidisciplinary Collaboration to Transnational Objectivity«; Doyle, »On Beyond Living«, Kap. 4; Morange, *Histoire de la Biologie Moléculaire*, Kap. 6; idem, *A History of Molecular Biology*, Kap. 14.

4 Yoxen, *The Social Impact of Molecular Biology* (s. Anm. 3); Fantini, »Utilisation par la Génétique Moléculaire«; Canguilhem, »The Role of Analogies and Models«; Delaporte, v.a. Kap. 4.

5 Monod, *Zufall und Notwendigkeit*; Jacob, *Die Logik des Lebenden*; beide Bücher erschienen zunächst 1970 auf französisch. Yoxen, *Social Impact of Molecular Biology*, hat die weitverbreitete Rezeption dieser Werke untersucht, unter anderem auch mehrere Beispiele der Hunderte von Besprechungen, die auf französisch oder englisch erschienen sind.

6 Cohn et al. Siehe auch Cohn; Gaudillière, »J. Monod, S. Spiegelman et l'adaption Enzymatique«; idem, »Biologie Moléculaire et Biologistes«, Kap. 1. Zu Mikrobengenetik, Enzymadaptation und Molekularbiologie siehe Sapp, *Beyond the Gene*, v.a. Kap. 5; idem, *Where the Truth Lies*. Siehe auch Thieffry, »Escherichia coli as a Model System«.

7 Luria und Delbrück; diesen Artikel las Monod kurz nach der Veröffentlichung; Stent und Calendar, Kap. 6. Als wichtige Kritik siehe Keller, »Between Language and Science«.

8 Fantini, *Jacques Monod*, Vorwort; idem, »Monod, Jacques Lucien«; Morange, »L'oeuvre scientific de J. Monod«; Gaudillière, »Biologie Moléculaire et Biologistes«, Kap. 1.

9 Monod, »The Phenomenon of Enzymatic Adaptation«, in *Growth*, Zitat auf S. 280; Sapp, *Beyond the Gene*, Kap. 5. Siehe auch Kap. 2 in diesem Band.

10 Zum Proteinparadigma des Lebens siehe Kay, *The Molecular Vision of Life*, Interlude I; über Monods Verhältnis zur Antikörperforschung und Molekulargenetik siehe ibid., Kap. 6–7, wo die Ansätze der serologischen Genetik für die Erhellung der Genaktivität beschrieben werden; idem, »Molecular Biology and Pauling's Immunochemistry«; sowie Moulin, *Le Dernier Langage de la Médecine*, Teil II, Kap. 1.
11 Gaudillière, »Biologie Moléculaire et Biologistes«, Kap. 1; Cohn (s.o. Anm. 6).
12 Monod, »La Technique de Culture Continue«; Novick und Szilard, »Experiments with the Chemostat«; A. Novick, »Phenotypic Mixing«; idem, »Introductory Essay«. Szilard an Schrödinger, 9. November 1950, und nachfolgende Briefe, Box 17.12, MSS.32, Szilard Papers, UCSD. Auch wenn diese Erfindung unabhängig zustande gekommen zu sein scheint, kann der ständige Austausch von Gedanken, Material und Methoden zwischen den beiden Forschern leicht zu verwandten Projekten geführt haben.
13 Novick und Szilard, »II. Experiments with the Chemostat«. Zu den Patentverhandlungen siehe »Minutes of Meetings Held Between Representatives of American Sterilizer and Marc Wood International, Inc., to Discuss Licensing of the Monod Patents«, 12. Dezember 1958, und damit zusammenhängende Korrespondenz, Box 14.21, MSS.32, Szilard Papers, UCSD; Novick und Monod, 13. und 18. September 1958, Korrespondenz, Box Mon.Cor 12, Fond Monod, SAIP. Wie Hans-Jörg Rheinberger für den Fall der Proteinsynthese detailliert gezeigt hat, rekonfigurierten die graphematischen Darstellungen der Funktionsweise von Experimentalsystemen (hier das E. coli-System) – erzeugt durch Instrumente (wie das *bactogène* und den Chemostat), Manipulationen, Messungen, Berechnungen, Bilder, Diagramme und Diskurspraktiken – den Experimentalraum der Forschung zur Enzymregulation. Zur Rolle der Experimentalsysteme in der Lebenswissenschaft siehe Rheinberger, »Experiment, Difference, and Writing: I. Tracing Protein Synthesis«; idem, »Experiment, Difference, and Writing: II. The Laboratory Production of Transfer RNA«; idem, *Experiment, Differenz, Schrift*; idem, »Experiment and Orientation«; idem, *Experimentalsysteme und epistemische Dinge*.
14 Monod, »Foreword« (s.o. Anm. 12). Monod an Frau Szilard, 22. März 1968, S. 1–5 [archivisch die frühere Version], Korrespondenz, Fonds Monod, SAIP. Monods Notizbücher (1953–63), Box MON.Cor 16, enthält Hinweise auf Maxwells Dämonen, MON.MSS.01, No. 1, S. 4, Januar 1953. Siehe auch Abir-Am, »From Multidisciplinary Collaboration to Transnational Objectivity« (s.o. Anm. 3); sowie Kap. 4 in diesem Band. Die Pasteur-Gruppe wurde »offiziell« Anfang Mai 1955 mit der Codierung bekannt gemacht, als Crick zum ersten Mal ein Seminar am Pasteur-Institut abhielt.
15 Cohn und Monod; Cohn, S. 78 (allerdings scheint der Ausdruck »Theater des Absurden« auf Monod zurückzugehen); Fantini, »Monod, Jacques Lucien«, S. 642; Lederberg an Monod, 8. Mai 1952, Box MON.Cor.09, SAIP.
16 Cuénot, zitiert nach Sapp, *Beyond the Gene*, S. 126. Siehe auch Burian, Gayon und Zallen, »The Singular Fate of Genetics«; Burian und Gayon; Burian, Gayon und Zallen, »Boris Ephrussi«; Zallen.

17 Monods Notizbücher (1953–63), Januar 1953, S. 3, Box MON.MSS.01, SAIP.
18 Cohn et al., »Terminology of Enzyme Formation«; Cohn, S. 79.
19 Jacob, *Die Logik des Lebenden*, S. 11 [Zitat entsprechend Kay abgewandelt].
20 Fantini, »Monod, Jacques Lucien«; Gaudillière, »Biologie Moléculaire et Biologistes«, Kap. 2, wo er genauer über das Caen-Colloquium (1956) berichtet, sowie über die Bildung eines politisch-wissenschaftlichen Netzwerks zur Modernisierung der französischen Wissenschaft, in dem Monod eine zentrale Rolle spielte. Siehe auch Gaudillière, »Molecular Biology in the French Tradition«.
21 Ibid.; sowie Monod an Pomerat, 7. Juli 1954, Box 6.52, RG1.2, 500D, Pasteur Institute, RAC.
22 GRP Tagebuch, 9. Mai 1955, Box 6.52, RG1.2, 500D, Pasteur Institute, RAC.
23 Fantini, »Monod, Jacques Lucien«; G. N. Cohen.
24 Über den Kalten Krieg in der Genetik siehe Sapp, *Beyond the Gene*, Kap. 6. Über den Marshallplan und die Wissenschaft siehe Kay, *The Molecular Vision of Life*, Interlude II. Brief an Monsieur Larkin (Konsul der Vereinigten Staaten), Monod an Szilard, [nicht datiert] 1952, Box 13.20, MSS.32, Szilard Papers, UCSD. Siehe auch den veröffentlichten Brief, in »Passports and Visas«, *Science* 116 (1952): 178–79. Zur historiografischen Bedeutung von Monods politischen Aktivitäten siehe Abir-Am, »How Scientists View Their Heroes«. Über Szilards Beziehung zu Teller und Oppenheimer und sein politisches Engagement in den fünfziger Jahren siehe Lanquette, Kap. 23–24. Siehe auch Kap. 4 in diesem Band.
25 »Letter to the editor« (*Bulletin of Atomic Scientists*), Monod an Szilard, 17. Juli 1953, Zitat auf S. 4, Box 13.20, MSS.32, Szilard Papers, UCSD.
26 Novick an Szilard, 8. Februar 1954, S. 1, Box 14.21, MSS.32, Szilard Papers, UCSD.
27 GRP Interview mit DR, 16. September 1954; sowie GRP Diary, 2. Februar 1954, RG1.2, 500D, Pasteur Institute, RAC.
28 Cohen und Monod; Monod, »Remarks on the Mechanism of Enzyme Induction«; Lederberg, »Gene Control«; idem, »Genetic Studies«; siehe Spiegelman und Landman für eine andere Perspektive; sowie G. N. Cohen; siehe auch den Überblick von Stent, »Induction and Repression«.
29 Cohen und Monod, S. 190.
30 Monods Notizbücher (1953–63), Januar 1953, S. 4, Box MON.MSS.01, No. 1, SAIP; über Szilards Beitrag zum Problem des Maxwellschen Dämons siehe Kap. 2 in diesem Band.
31 Über ihre Beziehungen zur Phagengruppe siehe Lwoff, »The Prophage and I«; sowie Wollman.
32 Jacob, »Biography (1965)«; idem, *Die innere Statue*. Über Elie Wollmans Eltern siehe Wollman; sowie Judson, S. 373–74.
33 Wollman und Jacob, Gedicht auf S. 109; siehe auch Jacob und Wollman.
34 Jacob, »Genetics of the Bacterial Cell«; Jacob, »The Switch«. Ob eine Bakterie ein Donor oder ein Empfänger war, wurde bestimmt durch den Fertilitätsfaktor F.
35 Pardee, S. 109–10.
36 Litman und Pardee; Umbarger.

37 Yates und Pardee, »Pyrimidine Biosynthesis«; idem, »Control of Pyrimidine Biosynthesis«. *Repression* bezeichnete die Hemmung von Enzymsynthese, während Inhibitoren eine ablaufende Enzymsynthese blockierten. 1961 sollten Monod und Jacob die Entdeckung der Endprodukthemmung als »Novick-Szilard-Umbarger Effekt« bezeichnen. Siehe auch Maas für eine andere historische Perspektive. Einige Jahre später war Pardee in einen Prioritätsstreit mit Monods Laboratorium verwickelt (insbesondere mit Jean-Pierre Changeux), der die Entdeckung der Allosterie betraf. Siehe Creager und Gaudillière.
38 Pardee, Jacob und Monod, »Sur l'expression«; idem, »The Genetic Control«; Jacob, »Genetics of the Bacterial Cell«; Monod, »From Enzymatic Adaptation«; Jacob, »The Switch«; Pardee, »The PaJaMa Experiment«; sowie Jacob, *Die innere Statue*, S. 360–370. Es gibt eine ansehnliche Literatur über das PyJaMa-Experiment: Schaffner; Judson, S. 402–18; Grmek und Fantini; Fantini, »Jacques Monod et la Biologie Moléculaire«; Burian, »On the Cusp between Biochemistry and Molecular Biology«; Gaudillière, »How Biochemical Regulation Held«; idem, »Molecular Biologists, Biochemists and Messenger RNA«.
39 Pardee, S. 112; Jacob, »The Switch«, S. 97.
40 Monod, »From Enzymatic Adaptation to Allosteric Transitions«, S. 270. Siehe auch Maas.
41 Zur Codierungszusammenarbeit siehe Szilard an Crick, 14. Juni 1957, Box 6.38, MSS.32, Szilard Papers, UCSD; zur Umstrukturierung der Biologie in Deutschland siehe Leo Szilard, »Welche Methoden eignen sich zur Förderung der biologischen Forschung In Deutschland«, S. 1–6, Box 34.10, MSS.32, Szilard Papers, UCSD; Box 29.7 enthält seine unveröffentlichten Manuskripte »Control of Enzyme Production, Suppressor Genes and Enzyme Induction in Microorganisms« und »Drug Tolerance and Antibody Formation in Mammals«, 13. Mai 1957, S. 1–7, MSS.32, Szilard Papers, UCSD; sowie »On the Formation of Adaptive Enzymes«, 30. August 1957, S. 1–14, Box 29.7, MSS.32, Szilard Papers, UCSD. Lanquette, S. 371–72; Melvin Cohn, Interview mit Lanquette, 11. August 1987, zitiert auf S. 391. Monod wies wärmstens auf Szilards Beiträge hin, sowohl in der Publikation des PaJaMa-Experiments als auch in seiner Nobelpreisrede, auch wenn Pardee über diese Zuschreibungen weniger erfreut war.
42 Pardee, Jacob und Monod, »Sur l'Éxpression«; idem, »The Genetic Control«.
43 Monod, »An Outline of Enzyme Induction«, Zitat auf S. 571, ein Vortrag, der in jenem Frühsommer bei einem Treffen der niederländischen Chemiker-Gesellschaft gehalten wurde.
44 Jacob, *Die innere Statue*, S. 369.
45 Jacob, »Genetic Control of Viral Functions«, S. 1–39, Zitat auf S. 24.
46 Jacob, »Genetics of the Bacterial Cell«, S. 225; idem, »The Switch«, S. 99–100; idem, *Die innere Statue*, S. 374–375; Judson, S. 416–17. Jacob erinnerte sich, daß er auf den Gedanken mit dem Schalter kam, als er seinen Sohn mit der elektrischen Spielzeugeisenbahn spielen sah.
47 Jacob, *Die innere Statue*, S. 377; allerdings verwendete er in seiner Nobelpreisrede die neutralere Analogie automatisch kontrollierter Türen ; Monod, *Zufall und Notwendigkeit*, S. 72. Keller, »Between Language and Science«, S. 177.

48 Manuskripte und Entwürfe für die »Dunham Lectures«, die am 16.–23. November 1958 gehalten wurden, Box MON.MSS.03, No. 10, SAIP; Monod an Stanier, 5. Dezember 1957, damit zusammenhängende Korrespondenz, Box MON.Cor.16, SAIP; sowie Monod an Cohn, 22. September 1958, Box MON.Cor.03, SAIP.
49 Manuskripte, »Dunham II«, S. 1–2, Box MON.MSS.03, No. 10, SAIP.
50 Manuskripte, »Dunham II«, S. 12–27, Box MON.MSS 03, No. 10, SAIP; sowie »Dunham III«, S. 1, 15, Box MON.MSS.03, No. 10, SAIP.
51 Monod an Krayer, 3. Dezember 1958, »Dunham Lectures« Korrespondenz, Box MON.Cor.09, SAIP; Manuskripte, Cohn an Monod, 15. Dezember 1958, Box MON.Cor.03, SAIP. *Cybernétique Enzymatique*, Einl., S. 6–7 (Text diktiert 15. Juni – 7. Juli 1959), Box MON.MSS.08, No. 2, SAIP.
52 Manuskripte, Vortragsnotizen für Berkeley, »Induction, Repression, Genes«, 17–25. November 1958, Box MON.MSS.08, No. 2, SAIP.
53 Monod, »Information, Induction, Répression«, Zitate auf S. 127, 137.
54 Ibid., S. 129, 137.
55 Manuskripte, Monods Notizbücher, 1953–63, Mai 1959, S. 42–43, Box MON.MSS.01, No. 1, SAIP.
56 Medawar, passim, aber v.a. S. 51. Siehe auch Layzer, S. 28–32. Siehe in diesem Buch auch S. 36 und passim.
57 Canguilhem, »The Role of Analogies«, S. 515, 519 (s.o. Anm. 4).
58 Manuskripte, Monods Notizbücher, 1953–63, S. 41–42, Box MON.MSS.-01, No. 1, SAIP. Der Ausdruck *Teleonomie* wurde von Pittenridgh geprägt (siehe »Adaptation«) und bildete die Grundlage für die Analyse der Teleonomie von E. Mayr, »Teleological and Teleonomic«. Laut Mayr war er es, der Monod und Jacob mit dem neuen Begriff der Teleonomie bekannt machte (persönliches Gespräch mit der Autorin, 1995); doch als sie den Begriff übernahmen, versäumten sie es, der Rolle der natürlichen Selektion bei teleonomischen Mechanismen angemessen Rechnung zu tragen. Siehe E. Mayr, *The Growth of Biological Thought*, Kap. 1 und S. 516, für eine Kritik an Monods Verwendung des Begriffs.
59 Zur Rolle Kendrews bei der Institutionalisierung der Molekularbiologie siehe Abir-Am, »The Politics of Macromolecules«, S. 164–94; de Chadarevian, »Sequences, Conformation, Information«; sowie Gaudillière, »Molecular Biologists, Biochemists, and Messenger RNA«.
60 Pardee, Jacob und Monod, »Genetic Control«, S. 175–77.
61 Jacob und Monod, »Gènes de structure«.
62 Jacob et al.; Jacob und Monod, »Genetic Regulatory Mechanisms«, Zitat auf S. 354. Für eine literarische Analyse des Operons siehe Doyle, *On Beyond Living*, 1993, Kap. 4. Über frühere Beiträge von den NIH siehe Ames und Garry; sowie Kap. 6 in diesem Band.
63 Crick an Monod, 4. April 1955, Korrespondenz, Box MON.Cor.04, SAIP.
64 Crick an Monod, 14. April 1955, Box MON.Cor.04, SAIP; Crick, »Sailing with Jacques«; Jacob, *Die innere Statue*, S. 356; Crick, *Ein irres Unternehmen*, S. 137.
65 Brenner an Jacob, 19. Februar 1959, SBF; ich bin Sydney Brenner zu großem Dank verpflichtet, daß er mir diese Korrespondenz zugänglich gemacht hat.

66 Jacob an Brenner, 1. April 1959, SBF; sowie passim, 1959.
67 Manuscripts; *Cybernétique Enzymatique*, Kap. VI, S. 3, Box MON.MSS.08, SAIP.
68 Vermischte Notizen: Operon 1959/60, Box MON.MSS.01, No. 17, SAIP.
69 Jacob und Monod, S. 346; Jacob an Brenner, 7. Februar 1961, SBF. Thieffry, »Contributions of the ›Rouge-Cloître Group‹«; sowie Thieffry und Burian. Siehe auch Gros, »Code et Messenger«, Kap. V.
70 Riley et al.; Jacob, »Genetics of the Bacterial Cell«, S. 223; Gros, »Code et Messenger«, Kap. V.
71 Riley et al.; Naono und Gros; Watson, »The Involvement of RNA«; Gros, »The Messenger«; Gaudillière, »Molecular Biologists, Biochemists, and Messenger RNA«.
72 Riley et al., S. 225.
73 Jacob, »Genetics of the Bacterial Cell«, S. 224.
74 Hershey, Dixon und Chase; Volkin und Astrachan, »Intracellular Distribution«; idem, »RNA Metabolism in T2-Infected Escherichia Coli«; Volkin, Astrachan und Countryman; Watson, »The Involvement of RNA in the Synthesis of Proteins«, S. 190–92; Jacob, *Die innere Statue*, S. 387; Judson, S. 426–27.
75 Nomura, Hall und Spiegelman; Hall und Spiegelman; Watson, »The Involvement of RNA in the Synthesis of Proteins«, S. 190–91.
76 Watson, »The Involvement of RNA in the Synthesis of Proteins«, S. 191; Davern und Meselson; Jacob, »Genetics of the Bacterial Cell«, S. 224; Judson, S. 436–41; Jacob, *Die innere Statue*, S. 387–94. Brenner an Meselson, 7. Mai 1960, Olby Collection, APS.
77 Brenner, Jacob und Meselson; Watson, »The Involvement of RNA in the Synthesis of Proteins«, S. 190–92; Jacob, »The Genetics of the Bacterial Cell«, S. 222–24; Jacob, *Die innere Statue*, Zitat auf S. 390.
78 Gros et al.; Gros, »The Messenger«, S. 122–23; Gros, »Code et Messenger«, Kap. V; Watson, »The Involvement of RNA in the Synthesis of Proteins«, S. 191.
79 Jacob an Brenner, 12. September 1960, SBF.
80 Jacob an Brenner, 16. Februar 1961, SBF; Meselson an Brenner und Jacob, 15. Februar 1961, Olby Collection, APS. Wie Hans-Jörg Rheinberger herausgestellt hat (persönliche Mitteilung an die Autorin), war Spiegelman ein interessanter Fall. Er war einer der ersten, der den Informationsdiskurs übernahm, und einer der ersten (1954–56), der zeigte, daß die induzierte Enzymsynthese obligatorisch mit einer de novo-Synthese von RNA verbunden ist – in gewissem Sinne hatte er die kurzlebige RNA 1955 in Reichweite. Es scheint, daß er alle materiellen und diskursiven Zutaten zur Verfügung hatte, um die Messenger-RNA zu »erfinden«, es aber nicht tat. Spiegelmans Manuskripte sind hinterlegt an der University of Wyoming, American Heritage Center, aber noch nicht für Forschungszwecke aufbereitet worden.
81 Brenner, Jacob und Meselson, S. 580.
82 Gros et al., S. 585; Yčas und Vincent. Vincent war einer von denen, die bereits 1956 über die Rolle der RNA bei der Proteinsynthese arbeiteten. Siehe Rheinberger, *Experimentalsysteme und epistemische Dinge*, S. 159, 225.

83 Spiegelman, »The Relation of Informational RNA to DNA«, Zitat auf S. 87–88. Über Spiegelmans frühes Interesse für die Kybernetik siehe Kap. 3 in diesem Band. Durch seine Freundschaft mit Henry Quastler und das starke Interesse für Kontroll- und Kommunikationssysteme an der University of Illinois wurde sein Interesse an der Informationstheorie aufrechterhalten, wovon sich Spuren in seinen Artikeln aus den fünfziger Jahren finden lassen.
84 Jacob an Brenner, 2. März 1961, SBF.
85 Davis, Zitat auf S. 1.
86 Jacob und Monod, »Elements of Regulatory Circuits in Bacteria«, Zitate auf S. 1; Symposion in Varenna, September 1962.
87 Monod und Jacob, Zitat auf S. 389. Ein Nachhall dieser polemischen Aussage läßt sich vielleicht sehen im Brief Monods an Ephrussi, 23. Februar 1967, Korrespondenz, Box MON.Cor.06, SAIP.
88 Monod und Jacob, S. 393.

6 Informationsmaterie: die Schreibung genetischer Codes nach 1960

1 Der Aufstieg der NIH ging auf verschiedene Ursachen zurück, einschließlich der Gesetzgebung, die die NIH, den New Deal, das Manhattan-Projekt einrichtete, sowie die Unterstützung im Kongreß, vor allem durch Senator Lister Hill und den Abgeordneten John Forgarty. Siehe Harden, *Inventing the NIH*; Strickland, S. 80–91; Steelman. Für die Zeit nach dem Krieg siehe Mullan, Kap. 5–7; Pursell; Burroughs.
2 Fredrickson; J. A. Shannon; Harden, »National Institutes of Health«. Der *NIH Almanac*, 1993–94, NIH Publication Nr. 94–95, zitiert leicht weniger dramatische Zahlen.
3 Stetten; Kornberg, S. 129–34, Zitat auf S. 130.
4 R. G. Martin, »A Revisionist View«, Zitate auf S. 286–87.
5 Ibid., S. 288–89.
6 Ibid., S. 288.
7 Ibid., S. 284–86, Zitat auf S. 284. Selbst in dem Gedenkband *Origins of Molecular Biology: A Tribute to Jacques Monod*, herausgegeben von Lwoff und Ullman, kommentierten mehrere Autoren Monods autokratischen und zeitweise aggressiven Stil. Siehe auch Ames und Garry.
8 Nirenberg, Interview, 18. Juli 1994; R. G. Martin, »A Revisionist View«, S. 287.
9 Nirenberg, »Biography«.
10 Nirenberg und Jacoby, »Enzymatic Utilization«; idem, »On the Sites of Attachment«; idem, »Constraints in the Determination«. Als diskursiven Kontrast siehe Nirenberg, »The Induction of Two Enzymes«. Zur Rolle der Information als einem *Supplement* im Sinne Derridas siehe Rheinberger, *Experimentalsysteme und epistemische Dinge*, Kap. 9 und 11.
11 *New York Times*, »Biographies of 3 Nobel Laureates«. »Das ist wirklich komisch«, antwortete Nirenberg, »aber in Wirklichkeit habe ich nie Schwierigkeiten damit gehabt, Auto zu fahren, und es sind eher so zehn Stunden am Tag, die

ich arbeite. Allerdings sehe ich es gewöhnlich weniger als Arbeit, sondern mehr als Spiel.« Nirenberg, Interview, 4. Oktober 1996.
12 Ich bin Marshall Nirenberg sehr zu Dank verpflichtet, daß er mir nicht nur die kompletten Fotokopien dieser Journale zur Verfügung gestellt hat, sondern mir bei der Klärung vieler Einträge geholfen und mir schließlich so großzügig seine Zeit für mehrere lange Interviews gewidmet hat, die 1994, 1995 und 1996 stattfanden.
13 Über DNA als Transformationsprinzip in Tumorzellen siehe Buch IV A, 31. Dezember 1957–11. Januar 1958, S. 139–48, MND; zu seiner wissenschaftlichen Philosophie siehe Buch V A, 22. August 1958, S. 121–22, MND.
14 Nirenberg, Interviews, 18. Juli 1994 und 19. Juli 1996.
15 Buch V A, 10. Oktober 1958, S. 153, MND; McElroy und Glass; R. G. Martin, »A Revisionist View«, S. 289–90.
16 Buch V A, passim, Zitat am 9. November 1958, S. 171, MND.
17 Buch V A, [nicht datiert] Ende November 1958, S. 189, MND.
18 Nirenberg, Interviews, 18. Juli 1994, 18. November 1995 und 19. Juli 1996; Buch VI A, 9. April 1959, S. 84, 89, MND.
19 Nirenberg, »The Genetic Code«, S. 336–37; Pollock, »An Exciting but Exasperating Personality« (s.o. Anm. 7).
20 Nirenberg, »The Genetic Code«, S. 336–37; Buch VI A, 29. April 1959, S. 100, MND; für Verweise auf PyJaMa-Experiment, 2. August 1959, S. 181, MND. Siehe auch Eagle.
21 Buch VI A, [nicht datiert] Ende April 1959, S. 106, MND; sowie 6. Juni 1959, S. 125, MND; sowie [nicht datiert] Anfang Februar 1959, S. 38, MND.
22 Nirenberg, »The Genetic Code«, S. 337; Buch VI A, 25. August 1959, MND; R. G. Martin, »A Revisionist View«, S. 290, Nirenberg, Interview, 4. Oktober 1996.
23 Rheinberger, »Experiment, Difference, and Writing: I. Tracing Protein Synthesis«; idem, »Experiment, Difference, and Writing: II. The Laboratory Production of Transfer RNA«; idem, »Experiment and Orientation«, S. 443–71; siehe auch Burian, »Technique, Task Definition, and the Transition from Genetics to Molecular Genetics«; Rheinberger, »From Microsomes to Ribosomes«.
24 Über Cricks »Adaptoren« und den genetischen Code siehe Kap. 3 in diesem Band. Stent und Calendar, Judson sowie Burian, »Technique, Task Definition«, haben alle Cricks hypothetischen »Adaptor« mit tRNA gleichgesetzt.
25 Rheinberger, *Experimentalsysteme und epistemische Dinge*, Kap. 10. Zu Robert Holleys Sequenzierung der tRNA der Hefe siehe weiter unten.
26 Lamborg war damals ein Postdoktorand in Zamecniks Laboratorium. Lamborg und Zamecnik. Siehe auch Judson, S. 472–73.
27 Tissières, Schlesinger und Gros. Zu den anderen Berichten gehörten Kameyama und Novelli; sowie Nisman und Fukuhara.
28 Buch VII A, [nicht datiert] Ende April 1960, S. 13 [nicht numerierte Seiten], MND; sowie Buch VII A, 26. Juni 1960, MND. Martin und Ames.
29 Buch VII A, 5. August 1960, S. 113, MND.
30 Buch IX A, 30. September 1960, S. 3 [des nicht numerierten Teils], MND.
31 Matthaei, Interview, 3. März 1992; Ich bin Matthaei zu großem Dank verpflich-

tet, daß er mir seine Zeit so großzügig gewidmet hat und mir eine vollständige Sammlung seiner Publikationen und Kopien seiner Laborbücher von 1960–1962 zur Verfügung gestellt hat. Interview mit Heinrich Matthaei, 2. April 1968, S. 1–12, Robert C. Olby Collection, APA. Daß Matthaei über Brachets und Casperssons Arbeit informiert war, geht hervor aus seiner Publikation »Vergleichende Untersuchungen des Eiweiß-Haushalts beim Streckungswachstum von Blütenblättern und anderen Organen«.

32 »N.A.T.O.-Application, Dr. Johann Heinrich Matthaei«, für das akademische Jahr 1960 [nicht datiert] und beigefügter Brief an den Deutschen Akademischen Austauschdienst, 14. September 1960, S. 1–3, Olby Collection, APS. Siehe auch den Bericht in Judson, S. 470–71.

33 Buch IX A, 11. November 1960, S. 21, MND; [nicht datiert, die folgende Woche], S. 30–31; R. G. Martin, »A Revisionist View«, S. 92.

34 Buch IX A, 13. Januar 1961, S. 89, MND.

35 Nirenberg, Interview, 18. Juli 1994 und 19. Juli 1996; Matthaei und Nirenberg, »Some Characteristics of a Cell-Free DNAase Sensitive System«.

36 Matthaei und Nirenberg, »The Dependence of Cell-Free Protein Synthesis«, Zitate jeweils auf S. 404, 407. Bezugnahmen auf die Messenger-RNA tauchen seit Herbst 1960 häufig in den Tagebüchern auf. Zur Messenger-Arbeit siehe Kap. 5 in diesem Band.

37 »Interview mit Matthaei«, S. 7–8, Olby Collection, APS.

38 Buch IX, 8. Mai 1961, S. 186, MND.

39 Siehe Kap. 5. Zitat: *Time*, 23. Mai 1960, S. 50 (zitiert wird Wendell M. Stanley); Stent und Calendar, S. 540–41. Siehe Kap. 4 in diesem Band.

40 Nirenberg, Interview, 19. Juli 1996. Buch IX, 12.–14. Mai 1961, S. 189–94, MND.

41 Matthaei, Interview, 3. März 1992; Nirenberg, Interview, 19. Juli 1996 (der Groll kulminierte schließlich in einem Wutausbruch Matthaeis und der Beendigung ihrer Freundschaft). Matthaeis Notizbücher, M1, Experiment 29G, S. 104; sowie Experiment 27N, 25. Mai 1961. Rheinberger, *Experimentalsysteme und epistemische Dinge*, Kap. 13. Siehe auch Judson, S. 476–79. Interview mit Matthaei, S. 10–11, Olby Collection, APS.

42 Matthaei Notizbücher, M1, Experiment 27Q, 27. Mai 1961 (die berichtete Zahl von 38.000 cpm/ml ist um eine Größenordnung höher, da angepaßt an die Mikrogramm-Mengen im Reaktionsgemisch). Zitiert nach Judson, S. 478. Siehe auch Rheinberger, *Experimentalsysteme und epistemische Dinge*, Kap. 13.

43 Interview mit Matthaei, S. 11–12, Olby Collection, APS.

44 Der Artikel von Tsugita, Fraenkel-Conrat und Nirenberg erwies sich als fehlerhaft und wurde später zurückgenommen. Buch X, 11. Juni 1961, S. 21, MND. Matthaei, Interview, 3. März 1992; Nirenberg, Interview, 19. Juli 1996 und 4. Oktober 1996.

45 Matthaei und Nirenberg, »Characterization and Stabilization«; Nirenberg und Matthaei, »The Dependence of Cell-Free Protein Synthesis«; beide erschienen in den *Proceedings of the National Academy of Sciences, U.S.A*, 47 (1961), S. 1580–88 und 1588–1602; Zitate auf S. 1589, 1601.

46 Crick an Delbrück, 19. Juni 1961, Box 5.41, Delbrück Papers, CIT. Über Niren-

bergs Moskauer Darstellung siehe Nirenberg und Matthaei. Zum Moskauer Kongreß und den Reaktionen auf Nirenberg siehe Borek, S. 199–200; sowie Judson, S. 463–69, 480–82.
47 Interview mit Charles Wiener, 4. April 1968, S. 78, Oral History, George Gamow, APS. Über Jacobs Versuche siehe Kap. 5 in diesem Band; Jacob und Tissières, hier zitiert nach Judson, S. 482; sowie Brief von Alexander Rich an Francis Crick, 21. Oktober 1961, Olby Collection, APS.
48 Stent und Calendar, S. 545.
49 Zamecnik.
50 R. G. Martin, »A Revisionist View«, S. 291. Nirenberg, Interview, 19. Juli 1996. Interview mit Matthaei, S. 8, Olby Collection, APS.
51 Woese, *The Genetic Code*, S. 17.
52 R. G. Martin, »A Revisionist View«, S. 293. Siehe auch den autobiographischen Essay von Ochoa, »The Pursuit of a Hobby«, v.a. S. 20–21.
53 R. G. Martin, »A Revisionist View«, S. 294. Nirenberg, Interview, 19. Juli 1996.
54 Interview mit Matthaei, S. 12, Olby Collection, APS.
55 Ochoa, »The Pursuit of a Hobby«; idem, »Enzymatic Synthesis«; idem, »Biography«; Kornberg, S. 49–69, Zitat auf S. 50. Zu Ochoas Arbeiten in der Zeit nach dem Nobelpreis gehörten Beljanski und Ochoa, »Protein Biosynthesis by Cell-Free Bacterial System, I«, idem, »Protein Biosynthesis by Cell-Free Bacterial System, II«.
56 Grunberg-Managos; sowie Grunberg-Manago, Ortiz und Ochoa. Siehe auch Ochoa, »Enzymatic Synthesis«; idem, »The Pursuit of a Hobby«, S. 19–20; sowie Borek, S. 202–5.
57 Briefe von Alexander Rich an Francis Crick und an George Gamow, vom 6. Juli 1956 bis zum 24. April 1963, Olby Collection, APS; Ochoa, »The Pursuit of a Hobby«, S. 20; idem. »Enzymatic Mechanism« (ich danke Robert Olby, daß er mich auf diesen wichtigen Band aufmerksam gemacht hat.) Zur Zusammenarbeit von Ochoa und Heppel siehe auch Singer, Heppel und Hilmoe (Hilmoe arbeitete in Ochoas Labor), »Oligonucleotides as Primers«; Heppel, Ortiz und Ochoa; Singer, Heppel und Hilmoe, »Oligonucleotides as Primers«.
58 Ochoa, »The Pursuit of a Hobby«, S. 20. Als französischer Gastforscher in Ochoas Labor hatte Lengyel auf Ochoas Anregung hin ein poly(A)-Experiment vor Nirenberg versucht, hatte aber keine Wirkung gefunden, da Polylysin in der Trichloressigsäure-Reagens löslich ist, die zur Ausfällung verwendet wurde.
59 Lengyel, Speyer und Ochoa. Über die Beziehung zwischen technischen und epistemischen Dingen siehe Rheinberger, *Experimentalsysteme und epistemische Dinge*, Kap. 2.
60 Ochoa, »The Pursuit of a Hobby«, S. 20.
61 Lengyel, Speyer und Ochoa, S. 1941.
62 Speyer et al., *Synthetic Polynucleotides II*.
63 Nirenberg, Matthaei und Jones.
64 R. G. Martin, »A Revisionist View«, S. 293.
65 Nirenberg, Interview, 19. Juli 1996.
66 R. G. Martin et al., Zitate auf S. 411–12.

67 Matthaei et al. Zu Gamows Artikel siehe Kap. 4 in diesem Band.
68 Yčas, »The Protein Text«, Zitate jeweils auf S. 70 und 91. Für eine weitergehende Analyse siehe Kay, »Who Wrote the Book of Life? Information and the Transformation of Molecular Biology, 1945–1955« in *Science in Context*; sowie Kap. 3–4 in diesem Band.
69 Buch IX, 16. September 1961, S. 60–61, MND; 6. Oktober 1961, S. 73, MND; sowie Anfang Oktober [nicht datiert] 1961, S. 86, MND.
70 Buch IX, 3. Dezember bis Ende 1961, S. 131–54, MND.
71 Lengyel et al.
72 *New York Times*, »Gain Is Reported in Heredity Study«.
73 Crick et al.
74 Jacob an Brenner, 13. Dezember 1961, SBF. Ich bin Brenner zu großem Dank verpflichtet, daß er mir seine Korrespondenz zur Verfügung gestellt hat.
75 Crick et al., S. 1227.
76 Ibid.
77 Ibid., S. 1228.
78 Ibid., S. 1231.
79 Ibid., S. 1232.
80 Zitiert nach Judson, S. 488.
81 Crick, »The Genetic Code – Yesterday, Today, and Tomorrow«, Zitat auf S. 6. Eck, »A Simplified Strategy«; idem, »Genetic Code«, Zitat S. 480; *New York Times*, »New Model Given for Genetic Code«. Siehe auch Kap. 4 in diesem Band.
82 Wall.
83 Hersh, S. 328.
84 Roberts, Zitate S. 897. Siehe auch Sueoka; Rychlik und Šorm; sowie Crick, »The Genetic Code – Yesterday Today and Tomorrow«, S. 6.
85 Woese, »Nature of the Biological Code«.
86 Medvedez. Über Medvedez siehe Judson, S. 464–67.
87 Ageno.
88 Speyer et al., »Synthetic Polynucleotides«; Basilio et al.; Wahba, Basilio et al.; Gardner et al.; sowie Wahba, Gardner et al.
89 Jones und Nirenberg.
90 Crick an Delbrück, 6. November 1962, Box 5.41, Delbrück Papers, CIT.
91 Crick, »The Genetic Code«, in *Nobel Lectures*; idem, »The Genetic Code«, in *Scientific American*; idem, »Towards the Genetic Code«, Zitat auf S. 16. Siehe auch Nirenberg, »The Genetic Code: II«.
92 Crick, »The Recent Excitement in the Coding Problem«. Als einen noch detaillierteren Überblick siehe Lani.
93 Crick, »The Recent Excitement in the Coding Problem«, S. 176, 180.
94 Ibid., S. 185.
95 Ibid., S. 213–14.
96 Ochoa, »Enzymatic Mechanisms«, S. 159 (s.o. Anm. 57).
97 Platt, Zitate auf S. 167–68.
98 Ibid., S. 179. Siehe auch Kap. 4 in diesem Band.
99 Vogel, Bryson und Lampen, S. xv.

Anmerkungen 473

100 Fruton, *A Skeptical Biochemist*, S. 200–201. Siehe auch Kap. 1 in diesem Band.
101 Chantrenne.
102 Laurence, »Structure of Life«; idem, »Biochemists Wary on Life's Secrets«.
103 *New York Times*, »New Gains Cited on Genetic Code«; idem, »The Code of Life«.
104 Ibid., »Biologists Hopeful of Solving Secrets of Heredity This Year«. Baudrillard, *Agonie des Realen*, S. 57.
105 *New York Times*, »Code of Genetics Proves Stubborn«.
106 Ibid., »The Genetic Code Held Universal«.
107 Lederberg, »Biological Future of Man«; der Band der Sitzungsberichte vom CIBA-Symposion.
108 »Normalwissenschaft« im Sinne von Thomas Kuhn. Stent, »That Was the Molecular Biology That Was«.
109 Mullan, Kap. 7; Fredrickson, S. 643.
110 McElheny, »Research in Biology«. Zitat auf S. 908. Gottweis.
111 McElheny, »Research in Biology«; Zitat auf S. 909–10. Die Kritik der Pasteur-Gruppe an der französischen Biologie (und Wissenschaft) und ihre Aufrufe zur Reform werden in verschiedenen Publikationen genauer dargestellt. Siehe z.B.: »Nobel Winner Monod Criticizes French ›Scientific Backwardness‹,« *Washington Post*; McElheny, »France Considers Significance of Nobel Awards«; idem, »Pasteur Institute Scientists Demand Sweeping Reform«. Siehe auch Gaudillière, »Biologie Moléculaire et Biologistes«; idem, »Molecular Biologists, Biochemists, and Messenger RNA«; Gottweis; sowie Kap. 5 in diesem Band.
112 Wolstenholme; *New York Times*, »Probing Heredity's Secrets«; idem, »Geneticists Meet to Review Gains«; idem, »Gains in Genetics«.
113 O'Connor. Siehe auch Weiner.
114 Sonneborn, *The Control of Human Heredity*, S. 47; zitiert nach Weiner, S. 34.
115 *New York Times*, »Hereditary Control by Man Is Foreseen«.
116 Die Politisierung der Wissenschaft in der Zeit des Vietnamkrieges und die Beschäftigung mit diesen Fragen werden seit 1965 in der Zeitschrift *Science* behandelt. Organisierte Anstrengungen der Wissenschaftler zu ihrer sozialen Verantwortung begannen in den dreißiger Jahren; siehe Kuznick, *Beyond the Laboratory*. Siehe auch idem, »The Ethical and Political Crisis of Science«.
117 Nirenbergs Besorgnis wurde geäußert im Leitartikel »Will Society Be Prepared?«
118 Khorana, »Biography«.
119 Kornberg, S. 138–39
120 Nirenberg, Interview, 19. Juli 1996. Er legte dar, daß zu diesem Zeitpunkt Khoranas Buch, *Some Recent Developments*, zum definitiven Text im Forschungsfeld geworden war.
121 Khorana, »Nucleic Acid Synthesis«, S. 306; Stent und Calendar, S. 546–47.
122 Khorana, »Nucleic Acid Synthesis«, S. 306–7.
123 Ibid., S. 307; Kornberg, S. 166–67; Falaschi, Adler und Khorana.
124 Leder, »Biographical Statement« (mit freundlicher Genehmigung des Department of Genetics, Harvard Medical School); R. G. Martin, »A Revisionist View«, S. 294; *Cold Spring Harbor Symposia on Quantitative Biology*. Mehrere historische Studien über Cold Spring Harbor sind inzwischen in Arbeit.

125 Nirenberg et al., »On the Genetic Code«, S. 549–57; sowie eine längere Version, idem, »Cell-Free Peptide Synthesis«.
126 Nirenberg und Leder; Leder und Nirenberg, »RNA Codewords and Protein Synthesis, II«. Sie schrieben drei Laboratorien die Funde zu, daß Aminoacyl-tRNA an Ribosomen band: Schweets Labor an der University of Kentucky, Lipmanns an der Rockefeller University und Kajis an der University of Pennsylvania.
127 Ibid.; R. G. Martin, »A Revisionist View«, S. 295. Siehe auch Nirenberg, »The Genetic Code«; sowie Singer.
128 Osmundsen, »Breaking the Code«.
129 Leder und Nirenberg, »RNA Codewords and Protein Synthesis, III«; Bernfield und Nirenberg; Pestka, Marshall und Nirenberg; Trupin, Rottman und Brimacombe; Nirenberg et al., »RNA Codewords and Protein Synthesis, VII«; Brimacombe et al. Siehe auch Nirenberg, »The Genetic Code«.
130 Nirenberg et al., »RNA Codewords, VII«; Sarabhai, Stretton und Brenner; Yanofsky et al.; Weigert und Garen; sowie Sambrook, Fan und Brenner.
131 Nirenberg et al., »RNA Codewords, VII«, S. 1166–67; Zitat auf S. 1167.
132 Holley, »Biography«.
133 Holley et al.; Holley, »The Nucleotide Sequence«; idem, »Alanine Transfer RNA«; sowie Singer.
134 Holley et al., S. 1464; Crick, »Codon-Anticodon Pairing«; zur Rezeption von Holleys Arbeit siehe Singer; sowie Sonneborn, »Nucleotide Sequence of a Gene« (ein Brief, der die Aufmerksamkeit auf Holleys Funde lenkte).
135 Für einen Überblick über seine Arbeit von 1961 bis 1965 siehe Khorana, »Polynucleotide Synthesis«; zu nachfolgenden Studien siehe Khorana, »Nucleic Acid Synthesis, S. 312–18.
136 Kellogg et al.; Pestka und Nirenberg; sowie Rottman und Nirenberg. Siehe auch Stent und Calendar, S. 546–47.
137 Cairns; sowie Crick, »The Genetic Code – Yesterday, Today, and Tomorrow«.
138 Crick, »The Genetic Code – Yesterday, Today, and Tomorrow«, S. 8.
139 Nirenberg et al., »The RNA Code and Protein Synthesis«; sowie Marshall, Caskey und Nirenberg.
140 Nirenberg et al., »The RNA Code«, S. 19.
141 *New York Times*, »Genetic Language Called Universal«.
142 Beadle und Beadle, Kap. 23. Zu den Popularisierungen der Wissenschaftler und den Medienreaktionen, vor allem in Europa, siehe Yoxen, *The Social Impact of Molecular Biology*.
143 Sinsheimer, *The Book of Life*, S. 5–6.
144 Dobzhansky, S. 3.
145 Pauling, »Reflections on the New Biology«, zitiert nach Duster, S. 46. Siehe auch Kay, *The Molecular Vision of Life*, v.a. »Epilogue«; zur Frage der Diskontinuitäten aus der Sicht der Biotechnologie siehe Kay, »Problematizing Basic Research in Molecular Biology«.
146 Sinsheimer, »The Prospect of Designed Genetic Change«, zitiert nach Keller, »Nature, Nurture, and the Human Genome Project«.

147 Farber, S. 35.
148 Nirenberg, »Will Society Be Prepared?« Siehe auch New York Times, »Geneticist Predicts Man Will Manipulate Heredity«; sowie Weiner, »Anticipating the Consequences of Genetic Engineering«, S. 37.
149 Singer, S. 433.
150 R. G. Martin, »A Revisionist View«, S. 282–83.

7 Im Anfang war das Wort? (die Welt?)

1 Jacob, »Inaugural Lecture«; zitiert nach Jakobson, Main Trends of Research, S. 438. Beadle und Beadle, S. 215; Sinsheimer, The Book of Life, S. 5–6; Delbrück, »Aristotle-totle-totle«.
2 Goethe, Faust, S. 187; Kittler, S. 3–14.
3 Eigen und Winkler (der deutsche Titel lautet Das Spiel; der englische Laws of the Game).
4 Kahn; Eamon; sowie Rosenheim. Siehe auch Daston zu einer geschichtlichen Betrachtung der Neugier. Bono, »Science, Discourse, and Literature«.
5 Foucault, Die Ordnung der Dinge, Kap. 2. Condillac, Logic, S. 305; idem, Essai sur l'origine des connoissances humaines. Siehe auch Aarsleff.
6 Watson, »Values from Chicago Upbringing«.
7 Zu Wieners skripturaler Sicht des Lebens siehe Kap. 3 in diesem Band; Zitat in Wiener, Mensch und Menschmaschine, S. 83; D. Jackson.
8 Derrida, Grammatologie, S. 21. Für eine genauere Diskussion siehe Kap. 1 in diesem Band.
9 Jakobson an Wiener, 24. Februar 1949, Box 2.92, MC22, Wiener Papers, MIT. Siehe auch Kap. 3 in diesem Band.
10 Wo etwa festgehalten wird, daß der Preis für Baumwolle 1900 nicht von ihrem Preis 1890 abhängt, sondern von den Wechselwirkungen der aktuellen Marktbedingungen.
11 Brain; Piaget, Kap. 5; Hayles, How We Became Posthuman, Kap. 4. Ich danke Kate Hayles dafür, daß sie mir dieses Material noch vor der Veröffentlichung zur Kenntnis gebracht hat. Siehe auch Aarsleff, From Locke to Saussure, S. 372–400; Culler. Interessanterweise hatte Thomas von Aquin siebenhundert Jahre früher dargelegt, daß empfangene Schrift, die stoffliches Vermögen besitzt, nur Auszeichnung und Unterschied bedeuten kann (siehe Kap. 1 in diesem Band); am Ende des 18. Jahrhunderts behauptete Wilhelm von Humboldt eine phonozentrische Ökonomie der Sprache und die Bedeutungslosigkeit des Zeichens. Siehe Helmut Müller-Sievers, Self-Generation: Biology, Philosophy, and Literature around 1800, S. 109.
12 Zu Jakobsons Laufbahn siehe MC 72, Jakobson Papers, MIT. »Roman Jakobson: A Brief Chronology« von Stephen Rudy. Gardner, S. 196–205.
13 Siehe z.B.: Lévi-Strauss an Jakobson, 29. März und 5. Mai 1951, Box 12.45, MC 72, Jakobson Papers, MIT; Jakobson, Voegelin und Sebeok, Kap. 1–2. Gardner, S. 202, 236–40; Lévi-Strauss. Zu anderen Einflüssen auf die Sozialwissenschaften siehe z.B.: »Psycholinguistics: A Survey of Theory and Research Problems«,

im Supplement zum *Journal of Abnormal and Social Psychology*; ich danke Henning Schmidgen dafür, daß er mir diese Materialien zugänglich gemacht hat. Siehe auch Hayles, *How We Became Posthuman*, Kap. 4.
14 Weaver an Jakobson, 15. Dezember 1949; Jakobson an Weaver, 30. Juli 1950, Box 6.37, MC 72, Jakobson Papers, MIT.
15 Gardner, S. 205–7.
16 Jakobson an Fahs, 22. Februar 1950, Box 6.37, MC 72, Jakobson Papers, MIT.
17 Stratton an Jakobson, 2. Dezember 1957, Box 3.63, MC 72, Jakobson Papers, MIT; sowie Stratton an die »Members of the Faculty and Staff«, 18. April 1958, Box 3.63, MC 72, Jakobson Papers, MIT. Siehe auch Leslie, *The Cold War*; Edwards; sowie Hughes und Hughes.
18 See, S. 621–31.
19 Cherry, Halle und Jakobson; Jakobson und Halle; Cherry, Kap. 3; Fehr. Siehe auch Gardner, S. 200–2.
20 Jakobson, »Linguistics and Communication Theory«, Zitat auf S. 247. Siehe z.B.: MacKay, »The Epistemological Problem of Automata«; idem, *Information, Mechanisms and Meaning*. Zu MacKay siehe Heims, *The Cybernetics Group*, S. 111–12; Hayles, *How We Became Posthuman*, Kap. 3; Bohr; sowie Bowker.
21 »A Center for Information Sciences«, [nicht datiert] ca. 1959, S. 4, Box 3.65, MC 72, Jakobson Papers, MIT.
22 M. Halle und K. N. Stevens aus »A Survey of the Communication Sciences«, herausgegeben von Wiesner und Rosenblith, 10. Dezember 1959, Box 3.64, MC 72, Jakobson Papers, MIT. Die Frage ist, kann die Sprache (oder das *Bewußtsein*) sich selbst analysieren und Gewißheit über sich erzeugen? Kann sie, gleichzeitig, sowohl Objekt als auch Subjekt positiven Wissens sein? Derrida und Michael Reddy würden antworten, daß man beim Versuch, eine Sprache über die Sprache zu entwickeln, dem Spiegelkabinett der Referenzen und Metaphern nicht entkommen kann.
23 Chomsky, S. 39–40.
24 Für eine alternative Sichtweise siehe See; sowie Saumjan (zu den Autoren in dem von Saumjans herausgegebenen Diogène-Band gehören Jakobson, Chomsky und Emile Benveniste); ich bin Henning Schmidgen zu Dank verpflichtet, daß er mir dieses Material zugänglich gemacht hat.
25 Kay, *The Molecular Vision of Life*, S. 43.
26 »Phonemes as Linguistic Code«, 22. August 1962, S. 1–57, Box 34.65, MC 72, Jakobson Papers, MIT. Siehe auch Schmitt; Olby, »The Impact of Molecular Biology«; sowie Landecker.
27 »Phonemes as Linguistic Code«, 22. August 1962, Zitate jeweils auf S. 1, 50 und 52, Box 34.65, MC 72, Jakobson Papers, MIT.
28 Ibid., S. 52–57.
29 Ibid., S. 27–28.
30 Jakobson an Bronowski, 15. April 1969 (zur Diogène-Publikation s.o. Anm. 24), Box 6.39, MC 72, Jakobson Papers, MIT.
31 Jakobson an Bronowski, 5. Oktober 1967, Box 6.39, MC 72, Jakobson Papers, MIT.

32 Transkript von »Un Débat Entre François Jacob, Roman Jakobson, Claude Lévi-Strauss et Philippe L'Héritier: Vivre et Parler«, 20. September 1967; »Vivre et Parler, I and II«, Les Lettres Francaises, Nr. 1221 und 1222, 14–20 und 21.–28. Februar 1968, S. 1–7 und 1–6 jeweils, Box 18.48, MC 72, Jakobson Papers, MIT. Für einen Überblick über diese Debatte siehe Doyle, On Beyond Living 1998, Kap. 5. [im folgenden zitiert, teilweise mit geringfügigen, an Kay orientierten Änderungen, nach François Jacob, Roman Jakobson, Claude Lévi-Strauss, Philippe L'Héritier und Michel Tréguer, »Leben und Sprechen«; A.d.Ü.]
33 Transkript, S. 5–7, Box 18.48, MC 72, Jakobson Papers, MIT. [»Leben und Sprechen«, S. 399–402.]
34 Ibid., S. 7–8. [S. 402–403.]
35 Ibid., S. 8–11. [S. 403–405]
36 Ibid., S. 11–14 [S. 405–406], Jakobsons Zitat auf S. 12–13 [406].
37 Ibid., S. 14–17 [S. 406–410].
38 Ibid. [S. 411–418], Zitate jeweils auf S. 17–18 und 31.
39 Über die Konferenz am Salk Institute siehe Slater an Ross, 10. September 1969, Box 6.39, MC 72, Jakobson Papers, MIT.
40 Jakobson, »Die Biologie als Kommunikationswissenschaft«, Zitat auf S. 376 [Das Beadle und Beadle-Zitat entsprechend der vorliegenden Übersetzung abgewandelt; A.d.Ü.].
41 Ibid., S. 376–78. Siehe auch Roman Jakobson, »Linguistics and Adjacent Sciences«, Tenth International Congress of Linguistics, Bukarest, Rumänien, 1967, Box 18.63, MC 72, Jakobson Papers, MIT; sowie »Linguistics in Its Relation to Other Sciences«, Actes Du Xe Congres International des Linguistes, Bukarest, 1967, Box 18.63, MC 72, Jakobson Papers, MIT.
42 Jakobson, »Die Biologie als Kommunikationswissenschaft«, S. 378–381; Zitat S. 378–79.
43 Ibid., S. 381–82.
44 Jacob, Die Logik des Lebenden, S. 293 und 343.
45 Jacob, »Le Model Linguistique en Biologie«. [Das nachfolgende Jakobson-Zitat aus »Die Biologie als Kommunikationswissenschaft«, S. 377–378. A.d.Ü.]
46 Ibid., S. 200.
47 Ibid., S. 202–3.
48 Ibid., S. 203–5.
49 Stent, The Coming of the Golden Age, S. 64, wo er die Entdeckung zwei Individuen zuspricht; Schönberger, S. 29–31, ursprünglich veröffentlicht als Verborgener Schlüssel zum Leben. Schönberger zitiert zwei Autoren – von Franz und Grafe. Siehe auch Walter, v.a. Abschn. II.
50 Stent, The Coming of the Golden Age, S. 64–65.
51 Ibid., S. 65.
52 Schönberger, S. 34.
53 Ibid., S. 106; Monod, Zufall und Notwendigkeit, S. 151.
54 Bastide, Zitat S. 28; Moulin, »Text and Context in Biology«, S. 146–61, Zitat auf S. 157.
55 Jacob, Die Logik des Lebenden, S. 305–306.

56 Siehe z.B.: Eigen, »Chemical Means«; sowie Eigen und De Maeyer. Eigens Forschungsprojekt über den Ursprung des Lebens wurde eingeleitet mit seinem klassischen Artikel, »Selforganization of Matter«.
57 Eigen, »Selforganization of Matter«; idem, »The Origin of Biological Information«; Eigen und Winkler, *Das Spiel*; Eigen, »How Does Information Originate?« Siehe auch Gatlin; Atlan; als durchdachte Kritik siehe Oyama. Für einen umfassenden Überblick über Eigens Projekt siehe Kuppers, *Information and the Origin of Life*. Als erste Studie informationsbasierter Selbst-Organisation siehe Quastler, *The Emergence of Biological Organization*. Ich bin Leslie Orgel zu Dank verpflichtet, daß er mir dieses Buch zugänglich gemacht hat.
58 Eigen, »The Origin of Biological Information«, S. 601–3.
59 Während Eigen die allgemeinen Eigenschaften einer »Quasi-Spezies« in seinem ersten Artikel »Selforganization of Matter« und in den folgenden definierte (s.o. Anm. 57), wurde das Konzept weiter ausgearbeitet und verfeinert von seinem Mitarbeiter Peter Schuster. Siehe z.B.: Eigen und Schuster, »The Hypercycle: A Principle of Natural Self-Organization«, Teile A, B und C.
60 Eigen erwähnte die Möglichkeit einer »Evolutionsmaschine« bereits in seinem Text von 1971, »Selforganization of Matter«, doch arbeitete diesen »Evolutionsreaktor« ein Jahrzehnt später weiter aus. Siehe Eigen und Gardiner. Siehe auch Coghlan; über industrielle Interessen an evolutionärer Biotechnologie siehe Eigen, *Selection*; über die Entstehung einer neobiologischen Zivilisation siehe Kelly, passim.
61 Siehe z.B.: Masters und Broda; sowie Ratner. Siehe auch Sereno; sowie J. Campbell, v.a. Kap. 14. Für einen Überblick über Chomskys Werk siehe H. Gardner, Kap. 7; sowie Chomsky.
62 Zitiert nach Eigen und Winkler, *Das Spiel*, S. 291; ihre Überlegungen zu Schöpfung und Offenbarung siehe S. 190–98. Siehe auch Eigen, »Sprache und Lernen auf molekularer Ebene«; sowie Kuppers, »The Context-Dependence of Biological Information«; idem, »Der semantische Aspekt von Information«.
63 Trifonov und Brendel, S. 8.
64 Collado-Vides. Collado-Vides hat seitdem mehrere Artikel über das Thema veröffentlicht. Siehe auch Dong und Searls; ich bin Denis Thieffry zu Dank verpflichtet, daß er mich auf diese Veröffentlichungen aufmerksam gemacht hat. Als Kritik siehe Dresher. Ich danke Wayne O'Neil, daß er mir diesen Artikel zur Verfügung gestellt und mir seine eigenen Kritikpunkte an einer DNA-Linguistik mitgeteilt hat.
65 Angier.

Bibliographie

Aarsleff, Hans, *From Locke to Saussure: Essays on the Study of Language and Intellectual History*, Minneapolis 1982.

Aaserud, Finn, »*Sputnik* and the ›Princeton Three‹: The National Security Laboratory that Was Not to Be«, *Historical Studies in the Physical and Biological Sciences* 25 (1995): S. 185–240.

Abir-Am, Pnina, »The Discourse of Physical Power and Biological Knowledge in the 1930s: A Reappraisal of the Rockefeller Foundation's ›Policy‹ in Molecular Biology«, *Social Studies of Science* 12 (1982): S. 341–82.

—, »From Biochemistry to Molecular Biology: DNA and the Acculturated Journey of the Critic of Science Erwin Chargaff«, *History and Philosophy of the Life Sciences* 2 (1980): S. 3–60.

—, »From Multidisciplinary Collaboration to Transnational Objectivity: International Space as Constitutive of Molecular Biology, 1930–1970«, in: Elizabeth Crawford, Terry Shinn und Sverker Sorlin (Hrsg.), *Denationalizing Science: The Contexts of International Scientific Practice*, Dordrecht: Kluwer Academic Publishers, 1992, S. 153–86.

—, »How Scientists View Their Heroes: Some Remarks on the Mechanisms of Myth Construction«, *Journal of the History of Biology* 15 (1982): S. 281–315.

—, »The Politics of Macromolecules: Molecular Biologists, Biochemists, and Rhetoric«, *Osiris* 7 (1992): S. 210–37.

—, »Synergy or Clash: Disciplinary and Marital Strategies in the Career of Mathematical Biologist D. M. Wrinch (1894–1976)«, in: Pnina Abir-Am und Dorinda Outram (Hrsg.), *Uneasy Careers and Intimate Lives: Women in Science, 1789–1979*, New Brunswick, N.J.: Rutgers University Press, 1987, S. 338–94.

Adams, Mark B., »Molecular Answers in Soviet Genetics«, Vortrag gehalten beim Second Mellon Workshop, »Building Molecular Biology: Comparative Studies of Ideas, Institutions, and Practices«, MIT, Cambridge, Mass., April 1992.

— (Hrsg.), *The Wellborn Science: Eugenics in Germany, France, Brazil, and Russia*, New York: Oxford University Press, 1990.

Ageno, Mario, »Deoxyribonucleic Acid Code«, *Nature* 195 (1962): S. 998–9.

Allen, Garland E., »The Eugenics Record Office of Cold Spring Harbor, 1910–1940«, *Osiris* 2 (1986): S. 225–65.

—, *Thomas Hunt Morgan: The Man and His Science*, Princeton: Princeton University Press, 1979.

Allison, David K., »U.S. Navy Research and Development since World War II«, in: Merritt Roe Smith (Hrsg.), *Military Enterprise and Technological Change: Perspectives on the American Experience*, Cambridge: MIT Press, 1985, S. 289–328.

Ames, Bruce, und Barbara Garry, »Coordinated Repression of the Synthesis of Four Histidine Biosynthetic Enzymes by Histidine«, *Proceedings of the National Academy of Sciences (U.S.A.)* 45 (1959): S. 1453–61.

Ampère, André-Marie, in: *Essai sur la Philosophie des Sciences*, Teil. II, Paris, 1834, S. 140–1.

Amsterdamska, Olga, »Between Medicine and Science: The Research Career of Oswald T. Avery«, in: Ilana Löwy (Hrsg.), *Medicine and Change: Historical and Sociological Aspects*, London: John Libbey, 1993, S. 181–212.

—, »Stabilizing Instability: The Controversy over Cyclogenic Theories of Bacterial Variation during the Interwar Period«, *Journal of the History of Biology* 24 (1991): S. 191–222.

Angier, Natalie, »Biologists Seek Words in DNA's Unbroken Text«, *New York Times*, 9. Juli 1991, S. C1, C11.

Appy, Christian, »›We'll Follow the Old Man‹: Sentimental Militarism and Cold War Films of the 1950s«, Vortrag gehalten bei der Landmarks Conference on the Cold War and American Culture an der American University, Washington D.C., 17.–19. März 1994.

Arbib, Michael, »Automata Theory and Development: Tl. I«, *Journal of Theoretical Biology* 14 (1967): S. 131–56.

—, »Self-Reproducing Automata – Some Implications for Theoretical Biology«, in: C. H. Eddington (Hrsg.), *Toward a Theoretical Biology*, Bd. 2, Edinburgh: Edinburgh University Press, 1968, S. 204–26.

Arbib, Michael A., und Mary Hesse, *The Construction of Reality*, Cambridge: Cambridge University Press, 1986.

Aristoteles, *Generation of Animals*, Hrsg. A. L. Peck, Loeb Ed., Cambridge: Harvard University Press, 1979.

Aspray, William, *John von Neumann and the Origins of Modern Computing*, Cambridge: MIT Press, 1990.

—, »The Scientific Conceptualization of Information: A Survey«, *Annals of the History of Computing* 7, Nr. 2 (1985): S. 117–40.

Atlan, Henri, *L'Organisation Biologique et la Théorie de L'Information*, Paris: Hermann, 1972.

Augustine, Leroy, Herman R. Branson und Eleanore B. Carver, »A Search for Intersymbol Influences in Protein Structure«, in: Henry Quastler (Hrsg.), *Information Theory in Biology*, Urbana: University of Illinois Press, 1953, S. 105.

—, »A Search for Intersymbol Influences in Protein Structure«, in: H. Yockey (Hrsg.), *Information Theory in Biology*, New York: Pergamon, 1956, S. 105–18.

Avery, Oswald T., Colin M. MacLeod und Maclyn McCarty, »Studies on the Chemical Transformation of Pneumococcal Types«, *Journal of Experimental Medicine* 79 (1944): S. 137–58.

Bacon, Francis, *Natural and Experimental History*, in: Richard Foster Jones (Hrsg.), *Essays, Advancement of Learning, New Atlantis, and Other Pieces*, New York: Odyssey Press, 1937.

Bamford, James, *The Puzzle Palace: A Report on America's Most Secret Agency*, Boston: Houghton Mifflin Co., 1982.

Bar-Hillel, Yehoshua, »Linguistic Problems Connected with Machine Translation«, *British Journal of Philosophy of Science* 20, Nr. 3 (1953): S. 217–25.
—, »Logical Syntax and Semantics«, *Language* 30, Nr. 2 (1954): S. 230–7.
Basilio, Carlos, Albert J Wahba, Peter Lengyel, Joseph Speyer und Severo Ochoa, »Synthetic Polynuclectdies S. the Amino Acid Code, V«, *Proceedings of the National Academy of Sciences* 48 (1962): S. 613–6.
Bastide, Françoise, »Linguistique et Génétique«, *Bulletin du Groupe de Recherches Semio-Linguistiques de L'Ecole de Hautes Etudes en Sciences Sociales* 33 (1985): S. 21–8.
Baudrillard, Jean, *Agonie des Realen*, Berlin: Merve, 1978.
—, *Der symbolische Tausch und der Tod*, München: Matthes und Seitz, 1991.
Baxter, James P., *Scientists against Time*, Boston: Little, Brown, 1946.
Beadle, George, »Biochemical Genetics«, *Chemical Reviews* 37 (1945): S. 15–96.
—, »The Genetic Control of Biochemical Reactions«, *The Harvey Lectures*, Folge XL (1945): S. 179–94.
Beadle, George, und Muriel Beadle, *Die Sprache des Lebens. Eine Einführung in die Genetik*, Frankfurt a. M.: S. Fischer, 1969.
Beatty, John, »Genetics in the Atomic Age: The Atomic Bomb Casualty Commission, 1947–1956«, in: K. R. Benson, J. Maienschein und R. Rainger (Hrsg.), *The American Expansion of Biology*, New Brunswick, N.J.: Rutgers University Press, 1991, Kap. 10.
—, »Opportunities for Genetics in the Atomic Age«, Vortrag gehalten beim Fourth Mellon Workshop, »Institutional and Disciplinary Contexts of the Life Sciences«, MIT, Cambridge, Mass., April 1994.
—, »Origins of the U.S. Human Genome Project: The Changing Relationship of Genetics to National Security«, in: Phillip Sloan (Hrsg.), *Controlling Our Destinies: Historical, Philosophical, Social, and Ethical Perspective on the Human Genome Project*, Notre Dame: University of Notre Dame Press, 1999.
Becker, M., »Function and Teleology«, *Journal of the History of Biology* 2 (1969): S. 151–64.
Beljanski, Mirko, und Severo Ochoa, »Protein Biosynthesis by Cell-Free Bacterial System, I«, *Proceedings of the National Academy of Sciences* 44 (1958): S. 498–501.
—, »Protein Biosynthesis by Cell-Free Bacterial System, II«, *Proceedings of the National Academy of Sciences* 44 (1958): S. 1157–61.
Belozersky, A. N., und A. S. Spirin, »Correlation between the Composition of Deoxyribonucleic and Ribonucleic Acids«, *Nature* 182 (1958): S. 111–2.
Ben-David, Joseph, *The Scientist's Role in Society: A Comparative Study*, Chicago: University of Chicago Press, 1971.
Bennet, S., *A History of Control Engineering, 1800–1930*. London: Institution of Electrical Engineers, 1979.
Benzer, Seymour, »The Elementary Units of Heredity«, in: William D. McElroy und Bentley Glass (Hrsg.), *The Chemical Basis of Heredity*, Baltimore: Johns Hopkins University Press, 1957, S. 70–93.
Bernfield, Merton R., und Marshall Nirenberg, »RNA Codewords and Protein Syn-

thesis. The Nucleotide Sequences of Multiple Codewords for Phenylalanine, Serine, Leucine, and Proline«, *Science* 147 (1965): S. 479–84.

Biagioli, Mario, *Galilei, der Höfling. Entdeckungen und Etikette: Vom Aufstieg der neuen Wissenschaft*, Frankfurt a. M.: S. Fischer, 1999.

—, »Stress in the Book of Nature: Galileo's Realism and Its Supplements«, unveröffentlichtes Manuskript, 1996.

Black, Max, *Models and Metaphors*, Ithaca: Cornell University Press, 1962.

Blumenberg, Hans, *Die Lesbarkeit der Welt*, Frankfurt a. M. 1981.

Bohr, Niels, »Quantum Physics and Biology«, *Symposia of the Society for Experimental Biology* (1960): S. 5.

Bono, James J., »Locating Narratives: Science, Metaphor, Communities, and Epistemic Styles«, in: Peter Weingart (Hrsg.), *Grenzüberschreitungen in der Wissenschaft: Crossing Boundaries in Science*, Baden-Baden: Nomos Verlagsgesellschaft, 1995, S. 119–51.

—, »Science, Discourse, and Literature: The Role/Rule of Metaphor in Science«, in: Stuart Peterfreund (Hrsg.), *Literature and Science: Theory and Practice*, Boston: Northeastern University Press, 1990, S. 59–90.

—, *The Word of God and the Languages of Man: Interpreting Nature in Early Modern Science and Medicine*, Bd. I, Madison: University of Wisconsin Press, 1995.

Borek, Ernest, *The Code of Life*, New York: Columbia University Press, 1965/69.

Bowker, Geoffrey, »The Age of Cybernetics or How Cybernetics Aged«, Vortrag gehalten beim First Mellon Workshop on »Comparative Perspectives on the History and Social Studies of Modern Life Science«, MIT, Cambridge, Mass., April 1991.

Boyd, Richard, »Metaphor and Theory Change: What Is a ›Metaphor‹ a Metaphor For?«, in: Andrew Ortony (Hrsg.), *Metaphor and Thought*, Cambridge: Cambridge University Press, 1993, Kap. 21.

Boyden, A., »Serology and Animal Systematics«, *American Naturalist* 57 (1934): S. 234–49.

Boyer, Paul, *By the Bomb's Early Light: American Thought and Culture at the Dawn of the Atomic Age*, New York: Pantheon Books, 1985.

Brachet, Jean, »Recherches sur le synthèse de l'acide thymonucléique pendant le developement de l'oeuf d'oursin«, *Archive Biologie* 44 (1933): S. 519–76.

Bragdon, Douglas E., Olga Nalbandov und James W. Osborre, »The Control of the Blood Sugar Level«, in: Hubert P. Yockey (Hrsg.), *Symposium on Information Theory in Biology*, New York: Pergamon Press, 1956, S. 191–214.

Brain, Robert M, »Standards and Semiotics: The Laboratory in Modern French Linguistics«, in: Timothy Lenoir (Hrsg.), *Inscribing Science*, Stanford: Stanford University Press, 1998.

Branson, Herman R., »Information Theory and the Structure of Proteins«, in: *Symposium on Information Theory in Biology*, New York: Pergamon Press, 1956, S. 84–104.

Brenner, Sydney, Interview durch die Verfasserin, Cambridge, Eng., 9. Juli 1992.

—, »The Mechanism of Gene Action«, in: G. E. Wolstenholme und Cecilia M. O'Connor (Hrsg.), *CIBA Foundation Symposium on Biochemistry of Human Genetics*, Boston: Little, Brown, 1959, S. 304–28.

—, »On the Impossibility of All Overlapping Triplet Codes in Information Transfer from Nucleic Acid to Proteins«, *Proceedings of the National Academy of Sciences* 43 (1957): S. 687–94.
—, »RNA, Ribosomes, and Protein Synthesis«, *Cold Spring Harbor Symposia on Quantitative Biology* 26 (1961): S. 101–10.
Brenner, Sydney, und Leslie Barnett, »Genetic and Chemical Studies on the Head Protein of Bacteriophages T2 and T4«, *Brookhaven Symposia* 12 (1959): S. 86–94.
Brenner, Sydney, François Jacob und Matthew Meselson, »Unstable Intermediate Carrying Information from Genes to Ribosomes for Protein Synthesis«, *Nature* 190 (1961): S. 576–81
Brillouin, Leon, »Maxwell's Demon Cannot Operate: Information and Entropy. I«, *Journal of Applied Physics* 22, Nr. 3 (1951): S. 334–7.
—, *Science and Information Theory*, New York: Academic Press, 1956.
Brimacombe, R., J. Trupin, M. Nirenberg, P. Leder, M. Bernfield und T. Jaouni, »RNA Codewords and Protein Synthesis, VIII. Nucleotide Sequences of Synonym Codons for Arginine, Valine, Cysteine, and Alanine«, *Proceedings of the National Academy of Sciences* 54 (1965): S. 954–60.
Bud, Robert, »Bugs and Institutes«, Vortrag gehalten an der University of Manchester, Eng., März 1992.
—, *The Uses of Life: A History of Biotechnology*, Cambridge: Cambridge University Press, 1993.
Burian, Richard M., »On the Cusp between Biochemistry and Molecular Biology: The Pyjama [or PaJaMo] Experiment«, unveröffentlichter Text, 1994.
—, »Technique, Task Definition, and the Transition from Genetics to Molecular Genetics: Aspects of the Work on Protein Synthesis in the Laboratories of J. Monod and P. Zamecnik«, *Journal of the History of Biology* 26, Nr. 3 (1993): S. 387–407.
—, »Underappreciated Pathways toward Molecular Genetics as Illustrated by Jean Brachet's Chemical Embryology«, in: Sahotra Sarkar (Hrsg.), *The Philosophy and History of Molecular Biology: New Perspectives*, Dordrecht: Kluwer Publishers, 1996, S. 67–85.
Burian, Richard M., und Jean Gayon, »Genetics after World War II: The Laboratories at Gif«, *Cahiers pour l'Histoire du CNRS* 7 (1990): S. 25–43.
Burian, Richard, Jean Gayon und Doris Zallen, »Boris Ephrussi and the Synthesis of Genetics and Embryology«, in: Scott Gilbert (Hrsg.), *Conceptual History of Embryology*, New York: Plenum Press, 1991, S. 207–27.
—, »The Singular Fate of Genetics in the History of Biology, 1900–1940«, *Journal of the History of Biology* 21 (1988): S. 357–402.
Burks, Arthur W. (Hrsg.). *Theory of Self-Reproducing Automata*, Urbana: University of Illinois Press, 1966.
Burnet, F. Macfarlane, *Enzyme, Antigen, and Virus: A Study of Macromolecular Pattern in Action*, Cambridge: Cambridge University Press, 1956.
Burroughs, Mider G., »The Federal Impact on Biomedical Research«, in: John Z. Bowers und Elizabeth Purcell (Hrsg.), *Advances in American Medicine: Essays at the Bicentennial, 2*, New York: Josiah Macy, Jr., Foundation, 1976, S. 806–71.

Bush, Vannevar, *Science: The Endless Frontier,* 1980. Reprint, Washington D.C.: National Science Foundation, 1945.
Buxton, William, *Talcott Parsons and the Capitalist Nation-State: Political Sociology as Strategic Vocation,* Toronto: University of Toronto Press, 1985.
Cairns, John, »Foreword«, *Cold Spring Harbor Symposia on Quantitative Biology* 31 (1966): s. v.
Cairns, John, Gunther S. Stent und James D. Watson (Hrsg.), *Phage and the Origins of Molecular Biology,* Cold Spring Harbor: Cold Spring Harbor Laboratory of Quantitative Biology, 1966.
Caldwell, P. C., und Cyril N. Hinshelwood, »Some Considerations on Autosynthesis in Bacteria«, *Journal of the Chemical Society* 4 (1950): S. 3156–9.
Campbell, David, *Writing Security: United States Foreign Policy and the Politics of Identity,* Minneapolis: University of Minnesota Press, 1992.
Campbell, Jeremy, *Grammatical Man: Information, Entropy. Language, and Life,* New York: Simon and Schuster, 1982.
Canguilhem, Georges, »Epistemology of Biology«, in: François Delaporte, *A Vital Rationalist: Selected Writings from Georges Canguilhem,* Übers. Arthur Goldhamer, New York: Zone Books, 1994.
—, »The Role of Analogies and Models in Biological Discovery«, in: A. C. Crombie (Hrsg.), *Historical Studies in the Intellectual, Social, and Technical Conditions for Scientific Discovery and Technical Invention from Antiquity to the Present,* London: Heinemann, 1962, S. 507–20.
Cannon, Walter, *The Wisdom of the Body,* New York: W. W. Norton, 1932.
Carmichael, Virginia, *Framing History: The Rosenberg Story and the Cold War,* Minneapolis: University of Minnesota Press, 1993.
Carnap, Rudolph, und Yehoshua Bar-Hillel, *Technical Reports of the Research Laboratory of Electronics,* Nr. 247, Cambridge: MIT, 1952.
Caspersson, Torbjorn O., »Über den chemischen Aufbau der Strukturen des Zellkernes«, *Acta Med. Skand.* 73, Suppl. 8 (1936): S. 1–151.
Caute, David, *The Great Fear: The Anti-Communist Purge under Truman and Eisenhower,* New York: Simon and Schuster, 1978.
Ceruzzi, Paul E., *Reckoners: The Prehistory of the Digital Computer, from Relays to the Stored Program Concept, 1935–1945,* Westport, Conn.: Greenwood Press, 1983.
Chamberlin, Edward J., und Sander L. Gilman (Hrsg.), *Degeneration: The Dark Side of Progress,* New York: Columbia University Press, 1985.
Chantrenne, H., »Information in Biology«, *Nature* 197 (1963): S. 27–30.
Chargaff, Erwin, »Amphisbaena«, *Essays on Nucleic Acids,* New York: Elsevier, 1963.
—, »Chemical Specificity of Nucleic Acids and Mechanism of Their Enzymatic Degradation«, *Experientia* VI (1950): S. 201–40.
—, »The Chemistry and Function of Nucleoproteins and Nucleic Acids«, 1955, Reprint in seinen *Essays on Nucleic Acids,* New York: Elsevier, 1963.
—, »A Few Remarks on Nucleic Acids, Decoding, and the Rest of the World«, 1962. Reprint in seinen *Essays on Nucleic Acids,* New York: Elsevier, 1963.
—, »First Steps toward a Chemistry of Heredity«, 1958. Reprint in seinen *Essays on Nucleic Acids,* New York: Elsevier, 1963.

—, *Heraclitean Fire: Sketches from a Life before Nature*. New York: Rockefeller University Press, 1978.
—, »On the Nucleoproteins and Nucleic Acids of Microorganisms«, *Cold Spring Harbor Symposia on Quantitative Biology* XII (1947): S. 28–34.
—, »Some Recent Studies of the Composition and Structure of Nucleic Acids«, *Journal of Cellular and Comparative Physiology* 38 (1951): S. 41–59.
Cherry, Collin, *Kommunikationsforschung – eine neue Wissenschaft*, Frankfurt a. M.: S. Fischer, 1963.
Cherry, Colin, Morris Halle und Roman Jakobson, »Toward the Logical Description of Languages and Their Phonemic Aspect«, *Language* 29 (1953): S. 34–46.
Chomsky, Noam, *The Logical Structure of Linguistic Theory*, New York: Plenum Press, 1975.
Clarke, Adele E., und Joan H. Fujimura, *The Right Tools for the Job: At Work in Twentieth-Century Life Science*, Princeton: Princeton University Press, 1992.
Cochrane, R. G., *The National Academy of Sciences*, Washington, D.C.: National Academy of Sciences, 1978.
Coghlan, Andy, »Survival of the Fittest Molecules«, *New Scientist* 136, Nr. 1841 (1992): S. 37–40.
Cohen, Georges N., »Permeability as an Excuse to Write What I Feel«, in: André Lwoff und Agnes Ullmann (Hrsg.), *Origins of Molecular Biology: A Tribute to Jacques Monod*, New York: Academic Press, 1979, S. 89–94.
Cohen, George N., und Jacques Monod, »Bacterial Permeases«, *Bacteriological Reviews* 21 (1957): S. 169–94.
Cohen, I., Bernard, »The Computer: A Case Study of the Support by Government, Especially the Military, of a New Science and Technology«, in: Everett Mendelsohn, Merritt Roe Smith und Peter Weingart (Hrsg.), *Science, Technology, and the Military*, Dordrecht: Kluwer Academic Publishers, 1988, S. 119–54.
Cohn, Melvin, »In Memorium«, in: André Lwoff und Agnes Ullmann (Hrsg.), *Origins of Molecular Biology: A Tribute to Jacques Monod*, New York: Academic Press, 1979, S. 75–88.
Cohn, Melvin, und Jacques Monod, »Adaptation in Microorganisms«, *London Symposium, April 1953*, Cambridge: Cambridge University Press, 1953, S. 132–49.
Cohn, M., J. Monod, M. R. Pollock, S. Spiegelman und R. Y. Stanier, »Terminology of Enzyme Formation«, *Nature* 172 (1953): S. 1096.
Cold Spring Harbor Symposia on Quantitative Biology 28 (1963).
Collado-Vides, Julio, »A Transformational-Grammar Approach to the Study of the Regulation of Gene Expression«, *Journal of Theoretical Biology* 136 (1989): S. 403–25.
Comaroff, Jean, und John Comaroff, *Of Revelation and Revolution: Christianity, Colonialism, and Consciousness in South Africa*, Bd. I, Chicago: University of Chicago Press, 1991.
Compact Oxford English Dictionary, 2. Aufl., Oxford: Clarendon Press, 1994.
Condillac, Ettiene de, *Essai sur l'origine des connaissances humaines*, 1746, Reprint in: George le Roy (Hrsg.), *Oeuvres Philosophiques de Condillac*, Bd. I, Paris: Presses Universitaires de France, 1947.
—, *Logic*, Übers. W. R. Albury, New York: Abaris Books, 1979.

Cortada, James W., *The Computer in the United States: From Laboratory to Market, 1930–1960*, New York: M. E. Sharp, 1993.

Creager, Angela N. H., »Wendell Stanley and the Dream of a Free-Standing Biochemistry Department at the University of California, Berkeley«, *Journal of the History of Biology* 29 (1996): S. 331–60.

Creager, Angela N. H., und Jean-Paul Gaudillière, »Meanings in Search for Experiments and Vice-Versa: The Invention of Allosteric Regulation in Paris and Berkeley, 1959–1968«, *Historical Studies in the Physical and Biological Sciences* 27 (1996): S. 1–89.

Crick, Francis, »Codon-Anticodon Pairing. The Wobble Hypothesis«, *Journal of Molecular Biology* 19 (1966): S. 548–55.

—, »The Genetic Code«, in: David Baltimore (Hrsg.), *Nobel Lectures in Molecular Biology, 1933–1975*, New York: Elsevier North-Holland, 1977, S. 205–13.

—, »The Genetic Code«, *Scientific American* 207 (1962): S. 66–75.

—, »The Genetic Code – Yesterday, Today, and Tomorrow«, *Cold Spring Harbor Symposia on Quantitative Biology* 31 (1966): S. 3–9.

—, »On Degenerate Templates and the Adaptor Hypothesis«, unveröffentlichte Note an den *RNA Tie Club*, nicht datiert, Mitte Jan. 1955.

—, »On Protein Synthesis«, in: *Symposium of the Society for Experimental Biology*, 12, New York: Academic Press, 1958, S. 138–63.

—, »The Present Position of the Coding Problem«, *Brookhaven National Laboratory Symposia*, Juni (1959): S. 35–9.

—, »The Recent Excitement in the Coding Problem«, *Progress in Nucleic Acids Research* 1 (1963): S. 163–217.

—, »Sailing with Jacques«, in: André Lwoff und Agnes Ullmann (Hrsg.), *Origins of Molecular Biology: A Tribute to Jacques Monod*, New York: Academic Press, 1979, S. 225–30.

—, »Towards the Genetic Code«, *Discovery* 23, Nr. 3 (1962): S. 8–16.

—, *Ein irres Unternehmen. Die Doppelhelix und das Abenteuer Molekularbiologie*, München und Zürich: Piper, 1990.

Crick, Francis H., Leslie Barnett, S. Brenner und R. J. Watts-Tobin, »General Nature of the Genetic Code for Proteins«, *Nature* 192 (1961): S. 1227–32.

Crick, Francis, John S. Griffith und Leslie E. Orgel, »Codes Without Commas«, *Proceedings of the National Academy of Sciences* 43 (1957): S. 416–21.

Crook, S., J. Pakulski und M. Waters (Hrsg.), *Postmodernization: Change in Advanced Society*, London: Sage Publications, 1992.

Cross, Stephen J., und William R. Albury, »Walter B. Cannon, L. J. Henderson, and the Organic Analogy«, *Osiris* 2. Folge, 3 (1987): S. 165–92.

Cuénot, Lucien, *Invention et Finalité en Biologie*, Paris: Flammarion, 1941.

Culler, Jonathan, *Ferdinand de Saussure*, Ithaca: Cornell University Press, 1976.

Curtis, H. J. (Hrsg.), »Henry Quastler, 1908–1965«, in: *The Emergence of Biological Organization*, New Haven: Yale University Press, 1964.

Dancoff, Sydney M., und Henry Quastler, »The Information Content and Error Rate of Living Things«, in: Henry Quastler (Hrsg.), *Essays on the use of Information Theory in Biology*, Urbana: University of Illinois Press, 1953. S. 263–73.

Darlington, C. D., *The Evolution of Genetic Systems*, Cambridge: Cambridge University Press, 1939.
Daston, Lorraine, »Curiosity in Early Modern Science«, *Word & Image* II, Nr. 4 (1995): S. 391–404.
Davern, C. I., und Matthew Meselson, »The Molecular Conservation of Ribonucleic Acid during Bacterial Growth«, *Journal of Molecular Biology* 2 (1960): S. 153–60.
Davis, Bernard, »The Teleonomic Significance of Biosynthetic Control Mechanisms«, *Cold Spring Harbor Symposia on Quantitative Biology* 26 (1961): S. 1–10.
de Chadarevian, Soraya, *The Making of a New Science: Molecular Biology in Britain, 1945–1975*, Cambridge: Cambridge University Press, in Kürze erscheinend.
—, »Sequences, Conformation, Information: Biochemists, and Molecular Biologists in the 1950s«, *Journal of the History of Biology* 29 (1996): S. 361–86.
Delaporte, François (Hrsg.), *A Vital Rationalist: Selected Writings from Georges Canguilhem*, Übers. Arthur Goldhamer, New York: Zone Books, 1994.
Delbrück, Max, »Aristotle-totle-totle«, in: Jacques Monod und E. Borek (Hrsg.), *Microbes and Life*, New York: Columbia University Press, 1971, S. 50–5.
—, »Experiments with Bacterial Viruses (Bacteriophages)«, *Harvey Lectures* 41 (1945–46): S. 161.
—, »A Theory of Autocatalytic Synthesis of Polypeptides and Its Application to the Problem of Chromosome Reproduction«, *Cold Spring Harbor Symposia on Quantitative Biology* IX (1941): S. 122–6.
Delbrück, Max, und W. T. Bailey, Jr., »Induced Mutations in Bacterial Viruses«, *Cold Spring Harbor Symposia on Quantitative Biology* XI (1946): S. 33–7.
Delbrück, Max, und Gunther Stent, »On the Mechanism of DNA Replication«, in: William D. McElroy und Bentley Glass (Hrsg.), *The Chemical Basis of Heredity*, Baltimore: Johns Hopkins University Press, 1957, S. 699–736.
Demerec, Milislav, »Annual Report«, *Carnegie Institution of Washington Yearbook, 1946–1947*, Baltimore: Lord Baltimore Press, 1947, S. 127.
D'Emilio, John, *Sexual Politics, Sexual Communities: The Making of a Homosexual Minority in the United States, 1940–1970*, Chicago: University of Chicago Press, 1983.
Dennis, Michael A., *A Change of State: The Political Cultures of Technical Practice at the MIT Instrumentation Laboratory and the Johns Hopkins University Applied Physics Laboratory, 1930–1945*, Dissertation (Ph.D.), Department of the History of Science, Johns Hopkins University, 1991.
Derrida, Jacques, *Grammatologie*, Frankfurt a. M.: Suhrkamp, 1994 [1974].
—, *Die Schrift und die Differenz*, Frankfurt a. M.: Suhrkamp, 1972.
Deutsch, Karl W., *Nerves of Government*, New York: Free Press, 1967.
Dobzhansky, Theodosius, »The Code Was Broken«, *New York Times*, 17. April 1966, Tl. VII, S. 3.
Dong, Shan, und David B. Searls, »Gene Structure Prediction by Linguistic Methods«, *Genomics* 23 (1994): S. 540–51.
Dounce, Alexander L., »Duplicating Mechanism for Peptide Chain and Nucleic Acid Synthesis«, *Enzymologia* 15 (1952): S. 251–8.
—, »Nucleic Acid Template Hypothesis«, *Science* 172 (1952): S. 541.

—, »Nucleoproteins«, *Journal of Cellular Comparative Physiology* 47 (1956): S. 103–6.
—, »Role of Nucleic Acid and Enzymes in Peptide Chain Synthesis«, *Nature* 176 (1955): S. 597–8.
Doyle, Richard M., »Mr. Schrödinger Inside Himself«, *Qui Parle* 5 (1992): S. 1–20.
—, *On Beyond Living: Rhetorics of Vitality and Post-Vitality in Molecular Biology*, Dissertation (Ph.D.), Department of Rhetoric, University of California at Berkeley, 1993.
—, *On Beyond Living: Rhetorics of Vitality and Post-Vitality in Molecular Biology*, Stanford: Stanford University Press, 1998.
Dresher, Elan, »Recent Issues in Linguistics: Functional Categories in DNA«, *Glot International* 1, Nr. 7 (1995): S. 8.
Dreyfus, Hubert, und Paul Rabinow, *Michel Foucault: Beyond Structuralism and Hermeneutics*, Chicago: University of Chicago Press, 1982 (dt. Übersetzung: *Michel Foucault: Jenseits von Strukturalismus und Hermeneutik*, Frankfurt a. M.: Athenäum-Verlag, 1987).
Durkheim, Emil, *The Division of Labor in Society*, New York: The Free Press, 1964.
Duster, Troy, *Backdoor to Eugenics*, New York: Routledge, 1990.
Eagle, Harry, »Studies in Cell Biology, NIAID«, in: DeWitt Stetten, Jr. (Hrsg.), *NIH: An Account of Research in Its Laboratories and Clinics*, Orlando, Fla.: Academic Press, 1984, S. 99–107.
Eamon, William, *Science and the Secrets of Nature: Books of Secrets in Medieval and Early Modern Culture*, Princeton: Princeton University Press, 1994.
Eck, Richard V., »Genetic Code: Emergence of a Symmetrical Pattern«, *Science* 140 (1963): S. 477–80.
—, »Non-Randomness in Amino-Acid ›Alleles‹«, *Nature* 191 (1961): S. 1284–5.
—, »A Simplified Strategy for Sequence Analysis of Large Proteins«, *Nature* 193 (1962): S. 241–3.
Edge, David, »Technological Metaphors and Social Control«, *New Literary History* 6 (1974): S. 135–48.
Edsall, John D., »Wendell Meredith Stanley«, *The American Philosophical Society Year Book* (1971): S. 184–90.
Edwards, Paul, *The Closed World: Computers and the Politics of Discourse in Cold War America*, Cambridge: MIT Press, 1996.
Eigen, Manfred, »Chemical Means of Information Storage and Readout in Biological Systems«, *Neurosciences Research Program Bulletin* II (1964): S. 11–22.
—, »How Does Information Originate? Principles of Biological Self-Organization«, *Advances in Chemical Physics* (Hrsg. Ilya Prigogine) 38 (1978): S. 211–62.
—, Interviews durch die Verfasserin, Göttingen, März–Mai 1992.
—, »The Origin of Biological Information«, in: Jagdish Mehra (Hrsg.), *The Physicist's Conception of Nature*, Dordrecht: D. Reidel Publishing Co., 1973.
—, »Selforganization of Matter and the Evolution of Biological Macromolecules«, *Die Naturwissenschaften* 10 (1971): S. 465–523.
—, »Sprache und Lernen auf molekularer Ebene«, in: Anton Peisl und Armin Mohler (Hrsg.), *Der Mensch und seine Sprache*, Berlin: C. F. von Siemens Stiftung, 1979, S. 181–218.

— (Hrsg.), *Selection – Natural and Unnatural in Biotechnology*, Report on the International Workshop, 18–20. April 1991, Max-Planck-Institut für Biophysikalische Chemie, Göttingen.
Eigen, Manfred, und Leo C. M. De Maeyer, »Summary of Two NRP Work Sessions on Information Storage and Processing in Biomolecular Systems«, *Neurosciences Research Program Bulletin* III (1965): S. 244–66.
Eigen, Manfred, und William Gardiner, »Evolutionary Molecular Engineering Based on RNA Replication«, *Pure and Applied Chemistry* 56 (1984): S. 967–78.
Eigen, Manfred, und Peter Schuster, »The Hypercycle: A Principle of Natural Self-Organization, Part A«, *Naturwissenschaften* 64 (1977): S. 541–65.
—, »The Hypercycle: A Principle of Natural Self-Organization, Part B«, *Naturwissenschaften* 65 (1978): S. 7–41.
—, »The Hypercycle: A Principle of Natural Self-Organization, Part C«, *Naturwissenschaften* 65 (1978): S. 341–69.
Eigen, Manfred, und Ruthild Winkler, *Das Spiel. Naturgesetze steuern den Zufall*, München u.a.: Piper, 1985 [1975].
—, *Laws of the Game: How the Principles of Nature Govern Chance*, Übers. Robert und Rita Kimber, New York: Alfred A. Knopf, 1981.
Eisenstein, Elizabeth L., »The Advent of Printing and the Problem of the Renaissance«, *Past and Present* 45 (1969): S. 19–89.
Elsasser, Walter M., *The Physical Foundation of Biology: An Analytical Study*, New York: Pergamon Press, 1958.
Elson, David, und Erwin Chargaff, »Regularities in the Composition of Pentose Nucleic Acid«, *Nature* 173 (1954): S. 1037.
Ephrussi, B., U. Leopold, James D. Watson und J. J. Weiglé, »Terminology in Bacterial Genetics«, *Nature* 171 (1953): S. 701.
Fagen, M. D. (Hrsg.),. *A History of Engineering and Science in the Bell System*, Murray Hill, N.J.: Bell Telephone Laboratories, 1978.
Falaschi, Arthuro, Julius Adler und H. G. Khorana, »Chemically Synthesized Desoxypolynucleotides as Templates for Ribonucleic Acid Polymerase«, *Journal of Biological Chemistry* 238 (1963): S. 3080–5.
Fantini, Bernardino, »Jacques Monod et la Biologie Moléculaire«, *La Recherche* 218 (Februar 1990): S. 180–7.
—, »Monod, Jacques Lucien«, in: Frederick L. Holmes (Hrsg.), *Dictionary of Scientific Biography*, Bd. 18, Suppl. II, New York: Charles Scribner, 1990, S. 636–49.
—, »Utilisation par la Génétique Moléculaire du Vocabulaire de la Théorie de L'Information«, in: Martin Groult (Hrsg.), *Transfert De Vocabulaire Dans Les Sciences*, Paris: Editions du Centre National de la Recherche Scientifique, 1988, S. 159–70.
— (Hrsg.), *Jacques Monod. Pour Une Éthique De La Connaissance*, Paris: Édition La Découverte, 1988.
Farber, M. A., »Geneticist Looks at the Year 2000«, *New York Times*, 13. Februar 1967, S. 35.
Fehr, Johannes, »Code-Transfer«, *Jahresbericht des Max-Planck-Instituts für Wissenschaftsgeschichte, Berlin* (1996): S. 92–102.

—, »Der ›Code‹ (in) der Sprachwissenschaft: Zur Geschichte eines Konzepts«, unveröffentlichter Text, ETH Zürich 1998.
Figlio, Karl M., »The Metaphor of Organization: An Historiographical Perspective on the Bio-Medical Sciences of the Early Nineteenth Century«, *History of Science* XIV (1976): S. 17–53.
Fischer, Emil, »Einfluß der Konfiguration auf die Wirkung der Enzyme, I«, *Berichte der Deutsch. chem. Gesellschaft* 27 (1894): S. 2985–93.
—, »Bedeutung der Stereochemie für die Physiologie«, *Zeitschrift für Physiologische Chemie* 26 (1898): S. 60–87.
—, *Sitzungsber. der Kgl. Preuss. Akad. der Wissenschaft*.
—, *Untersuchen über Kohlenhydrate und Fermente 1884–1908*, Berlin: Springer Verlag, 1909.
Fisher, Ronald A., *The Design of Experiments*, London: Oliver and Boyd, 1942.
Fleming, Donald, »Émigré Physicists and the Biological Revolution«, *Perspectives in American History* 2 (1968): S. 152–89.
Florkin, Marcel, *Concepts of Molecular Biosemiotics and Molecular Evolution*, New York: Elsevier Scientific, 1974.
Foerster, Heinz von, »Epistemologie der Kommunikation«, in: Heinz von Foerster, *Wissen und Gewissen. Versuch einer Brücke* (Hrsg. Siegfried J. Schmidt), Frankfurt a. M.: Suhrkamp, 1993.
—, Interview durch die Verfasserin, Pescadero, Cal., 26. Juni 1994.
Forman, Paul, »Behind Quantum Electronics: National Security as the Basis for Physical Research in the United States, 1940–1969«, *Historical Studies in the Physical and Biological Sciences* 18 (1987): S. 149–229.
—, Review of Sapolsky's *Science and the Navy: The History of the Office of Naval Research* (Princeton: Princeton University Press, 1990), in: *IEEE Annals of the History of Computing* 14 (1992): S. 60–2.
Foucault, Michel, *Archäologie des Wissens*, Frankfurt a. M.: Suhrkamp, 1973.
—, *Sexualität und Wahrheit, Bd. 1, Der Wille zum Wissen*, Frankfurt a. M., Suhrkamp, 1983.
—, »›La Logique du Vivant‹ by François Jacob«, *Le Monde*, 15. November 1970.
—, *Die Ordnung der Dinge. Eine Archäologie der Humanwissenschaften*, Frankfurt a. M.: Suhrkamp, 1974 [1971].
—, »Politics and the Study of Discourse«, in: Graham Burchell, Colin Gordon und Peter Miller (Hrsg.), *The Foucault Effect: Studies in Governmentality*, Chicago: University of Chicago Press, 1991, Kap. 2.
—, *Power/Knowledge: Selected Interviews and Other Writings, 1972–1977*, Hrsg. Colin Gordon, New York: Pantheon Books, 1980.
Fraenkel-Conrat, Heinz, Interview durch die Verfasserin, Berkeley, Cal., 29. 6. 1994.
—, »Protein Chemists Encounter Viruses«, *Annals of the New York Academy of Sciences* 325 (1979): S. 309–18.
—, »Rebuilding a Virus«, *Scientific American* 194 (1956): S. 42–7.
—, »The Genetic Code of a Virus«, *Scientific American* 211 (1964): S. 47.
—, »The Role of the Nucleic Acid in the Reconstitution of Active Tobacco Mosaic Virus«, *Journal of the American Chemical Society* 78 (1956): S. 882–3.

—, »Synthetic Mutants«, in: Wendell M. Stanley und Evans G. Valens (Hrsg.), *Viruses and the Nature of Life*, New York: E. P. Dutton, 1961, S. 191–204.
Fraenkel-Conrat, Heinz, und Bea Singer, »Virus Reconstitution, II. Combination of Protein and Nucleic Acid from Different Strains«, *Biochimica et Biophysica Acta* 24 (1957): S. 540–8.
Fraenkel-Conrat, Heinz, und Robley C. Williams, »Reconstitution of Active Tobacco Mosaic Virus from Its Inactive Protein and Nucleic Acid Components«, *Proceedings of the National Academy of Sciences* 41 (1955): S. 690–8.
Franz, Marie-Louise von, »Symbol des Unus Mundus«, in: W. Bitter (Hrsg.), *Dialog über den Menschen*, Stuttgart: Klett Verlag, 1968, S. 231 ff. und 249 ff.
Fredrickson, Donald S., »The National Institutes of Health Yesterday, Today, and Tomorrow«, *Public Health Service* 93 (1978): S. 642–7.
Fruton, Joseph, »Early Theories of Protein Structure«, *Annals of the New York Academy of Sciences* 325 (1979): S. 1–15.
—, *A Skeptical Biochemist*, Cambridge: Harvard University Press, 1992.
Fujimura, Joan, »The Molecular Bandwagon in Cancer Research: Where Social Worlds Meet«, *Social Problems* 35 (1988): S. 261–83.
Fulbright, J. William, »The War and Its Effects: The Military-Industrial-Academic Complex«, in: Herbert I. Schiller (Hrsg.), *Super-State: Readings in the Military-Industrial Complex*, Urbana: University of Illinois Press, 1970, S. 171–8.
Fussell, Paul, *The Great War and Modern Memory*, New York: Oxford University Press, 1975.
Galison, Peter, »Context and Constraints«, in: Jed Buchwald (Hrsg.), *Scientific Practice: Theories and Stories of Physics*, Chicago: University of Chicago Press, 1995, S. 13–41.
—, *Image and Logic: The Material World of Microphysics*, Chicago: University of Chicago Press, 1997.
—, »Die Ontologie des Feindes: Norbert Wiener und die Vision der Kybernetik«, in: Michael Hagner (Hrsg.), *Ansichten der Wissenschaftsgeschichte*, Frankfurt a. M.: Fischer, 2001, S. 433–85.
Gamow, George, »Information Transfer in the Living Cell«, *Scientific American* 193 (1955): S. 70–8.
—, *Mr. Tompkins Learns the Facts of Life*, Cambridge: Cambridge University Press, 1953.
—, »Possible Mathematical Relation between Deoxyribonucleic Acid and Proteins«, *Det Kongelige Danske Videnskabernes Selkab, Biologiske Meddelelsker* 22, Nr. 3 (1954): S. 1–13.
—, »Possible Relation between Deoxyribonucleic Acid and Protein Structure«, *Nature* 173 (1954): S. 318.
—, »What Is Life?«, *Transactions of the Bose Research Institute* 24 (1961): S. 185–92.
Gamow, George, und Nicholas Metropolis, »Numerology of Polypeptide Chains«, *Science* 120 (1954): S. 779–80.
Gamow, George, Alexander Rich und Martynas Yčas, »The Problem of Information Transfer from Nucleic Acids to Proteins«, *Advances in Biological and Medical Physics*, 4, New York: Academic Press, 1956, S. 23–68.

Gamow, George, und Martynas Yčas, »The Cryptographic Approach to the Problem of Protein Synthesis«, in: Hubert P. Yockey (Hrsg.), *Symposium on Information Theory in Biology*, New York: Pergamon Press, 1956, S. 63 – 9.

—, »Statistical Correlation of Protein and Ribonucleic Acid Composition«, *Proceedings of the National Academy of Sciences* 41 (1955): S. 1011 – 9.

Gardner, Howard, *The Mind's New Science: A History of the Cognitive Revolution*, New York: Basic Books, 1987.

Gardner, Robert S., Albert J. Wahba, Carlos Basilio, Robert S. Miller, Peter Lengyel und Joseph Speyer, »Synthetic Polynucleotides and the Amino Acid Code, VII«, *Proceedings of the National Academy of Sciences* 48 (1962): S. 2087 – 94.

Gatlin, Lila L., *Information Theory and the Living System*, New York: Columbia University Press, 1972.

Gaudillière, Jean-Paul, *Biologie Moléculaire et Biologistes dans les Années Soixante: La Naissance d'une Discipline. Le cas Français*, Dissertation (Ph.D.), Université de Paris, 1991.

—, »Circulating Mice and Viruses: The Jackson Memorial Laboratory, the National Cancer Institute, and the Genetics of Breast Cancer«, in: Michael Fortun und Everett Mendelsohn (Hrsg.), *The Practices of Human Genetics*, Sociology of the Sciences, Yearbook XXI, 1997/99, Dordrecht: Kluwer Academic Publishers, 1997 [1999].

—, »How Biochemical Regulation Held? The Practice and Rhetoric of the PaJaMa Experiment«, Vortrag gehalten 1995 beim Meeting of the International Society for History, Philosophy, and Social Studies of Biology, Leuven, Belgien, Mitte Juli 1995.

—, »J. Monod, S. Spiegelman et l'adaptation enzymatique. Programmes de recherche, cultures locales et traditions disciplinaires«, *History and Philosophy of Life Science* 14 (1992): S. 23 – 71.

—, »Molecular Biologists, Biochemists and Messenger RNA: The Birth of a Scientific Network«, *Journal of the History of Biology* 29 (1996): S. 417 – 45.

—, »Molecular Biology in the French Tradition? Redefining Local Traditions and Disciplinary Patterns«, *Journal of the History of Biology* 26 (1993): S. 474 – 98.

—, »Norms and Practices of Molecular Medicine: The Singular Fate of Cancer Viruses in Post War United States«, Vortrag gehalten beim Fifth Mellon Workshop »From Molecular Power to Biological Wisdom: Challenges and Needs in Historical and Social Studies of 20th-Century Life Sciences«, MIT, Cambridge, Mass., Mai 1995.

—, »Oncogenes as Metaphors for Human Cancer: Articulating Laboratory Practices and Medical Demands«, in: Ilana Lowy (Hrsg.), *Medicine and Change: Historical and Sociological Aspects*, Paris: J. Libbey-Inserm Editions, 1992, S. 213 – 48.

Geison, Gerald L., »The Protoplasmic Theory of Life and the Vitalist-Mechanist Debate«, *Isis* 60 (1969): S. 273 – 92.

»Genetic Rosetta Stone«, *Time*, 23. Mai 1960, S. 50.

Gerovitch, Slava, »Beyond the Rhetoric: The Construction of Soviet Cybernetics«, Seminarpapier, Program in Science, Technology, and Society, MIT, 1994.

—, *Speaking Cybernetically: The Soviet Remaking of an American Science*, Dissertation (Ph.D.), MIT, 1999.

Gierer, Alfred, und Karl-Wolfgang Mundry, »Production of Mutants of Tobacco Mosaic Virus by Chemical Alteration of Its Ribonucleic Acid in Vitro«, *Nature* 182 (1958): S. 1457–8.
Gilbert, Scott F., und Jason P. Greenberg, »Intellectual Traditions in the Life Sciences. II. Stereocomplementarity«, *Perspectives in Biology and Medicine* 28, Nr. 1 (1984): S. 18–34.
Gilbert, Walter, »A Vision of the Grail«, in: Daniel J. Kevles und Leroy Hood (Hrsg.), *The Code of Codes: Scientific and Social Issues in the Human Genome Project*, Cambridge: Harvard University Press, 1990, S. 96.
Goethe, Johann Wolfgang von, *Faust*, München 1981 (2. Aufl., Nachdruck der im Aufbau Verlag erschienenen »Berliner Ausgabe«).
Goldhaber, Maurice, Telephongespräch mit der Verfasserin, Brookhaven National Laboratory, 15. und 17. November 1994.
Golomb, Solomon W., »Efficient Coding for the Desoxyribonucleic Channel«, *Proceedings of Symposia in Applied Mathematics* 14 (1962): S. 87–100.
Golomb, Solomon W., Basil Gordon und Lloyd R. Welch, »Comma-Free Codes«, *Canadian Journal of Mathematics* 10 (1958): S. 202–9.
Golomb, Solomon W., Lloyd R. Welch und Max Delbrück, »Construction and Properties of Comma-Free Codes«, *Biologiske Meddelelsker Det Kongelige Danske Videnskabernes Selskab* 23 (1958): S. 1–34.
Gottweis, Herbert, *Governing Molecules*, Cambridge: MIT Press, 1998.
Grafe, E. H., »I Ching«, *Zeitschrift für Allgemeinmedizin – Der Landarzt* 5 und 16 (1969).
Gramsci, Antonio, *Selections from the Prison Notebooks*, Hrsg. Q. Hoare und G. Nowell Smith, New York: International, 1971.
Gray, George W., *Science at War*, New York: Harper, 1943.
Griffith, Robert, und Athan Theoharis (Hrsg.), *The Specter: Original Essays on the Cold War and the Origins of McCarthyism*, New York: New View Points, 1974.
Grmek, Mirko D., und Bernadino Fantini, »Le Rôle du Hasard dans la Naissance du Modèle de l'Opéron«, *Revue d'histoire des Sciences* 35 (1982): S. 193–215.
Gros, François, »Code et Messenger«, *Les Secrets Du Gène*, Paris: Editions Odile Jacob, 1986.
—, »The Messenger«, in: André Lwoff und Agnes Ullmann (Hrsg.), *Origins of Molecular Biology: A Tribute to Jacques Monod*, New York: Academic Press, 1979, S. 117–24.
Gros, François, H. Hiatt, Walter Gilbert, C. G. Kurland, R. W. Risebrough und James B. Watson, »Unstable Ribonucleic Acid Revealed by Pulse Labelling of Escherichia Coli«, *Nature* 190 (1961): S. 581–5.
Grunberg-Manago, Marianne, »Enzymatic Synthesis and Breakdown of Polynucleotide Phosphorylase«, *Journal of the American Chemical Society* 77 (1955): S. 3165–6.
Grunberg-Manago, Marianne, Priscilla J. Ortiz und Severo Ochoa, »Enzymatic Synthesis of Polynucleotides: I. Polynucleotide Phosphorylase of *Azotobacter Vinelandii*«, *Biochimica et Biophysica Acta* 20 (1956): S. 269–85.
Hacking, Ian, »Biopower and the Avalanche of Numbers«, *Humanities in Society* V (1982): S. 279–95.

—, *Einführung in die Philosophie der Naturwissenschaften*, Stuttgart: Reclam, 1996.
—, *The Taming of Chance*, Cambridge: Cambridge University Press, 1989.
—, »Weapons Research and the Form of Scientific Knowledge«, *Canadian Journal of Philosophy*, Suppl. 12 (1986): S. 237–62.
Halberstam, David, *The Fifties*, New York: Ballantine Books, 1993.
Haldane, John B. S., *New Paths in Genetics*, London: George Allen and Unwin, 1941.
Hall, Benjamin D., und Sol Spiegelman, »Sequence Complementarity of T2 DNA and T2 Specific RNA«, *Proceedings of the National Academy of Sciences, U.S.A.* 47 (1961): S. 137–46.
Haller, Mark H., *Eugenics: Herediterian Attitudes in American Thought*, New Brunswick, N.J.: Rutgers University Press, 1963.
Haraway, Donna J., »The Biological Enterprise: Sex, Mind, and Profit from Human Engineering to Sociobiology«, *Radical History Review* 29 (1979): S. 206–37.
—, »A Cyborg Manifesto: Science, Technology, and Socialist-Feminism in the Late Twentieth Century«, in: *Simians, Cyborgs, and Women: The Reinvention of Nature*, New York: Routledge, 1991.
—, »The High Cost of Information in Post-World War II Evolutionary Biology: Ergonomics, Semiotics, and the Sociobiology of Communication Systems«, *The Philosophical Forum* XIII (Winter-Frühjahr 1981–82): S. 244–78.
—, »A Pilot Plant for Human Engineering: Robert Yerkes and the Yale Laboratories of Primate Biology, 1924–1942«, in: *Primate Visions: Gender, Race, and Nature in the World of Modern Science*, New York: Routledge, 1989, S. 59–83.
—, »A Semiotics of the Naturalistic Field: From C. R. Carpenter to S. A. Altmann, 1930–55«, in: *Primate Visions: Gender, Race, and Nature in the World of Modern Science*, New York: Routledge, 1989.
—, »Signs of Dominance: From a Physiology to a Cybernetics of Primate Society, C. R. Carpenter, 1930–1970«, *Studies in the History of Biology* 6 (1983): S. 129–219.
Harden, Victoria, *Inventing the NIH*, Baltimore: Johns Hopkins University Press, 1986.
—, »National Institutes of Health: Celebrating 100 Years of Medical Progress«, in: *Encyclopedia Britannica*, Chicago: Encyclopedia Britannica Inc., 1988, S. 158–75.
Harris, J. I., und C. A. Knight, »Action of Carboxypeptidase on TMV«, *Nature* 170 (1952): S. 613.
Hartley, Keith (Hrsg.), »The Romantic Spirit in German Art 1790–1990«, Ausstellungskatalog, Scottish National Gallery of Modern Art, Edinburgh, Sommer 1994.
Hartley, R. V., »Transmission of Information«, *Bell System Technical Journal* 7 (1928): S. 535–53.
Harvey, David, *The Condition of Postmodernity*, Oxford: Basil Blackwell, 1989.
Harwood, Jonathan, »National Styles in Science: Genetics in Germany and the United States Between the World Wars«, *Isis* 78 (1987): S. 390–414.
—, *Styles of Scientific Thought: The German Genetics Community, 1900–1933*, Chicago: University of Chicago Press, 1993.
Hastings, Julius, Telephongespräch mit der Verfasserin, Brookhaven National Laboratory, 15. und 17. November 1994.
Haurowitz, Felix, »Protein Synthesis and Immunochemistry«, in: Hubert P. Yockey

(Hrsg.), *Symposium on Information Theory in Biology*, New York: Pergamon Press, 1956, S. 125–46.
Hayles, N. Katherine, *Chaos Bound: Orderly Disorder in Contemporary Literature and Science*, Ithaca: Cornell University Press, 1990.
—, *How We Became Posthuman: Virtual Bodies in Cybernetics, Information, and Literature*, Chicago: University of Chicago Press, 1998.
Hazen, H. L., »Theory of Servo-mechanisms«, *Journal of the Franklin Institute* 218 (1934): S. 279–303.
Heidegger, Martin, *Die Technik und die Kehre*, Pfullingen: Günther Neske, 1991 (8. Aufl.).
Heims, Steve J., *The Cybernetics Group*, Cambridge: MIT Press, 1991.
—, *John von Neumann and Norbert Wiener: From Mathematics to the Technologies of Life and Death*, Cambridge: MIT Press, 1980.
Heppel, L. A., P. J. Ortiz und S. Ochoa, »Small Polyribonucleotides with 59-Phosphomonoester End-Groups«, *Science* 123 (1956): S. 415.
Herken, Gregg, *Cardinal Choices: Presidential Science Advising from the Atomic Bomb to SDI*, New York: Oxford University Press, 1992.
Hersh, R. T., »Mutants of TMV and the Commaless Code«, *Journal of Theoretical Biology* 2 (1962): S. 326–8.
Hershey, Alfred D., »Spontaneous Mutations in Bacterial Viruses«, *Cold Spring Harbor Symposia on Quantitative Biology* XI (1946): S. 66–77.
Hershey, Alfred D., June Dixon und Martha Chase, »Nucleic Acid Economy in Bacteria Infected with Bacteriophage T2«, *Journal of General Physiology* 36 (1953): S. 777–89.
Hesse, Mary, »The Explanatory Function of Metaphor«, in: Yehoshua Bar-Hillel (Hrsg.), *Logic, Methodology, and the Philosophy of Science*. Amsterdam: Elsevier North-Holland, 1965.
—, *Models and Analogies in Science*, Notre Dame: Notre Dame University Press, 1966.
—, *Revolutions, and Reconstructions in the Philosophy of Science*, Bloomington: Indiana University Press, 1980.
Hevly, Bruce W., *Basic Research within a Military Context: The Naval Research Laboratory and the Foundations of Extreme Ultraviolet and X-ray Astronomy, 1923–1960*, Dissertation (Ph.D.), Department of the History of Science, Johns Hopkins University, 1987.
Hewlett, Richard G., und Oscar E. Anderson, Jr., *The New World, 1939/46*, Philadelphia: University of Pennsylvania Press, 1962.
Hewlett, Richard G., und Francis Duncan, *Atomic Shield, 1947/52. A History of the United States Atomic Energy Commission*, Bd. II, Philadelphia: University of Pennsylvania Press, 1969.
Hewlett, Richard G., und Jack M. Holl, *Atoms for Peace and War, 1953–1961: A History of the United States Atomic Energy Commission*, Bd. III, Berkeley und Los Angeles: University of California Press, 1989.
Hinshelwood, Cyril N., *Chemical Kinetics of the Bacterial Cell*, Oxford: Clarendon Press, 1946.

Hinsley, F. H., und Alan Stripp (Hrsg.), *Code Breakers: The Inside Story of Bletchley Park*, New York: Oxford University Press, 1993.

Holley, Robert W., »Alanine Transfer RNA«, in: David Baltimore (Hrsg.), *Nobel Lectures in Molecular Biology, 1933–1975*, New York: Elsevier North-Holland, 1977, S. 285–300.

—, »Biography«, in: David Baltimore (Hrsg.), *Nobel Lectures in Molecular Biology, 1933–1975*, New York: Elsevier North-Holland, 1977, S. 300–1.

—, »The Nucleotide Sequence of a Nucleic Acid«, *Scientific American* 214 (1966): S. 31–9.

Holley, Robert W., Jean Apgar, George A. Everett, James T. Madison, Mark Marquisee, Susan H. Merrill, John Robert Penswick und Ada Zamir, »Structure of Ribonucleic Acid«, *Science* 147 (1965): S. 1462–5.

Holton, Gerald, »Ernst Mach and the Fortunes of Positivism in America«, *Isis* 83 (1992): S. 27–60.

—, »The Joys and Sorrows of the Vienna Circle in Exile«, Vortrag gehalten beim Boston University Colloquium for Philosophy of Science, Boston, Mass., Dezember 1993.

Hughes, Thomas, und Agatha Hughes (Hrsg.), *Systems, Experts, and Computers*, Cambridge: MIT Press, 1999.

Humboldt, Wilhelm von, *Über die Sprache*. Ausgew. Schriften, München, 1935.

Huxley, Thomas, »On the Physical Basis of Life«, 1864, Reprint in: *Collected Essays*, Bd. 1, New York: D. Appleton, 1894.

Ingram, Vernon M., »How Do Genes Act?«, *Scientific American* 198 (1958): S. 68–74.

—, »A Specific Chemical Difference between the Globins of Normal Human and Sickle-Cell Anaemia Haemoglobin«, *Nature* 178 (1956): S. 792–4.

Irwin, M. R., »Genes and Antigens«, in: Hubert P. Yockey (Hrsg.), *Symposium on Information Theory in Biology*, New York: Pergamon Press, 1956, S. 147–69.

Irwin, M. R., und R. W. Cumley, »Immunogenetics Studies of Species Relationships«, *American Naturalist* 57 (1934): S. 211–33.

Ivanoff, A., »Theoretical Foundation of Automatic Regulation of Temperature«, *Journal of the Institute of Fuel* 7 (1934): S. 117–30.

Jackson, David, »Template for an Economic Revolution«, in: Donald Chambers (Hrsg.), *DNA, The Double Helix: Perspective and Prospective at Forty Years*, New York: New York Academy of Science, 1995, S. 358.

Jackson, Janet, »AT&T Bell Laboratories«, in: Fritz E. Froehlich und Allen Kent (Hrsg.), *The Froehlich/Kent Encyclopedia of Telecommunications*, Bd. 1, New York: Marcel Dekker, 1989, S. 397–406.

Jacob, François, »Biography«, in: David Baltimore (Hrsg.), *Nobel Lectures in Molecular Biology, 1933–1975*, New York: Elsevier North-Holland, 1977, S. 243–4.

—, »Genetic Control of Viral Functions«, *Harvey Lectures, 1958–1959*, New York: Academic Press, 1960.

—, »Genetics of the Bacterial Cell«, in: David Baltimore (Hrsg.), *Nobel Lectures in Molecular Biology, 1933–1975*, New York: Elsevier North-Holland, 1977, S. 219–21.

—, »Inaugural Lecture«, Collège de France, Paris, 7. Mai 1965.

—, *Die Logik des Lebenden. Von der Urzeugung zum genetischen Code*, Frankfurt a. M.: S. Fischer, 1972.
—, »Le Modèle Linguistique en Biologie«, *Critique* 322 (1974): S. 197–205.
—, *Die innere Statue. Autobiographie des Genbiologen und Nobelpreisträgers*, Zürich: Ammann, 1988.
—, »The Switch«, in: André Lwoff und Agnes Ullmann (Hrsg.), *Origins of Molecular Biology: A Tribute to Jacques Monod*, New York: Academic Press, 1979, S. 96–7.
—, »Transfer and Expression of Genetic Information in Escherichia Coli K12«, *Experimental Cell Research*, Suppl. 6 (1958): S. 51–68.
Jacob, François, Roman Jakobson, Claude Lévi-Strauss, Philippe L'Héritier und Michel Tréguer, »Leben und Sprechen. Ein Gespräch zwischen François Jacob, Roman Jakobson, Claude Lévi-Strauss und Philippe L'Héritier unter der Leitung von Michel Tréguer«, in: Roman Jakobson, *Semiotik. Ausgewählte Texte 1919–1982* (Hrsg. Elmar Holenstein), Frankfurt a. M.: Suhrkamp, 1988, S. 398–424.
Jacob, François, und Jacques Monod, »Elements of Regulatory Circuits in Bacteria«, in: R. J. C. Harris (Hrsg.), *Biological Organization at the Cellular and Supercellular Level*, New York: Academic Press, 1963, S. 1–23.
—, »Gènes de structure et gènes de regulation dans la biosynthèse des protéines«, *Comptes Rendus de l'Académie des Sciences* 249 (1959): S. 1282–4.
—, »Genetic Regulatory Mechanisms in the Synthesis of Proteins«, *Journal of Molecular Biology* 3 (1961): S. 318–59.
Jacob, François, David Perrin, Carmen Sanchez und Jacques Monod, »L'opéron: groupe de gènes à expression coordonnée par un opérateur«, *Comptes Rendus de l'Académie des Sciences* 250 (1960): S. 1727–9.
Jacob, François, und Elie Wollman, »Genetic Aspects of Lysogeny«, in: William D. McElroy und Bentley Glass (Hrsg.), *The Chemical Basis of Heredity*, Baltimore: Johns Hopkins University Press, 1957, S. 468–98.
Jacobson, *Main Trends of Research in the Social and Human Sciences*, Den Haag: Mouton/Unesco, 1979.
Jakobson, Roman, »Die Biologie als Kommunikationswissenschaft«, in: Roman Jakobson, *Semiotik. Ausgewählte Texte 1919–1982* (Hrsg. Elmar Holenstein), Frankfurt a. M.: Suhrkamp, 1988, S. 367–97.
Jakobson, Roman, und Morris Halle. *Fundamentals of Language*, Den Haag: Mouton, 1956.
Jakobson, Roman, C. F. Voegelin und Thomas A. Sebeok, »Results of the Conference of Anthropologists and Linguists«, *International Journal of American Linguistics* Memoir 8 (1953): Kap. 1–2.
Jayne, E. T., »Note on Unique Decipherability«, *IRE Transactions on Information Theory* IT-5 (1959): S. 98–102.
Jeffress, Lloyd (Hrsg.), *Cerebral Mechanisms in Behavior: The Hixon Symposium*, New York: Hafner Publishing Company, 1967.
Jones, Oliver W., Jr., und Marshall W. Nirenberg, »Qualitative Survey of RNA Codewords«, *Proceedings of the National Academy of Sciences* 48 (1962): S. 2115–23.
Judson, Horace F., *The Eighth Day of Creation: The Makers of the Revolution in Bio-

logy, New York: Simon and Schuster, 1979. (Dt. Übersetzung: *Der 8. Tag der Schöpfung. Sternstunden der neuen Biologie*, Wien u. a. 1980.)

Kaempffert, Waldemar, »Reconstitution of Virus in Laboratory Reopens the Question: What Is Life?«, *New York Times*, 30. Oktober 1955, Tl. IV, S. E9.

Kahn, David, *The Code Breakers: The Story of Secret Writing*, New York: Macmillan, 1967.

Kalmus, H., »A Cybernetical Aspect of Genetics«, *Journal of Heredity* 41 (1950): S. 19–22.

Kameyama, T., und G. D. Novelli, *Biochemical and Biophysical Research Communication* 2 (1959): S. 2240.

Kay, Lily E., »Conceptual Models and Analytical Tools: The Biology of Physicist Max Delbrück«, *Journal of the History of Biology* 18 (1985): S. 207–46.

—, »The Intellectual Politics of Laboratory Technology: The Protein Network and the Tiselius Apparatus«, in: Svante Linquist (Hrsg.), *Historical Aspects of 20th-Century Swedish Physics*, Canton, Mass.: Science History Publications, 1993, S. 398–423.

—, »Laboratory Technology and Biological Knowledge: The Tiselius Electrophoresis Apparatus, 1930–1945«, *History and Philosophy of the Life Sciences* 10 (1988): S. 51–72.

—, »Life as Technology: Representing, Intervening, and Molecularizing«, *Rivista di Storia della Scienza*, Folge II, I (1993): S. 85–103.

—, »Matter of Information: Changing Meanings of the Tobacco Mosaic Virus«, Vortrag gehalten beim XIXth International Congress of History of Science, Zaragoza, Spanien, August 1993.

—, »Molecular Biology and Pauling's Immunochemistry: A Neglected Dimension«, *History and Philosophy of the Life Sciences* 11, Nr. 2 (1989): S. 51–72.

—, *The Molecular Vision of Life: Caltech, the Rockefeller Foundation and the Rise of the New Biology*, New York: Oxford University Press, 1993.

—, *Molecules, Cells, and Life: An Annotated Bibliography of Manuscript Sources on Physiology, Biochemistry, and Biophysics, 1900–1960, in the Library of the American Chemical Society*, Philadelphia: American Philosophical Society, 1989.

—, »The Politics of Fame: The Protein Network and the Tiselius Apparatus«, Vortrag gehalten beim XIXth International Congress of History of Science, Zaragoza, Spanien, August 1993.

—, »Problematizing Basic Research in Molecular Biology«, in: Arnold Thackray (Hrsg.), *Private Science: Biotechnology and the Rise of the Molecular Sciences*, Philadelphia: Chemical Heritage Foundation Penn Series, 1997.

—, »Rethinking Institutions: Philanthropy as an Historiographic Problem of Knowledge and Power«, *Minerva* 35 (1997): S. 283–93.

—, »The Secret of Life: Niels Bohr's Influence on the Biology Program of Max Delbrück«, *Rivista di Storia della Scienza* 2 (1985): S. 487–510.

—, »Selling Pure Science in Wartime: The Biochemical Genetics of G. W. Beadle«, *Journal of the History of Biology* 22 (1989): S. 85–98.

—, »The Tiselius Electrophoresis Apparatus and the Life Sciences, 1930–1945«, *History and Philosophy of the Life Sciences* 10 (1988): S. 51–72.

—, »Wendell Meredith Stanley«, unveröffentlichter Beitrag zur *Encyclopedia of American Science*, 1994.
—, »Wer schrieb das Buch des Lebens? Information und Transformation der Molekularbiologie«, in: Michael Hagner, Hans-Jörg Rheinberger und Bettina Wahrig-Schmidt (Hrsg.), *Objekte, Differenzen und Konjunkturen: Experimentalsysteme im historischen Kontext*, Berlin: Akademie Verlag, 1994, S. 151–79.
—, »Who Wrote the Book of Life? Information and the Transformation of Molecular Biology, 1945–1955«, *Science in Context* 8 (1995): S. 609–34.
—, »W. M. Stanley's Crystallization of the Tobacco Mosaic Virus, 1930–1940«, *Isis* 77 (1986): S. 450–72.
Keller, Evelyn Fox, »Between Language and Science: The Question of Directed Mutation in Molecular Biology«, *Perspectives in Biology and Medicine* 35 (1992): S. 292–305.
—, »The Body of a New Machine: Situating the Organism between Telegraphs and Computers«, in ihrem *Refiguring Life: Changing Metaphors in Twentieth-Century Biology*, New York: Columbia University Press, 1995.
—, »Critical Silences in Scientific Discourse: Problems of Form and Re-form«, in ihrem *Secrets of Life, Secrets of Death: Essays on Language, Gender, and Science*, New York: Routledge, 1992.
—, »Gender and Science«, *Osiris* 10 (1995): S. 27–38.
—, »Molecules, Messages, and Memory: Life and the Second Law«, in ihrem *Refiguring Life: Changing Metaphors in Twentieth-Century Biology*, New York: Columbia University Press, 1995.
—, »Nature, Nurture, and the Human Genome Project«, in: Daniel J. Kevles und Leroy Hood (Hrsg.), *The Code of Codes: Scientific and Social Issues in the Human Genome Project*, Cambridge: Harvard University Press, 1992, S. 281–99.
—, »Physics and the Emergence of Molecular Biology: A History of Cognitive and Political Synergy«, *Journal of the History of Biology* 23 (1990): S. 389–410.
—, *Secrets of Life, Secrets of Death: Essays on Language, Gender, and Science*, New York: Routledge, 1992.
Kellogg, D. A., B. P. Doctor, J. F. Loebel und M. W. Nirenberg, »RNA Codons and Protein Synthesis, IX. Synonym Codon Recognition by Multiple Species of Valine-, Alanine-, and Methionine-sRNA«, *Proceedings of the National Academy of Sciences* 55 (1966): S. 912–9.
Kelly, Kevin, *Out of Control: The Rise of Neo-Biological Civilization*, Reading, Mass.: Addison-Wesley, 1992. (Dt. Übersetzung: *Das Ende der Kontrolle: die biologische Wende in Wirtschaft, Technik und Gesellschaft*, Bensheim u. a.: Bollmann, 1997.)
Kemeny, John G., »Man Viewed as Machine«, *Scientific American* 196 (April 1955): S. 58–67.
Kepes, Gyorgy, *The New Landscape in Art and Science*, Chicago: P. Theobald Publishers, 1956.
Kevles, Daniel J., *In the Name of Eugenics: Genetics and the Uses of Human Heredity*, New York: Alfred A. Knopf, 1985.
—, »The National Science Foundation and the Debate over Postwar Research Policy, 1942–45«, *Isis* 68 (1977): S. 5–26.

—, *The Physicists: A History of a Scientific Community in America*, New York: Alfred A. Knopf, 1979.
Khorana, Har Gobind, »Biography«, in: David Baltimore (Hrsg.), *Nobel Lectures in Molecular Biology, 1933–1975*, New York: Elsevier North-Holland, 1977, S. 332–3.
—, »Nucleic Acid Synthesis in the Study of the Genetic Code«, in: David Baltimore (Hrsg.), *Nobel Lectures in Molecular Biology, 1933–1975*, New York: Elsevier North-Holland, 1977, S. 306–7.
—, »Polynucleotide Synthesis and the Genetic Code«, *Federation Proceedings* 24 (1965): S. 1473–87.
—, *Some Recent Developments in the Chemistry of Phosphate Esters of Biological Interest*, New York: John Wiley and Sons, 1961.
Kittler, Friedrich A., *Discourse Networks 1800/1900*, Übers. Michael Metteer, Stanford: Stanford University Press, 1990.
Knight, C. Arthur, »The Nature of Some of the Chemical Differences among Strains of Tobacco Mosaic Virus«, *Journal of Biological Chemistry* 171 (1947): S. 297–309.
Kohler, Robert E., »The Enzyme Theory and the Origins of Biochemistry«, *Isis* 64 (1973): S. 181–96.
—, *Lords of the Fly: Drosophila Genetics and the Experimental Life*, Chicago: University of Chicago Press, 1994.
—, »The Management of Science: The Experience of Warren Weaver and the Rockefeller Foundation Programme in Molecular Biology«, *Minerva* 14 (1976): S. 249–93.
—, *Partners in Science: Foundations and Natural Scientists, 1900–1945*, Chicago: University of Chicago Press, 1991.
—, »Systems of Production: Drosophila, Neurospora, and Biochemical Genetics«, *Historical Studies in the Biological and Physical Sciences* 22 (1991): S. 87–130.
Kornberg, Arthur, *For the Love of Enzymes: The Odyssey of a Biochemist*, Cambridge: Harvard University Press, 1989.
Krankeit, Eugene P., Telephongespräch mit der Verfasserin, Brookhaven National Laboratory, 15. und 17. November 1994.
Kuppers, Bernd-Olaf, »The Context-Dependence of Biological Information«, in: K. Kornwachs und K. Jacoby (Hrsg.), *Information: New Questions to a Multidisciplinary Concept*, Berlin: Akademie Verlag, 1995.
—, »Der semantische Aspekt von Information und seine evolutionsbiologische Bedeutung«, *Nova Acta Leopoldina* 72, Nr. 294 (1996): S. 195–219.
—, *Information and the Origin of Life*, Cambridge: MIT Press, 1990.
Kusch, Martin, *Foucault's Strata and Fields: An Investigation into Archeological and Genealogical Science Studies*, Boston: Kluwer Academic, 1991.
Kuznick, Peter J., *Beyond the Laboratory: Scientists as Political Activists in the 1930s*, Chicago: University of Chicago Press, 1987.
—, »The Ethical and Political Crisis of Science: The AAAS Confronts the War in Vietnam«, Vortrag gehalten beim Annual Meeting of the History of Science Society, New Orleans, La., Oktober 1994.
Laclau, Ernesto, und Chantal Mouffe, *Hegemony and Socialist Strategy*, New York: Verso Press, 1985.

Lakoff, George, *Women, Fire, and Dangerous Things: What Categories Reveal about the Mind*, Chicago: University of Chicago Press, 1987.
Lakoff, George, und Mark Johnson, *Metaphors We Live By*, Chicago: University of Chicago Press, 1980.
Lamborg, Marvin R., und Paul C. Zamecnik, »Amino Acid Incorporation into Protein by Extracts of E. Coli«, *Biochemica et Biophysica Acta* 42 (1960): S. 206–11.
Landecker, Hannah, »Molecular Memory as Allegory at the Inception of the Neurosciences«, Seminarpapier, Program in Science, Technology, and Society, MIT, 1996.
Landsteiner, Karl, *Die Spezifizität der serologischen Reaktionen*, Berlin: Springer, 1933.
Lani, Frank, »The Biological Coding Problem«, *Advances in Genetics* 12 (1964): S. 2–141.
Lanquette, William, mit Bela Szilard, *Genius in the Shadows: A Biography of Leo Szilard, The Man behind the Bomb*, New York: Macmillan, 1992.
Laurence, William L., »Biochemists Wary on Life's Secrets«, *New York Times*, 13. März 1962, S. 23.
—, »Structure of Life«, *New York Times*, 14. Januar 1962, Tl. IV, S. 7.
Layzer, David, *Cosmogenesis: The Growth of Order in the Universe*, New York: Oxford University Press, 1990.
Lears, T. J. Jackson, »The Concept of Cultural Hegemony: Problems and Possibilities«, *American Historical Review* 9 (1985): S. 567–93.
Leder, Philip, und Marshall Nirenberg, »RNA Codewords and Protein Synthesis, II. Nucleotide Sequences of a Valine RNA Codeword«, *Proceedings of the National Academy of Sciences* 52 (1964): S. 420–7.
—, »Biographical Statement«, Department of Genetics, Harvard Medical School, Cambridge, Mass.
—, »RNA Codewords and Protein Synthesis, III. On the Nucleotide Sequence of a Cysteine and a Leucine RNA Codeword«, *Proceedings of the National Academy of Sciences* 52 (1964): S. 1521–9.
Lederberg, Joshua, »Biological Future of Man«, in: Gordon Wolstenholme (Hrsg.), *Man and His Future*, S. 264–5, Boston: Little Brown, 1963.
—, »Comments on the Gene-Enzyme Relationship«, in: Oliver H. Gaebler (Hrsg.), *Enzymes: Units of Biological Structure and Function*, S. 161–9, New York: Academic Press, 1956.
—, »Gene Control of b-Galactosidase in E. coli«, *Genetics* 33 (1948): S. 617–8.
—, »Genetic Recombination in Bacteria: A Discovery Account«, *Annual Reviews of Genetics* 21 (1987): S. 23–46.
—, »Genetic Studies of Bacteria«, in: L. C. Dunn (Hrsg.), *Genetics in the Twentieth Century*, S. 281–92. New York: Macmillan, 1951.
—, »Infection and Heredity«, in: *Cellular Mechanisms in Differentiation and Growth*, Princeton: Princeton University Press, 1956, S. 101–24.
—, »The Transformation of Genetics by DNA: An Anniversary Celebration of Avery, MacLeod and McCarty (1944)«, *Genetics* 136 (1994): S. 423–6.
—, »A View of Genetics«, in: David Baltimore (Hrsg.), *Nobel Lectures in Molecular Biology*, New York: Elsevier North-Holland, 1977, S. 81–106.
Lederberg, Joshua, und E. L. Tatum, »Novel Genotypes in Mixed Cultures of Bioche-

mical Mutants of Bacteria«, *Cold Spring Harbor Symposia on Quantitative Biology* XI (1946): S. 139–55

Ledley, Robert S., »Digital Computational Methods in Symbolic Logic, with Examples in Biochemistry«, *Proceedings of the National Academy of Sciences* 41 (1955): S. 498–511.

Lee, Ki Yong, R. Wahl und E. Barbu, »Contenu en Basses Puriques et Pyrimidiques des Acides Desoxyribonucleiques des Bactéries«, *Annales de L'Institut Pasteur* 91 (1956): S. 212–24.

Leek, John M., »Biographies of 3 Nobel Laureates«, *New York Times*, 17. Oktober 1968, S. 1, 42, Sp. 3.

—, »Biologists Hopeful of Solving Secrets of Heredity This Year«, *New York Times*, 2. Februar 1962, S. 1, 14.

—, »Code of Genetics Proves Stubborn«, *New York Times*, 9. September 1962, Tl. IV, S. 11.

—, »The Code of Life«, *New York Times*, 28. Januar 1962, Tl. IV, S. 8.

—, »Gain Is Reported in Heredity Study«, *New York Times*, 21. Dezember 1961, S. 18.

—, »Gains in Genetics«, *New York Times*, 8. September 1963, Tl. IV, S. E9.

—, »The Genetic Code Held Universal«, *New York Times*, 12. Oktober 1962, S. 33.

—, »Genetic Language Called Universal«, *New York Times*, 22. Februar 1967, S. 31.

—, »Geneticists Meet to Review Gains«, *New York Times*, 2. September 1963, S. 17.

—, »Geneticist Predicts Man Will Manipulate Heredity«, *New York Times*, 12. August 1967, S. 14.

—, »Hereditary Control by Man Is Foreseen«, *New York Times*, 20. Oktober 1963, S. 44.

—, »New Gains Cited on Genetic Code«, *New York Times*, 24. Januar 1962, S. 35.

—, »New Model Given for Genetic Code«, *New York Times*, 5. Mai 1963, S. 56.

—, »Probing Heredity's Secrets«, *New York Times*, 12. September 1963, S. 36.

Leff, Harvey S., und Andrew F. Rex, »Maxwell Demon: Entropy Historian«, Vortrag gehalten beim Dibner Institute Workshop, »The Meaning and Use of Entropy«, MIT, Cambridge, Mass., 15.–16. April 1994.

Leffler, Melvyn P., »The American Concept of National Security and the Beginning of the Cold War, 1945–1948«, *American Historical Review* 89 (1984): S. 346–81.

—, *A Preponderance of Power: National Security, The Truman Administration, and the Cold War*, Stanford: Stanford University Press, 1992.

Lengyel, Peter, Joseph F. Speyer, Carlos Basilio und Severo Ochoa, »Synthetic Polynucleotides and the Amino Acid Code, III«, *Proceedings of the National Academy of Sciences* 48 (1962): S. 282–4.

Lengyel, Peter, Joseph F. Speyer und Severo Ochoa, »Synthetic Polynucleotides and the Amino Acid Code«, *Proceedings of the National Academy of Science* 47 (1961): S. 1936–42.

Lenoir, Timothy, »The Discipline of Nature and the Nature of Disciplines«, in: idem, *Instituting Science*, Stanford: Stanford University Press, 1997.

Leslie, Stuart W., *The Cold War and American Science: The Military-Industrial-Academic Complex at MIT and Stanford*, New York: Columbia University Press, 1993.

—, »Science and Politics in Cold War America«, in: Margaret Jacob (Hrsg.), *The Politics of Western Science, 1640–1990*, S. 200–33. New York: Humanities Press, 1994.

Lévi-Strauss, Claude, *Strukturale Anthropologie*, Frankfurt a. M.: Suhrkamp, 1971.
Lillie, Frank R., »Studies of Fertilization, VI. The Mechanism of Fertilization in Arbacia«, *Journal of Experimental Zoology* 9 (1914): S. 523–90.
Linschitz, Henry, »The Information Content of a Bacterial Cell«, in: Hubert P. Yockey (Hrsg.), *Symposium on Information Theory in Biology*, New York: Pergamon Press, 1956, S. 251–62.
—, Interview durch die Verfasserin, Waltham, Mass., 16. Juli 1993.
Lipsitz, George, *Class and Culture in Cold War America: »A Rainbow at Midnight«*, New York: Praeger, 1981.
Litman, Rose M., und Arthur B. Pardee, »Production of Bacteriophage Mutants by a Disturbance of Deoxyribonucleic Acid Metabolism«, *Nature* 179 (1956): 529–31.
Liversidge, Anthony, »Profile of Claude Shannon«, in: N. Sloane und A. Wyner (Hrsg.), *Claude Elwood Shannon: Collected Papers*, S. xix–xxxiii, Piscataway, N.J.: IEEE Press, 1993.
Loeb, Jacques, *The Organism as a Whole*, New York: G. B. Putnam, 1916.
Lukrez, *Über die Natur der Dinge*, Berlin: Akademie Verlag, 1972.
Ludmerer, Kenneth L., *Eugenics and American Society: A Historical Survey*, Baltimore: Johns Hopkins University Press, 1972.
Luhmann, Niklas, »The Cognitive Program of Constructivism and a Reality that Remains Unknown«, in: Wolfgang Krohn, Gunther Kuppers und Helga Nowotny (Hrsg.), *Self-Organization: Portrait of a Scientific Revolution*, Dordrecht: Kluwer Publishers, 1991, S. 30–52.
Luria, Salvador, und Max Delbrück, »Mutations of Bacteria from Virus Sensitivity to Virus Resistance«, *Genetics* 28 (1943): S. 491–511.
Lwoff, André, »Jacques Lucien Monod«, in: André Lwoff und Agnes Ullmann (Hrsg.), *Origins of Molecular Biology: A Tribute to Jacques Monod*, New York: Academic Press, 1979, S. 1–24.
—, »The Prophage and I«, in: John Cairns, Gunther S. Stent und James D. Watson (Hrsg.), *Phage and the Origins of Molecular Biology*, Cold Spring Harbor: Cold Spring Harbor Laboratory of Quantitative Biology, 1966, S. 88–99.
Lwoff, Andre, und Agnes Ullmann (Hrsg.), *Origins of Molecular Biology: A Tribute to Jacques Monod*, New York: Academic Press, 1979.
Lyapunov, A. A. (Hrsg.), *Problems of Cybernetics*, New York: Pergamon, 1960–65.
Lyotard, Jean-Françoise, *The Postmodern Condition: A Report on Knowledge*, Minneapolis: University of Minnesota Press, 1984.
Maas, Werner K., »The Regulation of Arginine Biosynthesis: Its Contribution to Understanding the Control of Gene Expression«, *Genetics* 128 (1991): S. 489–94.
MacKay, Donald M., »The Epistemological Problem of Automata«, in: John McCarthy und Claude Shannon (Hrsg.), *Automata Studies*, S. 235–53, Princeton: Princeton University Press, 1956.
—, *Information, Mechanisms and Meaning*, Cambridge: MIT Press, 1969.
MacKenzie, Donald, *Inventing Accuracy: A Historical Sociology of Nuclear Missiles Guidance*, Cambridge: MIT Press, 1990.
Manning, Kenneth, *Black Apollo in Science*, New York: Oxford University Press, 1983.

Marshall, Richard E., C. Thomas Caskey und Marshall Nirenberg, »Fine-Structure of RNA Codewords Recognized by Bacterial, Amphibian, and Mammalian Transfer RNA«, *Science* 155 (1967): S. 820–26.
Martin, Henri-Jean, *The History and Power of Writing*, Übers. Lydia G. Cochrane, Chicago: University of Chicago Press, 1994.
Martin, Julian, »Why Manuscripts Matter: Reception and Mutable Mobiles in 17th-Century England«, Vortrag gehalten an der Harvard University, Cambridge, Mass., Februar 1998.
Martin, Robert G., »A Revisionist View of the Genetic Code«, in: DeWitt Stetten, Jr. (Hrsg.), *NIH: An Account of Research in Its Laboratories and Clinics*, New York: Academic Press, 1984, S. 283.
Martin, Robert G., und Bruce N. Ames, »A Method for Sedimentation Behavior of Enzymes: Application to Protein Mixtures«, *Journal of Biological Chemistry* 236 (1961): S. 1372–9.
Martin, Robert G., J. Heinrich Matthaei, Oliver W. Jones und Marshall Nirenberg, »Ribonucleotide Composition of the Genetic Code«, *Biochemical and Biophysical Research Communications* 6 (1961/62): S. 410–4.
Marx, Leo, *The Machine in the Garden: Technology and the Pastoral Ideal in America*, New York: Oxford University Press, 1964.
Masters, M., und P. Broda, »New Biology«, *Nature* 232 (1971): S. 137–40.
Matthaei, Heinrich, Interview durch die Verfasserin, Göttingen, 3. März 1992.
—, »Vergleichende Untersuchungen des Eiweiß-Haushalts beim Streckungswachstum von Blütenblättern und anderen Organen«, *Planta* 48 (1958): S. 468–522.
Matthaei, J. Heinrich, Oliver W. Jones, Robert G. Martin und Marshall Nirenberg, »Characteristics and Composition of RNA Coding Unit«, *Proceedings of the National Academy of Sciences, USA*, 48 (1962): S. 667–77.
Matthaei, Heinrich, und Marshall W. Nirenberg, »Characterization and Stabilization of DNAase-Sensitive Protein Synthesis in E. Coli Extracts«, *Proceedings of the National Academy of Sciences*, 47 (1961): S. 1580–8.
—, »The Dependence of Cell-Free Protein Synthesis in E. Coli upon RNA Prepared from Ribosomes«, *Biochemical and Biophysical Research Communications* 4 (1961): S. 404–8.
—, »Some Characteristics of a Cell-Free DNAase Sensitive System Incorporating Amino Acids into Protein«, *Federation Proceedings* 29 (1961): S. 391.
Maturana, Humberto R., und Francisco J. Varela, *Der Baum der Erkenntnis: die biologischen Wurzeln des menschlichen Erkennens*, München: Goldmann, 1991 (2. Aufl.).
Maxwell, James C., »On Governors«, *Proceedings of the Royal Society of London*, Nr. 100 (1868): S. 105–20.
May, Larry (Hrsg.), *Recasting America: Culture and Politics in the Age of the Cold War*, Chicago: University of Chicago Press, 1989.
Mayr, Ernst, *The Growth of Biological Thought: Diversity, Evolution, and Inheritance*, Cambridge, Mass.: Belknap Press, 1982.
—, »Teleological and Teleonomic: New Analysis«, *Boston Studies in Philosophy of Science* 14 (1974): S. 91–117.

Mayr, Otto, *The Origins of Feedback Control*, Cambridge: MIT Press, 1970.
Mazumdar, Pauline H. M., »The Antigen-Antibody Reaction and the Physics and Chemistry of Life«, *Bulletin of the History of Medicine* 48 (1974): S. 1–21.
—, *Karl Landsteiner and the Problem of Species, 1838–1968*, Dissertation (Ph.D.), Department of the History of Science, Johns Hopkins University, 1976.
—, *Species and Specificity: An Interpretation of the History of Immunology*, Cambridge: Cambridge University Press, 1995.
McCarty, Maclyn, *The Transforming Principle*, New York: W. W. Norton, 1985.
McCormick, Thomas J., *America's Half-Century: United States Foreign Policy in the Cold War*, Baltimore: Johns Hopkins University Press, 1989.
McCulloch, Warren S., »Why the Mind Is in the Head«, in: Lloyd Jeffress (Hrsg.), *Cerebral Mechanisms in Behavior*, S. 42–57. New York: Hafner, 1951.
McCulloch, Warren S., und Walter Pitts, »A Logical Calculus of the Ideas Immanent in Nervous Activity«, *Bulletin of Mathematical Biophysics* 5 (1943): S. 115–33.
McDougall, Walter, *The Heavens and the Earth: A Political History of the Space Age*, New York: Basic Books, 1985.
McElheny, Victor K., »France Considers Significance of Nobel Awards«, *Science* 150 (1965): S. 1013–5.
—, »Pasteur Institute Scientists Demand Sweeping Reform«, *Science* 151 (1966): S. 809.
—, »Research in Biology: New Pattern of Support Is Developing«, *Science* 145 (1963): S. 908–12.
McElroy, William D. und Bentley Glass (Hrsg.), *The Chemical Basis of Heredity*, Baltimore: Johns Hopkins University Press, 1957.
McLuhan, Marshall, *Die magischen Kanäle*, Dresden u. a.: Verl. d. Kunst, 1994.
McMillan, Brockway, »Two Inequalities Implied by Unique Decipherability«, *IRE Transactions on Information Theory* 2 (1956): S. 115–6.
Medawar, Peter B., *Die Kunst des Lösbaren. Reflexionen eines Biologen*, Göttingen: Vanderhoeck & Ruprecht, 1972.
Medvedev, Z. A., »A Hypothesis Concerning the Way of Coding Interaction Between Transfer RNA and Messenger RNA at the Later Stages of Protein Synthesis«, *Nature* 195 (1962): S. 39.
Melman, Seymour, *Pentagon Capitalism: The Political Economy of War*, New York: McGraw-Hill, 1971.
Mendelsohn, Everett, Merritt Roe Smith und Peter Weingart (Hrsg.), *Science, Technology, and the Military*, Bd. I und II, Dordrecht: Kluwer Academic Publishers, 1988.
Merchant, Carolyn, *The Death of Nature*, San Francisco: Harper and Row, 1980.
Millman, S. (Hrsg.), *A History of Engineering and Science in the Bell System*, Murray Hill, N.J.: AT&T Laboratories, 1984.
Mindell, David A., »*Datum for Its Own Annihilation*«: *Feedback, Control, and Computing, 1916–1945*, Dissertation (Ph.D.), Program in Science, Technology, and Society, MIT, 1996.
Mirowski, Philip, »What Were von Neumann and Mogenstern Trying to Accomplish?«, in: Roy Weintraub (Hrsg.), *Towards a History of Game Theory* 24, Suppl. 11 (1992): S. 111–47.

—, »When Games Grow Deadly Serious: The Military Influence on the Evolution of Game Theory«, in: Crawfurd Goodwin (Hrsg.), *Jährl. Supplement zu Bd. 23, History of Political Economy* (1991): S. 227–55.
Mirsky, Alfred E. und Linus Pauling, »On the Structure of Native, Denatured, and Coagulated Proteins«, *Proceedings of the National Academy of Science* 22 (1936): S. 439–47.
Mitman, Gregg, *The State of Nature: Ecology, Community, and American Social Thought, 1900–1950*, Chicago: University of Chicago Press, 1992.
Monod, Jacques, *Zufall und Notwendigkeit. Philosophische Fragen der modernen Biologie*, München: Deutscher Taschenbuch Verlag, 1991 [1971].
—, »Foreword«, in: Bernard Feld und Gertrud Weiss Szilard (Hrsg.), *The Collected Works of Leo Szilard: Scientific Papers*, Cambridge: MIT Press, 1972, S. vi–viii.
—, »From Enzymatic Adaptation to Allosteric Transition«, in: David Baltimore (Hrsg.), *Nobel Lectures in Molecular Biology, 1933–1975*, New York: Elsevier North-Holland, 1977, S. 259–84.
—, »Information, Induction, Répression dans la Biosynthèse d'un Enzyme«, *Colloquium der Gesellschaft für Physiologische Chemie* (April 1959): S. 120–45.
—, »An Outline of Enzyme Induction«, *Recueil des Travaus Chimiques des Pays-Bas* 77 (1958): S. 569–85.
—, »The Phenomenon of Enzymatic Adaptation and Its Bearings on Problems of Genetics and Cellular Differentiation«, *Growth* 2 (1947): S. 223–89.
—, »The Phenomenon of Enzymatic Adaptation and Its Bearings on Problems of Genetics and Cellular Differentiation«, *Growth Symposium* XI (1947): S. 68–289.
—, »Remarks on the Mechanism of Enzyme Induction«, in: Oliver H. Gaebler (Hrsg.), *Enzymes: Units of Biological Structure and Function*, New York: Academic Press, 1956, S. 7–28.
—, »La Technique de Culture Continue. Théorie et Applications«, *Annales de l'Institut Pasteur* 79 (1950): S. 390–412.
Monod, Jacques, und François Jacob, »Teleonomic Mechanism in Cellular Metabolism, Growth, and Differentiation«, *Cold Spring Harbor Symposia on Quantitative Biology* 26 (1961): S. 389–401.
Moore, E. F., »Artificial Living Plants«, *Scientific American* 195, Nr. 4 (1956): S. 118–20.
Moore, L., und W. H. Stein, »Procedures for the Chromatographic Determination of Amino Acids on Four Percent Cross-Linked Sulfonated Polystyrene Resins«, *Journal of Biological Chemistry* 211 (1954): S. 893–906.
Moore, Walter, *Schrödinger: Life and Thought*, New York: Cambridge University Press, 1989.
Morange, Michel, *Histoire de la Biologie Moléculaire*, Paris: Editions La Découverte, 1994.
—, *A History of Molecular Biology*, Übers. Matthew Cobb, Cambridge: Harvard University Press, 1998.
—, »L'oeuvre Scientific de J. Monod«, *Fundamenta Scientae* 3 (1982): S. 396.
Morgan, Thomas H., *The Physical Basis of Heredity*, Philadelphia: J. B. Lippincott, 1919.
—, *The Theory of the Gene*, New Haven: Yale University Press, 1926.

Moulin, Anne Marie, *Le Dernier Langage de la Médecine: Histoire de l'immunologie de Pasteur au Sida*, Paris: Presses Universitaires de France, 1991.
—, »Text and Context in Biology: In Pursuit of the Chimera«, *Poetics Today* 9 (1988): S. 145–61.
Mullan, Fitzhugh, *Plagues and Politics: The Story of the United States Public Health Service*, New York: Basic Books, 1989.
Müller-Sievers, Helmut, *Self-Generation: Biology, Philosophy, and Literature around 1800*, Stanford: Stanford University Press, 1997.
Nagel, E., *The Structure of Science*, New York: Harcourt, 1961.
Naono, S., und François Gros, »Synthèse par E. Coli d'une Phosphatase Modifiée en Présence d'un Analogue Pyrimidique«, *Comptes Rendus de l'académie des Sciences* 250 (1960): S. 3889.
Narita, K., »Isolation of Acetylpeptide from Enzymic Digests of TMV-Protein«, *Biochimia et Biophysica Acta* 28 (1958): S. 184–91.
National Science Foundation, *Federal Funds for Science*, Washington, D.C.: United States Government Printing Office, o. J.
Neel, James V., »Inheritance of Sickle-Cell Anemia«, *Science* 110 (1949): S. 64–6.
Nelkin, Dorothy, und M. Susan Lindee, *The DNA Mystique: The Gene as a Cultural Icon*, New York: W. H. Freeman and Co., 1995.
Nelson, Brice, »Research Probe: Rickover Broadside«, *Science* 161 (1968): S. 446–8.
Neumann, John von, »The General and Logical Theory of Automata«, in: Lloyd Jeffress (Hrsg.), *Cerebral Mechanisms in Behavior*, New York: Hafner, 1951, S. 1–31.
Nirenberg, Marshall, »Biography«, in: David Baltimore (Hrsg.), *Nobel Lectures in Molecular Biology, 1933–1975*, New York: Elsevier North-Holland, 1977, S. 359–60.
—, »The Genetic Code«, in: David Baltimore (Hrsg.), *Nobel Lectures in Molecular Biology, 1933–1975*, New York: Elsevier North-Holland, 1977, S. 335–58.
—, »The Genetic Code: II«, *Scientific American* 208 (1963): S. 80–94.
—, »The Induction of Two Enzymes by One Inducer: A Test Case for Shared Genetic Information«, *Federation Proceedings* 19 (1960): S. 42.
—, Interview durch die Verfasserin, Bethesda, Md., 18. Juli 1994, 18. November 1995, 19. Juli 1996 und 4. Oktober 1996.
—, »Will Society Be Prepared?«, *Science* 157 (1967): S. 633.
Nirenberg, M., C. T. Caskey, R. Marshall, R. Brimacombe, D. Kellog, B. Doctor, D. Hatfield, J. Levin, F. Rotman, S. Pestka, M. Wilcox und F. Anderson, »The RNA Code and Protein Synthesis«, *Cold Spring Harbor Symposia on Quantitative Biology* 31 (1966): S. 11–24.
Nirenberg, Marshall W., und William B. Jacoby, »Constraints in the Determination of Active-Center Topography«, *Nature* 188 (1960): S. 747–8.
—, »Enzymatic Utilization of b-hydroxybutyric acid«, *Journal of Biological Chemistry* 235 (1960): S. 954–60.
—, »On the Sites of Attachment and Reaction of Aldehyde Dehydogenases«, *Proceedings of the National Academy of Sciences, USA*, 46 (1960): S. 206–12.
Nirenberg, M. W., O. W. Jones, P. Leder, B. F. C. Clark, W. S. Sly und S. Pestka, »Cell-Free Peptide Synthesis Dependent Upon Synthetic Oligodeoxynucleotides«, *Proceedings of the National Academy of Sciences* 50 (1963): S. 1135–43.

—, »On the Genetic Code«, *Cold Spring Harbor Symposia on Quantitative Biology* 28 (1963): S. 549–57.
Nirenberg, Marshall, und Philip Leder, »RNA Codewords and Protein Synthesis. The Effect of Trinucleotides upon the Binding of sRNA to Ribosomes«, *Science* 145 (1964): S. 1399–407.
Nirenberg, Marshall, Philip Leder, M. Bernfield, R. Brimacombe, J. Trupin, F. Rottman und C. O'Neal, »RNA Codewords and Protein Synthesis, VII. On the General Nature of the RNA Code«, *Proceedings of the National Academy of Sciences* 53 (1965): S. 1161–8.
Nirenberg, Marshall W., und Heinrich Matthaei, »The Dependence of Cell-Free Protein Synthesis in E. Coli upon Naturally Occurring or Synthetic Template RNA«, *Proceedings of the Fifth International Congress of Biochemistry* 1 (1961): S. 184–9.
—, »The Dependence of Cell-Free Protein Synthesis in E. Coli upon Naturally Occurring or Synthetic Polyribonucleotides«, *Proceedings of the National Academy of Sciences* 47 (1961): S. 1588–602.
Nirenberg, Marshall W., J. Heinrich Matthaei und Oliver W. Jones, »An Intermediate in the Biosynthesis of Polyphenylalanine Directed by Synthetic Template RNA«, *Proceedings of the National Academy of Sciences* 48 (1962): S. 104–9.
Nisman, B., und H. Fukuhara, »Incorporation des aminés et synthèse de la b-galactosidase par les fraction enzymatique de Escherichia coli«, *Comptes Rendus de l'académie des Sciences* (1959): S. 2240–2.
Niu, C.-I., und Heinz Fraenkel-Conrat, »C-Terminal Amino Acid Sequence of Tobacco Mosaic Virus Protein«, *Biochimia et Biophysica Acta* 16 (1955): S. 597–8.
»Nobel Winner Monod Criticizes French ›Scientific Backwardness‹«, *Washington Post*, 23. November 1965, S. 14.
Noble, David, »Command Performance: A Perspective on Military Enterprise and Technological Change«, in: Merritt R. Smith (Hrsg.), *The Military Enterprise: Perspectives on the American Experience*, Cambridge: MIT Press, 1985, Kap. 8.
—, *Forces of Production: A Social History of Industrial Automation*, New York: Oxford University Press, 1984.
Nomura, Masayasu, Benjamin D. Hall und Sol Spiegelman, »Characterization of RNA Synthesized in E. coli after Bacteriophage T2 Infection«, *Journal of Molecular Biology* 2 (1960): S. 306–26.
Novick, Aaron, »Introductory Essay«, in: Bernard Feld und Gertrud Weiss Szilard (Hrsg.), *The Collected Works of Leo Szilard: Scientific Papers*, Cambridge: MIT Press, 1972, S. 389–92.
—, »Phenotypic Mixing«, in: John Cairns, Gunther Stent und James B. Watson (Hrsg.), *Phage and the Origins of Molecular Biology*, Cold Spring Harbor: Cold Spring Harbor Laboratory of Quantitative Biology, 1966, S. 133–41.
Novick, Aaron, und Leo Szilard, »Experiments with the Chemostat on Spontaneous Mutations in Bacteria«, *Proceedings of the National Academy of Sciences* (U.S.A.) 36 (1950): S. 706–19.
—, »II. Experiments with the Chemostat on the Rates of Amino Acid Synthesis in Bacteria«, in: Edgar J. Boell (Hrsg.), *Dynamics of Growth Processes*, Princeton: Princeton University Press, 1954, S. 21–32.

Novick, Peter, *That Noble Dream: The »Objectivity Question« and the American Historical Profession*, Tl. III, Cambridge: Cambridge University Press, 1988.
Nuttall, George H. F., *Blood Immunity and Blood Relationship*, Cambridge: Cambridge University Press, 1904.
Nyquist, Harry, »Certain Factors Affecting Telegraphy Speed«, *Bell System Technical Journal* 3 (1924): S. 324–6.
Ochoa, Severo, »Biography«, in: David Baltimore (Hrsg.), *Nobel Lectures in Molecular Biology, 1933–1975*, New York: Elsevier North-Holland, 1977, S. 125–6.
—, »Enzymatic Mechanism in the Transmission of Genetic Information«, in: Michael Kasha und Bernard Pullman (Hrsg.), *Horizons in Biochemistry*, New York: Academic Press, 1962, S. 158–66.
—, »Enzymatic Synthesis of Ribonucleic Acid«, in: David Baltimore (Hrsg.), *Nobel Lectures in Molecular Biology, 1933–1975*, New York: Elsevier North-Holland, 1977, S. 107–25.
—, »The Pursuit of a Hobby«, *Ann. Rev. Biochem.* 49 (1989): S. 1–30.
O'Connor, Basil, »Where Genetics May Lead«, *New York Times*, 20. September 1963, S. 32.
Olby, Robert C., »The Impact of Molecular Biology upon Neurobiology: Memory Molecules«, *Journal for the History of Biology*, im Druck.
—, *The Path to the Double Helix*, London: Macmillan, 1974.
—, »The Protein Version of the Central Dogma«, *Genetics* 79 (1975): S. 3–27.
—, »The Recasting of the Sciences: The Case of Molecular Biology«, in: G. Battimelli, M. de Maria und A. Rossi (Hrsg.), *La Ristrutturazione della Scienze tra le Due Guerre Mondiale*, Rom: La Giolardica Editrice Universitaria di Roma, 1986, S. 275–308.
—, »Schrödinger's Problem: What Is Life?«, *Journal of the History of Biology* 4 (1971): S. 119–48.
Orgel, Leslie, Interview durch die Verfasserin, La Jolla, Cal., 8. Juli 1994.
Osmundsen, John A., »Breaking the Code«, *New York Times*, 2. August 1964, S. E7.
—, »New Way to Read Life's Code Found«, *New York Times*, 7. April 1961, S. 12.
—, »Scientists Find Clue to Heredity's Code«, *New York Times*, 16. Mai 1960, S. 1.
O'Toole, G. J. A., *Honorable Treachery*, New York: Atlantic Monthly Press, 1991.
Owens, Larry, »Mathematicians at War: Warren Weaver and the Applied Mathematics Panel, 1942–1945«, in: Howe und Mclearty (Hrsg.), *The History of Modern Mathematics*, Bd. II, Boston: Academic Press, 1988, S. 287–305.
Oyama, Susan, *The Ontogeny of Information: Developmental Systems and Evolution*, Cambridge: Cambridge University Press, 1985.
Pardee, Arthur B., »The PaJaMa Experiment«, in: André Lwoff und Agnes Ullman (Hrsg.), *Origins of Molecular Biology: A Tribute to Jacques Monod*, New York: Academic Press, 1979, S. 108–10.
Pardee, Arthur B., F. Jacob und Jacques Monod, »The Genetic Control and Cytoplasmic Expression of ›Inducibility‹ in the Synthesis of b-galactosidase by Escherichia coli«, *Journal of Molecular Biology* 1 (1959): S. 165–78.
—, »Sur l'expression et le rôle des allèles ›inductible‹ et ›constituitive‹ dans la synthèse de la b-galactosidase ches des zygotes d'Escherichia coli«, *Comptes Rendus de l'Académie des Sciences* 246 (1958): S. 3125–8.

»Passports and Visas«, *Science* 116 (1952): S. 178–9.
Paul, Diane, »The Rockefeller Foundation and Origins of Behavior Genetics«, in: Keith R. Benson, Jane Maienschein und Ronald Rainger (Hrsg.), *The Expansion of American Biology*, New Brunswick, N.J.: Rutgers University Press, 1991, S. 262–83.
Pauling, Linus, »Antibodies and Specific Biological Forces«, *Endeavour* VII, Nr. 26 (1948): S. 52–3.
—, »Reflections on the New Biology«, *UCLA Law Review* 15 (1968): S. 269.
—, »A Theory of the Structure and Process of Formation of Antibodies«, *Journal of the American Chemical Society* 62 (1940): S. 2643–57.
Pauling, Linus, und Max Delbrück, »The Nature of the Intermolecular Forces Operative in Biological Process«, *Science* 92 (1940): S. 77–9.
Pauling, Linus, H. A. Itano, S. J. Singer und I. C. Wells, »Sickle-Cell Anemia, a Molecular Disease«, *Science* 110 (1949): S. 543–8.
Pauly, Philip J., *Controlling Life: Jacques Loeb and the Engineering Ideal in Biology*, New York: Oxford University Press, 1987.
—, »Modernist Practice in American Biology«, in: Dorothy Ross (Hrsg.), *Modernist Impulses in the Human Sciences*, Baltimore: Johns Hopkins University Press, 1994, Kap. 12.
PBS's *Nova*, »Decoding the Book of Life«, 1. November 1989.
Penrose, Lionel S., »Mechanics of Self-Reproduction«, *Annals of Human Genetics* 23 (1958–9): S. 59–72.
—, »Self-Reproducing Machines«, *Scientific American* 200 (1959): S. 105–17.
Pestka, Sidney, Richard Marshall und Marshall Nirenberg, »RNA Codewords and Protein Synthesis, V. Effects of Streptomycin on the Formation of Ribosome-sRNA Complexes«, *Proceedings of the National Academy of Sciences* 53 (1965): S. 639–46.
Pestka, Sidney, und Marshall Nirenberg, »Regulatory Mechanisms and Protein Synthesis, X. Codon Recognition on 30s Ribosomes«, *Journal of Molecular Biology* 21 (1966): S. 145–71.
Pestre, Dominique, »Science and the Military in France after WWII: A Chronological Overview and a First Interpretation«, Vortrag gehalten an der Harvard University, Cambridge, Mass., 21. Januar 1998.
Piaget, Jean, *Der Strukturalismus*, Olten u. a.: Walter, 1973.
Pickens, Donald K., *Eugenics and the Progressives*, Nashville, Tenn.: Vanderbilt University Press, 1968.
Pickering, Andrew, »Cyborg History and the WWII Regime«, *Perspectives on Science* 3 (1995): S. 1–48.
Pittendridgh, Colin S., »Adaptation, Natural Selection, and Behavior«, in: Gaylord G. Simpson und A. Roe (Hrsg.), *Behavior and Evolution*, New Haven: Yale University Press, 1958.
Plato, *Timaeus*, Übers. Francis M. Cornford, New York: Macmillan, 1959.
Platt, John R., »A ›Book Model‹ of Genetic Information-Transfer in Cells and Tissues«, in: Michael Kasha und Bernard Pullman (Hrsg.), *Horizons in Biochemistry*, New York: Academic Press, 1962, S. 167–87.

Pollack, Robert, *Signs of Life: The Language and Meaning of DNA*, Boston: Houghton Mifflin, 1994.
Pollock, Martin R., »An Exciting but Exasperating Personality«, in: André Lwoff und Agnes Ullmann (Hrsg.), *Origins of Molecular Biology: A Tribute to Jacques Monod*, New York: Academic Press, 1979, S. 61 – 74.
—, »From Pangens to Polynucleotides: The Evolution of Ideas on the Mechanism of Biological Replication«, *Perspectives in Biology and Medicine* 19, Nr. 4 (1976): S. 455 – 73.
Poster, Mark, *The Mode of Information: Poststructuralism and Social Context*, Chicago: University of Chicago Press, 1990.
Pratt, Fletcher, *Secret and Urgent: The Story of Codes and Ciphers*, New York: Blue Ribbon Books, 1942.
»Psycholinguistics: A Survey of Theory and Research Problems«, Supplement zu Tl. 2 des *Journal of Abnormal and Social Psychology* 49, Nr. 4 (1954).
Pursell, Carrol W., Jr., »Research in the United States: A Historical Perspective«, in: National Science Foundation, *Science at the Bicentennial: A Report from the Research Community*, Washington, D.C.: Government Printing Office, 1976.
Pynchon, Thomas, *Die Enden der Parabel*, Reinbek bei Hamburg: Rowohlt, 1989.
Quastler, Henry, *The Emergence of Biological Organization*, New Haven: Yale University Press, 1964.
—, »Feedback Mechanisms in Cellular Biology«, in: Heinz von Foerster (Hrsg.), *Cybernetics, 9th Conference*, New York: Josiah Macy Foundation, 1953, S. 167 – 81.
—, »The Measure of Specificity«, in: Hubert P. Yockey (Hrsg.), *Symposium on Information Theory in Biology*, New York: Pergamon Press, 1956, S. 41 – 74.
—, »A Primer on Information Theory«, in: Hubert P. Yockey (Hrsg.), *Symposium on Information Theory in Biology*, New York: Pergamon Press, 1956, S. 3 – 49.
—, »The Specificity of Elementary Biological Functions«, in: Hubert P. Yockey (Hrsg.), *Symposium on Information Theory in Biology*, New York: Pergamon Press, 1956, S. 170 – 90.
—, »The Status of Information Theory in Biology«, in: Hubert P. Yockey (Hrsg.), *Symposium on Information Theory in Biology*, New York: Pergamon Press, 1956, S. 399 – 402.
— (Hrsg.), *Information Theory in Psychology*, Glencoe, Ill.: Free Press, 1955.
Rader, Karen, *Making Mice: The Standardization of Mus Musculus for American Biological Research, 1910 – 1965*, Dissertation (Ph.D.), Department of History and Philosophy of Science, Indiana University, 1995 (sowie Princeton University Press).
Radical History Review 63, Sonderheft (Herbst 1995).
Ramsey, Norman F., »Early History of Associated Universities and Brookhaven National Laboratory«, *Brookhaven Lecture Series* 55 (1966): S. 1 – 16.
Rapoport, Anatol, und Mechthilde Knoller (Übersetzer), »On the Decrease of Entropy in a Thermodynamic System by the Intervention of Intelligent Beings«, *Behavioral Sciences* 9, Nr. 4 (1964): S. 301 – 10. (Englische Übersetzung von Szilard 1929.)
Rasch, William, und Cary Wolfe (Hrsg.), »Special Issue: The Politics of Systems and Environments, Part I«, *Cultural Critique* 30 (1995).

Ratner, Vadim A., »The Genetic Language«, in: Robert Rosen (Hrsg.), *Progress in Theoretical Biology*, New York: Academic Press, 1974, S. 143–228.

Raven, P., *Oogenesis: The Storage of Developmental Information*, New York: Pergamon Press, 1961.

Reddy, Michael J., »The Conduit Metaphor: A Case of Frame Conflict in Our Language about Language«, in: Andrew Ortony (Hrsg.), *Metaphor and Thought*, Cambridge: Cambridge University Press, 1993, Kap. 10.

Rees, Mina, »The Computing Program of the Office of Naval Research, 1946–1953«, *Annals of the History of Computing* 4 (1982): S. 102–20.

Reichert, E. T., und A. P. Brown, »The Differentiation and Species Specificity of Corresponding Proteins and Other Vital Substances in Relation to Biological Classification and Organic Evolution«, *Carnegie Institution Publication*, Nr. 116 (Washington D.C., 1909).

Reingold, Nathan, »Science and Government in the United States Since 1945«, *History of Science* 32 (1994): S. 361–86.

—, »Vannevar Bush's New Deal for Research: Or the Triumph of the Old Order«, *Historical Studies in the Physical and Biological Sciences* 17 (1987): S. 299–344.

Rheinberger, Hans-Jörg, »Experiment, Difference, and Writing: I. Tracing Protein Synthesis«, *Studies in the History and Philosophy of Science* 23 (1991): S. 305–31.

—, »Experiment, Difference, and Writing: II. The Laboratory Production of Transfer RNA«, *Studies in the History and Philosophy of Science* 23 (1991): S. 389–422.

—, *Experiment, Differenz, Schrift: Zur Geschichte Epistemischer Dinge*, Marburg: Basiliskenpresse, 1992.

—, »Experiment and Orientation: Early Systems of In Vitro Protein Synthesis«, *Journal of the History of Biology* 26 (1993): S. 441–71.

—, »From Microsomes to Ribosomes: ›Strategies‹ of ›Representation‹«, *Journal of the History of Biology* 28 (1995): S. 49–89.

—, »Genetic Engineering and the Practice of Molecular Biology«, Vortrag gehalten beim Fourth Mellon Workshop »Genetic Engineering: Transformation in Science, Politics, and Culture«, MIT, Cambridge, Mass., Mai 1993.

—, *Experimentalsysteme und epistemische Dinge. Eine Geschichte der Proteinsynthese im Reagenzglas*, Göttingen: Wallstein, 2001.

Richelson, Jeffrey, *The U.S. Intelligence Community*, 2. Aufl., Cambridge, Mass.: Ballinger, 1989.

Riley, Monica, Arthur B. Pardee, François Jacob und Jacques Monod, »On the Expression of a Structural Gène«, *Journal of Molecular Biology* 2 (1960): S. 216–25.

Roberts, Robert B., »Alternative Codes and Templates«, *Proceedings of the National Academy of Sciences* 48 (1962): S. 897–900.

Roch, Axel, »Mendels Message: Genetik und Informations-Theorie«, in: Erika Keil und Verner Oeder (Hrsg.), *Versuchskaninchen: Bilder und andere Manipulationen*, Zürich: Museum für Gestaltung, 1995.

Rose, Frank, *Into the Heart of the Mind*, New York: Harper and Row, 1984.

Rosenberg, Charles, *No Other Gods*, Baltimore: Johns Hopkins University Press, 1961/78.

Rosenblueth, Arturo, Norbert Wiener und Julian Bigelow, »Behavior, Purpose and Teleology«, *Philosophy of Science* 10 (1943): S. 18–24.

Rosenheim, Shawn James, *The Cryptographic Imagination: Secret Writings from Edgar Poe to the Internet*, Baltimore: Johns Hopkins University Press, 1997.

Rottman, Fritz, und Marshall Nirenberg, »RNA Codons and Protein Synthesis, XI. Template Activity of Modified RNA Codons«, *Journal of Molecular Biology* 21 (1966): S. 555–70.

Rouse, Joseph, »Foucault and the Natural Sciences«, in: John Caputo und Mark Yount (Hrsg.), *Foucault and the Critique of Institutions*, University Park: Pennsylvania State University Press, 1993, S. 137–64.

Rowe, Mona S. (Hrsg.) *The First Forty Years, 1947–1987*, Upton, N.Y.: Brookhaven National Laboratory, 1987.

Rudy, Stephen, »Roman Jakobson: A Brief Chronology«, in: Howard Gardner (Hrsg.), *The Mind's New Science: A History of the Cognitive Revolution*, New York: Basic Books, 1987, S. 196–205.

Rychlik, I., und F. Šorm, »Replacements of Amino Acids in Proteins and Ribonucleic Acid Coding«, *Collection of Czechoslovakian Chemical Communications* 27 (1962): S. 2686–91.

Sambrook, J. F., D. P. Fan und S. Brenner, »A Strong Suppressor Specific for UGA«, *Nature* 214 (1967): S. 452–3.

Sanger, Frederick, und E. O. P. Thompson, »The Amino-Acid Sequence in the Glycyl Chain of Insulin«, Tl. I und II, *Biochemical Journal* 53 (1953): S. 353–66; 366–74.

Sapolsky, Harvey M., *The Polaris System Development: Bureaucratic and Programmatic Success in Government*, Cambridge: Harvard University Press, 1972.

—, *Science and the Navy: The History of the Office of Naval Research*, Princeton: Princeton University Press, 1990.

Sapp, Jan, *Beyond the Gene: Cytoplasmic Inheritance and the Struggle for Authority in Genetics*, New York: Oxford University Press, 1987.

—, *Where the Truth Lies: Franz Moewus and the Origins of Molecular Biology*, New York: Cambridge University Press, 1990.

Sarabhai, A. S., A. O. W. Stretton und S. Brenner, »Co-Linearity of the Gene with the Polypeptide Chain«, *Nature* 201 (1964): S. 13–7.

Sarkar, Sahotra, »Biological Information: A Skeptical Look at Some Central Dogmas of Molecular Biology«, *The Philosophy and History of Molecular Biology: New Perspectives, Boston Studies in the Philosophy of Science* 183 (1996): S. 187–233.

—, »The Boundless Ocean of Unlimited Possibilities: Logic in Carnap's Logical Syntax of Language«, *Synthese* 93 (1992): S. 191–237.

—, *Reductionism and Molecular Biology: A Reappraisal*, Dissertation (Ph.D.), Department of Philosophy, University of Chicago, 1989.

Saumjan, Sebastian Konstantinovic, »La Cybernétique et la Langue«, in: *Collection Diogène*, Paris: Gallimard, 1965, S. 137–52.

Schaffner, Kenneth, »Logic of Discovery and Justification in Regulatory Genetics«, *Studies in History and Philosophy of Science* 4 (1974): S. 349–85.

Scheffler, I., »Thoughts on Teleology«, *British Journal of Philosophy of Science* 9 (1959): S. 265–84.

Schmeck, Harold M., Jr., »Mutation Agent Held Clue to Life«, *New York Times*, 26. Januar 1960, S. 30.

Schmitt, Francis O. (Hrsg.), *Macromolecular Specificity and Biological Memory*, Cambridge: MIT Press, 1962.

Schönberger, Martin, *The I Ching and the Genetic Code: The Hidden Key to Life*, Santa Fe, N.M.: Aurora Press, 1992.

Schrödinger, Erwin, *Was ist Leben? Die lebende Zelle mit den Augen des Physikers*, München, Piper: 1999.

Schultz, Jack, »Aspects of the Relation between Genes and Development in Drosophila«, *American Naturalist* 69 (1935): S. 30–1.

Schuster, Heinz von, und Gerhard Schramm, »Stimmung der biologisch wirksamen Einheit in der Ribosenucleinsäure des Tabakmosaikvirus auf chemischem Wege«, *Zeitschrift für Naturforschung* 13b (1958): S. 697–704.

Schwartz, Drew, »Coding Problem in Proteins«, *Nature* 181 (1958): S. 769.

—, »Speculations on Gene Action and Protein Specificity«, *Proceedings of the National Academy of Sciences* 41 (1955): S. 300–7.

»Scientists in the News«, *Science* 119 (1954): S. 540.

See, Richard, »Mechanical Translation and Related Research«, *Science* 144 (1964): S. 621–32.

Semon, Richard, *Die Mneme als erhaltendes Prinzip*, Leipzig: Engemann, 1904.

Serafini, Anthony, *Linus Pauling: The Man and His Science*, New York: Paragon House, 1989.

Sereno, Martin I., *DNA and Language: The Nature of the Symbolic-Representation System in Cellular Protein Synthesis and Human Language Comprehension*, Dissertation (Ph.D.), Department of Philosophy, University of Chicago, 1984.

Shannon, Claude E., »Communication Theory of Secrecy Systems«, *Bell System Technical Journal* 28, Nr. 4 (1949): S. 656–715.

—, »The Mathematical Theory of Communication«, *Bell System Technical Journal* 27, Nr. 3 und 4 (1948): S. 379–423; 623–56.

—, »Prediction and Entropy of Printed English«, *Bell System Technical Journal* 30 (1951): S. 50–64.

—, »A Symbolic Analysis of Relay and Switching Circuits«, *Transactions of the American Institute of Electrical Engineers* 57 (1938): S. 713–23.

Shannon, Claude E., und John McCarthy (Hrsg.), *Studien zur Theorie der Automaten*, München 1974.

Shannon, Claude E., und Warren Weaver, *Mathematische Grundlagen der Informationstheorie*, München: Oldenburg, 1976.

Shannon, James A., »The Advancement of Medical Research: A Twenty-Year View of the Role of the National Institutes of Health«, *Journal of Medical Education* 42 (1967): S. 97–108.

Sherrington, Sir Charles, *Man and His Nature: Gifford Lectures, 1937–38*, Cambridge: Cambridge University Press, 1940.

Sherry, Michael S., *In the Shadow of War: The United States Since the 1930s*, New Haven: Yale University Press, 1995.

—, *Planning for the Next War: American Plans for Postwar Defense*, New Haven: Yale University Press, 1977.
Sigurdsson, Skuli, »Physics, Life, and Contingency: Born, Schrödinger, and Weyl in Exile«, in: Mitchell G. Ash und Alfons Sollner (Hrsg.), *Forced Migration and Scientific Change: Emigre German-Speaking Scientists and Scholars after 1933*, Cambridge: Cambridge University Press, 1996, S. 48–71.
Silverstein, Arthur M., *A History of Immunology*, San Diego, Cal.: Academic Press, 1989.
—, »History of Immunology«, in: W. E. Paul (Hrsg.), *Fundamentals of Immunology*, New York: Raven Press, 1984, S. 23–40.
Simpson, Christopher, *Science of Coercion: Communication Research and Psychological Warfare, 1945–1960*, New York: Oxford University Press, 1994.
Singer, Maxine F., »1968 Nobel Laureate in Medicine or Physiology«, *Science* 162 (1968): S. 433–6.
Singer, M. F., L. Heppel und R. J. Hilmoe, »Oligonucleotides as Primers for Polynucleotide Phosphorylase«, *Biochemica et Biophysica Acta* 26 (1957): S. 447–8.
—, »Oligonucleotides as Primers for Polynucleotide Phosphorylase«, *Journal of Biological Chemistry* 235 (1960): S. 738–50.
Sinnott, E. W., und L. C. Dunn, *Principles of Genetics*, 3. Aufl., London: McGraw-Hill, 1939.
Sinsheimer, Robert L., »The Action of Pancreatic Desoxyribosnuclease«, Tl. I, *Journal of Biological Chemistry* 208 (1954): S. 445–59.
—, »The Action of Pancreatic Desoxyribosnuclease«, Tl. II, *Journal of Biological Chemistry* 215 (1955): S. 579–83.
—, *The Book of Life*, Reading, Mass.: Addison-Wesley, 1967.
—, »Is the Nucleic Acid Message in a Two-Symbol Code?«, *Journal of Molecular Biology* 1 (1959): S. 218–20.
—, »The Prospect of Designed Genetic Change«, *Engineering and Science* 32 (1969): S. 8–13.
—, *The Strands of Life: The Science of DNA and the Art of Education*, Berkeley and Los Angeles: University of California Press, 1994.
Smart, Barry, in: David Couzens Hoy (Hrsg.), *Foucault: A Critical Reader*, Cambridge, Mass.: Basil Blackwell, 1986, S. 157–71.
Smith, Merritt Roe (Hrsg.), *Military Enterprise and Technological Change: Perspectives on the American Experience*, Cambridge: MIT Press, 1985.
Sonneborn, Tracy, »Nucleotide Sequence of a Gene: First Complete Specification«, *Science* 148 (1965): S. 1410.
— (Hrsg.), *The Control of Human Heredity and Evolution*, New York: Macmillan Press, 1965.
Spencer, Herbert, »The Social Organism«, in: *Essays. Scientific, Political, and Speculative*, Bd. I, New York: D. Appleton, 1892, S. 265–307.
Speyer, Joseph F., Peter Lengyel, Carlos Basilio und Severo Ochoa, »Synthetic Polynucleotides and the Amino Acid Code, II«, *Proceedings of the National Academy of Sciences* 48 (1962): S. 63–8.
—, »Synthetic Polynucleotdies and the Amino Acid Code, IV«, *Proceedings of the National Academy of Sciences* 48 (1962): S. 441–8.

Spiegelman, Sol, »On the Nature of the Enzyme-Forming System«, in: Oliver H. Gaebler (Hrsg.), *Enzymes: Units of Biological Structure and Function*, New York: Academic Press, 1956, S. 67–89.
—, »The Relation of Informational RNA to DNA«, *Cold Spring Harbor Symposia on Quantitative Biology* 26 (1961): S. 75–90.
Spiegelman, Sol, und O. E. Landman, »Genetics in Microorganism«, *Annual Review of Microbiology* 8 (1954): S. 181–236.
Standskot, H. H., »Physiological Aspects of Human Genetics. Five Human Blood Characteristics«, *Physiological Review* 24 (1944): S. 445–66.
Stanley, Wendell M., »Isolation of Crystalline Protein Possessing the Properties of Tobacco Mosaic Virus«, *Science* 81 (1935): S. 644–5.
—, »The Regulation and Transfer of Biological Information«, *Proceedings of the Robert A. Welch Foundation Conferences on Chemical Research*, Dezember (1961): S. 131–57.
Star, Susan L., und James R. Griesemer, »Institutional Ecology, ›Translations‹, and Boundary Objects: Amateurs and Professionals in Berkeley's Museum of Vertebrate Zoology«, *Social Studies of Science* 19 (1989): S. 387–420.
Steelman, John R., »A Report to the President«, *The Nation's Medical Research*, Bd. 5, *Science and Policy*, Washington D.C.: U.S. Government Printing Office, 1947.
Steigerwald, Joan, »The Cultural Enframing of Nature: Environmental Histories During the German Romantic Period«, in: Elinor G. K. Melville und Richard G. Hoffmann (Hrsg.), *Human and Ecosystems before Global Development*, 1999.
Stent, Gunther, *The Coming of the Golden Age: A View of the End of Progress*, New York: Natural History Press, 1969.
—, »Induction and Repression of Enzyme Synthesis«, in: G. C. Quarton, T. Melnechuk und F. O. Schmitt (Hrsg.), *Neurosciences*, New York: Rockefeller University Press, 1967, S. 152–61.
—, »Prematurity and Uniqueness in Scientific Discovery«, *Scientific American* 227 (1972): S. 84–93.
—, »That Was the Molecular Biology That Was«, *Science* 160 (1968): S. 390–5.
Stent, Gunther S., und Richard Calendar, *Molecular Genetics: An Introductory Narrative*, San Francisco: W. H. Freeman, 1978.
Stepan, Nancy Leys, »Race and Gender: The Role of Analogy in Science«, *Isis* 77 (1986): S. 261–77.
Stern, Kurt G., »Nucleoproteins and Gene Structure«, *Yale Journal of Biology and Medicine* 19 (1947): S. 937–49.
Stetten, DeWitt, Jr. (Hrsg.), *NIH: An Account of Research in Its Laboratories and Clinics*, Orlando, Fla.: Academic Press, 1984.
Stewart, Irwin, *Organizing Scientific Research for the War: The Administrative History of the Office of Scientific Research and Development*, Boston: Little, Brown, 1948.
Stock, Brian, *The Implications of Literacy: Written Language and Models of Interpretation in the Eleventh and Twelfth Century*, Princeton: Princeton University Press, 1983.

Strickland, Stephen, *Politics, Science, and Dread Disease*, Cambridge: Harvard University Press, 1972.
Sturtevant, A. H., »Can Specific Mutations Be Induced by Serological Methods?«, *Proceedings of the National Academy of Sciences* 30 (1944): S. 176–8.
Sueoka, Noboru, »Correlation Between Base Composition of Deoxyribonucleic Acid and Amino Acid Composition of Protein«, *Proceedings of the National Academy of Sciences* 47 (1961): S. 1141–9.
Symonds, Neville, »What Is Life? Schrödinger's Influence on Biology«, *Quarterly Review of Biology* 61, Nr. 2 (1986): S. 221–6.
Szilard, Leo, »Über die Entropieverminderung in einem thermodynamischen System bei Eingriffen intelligenter Wesen«, *Zeitschrift für Physik* 53 (1929): S. 840–56.
Tauber, Alfred I. (Hrsg.). *Organism and the Origins of Self*, Boston: Kluwer Academic Publishers, 1991.
Tauber, Alfred I., und Leon Chernyak, *Metchnikoff and the Origins of Immunology*, New York: Oxford University Press, 1991.
Teich, Mikulas, »A Single Path to the Double Helix?«, *History of Science* XIII (1975): S. 264–83.
Thieffry, Denis, »Contributions of the ›Rouge-Cloître Group‹ to the Notion of ›Messenger RNA‹«, *History and Philosophy of Life Sciences* 19 (1997): S. 89–113.
—, »Escherichia coli as a Model System with Which to Study Differentiation«, *History and Philosophy of Life Science* 18 (1996): S. 163–93.
Thieffry, Denis, und Richard Burian, »Jean Brachet's Scheme for Protein Synthesis«, *Trends in Biochemical Sciences* 21 (1996): S. 114–7.
Thieffry, Denis, und Sahotra Sarkar, »Forty Years under the Central Dogma«, *Trends in Biochemical Sciences* 23 (1998): S. 312–6.
Thomas von Aquin, *Truth*, Bd. 1. Übers.: Robert W. Mulligan, S.J. Chicago: Henry Regency, 1952.
Timofeff-Ressovsky, N. W., K. Zimmer und M. Delbrück, »Über die Natur der Genmutation and Genstruktur«, *Göttinger Nachrichten, Mathematische-Physikalische Klasse, Fachgruppe* 6 (1935): S. 189–245.
Tissières, A., D. Schlesinger und Françoise Gros, »Amino Acid Incorporation into Proteins by Escherichia Coli Ribosomes«, *Proceedings of the National Academy of Sciences, USA*, 46 (1960): S. 1450–63.
Trifonov, Edward N., und Volker Brendel, *Gnomic: A Dictionary of Genetic Codes*, Philadelphia and Rehovot: Balaban, 1986.
Trupin, Joel S., Fritz M. Rottman und Richard L. C. Brimacombe, »RNA Codewords and Protein Synthesis. VI. On the Nucleotide Sequences of Degenerate Codeword Sets for Isoleucine, Tyrosine, Asparagine, and Lysine«, *Proceedings of the National Academy of Sciences, USA*, 53 (1965): S. 807–11.
Tsugita, A., und Heinz Fraenkel-Conrat, »The Amino Acid Composition and C-Terminal Sequence of a Chemically Evoked Mutant of TMV«, *Proceedings of the National Academy of Sciences, USA*, 46 (1960): S. 636–42.
Tsugita, A., Heinz Fraenkel-Conrat und M. W. Nirenberg, »Demonstration of the Messenger Role of Viral RNA«, *Proceedings of the National Academy of Sciences, USA*, 48 (1962): S. 846–53.

Tsugita, A., D. T. Gish, J. Young, H. Fraenkel-Conrat, C. A. Knight und W. M. Stanley, »The Complete Amino Acid Sequence of the Protein of Tobacco Mosaic Virus«, *Proceedings of the National Academy of Sciences* 46 (1960): S. 1463–9.

Tweedell, Kenyon S., »Identical Twinning and the Information Content of Zygotes«, in: *Symposium on Information Theory in Biology*, New York: Pergamon Press, 1956, S. 215–50.

Umbarger, H. Edwin, »Evidence for a Negative-Feedback Mechanism in Biosynthesis of Isoleucine«, *Science* 123 (1955): S. 848.

van Helvoort, Ton, »History of Virus Research in the 20th Century: The Problem of Conceptual Continuity«, *History of Science* 32 (1994): S. 185–235.

—, »What Is a Virus? The Case of Tobacco Mosaic Disease«, *Studies in History and Philosophy of Science* 22 (1991): S. 557–88.

Varela, Francisco J., Evan Thompson und Eleanor Rosch, *Der mittlere Weg der Erkenntnis*, München: Goldmann 1995.

Vogel, Henry J., Vernon Bryson und J. Oliver Lampen (Hrsg.), Preface to *Informational Macromolecules*, New York: Academic Press, 1963.

Volkin, Elliot, und Lazarus Astrachan, »Intracellular Distribution of Labeled Ribonucleic Acid After Phage Infection of Escherichia coli«, *Virology* 2 (1956): S. 433–7.

—, »RNA Metabolism in T2–Infected Escherichia Coli«, in: William D. McElroy und Bentley Glass (Hrsg.), *The Chemical Basis of Heredity*, Baltimore: Johns Hopkins University Press, 1957, S. 686–95.

Volkin, Elliot, Lazarus Astrachan und Joan L. Countryman, »Metabolism of RNA Phosphorus in Escherichia coli Infected with Bacteriophage T7«, *Virology* 6 (1958): S. 545–55.

Vonnegut, Kurt, *Das höllische System*, München: Goldmann, 1988.

Waddington, C. H., »Form and Information«, in: C. H. Waddington (Hrsg.), *Toward a Theoretical Biology, 14*, Edinburgh: Edinburgh University Press, 1972.

Wahba, Albert J., Carlos Basilio, Joseph Speyer, Peter Lengyel, Robert S. Miller und Severo Ochoa, »Synthetic Polynucleotides and the Amino Acid Code, VI«, *Proceedings of the National Academy of Sciences*, 48 (1962): S. 1683–6.

Wahba, Albert J., Robert S. Gardner, Carlos Basilio, Robert S. Miller, Joseph Speyer und Peter Lengyel, »Synthetic Polynucleotides and the Amino Acid Code, VIII«, *Proceedings of the National Academy of Sciences, USA,* 49 (1963): S. 116–22.

Wall, Robert, »Overlapping Genetic Code«, *Nature* 193 (1962): S. 1268–70.

Walter, Katya, *DNA & the I Ching: The Code of the Universe*, Rockport, Mass.: Element, 1996.

Wang, Jessica, *American Science in an Age of Anxiety: Scientists, Civil Liberties, and the Cold War, 1945–1950*, Dissertation (Ph.D.), Program in Science, Technology, and Society, MIT, 1995.

—, *American Science in an Age of Anxiety: Scientists, Anti-Communism, and the Cold War*, Chapel Hill: University of North Carolina Press, 1999.

Wang, Zuoyue, »The Politics of Big Science in the Cold War: PSAC and the Funding of SLAC«, *Historical Studies in the Physical and Biological Sciences* 25 (1995): S. 329–57.

Watson, James, »The Biological Properties of X-ray Inactivated Bacteriophage«, *Journal of Bacteriology* 60 (1950): S. 697–718.
—, *The Double Helix*, New York: W. W. Norton, 1980.
—, »The Involvement of RNA in the Synthesis of Proteins«, in: David Baltimore (Hrsg.), *Nobel Lectures in Molecular Biology, 1933–1975*, New York: Elsevier North-Holland, 1977, S. 181–93.
—, »Values from Chicago Upbringing«, in: Donald A. Chambers (Hrsg.), *DNA: The Double Helix: Perspective and Prospective at Forty Years*, New York: New York Academy of Science, 1995, S. 197.
Watson, James D., und Francis H. C. Crick, »Genetical Implications of the Structure of Deoxyribonucleic Acid«, *Nature* 171 (1953): S. 964–7.
—, »Molecular Structure of Nucleic Acids. A Structure for Deoxyribose Nucleic Acid«, *Nature* 171 (1953): S. 737–8.
Weart, Spencer, *Nuclear Fear: A History of Images*, Cambridge: Harvard University Press, 1988.
Weaver, Warren, »A Quarter Century in the Natural Sciences«, *Rockefeller Foundation Annual Report* (1958): S. 28–34.
Weber, Max, »Politics as a Vocation«, in: H. Gerth und C. W. Mills (Hrsg.), *Max Weber*, London: Routledge & Kegan Paul, 1970.
—, »Science as a Vocation«, in: H. Gerth und C. W. Mills (Hrsg.), *Max Weber*, London: Routledge & Kegan Paul, 1970.
Weigert, Martin G., und Alan Garen, »Base Composition of Nonsense Codons in E. coli«, *Nature* 206 (1965): S. 992–8.
Weiner, Charles, »Anticipating the Consequences of Genetic Engineering: Past, Present, and Future«, in: Carl F. Cranor (Hrsg.), *The Social Consequences of the New Genetics*, New Brunswick, N.J.: Rutgers University Press, 1994, S. 2–31.
Weingart, Peter, J. Kroll und K. Bayertz, *Rasse, Blut und Gene: Geschichte der Eugenik und Rassenhygiene in Deutschland*, Frankfurt a. M.: Suhrkamp Verlag, 1988.
Weiss, Paul, *Principles of Development*, New York: Henry Holt, 1939.
—, »Principles of Development«, *Yale Journal of Experimental Medicine* 19 (1947): S. 235–78.
Welchman, Gordon, *The Hut Six Story: Breaking the Enigma Codes*, New York: McGraw-Hill, 1982.
West, J. C., »Forty Years in Control«, *Institution of Electrical Engineers Proceedings* 132, Nr. 1 (1985): S. 1–8.
Wexler, Immanuel, *The Marshall Plan Revisited*, Westport, Conn.: Greenwood Press, 1983.
Whitfield, Stephen J., *The Culture of the Cold War*, Baltimore: Johns Hopkins University Press, 1991.
Wiener, Norbert, »Cybernetics«, *Scientific American* 179 (1948): S. 14–9.
—, *Kybernetik. Regelung und Nachrichtenübertragung im Lebewesen und in der Maschine*, Düsseldorf u. a.: Econ, 1992.
—, *Extrapolation, Interpolation and Smoothing of Stationary Time Series*, Cambridge: MIT Press, 1949.
—, *Mensch und Menschmaschine*, Frankfurt a.M.: Metzner Verlag, 1958.

—, »A Scientist Rebels«, *Atlantic Monthly* 170 (1947): S. 46.
Wimsatt, William C., »Some Problems with the Concept of ›Feedback‹«, *Boston Studies in the Philosophy of Science* VIII (1971): S. 241–56.
Winner, Langdon, *The Whale and the Reactor: A Search for Limits in the Age of High Technology*, Chicago: University of Chicago Press, 1986.
Witkowski, J. A., »Schrödinger's *What Is Life?* Entropy, Order, and Hereditary Code-Script«, *Trends in Biochemical Sciences* 11 (1986): S. 266–8.
Wittman, H. G., »Comparison of the Tryptic Peptides of Chemically Induced and Spontaneous Mutants of Tobacco Mosaic Virus«, *Virology* 12 (1960): S. 609–12.
Wittner, Lawrence S., *Cold War America: From Hiroshima to Watergate*, New York: Praeger Publishers, 1974.
Woese, Carl R., »Coding Ratios for the Ribonucleic Acid Viruses«, *Nature* 190 (1961): S. 697–8.
—, »Composition of Various Ribonucleic Acid Fractions from Microorganisms of Different Deoxynucleic Acid Composition«, *Nature* 189 (1961): S. 920–1.
—, *The Genetic Code: The Molecular Basis for Genetic Expression*, New York: Harper and Row, 1967.
—, »Nature of the Biological Code«, *Nature* 194 (1962): S. 1114–5.
—, »A Nucleotide Triplet Code for Amino Acids«, *Biochemical and Biophysical Research Communications* 5 (1961): S. 88–93.
Wollman, Elie L., »Bacterial Conjugation«, in: John Cairns, Gunther S. Stent und James D. Watson (Hrsg.), *Phage and the Origins of Molecular Biology*, Cold Spring Harbor: Cold Spring Harbor Laboratory of Quantitative Biology, 1966, S. 216–25.
Wollman, Elie, und François Jacob, »Sexuality in Bacteria«, *Scientific American* 195, Nr. 1 (1956): S. 109–18.
Wolstenholme, Gordon (Hrsg.), *Man and His Future*, Boston: Little, Brown, 1963.
Wyatt, H. V., »When Does Information Become Knowledge?«, *Nature* 239 (1972): S. 234.
Yanofsky, C., B. C. Carlton, J. R. Guest und D. R. Helinski, »On the Colinearity of Gene Structure and Protein Structure«, *Proceedings of the National Academy of Sciences* 51 (1964): S. 266–72.
Yates, Richard A., und Arthur B. Pardee, »Control of Pyrimidine Biosynthesis in Escherichia Coli by Feed-Back Mechanism«, *Journal of Biological Chemistry* 221 (1956): S. 757–70.
—, »Pyrimidine Biosynthesis in Escherichia Coli«, *Journal of Biological Chemistry* 221 (1956): S. 743–56.
Yčas, Martynas, *The Biological Code*, New York: Elsevier North-Holland, 1969.
—, »Biological Coding and Information Theory«, in: H. L. Lucas (Hrsg.), *The Cullowhee Conference on Training in Biomathematics*, Raleigh: North Carolina State College, 1961, S. 245–58.
—, »Correlation of Viral Ribonucleic Acid and Protein Composition«, *Nature* 188 (1960): S. 209–12.
—, Interview durch die Verfasserin, Syracuse, N.Y., 6. Oktober 1993.
—, »The Protein Text«, in: Hubert P. Yockey (Hrsg.), *Symposium on Information Theory in Biology*, New York: Pergamon Press, 1956, S. 70–100.

—, »Replacement of Amino Acids in Proteins«, *Journal of Theoretical Biology* 2 (1961): S. 244–57.
Yčas, Martynas, und Walter S. Vincent, »A Ribonucleic Acid Fraction from Yeast Related in Composition to Deoxyribonucleic Acid«, *Proceedings of the National Academy of Sciences, USA*, 46 (1960): S. 804–11.
Yockey, Hubert P., »Some Introductory Ideas Concerning the Application of Information Theory in Biology«, in: Hubert P. Yockey (Hrsg.), *Symposium on Information Theory in Biology*, New York: Pergamon Press, 1956, S. 50–60.
—(Hrsg.), *Symposium on Information Theory in Biology*, New York: Pergamon Press, 1956.
Yoxen, Edward J., »Giving Life a New Meaning: The Rise of the Molecular Biology Establishment«, in: N. Elias, H. Martins und R. Whitly (Hrsg.), *Scientific Establishments and Hierarchies: Sociology of the Sciences, IV*, Dordrecht: D. Reidel, 1982, S. 123–43.
—, »Life as a Productive Force: Capitalizing the Science and Technology of Molecular Biology«, in: Robert M. Young und Les Levidow (Hrsg.), *Studies in the Labor Process*, Bd. 1, London: CSE Books, 1981, S. 66–112.
—, *The Social Impact of Molecular Biology*, Dissertation (Ph.D.), King's College, University of Cambridge, Eng., 1977.
—, »Where Does Schrödinger's *What Is Life?* Belong in the History of Molecular Biology?«, *History of Science* 17 (1979): S. 17–52.
Zallen, Doris, »Louis Rapkine and the Restoration of French Science after the Second World War«, *French Historical Studies* 17 (1991): S. 6–37.
Zamecnik, Paul C., »A Historical Account of Protein Synthesis, with Current Overtones – A Personalized View«, *Cold Spring Harbor Symposia on Quantitative Biology* 34 (1969): S. 1–16.
Zimmerman, Joan, Telephongespräch mit der Verfasserin, New York, 2. Juni 1994.
Zimmerman, Joanna, Telephongespräch mit der Verfasserin, Pittsburgh, Penn., 6. und 14. Juni 1994.
Zubay, Geoffrey, »A Possible Mechanism for the Initial Transfer of the Genetic Code from Deoxyribonucleic Acid to Ribonucleic Acid«, *Nature* 182 (1958): S. 112–3.

Register

AAF *siehe* Army Air Force
Abelson, Philip H. 152
Abir-Am, Pnina 233
Acheson, Dean 29
Adaptation 87–89, 268–270
Adaptor-Hypothese 222f., 226, 320, 373
Adler, Julius 367
AEC (Atomic Energy Commission) *siehe* Atomenergiekommission
Ageno, Mario 352
Aiken, Henry 121
Aiken, Howard 148
Air Force Scientific Advisory Board 187
Akademie der Wissenschaften (Moskau) 397
Allain de Lille 60
AMA *siehe* American Medical Association
American Black Chambers 185
American Medical Association (AMA) 309
Ames, Bruce 295, 310, 312f., 315, 322
Aminosäurecode 359, 367
Aminosäuren 20, 27f., 32f., 83, 106–109, 188–190, 193f., 196–200, 202–209, 211, 213–218, 221f., 226f., 234–236, 250f., 255, 320, 338–341, 344–348, 367f., 368, 372f.
Kryptoanalyse von Aminosäuren 176f., 206–208
und genetischer Code 196–198, 207f.
und Proteinsynthese 199f., 226f., 372f.
und Triplett-Code 346f.
AMP *siehe* Applied Mathematics Panel
Anticodon 373

Antikommunismus *siehe* McCarthyismus
Antikörper 72f., 83f., 171
aperiodische Kristalle 96f., 248
Applied Mathematics Panel (AMP) 118f.
Arbib, Michael 47–51
Argonne National Laboratory 30, 115, 174
Aristoteles 56, 67f., 71, 98, 102, 172, 235, 268
Zeugung der Geschöpfe 67
Army Air Force (AAF) 114
siehe auch Militär *und* U.S. Air Force
Army Office of Operations Research 187
Army Security Agency 185
Arrhenius, Svante 74
Ashby, W. Ross 134, 168
Aspray, Bill 43, 116
Astrachan, Lazarus 300
Atlan, Henri 51
Atombomben 112, 114, 358
Atomenergiekommission (AEC) 29f., 114f., 148, 174, 183, 273, 309
ATP-Synthese 365
Aufklärung 60f., 385
Augenstine, Leroy 234, 394
Augustinus 58, 383
Ausschuß für unamerikanische Umtriebe (House Committee on Un-American Activities, HUAC) 364
Autokatalyse 80f., 83, 158
Automaten 147f., 151f., 154, 156–161, 414
biologische Automaten 151f., 154, 156–161

Register 523

Autopoiese 63
Autosynthese 106f.
Avery, Oswald T. 69, 72, 90f.

Bacon, Francis 60
bactogène 266, 269
Bakterien 73, 90, 265–268, 274–282, 298–302, 305f., 308
  siehe auch B. cereus, E. coli
Bakteriophagen 28
  siehe auch Phagen
Ballistic Research Laboratories 148
Bar-Hillel, Yehoshua 45, 144f., 163, 448
Barnett, Leslie 346
Bastide, Françoise 411f.
Bates, Marston 165
Baudrillard, Jean 31, 47, 62, 163, 359, 415
B. cereus 317, 319, 324
Beadle, George W. 39, 69, 71, 85–87, 153, 156, 183, 192, 229, 275, 377f., 382, 394, 402
  Die Sprache des Lebens 39, 377, 402
Beadle, Muriel 402
Beatty, John 30
»Behavior, Purpose, and Teleology« (Wiener/Bigelow/Rosenblueth) 121, 124
Bell Laboratorien, Bell Labs 43, 101, 112f., 135–138, 160
  und Militäraufträge 135f.
  und Shannon 136–138
Benzer, Seymour 226, 238, 296, 346f., 357, 380, 404
Bergmann, Max 83, 99, 243
Betatron 166
Biagioli, Mario 31
Bigelow, Julian 119, 121, 123, 151
binärer Code 141, 236f., 306, 390f.
Biochemical and Biophysical Research Communication 326, 341
Biochemie 32–34, 37f., 53, 56, 242–244, 260, 294f., 309–315, 334, 355–359, 426
  als Informationstheorie 355–359
  an den NIH 294f., 309–314

und genetischer Code 334
  siehe auch Biosemiotik
Biologie 69f., 72–74, 76, 113, 163, 167–178, 270f., 398–401, 405–407, 412, 418f.
biologische Spezifität *siehe* Spezifität
Bio-Macht 41f., 80, 363f., 386
biomedizinische Forschung 154f., 380
Biosemiotik 53, 68, 110, 383f.
Biosynthese 265, 281–283
Biotechnologie 25, 267, 363f., 378–380, 416
Birkhoff, Garrett 119
Birkhoff, George D. 121
Black, Max 46
Black-Box-Ansatz beim genetischen Code 258f., 305
Bletchley Park 185
Blumenberg, Hans 59
Bohr, Niels 98, 153, 391
Bohrs Komplementaritätsprinzip 391
Bonnet, James 60, 156
Bono, James 19, 55, 384
Book of Life, The (Sinsheimer) 40, 378
Boring, E. G. 121
Born, Max 98
Borsook, Henry 156
Botschaften 46–48, 126–129, 131f., 140, 146, 186
Boulding, Kenneth E. 133
Boyd, Richard 48–50
Brachet, Jean 89, 192
Brain, Robert 387
Branson, Herman R. 170
Brendel, Volker 65, 418
Brenner, Sydney 195f., 200, 202f., 207, 211, 213, 217–219, 222, 226f., 232, 237–240, 258f., 262, 296f., 301–307, 311, 321, 327, 330, 346, 349f., 353, 360, 371, 424–426, 462
Bretcher, M. S. 352, 357
Bridgman, P. W. 121
Brillouin, Leon 39, 101, 121, 168, 291
British Department of Scientific and Industrial Budget 361

Register

Bronowski, Jacob 397, 402
Brookhaven National Laboratory 30, 115, 174f., 237
Brown, Amos 74
Buch der Natur 18, 57–61
Buch der Wandlungen *siehe* I Ging
Buch des Lebens 17–22, 26, 34f., 40, 54, 57f., 61–65, 69, 131f., 356, 378, 382, 384f., 412, 419f.
Bulletin of Atomic Scientists 135, 273
Burian, Richard 260
Burnet, F. Macfarlane 49, 85, 164
Bush, Vannevar 112f., 118, 136
 Science: The Endless Frontier 113

Cabinet noir 184
Cairns, John 375
California Institute of Technology (Caltech) 65, 113, 156, 262
 siehe auch Jet Propulsion Laboratory
Calvin, M. 195
Cambridge University 93, 233
Canguilhem, Georges 51f., 67, 69f., 292, 407
Cannon, Walter 79, 98,120, 307
Carnap, Rudolf 144, 151
Carnegie Institution of Washington, D. C. (CIW) 74, 136, 152
Caskey, C. Thomas 377
Caspersson, Torbjorn O. 89
»Cellular Regulatory Mechanisms« Symposion 258f., 306–308
Center for Communication Sciences (MIT) 389, 392f.
Central Intelligence Agency (CIA) 390
Centre National de la Recherche Scientifique (CNRS) 267, 271, 362
Chadarevian, Soraya de 233
Champollion, Jean-François 253f.
Chantrenne, Hubert 192
»Characteristics and Stabilization of DNAase-Sensitive Protein Synthesis in E. coli Extracts« (Matthaei/Nirenberg) 331
Chargaff, Erwin 53, 69, 72, 91–93, 164, 190–192, 195, 214, 236, 242, 245, 311, 358
Chargaffs Regel 92f., 104
»Chemical Basis of Heredity« (McElroy/Glass) 315
»Chemical Specificity of Nucleic Acids and Mechanism of Their Enzymatic Degradation« (Chargaff) 92
»Chemically Synthesized Desoxynucleotides as Templates for Ribonucleic Acid Polymerase« (Khorana/Falaschi/Adler) 367
Chemostat 266, 269
Cherry, Colin 44, 47, 146, 163, 168, 178, 390
Chiffren 184f., 191, 205f., 239, 297
Chimären 411f.
China 114
Chomsky, Noam 18, 65, 390, 393f., 413, 416–418
Chomskysche Linguistik 394, 416–418
Chromosomen 96, 167f.
Churchill, Sir Winston 113
CIBA Foundation Symposien 237, 363
Cistron 238, 404
CNRS *siehe* Centre National de la Recherche Scientifique
Code 35, 48, 94, 103–110, 136f., 140f., 179–181, 183–186, 196–206, 210–212, 217–223, 228–231, 236f., 297, 343f., 347, 368f., 391–394, 424
 Arbeit von Gamow und Kollegen 179f., 196–204, 424
 Begriff 103f., 109f.
 binärer Code 141, 236f.
 Computer und Code 198f.
 DNA-Variation und Code 236f.
 Dounces Begriffe 107–109
 Geheimcodes 136f., 140, 184–186
 Kombinationscode 210–212, 343
 kommafreie Codes 219–223, 228–231, 297, 343f., 347
 Sterns Entwicklung des Codes 104–106

und Informationstheorie 391–393
und Linguistik 368f., 394f.
Widerlegung von überlappenden
Codes 217–219
Code-Schrift *siehe* Schlüsselschrift
Codon 20, 25, 34, 297, 320, 353–355, 360, 366–375, 377, 395f., 403
Cohen, George 272, 274–276
Cohn, Melvin 264, 266–269, 274, 282f., 287f., 358
Cold Spring Harbor Symposien 34, 37, 65, 91, 258f., 306–308, 330f., 367f., 375f.
Collado-Vides, Julio 418
Columbia University 113, 119, 274
»Communication Theory of Secrecy Systems« (Shannon) 137
Computer 29f., 118, 147–151, 186f., 198f., 202
Condillac, Etienne de 385
Control Systems Laboratory 166, 168, 170
Convair 187
Conway, J. H. 414
Cori, Carl F. 153, 336
Cori, Gerty 336
Cornell University 324
Courant, Richard 118
Creager, Angela 242f.
Crick, Francis 27, 38, 55f., 65, 72, 92–95, 102f., 109, 176, 179, 182, 187f., 190f., 195f., 200f., 203, 206, 209, 211, 213, 217–219, 221–223, 226f., 232–235, 237, 240, 247, 249, 259, 263, 283, 287f., 296f., 304, 311f., 320f., 332, 343, 345–348, 350, 352–355, 357, 360, 363, 365, 370, 373, 375f., 380, 403, 411, 424–426
Zentrales Dogma 56, 65, 102, 109, 234, 240, 288, 304, 353, 355, 357
Cuénot, Lucien 268f.
»Cybernetical Aspect of Genetics, A« (Kalmus) 129
Cyborg 120
siehe auch Kybernetik

Dancoff, Sydney M. 166–168, 176
Darwinismus 270, 413, 415f.
molekularer 415f.
Davis, Bernard 306f.
Delbrück, Max 38, 56, 65, 67–69, 83f., 94, 96, 98, 153f., 156, 164, 172, 180f., 192–196, 211, 215, 224f., 228–231, 235, 241, 247, 265, 297, 311, 332, 346, 350, 353, 357, 380, 395
Délégation Générale à la Recherche Scientifique et Technique (DGRST) 294
DeMars, Robert 313, 315
Demerec, Milislav 153, 375
Department of Defense *siehe* U.S. Department of Defense
»Dependence of Cell-Free Protein-Synthesis in E. coli upon Naturally Occurring or Synthetic Polyribonucleotides, The« (Nirenberg/Matthaei) 331, 338
»Dependence of Cell-Free Protein-Synthesis in E. coli upon RNA Prepared from Ribosomes, The« (Nirenberg/Matthaei) 326f.
De Rerum Natura (Lukrez) 59
Derrida, Jacques 47, 52, 56, 58–60, 63f., 144, 314, 386
Descartes, René 60, 102
Desoxyribonukleinsäure 17–20, 25, 27, 33, 38f., 65, 67, 72, 86, 90, 92–94, 106, 109f., 190f., 196, 211f., 220f., 231f., 235–240, 297f., 304–308, 326, 341–345, 366f., 382–386, 395–413, 417–419, 422–424
als Informationscode 72, 86, 93f., 190, 422–424
Basenzusammensetzung 235–238
gerichtete Struktur der DNA 211f.
mathematische Sichtweise 190f.
Sprache und Linguistik der DNA 17–20, 25, 39, 65, 238–240, 341–343, 382–386, 395–413, 417–419
Deutsch, Karl W. 121, 133

Deutschland 28, 283, 323, 362
siehe auch Max-Planck-Institut
DGRST *siehe* Délégation Générale à la Recherche Scientifique et Technique
Differentialgleichungen 118
Dipeptidsequenz 218
Diskurs 37f., 40–43, 45
diskursive Praktiken 37f., 40–43
DNA *siehe* Desoxyribonukleinsäure
DNAse 33, 322, 326
Dobzhansky, Theodosius 91, 378
DOD *siehe* U.S. Department of Defense
Donnan, Frederick G. 98
Doty, Paul 195, 333
Dounce, Alexander L. 53, 72, 103, 107–110, 192, 195, 198, 216, 349
Doyle, Richard 188
Dreieck-Code 196–198, 200, 217
Drosophila 32, 84f.
Dublettcode 216, 342, 351, 354, 371, 373
Dubois-Reymond, Emil 98
Dulbecco, Renato 226
Dulles, John Foster 29, 183
Dunham Lectures (Monod) 286–288
»Duplicating Mechanisms for Peptide Chain and Nucleic Acid Synthesis« (Dounce) 107

Eck, Richard V. 255, 350, 371
Eckert, John Presper 148
E. coli 24, 28, 32f., 87, 227, 258, 265–267, 274, 281f., 284, 294, 305, 308, 321f., 324f., 338, 347f., 377
Edge, David 54
Edsall, John T. 153, 155
EDVAC *siehe* Electronic Discrete Variable Arithmetic Computer
Edwards, Paul 29, 149
Ehrlich, Paul 73
Eigen, Manfred 160, 210, 384, 394–396, 412–418, 426
»Ein-Gen-ein-Enzym«-Hypothese 88
Eisenhower, Dwight D. 26, 29, 31, 115, 183, 274, 309

Electronic Discrete Variable Arithmetic Computer (EDVAC) 149
Electronic Numerical Integrator and Calculator (ENIAC) 148
EMBO *siehe* European Molecular Biology Organization
Embryologie 73f.
Emerson, Sterling 86f.
Encodierung 185, 392
Endokrinologie 49, 134
England *siehe* Großbritannien
Engramm 97f.
ENIAC *siehe* Electronic Numerical Integrator and Calculator
Entropie 100–103, 126, 137, 172f., 208
Enzyme 24, 72f., 80f., 83, 85–89, 261, 261–270, 276f., 279f., 282–291, 294, 307f., 316–318, 337, 372, 440
Diskurs über Enzyme 261, 263–270
Enzymadaptation 87–89, 261–270, 440
Enzyminduktion 89, 261, 264, 268–270, 277, 279f., 282–287, 289–291
Enzymsynthese 264f., 294, 307f.
Informationsübertragung 289–291
Enzymologie 80, 87, 313, 316f., 463
Ephrussi, Boris 87, 94, 271
episteme 64
Erster Weltkrieg 56, 185
Essays on the Use of Information Theory in Biology (Quastler) 236
Eugenik 80, 363, 378f.
Europa 113f., 272f., 293f., 361f.
European Molecular Biology Organization (EMBO) 293f., 362
»Evidence for a Negative-Feedback Mechanism in the Biosynthesis of Isoleucine« (Umbarger) 281
Evolution, menschliche 363f.
in der Molekularbiologie 414–416
und Spezifität 74f.
»Extrapolation, Interpolation, and Smoothing of Stationary Time Series with Engineering Applications, The« (Wiener) 121

Universalität 359f., 376f.
Wettrennen um die Entschlüsselung 334–346, 369f.
Wörterbuch 221, 229–232, 368, 375, 377
Zufall, Zufälligkeit, Zufallsverteilung 210f., 213–215
Genomik 17–19, 382f., 420–422
genomische Schrift 62–65, 384
siehe auch Schrift
Gentechnologie 20, 380
Gentherapie 421
Gierer, Alfred 249
Gilbert, Scott F. 73
Gilbert, Walter 27, 262, 332, 422
Glass, H. Bentley 315, 379
Glykogen-Phosphorylase 314f.
Gnomic: A Dictionary of Genetic Codes (Trifonov/Brendel) 65
Gnomik 65, 418
Goethe, Johann Wolfgang von 61, 383
Goldstine, Herman 148
Golomb, Solomon W. 229–232
Gordon, Basil 229f.
Gordon, H. 195
Gowen, John W. 236
Grammophonaufnahmen 103
Great War and Modern Memory, The (Fussell) 56
Griffith, John S. 218, 221–223
Gros, François 262, 289, 299, 302–304, 307, 321, 357
Gros, Françoise 303, 321, 333
Großbritannien 28, 36, 185, 212, 361f.
Grunberg-Manago, Marianne 318, 337, 352, 362

Hacking, Ian 31, 64, 115f.
Haldane, John B. S. 83, 99, 103, 120, 128f., 164
Halle, Morris 390
Hämoglobin 74, 240
Haraway, Donna 30
Harreveld, Anthony van 156
Hartley, R. V. 139–141

Harvard University 113, 130, 133, 148, 259
Harvey Lecture (Jacob) 284f.
Haurowitz, Felix 171
Heidegger, Martin 64
Heims, Steve 150
Heisenberg, Werner Karl 144
Henderson, L. J. 121
Heppel, Leon 311, 325–327, 330, 337, 341, 370
Herriott, Roger 322
Hersh, R. T. 350
Hershey, Alfred 300
Hesse, Mary 46f.
Heterokatalyse 83, 158
HEW *siehe* U.S. Department of Health, Education, and Welfare
Hiatt, H. 262
Hieroglyphen 61, 253f., 402
Hill, Lester S. 185
Hinegardner, Ralph T. 377
Hinshelwood, Sir Cyril N. 72, 103, 106f., 109f., 200
Hixon-Symposion über biologische Automaten 156, 159
Hoagland, Mahlon 259
Holley, Robert W. 33f., 372f., 380, 426
höllische System, Das (Vonnegut) 134
Holton, Gerald 121
Hood, Leroy 421f.
Hotelling, Harold 119
Hugo von St. Victor 60
Human Genome Project 17, 40, 66, 386, 421
Humphrey, Hubert 293f.
Huntington Memorial Hospital 259
Huxley, Thomas H. 80
Hyperzyklen 414, 416f.

IAS *siehe* Institute for Advanced Study
IBM 148, 150
I Ging und genetischer Code 408–411
Immunchemie 82–84
Immungenetik 77
Immunologie 49, 73f., 77

Falaschi, Arturo 367
Faust (Goethe) 61, 383
»FC O«-Mutanten 347f.
Feedback siehe Rückkopplung
Feller, Will 130
Fermi, Giulio 214
Feynman, Richard 193, 195–198, 332
Figlio, Karl 70
Fischer, Emil 73, 190f.
Florkin, Marcel 53, 62
Foerster, Heinz von 44f., 48, 51, 165f., 174, 176, 178
Forman, Paul 26, 29, 115
Forschung und Militär 114f., 118–120
Foucault, Michel 40–42, 69f., 126
  Ordnung der Dinge, Die 69
  Sexualität und Wahrheit 41f.
Fox, Maurice 224
Fraenkel-Conrat, Heinz 53, 240, 243–252, 256–258, 314, 329, 336, 346
  Viruses and the Nature of Life 256f.
Franck, James 153
Frank, Phillip 121
Frankreich 28, 36, 184, 270–272, 274, 294, 362
  siehe auch Pasteur-Institut
Frazer, Dean 243
Friedman, Wolfe 185
Frimmel, Franz 98
Fruton, Joseph 53, 168, 357
Fulbright, J. William 30
funktionelle Interdependenz 172f.
Fussell, Paul 56

Gabor, Denis 168
Galilei, Galileo 60
Galison, Peter 48, 198
Gamow, George 24, 27, 38, 50, 72, 86, 92, 103, 110, 152, 162, 170, 176, 179–183, 186–217, 219f., 224, 226f., 236f., 242, 245f., 248, 252, 254, 324, 333, 343, 368, 407, 413, 424, 453
  Mr. Tompkins Learns The Facts of Life 182

Garen, Alan 357, 360, 371
Gates, Bill 422
Gatlin, Lila 51
Gaudillière, Jean-Paul 260, 266, 293
Gaulle, Charles de 274, 294
Geheimcodes 136f., 140, 184–186
»General and Logical Theory of Automata, The« (von Neumann) 157
General Electric 113
General Electric Research Laboratory 255
General Motors 113
»General Nature of the Genetic Code for Proteins« (Crick et al.) 345–349
generative Grammatik siehe Chomsky und Chomskysche Linguistik
Genetic Code, The (Woese) 38, 376
»Genetic Control and Cytoplasmic Expression of ›Inducibility‹ in the Synthesis of β-Galactosidase by E. coli, The« (PaJaMa) 293
Genetic Society of America 30
Genetik 26, 30, 76f., 80, 160–162
genetischer Code 19–28, 31–35, 37–39, 46, 50, 56, 62, 72, 92, 179–181, 183, 188–193, 196–223, 226–240, 258f., 305, 324–348, 350–360, 363f., 368–384, 394–413, 417f., 422–426
  als binärer Code 236f.
  als Chimäre 412f.
  als Sprache 205–208, 341–343, 377f.
  Black-Box-Ansatz 258f., 305
  Gamow 179f., 188–193, 196–204
  Information und genetischer Code 204f., 422f.
  Interpunktion 219f., 221–223, 229, 343
  Proteinsynthese 354f.
  Schrödinger 22
  soziale Implikationen 363f., 378–380
  Triplett-Modell 346–348, 351f., 360, 369–375
  und I Ging 408–411
  und Linguistik 206f., 368f., 382–384, 394f., 402–407

»Induction of Two Similar Enzymes by One Inducer: A Test Case for Shared Genetic Information, The« (Nirenberg) 313
industriell-militärisch-akademischer Komplex 30, 110, 135f.
Bell Laboratorien 135f.
»Information Content and Error Rate of Living Things, The« (Quastler/Dancoff) 167
Information 19f., 22–25, 27f., 31f., 34, 36–57, 62, 68f., 77f., 80, 85–89, 91–95, 100–103, 116f., 126–131, 137, 139–147, 151, 162f., 204f., 208f., 211, 233–236, 261–263, 284f., 287, 289–292, 304f., 313f., 320, 355–359, 406, 413f., 416, 422–426, 433, 467
als Begriff 43–46, 116, 168–178
als Metapher 19f., 44–56, 69, 314
und Enzyminduktion 289–291
und genetische Codierung 204f.
und Kommunikation 43f.
und Kybernetik 131, 433
und RNA 304f.
und Semantik 143f.
und Spezifität 85–87
Ursprung des Lebens als Information 413f.
Informationsdiskurs 37–57, 80, 86–89, 91–95, 100–103, 168–178, 358f., 395, 467
in der *New York Times* 358f.
Informationstheorie 22–25, 28, 31f., 34, 36, 39f., 42–58, 68, 95, 100–103, 137, 139–147, 163f., 167–178, 183, 186, 188, 208f., 212, 219f.. 292f., 355–357, 389, 391f., 406, 414, 416
Bar-Hillel 144f.
Monod 292f.
und binärer Code 141
und Biochemie 356f.
und Biologie 163, 167–178
und Militär 48

und Molekularbiologie 50–53, 68, 164, 168–178, 355f.
und Vererbung 406
Informationsübertragung 68f., 139–142, 179f., 234f., 262f., 284–290, 297–300, 304f., 308, 321, 355–357
bei Phagenindukion 284f., 297f.
bei Vererbung 179f.
und Enzyme 286–290, 308
und Messenger-RNA 298–300, 304f.
»Information Theorie in Biology« Symposien 168–177, 188, 217, 219
»Information Transfer in the Living Cell« (Gamow) 209
Ingram, Vernon 232
Institute for Advanced Studies (Dublin) 99
Institute for Advanced Study (IAS, Princeton) 123, 148
Instruktionstheorie 84
Insulin 27, 190f., 193
inter-bakterielle Information 94
Internationaler Kongreß für Biochemie
in Moskau 332
in New York 369
Interpunktion beim genetischen Code 219f., 221–223, 229
Irwin, M. R. 171
Iskandar, Kai Kā'us ibn 212
Isoleucinsynthese 283

Jackson, David 17, 386
Jacob, François 24, 38–40, 70, 72, 95, 172, 224, 259–263, 267, 270, 277–279, 281–287, 289, 292, 294–298, 301–308, 311, 315f., 321, 327, 333, 346, 357, 362, 382, 397–400, 403–405, 407, 411f., 418, 425, 466
Logik des Lebenden, Die 39, 70, 263, 405
Jacobson, Homer 160
Jakobson, Roman 18, 25, 121, 130, 386–405, 411f., 416, 418
Jakoby, William 313
Jeener, Raymond 298, 301

Jeffress, Lloyd 156
Jessup Lectures 274
Jet Propulsion Laboratory (JPL) 228f.
Jewett, Frank B. 135
Johannes-Evangelium 58, 383
Johns Hopkins University 133
Johnson, Lyndon B. 361
Johnson, Mark 46
Joint Chiefs of Staff 114
Jordan, Pascual 98
Josiah Macy Foundation 123
  Macy-Konferenzen 144, 147, 151f., 166, 174
Journal of Molecular Biology 233, 293
JPL *siehe* Jet Propulsion Laboratory

Kahn, David 239
Kalckar, Herman 311
Kalmus, H. 129, 164, 238f.
Kalter Krieg 24, 26–35, 56, 110, 112, 114, 135, 148–150, 183f., 273f., 390, 424
Kant, Immanuel 60
Keller, Evelyn Fox 181, 286
Kemeny, John 159, 161
Kendrew, John 232f., 293
Kennedy, John F. 361
Kepes, Gyorgy 121, 133
Khorana, Har Gobind 33f., 360, 364–367, 369f., 373, 380, 426
Kipling, R. J. 132
Kittler, Friedrich 383
Knight, C. Arthur 241f., 244f.
Kober, Alice B. 239
Kolloquium über Information in der Biologie (Royaumont, Frankreich) 357f.
Kombinationscode 210–212, 343
Kommas 221
  siehe auch Interpunktion beim genetischen Code, kommafreie Codes
kommafreie Codes 219–223, 228–231, 297, 343f., 347
Kommunikationssysteme 163, 248, 414
Kommunikationstheorie, -wissenschaften 22, 43–54, 116, 136–147, 139–144, 186, 389–393, 447
  Shannon 136–142, 186, 447
  Weaver 143
  und Information 43f.
  und Mathematik 139–144, 447
  und Molekularbiologie 22, 54
Kommunismus 114
Kommunistische Partei Frankreichs 272
Komplementarität 73, 82f., 391
Kontrolle 126–130
Koreakrieg 29, 83, 309
Kornberg, Arthur 259, 267, 310, 336f., 364f., 367
Kriegsführung, technologische 149–151
Kriegsspiel-Technologie 147
kryptische Mutanten 274f.
Kryptoanalyse 24, 28, 176f., 183–186, 190f., 201, 206f., 258, 390
  Entwicklung 184f.
  und genetischer Code 186, 201, 206f.
  und Proteinsynthese 176f., 258
Kryptographie 184–186, 384
Kryptologie 137, 184–186, 205
Kultur und Buchdruck 60
  und Schrift 59f.
Kurland, C. G. 262
Kybernetik 22f., 36, 39, 44, 53, 95, 116, 118–135, 152f., 163, 262f., 282f., 288–292, 386–388, 393, 433
  Rezeption 130–133
  und Biologie 152f.
  und Enzymbildung 163, 282f.
  und Information 131–133, 433
  und Linguistik 386–388
  und Militär 150–152
  Ursprünge 118–125
  Wieners Bücher 125f., 129–132, 137, 142, 386
Kybernetik. Regelung und Nachrichtenübertragung in Lebewesen und in der Maschine (Wiener) 125f., 129–131, 137, 142, 386

Laboratory of Molecular Biology 233
Lac⁻-Mutationen 274–276, 281f.
Lakoff, George 46, 434
Lamborg, Marvin R. 321f.
Landsteiner, Karl 73, 83f.
Langmuir, Irving 155
Lashley, K. S. 121
Lavoisier, Antoine Laurent de 385
LeCorbeiller, Philippe 121
Leder, Philip 310, 367, 369–371, 374
Lederberg, Esther 265
Lederberg, Joshua 86, 161–164, 171, 265, 268, 275, 360, 363
Ledley, Robert 195, 201f.
Lehninger, Albert L. 305
Leibniz, Gottfried Wilhelm 60
Lengyel, Peter 336, 338f., 357, 471
Leontief, Wassily 121
Leopold, Urs 94
Leslie, Stuart 29, 115, 217
Lettvin, Jerome 390
Levene, Phoebus A. T. 90
Levinthal, Cyrus 238
Lévi-Strauss, Claude 62, 388, 397, 399–401
L'Héritier, Philippe 62, 397, 399, 401
Lillie, Frank R. 73
Linderstrom-Lang, K. V. 244, 247
Linear B 239f.
Linguistik, Sprachwissenschaft 25, 32, 46f., 51–53, 59–62, 65, 130, 145, 183, 186, 238–240, 368f., 382–407, 416–419, 453
   Chomskysche Linguistik 65
   der Biochemie 52f.
   der Molekularbiologie 51f.
   der Natur 59–62
   Jakobson 388f., 391, 394f.
   Saussure 387f., 392
   und Biologie 398–401, 417f.
   und DNA 17–20, 25, 46f., 238–240, 402–413, 417–419
   und genetischer Code 206f., 368f., 382–384, 394f., 402–407
   und Kybernetik 386f.

»Linguistique et Génétique« (Bastide) 411f.
Linschitz, Henry 172f.
Lipmann, Fritz 195, 324
Loeb, Jacques 74f.
»Logical Calculus of the Ideas Immanent in Nervous Activity, A« (McCulloch/Pitts) 151
Logik (Condillac) 385
Logik des Lebenden, Die (Jacob) 39, 70, 263, 405
Los Alamos National Laboratory 28, 148, 187
lösliche RNA (sRNA) 237, 300f., 320
   siehe auch Transfer-RNA
Loyalitätseid, -programm 114, 183, 309, 364
Lukrez 59
Luria, Salvador 156, 167, 265, 363
Lwoff, André 39, 260, 271, 277, 362
Lyotard, Jean-François 47
Lysogenie 277f., 284
Lyssenko, Trofim Denissowitsch 268–270, 272

Maas, Werner 282
Mach, Ernst 121
MacKay, Donald M. 391
MacKenzie, Donald 48
MacLeod, Colin M. 90
Macy, Josiah, Jr. *siehe* Josiah Macy Foundation
Main Trends of Research in the Social and Human Sciences 402
»Man and His Future« Symposion 363
Mandelbrot, Benoît 130, 168
MANIAC (Computer) 28, 193, 198f., 202
Mao Tse-tung 114
Mark I (Computer) 148
Marshall-Plan 113, 272f.
Martin, Robert G. 38, 311f., 322, 335f., 367, 380
Maschinen 147, 151, 157–159
   siehe auch Automaten

Mason, Max 76, 394
Massachusetts Institute of Technology (MIT) 113, 119, 130, 136–139, 305, 389f., 392, 448
»Mathematical Theory of Communication, The« (Shannon) 137
Mathematik 121, 123, 126, 129, 136f., 139–145, 146, 434, 447
und Kommunikationstheorie 139–145, 447
Mathematische Grundlagen der Informationstheorie (Shannon/Weaver) 142, 208, 236, 388f.
mathematische Kommunikationstheorie 140–145, 186, 447
Matthaei, Heinrich 25, 27, 32, 34, 257, 259, 308, 323–333, 336, 338, 341, 348, 352, 354, 366, 425, 470
Mauchly, John 148
Max-Planck-Institut 245, 249, 352, 362
Maxwell, James, Clerk 101, 276
Maxwells Dämon 100f., 128, 267, 276
Maya-Codex 378
Mazia, Daniel 213
McCarthy, John 390
McCarthyismus 30, 114, 171, 183, 273f., 309
McCarty, Maclyn 90
McClintock, Barbara 167
McCormick, Thomas J. 28
McCulloch, Warren S. 123, 130, 151f., 154, 156, 166, 175
McElheny, Victor 362
McElroy, William D. 315
McLuhan, Marshall 163
McMillan, Brockway 230
Medawar, Sir Peter B. 36, 52, 292
Medical Research Council (MRC) 233, 361
medizinische Wissenschaften 76
Medvedev, Zhores Alexandrovich 357
Mendelismus 75f., 398
Mensch und Menschmaschine. Kybernetik und Gesellschaft (Wiener) 131f.

Meselson, Matthew 262, 301–303, 321, 327, 332
Messenger-RNA (mRNA) 24, 33, 235, 262, 282, 296–308, 321f., 325, 327f., 330f. 333f., 338f., 344, 369, 372, 425
Bestimmung der mRNA 300–307, 321f.
Informationsübertragung und mRNA 298–300
Proteinsynthese und mRNA 296–304, 327f.
Metapher 19f., 44–63, 314, 384f.
der Schrift 57–63
technologische Metaphern 54
und Information 19f., 44–56
und soziale Kontrolle 54f.
Metropolis, Nicholas 195, 198f., 202, 211, 214
Militär 28–31, 34, 48, 110–116, 118–120, 135f., 148–152, 228, 390
und Bell Laboratorien 135f.
und Computerentwicklung 148–151
und Forschung 114f., 118–120
und Informationstheorie 48
und Kybernetik 150–152
und Wissenschaft 29–31, 111–116, 118–120, 135f., 148–152
militärisch-industriell-wissenschaftlicher Komplex 26, 30f., 110, 112–116, 120, 134f., 187
Militarisierung 28f., 111f., 183, 228, 424
Milton, John 171
Minsky, Marvin 390
Mirsky, Alfred E. 82
MIT *siehe* Massachusetts Institute of Technology
Mneme 98f.
Mneme als erhaltendes Prinzip, Die (Semon) 98
»Modèle Linguistique en Biologie, Le« (Jacob) 405–409
Moe, Henry Allen 123
Molekularbiologie 22f., 26, 28, 30–32, 34, 36–40, 43, 49–53, 55f., 64–69,

71f., 81–83, 93, 95, 166–178, 180f.,
233, 260, 293f., 310–315, 355–357,
360–363, 386, 397, 402f., 424f.,
434f.
als Informationswissenschaft 180f.,
355
Dialektik der Molekularbiologie
64–66
diskursive Praktiken 37–39
Evolution in der Molekularbiologie
414–416
finanzielle Förderung 361f.
Informationstheorie und Molekularbiologie 37, 49–53, 68, 166–178, 294
Jakobson und Molekularbiologie 397
Rockefeller-Stiftung und Molekularbiologie 81–83
und Linguistik 397, 402f.
und Physik 180f.
molekulare Ökologie 89
Monod, Jacques 24, 27, 38–40, 65, 69,
71, 87–89, 153, 227, 259–277, 279,
281–299, 307f., 311–313. 316f., 360,
362, 404, 411, 425, 466, 468
Zufall und Notwendigkeit 39, 263,
411
Monte-Carlo-Simulationen 28, 198
Moore, E. F. 160
Moore, Walter 98
Morgan, Thomas Hunt 75–77
Morison, Robert S. 124, 131
Morse, Samuel F. B. 184
Morse-Code 103, 184
Moulin, Anne-Marie 412
Mr. Tompkins Learns The Facts of Life
(Gamow) 182
MRC *siehe* Medical Research Council
mRNA *siehe* Messenger-RNA
Mukoviszidose 421
Muller, Hermann J. 153f., 156, 363
Mundry, Karl-Wolfgang 249
Mutagene 27, 238
Mutationen 158, 160, 238, 249–251,
255, 274–276, 281f., 297, 347f.
beim TMV 249–251, 255

»FC O«-Mutanten 347f.
kryptische Mutanten 274f.
Lac⁻-Mutationen 274–276, 281f.

NACA *siehe* National Advisory Com-
mittee on Aeronautics Nachbarver-
teilungsdiagramme 202
Nachrichten *siehe* Botschaften
Nachrichtentechnik 146
Narita, K. 247
NAS *siehe* National Academy of Sciences
NASA *siehe* National Aeronautics and
Space Administration
National Academy of Sciences (NAS)
190, 364
National Advisory Committee on Aero-
nautics (NACA) 228
National Aeronautics and Space Admi-
nistration (NASA) 29f., 228
National Bureau of Standards 390
National Defense Act (1947) 114
National Defense Research Council
(NDRC) 118, 136
National Defense Security Act (1958)
29, 228
National Foundation 244, 363
National Institutes of Health (NIH) 25,
30, 34, 271, 294f., 309–320, 323f.,
361, 425
biochemische Forschung 294f.,
309–314
finanzielle Förderung 309f., 361
Matthaei an den NIH 323f.
Nirenberg an den NIH 314–320, 425
National Science Foundation (NSF) 30,
225, 271, 310, 390
National Security Act (1947) 114
National Security Agency (NSA)
185–187
NATO *siehe* North Atlantic Treaty
Organization
Naturalismus 59
»Nature of the Intermolecular Forces
Operating in Biological Process«
(Pauling/Delbrück) 83

Naturerkenntnis 60–62
Naturphilosophie 58, 61f., 385
Naturwissenschaften 76
Navy Bureau of Ordnance 148, 150, 187
NDRC *siehe* National Defense Research Council
negative Entropie, Negentropie 100–103, 126, 137, 173
negative Rückkopplung 122, 124
neo-darwinistische Evolution 413
Neo-Lamarckismus 268
Neumann, John von 23, 53, 83, 110, 117f., 123, 134, 148–163, 166, 174, 178, 180, 187f., 213–215, 224, 413f.
Neuroscience Research Program (NRP) 394, 413
Neurospora 85f., 275
Neurowissenschaft 120, 394
New Landscape in Art and Science, The (Kepes) 133
New York Times 358f., 370
Informationsdiskurs 358f.
über Codons 370
New York University 133, 259, 336f.
Neyman, Jerzy 118f.
Niemann, Carl 83, 99
NIH *siehe* National Institutes of Health
Nirenberg, Marshall W. 25, 27, 32, 34, 38, 53, 56, 257, 259, 308–319, 322–333, 335f., 338, 340–346, 348, 350–354, 356f., 359f., 364–380, 394, 425f., 468f., 470
Nirenberg-Ochoa-U-reicher Code 359
Niu, C.-I. 246
Nobelpreis 34, 106, 241, 252, 260, 314, 329, 335f., 352f., 362, 365, 380, 413, 426
Cori 336
Crick, Watson und Wilkins 352f.
Eigen, Norrish und Porter 413
Fraenkel-Conrat 252
Hinshelwood 106
Kornberg 336
Lwoff, Monod und Jacob 260, 362

Nirenberg, Khorana und Holley 34, 314, 380
Ochoa 335f.
Stanley 241
Noble, David 48, 132
NORC (Computer) 150
Norrish, Ronald 413
North Atlantic Treaty Organization (NATO) 28f., 273
Northrop, F. C. S. 152
Novalis 61
Novick, Aaron 167, 224, 227, 266f., 273, 282
Novick, Peter 26
NRP *siehe* Neuroscience Research Program
NSA *siehe* National Security Agency
NSF *siehe* National Science Foundation
Nukleinsäuren 28, 33, 89–93, 104–110, 234f., 242, 357
und biologische Spezifität 90f.
Untersuchungen von Avery und Chargaff 90–93
Untersuchungen von Dounce 107–109
Untersuchungen von Stern 104–106
siehe auch Desoxyribonukleinsäure *und* Ribonukleinsäure
Nukleotide 32f., 89, 92, 106–108, 340, 352, 369–374
Nukleotid-Tripletts 27, 32, 46, 340
siehe auch Triplett-Code
Nyquist, Harry 139

Oak Ridge National Laboratory 30, 115, 174-177, 188, 217, 219, 300
Ochoa, Severo 259, 311, 314, 318, 335–348, 350, 352, 354f., 359, 364, 366f., 394–396, 426, 471
O'Connor, Basil 363
Office of Naval Research (ONR) 168f., 171, 248
Office of Ordnance Research 176
Office of Scientific Research and Development (OSRD) 112f.

Olby, Robert 74
ONR siehe Office of Naval Research
Operon 24, 89, 259, 262, 294–299, 304f., 376, 404
Oppenheimer, Jacob Robert 183, 273
Ordnung der Dinge, Die (Foucault) 69
Organisation 69–71, 78f., 82, 87–89, 100–102, 398
Organisationsdiskurs 69–71, 87–89
Organism as a Whole, The (Loeb) 74f.
Orgel, Leslie 195–198, 217f., 221–223, 227
OSRD siehe Office of Scientific Research and Development

PaJaMa-Experimente 261f., 281–285, 293f., 315, 318, 320, 465
Paradise Lost (Milton) 171
Pardee, Arthur B. 267, 279–281, 283f., 299f., 312
Parsons, Talcott 121, 133
Pasteur-Institut 88, 257, 259–267, 270–283, 293f., 296, 305, 315, 362, 425
 Crick und das Pasteur-Institut 296f.
 Jacob am Pasteur-Institut 277–279
 Monod am Pasteur-Institut 88, 270–276
 Pardee am Pasteur-Institut 279–281
Patente 267
Pauling, Linus 69, 71, 82–85, 156, 190, 193, 378, 380
Paulus 58
Pax Americana 28
Penicillinase 317–319
Penrose, Lionel S. 160, 164
Perutz, Max 232
Phagen 32f., 155, 238, 259. 277f., 282, 284f., 297f.
 Phageninduktion 284f., 297f.
»Phenomen of Enzymatic Adaptation and Its Bearings on Problems of Genetics and Cellular Differentiation« (Monod) 88, 265
Phoneme 387–391, 403
Phonemtheorie 390f.

PHS siehe U.S. Public Health Service
Physik 26, 29f., 96, 113, 180f.
 und Molekularbiologie 180f.
 »Die Physik lebender Materie«-Konferenz 181f., 248
Pike, Sumner T. 194
Pitts, Walter 151, 154, 156
Platon 58
Platt, John R. 355f., 368
Pneumokokken-Bakterien 90
Poisson-Verteilung 124, 203, 207, 211, 368
Pollack, Robert 18
Pollock, Martin R. 264, 317, 319
poly(A) 327f., 330f., 333, 367
poly(U) 330–333, 336, 338–340, 369f.
Polymerase 33, 337, 366f.
Polymere 327, 330, 337, 340
Polynukleotide 33f., 311, 329–333, 336–341, 352
Polynukleotidphosphorylase 33f., 337f.
Porter, George 413
Porter, R. R. 244, 247
»Possible Mathematical Relation Between Deoxyribonucleic Acid and Protein Structures« (Gamow) 190
»Possible Relation Between Deoxyribonucleic Acid and Protein Structures« (Gamow) 188
Poster, Mark 59
Primum Mobile 23, 67
 siehe auch unbewegter Beweger
Princeton siehe Institute for Advanced Study
»Problem of Information Transfer from the Nucleic Acids to Proteins, The« (Gamow/Rich/Yčas) 204, 210
Prophageninduktion 277–279
Protein 20, 27, 33, 56, 74–76, 80–86, 89–91, 96f., 99, 104, 106–110, 128f., 155, 170f., 176f., 198f., 214f., 241f., 250–253, 296, 299, 357
 beim TMV 250–253
 Decodierung 198f.
Proteinforschung 81

Röntgenkristallographie 155
und Spezifität 74f., 82–86
Proteinsynthese 20, 24f., 27, 33, 56,
   106–109, 176f., 226f., 233–235,
   238f., 258–260, 296, 299, 301f., 316–
   322, 325–330, 333–335, 337–340,
   354f., 357, 372f., 425
   Crick über Proteinsynthese 233–235
   Phagenproteinsynthese 301f.
   Szilard über Proteinsynthese 227
   und genetischer Code 238f., 354f.
   und Kryptoanalyse 176f., 258
   und Messenger-RNA 327f.
   und Transfer-RNA 372f.
   zellfreie Systeme 317–319, 326f.,
   329f., 333, 335, 338, 354, 425
»Protein Text, The« (Yčas) 343
Proteintext 219f., 343
Protokybernetik 123
Protoplasma 80–82
protoplasmatische Theorie des Lebens 80
Puck, Theodore 224
Pugwash Continuing Committee 283
Pyrimidinsynthese 281, 283, 465

Quartermaster Corps (U.S. Army) 195
Quastler, Gertrud 174
Quastler, Henry 23, 50f., 54, 77, 83, 87,
   110, 117, 164–178, 188, 191, 207,
   217, 234, 236f., 292, 343, 407, 414
   *Essays on the Use of Information
   Theory in Biology* 236
Quine, W. V. 121

Radiologie 165f.
Radioisotopen 33
Rand Corporation 135, 187
Ratner, V. A. 404
Raumfahrtprogramm 310
   siehe auch Jet Propulsion Laboratory
   und National Aeronautics and Space
   Administration
Rautencode 188–190, 193f., 216f.
Rechenmaschinen *siehe* Computer
Reddy, Michael J. 47f.

Redundanz 129, 136, 395, 447
Reichert, Edward 74
Replikation 153, 155, 161f., 167, 306
Repressor-Hypothese 283
Reproduktion 80, 160–163
   siehe auch Genetik *und* Vererbung
Rheinberger, Hans-Jörg 64, 314, 319f.,
   339
»Ribonucleotide Composition of the
   Genetic Code« (Nirenberg et al.) 341
Ribonukleinsäure 20f., 27, 33, 38,
   107–110, 196, 214–217, 220f., 223,
   231f., 235–237, 244–252, 254–257,
   262, 282, 297–308, 320–322, 324f.,
   327–331, 333f., 337–341, 344f.,
   351f., 366, 369–373, 377, 423–425
   als Binärcode 236
   DNA-Matrizen 107–110
   informationelle 304f.
   synthetische Polymere 337–341
   und TMV 244–251, 254–257
   und Viren 27f., 244–252, 254–257
   Zusammensetzung 214–217
   siehe auch lösliche RNA, Messenger-
   RNA *und* Transfer-RNA
Rich, Alexander 86, 170, 193, 195–197,
   201, 203–210, 216, 246f., 310, 329,
   333, 337, 407
Rickover, Hyman 30
Riley, Monica 299f.
Risebrough, R. W. 262
RNA *siehe* Ribonukleinsäure
»RNA Codewords and Protein Synthe-
   sis, VII. The General Nature of the
   RNA Code« (Nirenberg et al.) 370
RNA-Krawattenclub 24, 53, 92, 109f.,
   179, 194–196, 200, 217, 219, 222, 237,
   248f., 258, 267, 334, 343, 368, 424
RNAse 33, 327
Roberts, Richard B. 322, 351f., 394, 396
Rockefeller-Stiftung 23, 30, 44, 69, 71,
   76, 81f., 85, 90f., 118, 123–125, 131,
   165, 242, 244, 271f., 274, 293, 361,
   388, 394, 423
Röntgenkristallographie 155

Rose, Frank 151
Rosenberg, Charles 54f.
Rosenberg-Prozeß 273
Rosenblith, Walter 389f.
Rosenblueth, Arturo 119, 121, 123–125, 154
Rosette *siehe* Stein von Rosette
Rossignol, Antoine 184
Rothschild-Familie 271
Rouge-Cloître-Gruppe 192, 261, 298
Rückkopplung, Feedback 122, 124, 126–128, 266f., 276
   siehe auch negative Rückkopplung
Russisches-Bad-Code 198–200
Rußland *siehe* Sowjetunion
Rutgers University (Institute of Microbiology) 356
Rychlik, I. 351

Salk Institute for Biological Studies 396f.
Salk, Jonas 396
Sanger, Frederick 27, 190, 244, 247
Santillana, Giorgio de 121
Sapp, Jan 75, 268
Saussure, Ferdinand de 387f., 392, 398, 412
Schlüsselschrift 96f., 103, 106, 109, 205, 406, 431
Schmitt, Francis O. 153, 394, 413
Schönberger, Martin 411
School for War Training 136
Schramm, Gerhard 247, 249, 251f., 258, 394–396, 460
Schrift 57–65, 96f., 103, 106, 109, 205, 356, 384, 406, 431
   als Metapher 57–63
   genomische Schrift 62–65, 384
   Schlüsselschrift 96f., 103, 106, 109, 205, 406, 431
   und Buch des Lebens/Buch der Natur 57–64, 384
Schrödinger, Erwin 22, 61, 72, 95–104, 106f., 109f., 126f., 173, 205, 225, 266, 349, 406, 431
   Was ist Leben? 22, 72, 95–103, 431

Schultz, Jack 85
Schumpeter, Joseph 121
Schuster, Heinz 249
Schwartz, Drew 216
Schweden 362
Science: The Endless Frontier (Bush) 113
Seitenketten-Theorie 73f.
Seitz, Frederick 364
Selbstregulation 79
Selektion, Darwinsche 415f.
Semantik und Informationsgehalt 140–146
Semon, Richard 98
sequentieller Code 198–200
Sequenzhypothese 234, 353
Serratia-Bakterien 305f., 308
Servomechanismen 121–124
Sexualität und Wahrheit (Foucault) 41f.
Shannon, Claude 23, 39, 43f., 47, 100, 110, 116, 126, 129, 136–147, 160, 169f., 174, 178, 180, 186, 207f., 220, 230, 236f., 291, 388–390, 393, 395, 413, 447
   Publikationen 137f., 142f., 208, 236, 388f.
   über Automaten 147, 160
   über mathematische Kommunikationstheorie 136–147, 186, 447
   und Informationstheorie 43f., 169f., 178, 393
   und Maschinenkommunikation 142
Sherrington, Charles 99
Signal Intelligence Service (SIS) 185
Signale 47f., 178
Silverstein, Arthur 73
Simon, Herbert 49f., 216
Simons, N. 195
Simulakren 163
   siehe auch Automaten
Singer, Maxine 310, 325, 337, 341, 380
Sinsheimer, Robert 40, 61f., 164, 231, 236f., 306, 354, 378, 382
   Book of Life, The 40, 378

SIS siehe Signal Intelligence Service
Skinner, B. F. 121
Smythe, Henry D. 174
Society for Experimental Biology 233
Sonneborn, Tracy 167
Šorm, F. 351
Sowjetunion (UdSSR) 29f., 36, 113f.
soziale Kontrolle 54f., 76
Speyer, Joseph 336, 338f., 375
Spezifität 23f., 46, 50, 69–79, 82–93, 162, 169–172, 234f., 423f., 437f.
Spezifität der serologischen Reaktionen, Die (Landsteiner) 83
Spiegelman, Sol 53, 153f., 156, 161, 163f., 167, 259, 264, 304f., 357, 467
Sprache 17–20, 25, 39, 61–63, 65, 205–209, 211f., 238–240, 341–343, 377f., 382–393, 395–413, 417–419
de Saussure 387f.
DNA 17–20, 25, 39, 65, 238–240, 341–343, 382–386, 395–413, 417–419
genetischer Code als Sprache 205–208, 341–343, 377f., 398–401
genomische 383–385
Jakobson 402–405
und Entropie 208
und Kommunikationstheorie 393
und Molekularbiologie 417
Sprache des Lebens, Die (Beadle) 39, 377, 402
Sputnik I 29, 34, 228, 310, 390
sRNA siehe lösliche RNA
Stanier, Roger Y. 264, 287
Stanley, Wendell Meredith 81, 153, 194, 202, 241–249, 251f., 256, 329, 460
»Statistical Correlation of Protein and Ribonucleic Acid Composition« (Gamow/Yčas) 215–217
statistische Analyse 28, 202f., 254
Stein von Rosette 27, 34, 39, 191, 253f., 377f.
Stent, Gunther 68, 95, 194f., 200, 243, 247f., 279, 312, 333, 360, 380, 409–411

Stepan, Nancy Leys 55
Stereokomplementarität 73, 82f.
Stern, Kurt G. 72, 103–106, 109f.
Stetten, DeWitt, Jr. 313
Stewart, Frederick C. 324
Stock, Brian 59
Stratton, Julius 390
Streisinger, George 226
»Structure of Native, Denatured and Coagulated Proteins, On the« (Pauling/Mirsky) 82
Sturtevant, Alfred H. 84, 156
Sturtevant, Julian M. 130
Sueoka, Noboru 351
Sumner, John B. 107
Sweet, William H. 394, 396
symbolische Logik 201
Symonds, Neville 96
Symposien über Informationstheorie in der Biologie 168–177, 188, 217, 219, 343, 357f.
Symposion über informationelle Makromoleküle 356f., 359
»Synthesis and Structure of Macromolecules« Symposion 367f.
»Synthetic Polynucleotides and the AminoAcid Code« (Lengyel/Speyer/Ochoa) 338–340
synthetische Polynukleotide 337–340
System von Repräsentationen 42
Szent-Gyorgyi, Albert 156, 195, 200, 355
Szilard, Leo 27, 33, 100f., 153, 162, 188, 223–227, 266f., 273f., 276, 282f., 291, 296, 362, 465
Szilard, Trude 224

Tabakmosaikvirus (TMV) 24, 27, 32, 53, 80f., 161, 202, 240–257, 328f., 395f.
als Decodierungsapparat 254f., 328f.
Aminosäuresequenzierung 250–253
Fraenkel-Conrats Arbeit am TMV 243–247
Hüllprotein-Sequenzierung 27
Redundanz und TMV 395f.
und RNA 244–251, 254–257

Tatum, Edward L. 85, 275
techne 64
Technologie 64
Teilhard de Chardin, Pierre 268
Telegrafie 103, 184
Teleologie 262, 270, 293
Teleonomie 262, 270, 293, 307, 466
Teller, Edward 153, 195, 198, 200, 273
»Terminology of Enzyme Formation« (Monod et al.) 264
Tetranukleotid-Hypothese 89, 92
Theismus 58f., 383
»Theory of the Structure and Process of Formation of Antibodies, The« (Pauling) 84
Thermodynamik 100–102, 128
Thieffrey, Denis 298
Thomas, Lewis 310
Thomas von Aquin 57f.
Tiselius, Arne 358
Tissières, Alfred 303, 321f., 325, 332f.
Tisza, Laszlo 121
TMV *siehe* Tabakmosaikvirus
Todd, Alexander 365
Tomkins, Gordon N. 308, 311f., 319, 325, 330f., 333, 341
»Transfer and Expression of Genetic Information in Escherichia Coli K12« (Jacob) 285
Transfer-RNA (tRNA) 223, 300, 304, 320f., 338, 340, 369, 372f., 377
Transkription 306
Translation 306
»Transmission of Information« (Hartley) 139
Treguer, Michel 398
Trifonov, Edward 65, 418
Triplett-Code 20, 108, 196–198, 340–342, 346–348, 351f., 360, 369–375
und Dublett-Konvertierung 351, 371
und tRNA 369
tRNA *siehe* Transfer-RNA
Trubetzkoy, Nikolai 387
Truman, Harry 29, 113–115, 183, 185
Truman-Doktrin 113

Tsugita, A. 250, 252, 346
Tübingen *siehe* Max-Planck-Institut
Turing, Alan M. 151, 157f., 185
Turingmaschine 157f.
Tweedell, Kenyon 172
Tyler, Albert 84
TYV *siehe* Wasserrübenvirus

Uhlenbeck, George 121
Ulam, Stan 211, 214f., 414
Umbarger, Edwin H. 267, 280f., 283
Unbedenklichkeit, sicherheitspolitische (USA) 183, 201
unbewegter Beweger 56, 67, 86, 94, 235
siehe auch Primum Mobile
Unit for Molecular Biology 93, 201
Unit for the Study of Molecular Structures of Biological Systems (Cambridge) 93, 232f.
Unity of Science Movement 121
Universalität des genetischen Codes 359f., 376f.
siehe auch genetischer Code
University of California (Berkeley) 242–249, 251
University of Chicago 224
University of Illinois 165f., 259
University of Michigan 133
Unschärferelation 144
»Unstable Intermediate Carrying Information from Genes to Ribosomes for Protein Synthesis« (Brenner et al.) 303
»Unstable Ribonucleic Acid Revealed by Pulse Labeling of Escherichia Coli« (Gros et al.) 304
U.S. Air Force 361, 390
U.S. Army 195, 361, 390
U.S. Department of Defense (DOD) 29, 115, 183, 309f.
U.S. Department of Health, Education, and Welfare (HEW) 309f.
U.S. Navy 150, 361

U.S. Public Health Service (PHS) 244,
  309, 361
  siehe auch National Institutes of
  Health und Viruslabor

Van Niel, Cornelius 224
Vanuxem Lectures 159
Veblen, Oswald 119
Ventris, Michael 239
Vereinigte Staaten von Amerika 28–30,
  34, 36, 112–115, 118f., 183, 185, 201,
  273f., 309f., 361–364
  Antikommunismus 273f.
  Außenpolitik 28f.
  Biotechnologie 363f.
  Forschung 309, 361f.
  Unbedenklichkeit, sicherheits-
  politische 183, 201
  Wissenschaft 112–115
Vererbung 89, 97, 128, 179f., 248, 399,
  406, 431
  als Kommunikationssystem 248
  Informationsübertragung bei Ver-
  erbung 179f.
  und Informationstheorie 406
  und Schlüsselschrift 97, 431
Verhalten 82, 120–122, 124–126,
  156
Verlaine, Paul 278
Verteidigungsministerium siehe U.S.
  Department of Defense
Vietnamkrieg 364
Virchow, Rudolf 98
Viren 27f., 73, 155, 202, 241–251,
  254–257
  chemische Modifikation 249f.
  RNA und Aminosäuren bei Viren
  27f., 245–247
  Sequenzierung von Aminosäuren bei
  Viren 250–252
  Virusforschung 242f., 254–257
  Viruses and the Nature of Life
  (Fraenkel-Conrat) 256f.
  siehe auch Bakteriophagen und
  Tabakmosaikvirus

Viruslabor 242–248, 252, 329
  Fraenkel-Conrat am Viruslabor
  243–248
  Pardee und das Viruslabor 279
Vischer, E. 91
»Vivre et Parler« (Fernsehdebatte mit
  Jacob, Jakobson et al.) 397–401
Volkin, Eliott 300f.
Vonnegut, Kurt 134

Waddington, C. H. 358
Wall, Robert 350, 353
Washington Conference on Theoretical
  Physics 152
Washington University (St. Louis) 259,
  267
Was ist Leben? (Schrödinger) 22, 72,
  95–103, 431
Wasserrübenvirus (TYV) 202, 328
Wasserstoffbomben 183, 358
Watson, James 27, 66, 69, 72, 92–95,
  109, 176, 182, 188, 195, 200, 203, 209,
  259, 262f., 301–303, 311f., 321, 352f.,
  365, 375, 411, 424
Watson-Crick-Modell 176
Watts-Tobin, R. J. 346
Weaver, Warren 36, 44, 47f., 76, 81, 101,
  118f., 123–125, 131, 138, 142f., 166,
  208, 236, 388f., 393f.
Weiglé, Jean J. 94, 302
Weiss, Paul 78, 88f., 98, 307
Welch, Lloyd R. 229f.
Western Regional Research Laboratory
  243
Westmoreland, William 149
Wettrüsten 150
Wiener, Norbert 23, 39, 44, 47, 53, 56,
  83, 100, 102, 109, 111f., 116, 118–
  147, 150f., 154, 174, 180, 233, 236,
  291, 386, 388, 391, 413
  Kybernetik 125–135
  und Neurologie 120
  und Shannon 137f.
  Wieners Bücher 125f., 129–131, 137,
  142, 386

Wiener-Shannon-Kommunikationstheorie 138, 144f., 147, 163, 166–169,
178, 391, 434f.
»Wien-Zirkel im Exil« 121
Wiersma, Cornelius A. G. 156
Wiesner, Jerome 389
Wilhelm von Conches 60
Wilkins, Maurice 352
Williams, R. 195
Wimsatt, William 124
Winkler, Ruthilde 417
Winner, Langdon 48
Wissenschaft 26–35, 110–116, 118–
120, 135, 148–152, 183f., 273f., 362–
364, 402, 424
in den Vereinigten Staaten 112–115
und Kalter Krieg 26–35, 183f., 273f.
und Militär 29–31, 111–116, 118–
120, 135, 148–152
und Sprache 402f.
und Zweiter Weltkrieg 112–114,
273f., 424
»Wissenschaftler rebelliert, Ein« (Wie-
ner) 111
wissenschaftlich-militärischer Komplex
26, 30f., 110, 112–116, 120
Wittman, H. G. 250, 346, 357
Wobble-Hypothese 373
Woese, Carl R. 38, 52, 180, 255, 334,
350f., 354, 357, 371, 376
Genetic Code, The 38, 376
Wollman, Elie 277f., 282
Wollman, Elizabeth und Eugène 277
Woods Hole 200

Wörterbuch beim genetischen Code
221, 229–232, 368, 375, 377
Wrinch, Dorothy 83, 99, 155

Yanofsky, Charles 258f., 371, 403
Yardley, Herbert Osborne 185
Yčas, Martynas 50, 86, 164, 171, 176–
178, 192, 195f., 200–217, 219f., 236,
240, 242, 246, 249, 254f., 304, 343,
347, 368
Yockey, Hubert P. 176, 217

Zamecnik, Paul 259, 319–322, 324, 333,
372
Zeichentheorie 387
Zentrales Dogma 56, 65, 102, 109, 234,
240, 288, 304, 353, 355, 357
»Zerebrale Mechanismen beim Verhal-
ten« Symposion 156
Zeugung der Geschöpfe (Aristoteles) 67
zielgerichtete Systeme 122, 124
siehe auch Kybernetik, Rückkopp-
lung, Teleologie *und* Teleonomie
Zog, König von Albanien (Ahmed Bey
Zogu) 165
Zubay, Geoffrey 237
Zufall, Zufälligkeit, Zufallsverteilung
198f., 203, 207, 210f., 213–215, 236,
293, 368, 414f.
Zufall und Notwendigkeit (Monod) 39,
263, 411
Zweiter Weltkrieg 56, 112–114, 136,
147, 273f., 424
Zygotentechnik 278f., 282, 316